디딤돌수학 개념기본 중학 1-1

펴낸날 [초판 1쇄] 2023년 10월 30일 [초판 4쇄] 2024년 9월 15일
펴낸이 이기열
펴낸곳 (주)디딤돌 교육
주소 (03972) 서울특별시 마포구 월드컵북로 122 청원선와이즈타워
대표전화 02-3142-9000
구입문의 02-322-8451
내용문의 02-336-7918
팩시밀리 02-335-6038
홈페이지 www.didimdol.co.kr
등록번호 제10-718호

수학은 개념이다!

디딤돌수학

개념기본

중 1 / 1 개념북

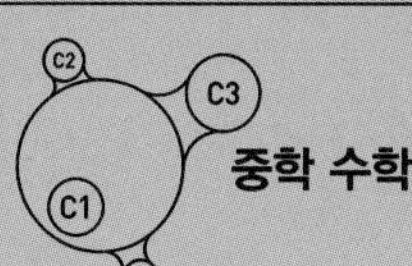

중학 수학은 개념의 연결과 확장이다.

디딤돌

올바른 **개념학습**을 통한 **중학수학 완성!**

1 꼭 알아야 할 핵심개념!

Think Way

올바른 개념학습의 길을 열어줍니다.

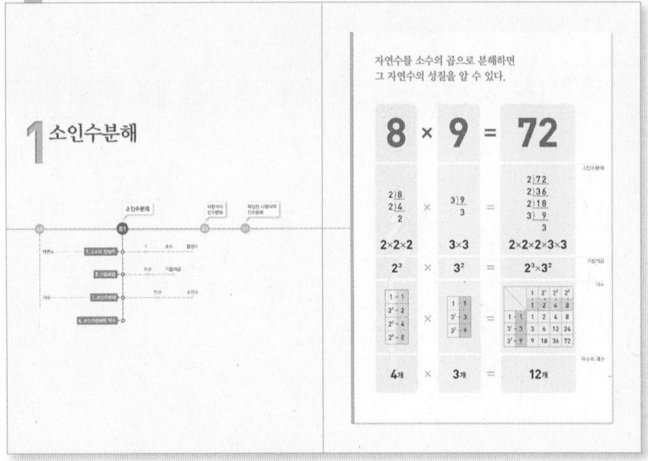

개념을 연결하고 핵심개념 포인트로 생각을 열어주고, 개념특강을 통해 개념을 마무리 정리해줍니다.

중단원 도입

이전 학습개념, 이 단원에서 배울 개념, 이후 학습개념의 연결고리를 통해 개념의 연결성을 이끌어주고, 단원의 핵심개념을 통해 생각을 열어줍니다.

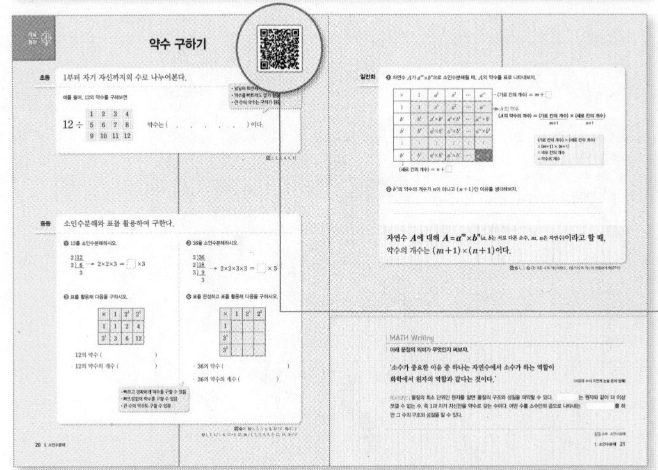

개념특강

이 단원의 중요한 개념, 설명이 필요한 개념, 공식화되는 과정 등 필요한 단원의 마무리 개념을 정리하여 개념 정리의 길을 열어줍니다.

▶ 개념강의 및 문제풀이 동영상

QR코드를 이용, 개념강의 및 문제풀이 동영상을 수록하여 개념 이해에 도움이 되도록 합니다.

2 핵심이미지로 쉽게 설명하는 개념 정리!

Think Way

왜?라는 궁금증을 해결합니다.

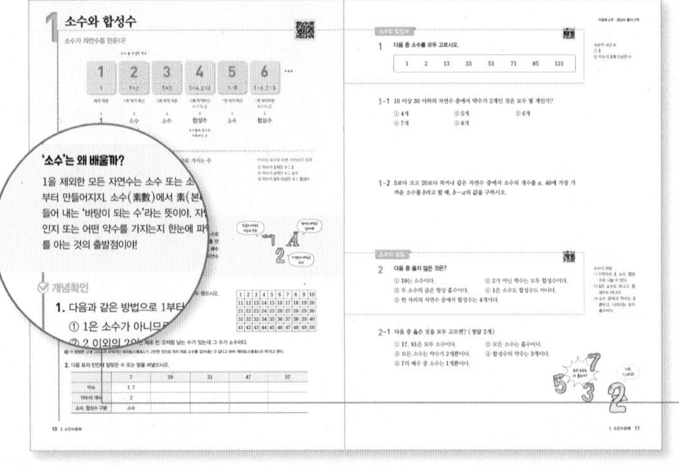

주제별 개념

핵심이미지를 제시, 개념을 한눈에 이해할 수 있게 정리해 줍니다.

개념 이미지

필요에 따라 적절한 이미지를 제시, 문제 풀이나 개념 이해에 도움이 될 수 있도록 합니다.

왜 개념이 필요한지, 그 원리 등을 설명해주어 개념 학습에 이해를 도와줍니다.

Think Way

문제를 통해
개념정리를 도와줍니다.

3 5 Part의 문제 훈련을 통한 개념완성!

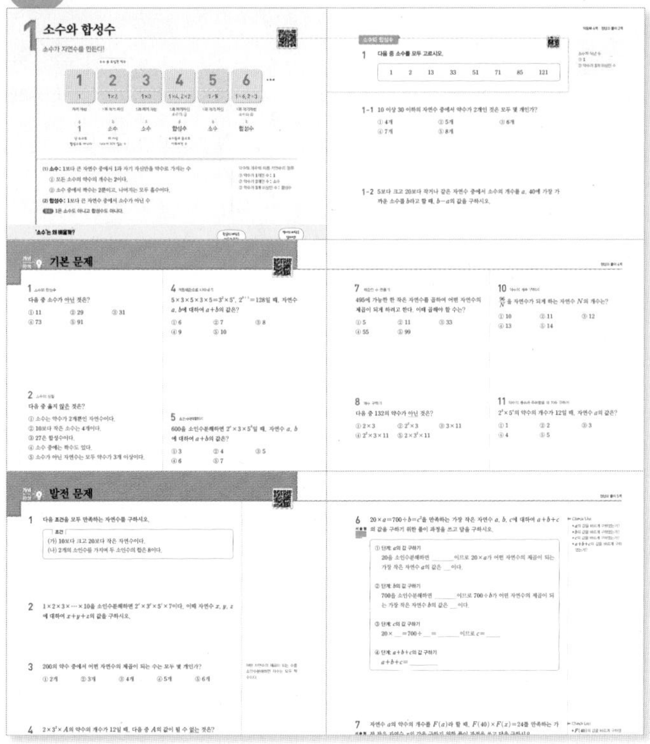

머릿속에 정리된 개념을 문제 학습 5개 Part를 통해 확실하게 내 개념으로 만들수 있습니다.

개념북

Part 1 개념적용

배운 개념을 개념적용 파트를 통해 문제에 적용하여 개념을 정리합니다.

Part 2 기본문제

개념적용 파트에서 정리한 개념을 기본 문제 파트를 통해 다시 한 번 반복! 머릿속에 꼭꼭 담아줍니다.

Part 3 발전문제

기본 문제 파트보다 조금 더 발전된 문제를 통해 문제해결력을 키워줍니다.

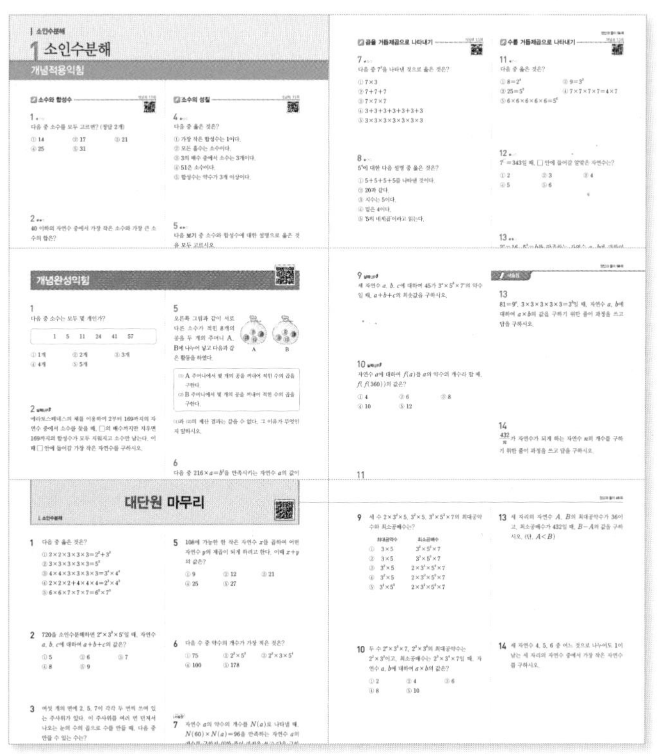

익힘북

Part 4 개념적용익힘

개념북의 개념적용 파트와 **1:1매칭 문제**로 구성되어 좀 더 다양한 개념적용 문제를 학습하며, 반복학습을 통해 개념을 완성시켜줍니다.

Part 5 개념완성익힘+대단원 마무리

배운 개념을 응용단계 학습까지 연결할 수 있도록, 그리고 최종 해당 단원의 평가까지 확인하며 마무리 할 수 있도록 구성하였습니다.

디딤돌수학 개념기본 중학편은 반복학습으로 개념을 이해하고
확장된 문제를 통해 응용단계 학습의 발판을 만들어 줍니다.

4 단계별 학습을 통한 서술형완성!

Think Way

서술형 학습의
올바른 길을 열어줍니다.

정답과 풀이 5쪽

6 서술형 $20\times a=700\div b=c^2$을 만족하는 가장 작은 자연수 a, b, c에 대하여 $a+b+c$의 값을 구하기 위한 풀이 과정을 쓰고 답을 구하시오.

① 단계: a의 값 구하기
20을 소인수분해하면 ______이므로 $20\times a$가 어떤 자연수의 제곱이 되는 가장 작은 자연수 a의 값은 __이다.

② 단계: b의 값 구하기
700을 소인수분해하면 ______이므로 $700\div b$가 어떤 자연수의 제곱이 되는 가장 작은 자연수 b의 값은 __이다.

③ 단계: c의 값 구하기
$20\times$ __ $=700\div$ __ $=$ ______이므로 $c=$ ____

④ 단계: $a+b+c$의 값 구하기
$a+b+c=$ ______

Check List
- a의 값을 바르게 구하였는가?
- b의 값을 바르게 구하였는가?
- c의 값을 바르게 구하였는가?
- $a+b+c$의 값을 바르게 구하였는가?

정답과 풀이 58쪽

9 실력UP
세 자연수 a, b, c에 대하여 45가 $3^a\times5^b\times7^c$의 약수일 때, $a+b+c$의 최솟값을 구하시오.

10 실력UP
자연수 a에 대하여 $f(a)$를 a의 약수의 개수라 할 때, $f(f(360))$의 값은?
① 4 ② 6 ③ 8
④ 10 ⑤ 12

서술형

13
$81=9^a$, $3\times3\times3\times3\times3=3^b$일 때, 자연수 a, b에 대하여 $a\times b$의 값을 구하기 위한 풀이 과정을 쓰고 답을 구하시오.

14
$\frac{432}{n}$가 자연수가 되게 하는 자연수 n의 개수를 구하기 위한 풀이 과정을 쓰고 답을 구하시오.

11

서술형 학습

- **개념북**에서는 서술형 훈련을 단계별로 학습 할 수 있게 빈칸 넣기로 구성되어 있습니다.
- **익힘북**에서는 실전을 대비하여 실전처럼 서술형 훈련을 할 수 있게 구성되어 있습니다.

5 문제 이해도를 높인 정답과 풀이!

Think Way

문제 이해도를
높여줍니다.

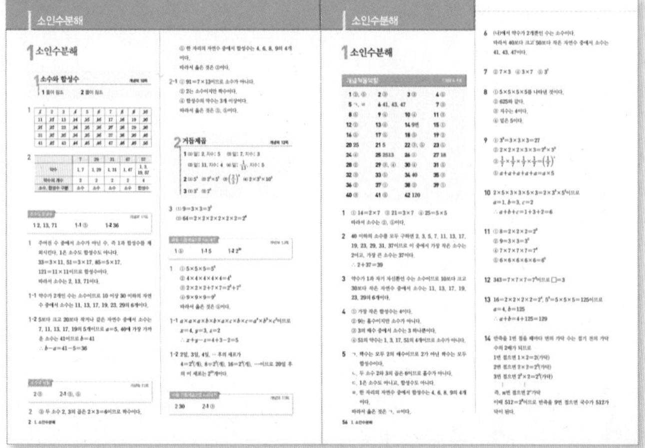

정답과 풀이

학생 스스로 정답과 풀이를 통해 충분히 이해 및 학습 할 수 있도록 정답과 풀이를 친절하게 구성하였습니다.

차례

I

소인수분해

1 소인수분해

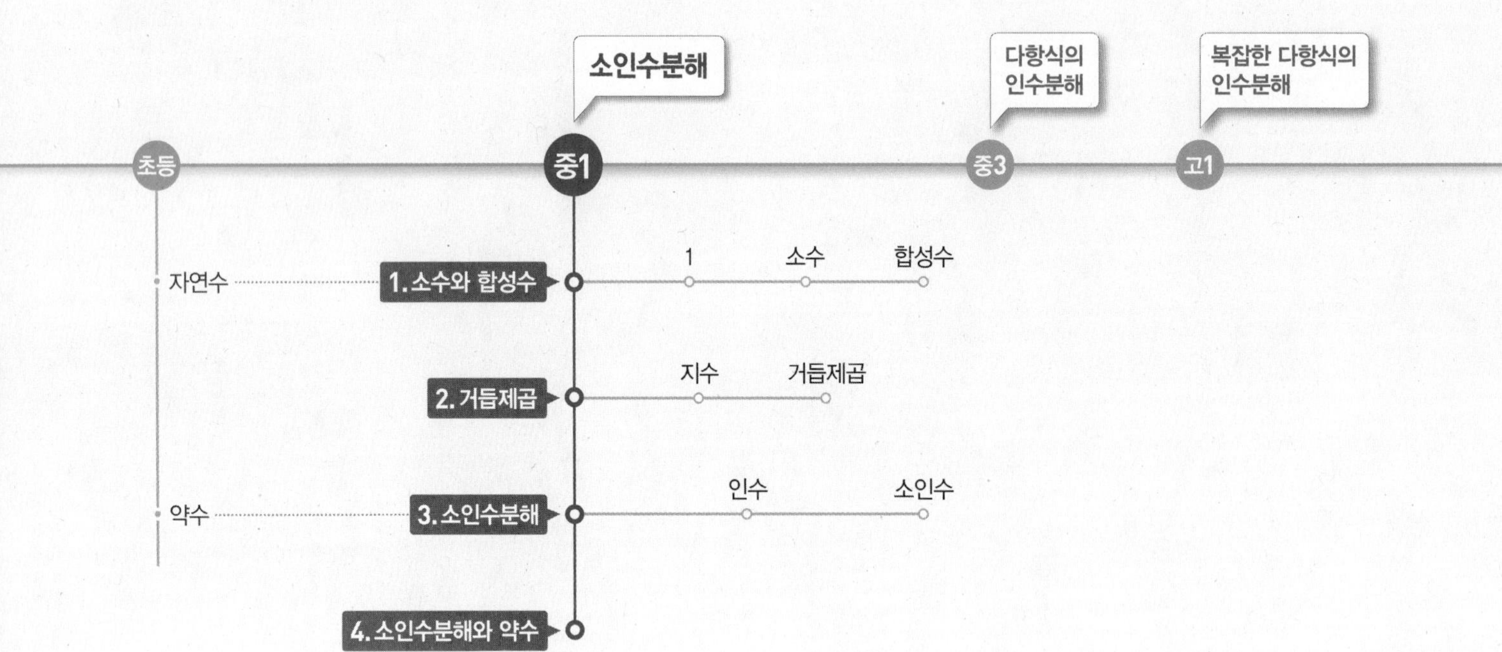

소인수분해
다항식의 인수분해
복잡한 다항식의 인수분해
초등
중1
중3
고1
자연수
1. 소수와 합성수
1
소수
합성수
2. 거듭제곱
지수
거듭제곱
약수
3. 소인수분해
인수
소인수
4. 소인수분해와 약수

자연수를 소수의 곱으로 분해하면 그 자연수의 성질을 알 수 있다.

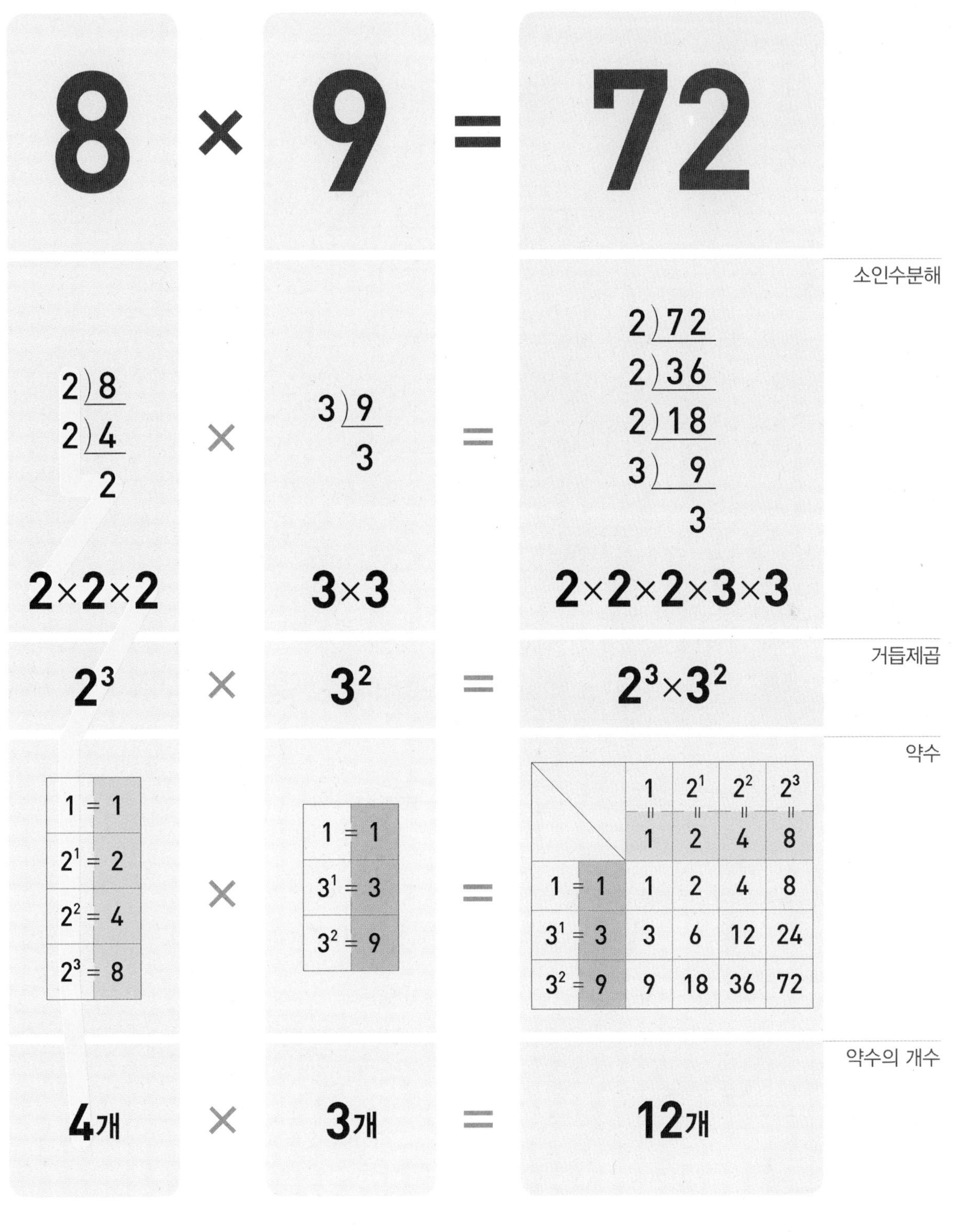

1 소수와 합성수

소수가 자연수를 만든다!

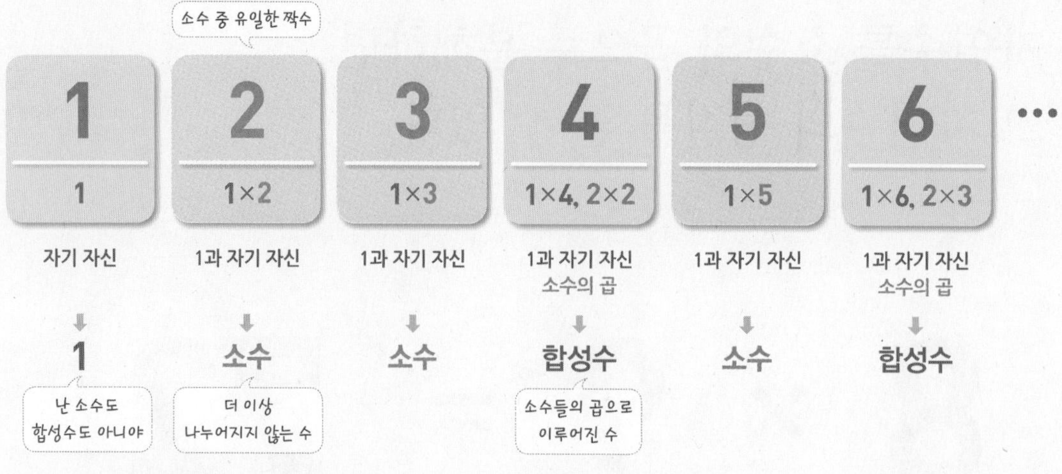

(1) **소수:** 1보다 큰 자연수 중에서 1과 자기 자신만을 약수로 가지는 수

① 모든 소수의 약수의 개수는 2이다.

② 소수 중에서 짝수는 2뿐이고, 나머지는 모두 홀수이다.

(2) **합성수:** 1보다 큰 자연수 중에서 소수가 아닌 수

주의 1은 소수도 아니고 합성수도 아니다.

약수의 개수에 따른 자연수의 분류

① 약수가 1개인 수 : 1
② 약수가 2개인 수 : 소수
③ 약수가 3개 이상인 수 : 합성수

'소수'는 왜 배울까?

1을 제외한 모든 자연수는 소수 또는 소수의 곱으로 표현할 수 있어. 즉, 자연수는 소수로부터 만들어지지. 소수(素數)에서 素(본디 소)는 바탕을 의미하는 것으로 다른 수를 만들어 내는 '바탕이 되는 수'라는 뜻이야. 자연수를 소수의 곱으로 나타내면 어떤 수의 배수인지 또는 어떤 약수를 가지는지 한눈에 파악할 수 있어. 따라서 소수를 아는 것은 자연수를 아는 것의 출발점이야!

개념확인

1. 다음과 같은 방법으로 1부터 50까지의 자연수 중에서 소수를 모두 찾으시오.

① 1은 소수가 아니므로 지운다.
② 2 이외의 2의 배수를 모두 지운다.
③ 3 이외의 3의 배수를 모두 지운다.
④ 5 이외의 5의 배수를 모두 지운다.
⋮

이렇게 지워나가는 과정을 반복하면 체로 친 것처럼 남는 수가 있는데 그 수가 소수이다.

1	2	3	4	5	6	7	8	9	10
11	12	13	14	15	16	17	18	19	20
21	22	23	24	25	26	27	28	29	30
31	32	33	34	35	36	37	38	39	40
41	42	43	44	45	46	47	48	49	50

❗ 이 방법은 고대 그리스의 수학자인 에라토스테네스가 고안한 것으로 마치 체로 소수를 걸러내는 것 같다고 하여 '에라토스테네스의 체'라고 한다.

2. 다음 표의 빈칸에 알맞은 수 또는 말을 써넣으시오.

	7	29	31	47	57
약수	1, 7				
약수의 개수	2				
소수, 합성수 구분	소수				

소수와 합성수

1 **다음 중 소수를 모두 고르시오.**

1	2	13	33	51	71	85	121

소수가 아닌 수
① 1
② 약수가 3개 이상인 수

1-1 10 이상 30 이하의 자연수 중에서 약수가 2개인 것은 모두 몇 개인가?

① 4개 ② 5개 ③ 6개
④ 7개 ⑤ 8개

1-2 5보다 크고 20보다 작거나 같은 자연수 중에서 소수의 개수를 a, 40에 가장 가까운 소수를 b라고 할 때, $b-a$의 값을 구하시오.

소수의 성질

2 **다음 중 옳지 않은 것은?**

① 19는 소수이다. ② 2가 아닌 짝수는 모두 합성수이다.
③ 두 소수의 곱은 항상 홀수이다. ④ 1은 소수도 합성수도 아니다.
⑤ 한 자리의 자연수 중에서 합성수는 4개이다.

소수의 성질
(1) 자연수는 1, 소수, 합성수로 나눌 수 있다.
(2) 1은 소수도 아니고, 합성수도 아니다.
(3) 소수 중에서 짝수는 2뿐이고, 나머지는 모두 홀수이다.

2-1 다음 중 옳은 것을 모두 고르면? (정답 2개)

① 17, 91은 모두 소수이다. ② 모든 소수는 홀수이다.
③ 모든 소수는 약수가 2개뿐이다. ④ 합성수의 약수는 3개이다.
⑤ 7의 배수 중 소수는 1개뿐이다.

2 거듭제곱

같은 수들의 곱을 간단하게!

$3 = \mathbf{3}^1$ ← 1은 생략한다.

3번
$3\times3\times3 = \mathbf{3}^3$ ← 3의 세제곱이라 읽는다.

n번
$a\times a\times\cdots\times a = a^n$ ← a의 n제곱이라 읽는다.

2번, 3번
$3\times3\times5\times5\times5 = \mathbf{3}^2\times\mathbf{5}^3$

m번, n번
$a\times a\times\cdots\times a\times b\times\cdots\times b = a^m\times b^n$

(1) **거듭제곱 :** 같은 수 또는 문자를 거듭하여 곱한 것

(2) **밑 :** 거듭제곱에서 거듭하여 곱한 수 또는 문자

(3) **지수 :** 거듭제곱에서 밑이 곱해진 횟수

주의 ① 지수에 있는 1은 생략한다. ➡ $2^1=2$, $3^1=3$, ⋯

② 10^n은 1에 0을 n개 붙인다. (단, n은 자연수) ➡ $10^2=100$ (2개), $10^3=1000$ (3개), $10^4=10000$ (4개)

거듭제곱의 표현

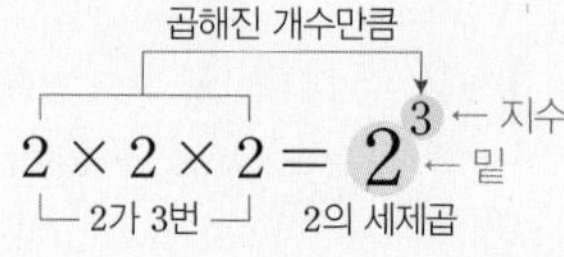

수학은 간단한 표현을 좋아해.

수학은 간단하고 질서 있는 표현을 더 좋아해.
때문에 복잡한 것을 숫자와 문자, 연산기호 등을 활용하여 더욱 간단하게 표현하려고 하지. 곱셈이나 거듭제곱 역시 간단한 표현을 위해 생겼어!

초2 [곱셈] $2+2+2+2+2=2\times5$
같은 수의 덧셈을 → 곱셈으로 간단하게 표현

중1 [거듭제곱] $2\times2\times2\times2\times2=2^5$
같은 수의 곱셈을 → 거듭제곱으로 간단하게 표현

개념확인

1. 다음 수의 밑과 지수를 각각 말하시오.

(1) 2^5 밑 : ______ 지수 : ______

(2) 7^3 밑 : ______ 지수 : ______

(3) 11^4 밑 : ______ 지수 : ______

(4) $\left(\frac{1}{13}\right)^5$ 밑 : ______ 지수 : ______

2. 다음을 거듭제곱으로 나타내시오.

(1) $5\times5\times5\times5$

(2) $2\times2\times5\times5$

(3) $\frac{2}{3}\times\frac{2}{3}$

(4) $2\times3\times3\times10\times10\times10$

3. 다음 수를 [ ] 안에 있는 수의 거듭제곱으로 나타내시오.

(1) 9 [3]

(2) 64 [2]

곱을 거듭제곱으로 나타내기

1 다음 중 옳은 것은?

① $5\times5\times5=3^5$
② $4\times4\times4\times4\times4=4\times5$
③ $2\times2\times2+7\times7=2^3\times7^2$
④ $9\times9\times9=3^9$
⑤ $10\times10\times10=10^3$

거듭제곱의 표현
⇨ $2\times2\times2=2^3$ ← 지수, 2 ← 밑

밑: 거듭제곱에서 거듭하여 곱한 수 또는 문자
지수: 거듭제곱에서 밑이 곱해진 횟수

1-1 $a\times a\times a\times b\times b\times a\times c\times b\times c=a^x\times b^y\times c^z$일 때, 자연수 x, y, z에 대하여 $x+y-z$의 값을 구하시오. (단, a, b, c는 서로 다른 소수이다.)

1-2 하루 동안 자라면서 2개로 분리되는 어떤 세포 1개는 하루가 지나면 2개가 되고, 2일, 3일, 4일, … 후에는 각각 4개, 8개, 16개, …가 된다. 20일 후의 이 세포의 개수를 거듭제곱을 사용하여 나타내시오.

수를 거듭제곱으로 나타내기

2 $2^a=8$, $3^3=b$일 때, 자연수 a, b에 대하여 $a+b$의 값을 구하시오.

$2^a=\underbrace{2\times2\times2\times\cdots\times2}_{a\text{개}}$

2-1 $32\times81=2^a\times3^b$일 때, 자연수 a, b의 곱 $a\times b$의 값은?

① 15
② 18
③ 20
④ 24
⑤ 27

3 소인수분해

모든 합성수는 소수의 곱으로 나타낼 수 있어!

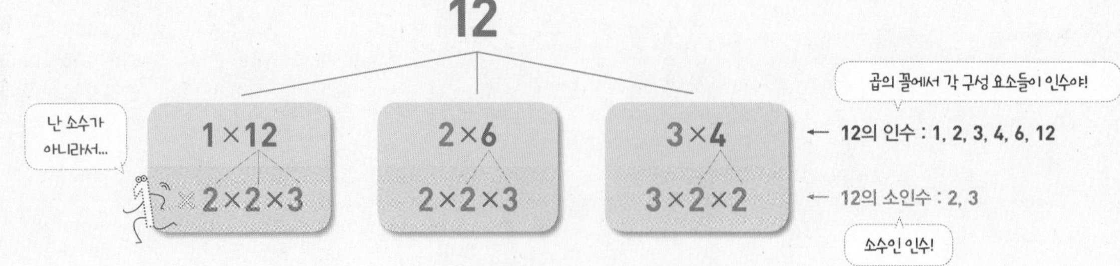

(1) 인수와 소인수

① **인수:** 자연수 a, b, c에 대하여 $a=b\times c$일 때, b와 c를 a의 인수라고 한다.

② **소인수:** 어떤 자연수의 인수 중에서 소수인 수

(2) 소인수분해: 자연수를 소인수들만의 곱으로 나타내는 것

(3) 소인수분해하는 방법

> 12의 인수와 소인수
>
> 12 → 1×12 2×6 3×4
>
> • 12의 인수: 1, 2, 3, 4, 6, 12
> • 12의 소인수: 2, 3

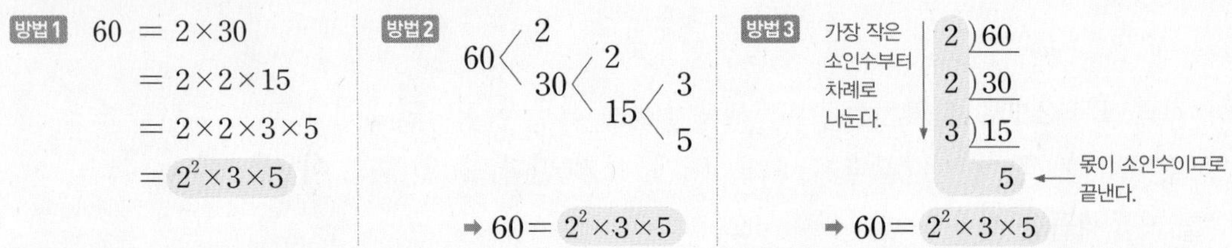

방법 1
$$\begin{aligned}60 &= 2\times30\\ &= 2\times2\times15\\ &= 2\times2\times3\times5\\ &= 2^2\times3\times5\end{aligned}$$

방법 2
60 < 2, 30 < 2, 15 < 3, 5

➡ $60=2^2\times3\times5$

방법 3
가장 작은 소인수부터 차례로 나눈다.

$$\begin{array}{r|l} 2 & 60 \\ 2 & 30 \\ 3 & 15 \\ & 5 \end{array}$$

← 몫이 소인수이므로 끝낸다.

➡ $60=2^2\times3\times5$

❶ 나누어떨어지는 소수로 나눈다.
❷ 몫이 소수가 될 때까지 나눈다.
❸ 나눈 소수들과 마지막 몫을 곱셈 기호 ×로 연결한다. 이때 소인수분해한 결과는 작은 소인수부터 차례로 쓰고, 같은 소인수의 곱은 거듭제곱으로 나타낸다.

참고 소인수분해하는 방법은 여러 가지이지만 소인수분해한 결과는 오직 한 가지이다.

약수와 인수는 뭐가 달라?

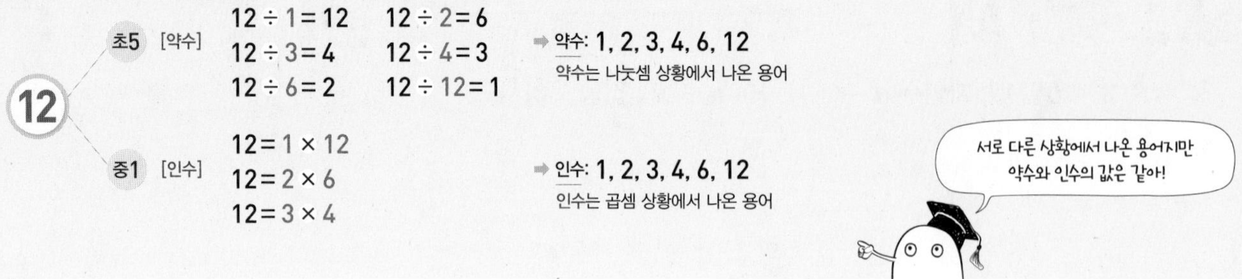

12
초5 [약수]
12 ÷ 1 = 12
12 ÷ 2 = 6
12 ÷ 3 = 4
12 ÷ 4 = 3
12 ÷ 6 = 2
12 ÷ 12 = 1
➡ 약수: 1, 2, 3, 4, 6, 12
약수는 나눗셈 상황에서 나온 용어
중1 [인수]
12 = 1 × 12
12 = 2 × 6
12 = 3 × 4
➡ 인수: 1, 2, 3, 4, 6, 12
인수는 곱셈 상황에서 나온 용어
서로 다른 상황에서 나온 용어이지만 약수와 인수의 값은 같아!

개념확인

1. 다음은 24를 여러 가지 방법으로 소인수분해한 과정이다. □ 안에 알맞은 수를 써넣으시오.

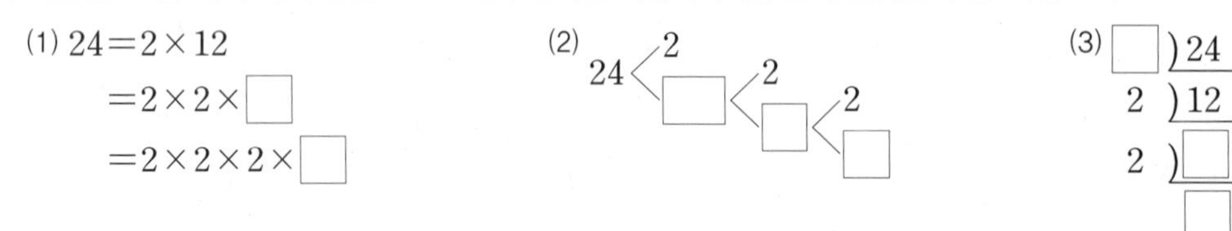

(1) $24=2\times12$
$=2\times2\times\square$
$=2\times2\times2\times\square$

(2) 24 < 2, □ < 2, □ < 2, □

(3)
$$\begin{array}{r|l} \square & 24 \\ 2 & 12 \\ 2 & \square \\ & \square \end{array}$$

2. 다음 수의 소인수를 모두 구하시오.

(1) 120 (2) 650

소인수분해하기

1 **252를 소인수분해하면?**

① $2^2\times3^3$ ② $2\times3^2\times5$ ③ $2^2\times3^3\times5$
④ $2^2\times3^2\times7$ ⑤ $2\times3^3\times7$

소인수분해할 때, 작은 소수부터 나누는 것이 편리하다.

1-1 다음 수를 소인수분해한 것 중 옳지 않은 것은?

① $30=2\times3\times5$ ② $36=2^2\times3^2$ ③ $64=2^4\times3$
④ $84=2^2\times3\times7$ ⑤ $240=2^4\times3\times5$

1-2 오른쪽 그림은 어떤 수 ㉮를 소인수분해하는 과정이다. ㉯, ㉱, ㉲는 10보다 작고 ㉮의 소인수이다. ㉯+㉱=㉲일 때, ㉮의 값이 될 수 있는 수를 모두 구하시오.
(단, ㉯<㉱<㉲이다.)

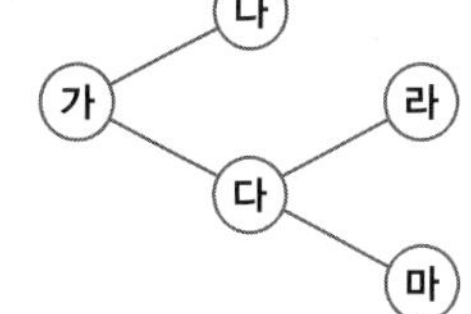

소인수분해한 결과에서 밑과 지수 구하기

2 **196을 소인수분해하면 $a^2\times7^b$일 때, 자연수 a, b에 대하여 $a\times b$의 값을 구하시오.**

소인수분해할 때, 같은 소인수의 곱은 거듭제곱으로 나타낸다.

2-1 1100을 소인수분해하면 $2^a\times5^b\times c$일 때, 자연수 a, b, c에 대하여 $a+b+c$의 값을 구하시오.

소인수 구하기

3 **다음 중 195의 소인수가 아닌 것을 모두 고르면? (정답 2개)**

① 2　② 3　③ 5
④ 7　⑤ 13

자연수 A의 소인수 구하기
① 자연수 A를 소인수분해 한다.
② 밑인 수만을 찾는다.
주의 |
$36=2^2\times3^2$의 소인수
• 2^2, 3^2 (×)
• 2, 3 (○)

3-1 다음은 은상이가 영도에게 전화번호를 알려 주면서 한 말이다. 이때 은상이의 전화번호 뒷자리인 네 자리의 숫자를 구하시오.

> 내 전화번호 뒷자리인 네 자리의 숫자는 1275의 소인수를 작은 수부터 차례로 늘어놓은 숫자야. 123−4567−□□□□

제곱인 수 만들기

4 **90에 자연수를 곱하여 어떤 자연수의 제곱이 되도록 할 때, 곱할 수 있는 가장 작은 자연수를 구하시오.**

제곱인 수 만들기
① 주어진 수를 소인수분해 한다.
② 지수가 홀수인 소인수의 지수가 짝수가 되도록 적당한 수를 곱하거나 나눈다.

4-1 432를 자연수로 나누어 어떤 자연수의 제곱이 되도록 할 때, 나눌 수 있는 자연수 중에서 두 번째로 작은 자연수는?

① 10　② 12　③ 14
④ 16　⑤ 18

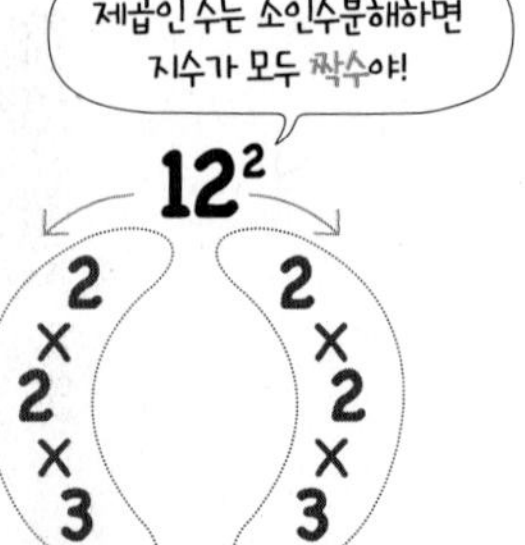
제곱인 수는 소인수분해하면
지수가 모두 짝수야!
12^2
2 × 2 × 3
×
2 × 2 × 3

일단 소인수분해부터 해야겠네?

소인수분해와 약수

소인수분해하면 수의 구조가 보여!

12 $(=2^2\times3)$의 약수

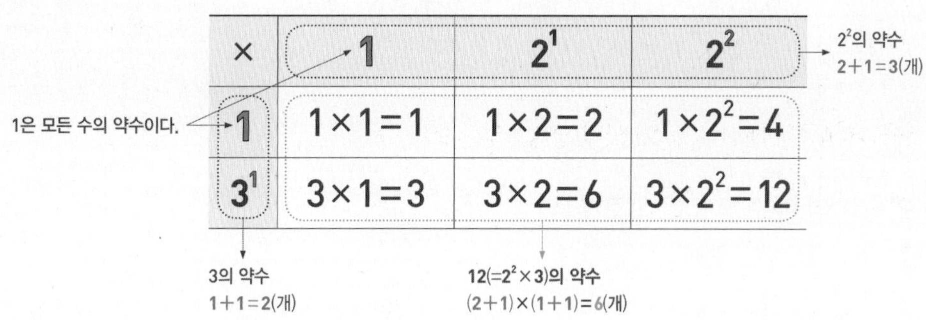

소인수분해를 이용하여 약수 구하기

자연수 A가 $A=a^m\times b^n$ (a, b는 서로 다른 소수, m, n은 자연수)으로 소인수분해 될 때

① A의 약수는 a^m의 약수와 b^n의 약수를 하나씩 짝지어 곱한다.

② A의 약수의 개수는 $(m+1)\times(n+1)$이다.

참고 1은 모든 수의 약수이다.

소인수분해를 이용하여 12의 약수 구하기

① 12를 소인수분해한다.
$12=2^2\times3$

② 2^2의 약수와 3의 약수를 각각 구한다.
➡ 2^2의 약수 : 1, 2, 2^2
➡ 3의 약수 : 1, 3

③ ②의 결과를 하나씩 짝지어 곱한다.
➡ 12의 약수 : 1, 2, 3, 4, 6, 12

소인수분해하면 수의 구조가 보여!

물질을 더 이상 쪼갤 수 없는 원소의 형태로 분해하면 물질의 구조와 특징을 알 수 있듯이 자연수를 곱으로 분해하면 그 수의 구조가 보여!

초5 [약수와 배수] $12=1\times12=2\times6=3\times4$ ➡ 약수: 1, 2, 3, 4, 6, 12
자연수의 곱으로 분해하면 / 약수를 찾을 수 있다.

중1 [소인수분해] $12=2\times2\times3=2^2\times3$ ➡ 약수의 개수: $(2+1)\times(1+1)=6$
소수들의 곱으로 분해하면 / 수의 구조가 보여서 쉬운 방법으로 약수와 약수의 개수를 구할 수 있다.

개념확인

1. $3^2\times2$의 약수를 모두 찾으시오.

1×1	3×1	$3^2\times1$	$3^3\times1$
1×2	3×2	$3^2\times2$	$3^2\times2^2$

2. 다음 표를 완성하고, 225의 약수를 모두 찾고, 약수의 개수를 구하시오.

×	1	□	□
1	$1\times1=1$		
5	$5\times1=5$		
□			

소인수분해를 이용하여 약수 구하기

1 **다음 중 756의 약수가 아닌 것을 모두 고르면? (정답 2개)**

① 2×3 ② 3×7 ③ $2^2\times3\times7$
④ $2^2\times3\times7^2$ ⑤ $2^3\times3^2\times7$

자연수 A가 $A=a^m\times b^n$ (a, b는 서로 다른 소수, m, n은 자연수)으로 소인수분해될 때, A의 약수는 (a^m의 약수)×(b^n의 약수)

1-1 다음 **보기**에서 $2^4\times5^2$의 약수를 모두 고르시오.

보기

ㄱ. 2^4 ㄴ. 5^2 ㄷ. $2^3\times5^4$
ㄹ. $2^3\times5^3$ ㅁ. $2^3\times5^2$ ㅂ. $2^5\times5$

약수의 개수 구하기

2 **다음 중 약수의 개수가 가장 많은 것은?**

① 36 ② 17^2 ③ $2\times3\times5$
④ $2^2\times3^5$ ⑤ $2\times3\times7^2$

자연수 A의 약수의 개수를 구하는 순서
① 자연수 A를 소인수분해 한다.
② A의 소인수의 각 지수에 1을 더하여 곱한다.

약수의 개수
a, b, c는 서로 다른 소수이고 l, m, n은 자연수일 때
① a^n의 약수의 개수 : $n+1$
② $a^m\times b^n$의 약수의 개수 : $(m+1)\times(n+1)$
③ $a^l\times b^m\times c^n$의 약수의 개수 : $(l+1)\times(m+1)\times(n+1)$

2-1 다음 **보기**에서 약수의 개수가 많은 것부터 차례로 기호를 나열하시오.

보기

ㄱ. $3^3\times7^3$ ㄴ. $3^4\times5$ ㄷ. 60 ㄹ. 99

2-2 자연수 n의 약수의 개수를 $f(n)$이라고 할 때, $f(88)+f(126)$의 값을 구하시오.

약수의 개수가 주어졌을 때 지수 구하기

3 **$3^a \times 5^2$의 약수의 개수가 18일 때, 자연수 a의 값을 구하시오.**

$a^m \times b^n$(a, b는 서로 다른 소수, m, n은 자연수)의 약수의 개수가 k일 때, $(m+1)\times(n+1)=k$

3-1 $8\times 3^a \times 5$의 약수의 개수가 56일 때, 자연수 a의 값을 구하시오.

약수의 개수가 n인 자연수 구하기

4 **약수의 개수가 4인 가장 작은 자연수를 구하시오.**

$a^m \times b^n$ (a, b는 소수, m, n은 자연수)의 약수의 개수가 k일 때,
① a와 b가 같은 수인 경우
② a와 b가 서로 다른 수인 경우
로 나누어 생각한다.

4-1 $2^2\times$□의 약수의 개수가 15일 때, □ 안에 들어갈 수 있는 자연수 중 가장 작은 수를 구하시오.

4-2 다음 **조건**을 모두 만족하는 자연수 A를 구하시오.

조건
(가) A의 소인수는 2, 3, 5이다. (나) A의 약수의 개수는 12이다. (다) A는 12의 배수이다.

개념 특강

약수 구하기

초등

1부터 자기 자신까지의 수로 나누어본다.

- 일일이 확인해야 함(시간이 오래 걸림)
- 약수를 빠뜨려도 알기 힘듦
- 큰 수의 약수는 구하기 힘듦

예를 들어, 12의 약수를 구해보면

12 ÷

1	2	3	4
5	6	7	8
9	10	11	12

약수는 (　,　,　,　,　,　) 이다.

답 1, 2, 3, 4, 6, 12

중등

소인수분해와 표를 활용하여 구한다.

❶ 12를 소인수분해하시오.

2) 12
2) 6
　 3

→ $2\times2\times3 = \square\times3$

❷ 표를 활용해 다음을 구하시오.

×	1	2^1	2^2
1	1	2	4
3^1	3	6	12

- 12의 약수 (　　　　)
- 12의 약수의 개수 (　　　　)

❸ 36을 소인수분해하시오.

2) 36
2) 18
3) 9
　 3

→ $2\times2\times3\times3 = \square\times3^{\square}$

❹ 표를 완성하고 표를 활용해 다음을 구하시오.

×	1	2^1	2^2
1			
3^1			
3^2			

- 36의 약수 (　　　　)
- 36의 약수의 개수 (　　　　)

- 빠르고 정확하게 약수를 구할 수 있음
- 빠뜨림 없이 약수를 구할 수 있음
- 큰 수의 약수도 구할 수 있음

답 ❶ 2^2 ❷ 1, 2, 3, 4, 6, 12 / 6 ❸ 2^2, 2
❹ 1, 2, 4 / 3, 6, 12 / 9, 18, 36 / 1, 2, 3, 4, 6, 9, 12, 18, 36 / 9

일반화 ❶ 자연수 A가 $a^m \times b^n$으로 소인수분해될 때, A의 약수를 표로 나타내보자.

$\times$	1	a^1	a^2	$\cdots$	a^m
1	1	a^1	a^2	$\cdots$	a^m
b^1	b^1	$a^1 \times b^1$	$a^2 \times b^1$	$\cdots$	$a^m \times b^1$
b^2	b^2	$a^1 \times b^2$	$a^2 \times b^2$	$\cdots$	$a^m \times b^2$
$\vdots$	$\vdots$	$\vdots$	$\vdots$	$\vdots$	$\vdots$
b^n	b^n	$a^1 \times b^n$	$a^2 \times b^n$	$\cdots$	$a^m \times b^n$

→ (가로 칸의 개수) $= m+$ ☐

→ A의 약수

(A의 약수의 개수) = (가로 칸의 개수) × (세로 칸의 개수)
$m+1$ $n+1$

(세로 칸의 개수) $= n+$ ☐

(가로 칸의 개수) × (세로 칸의 개수)
= $(m+1) \times (n+1)$
= 네모 칸의 개수
= 약수의 개수

❷ b^n의 약수의 개수가 n이 아니고 $(n+1)$인 이유를 생각해보자.

자연수 A에 대해 $A=a^m \times b^n$(a, b는 서로 다른 소수, m, n은 자연수)이라고 할 때, 약수의 개수는 $(m+1) \times (n+1)$이다.

답 ❶ 1, 1 ❷ 1은 모든 수의 약수이므로, 1을 약수의 개수에 포함하기 때문이다.

MATH Writing

아래 문장의 의미가 무엇인지 써보자.

'소수가 중요한 이유 중 하나는 자연수에서 소수가 하는 역할이 화학에서 원자의 역할과 같다는 것이다.'

(서강대 수시 자연계 논술 문제 발췌)

예시답안 | 물질의 최소 단위인 원자를 알면 물질의 구조와 성질을 파악할 수 있다. ☐는 원자와 같이 더 이상 쪼갤 수 없는 수, 즉 1과 자기 자신만을 약수로 갖는 수이다. 어떤 수를 소수만의 곱으로 나타내는 ☐를 하면 그 수의 구조와 성질을 알 수 있다.

답 소수, 소인수분해

개념 완성 기본 문제

1 소수와 합성수

다음 중 소수가 아닌 것은?

① 11 ② 29 ③ 31
④ 73 ⑤ 91

2 소수의 성질

다음 중 옳지 않은 것은?

① 소수는 약수가 2개뿐인 자연수이다.
② 10보다 작은 소수는 4개이다.
③ 27은 합성수이다.
④ 소수 중에는 짝수도 있다.
⑤ 소수가 아닌 자연수는 모두 약수가 3개 이상이다.

3 거듭제곱의 뜻과 표현

3^5에 대한 다음 설명 중 옳지 않은 것은?

① 243과 같다.
② 지수는 5이다.
③ 밑은 3이다.
④ $3\times3\times3\times3\times3$을 나타낸 것이다.
⑤ '5의 세제곱'이라고 읽는다.

4 거듭제곱으로 나타내기

$5\times3\times5\times3\times5=3^2\times5^a$, $2^{b+1}=128$일 때, 자연수 a, b에 대하여 $a+b$의 값은?

① 6 ② 7 ③ 8
④ 9 ⑤ 10

5 소인수분해하기

600을 소인수분해하면 $2^a\times3\times5^b$일 때, 자연수 a, b에 대하여 $a+b$의 값은?

① 3 ② 4 ③ 5
④ 6 ⑤ 7

6 소인수 구하기

170을 소인수분해하였을 때, 모든 소인수의 합은?

① 7 ② 19 ③ 22
④ 24 ⑤ 26

7 제곱인 수 만들기

495에 가능한 한 작은 자연수를 곱하여 어떤 자연수의 제곱이 되게 하려고 한다. 이때 곱해야 할 수는?

① 5 ② 11 ③ 33
④ 55 ⑤ 99

8 약수 구하기

다음 중 132의 약수가 아닌 것은?

① 2×3 ② $2^2\times3$ ③ 3×11
④ $2^2\times3\times11$ ⑤ $2\times3^2\times11$

9 약수의 개수 구하기

다음 **보기**의 수를 약수의 개수가 가장 많은 것부터 차례로 나열한 것은?

보기

ㄱ. 140 ㄴ. 256
ㄷ. $2^2\times3^2\times7^2$ ㄹ. $2\times3\times5$

① ㄱ, ㄴ, ㄷ, ㄹ ② ㄱ, ㄴ, ㄹ, ㄷ
③ ㄴ, ㄷ, ㄱ, ㄹ ④ ㄷ, ㄱ, ㄴ, ㄹ
⑤ ㄹ, ㄱ, ㄴ, ㄷ

10 약수의 개수 구하기

$\frac{96}{N}$을 자연수가 되게 하는 자연수 N의 개수는?

① 10 ② 11 ③ 12
④ 13 ⑤ 14

11 약수의 개수가 주어졌을 때 지수 구하기

$2^3\times5^a$의 약수의 개수가 12일 때, 자연수 a의 값은?

① 1 ② 2 ③ 3
④ 4 ⑤ 5

12 소수+소인수분해+약수의 개수

다음 **보기**에서 옳은 것을 모두 고른 것은?

보기

ㄱ. 12 이하의 소수의 개수는 6이다.
ㄴ. 24의 약수의 개수는 8이다.
ㄷ. 48을 소인수분해하면 3×16이다.

① ㄱ ② ㄴ ③ ㄷ
④ ㄱ, ㄴ ⑤ ㄴ, ㄷ

발전 문제

1 다음 조건을 모두 만족하는 자연수를 구하시오.

> **조건**
> (가) 10보다 크고 20보다 작은 자연수이다.
> (나) 2개의 소인수를 가지며 두 소인수의 합은 8이다.

2 $1\times2\times3\times\cdots\times10$을 소인수분해하면 $2^x\times3^y\times5^z\times7$이다. 이때 자연수 x, y, z에 대하여 $x+y+z$의 값을 구하시오.

3 200의 약수 중에서 어떤 자연수의 제곱이 되는 수는 모두 몇 개인가?

① 2개 ② 3개 ③ 4개 ④ 5개 ⑤ 6개

어떤 자연수의 제곱이 되는 수를 소인수분해하면 지수는 모두 짝수이다.

4 $2\times3^2\times A$의 약수의 개수가 12일 때, 다음 중 A의 값이 될 수 <u>없는</u> 것은?

① 3 ② 6 ③ 7 ④ 11 ⑤ 13

5 다음 표는 3의 거듭제곱의 일의 자리의 숫자를 나타낸 것이다. 규칙을 이용하여 3^{42}의 일의 자리의 숫자를 구하면?

수	3	3^2	3^3	3^4	3^5	3^6	3^7	3^8	3^9	$\cdots$
일의 자리의 숫자	3	9	7	1	3	9	7	1	3	$\cdots$

① 0 ② 1 ③ 3 ④ 7 ⑤ 9

일의 자리 숫자가 규칙적으로 반복되고 있음을 이용한다.

6 서술형

$20 \times a = 700 \div b = c^2$을 만족하는 가장 작은 자연수 a, b, c에 대하여 $a+b+c$의 값을 구하기 위한 풀이 과정을 쓰고 답을 구하시오.

① 단계: a의 값 구하기

20을 소인수분해하면 ________이므로 $20 \times a$가 어떤 자연수의 제곱이 되는 가장 작은 자연수 a의 값은 __이다.

② 단계: b의 값 구하기

700을 소인수분해하면 ________이므로 $700 \div b$가 어떤 자연수의 제곱이 되는 가장 작은 자연수 b의 값은 __이다.

③ 단계: c의 값 구하기

$20 \times$ __ $= 700 \div$ __ $=$ ________이므로 $c=$ _____

④ 단계: $a+b+c$의 값 구하기

$a+b+c=$ _________

► Check List
- a의 값을 바르게 구하였는가?
- b의 값을 바르게 구하였는가?
- c의 값을 바르게 구하였는가?
- $a+b+c$의 값을 바르게 구하였는가?

7 서술형

자연수 a의 약수의 개수를 $F(a)$라 할 때, $F(40) \times F(x) = 24$를 만족하는 가장 작은 자연수 x의 값을 구하기 위한 풀이 과정을 쓰고 답을 구하시오.

① 단계: $F(40)$의 값 구하기

② 단계: $F(x)$의 값 구하기

③ 단계: x의 값 구하기

► Check List
- $F(40)$의 값을 바르게 구하였는가?
- $F(x)$의 값을 바르게 구하였는가?
- x의 값을 바르게 구하였는가?

2 최대공약수와 최소공배수

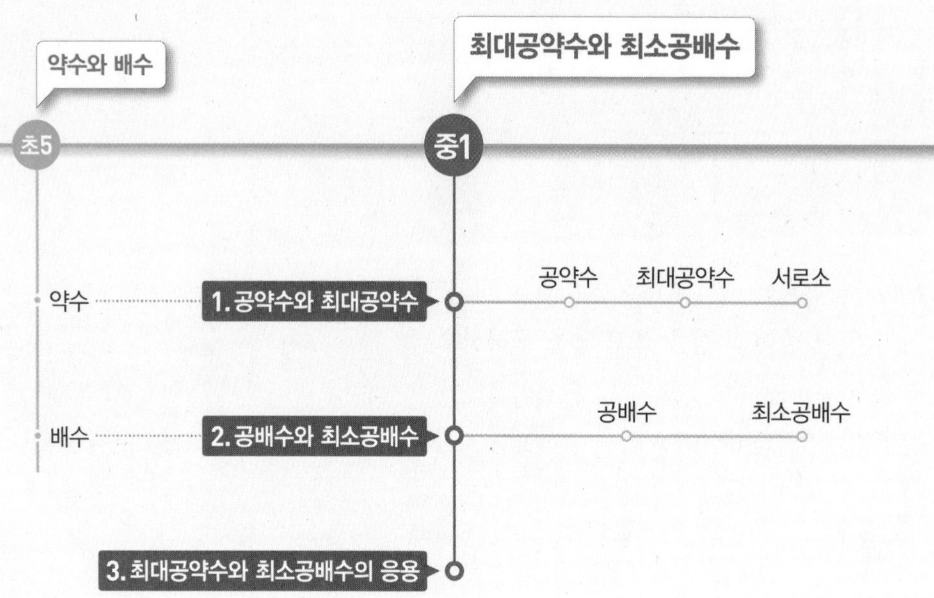

두 자연수의 관계는 두 자연수의 소수들의 관계다.

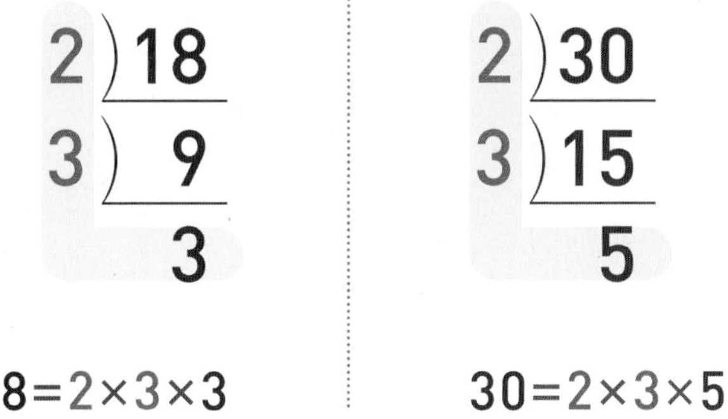

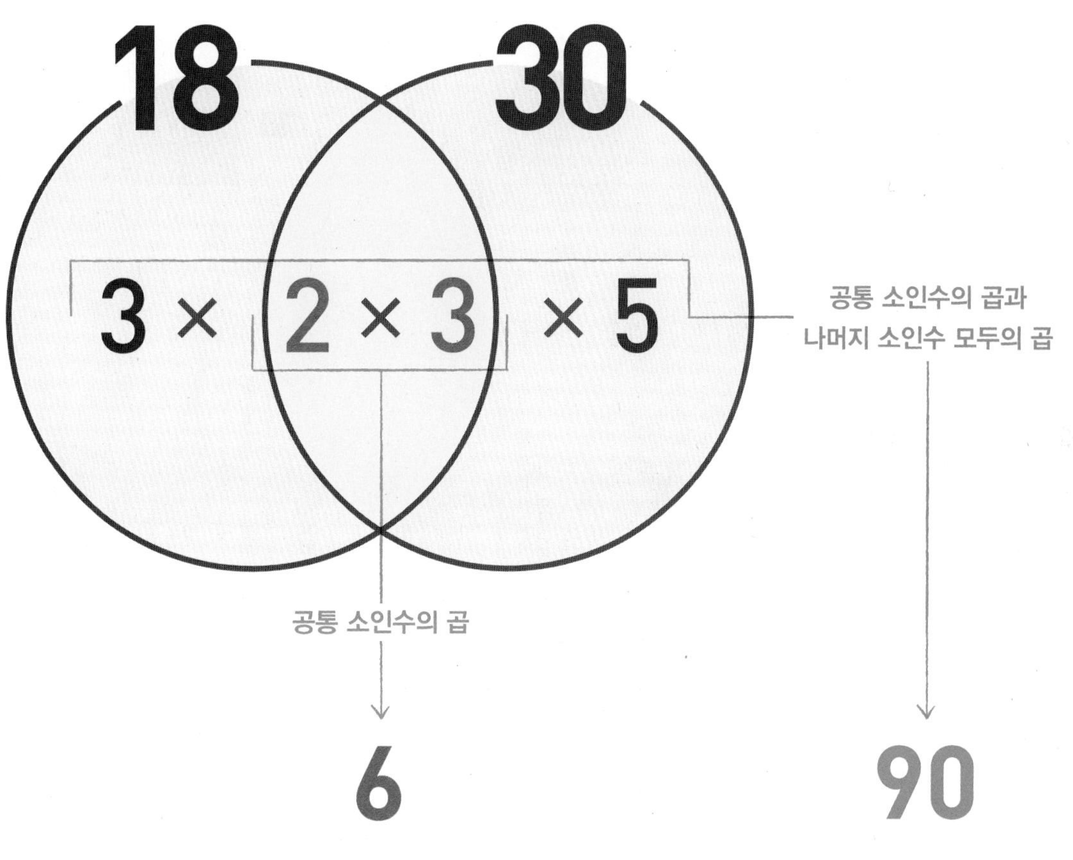

6

18와 30의 최대공약수

90

18와 30의 최소공배수

1 공약수와 최대공약수

소인수분해로 찾는 최대공약수!

$18=2\times3\times3$
$30=2\times3\times5$

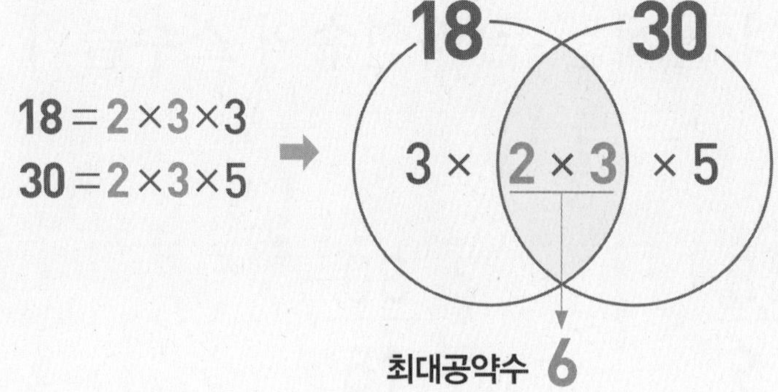

(1) **공약수:** 두 개 이상의 자연수의 공통인 약수

(2) **최대공약수:** 공약수 중에서 가장 큰 수

(3) **서로소:** 최대공약수가 1인 두 자연수

　예 8과 15는 최대공약수가 1이므로 서로소이다.

　참고 서로 다른 두 소수는 항상 서로소이다. (서로 다른 두 소수의 최대공약수는 1이다.)

(4) **최대공약수 구하기**

방법 1

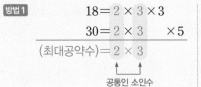

$18=2\times3\times3$
$30=2\times3\quad\times5$
(최대공약수)$=2\times3$

공통인 소인수

방법 2

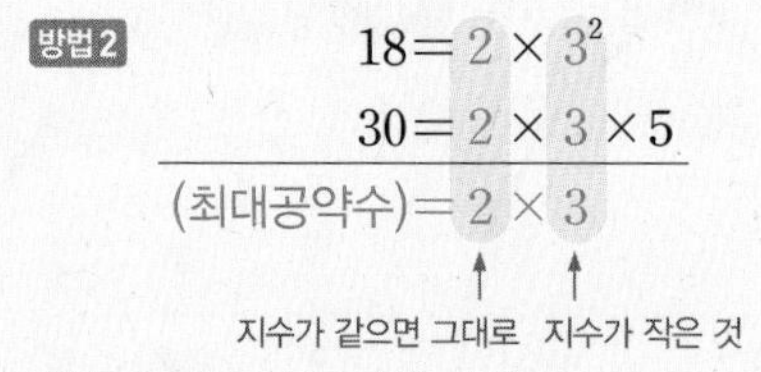

$18=2\times3^2$
$30=2\times3\times5$
(최대공약수)$=2\times3$

지수가 같으면 그대로　지수가 작은 것

방법 3

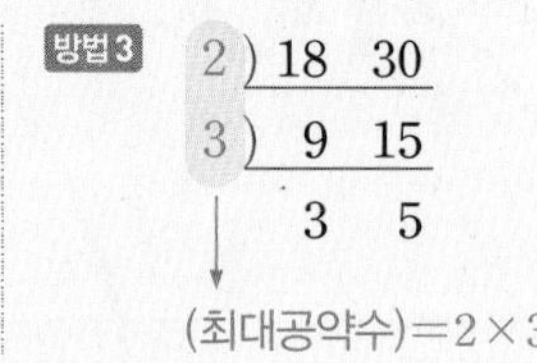

2) 18　30
3)　9　15
　　3　5

(최대공약수)$=2\times3$

(5) **최대공약수의 성질:** 두 개 이상의 자연수의 공약수는 그 수들의 최대공약수의 약수이다.

공약수와 최대공약수

6의 약수: 1, 2, 3, 6
8의 약수: 1, 2, 4, 8
6과 8의 공약수: 1, 2
6과 8의 최대공약수: 2

닭이 먼저, 알이 먼저? 공약수와 최대공약수!

두 수의 약수를 모두 구한 다음 공약수를 찾고 그중 가장 큰 수를 구하면 최대공약수를 구할 수 있어. 하지만 두 수의 약수를 모두 구하는 것은 생각보다 쉽지 않아. 약수가 많으면 빼먹기도 쉽고 겹치는 수를 찾는 것도 실수하기 쉽지. 그래서 소인수분해를 이용해. 쉽고 간단한 수는 직접 약수를 구해서 최대공약수를 구하면 되고 수가 크거나 곱으로 표현된 수의 경우 소인수분해를 이용하면 보다 쉽게 최대공약수와 공약수를 구할 수 있어.

초5　공약수를 모두 구한다. ➡ 가장 큰 공약수(최대공약수)를 구한다.

중1 (1단원)　소인수분해를 이용, 최대공약수를 구한다.
➡ 최대공약수의 약수(공약수)를 구한다.

개념확인

1. 두 자연수 18과 24에 대하여 다음을 구하시오.

(1) 18의 약수

(2) 24의 약수

(3) 18과 24의 공약수

(4) 18과 24의 최대공약수

2. 다음은 두 자연수 36과 48의 최대공약수를 두 가지 방법으로 구하는 과정이다. □ 안에 알맞은 수를 써넣으시오.

(1)
$36=2^2\times3^2$
$48=2^4\times3$
(최대공약수)$=\square\times\square=\square$

(2)
2) 36　48
2) □　24
□)　9　12
　　3　4

(최대공약수)$=2\times2\times\square$
$=\square$

공약수와 최대공약수의 관계

1 **두 자연수 A, B의 최대공약수가 $2^2\times3\times5$일 때, 다음 중 A와 B의 공약수가 아닌 것은?**

① 2×3 ② $2\times3\times5$ ③ $2^2\times3$
④ $2^2\times5$ ⑤ $2^3\times5$

공약수 구하기
두 개 이상의 자연수의 공약수는 그 수들의 최대공약수의 약수와 같다.

1-1 두 자연수 A와 B의 최대공약수가 28일 때, A와 B의 공약수를 모두 구하시오.

최대공약수 구하기

2 **세 수 $2^2\times3^2\times5$, $2\times3^3\times7$, $2^2\times3^2\times5^2$의 최대공약수는?**

① 2×3^2 ② $2^2\times3^2$ ③ $2^2\times3^3\times5$
④ $2^2\times3^3\times7$ ⑤ $2^2\times3^3\times5^2\times7$

최대공약수 구하기
① 소인수분해 이용
$12=2^2\times3$
$18=2\times3^2$
$2\times3=6$
② 나눗셈 이용
$2\,)\,12\quad18$
$3\,)\,6\quad9$
$2\quad3$
$\therefore 2\times3=6$

2-1 다음 수들의 최대공약수를 구하시오.

(1) $2^3\times3\times5^2$, $3^2\times5^2$
(2) 45, 75
(3) 28, 44, 60

2-2 다음 중 세 수 $2^2\times3^2\times5$, $2^2\times3^3$, $2\times3^2\times7$의 공약수의 개수는?

① 4 ② 6 ③ 9
④ 12 ⑤ 16

최대공약수가 주어질 때, 미지수 구하기

3 **두 수 $2^a\times3^4\times5^2$, $2^2\times3^b\times7$의 최대공약수가 2×3^3일 때, 자연수 a, b에 대하여 $a+b$의 값을 구하시오.**

최대공약수는 주어진 두 수의 공통인 인수들의 곱이므로 공통인 소인수의 지수는 같거나 작은 것이 된다.

3-1 두 자연수 30과 a의 공약수가 6의 약수와 같을 때, 다음 중 a의 값이 될 수 없는 것은?

① 6　② 24　③ 42
④ 48　⑤ 56

3-2 세 자연수 A, $2\times3^2\times5^2$, $2^2\times3^3\times5\times7$의 최대공약수가 $2\times3^2\times5$일 때, 다음 중 A가 될 수 있는 수는?

① $2\times3\times7$　② $2^2\times3\times5$　③ $2\times3^2\times7^2$
④ $2^2\times3^2\times5^3$　⑤ $2^3\times5^2\times7$

서로소 찾기

4 **다음 중 두 수가 서로소가 아닌 것은?**

① 8과 9　② 12와 33　③ 14와 45
④ 18과 35　⑤ 20과 63

서로소
최대공약수가 1인 두 자연수

4-1 20 이하의 자연수 중에서 12와 서로소인 수를 모두 구하시오.

2 공배수와 최소공배수

소인수분해로 찾는 최소공배수!

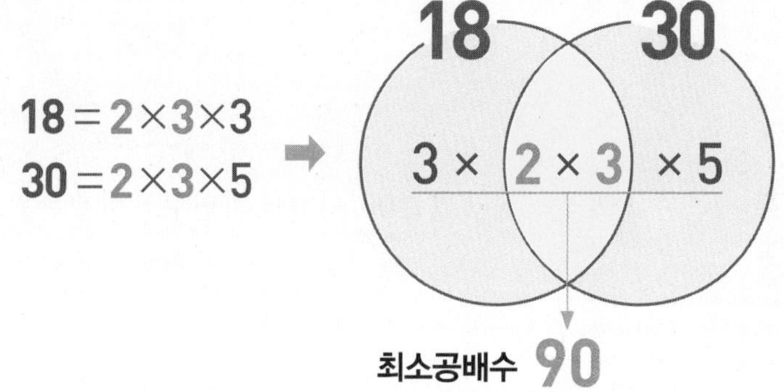

(1) **공배수 :** 두 개 이상의 자연수의 공통인 배수

(2) **최소공배수 :** 공배수 중에서 가장 작은 수

(3) **최소공배수 구하기**

공배수와 최소공배수
2의 배수 : 2, 4, 6, 8, ⋯
3의 배수 : 3, 6, 9, 12, ⋯
2와 3의 공배수 : 6, 12, 18, ⋯
2와 3의 최소공배수 : 6

방법 1

$18=2\times3\times3$
$30=2\times3\quad\times5$
$(\text{최소공배수})=2\times3\times3\times5$

공통인 소인수 / 공통이 아닌 소인수

방법 2

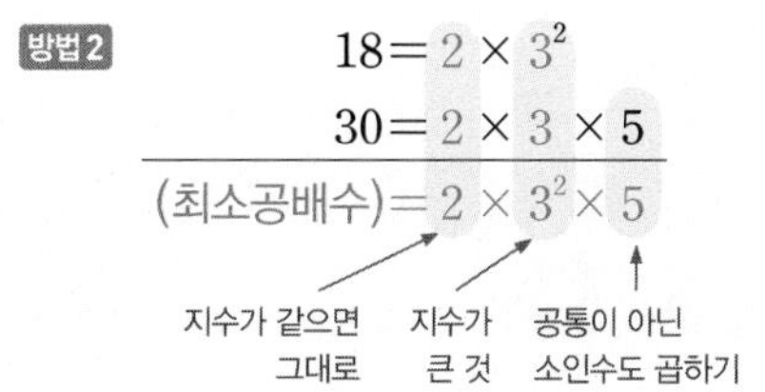

$18=2\times3^2$
$30=2\times3\times5$
$(\text{최소공배수})=2\times3^2\times5$

지수가 같으면 그대로 / 지수가 큰 것 / 공통이 아닌 소인수도 곱하기

방법 3

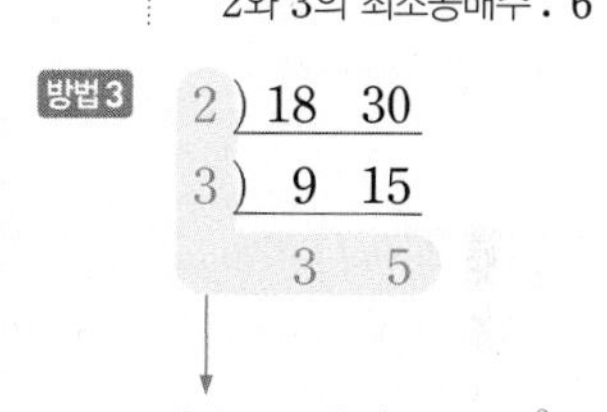

$2\,)\ 18\quad30$
$3\,)\ \ 9\quad15$
$\quad\ \ 3\quad\ 5$

$(\text{최소공배수})=2\times3^2\times5$

(4) **최소공배수의 성질**

① 두 개 이상의 자연수의 공배수는 그 수들의 최소공배수의 배수이다.

② 서로소인 두 자연수의 최소공배수는 두 자연수의 곱과 같다.

(5) **최대공약수와 최소공배수의 관계**

두 자연수 A, B의 최대공약수가 G, 최소공배수가 L일 때,

$A=a\times G$, $B=b\times G$ (a, b는 서로소)라 하면

① $L=a\times b\times G$

② $A\times B=(a\times G)\times(b\times G)=(a\times b\times G)\times G=L\times G$

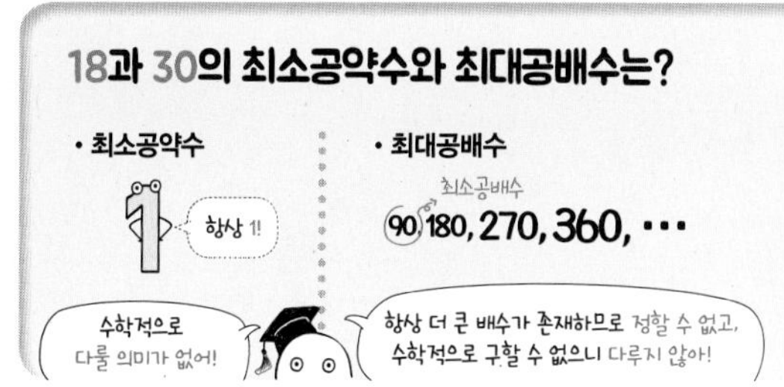

18과 30의 최소공약수와 최대공배수는?
• 최소공약수
1
항상 1!
• 최대공배수
최소공배수
90 180, 270, 360, ⋯
수학적으로 다룰 의미가 없어!
항상 더 큰 배수가 존재하므로 정할 수 없고, 수학적으로 구할 수 없으니 다루지 않아!

개념확인

1. 두 자연수 8과 10에 대하여 다음을 구하시오.

(1) 8의 배수

(2) 10의 배수

(3) 8과 10의 공배수

(4) 8과 10의 최소공배수

2. 다음은 두 자연수 20과 24의 최소공배수를 두 가지 방법으로 구하는 과정이다. □ 안에 알맞은 수를 써넣으시오.

(1)
$20=2^2\quad\times5$
$24=2^3\times3$
$(\text{최소공배수})=\square\times\square\times\square=\square$

(2)
$2\,)\ 20\quad24$
$\square\,)\ \square\quad12$
$\quad\ 5\quad\square$

$(\text{최소공배수})=2\times\square\times5\times\square$
$=\square$

공배수와 최소공배수의 관계

1 **두 자연수 A와 B의 최소공배수가 9일 때, A와 B의 공배수 중에서 200에 가장 가까운 수를 구하시오.**

최소공배수는 공배수 중에서 가장 작은 수이다.

1-1 최소공배수가 18인 두 자연수 a, b의 공배수 중 100 이하의 자연수의 개수는?

① 3 ② 5 ③ 7
④ 8 ⑤ 9

최소공배수 구하기

2 **세 수 $2^2\times3\times5$, $2\times3^2\times5\times7$, $2^3\times3\times5^2\times7$의 최소공배수는?**

① 2×3 ② $2\times3\times7$ ③ $2^3\times3\times7^2$
④ $2^2\times3^2\times5\times7^2$ ⑤ $2^3\times3^2\times5^2\times7$

최소공배수 구하기
① 소인수분해 이용
$18=2\times3^2$
$24=2^3\times3$
$2^3\times3^2=72$
→ 지수가 큰 것
② 나눗셈 이용
2) 18 24
3) 9 12
3 4
$\therefore 2\times3\times3\times4=72$

2-1 다음 수들의 최소공배수를 구하시오.

(1) 2×3^2, $2^2\times3\times5$, $3\times5\times7$
(2) 12, 16
(3) 24, 36, 42

2-2 다음 중 세 수 $2^2\times3^2\times7$, $2\times3\times5$, $2^3\times3^2\times7^2$의 공배수가 <u>아닌</u> 것은?

① $2^2\times3^2\times5^2\times7^2$ ② $2^3\times3^2\times5\times7^2$ ③ $2^3\times3^2\times5^2\times7^2$
④ $2^3\times3^3\times5^2\times7^2$ ⑤ $2^3\times3^3\times5^2\times7^3$

최소공배수가 주어질 때, 미지수 구하기

3 두 수 $2\times3^a\times5$, $2^b\times3^3\times7$의 최소공배수가 $2^3\times3^4\times5\times7$일 때, 자연수 a, b에 대하여 $a+b$의 값을 구하시오.

최소공배수는 주어진 두 수의 공통인 인수와 공통이 아닌 인수 모두의 곱이 되므로 공통인 소인수의 지수는 같거나 큰 것이 된다.

3-1 두 수 $2^a\times3^2\times7^b$, $2^3\times3^c\times7$의 최소공배수가 $2^5\times3^3\times7^2$일 때, 자연수 a, b, c에 대하여 $a+b-c$의 값을 구하시오.

3-2 세 자연수 $2^3\times3$, $2\times3\times5$, A의 최소공배수가 $2^3\times3^3\times5\times7$일 때, 다음 중 A가 될 수 <u>없는</u> 수는?

① $2\times3^3\times7$　② $2^2\times3^3\times7$　③ $2\times3^3\times5\times7$
④ $2^2\times3^3\times5\times7$　⑤ $2^3\times5^2\times7$

미지수가 포함된 세 수의 최소공배수

4 세 자연수 $5\times x$, $6\times x$, $10\times x$의 최소공배수가 180일 때, x의 값을 구하시오.

최소공배수를 미지수를 사용하여 나타낸다.
㉠ 세 자연수 $2\times x$, $3\times x$, $5\times x$의 최소공배수가 90이면
$x\times2\times3\times5=90$
$\therefore x=3$

4-1 세 자연수의 비가 3 : 4 : 8이고 최소공배수가 48일 때, 세 자연수의 합은?

① 30　② 36　③ 42
④ 48　⑤ 54

최대공약수와 최소공배수가 주어졌을 때, 두 수 구하기

5 **두 자연수 A, B에 대하여 최대공약수가 6, 최소공배수가 48일 때, $A+B$의 값을 구하시오.**

$6\,)\underline{A\quad B}$
$\quad a\quad b$ (a, b는 서로소)
⇨ (최소공배수) $=6\times a\times b$

5-1 최대공약수가 8, 최소공배수가 80인 두 자리의 자연수 A, B의 차는?

① 20 ② 24 ③ 28
④ 32 ⑤ 36

5-2 두 자리의 자연수 A, B에 대하여 A, B의 곱이 4500이고 최대공약수가 10일 때, $A+B$의 값을 구하시오.

(두 수의 곱)=(최대공약수)×(최소공배수)

6 **두 자연수의 곱이 700이고 최소공배수가 140일 때, 이 두 자연수의 최대공약수를 구하시오.**

(두 자연수의 곱) =(최대공약수) ×(최소공배수)

6-1 두 자연수의 곱이 1215이고 최대공약수가 9일 때, 이 두 수의 최소공배수는?

① 27 ② 45 ③ 81
④ 135 ⑤ 405

3 최대공약수와 최소공배수의 응용

그림 속에 숨어있는 최대공약수와 최소공배수!

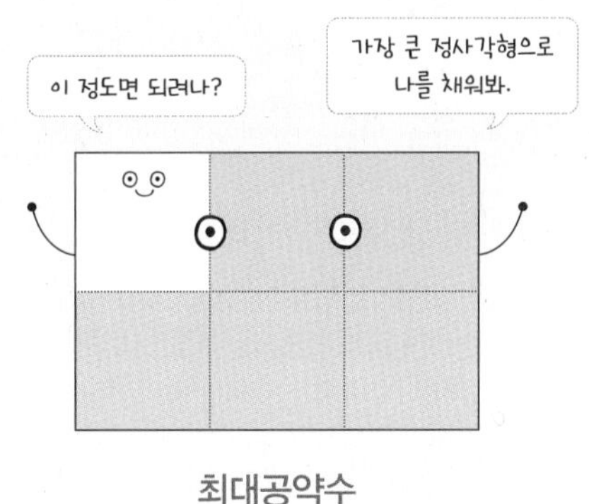

최대공약수

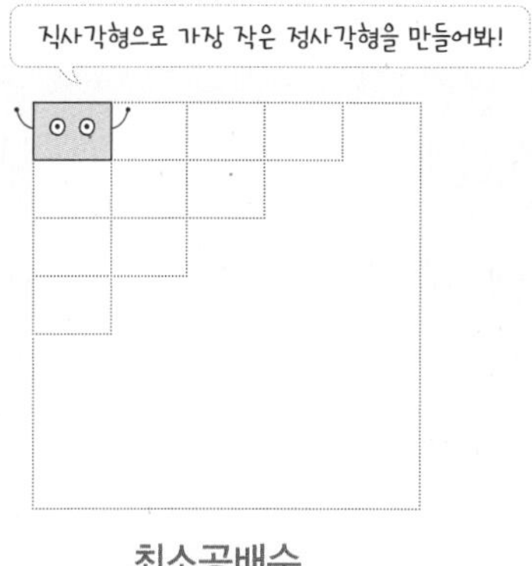

최소공배수

(1) 최대공약수, 최소공배수와 나머지

① 어떤 자연수로 주어진 자연수들을 나눌 때 나머지가 일정

➡ 주어진 자연수들에서 (일정한 나머지)를 빼면 어떤 자연수로 모두 나누어떨어진다.

➡ 어떤 자연수는 주어진 자연수들에서 (일정한 나머지)를 뺀 수들의 공약수이다.

② 어떤 자연수를 주어진 자연수들로 나누어도 나머지가 일정

➡ 어떤 자연수에서 (일정한 나머지)를 빼면 주어진 자연수들로 모두 나누어떨어진다.

➡ 어떤 자연수는 주어진 자연수들의 공배수에 (일정한 나머지)를 더한 수이다.

(2) 분수를 자연수로 만들기

① 공약수로 자연수 만들기	② 공배수로 자연수 만들기
두 분수 $\frac{○}{△}$, $\frac{★}{△}$이 자연수라면 △=(○, ★의 공약수)	두 분수 $\frac{∗}{○}$, $\frac{∗}{★}$이 자연수라면 ∗=(○, ★의 공배수)

개념확인

1. 두 수 5, 7을 어떤 자연수로 각각 나누었더니 나머지가 모두 1이었다. 이러한 자연수 중에서 가장 큰 수를 구하려고 한다. 다음 □ 안에 알맞은 수를 써넣으시오.

> ① 5를 어떤 자연수로 나누면 나머지가 1이다.
> ➡ 어떤 자연수는 (5−□)의 약수
> ② 7을 어떤 자연수로 나누면 나머지가 1이다.
> ➡ 어떤 자연수는 (7−□)의 약수

▶ 따라서 구하는 자연수는 □와 □의 공약수이고 가장 큰 수이므로 □이다.

2. 두 자연수 4, 6 중 어느 것으로 나누어도 나머지가 3인 자연수 중에서 가장 작은 수를 구하려고 한다. 다음 □ 안에 알맞은 수를 써넣으시오.

> ① 어떤 자연수를 4로 나누면 3이 남는다.
> ➡ 어떤 자연수는 (4의 배수)+□
> ② 어떤 자연수를 6으로 나누면 3이 남는다.
> ➡ 어떤 자연수는 (□의 배수)+3

▶ 따라서 구하는 자연수는 (□와 □의 공배수)+3이고 가장 작은 수이므로 □+3=□이다.

어떤 자연수로 나누기

1 **두 수 109, 157을 어떤 자연수로 각각 나누었더니 나머지가 모두 1이었다. 이러한 자연수 중에서 가장 큰 수를 구하시오.**

• 109를 어떤 자연수로 나누면 1이 남는다.
⇨ 어떤 자연수는 (109−1)의 약수이다.
• 157을 어떤 자연수로 나누면 1이 남는다.
⇨ 어떤 자연수는 (157−1)의 약수이다.

참고 |
① □를 어떤 수로 나누면 ○가 남는다.
⇨ 어떤 수는 (□−○)의 약수이다.
② □를 어떤 수로 나누면 ○가 부족하다.
⇨ 어떤 수는 (□+○)의 약수이다.

1-1 어떤 자연수로 43을 나누면 1이 남고, 101을 나누면 3이 남는다고 한다. 이러한 자연수 중에서 가장 큰 수를 구하시오.

어떤 자연수를 나누기

2 **두 자연수 6, 10 중 어느 것으로 나누어도 나머지가 3인 세 자리의 자연수 중에서 가장 작은 수를 구하시오.**

• 어떤 자연수를 6으로 나누면 3이 남는다.
⇨ 어떤 자연수는 (6의 배수)+3
• 어떤 자연수를 10으로 나누면 3이 남는다.
⇨ 어떤 자연수는 (10의 배수)+3

2-1 15로 나누면 13이 남고, 18로 나누면 2가 부족한 자연수 중에서 가장 작은 수를 구하시오.

2-2 세 자연수 4, 5, 6 중 어느 것으로 나누어도 1이 남는 세 자리의 자연수 중에서 가장 작은 수를 구하시오.

분수를 자연수로 만들기 (1)

3 **두 분수 $\frac{30}{A}$, $\frac{36}{A}$이 모두 자연수가 되는 가장 큰 자연수 A를 구하시오.**

두 분수 $\frac{30}{A}$, $\frac{36}{A}$이 모두 자연수가 되려면 A는 30과 36의 공약수이어야 한다.

3-1 두 분수 $\frac{48}{A}$, $\frac{60}{A}$이 모두 자연수가 되는 가장 큰 자연수 A를 구하시오.

분수를 자연수로 만들기 (2)

4 **두 분수 $\frac{1}{6}$, $\frac{1}{14}$ 중 어느 것을 곱해도 자연수가 되는 가장 작은 자연수를 구하시오.**

두 분수 $\frac{1}{6}$, $\frac{1}{14}$ 중 어느 것을 곱해도 자연수가 되는 수는 6과 14의 공배수이어야 한다.

4-1 두 분수 $\frac{1}{24}$, $\frac{1}{30}$ 중 어느 것을 곱해도 자연수가 되는 가장 작은 자연수를 구하시오.

4-2 두 분수 $\frac{n}{12}$, $\frac{n}{18}$을 모두 자연수로 만드는 n의 값 중 가장 작은 세 자리의 자연수를 구하시오.

개념 특강

최대공약수와 최소공배수 구하기

초등 약수/배수 ➡ 공약수/공배수 ➡ 최대공약수/최소공배수의 순서로 구한다.

- 약수와 배수를 일일이 구해야 하므로 시간이 많이 소요됨
- 큰 수의 경우 답을 구하기 어려움

18과 30의 최대공약수와 최소공배수는?

최대공약수

18의 약수 : 1, 2, 3, 6, 9, 18
30의 약수 : 1, 2, 3, 5, 6, 10, 15, 30

➡ 공약수 : 1, 2, 3, 6
최대공약수 : ( )

최소공배수

18의 배수 : 18, 36, 54, 72, 90, 108, 126, 144, 162, 180, ⋯
30의 배수 : 30, 60, 90, 120, 150, 180, 210, ⋯

➡ 공배수 : 90, 180, ⋯
최소공배수 : ( )

답 6, 90

중등 소인수분해하여 구한다.

- 약수와 배수를 일일이 구하지 않고도 빠르고 정확하게 구할 수 있음
- 큰 수도 답을 쉽게 구할 수 있음

2) 18
3) 9
  3

18=2×3×3

2) 30
3) 15
  5

30=2×3×5

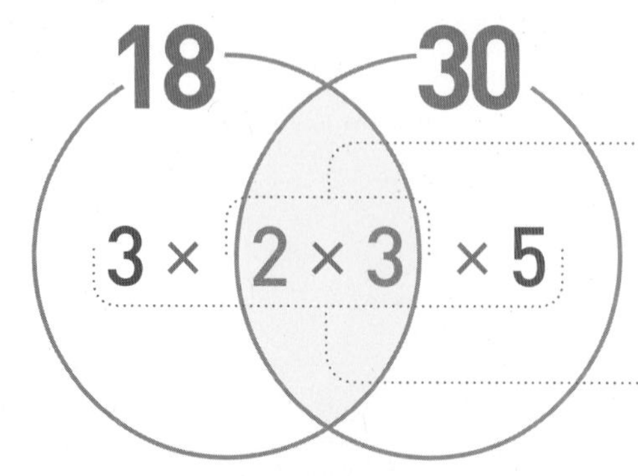

최대공약수

2×3=6

공통 소인수(2, 3)의 곱

2) 18 30
× 3) 9 15
  3 5

최소공배수

3×□×□×5=90

공통 소인수의 곱(2×3, 즉 최대공약수)과 나머지 소인수(3, 5) 모두의 곱

2) 18 30
× 3) 9 15
× 3 × 5

답 2, 3

일반화

두 자연수의 곱은 최대공약수와 최소공배수의 곱과 같다.

$A = a \times G$
$B = b \times G$
(단 a, b는 서로소)

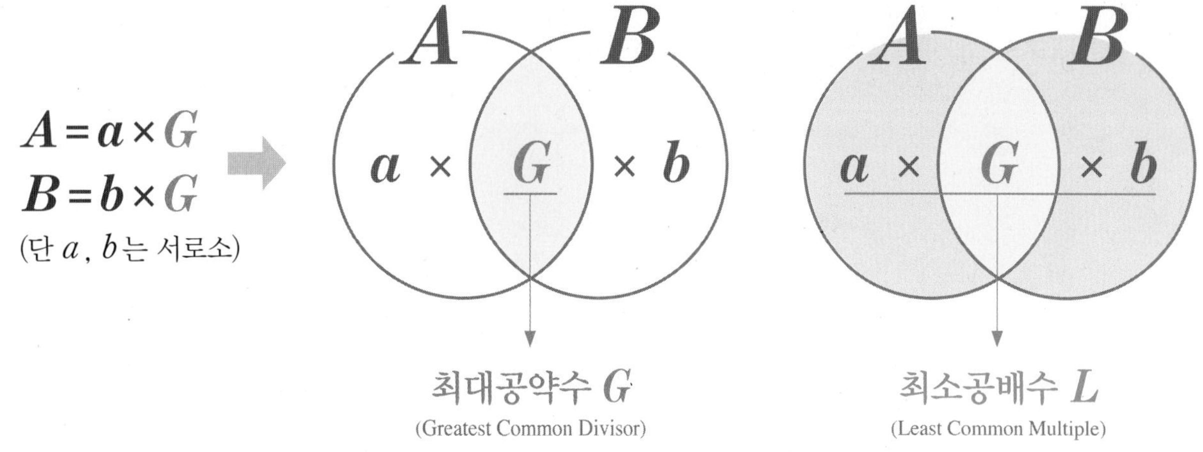

$A = a \times G$
$B = b \times G$

$L = a \times b \times G$

$A \times B$
$= a \times G \times b \times G$
$= a \times b \times G \times G$

$L = a \times b \times G$

$$A \times B = L \times G$$

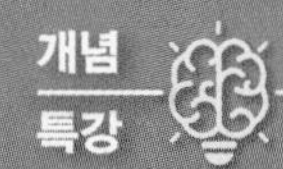

생활 속 최대공약수와 최소공배수

실생활을 소재로 다뤄지는 최대공약수, 최소공배수 문제는 초등학교부터 다뤄왔지만 항상 헷갈리는 경우가 많다. 말이 어렵기도 하고 긴 문장 속에서 중요한 포인트가 무엇인지 바로 알아채기 힘들 수 있기 때문이다.
이번 개념특강에서는 이런 문장들 속에서 최대공약수, 최소공배수를 이용하는 경우의 특징을 살펴보고 그에 따른 문제의 재구성을 통해 보다 쉽게 문제를 해석할 수 있도록 하려 한다.

1. 문장 속에 숨어있는 최대공약수!

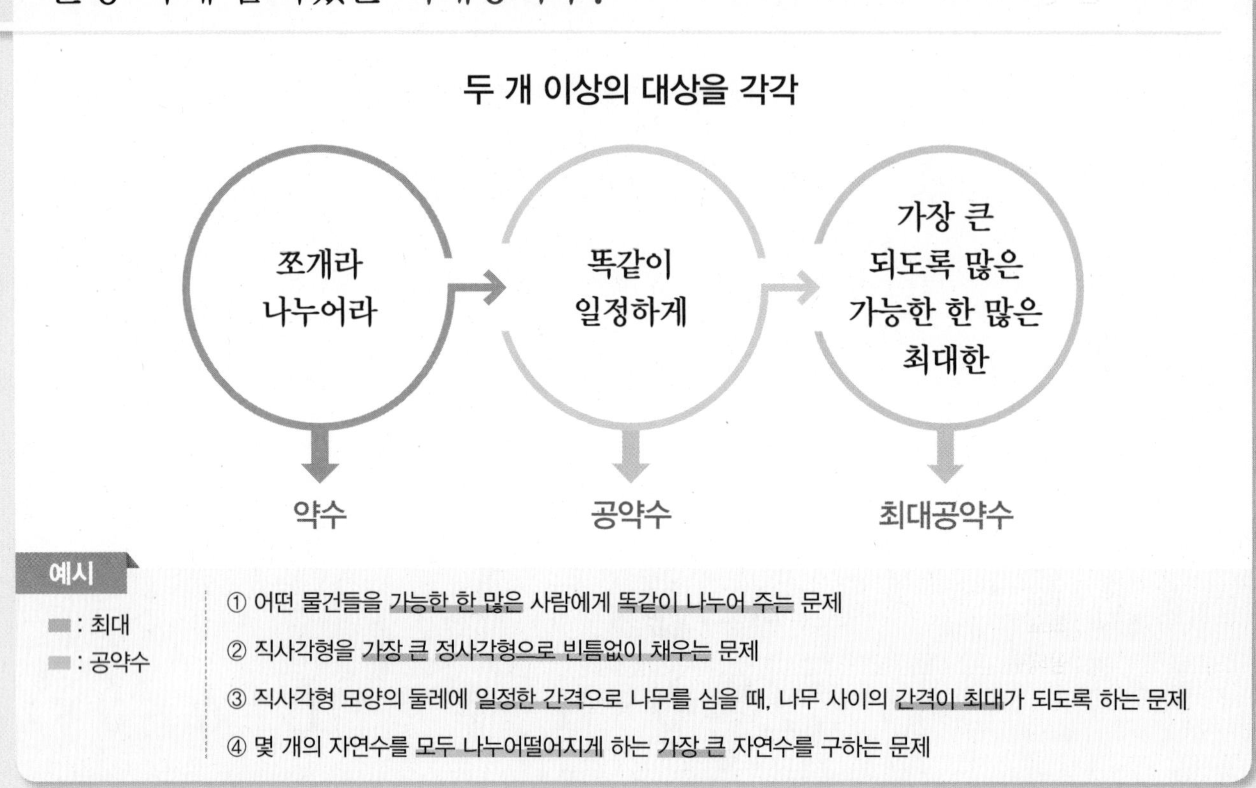

예시

■ : 최대
■ : 공약수

① 어떤 물건들을 가능한 한 많은 사람에게 똑같이 나누어 주는 문제
② 직사각형을 가장 큰 정사각형으로 빈틈없이 채우는 문제
③ 직사각형 모양의 둘레에 일정한 간격으로 나무를 심을 때, 나무 사이의 간격이 최대가 되도록 하는 문제
④ 몇 개의 자연수를 모두 나누어떨어지게 하는 가장 큰 자연수를 구하는 문제

문제의 재구성

1-1 딸기 20개, 귤 28개를 가능한 한 많은 학생들에게 남김없이 똑같이 나누어 주려고 할 때, 몇 명의 학생들에게 나누어 줄 수 있는지 구하시오.

가능한 한 많은 → 최대
똑같이 나누어 주려고 → 공약수
20(개)와 28(개)의 최대공약수를 구하라.

1-2 가로의 길이가 48 cm, 세로의 길이가 60 cm, 높이가 72 cm인 직육면체 모양의 나무토막을 남는 부분없이 똑같은 크기로 잘라서 가능한 한 큰 정육면체 모양의 주사위를 만들려고 한다. 이 주사위의 한 모서리의 길이를 구하시오.

가능한 한 큰 → 최대
똑같은 크기로 잘라서 → 공약수
48(cm)와 60(cm)와 72(cm)의
최대공약수를 구하라.

답 1-1 4명 1-2 12 cm

2. 문장 속에 숨어있는 최소공배수!

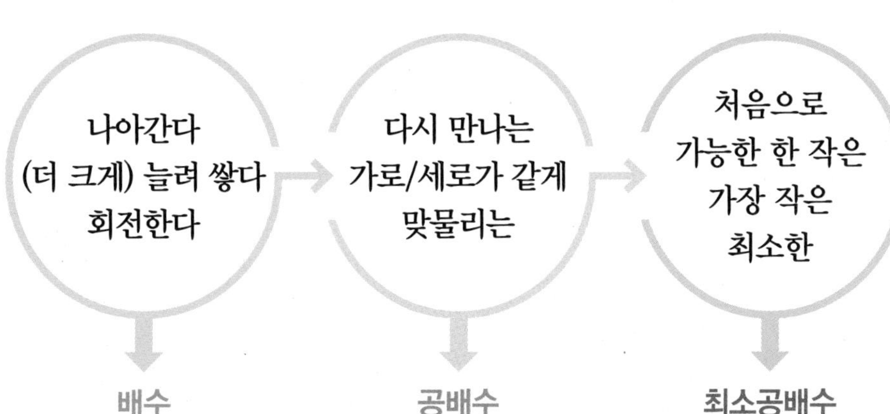

예시

▬ : 최소
▬ : 공배수

① 배차 간격이 다른 두 버스가 동시에 출발하여 처음으로 다시 만나는 시각을 묻는 문제

② 톱니 수가 다른 두 톱니바퀴가 처음으로 다시 같은 톱니에서 맞물릴 때까지 회전한 톱니 수를 구하는 문제

③ 일정한 크기의 직육면체를 빈틈없이 쌓아서 가장 작은 정육면체를 만드는 문제

④ 몇 개의 자연수로 모두 나누어떨어지는 가장 작은 자연수를 구하는 문제

문제의 재구성

2-1 어느 역에서 지하철은 6분마다 출발하고, 버스는 15분마다 출발한다. 오전 6시에 지하철과 버스가 동시에 출발하였다고 할 때, 지하철과 버스가 처음으로 다시 동시에 출발하는 시각을 구하시오.

처음으로 → 최소

다시 동시에 → 공배수

6(분)과 15(분)의 **최소공배수**를 구하라.

2-2 가로의 길이가 18 cm, 세로의 길이가 20 cm인 직사각형 모양의 종이를 일정한 방향으로 겹치지 않게 빈틈없이 붙여서 가장 작은 정사각형 모양을 만들려고 할 때, 만들어지는 정사각형의 한 변의 길이를 구하시오.

가장 작은 → 최소

정사각형 모양을 만들려고 → 공배수

18(cm)와 20(cm)의 **최소공배수**를 구하라.

답 2-1 오전 6시 30분 2-2 180 cm

개념 완성

기본 문제

1 서로소 찾기

다음 중 서로소인 두 자연수로 짝지어지지 <u>않은</u> 것은?

① 4와 17　② 35와 72
③ 17과 34　④ 14와 15
⑤ 4와 9

2 최대공약수가 주어질 때 미지수 찾기

세 수 $2^a\times3^4\times7$, $2^5\times3^2\times5$, $2^4\times3^3\times7^2$의 최대공약수가 $2^3\times3^b$이고 공약수의 개수가 c일 때, 자연수 a, b, c에 대하여 $a+b+c$의 값은?

① 16　② 17　③ 18
④ 19　⑤ 20

3 공배수와 최소공배수의 관계

두 수 16, 20의 공배수 중에서 300에 가장 가까운 수는?

① 280　② 290　③ 310
④ 320　⑤ 330

4 소인수분해된 수에서의 최대공약수와 최소공배수

두 수 $2^2\times3^3\times5$, $2\times3^2\times7$의 최대공약수와 최소공배수를 차례로 나열한 것은?

	최대공약수	최소공배수
①	2×3^2	$2^2\times3^2\times5$
②	2×3^2	$2^2\times3^2\times7$
③	2×3^2	$2^2\times3^3\times5\times7$
④	$2^2\times3^2$	$2\times3^3\times5\times7$
⑤	$2^2\times3^3$	$2^2\times3^3\times5\times7$

5 최소공배수를 알 때 두 수 구하기

두 자연수의 비가 5 : 11이고, 최소공배수가 330일 때, 두 자연수 중 큰 수는?

① 30　② 52　③ 66
④ 84　⑤ 96

6 최소공배수를 알 때 최대공약수 구하기

세 자연수 $2\times x$, $5\times x$, $8\times x$의 최소공배수가 120일 때, x의 값과 최대공약수를 차례로 나열한 것은?

① 2, 4　② 3, 3　③ 3, 6
④ 3, 15　⑤ 4, 8

7 최대공약수와 최소공배수가 주어졌을 때 두 수 구하기

두 자연수 $A=2^4\times3\times5^2$, B의 최대공약수가 $2^2\times5$이고 최소공배수가 $2^4\times3\times5^2\times7$일 때, 자연수 B의 값은?

① $2^2\times5$　② $2^2\times7$　③ $2^2\times3\times5$
④ $2^2\times3\times7$　⑤ $2^2\times5\times7$

8 (두 수의 곱)=(최대공약수)×(최소공배수)

두 수의 곱이 $2^3\times3^5\times5^2\times7$이고 최소공배수가 $2^2\times3^3\times5\times7$일 때, 두 수의 최대공약수는?

① $2\times3\times5$　② $2^2\times3\times5$
③ $2\times3^2\times5$　④ $2\times3\times5\times7$
⑤ $2^2\times3\times5\times7$

9 어떤 자연수로 나누기

두 수 121, 181을 어떤 자연수로 각각 나누었더니 나머지가 모두 1이었다. 이러한 자연수 중에서 가장 큰 수를 구하시오.

10 어떤 자연수로 나누기

세 수 27, 63, 87을 어떤 자연수로 각각 나누었더니 나머지가 모두 3이었다. 이러한 자연수 중에서 가장 큰 수를 구하시오.

11 어떤 자연수로 나누기

세 수 121, 152, 183을 어떤 자연수로 각각 나누었더니 나머지가 각각 1, 2, 3이었다. 이러한 자연수 중에서 가장 큰 수를 구하시오.

12 어떤 자연수를 나누기

12로 나누면 9가 남고, 15로 나누면 3이 부족한 자연수 중에서 가장 작은 수를 구하시오.

13 어떤 자연수를 나누기

3보다 큰 자연수 중에서 세 자연수 5, 7, 9 중 어느 수로 나누어도 나머지가 3인 가장 작은 수는?

① 309　② 312　③ 315
④ 318　⑤ 321

14 어떤 자연수를 나누기

4로 나누면 3이 남고, 5로 나누면 4가 남고, 7로 나누면 6이 남는 자연수 중 가장 작은 수를 구하시오.

15 두 분수를 자연수로 만들기

두 분수 $\frac{1}{15}$, $\frac{1}{35}$ 중 어느 것에 곱하여도 그 결과가 자연수가 되도록 하는 가장 작은 자연수를 구하시오.

16 두 분수를 자연수로 만들기

두 분수 $\frac{26}{3}$, $\frac{13}{21}$ 중 어느 것에 곱하여도 그 결과가 자연수가 되도록 하는 가장 작은 분수를 구하시오.

발전 문제

1 100 이하의 자연수 중 15와 서로소인 자연수는 모두 몇 개인가?

① 51개 ② 52개 ③ 53개
④ 54개 ⑤ 55개

2 두 수 $2^a \times 3 \times 5$와 $2^3 \times 5^2$의 공약수의 개수가 6일 때, 자연수 a의 값을 구하시오.

두 수의 공약수의 개수는 최대공약수의 약수의 개수이다.

3 두 자연수 a, b의 최대공약수를 $a \circledcirc b$, 최소공배수를 $a \diamond b$로 약속할 때, $(24 \circledcirc 36) \diamond 72$의 값은?

① 6 ② 12 ③ 36
④ 72 ⑤ 144

4 어떤 자연수로 132를 나누면 2가 남고, 185를 나누면 3이 남는다고 한다. 이러한 자연수 중 가장 큰 수는?

① 26 ② 28 ③ 30
④ 32 ⑤ 34

5 서술형

두 자연수 A, B의 곱이 150이고 최대공약수가 5일 때, 가능한 모든 A의 값의 합을 구하기 위한 풀이 과정을 쓰고 답을 구하시오. (단, $A<B$)

① 단계: 최대공약수를 이용하여 두 자연수 나타내기

두 자연수 A, B의 최대공약수가 5이므로 두 자연수를

_____, _____ (단, a, b는 서로소, $a<b$)라 하자.

② 단계: 서로소인 두 인수 구하기

A, B의 곱이 150이므로 __________ $=150$

$\therefore a\times b=$ _______

이를 만족하는 서로소인 두 자연수 a, b는

_____과 _____ 또는 _____와 _____이다.

③ 단계: 가능한 모든 A의 값의 합 구하기

(i) $a=$ _____, $b=$ _____ 일 때, $A=$ _____, $B=$ _____

(ii) $a=$ _____, $b=$ _____ 일 때, $A=$ _____, $B=$ _____

따라서 가능한 모든 A의 값의 합은 __________

► Check List
- 최대공약수를 이용하여 두 자연수를 바르게 나타내었는가?
- 두 수의 곱을 이용하여 서로소인 두 인수를 바르게 구하였는가?
- 가능한 모든 A의 값의 합을 바르게 구하였는가?

6 서술형

세 분수 $\frac{7}{12}$, $\frac{49}{15}$, $\frac{35}{18}$의 어느 것에 곱하여도 그 결과가 자연수가 되는 분수 중에서 가장 작은 기약분수를 $\frac{b}{a}$라 할 때, $b-a$의 값을 구하기 위한 풀이 과정을 쓰고 답을 구하시오.

① 단계: a의 조건을 알고 a의 값 구하기

____

② 단계: b의 조건을 알고 b의 값 구하기

____

③ 단계: $b-a$의 값 구하기

____

► Check List
- 주어진 분수가 자연수가 되는 조건을 이해하고 a의 값을 바르게 구하였는가?
- 주어진 분수가 자연수가 되는 조건을 이해하고 b의 값을 바르게 구하였는가?
- $b-a$의 값을 바르게 구하였는가?

II 정수와 유리수

1 정수와 유리수

1 정수의 뜻
2 유리수의 뜻
3 절댓값
4 수의 대소 관계

2 정수와 유리수의 사칙계산

1 정수와 유리수의 덧셈
2 정수와 유리수의 뺄셈
3 정수와 유리수의 곱셈
4 정수와 유리수의 곱셈의 활용
5 정수와 유리수의 나눗셈 (1)
6 정수와 유리수의 나눗셈 (2)
7 정수와 유리수의 혼합 계산

1 정수와 유리수

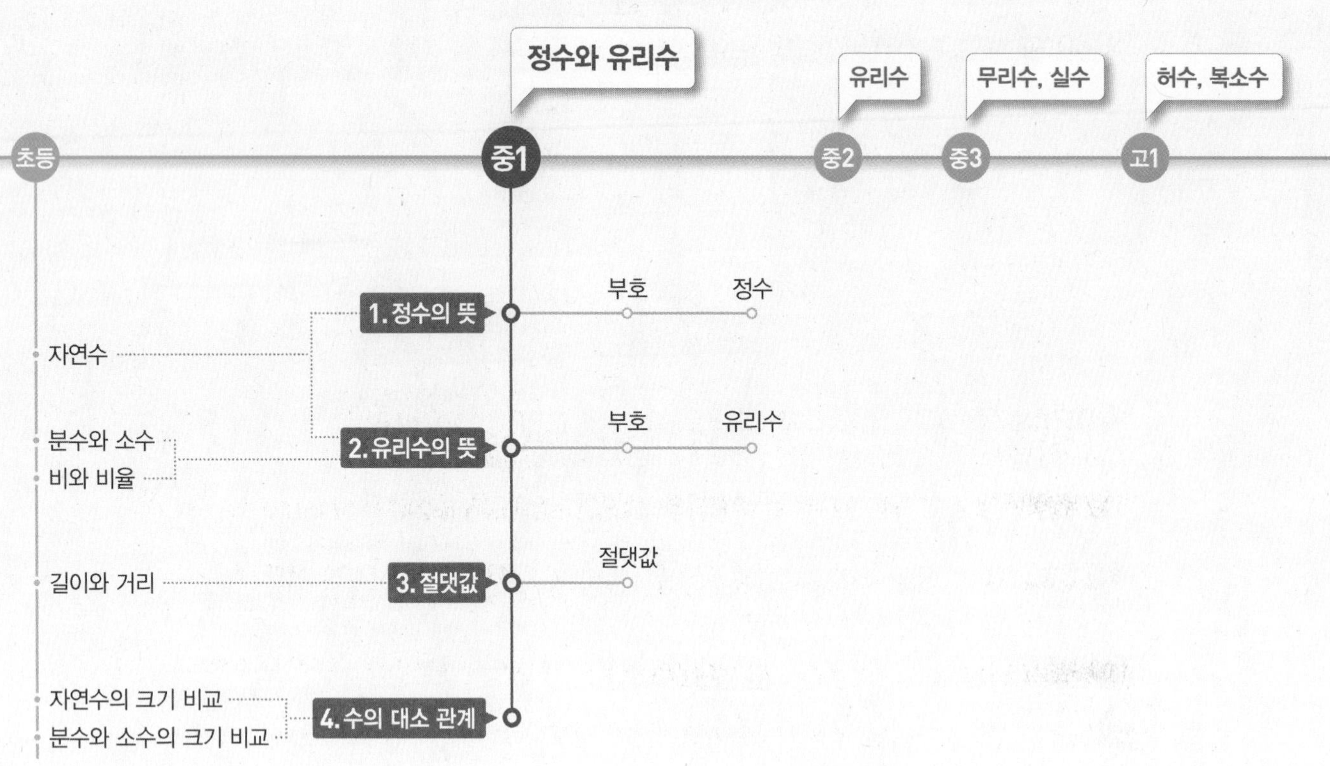

정수와 유리수
유리수
무리수, 실수
허수, 복소수
초등
중1
중2
중3
고1
부호
정수
1. 정수의 뜻
자연수
부호
유리수
분수와 소수
2. 유리수의 뜻
비와 비율
절댓값
길이와 거리
3. 절댓값
자연수의 크기 비교
4. 수의 대소 관계
분수와 소수의 크기 비교

문제 해결 과정에서 확장된 수의 세계

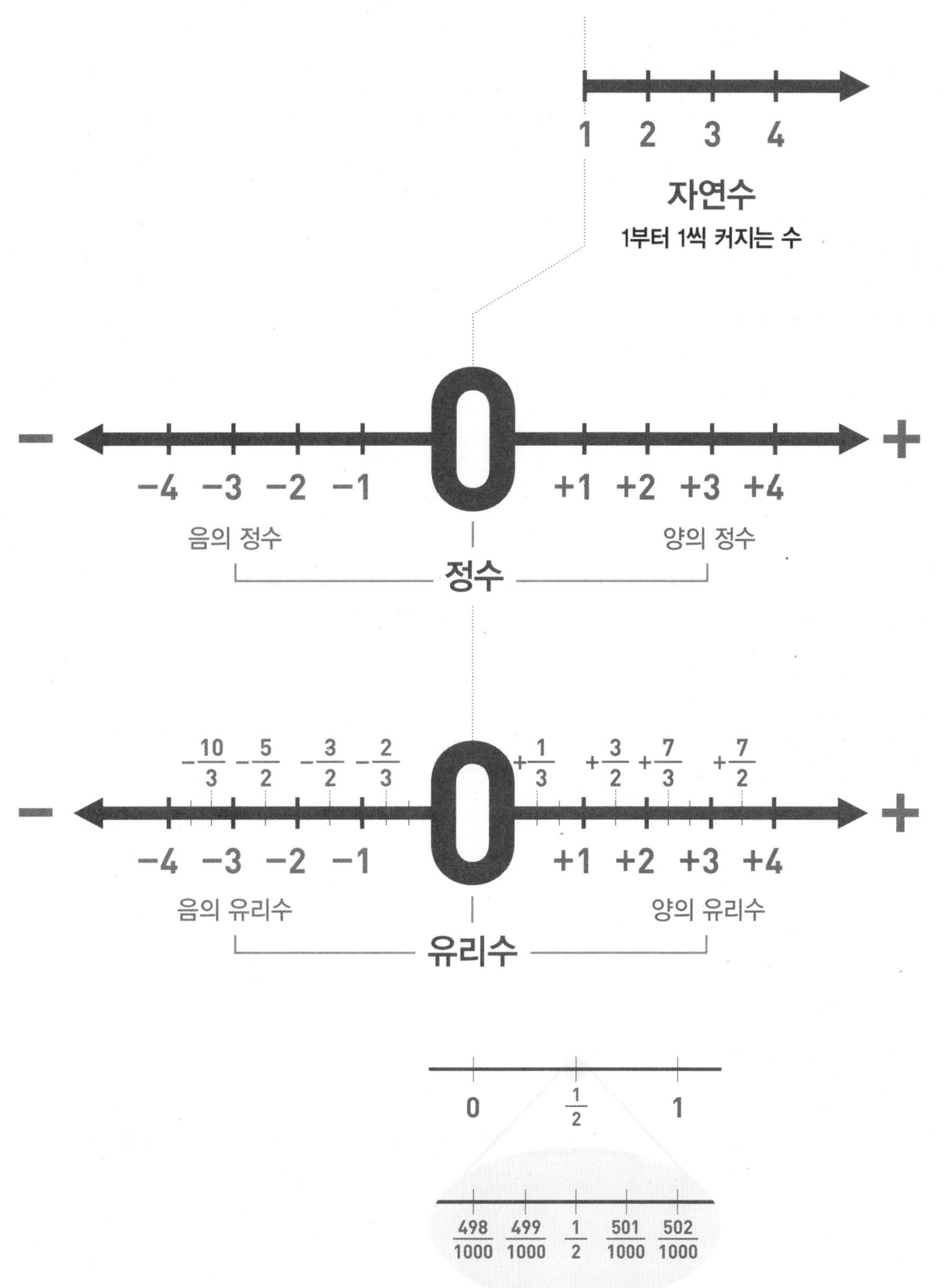

유리수와 유리수 사이에는 무수히 많은 유리수가 있다.

1 정수의 뜻

0을 기준으로 두 방향을 갖는 수!

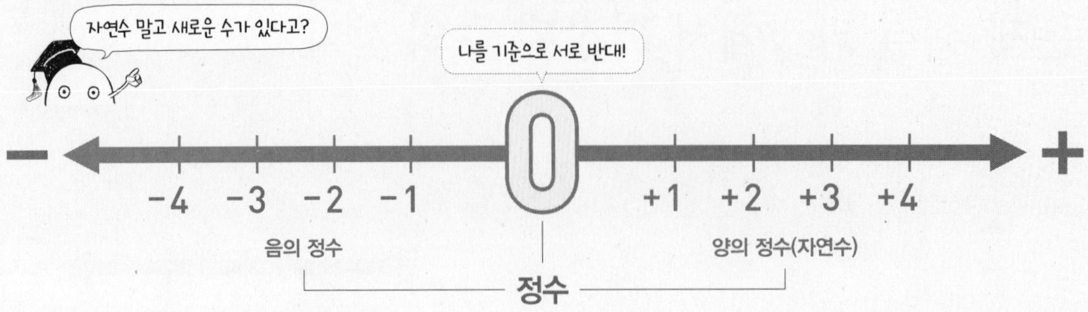

(1) **양의 부호와 음의 부호**

서로 반대되는 성질을 가진 두 수량을 나타낼 때, 0을 기준으로 두고 한 쪽 수량에는 +부호, 다른 쪽 수량에는 − 부호를 사용하여 나타낼 수 있다.

이때 '+'를 양의 부호, '−'를 음의 부호라고 한다.

참고 +3은 '플러스 3', −2는 '마이너스 2'라고 읽는다.

⊕부호	⊖부호
이익	손해
증가	감소
수입	지출
영상	영하
지상	지하
⋮	⋮

(2) **정수:** 양의 정수, 0, 음의 정수를 통틀어 정수라 한다.

① **양의 정수**(자연수): 자연수에 양의 부호 '+'를 붙인 수 ➡ +1, +2, +3, ⋯

참고 양의 정수는 양의 부호 '+'를 생략하여 나타내기도 한다.

② 0: 양의 정수도 음의 정수도 아니다.

③ **음의 정수:** 자연수에 음의 부호 '−'를 붙인 수 ➡ −1, −2, −3, ⋯

기준으로서의 0

0은 처음엔 수가 아니라 10, 100, 1000, ⋯과 같이 자릿수를 채우기 위한 기호였어. 그러다 1−1=0처럼 아무것도 없음을 나타내는 수로 인정받았고, 그 후에 기준의 의미가 더해졌지. 0이 기준의 역할을 하면서 서로 반대되는 성질을 가진 양을 수로 나타낼 수 있게 됐어. 또, 수직선 위에 0을 중심으로 양수, 음수를 표시하면서 음수를 0보다 작은 수로 이해할 수 있게 됐어.

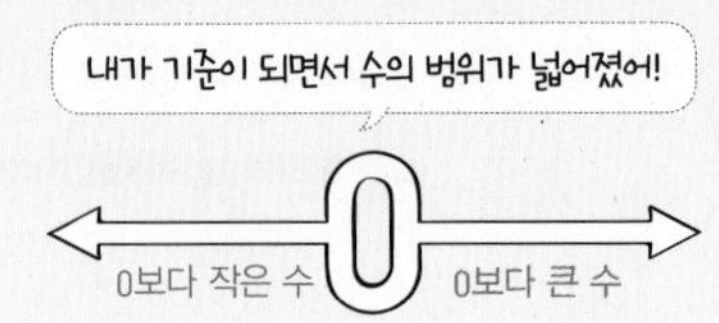

개념확인

1. 다음을 부호 +, −를 사용하여 나타내시오.

(1) $\begin{cases} 10\text{ kg 증가} \\ 5\text{ kg 감소} \end{cases}$ (2) $\begin{cases} 5000\text{원 입금} \\ 3000\text{원 출금} \end{cases}$

(3) $\begin{cases} 10\text{년 후} \\ 4\text{년 전} \end{cases}$ (4) $\begin{cases} 5\text{점 상승} \\ 2\text{점 하락} \end{cases}$

2. 다음 수를 보고 물음에 답하시오.

$-7,\quad 2,\quad +5,\quad 0,\quad -\frac{16}{2}$

(1) 양의 정수를 모두 찾아 쓰시오.

(2) 음의 정수를 모두 찾아 쓰시오.

(3) 정수를 모두 찾아 쓰시오.

양의 부호 또는 음의 부호로 나타내기

1 **다음 중 양의 부호 + 또는 음의 부호 −를 사용하여 나타낸 것으로 옳은 것을 모두 고르시오.**

ㄱ. 2000원 이익 ⇨ +2000원	ㄴ. 8 kg 감량 ⇨ −8 kg
ㄷ. 영상 21 ℃ ⇨ −21 ℃	ㄹ. 지하 50 m ⇨ −50 m

양의 부호와 음의 부호

+	영상	증가	이익	해발	지상
−	영하	감소	손해	해저	지하

1-1 다음 중 양의 부호 + 또는 음의 부호 −를 사용하여 나타낼 때, 음의 부호 −를 사용하여 나타낼 수 있는 것을 모두 고르면? (정답 2개)

① 500원 손해 ② 해발 1000 m ③ 영하 3 ℃
④ 지상 8층 ⑤ 0보다 5만큼 큰 수

정수를 분류하기

2 **다음 수를 보고 물음에 답하시오.**

$$-6, \quad +\frac{3}{2}, \quad 0, \quad -\frac{16}{8}, \quad -4.3, \quad +\frac{9}{3}, \quad 5$$

(1) 양의 정수를 모두 찾아 쓰시오.
(2) 자연수가 아닌 정수를 모두 찾아 쓰시오.

정수의 분류
- 양의 정수 (자연수) : +1, +2, +3, ⋯
- 0
- 음의 정수 : −1, −2, −3, ⋯

2-1 다음 수를 보고 물음에 답하시오.

$$+\frac{4}{2}, \quad -1.5, \quad 3, \quad -8, \quad -\frac{10}{5}, \quad +0.5, \quad 0$$

(1) 양의 정수를 모두 찾아 쓰시오.
(2) 음의 정수를 모두 찾아 쓰시오.
(3) 양의 정수도 음의 정수도 아닌 정수를 찾아 쓰시오.

2 유리수의 뜻

유리수는 두 정수의 비(比)

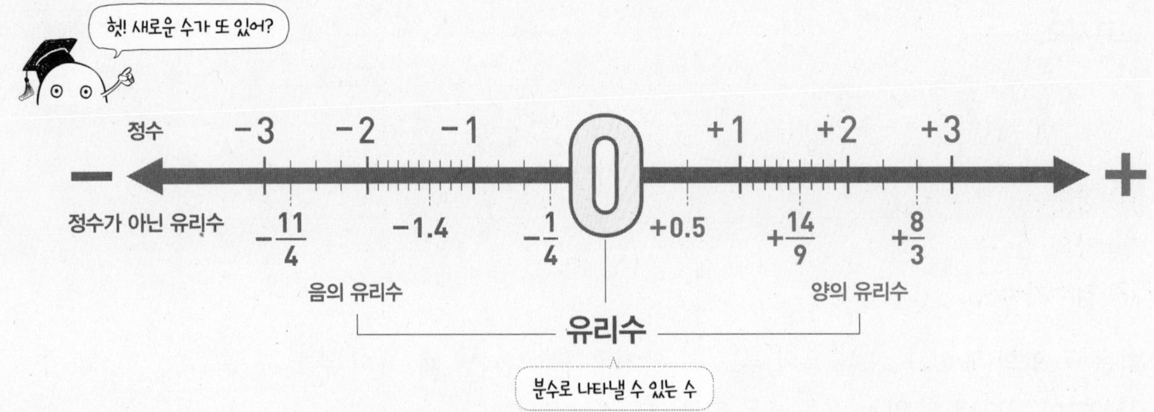

(1) **유리수:** 양의 유리수, 0, 음의 유리수를 통틀어 일컫는 수

① **양의 유리수:** 분자, 분모가 자연수인 분수에 양의 부호 '+'를 붙인 수

참고 양의 유리수도 양의 정수와 마찬가지로 + 부호를 생략하여 나타내기도 한다.

② 0: 양의 유리수도 음의 유리수도 아니다.

③ **음의 유리수:** 분자, 분모가 자연수인 분수에 음의 부호 '−'를 붙인 수

유리수 : $\frac{(\text{정수})}{(0\text{이 아닌 정수})}$

(2) **유리수의 분류**

유리수
- 정수
  - 양의 정수(자연수): $+1,\ +2,\ +3,\ \cdots$
  - 0
  - 음의 정수: $-1,\ -2,\ -3,\ \cdots$
- 정수가 아닌 유리수: $-\frac{2}{3},\ -0.6,\ -\frac{1}{2},\ +\frac{1}{2},\ +0.6,\ +\frac{2}{3},\ \cdots$

유리수(Rational number)의 본질은 두 정수의 비

유리수는 영어로 rational number인데 rational은 비(比)를 뜻하는 ratio에서 유래됐어. 즉 유리수는 비로 나타낼 수 있는 수를 의미해.

예를 들어, 피자 한 판을 6조각으로 나누었을 때, 한 조각은 한 판의 $\frac{1}{6}$이고, 다른 표현으로는 (한 조각) : (한 판)=1 : 6이라고 할 수 있어. 즉, 두 정수의 비를 간단하게 분수로 표현한 수가 유리수야.

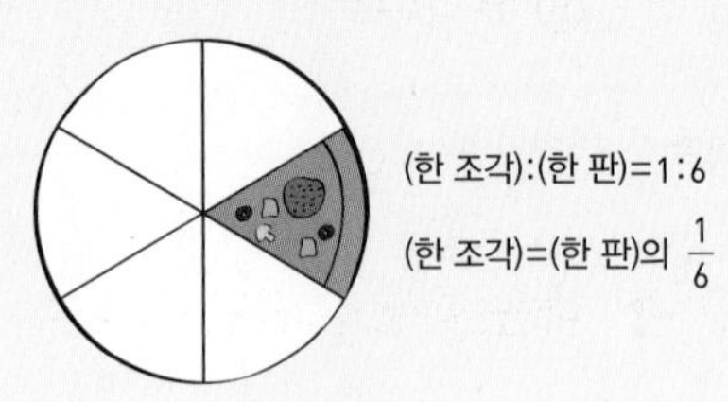

개념확인

1. 다음 수를 보고 물음에 답하시오.

$-3.5,\quad +7,\quad -\frac{3}{5},\quad 0,\quad -8$

(1) 양의 유리수를 모두 찾아 쓰시오.

(2) 음의 유리수를 모두 찾아 쓰시오.

(3) 유리수를 모두 찾아 쓰시오.

2. 다음 수 중 정수가 아닌 유리수를 모두 찾아 쓰시오.

$-2,\quad +\frac{10}{5},\quad -\frac{1}{4},\quad 0,\quad -0.3$

유리수를 분류하기

1 **다음 수에 대한 설명으로 옳은 것은?**

$$-3,\quad +\frac{24}{3},\quad 0,\quad -\frac{1}{4},\quad +\frac{34}{8},\quad 7$$

① 양수는 4개이다.
② 음수는 3개이다.
③ 양의 정수는 2개이다.
④ 0은 유리수가 아니다.
⑤ 정수가 아닌 유리수는 3개이다.

- 유리수 ┌ 양의 유리수 ├ 0 └ 음의 유리수
- 유리수 ┌ 정수 ┌ 양의 정수(자연수) ├ 0 └ 음의 정수 └ 정수가 아닌 유리수

1-1 다음 수 중 음의 정수의 개수를 a, 정수가 아닌 유리수의 개수를 b라 할 때, $a+b$의 값을 구하시오.

$$-7,\quad 1.4,\quad 0,\quad -\frac{8}{2},\quad \frac{1}{3},\quad -\frac{7}{4}$$

유리수의 이해

2 **다음 설명 중 옳은 것은?**

① 0은 정수가 아니다.
② 모든 자연수는 유리수이다.
③ 정수는 유리수가 아니다.
④ 자연수가 아닌 정수는 음의 정수이다.
⑤ 유리수는 양의 유리수와 음의 유리수로 이루어져 있다.

- 정수
  ⇨ 양의 정수(자연수), 0, 음의 정수
- 유리수
  ⇨ 양의 유리수, 0, 음의 유리수

2-1 다음 학생 중 옳은 설명을 한 학생을 모두 말하시오.

다윤 : 모든 정수는 유리수야.
지우 : 유리수는 양수와 음수로 나눌 수 있어.
현서 : 0은 양수야.
주원 : $-\frac{2}{3}$는 정수가 아닌 유리수야.

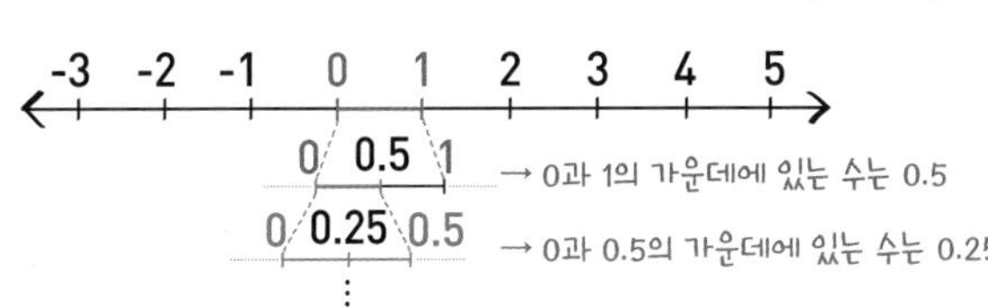
서로 다른 두 유리수 사이에 무수히 많은 유리수가 있어!
-3 -2 -1 0 1 2 3 4 5
0 0.5 1
→ 0과 1의 가운데에 있는 수는 0.5
0 0.25 0.5
→ 0과 0.5의 가운데에 있는 수는 0.25

3 절댓값

절댓값은 거리야!

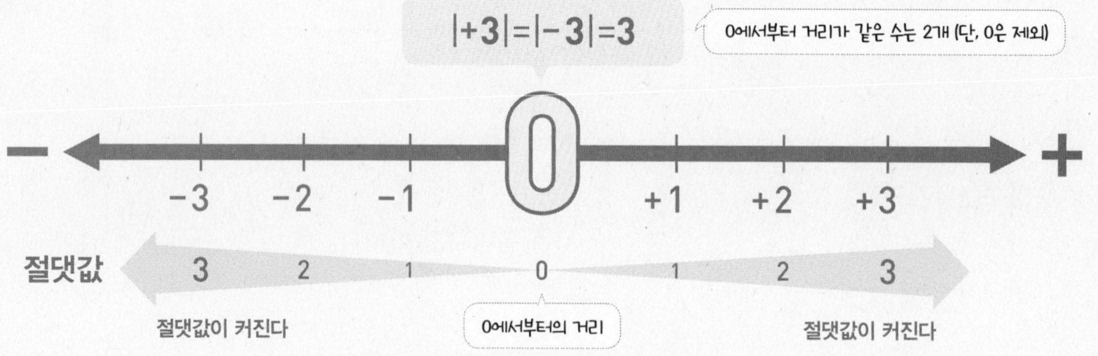

(1) **수직선(수를 나타낸 직선)**: 직선 위에 기준이 되는 점 O를 잡아 그 점에 수 0을 대응시키고, 점 O의 좌우에 일정한 간격으로 점을 잡아 오른쪽에 양수를, 왼쪽에 음수를 차례로 대응시켜 만든 직선

음의 유리수(음수) 양의 유리수(양수)

$-4 \quad -3 \quad -2 \quad -1 \quad 0 \quad 1 \quad 2 \quad 3 \quad 4$

참고 모든 유리수는 수직선 위의 점으로 나타낼 수 있다.

(2) **절댓값**: 수직선 위에서 원점으로부터 어떤 수에 대응하는 점까지의 거리를 그 수의 절댓값이라 하고, 어떤 수 a의 절댓값을 기호 $|a|$로 나타낸다.

예 $+2$와 -2의 절댓값은 모두 2이다. $|+2|=|-2|=2$

$|a|$는 '절댓값 a' 또는 'a의 절댓값'이라고 읽는다.

(3) **절댓값의 성질**

① 절댓값은 거리이므로 항상 0보다 크거나 같다.

② 0의 절댓값은 0이다. 즉, $|0|=0$

③ 양수 a에 대하여 절댓값이 a인 수는 $+a$, $-a$로 항상 두 개 존재한다.

④ 수를 수직선 위에 나타낼 때, 원점에서 멀리 떨어질수록 절댓값이 커진다.

절댓값은 무조건 0보다 크거나 같아!

절댓값은 거리이기 때문에 0인 경우를 제외하고는 항상 양수로 나와. 그래서 어떤 수의 절댓값을 구할 때 무조건 부호를 떼어버린다고 생각하기 쉬워. 하지만 절댓값은 그 값이 0이거나 양수로 나오기 때문에 + 부호가 생략된 것일 뿐 부호를 떼어버리는 게 아니야. 따라서 절댓값은 0을 제외한 모든 수를 양수로 만든다고 이해해야 절댓값 기호 안에 문자가 들어가도 헷갈리지 않고 구할 수 있어.

|(음수)| = (양수), |0| = 0, |(양수)| = (양수)

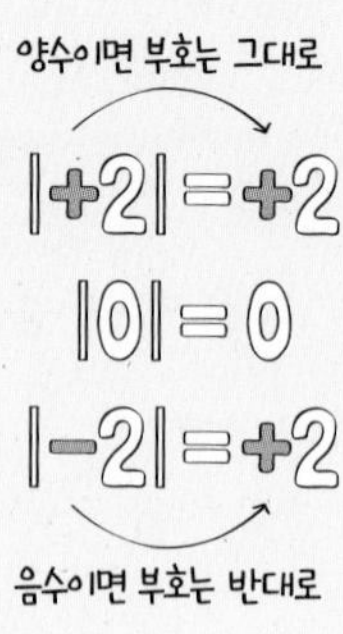

1. 다음 수에 대응하는 점을 수직선 위에 나타내시오.

(1) 4 (2) $-\frac{2}{3}$

(3) -3.5 (4) $\frac{7}{4}$

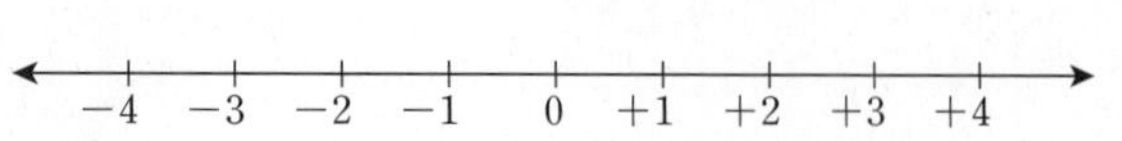

2. 다음을 구하시오.

(1) $+4$의 절댓값 (2) $\left|-\frac{2}{5}\right|$

(3) 절댓값이 1.5인 수 (4) 절댓값이 0인 수

수를 수직선 위에 나타내기

1 **다음 중 수직선 위의 점 A, B, C, D, E에 대응하는 수로 옳지 않은 것은?**

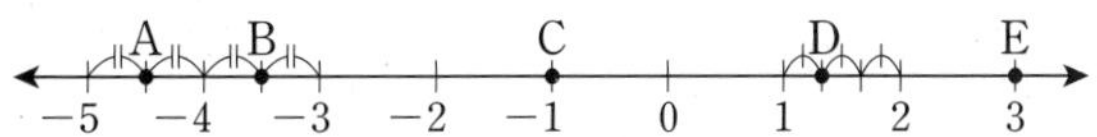

① A : $-\frac{9}{2}$　② B : $-\frac{5}{2}$　③ C : -1
④ D : $\frac{4}{3}$　⑤ E : 3

수를 수직선 위에 나타내기
① 원점을 기준으로 양수는 오른쪽에, 음수는 왼쪽에 나타낸다.
② 모든 유리수는 수직선 위의 점으로 나타낼 수 있다.

1-1 수직선에서 $-\frac{11}{4}$에 가장 가까운 정수를 a, $\frac{7}{3}$에 가장 가까운 정수를 b라 할 때, a, b의 값을 각각 구하시오.

수직선 위에서 같은 거리에 있는 점

2 **수직선 위에서 -6을 나타내는 점과 2를 나타내는 점으로부터 같은 거리에 있는 점이 나타내는 수를 구하시오.**

수직선 위에서 두 수를 나타내는 두 점으로부터 같은 거리에 있는 점이 나타내는 수
⇨ 두 점의 한가운데에 있는 점이 나타내는 수

2-1 수직선 위에서 2를 나타내는 점으로부터의 거리가 5인 점이 나타내는 두 수는?

① -5, 3　② -5, 5　③ -5, 7
④ -3, 5　⑤ -3, 7

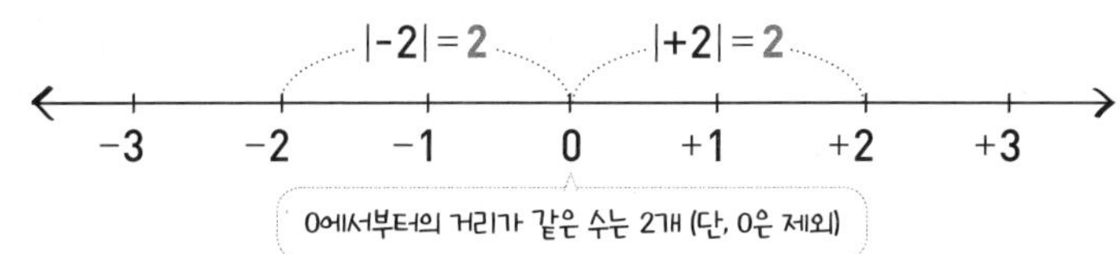

절댓값

3 **절댓값이 4인 양수를 a, 절댓값이 5인 음수를 b라 할 때, a, b의 값을 각각 구하시오.**

두 양수 a, b에 대하여
① 절댓값이 a인 양수
⇨ a
② 절댓값이 b인 음수
⇨ $-b$

3-1 $+3$의 절댓값을 a, -9의 절댓값을 b라 할 때, $a+b$의 값은?

① 2 ② 4 ③ 8
④ 12 ⑤ 16

3-2 $a<0$, $b>0$이고 $|a|=7$, $|b|=3$일 때, a, b의 값을 각각 구하시오.

절댓값의 성질

4 **다음 수를 수직선 위에 나타내었을 때, 원점에 가장 가까운 수는?**

① $-\frac{5}{4}$ ② 3 ③ -2
④ $-\frac{10}{3}$ ⑤ $\frac{5}{2}$

• 원점에 가장 가깝다.
⇨ 절댓값이 가장 작다.
• 원점에서 가장 멀리 떨어져 있다.
⇨ 절댓값이 가장 크다.

4-1 다음 수를 수직선 위에 나타내었을 때, 원점에서 가장 멀리 떨어져 있는 수는?

① 1 ② $-\frac{5}{2}$ ③ $\frac{3}{2}$
④ $-\frac{2}{3}$ ⑤ $-\frac{8}{3}$

절댓값과 대소 관계

5 **절댓값이 3보다 작은 정수의 개수는?**

① 3　② 4　③ 5
④ 6　⑤ 7

절댓값이 3보다 작은 정수는 절댓값이 2 또는 1 또는 0인 수이다.

5-1 다음 수 중 절댓값이 $\frac{7}{3}$ 이상인 수의 개수를 구하시오.

$-\frac{3}{2}$, 0, 3, $+\frac{21}{5}$, -4, $+2$

5-2 다음 **조건**을 모두 만족하는 수를 구하시오.

조건
(가) 절댓값이 2보다 작은 정수이다.
(나) 수직선에서 원점을 기준으로 왼쪽에 있는 점에 대응하는 수이다.

절댓값이 같고 부호가 반대인 두 수 구하기

6 **수직선에서 절댓값이 같고 부호가 반대인 두 수를 나타내는 두 점 사이의 거리가 12일 때, 이를 만족하는 두 수 중 큰 수는?**

① 4　② 5　③ 6
④ 12　⑤ 24

절댓값이 같고 부호가 반대인 두 수
⇨ 원점으로부터 같은 거리에 있는 두 수

6-1 두 수 a, b의 절댓값이 같고 b는 a보다 18만큼 큰 수일 때, a, b의 값을 각각 구하시오.

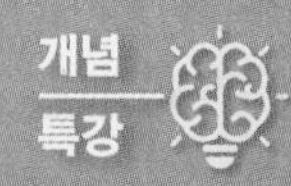

절댓값은 거리다.

초등

두 지점 사이의 거리

우리집을 기준으로 동쪽에는 서점, 도서관이 있고, 서쪽에는 학교, 병원이 있다.
다음 그림을 보고 물음에 답하시오.

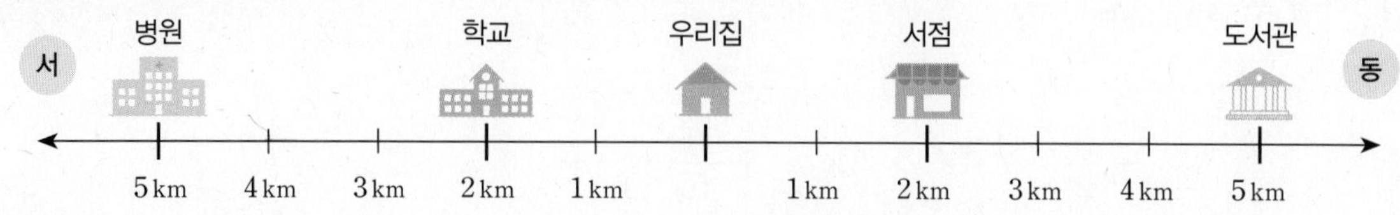

❶ 우리집에서 서점까지의 거리는?

❷ 서점에서 우리집까지의 거리는?

❸ 우리집에서 서점까지의 거리와 같은 거리에 있는 것은?

답 ❶ 2 km ❷ 2 km ❸ 학교

중등

절댓값: 원점으로부터 떨어진 거리

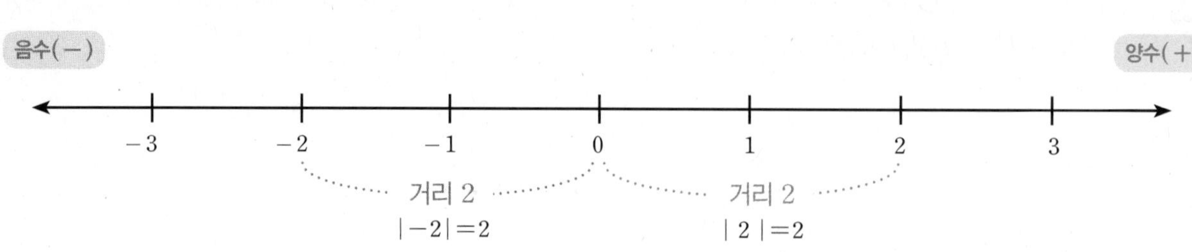

❶ 0에서 2까지의 거리는?

➡ $|2-0|=|2|=\square$

❷ 2에서 0까지의 거리는?

➡ $|0-2|=|-2|=\square$

❸ 0에서 2까지의 거리와 같은 거리에 있는 음수는?

➡ $|2|=|\square|$

답 ❶ 2 ❷ 2 ❸ −2

일반화 두 점 사이의 거리는 다음과 같다.

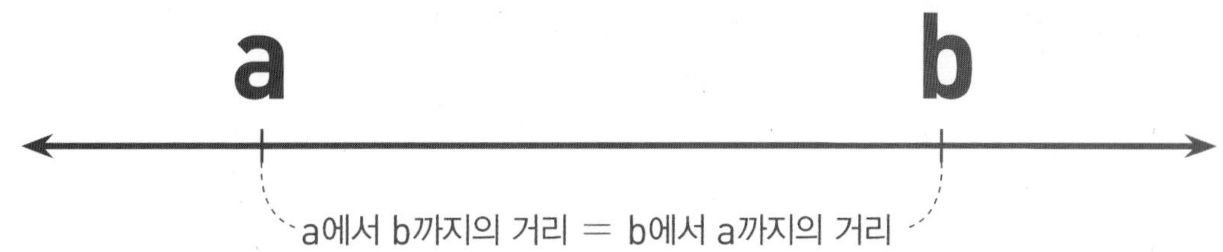

수직선 위의 두 점 a, b 사이의 거리

$$|b-a|=|a-b|$$

※ 절댓값 기호 | |는 1841년 바이어슈트라스(Weierstrass, K.T.W.)가 처음으로 사용하였다.

❶ $|x|=7$일 때, x의 값이 되는 두 수는 ☐, ☐이다.

❷ $|x-3|=2$일 때, x의 값이 되는 두 수는 ☐, ☐이다.

답 ❶ 7, −7 ❷ 5, 1

MATH Writing

다음은 절댓값에 대한 설명이다. 빈칸을 채우며 내용을 이해해보자.

절댓값은 수직선에서 '양수, 음수'라는 부호에 상관없이
'기준점(원점)으로부터의 ☐' 만을 따진다.
절댓값은 방향과 상관없는, ☐에 관한 수학적 표현인 것이다.
따라서 절댓값은 음수가 될 수 없고 항상 0 또는 ☐가 된다.

답 거리, 거리, 양수

수의 대소 관계

수가 커질수록 절댓값도 커질까?

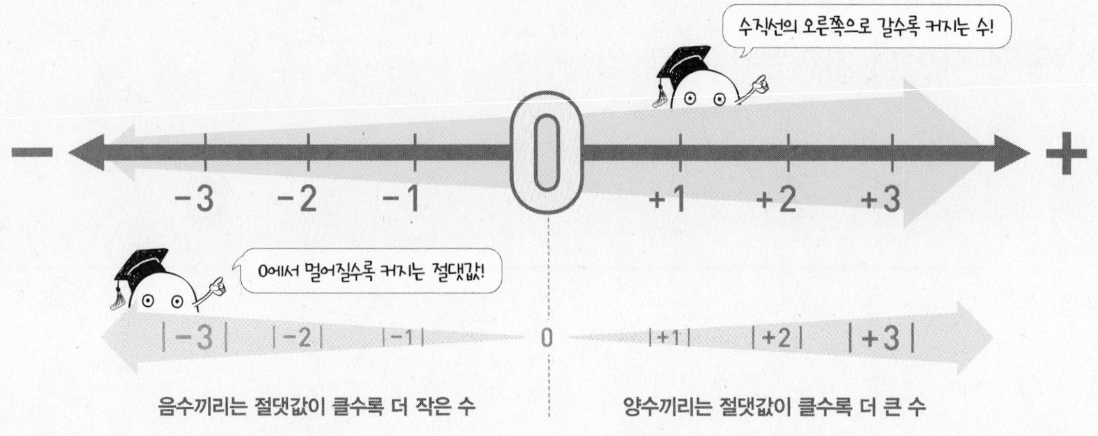

수직선의 오른쪽으로 갈수록 커지는 수!
−
-3
-2
-1
0
+1
+2
+3
+
0에서 멀어질수록 커지는 절댓값!
|-3|
|-2|
|-1|
0
|+1|
|+2|
|+3|
음수끼리는 절댓값이 클수록 더 작은 수
양수끼리는 절댓값이 클수록 더 큰 수

(1) 수의 대소 관계

① 음수는 0보다 작고, 양수는 0보다 크다.

② 양수는 음수보다 크다.

③ 양수끼리는 절댓값이 큰 수가 더 크다. 예 $+1<+2$

④ 음수끼리는 절댓값이 큰 수가 더 작다. 예 $-2<-1$

(2) 부등호의 사용 : 부등호 $>$, $<$, $\geq$, $\leq$를 사용하여 수의 대소 관계를 나타낼 수 있다.

$x>3$	$x<3$	$x\geq3$	$x\leq3$
x는 3보다 크다. x는 3 초과이다.	x는 3보다 작다. x는 3 미만이다.	x는 3보다 크거나 같다. x는 3 이상이다. x는 3보다 작지 않다.	x는 3보다 작거나 같다. x는 3 이하이다. x는 3보다 크지 않다.

참고 부등호 $\leq$는 '$<$' 또는 '$=$'를 뜻하고, 부등호 $\geq$는 '$>$' 또는 '$=$'를 뜻한다.

수직선에서는 수의 대소 관계가 보여.

초등학교 과정에서 〈대응하기〉를 통해서 두 수의 대소를 비교하는 방법을 알아 보았어.

6 ●●●●●●
4 ■■■■ — 남는 쪽이 큰 수 → $6>4$

하지만 위와 같은 방법으로는 음수의 대소를 비교할 수 없어.

유리수를 수직선 위에 나타내면 왼쪽에 있는 수보다 오른쪽에 있는 수가 항상 크기 때문에 양수이든 음수이든 두 수의 대소 관계를 쉽게 파악할 수 있지.

-4 -2 0 (왼쪽, 오른쪽) — 오른쪽이 큰 수 → $-4<-2$, $-4<0$, $-2<0$

개념확인

1. 다음 □ 안에 부등호 $>$, $<$ 중에서 알맞은 것을 써넣으시오.

(1) $+4$ □ -3

(2) -2 □ -5

(3) 3.8 □ 4

(4) $-\frac{5}{6}$ □ $-\frac{3}{4}$

2. 다음을 부등호를 사용하여 나타내시오.

(1) x는 6보다 작다.

(2) x는 -2보다 크거나 같다.

(3) x는 4 초과이다.

(4) x는 -1보다 크지 않다.

두 수의 대소 관계

1 **다음 중 두 수의 대소 관계가 옳지 않은 것은?**

① $-5<0$ ② $-\frac{4}{3}<\frac{2}{3}$ ③ $-7>-10$

④ $\left|-\frac{4}{7}\right|<\frac{5}{8}$ ⑤ $\left|-\frac{1}{3}\right|>\left|-\frac{1}{2}\right|$

같은 부호를 가진 분수의 대소 관계
⇨ 통분을 이용하여 비교한다.

1-1 다음 중 □ 안에 들어갈 부등호의 방향이 나머지 넷과 다른 하나는?

① $-\frac{2}{3}$ □ $\frac{1}{3}$ ② -6 □ $-\frac{1}{3}$ ③ -3 □ -5

④ 0 □ $|-4|$ ⑤ $\frac{4}{5}$ □ $\left|-\frac{7}{3}\right|$

여러 개의 수의 대소 관계

2 **다음 수를 보고 물음에 답하시오.**

$-\frac{1}{3}$, -4, 2.9, 0, -1, $\frac{5}{2}$

(1) 절댓값이 가장 큰 수를 찾아 쓰시오.

(2) 작은 수부터 차례로 나열하시오.

(1) 각 수의 절댓값을 구한다.
(2) 음수끼리, 양수끼리 각각 대소를 비교한 후, (음수)$<0<$(양수)임을 이용하여 여러 개의 수의 대소를 비교한다.

2-1 다음 수를 큰 수부터 차례로 나열할 때, 세 번째에 오는 수를 구하시오.

-3, 2, 0.5, $\frac{6}{5}$, $-\frac{9}{4}$

2-2 다음 수에 대한 설명으로 옳은 것은?

$$3,\quad -\frac{2}{3},\quad 1.4,\quad \frac{9}{4},\quad -1.2,\quad \frac{8}{5}$$

① 가장 큰 수는 $\frac{9}{4}$이다.

② 가장 작은 수는 $-\frac{2}{3}$이다.

③ 가장 작은 양수는 1.4이다.

④ $\frac{8}{5}$보다 작은 수는 2개이다.

⑤ 절댓값이 가장 큰 수는 -1.2이다.

2-3 다음 조건을 모두 만족하는 서로 다른 세 수 a, b, c의 대소 관계는?

조건
(가) $a<0$이고 $|a|=|b|$이다. (나) $|a|<c$

① $a<b<c$ ② $a<c<b$ ③ $b<a<c$
④ $b<c<a$ ⑤ $c<b<a$

부등호로 나타내기

3 **다음을 부등호를 사용하여 나타내시오.**

(1) x는 -3 이상이고 5보다 작다.

(2) x는 $-\frac{2}{9}$보다 크고 $\frac{1}{2}$보다 크지 않다.

부등호의 사용
① (크다)=(초과)
② (작다)=(미만)
③ (크거나 같다)
=(작지 않다)=(이상)
④ (작거나 같다)
=(크지 않다)=(이하)

3-1 다음을 부등호를 사용하여 나타내시오.

x의 절댓값이 2보다 크지 않다.

두 유리수 사이에 있는 정수 찾기

4 **두 유리수 $-\frac{5}{2}$와 3 사이에 있는 정수는 모두 몇 개인지 구하시오.**

분수를 소수로 나타낸 후, 두 수 사이에 있는 정수를 세어 본다.

4-1 두 유리수 $-\frac{11}{2}$과 3 사이에 있는 정수 중에서 절댓값이 가장 큰 수를 구하시오.

4-2 두 유리수 $-\frac{4}{5}$와 $\frac{1}{2}$ 사이에 있는 정수가 아닌 유리수 중에서 분모가 10인 유리수의 개수는?

① 11　② 12　③ 13　④ 14　⑤ 15

4-3 다음 **조건**을 모두 만족하는 정수 A의 개수는?

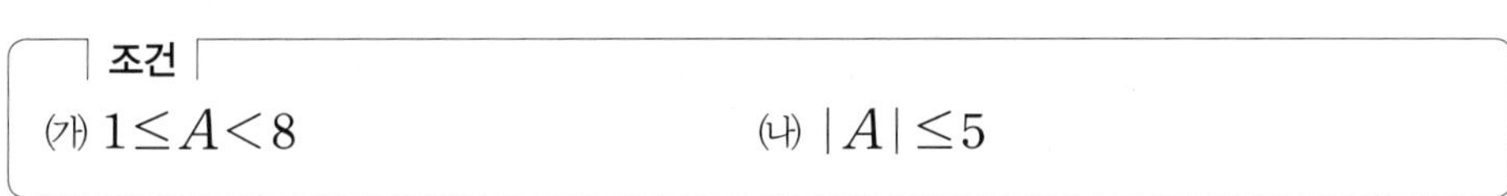
조건
(가) $1 \leq A < 8$
(나) $|A| \leq 5$

① 1　② 2　③ 3　④ 4　⑤ 5

개념 완성

기본 문제

1 양의 부호 또는 음의 부호로 나타내기

다음 글의 밑줄 친 부분을 양의 부호 + 또는 음의 부호 −를 사용하여 바르게 나타낸 것은?

> 중간고사 5일 전(①)이다. 시험이 끝나고 1주 후(②)부터는 다이어트를 하기로 결심하였다. 초등학교 졸업 후 몸무게가 3 kg 늘어났(③)기 때문이다. 요즘은 평균 기온이 영상 15 ℃(④)이니까 운동하기 좋을 것이다. 다이어트에 성공하면 부모님께서 용돈을 5000원 인상(⑤)해주신다고 하니 더욱 열심히 해야겠다.

① +5일 ② −1주 ③ −3 kg
④ −15 ℃ ⑤ +5000원

2 유리수를 분류하기

다음 수 중 정수가 아닌 유리수의 개수를 a, 양의 정수의 개수를 b라 할 때, $a-b$의 값을 구하시오.

$$-5,\quad +\frac{6}{3},\quad +3.5,\quad 0,\quad -\frac{7}{5},\quad 8$$

3 유리수를 분류하기

다음 수에 대한 설명으로 옳지 않은 것은?

$$-5,\quad 0.7,\quad 0,\quad -\frac{4}{3},\quad 2,\quad \frac{7}{4}$$

① 자연수는 1개이다. ② 음의 정수는 1개이다.
③ 정수는 2개이다. ④ 음의 유리수는 2개이다.
⑤ 유리수는 6개이다.

4 유리수의 이해

다음 중 옳지 않은 것은?

① 0은 양수도 음수도 아니다.
② 양수는 항상 음수보다 크다.
③ 유리수는 분모와 분자가 모두 정수인 분수로 나타낼 수 있다. (단, 분모는 0이 아닌 정수)
④ 음수는 절댓값이 클수록 큰 수이다.
⑤ 정수는 양의 정수, 0, 음의 정수로 나눌 수 있다.

5 수를 수직선 위에 나타내기

다음 수직선 위의 5개의 점 A, B, C, D, E가 나타내는 수로 옳지 않은 것은?

A, B, C, D, E
−4 −3 −2 −1 0 1 2 3 4

① A : $-\frac{9}{2}$ ② B : $-\frac{4}{3}$ ③ C : $\frac{3}{4}$
④ D : $\frac{5}{2}$ ⑤ E : 4

6 절댓값

−7의 절댓값을 a, 절댓값이 11인 양수를 b, 절댓값이 0인 수를 c라 할 때, $a+b+c$의 값을 구하시오.

7 절댓값이 같고 부호가 반대인 두 수 구하기

절댓값이 같은 두 수의 차가 8일 때, 두 수 중 작은 수는?

① -8 ② -4 ③ 0
④ 4 ⑤ 8

8 두 수의 대소 관계

다음 중 두 수의 대소 관계가 옳은 것은?

① $-\frac{5}{2}>-\frac{7}{3}$ ② $\frac{1}{5}<-\frac{7}{4}$
③ $-0.75<-\frac{4}{5}$ ④ $2.4>\frac{17}{6}$
⑤ $\frac{1}{3}>0.3$

9 여러 개의 수의 대소 관계

다음 수를 수직선 위에 나타내었을 때, 가장 왼쪽에 있는 점에 대응하는 수는?

① 5 ② $-\frac{3}{8}$ ③ 0
④ -3 ⑤ $2\frac{4}{7}$

10 부등호로 나타내기

다음 중 옳은 것은?

① a는 4 미만이다. ⇨ $a\geq4$
② b는 -5 초과이다. ⇨ $b>-5$
③ c는 3보다 작지 않다. ⇨ $c>3$
④ d는 -3 이상 5 이하이다. ⇨ $-3\leq d<5$
⑤ e는 $-\frac{1}{2}$보다 크고 $\frac{3}{4}$보다 작거나 같다.
⇨ $-\frac{1}{2}<e<\frac{3}{4}$

11 두 유리수 사이에 있는 정수 찾기

두 유리수 $-\frac{7}{2}$과 $\frac{9}{2}$ 사이에 있는 정수 중 가장 작은 수를 a, 가장 큰 수를 b라 할 때, a, b의 값을 각각 구하시오.

12 두 유리수 사이에 있는 정수 찾기

두 유리수 $-\frac{7}{3}$과 $3\frac{1}{4}$ 사이에 있는 정수의 개수는?

① 2 ② 4 ③ 5
④ 6 ⑤ 7

발전 문제

1 다음 수에 대한 설명으로 옳은 것을 모두 고르면? (정답 2개)

$$+\frac{8}{3}, \quad -1.75, \quad \frac{16}{4}, \quad 0, \quad -2$$

① 수직선 위에서 가장 오른쪽에 있는 수는 $\frac{16}{4}$이다.
② 절댓값이 가장 작은 수는 -2이다.
③ 정수는 모두 2개이다.
④ 가장 작은 수는 0이다.
⑤ 정수가 아닌 유리수는 2개이다.

2 수직선 위의 2를 나타내는 점에서 4만큼 떨어진 점을 A, -3을 나타내는 점에서 7만큼 떨어진 점을 B라 할 때, 두 점 A, B에서 같은 거리에 있는 점이 나타내는 수 중 가장 큰 수를 구하시오.

3 두 유리수 $-\frac{9}{4}$와 $\frac{3}{2}$ 사이에 있는 정수가 아닌 유리수 중에서 분모가 4인 기약분수는 모두 몇 개인가?

① 5개 ② 6개 ③ 7개 ④ 8개 ⑤ 9개

두 분수의 분모를 4로 통분하여 두 수 사이에 있는 유리수 중 정수 -2, -1, 0, 1을 제외한 분모가 4인 기약분수를 찾는다.

4 $-\frac{10}{3} \le x \le \frac{13}{4}$을 만족하는 유리수 x 중 절댓값이 가장 큰 수를 a, 정수의 개수를 b라 할 때, a, b의 값을 각각 구하면?

① $a=-\frac{10}{3}$, $b=5$ ② $a=-\frac{10}{3}$, $b=6$ ③ $a=-\frac{10}{3}$, $b=7$
④ $a=\frac{13}{4}$, $b=5$ ⑤ $a=\frac{13}{4}$, $b=7$

5 다음 **조건**을 모두 만족하는 서로 다른 세 수 a, b, c가 있다. 이 수들을 작은 수부터 차례로 나열하시오.

조건
(가) c는 a, b, c 중 가장 작다. (나) b는 음수이다.
(다) a와 c는 원점에서 같은 거리에 있다.

(다)에서 a와 c는 절댓값이 같고 부호가 반대인 수이다.

6 서술형

$\frac{1}{2}<|x|<\frac{14}{3}$를 만족하는 정수 x는 몇 개인지 구하기 위한 풀이 과정을 쓰고 답을 구하시오.

① 단계: $|x|<\frac{14}{3}$를 만족하는 정수 x는 몇 개인지 구하기

$\frac{14}{3}$를 대분수로 나타내면 _____이므로 $|x|<\frac{14}{3}$를 만족하는 정수 x는

_________________________의 _____개이다.

② 단계: $|x|<\frac{14}{3}$를 만족하는 정수 x 중에서 $\frac{1}{2}<|x|$를 만족하는 정수 x는 몇 개인지 구하기

$|x|<\frac{14}{3}$를 만족하는 정수 x 중에서 $\frac{1}{2}<|x|$를 만족하는 정수 x는

_________________________의 _____개이다.

Check List
- $|x|<\frac{14}{3}$를 만족하는 정수 x는 몇 개인지를 바르게 구하였는가?
- $|x|<\frac{14}{3}$를 만족하는 정수 x 중에서 $\frac{1}{2}<|x|$를 만족하는 정수 x는 몇 개인지를 바르게 구하였는가?

7 서술형

$-\frac{8}{3}$에 가장 가까운 정수를 a, $\frac{21}{4}$에 가장 가까운 정수를 b라 할 때, $|a|+|b|$의 값을 구하기 위한 풀이 과정을 쓰고 답을 구하시오.

① 단계 : a의 값 구하기

② 단계 : b의 값 구하기

③ 단계 : $|a|+|b|$의 값 구하기

Check List
- a의 값을 바르게 구하였는가?
- b의 값을 바르게 구하였는가?
- $|a|+|b|$의 값을 바르게 구하였는가?

2 정수와 유리수의 사칙계산

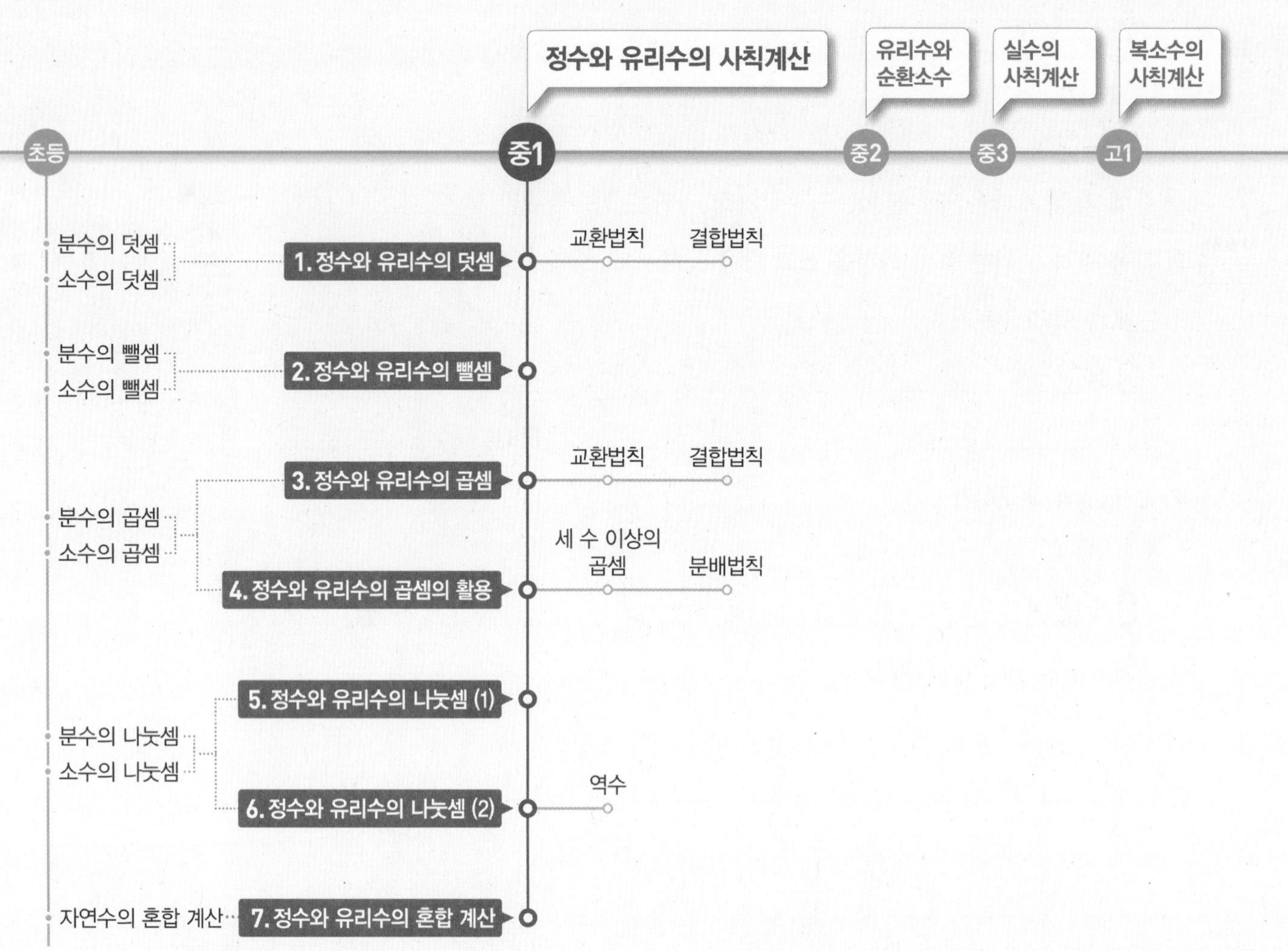

정수와 유리수의 사칙계산
유리수와 순환소수
실수의 사칙계산
복소수의 사칙계산
초등
중1
중2
중3
고1
분수의 덧셈
소수의 덧셈
1. 정수와 유리수의 덧셈
교환법칙
결합법칙
분수의 뺄셈
소수의 뺄셈
2. 정수와 유리수의 뺄셈
3. 정수와 유리수의 곱셈
교환법칙
결합법칙
분수의 곱셈
소수의 곱셈
세 수 이상의 곱셈
분배법칙
4. 정수와 유리수의 곱셈의 활용
5. 정수와 유리수의 나눗셈 (1)
분수의 나눗셈
소수의 나눗셈
6. 정수와 유리수의 나눗셈 (2)
역수
자연수의 혼합 계산
7. 정수와 유리수의 혼합 계산

문제 해결 과정에서 확장된 수의 세계

부호

수의 성질, 위치, 방향을 나타내는 기호

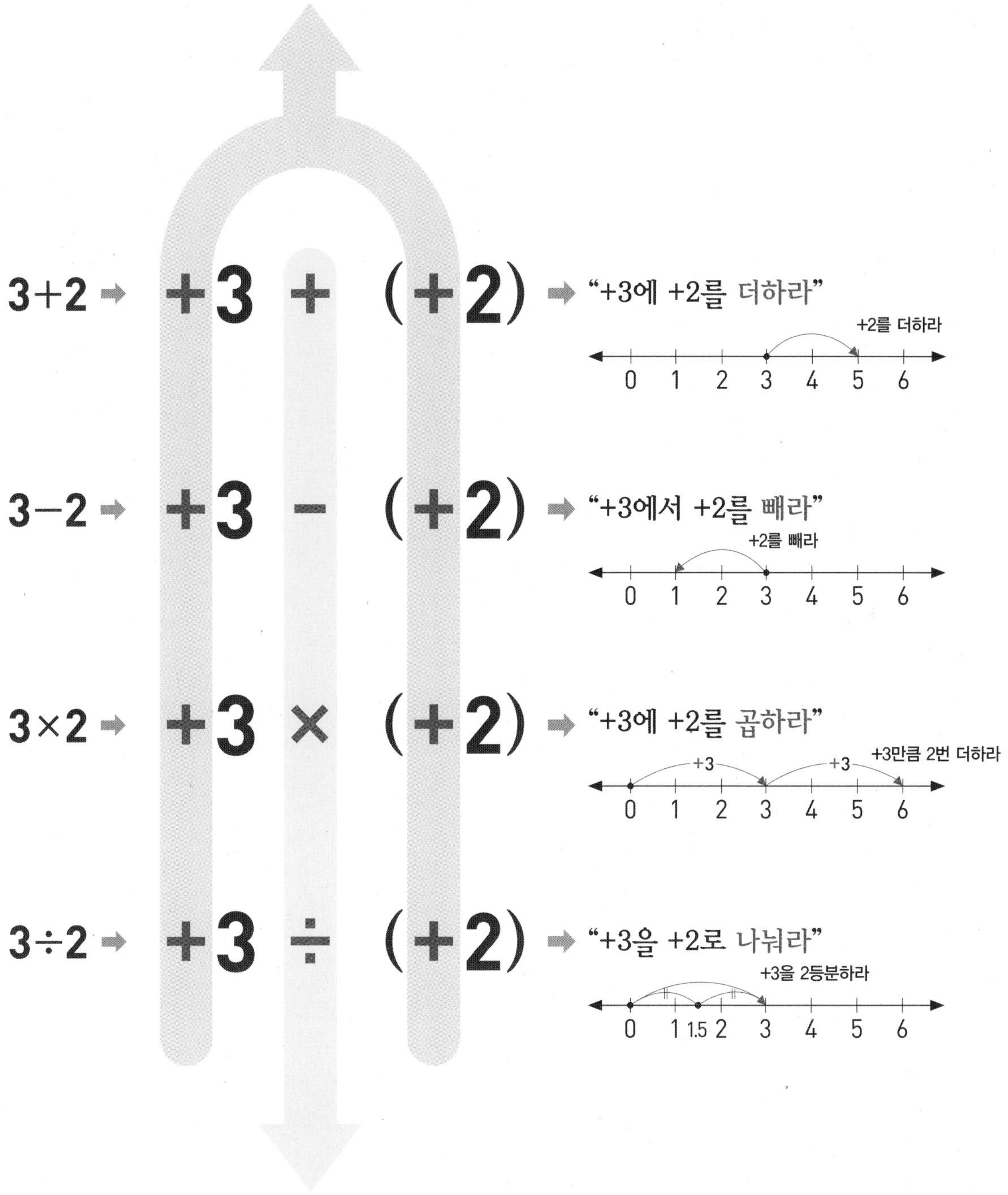

3+2 ➡ +3 + (+2) ➡ "+3에 +2를 더하라"

+2를 더하라

0 1 2 3 4 5 6

3−2 ➡ +3 − (+2) ➡ "+3에서 +2를 빼라"

+2를 빼라

0 1 2 3 4 5 6

3×2 ➡ +3 × (+2) ➡ "+3에 +2를 곱하라"

+3 +3 +3만큼 2번 더하라

0 1 2 3 4 5 6

3÷2 ➡ +3 ÷ (+2) ➡ "+3을 +2로 나눠라"

+3을 2등분하라

0 1 1.5 2 3 4 5 6

기호

수와 수 사이에서 사칙계산을 나타내는 기호

1 정수와 유리수의 덧셈

덧셈은 부호의 방향으로 움직인 결과다.

(양수)+(양수)

$(+3)+(+1)=+4$

(음수)+(음수)

$(-3)+(-1)=-4$

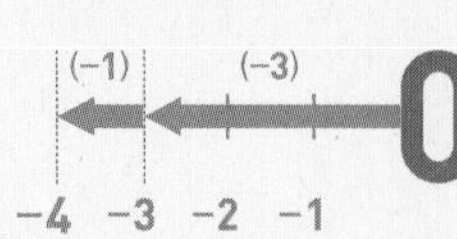

부호가 같은 두 수의 덧셈은 절댓값의 합에 공통인 부호를 붙인다.

(양수)+(음수)

$(+3)+(-1)=+2$

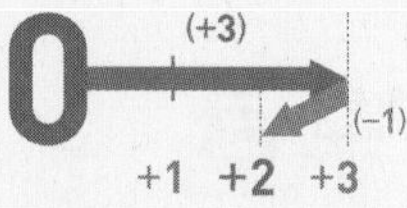

(음수)+(양수)

$(-3)+(+1)=-2$

부호가 다른 두 수의 덧셈은 절댓값의 차에 절댓값이 큰 수의 부호를 붙인다.

(1) 정수와 유리수의 덧셈

① **부호가 같은 두 수의 덧셈:** 두 수의 절댓값의 합에 공통인 부호를 붙인다.

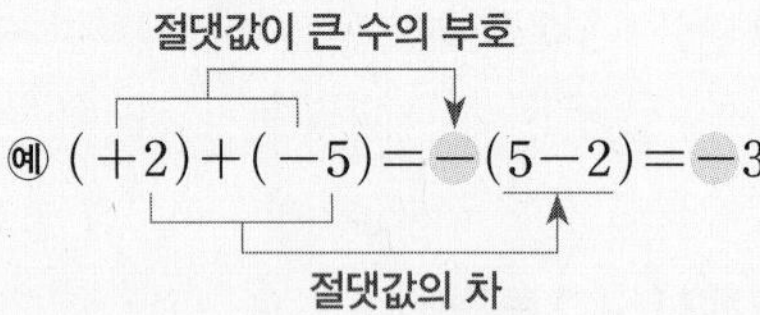

예 $(+2)+(+3)=+(2+3)=+5$ (공통인 부호, 절댓값의 합)

$(-2)+(-3)=-(2+3)=-5$ (공통인 부호, 절댓값의 합)

② **부호가 다른 두 수의 덧셈:** 두 수의 절댓값의 차에 절댓값이 큰 수의 부호를 붙인다.

예 $(+2)+(-5)=-(5-2)=-3$ (절댓값이 큰 수의 부호, 절댓값의 차)

$(-2)+(+5)=+(5-2)=+3$ (절댓값이 큰 수의 부호, 절댓값의 차)

두 수의 합

$(+)+(+)$ ⇨ $+$(절댓값의 합)

$(-)+(-)$ ⇨ $-$(절댓값의 합)

$(+)+(-)$, $(-)+(+)$ ⇨ ○(절댓값의 차)

○: 절댓값이 큰 수의 부호

(2) 덧셈의 계산 법칙: 세 수 a, b, c에 대하여

① **교환법칙:** $a+b=b+a$
순서를 바꾸어 더해도 계산 결과는 같다.

② **결합법칙:** $(a+b)+c=a+(b+c)$
어느 두 수를 먼저 더해도 계산 결과는 같다.

참고 세 수의 덧셈에서는 결합법칙이 성립하므로 $(a+b)+c$ 또는 $a+(b+c)$를 모두 $a+b+c$와 같이 나타낼 수 있다.

부호와 기호는 달라.

부호와 기호는 그 모양은 같지만 의미는 달라.
부호에서의 $+$, $-$는 어떤 수가 0보다 큰 수인지 0보다 작은 수인지를 나타내고, 기호에서의 $+$, $-$는 두 수 사이에서 더하기와 빼기를 나타내. 예를 들어 '$+1$'에서의 $+$는 양수 1을 나타내는 양의 부호이고, '$1+2$'에서의 $+$는 1 더하기 2의 연산을 나타내는 덧셈 기호야.

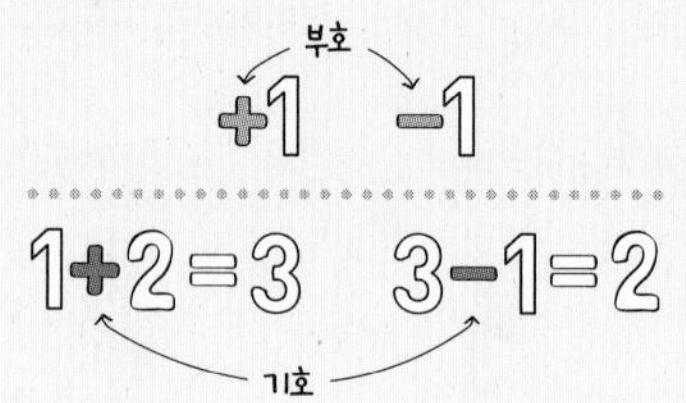

개념확인

1. 다음을 계산하시오.

(1) $(+6)+(+4)$

(2) $(-7)+(-2)$

(3) $(-3.2)+(+1.6)$

(4) $\left(+\frac{1}{2}\right)+\left(-\frac{1}{3}\right)$

2. 다음을 계산하시오.

(1) $(-10)+(+6)+(-3)$

(2) $(+7)+(-4)+(+2)$

(3) $(+4.2)+(-2.7)+(+1.8)$

(4) $\left(-\frac{1}{2}\right)+\left(+\frac{1}{5}\right)+\left(+\frac{3}{2}\right)$

수직선을 이용한 수의 덧셈

1 **다음 수직선으로 설명할 수 있는 덧셈식은?**

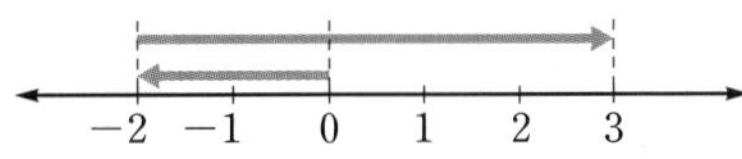

① $(-2)+(-5)$ ② $(-2)+(+3)$ ③ $(-2)+(-3)$
④ $(+2)+(+5)$ ⑤ $(-3)+(+2)$

더하는 수가
양수이면 ⇨ 오른쪽으로
음수이면 ⇨ 왼쪽으로
더하는 수의 절댓값만큼 이동한다.

1-1 다음 수직선으로 설명할 수 있는 덧셈식은?

① $(+2)+(+3)$ ② $(+2)+(+5)$ ③ $(-2)+(+3)$
④ $(-2)+(+5)$ ⑤ $(-2)+(-5)$

정수와 유리수의 덧셈

2 **다음 중 계산 결과가 가장 작은 것은?**

① $(-4)+(-12)$ ② $(+3)+(-25)$
③ $(-1.7)+(+3.2)$ ④ $\left(+\frac{7}{4}\right)+\left(+\frac{1}{3}\right)$
⑤ $(-9)+\left(-\frac{3}{2}\right)$

덧셈의 부호
$(+)+(+)$ ⇨ $(+)$
$(-)+(-)$ ⇨ $(-)$
$(+)+(-)$, $(-)+(+)$ ⇨ 절댓값이 큰 수의 부호

2-1 다음 중 계산 결과가 옳은 것은?

① $(+4)+(+9)=-13$ ② $(-11)+(+7)=+4$
③ $\left(+\frac{37}{10}\right)+\left(-\frac{2}{5}\right)=+\frac{33}{10}$ ④ $\left(-\frac{7}{8}\right)+\left(-\frac{1}{8}\right)=+1$
⑤ $(-2)+(+8)=-6$

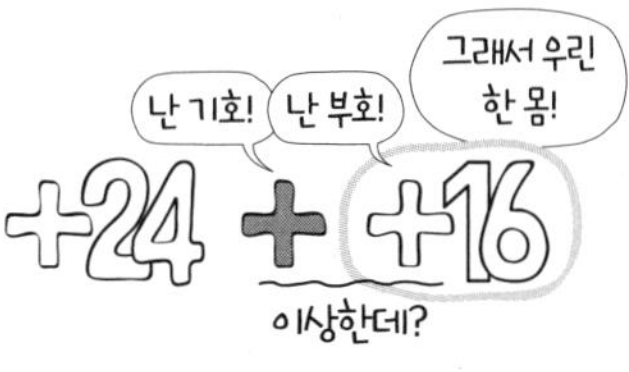

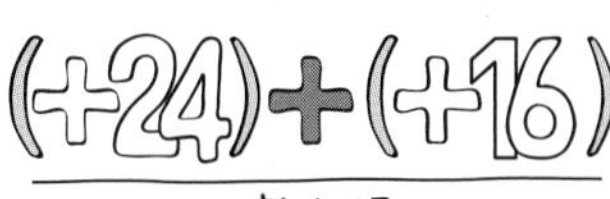

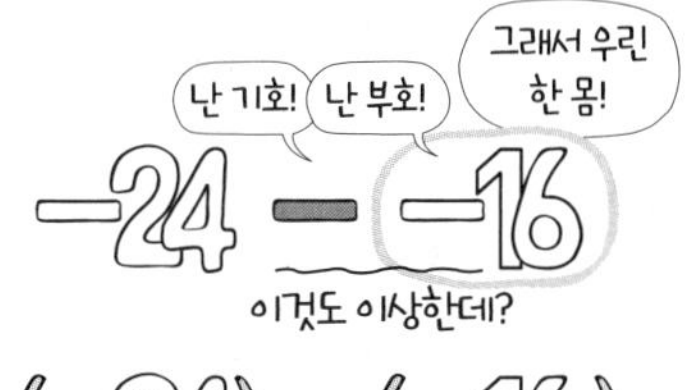

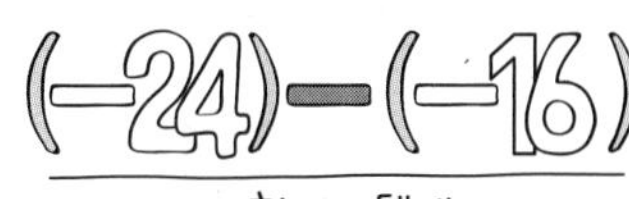

덧셈의 계산 법칙

3 다음 계산 과정에서 (가), (나)에 이용된 계산 법칙을 차례로 나열한 것은?

$$\begin{aligned}&(-27)+(+10)+(-3)\\&=(+10)+(-27)+(-3) \quad (가)\\&=(+10)+\{(-27)+(-3)\} \quad (나)\\&=(+10)+(-30)\\&=-20\end{aligned}$$

① 덧셈의 교환법칙, 덧셈의 교환법칙 ② 덧셈의 결합법칙, 덧셈의 교환법칙
③ 덧셈의 결합법칙, 덧셈의 결합법칙 ④ 덧셈의 교환법칙, 덧셈의 결합법칙
⑤ 덧셈의 결합법칙, 분배법칙

덧셈의 계산 법칙
① 교환법칙: 덧셈에서 더하는 순서를 바꾸어도 그 결과는 같다.
② 결합법칙: 덧셈에서 어느 두 수를 먼저 더하여도 그 결과는 같다.

3-1 다음 계산 과정에서 덧셈의 결합법칙이 이용된 곳의 기호를 쓰시오.

$$\begin{aligned}&(+13)+(+8)+(-13)\\&=(+8)+(+13)+(-13) \quad ㉠\\&=(+8)+\{(+13)+(-13)\} \quad ㉡\\&=(+8)+0 \quad ㉢\\&=+8 \quad ㉣\end{aligned}$$

세 개 이상의 수의 덧셈

4 $\left(+\frac{3}{5}\right)+\left(-\frac{1}{7}\right)+\left(+\frac{2}{5}\right)$를 계산하시오.

세 개 이상의 수의 덧셈을 계산할 때에는 덧셈의 계산 법칙을 적절히 이용한다.

4-1 $A=(-1)+(+5)+\left(+\frac{3}{2}\right)$, $B=(-0.4)+\left(-\frac{3}{4}\right)+(-0.5)$일 때, $A+B$의 값을 구하시오.

2 정수와 유리수의 뺄셈

뺄셈은 결국 덧셈이다.

(양수)−(양수)

$(+3)-(+2)=+1$

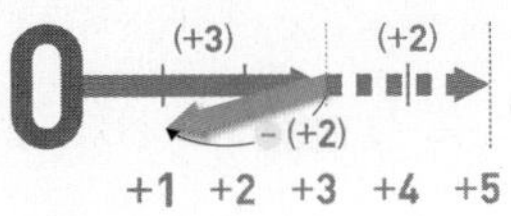

$(+3)+(-2)=+1$

(음수)−(음수)

$(-3)-(-2)=-1$

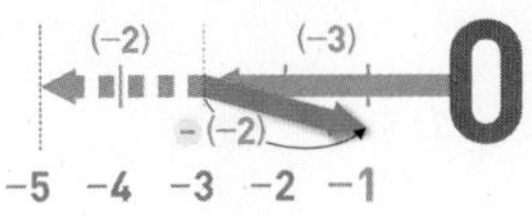

$(-3)+(+2)=-1$

(양수)−(음수)

$(+3)-(-2)=+5$

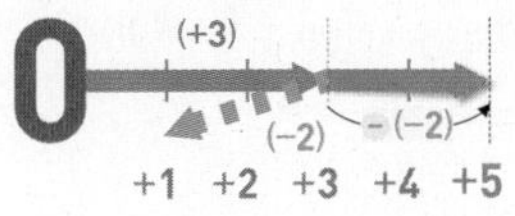

$(+3)+(+2)=+5$

(음수)−(양수)

$(-3)-(+2)=-5$

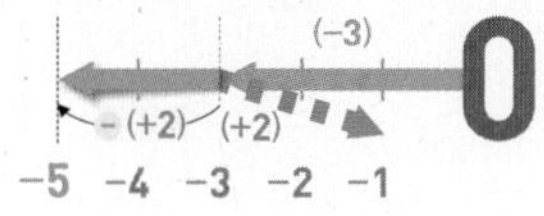

$(-3)+(-2)=-5$

뺄셈은 빼는 수의 부호를 바꾼 다음 덧셈으로 고쳐 계산한다.

(1) 정수와 유리수의 뺄셈

두 수의 뺄셈은 빼는 수의 부호를 바꾸어 덧셈으로 고쳐서 계산한다.

예 $(+3)-(+2)=(+3)+(-2)=+1$ (뺄셈을 덧셈으로 바꾼다. / 빼는 수의 부호를 바꾼다.)

$(+1)-(-2)=(+1)+(+2)=+3$ (뺄셈을 덧셈으로 바꾼다. / 빼는 수의 부호를 바꾼다.)

주의 뺄셈에서는 교환법칙과 결합법칙이 성립하지 않는다.

(2) 덧셈과 뺄셈의 혼합 계산

① 뺄셈을 모두 덧셈으로 고친다.

② 덧셈의 교환법칙과 결합법칙을 이용하여 적절하게 순서를 바꾸어 양수는 양수끼리, 음수는 음수끼리 계산한다.

부호가 생략된 식의 계산

생략된 양의 부호 +를 넣고, 괄호가 있는 식으로 고친 후 계산한다.

$3-5+7$
$=(+3)-(+5)+(+7)$
$=(+3)+(-5)+(+7)$
$=+5$

$(+3)+(-4)-(-5)$
$=(+3)+(-4)+(+5)$
$=(+3)+(+5)+(-4)$
$=\{(+3)+(+5)\}+(-4)$
$=(+8)+(-4)=+4$

두 수의 차는 두 수의 거리와 같아.

그림과 같이 두 수의 차는 수직선에서 두 수의 거리와 일치해.

$(+5)-(+2)=3$ ➡

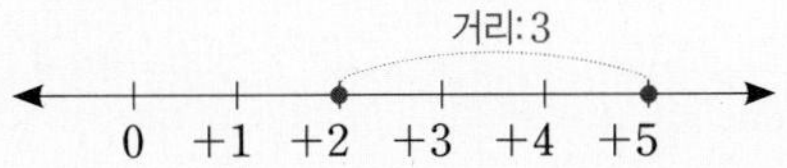

마찬가지로 $(+3)-(-2)$는 수직선에서 $+3$과 -2 사이의 거리와 같으므로 $(+3)-(-2)=5$임을 알 수 있어.

$(+3)-(-2)=5$ ➡

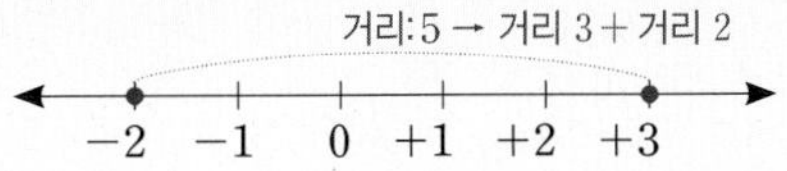

따라서 $(+3)-(-2)=(+3)+(+2)=5$와 같이 뺄셈은 빼는 수의 부호를 바꾸어 더할 수 있어.

개념확인

1. 다음을 계산하시오.

(1) $(+2)-(+6)$

(2) $(-10)-(-5)$

(3) $(+8)-(-12)$

(4) $(-12)-(+7)$

2. 다음을 계산하시오.

(1) $(-2)+(+5)-(-4)$

(2) $(-7)+(+10)-(-2)$

(3) $\left(+\frac{5}{4}\right)-\left(-\frac{1}{4}\right)-\left(+\frac{7}{4}\right)$

(4) $\left(-\frac{1}{2}\right)-\left(+\frac{1}{5}\right)+\left(-\frac{3}{2}\right)$

정수와 유리수의 뺄셈

1 다음 중 계산 결과가 옳지 않은 것은?

① $(-3)-(-9)=+6$ ② $(-3.7)-(+2.1)=-5.8$

③ $\left(+\frac{7}{5}\right)-\left(-\frac{8}{3}\right)=+\frac{61}{15}$ ④ $(+4)-(-3)=+7$

⑤ $(+3)-(+5)=+2$

수의 뺄셈
$-(+\square)=+(-\square)$
$-(-\square)=+(+\square)$

1-1 다음 중 계산 결과가 나머지 넷과 다른 하나는?

① $(-4)-(-9)$ ② $(-2.1)-(+2.9)$ ③ $(+7.4)-(+2.4)$

④ $(+10)-(+5)$ ⑤ $\left(+\frac{9}{2}\right)-\left(-\frac{1}{2}\right)$

1-2 다음을 계산하시오.

$$-12-3-2$$

1-3 수직선에서 $-\frac{8}{3}$에 가장 가까운 정수를 a, $\frac{13}{4}$에 가장 가까운 정수를 b라 할 때, $b-a$의 값을 구하시오.

절댓값이 주어진 두 수의 덧셈과 뺄셈

2 x의 절댓값이 2이고 y의 절댓값이 5일 때, $x-y$의 값 중 가장 큰 값과 가장 작은 값을 차례로 구하시오.

x의 절댓값이 a, y의 절댓값이 b일 때, $x-y$가
① 가장 큰 값을 가지는 경우: x의 값이 가장 크고, y의 값이 가장 작을 때
② 가장 작은 값을 가지는 경우: x의 값이 가장 작고, y의 값이 가장 클 때

2-1 절댓값이 11인 음수 a와 절댓값이 21인 음수 b에 대하여 $a-b$의 값을 구하시오.

계산 결과가 주어지는 경우의 덧셈과 뺄셈

3 □$-(+5)=+2$일 때, □ 안에 알맞은 수를 구하시오.

① □＋△＝○
⇨ □＝○－△, △＝○－□
② □－△＝○
⇨ □＝○＋△, △＝□－○

3-1 $(+4)+$□$=-1$일 때, □ 안에 알맞은 수를 구하시오.

3-2 두 유리수 a, b에 대하여 a에서 -2를 빼면 6이 되고, b에 -4.8을 더하면 -12가 될 때, $a+b$의 값을 구하시오.

덧셈과 뺄셈의 혼합 계산

4 다음 중 계산 결과가 가장 큰 것은?

① $(-5)+(+10)-(-1)$　② $(-6)-(+3)+(+2)$

③ $\frac{3}{4}-\frac{1}{2}+\frac{11}{2}$　④ $4+8.2-7.8$

⑤ $(-3)+(+4)-(+7)+(+9)$

부호가 생략된 식의 계산
① 부호가 없는 수 앞에 $+$를 붙인다.
② 뺄셈은 덧셈으로 고친다.
③ 분수는 통분한다.
④ 덧셈의 교환법칙과 결합법칙을 이용하여 양수는 양수끼리, 음수는 음수끼리 계산한다.

4-1 $A=(-2.5)+(+5)-(+3.5)$, $B=-\frac{1}{5}+\frac{1}{2}-\frac{3}{5}$일 때, $A-B$의 값을 구하시오.

○보다 △만큼 큰 수 또는 작은 수

5 **4보다 -5만큼 큰 수를 a, -3보다 2만큼 작은 수를 b라 할 때, $a+b$의 값을 구하시오.**

- a보다 b만큼 큰 수 ⇨ $a+b$
- a보다 b만큼 작은 수 ⇨ $a-b$

5-1 -3보다 $\frac{2}{3}$만큼 큰 수를 a, $\frac{1}{2}$보다 -3만큼 작은 수를 b라 할 때, $a+b$의 값을 구하시오.

바르게 계산한 값 구하기

6 **어떤 수에 -9를 더해야 할 것을 잘못하여 빼었더니 그 결과가 15가 되었다. 다음 물음에 답하시오.**

(1) 어떤 수를 구하시오.

(2) 바르게 계산한 값을 구하시오.

① 어떤 수를 □로 놓고, 잘못 계산한 식을 세워서 어떤 수를 구한다.
② ①에서 구한 어떤 수를 이용하여 바르게 계산한 결과를 구한다.

6-1 어떤 수에서 -2.8을 빼야 할 것을 잘못하여 더하였더니 그 결과가 6.2가 되었다. 바르게 계산한 값을 구하시오.

수의 덧셈과 뺄셈의 활용

7 **오른쪽 그림의 삼각형에서 각 변에 놓인 네 수의 합이 모두 같을 때, A, B의 값을 각각 구하시오.**

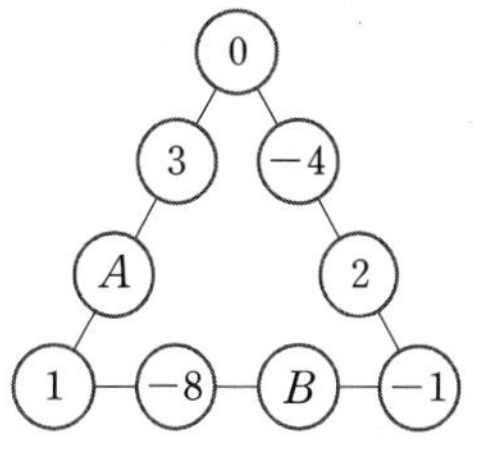

수가 전부 주어진 한 변의 네 수의 합을 먼저 계산한다.

7-1 오른쪽 표는 어느 날 서울의 기온을 3시간마다 측정하여 기록한 것이다. 다음 물음에 답하시오.

(1) 3시, 6시, 9시의 기온이 나타내는 수의 합을 구하시오.

(2) 측정한 기록의 최고 기온과 최저 기온의 차를 구하시오.

시각	기온(℃)
3시	-5.2
6시	-2.1
9시	3.7
12시	9.4
15시	8
18시	2.9

3 정수와 유리수의 곱셈

곱셈은 같은 수를 어떤 방향으로 여러번 더한 결과다.

(양수)×(양수)

$(+2)\times(+3)=+6$

(+2)를 0에서 3번 더해.
0+(+2)+(+2)+(+2)

(음수)×(음수)

$(-2)\times(-3)=+6$

(-2)를 0에서 3번 빼.
0-(-2)-(-2)-(-2) = 0+(+2)+(+2)+(+2)

(양수)×(음수)

$(+2)\times(-3)=-6$

(+2)를 0에서 3번 빼.
0-(+2)-(+2)-(+2) = 0+(-2)+(-2)+(-2)

(음수)×(양수)

$(-2)\times(+3)=-6$

(-2)를 0에서 3번 더해.
0+(-2)+(-2)+(-2)

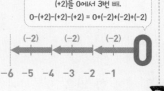

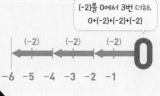

부호가 같은 두 수의 곱셈은 절댓값의 곱에 양의 부호 +를 붙인다.

부호가 다른 두 수의 곱셈은 절댓값의 곱에 음의 부호 −를 붙인다.

(1) 정수와 유리수의 곱셈

① **부호가 같은 두 수의 곱셈:** 두 수의 절댓값의 곱에 양의 부호 +를 붙인다.

예 $(+5)\times(+2)=+(5\times2)=+10$ $\quad(-5)\times(-2)=+(5\times2)=+10$

② **부호가 다른 두 수의 곱셈:** 두 수의 절댓값의 곱에 음의 부호 −를 붙인다.

예 $(+5)\times(-2)=-(5\times2)=-10$ $\quad(-5)\times(+2)=-(5\times2)=-10$

참고 어떤 수와 0의 곱은 항상 0이다. 예 $3\times0=0$

두 수의 곱
① $(+)\times(+)$
⇨ +(절댓값의 곱)
② $(-)\times(-)$
⇨ +(절댓값의 곱)
③ $(+)\times(-)$
⇨ −(절댓값의 곱)
④ $(-)\times(+)$
⇨ −(절댓값의 곱)

(2) 곱셈의 계산 법칙: 세 수 a, b, c에 대하여

① **교환법칙:** $a\times b=b\times a$
순서를 바꾸어 곱해도 계산 결과는 같다.

② **결합법칙:** $(a\times b)\times c=a\times(b\times c)$
어느 두 수를 먼저 곱해도 계산 결과는 같다.

참고 세 수의 곱셈에서는 결합법칙이 성립하므로 $(a\times b)\times c$ 또는 $a\times(b\times c)$를 모두 $a\times b\times c$와 같이 나타낼 수 있다.

음수 곱하기 음수는 왜 양수일까?

■$\times(+3)=$■$+$■$+$■와 같이 곱셈은 같은 수의 덧셈을 의미해.
3번 더한다.

■$\times(-2)=0-$■$-$■와 같이 음수를 곱하는 경우는 0에서 여러 번 빼는 것을 의미하지.
0에서 2번 뺀다.

따라서 $(+5)\times(-2)=0-(+5)-(+5)=0+(-5)+(-5)=-10$과 같이 계산할 수 있고
$(-5)\times(-2)=0-(-5)-(-5)=0+(+5)+(+5)=+10$과 같이 계산할 수 있어.

개념확인

1. 다음을 계산하시오.

(1) $(+5)\times(+6)$

(2) $(-6)\times(-4)$

(3) $(+10)\times(-7)$

(4) $(-8)\times(+5)$

(5) $(+9)\times\left(-\frac{8}{3}\right)$

(6) $(-14)\times\left(+\frac{9}{2}\right)$

2. 다음 계산과정에서 ㉠, ㉡에 이용된 곱셈의 계산 법칙을 각각 말하시오.

$(-4)\times(+9)\times(-2)$
$=(-4)\times(-2)\times(+9)$) 곱셈의 ㉠
$=\{(-4)\times(-2)\}\times(+9)$) 곱셈의 ㉡
$=(+8)\times(+9)=+72$

정수와 유리수의 곱셈

1 다음 중 계산 결과가 옳지 않은 것은?

① $(-7)\times(+9)=-63$
② $(-3)\times(-5)=+15$
③ $\left(+\frac{8}{3}\right)\times\left(-\frac{7}{4}\right)=+\frac{14}{3}$
④ $\left(+\frac{9}{5}\right)\times(+45)=+81$
⑤ $(+2.4)\times0=0$

곱셈의 부호
$(+)\times(+)$ ⇨ $+$
$(-)\times(-)$ ⇨ $+$
$(+)\times(-)$ ⇨ $-$
$(-)\times(+)$ ⇨ $-$

1-1 $a=(-5)\times\left(-\frac{27}{5}\right)$, $b=(+9)\times\left(-\frac{1}{54}\right)$일 때, $a\times b$의 값을 구하시오.

곱셈의 계산 법칙

2 다음 계산 과정에서 ㉠, ㉡에 이용된 계산 법칙을 차례로 나열하면?

$$\begin{aligned}&(-7)\times5\times(-3)\\&=5\times(-7)\times(-3)\\&=5\times\{(-7)\times(-3)\}\\&=5\times21=105\end{aligned}$$

곱셈의 [㉠]
곱셈의 [㉡]

① 교환법칙, 교환법칙
② 결합법칙, 교환법칙
③ 교환법칙, 결합법칙
④ 결합법칙, 결합법칙
⑤ 교환법칙, 분배법칙

곱셈의 계산 법칙
① 교환법칙 : 곱셈에서 곱하는 순서를 바꾸어도 그 결과는 같다.
② 결합법칙 : 곱셈에서 어느 두 수를 먼저 곱하여도 그 결과는 같다.

2-1 다음 계산 과정에서 ㉠, ㉡에 이용된 계산 법칙을 각각 말하시오.

$$\begin{aligned}&(+6)\times(-3)\times(+5)\\&=(-3)\times(+6)\times(+5)\quad ㉠\\&=(-3)\times\{(+6)\times(+5)\}\quad ㉡\\&=(-3)\times(+30)\\&=-90\end{aligned}$$

개념 특강

정수와 유리수의 곱셈

자연수의 곱셈

■단 곱셈구구 → 곱하는 수가 1씩 커지면 곱은 ■씩 커진다.

4단 곱셈구구 → 곱하는 수가 1씩 커지면 곱은 ☐씩 커진다.

×	1	2	3	4	5	6	7	8	9
4	4	☐	12	16	20	☐	☐	32	☐

+4 +4 +4 +4 +4 +4 +4 +4

답 4, 8, 24, 28, 36

분수의 곱셈

분자는 분자끼리 분모는 분모끼리 곱한다.

$\frac{●}{■} \times \frac{★}{▲} = \frac{● \times ★}{■ \times ▲}$

$\frac{4}{5} \times \frac{2}{3} = ☐$

답 $\frac{8}{15}$

정수의 곱셈

부호부터 결정한 후 수끼리 곱한다.

$2 \times 3 = 6$
$2 \times 2 = 4$
$2 \times 1 = ☐$
→ 양수 × 양수 = 양수

$2 \times 0 = 0$

$2 \times -1 = -2$
$2 \times -2 = ☐$
$2 \times -3 = ☐$
→ 양수 × 음수 = ◯

양수에 / 곱하는 수가 작아지면 / 결과는 작아져!

답 2, −4, −6, 음수

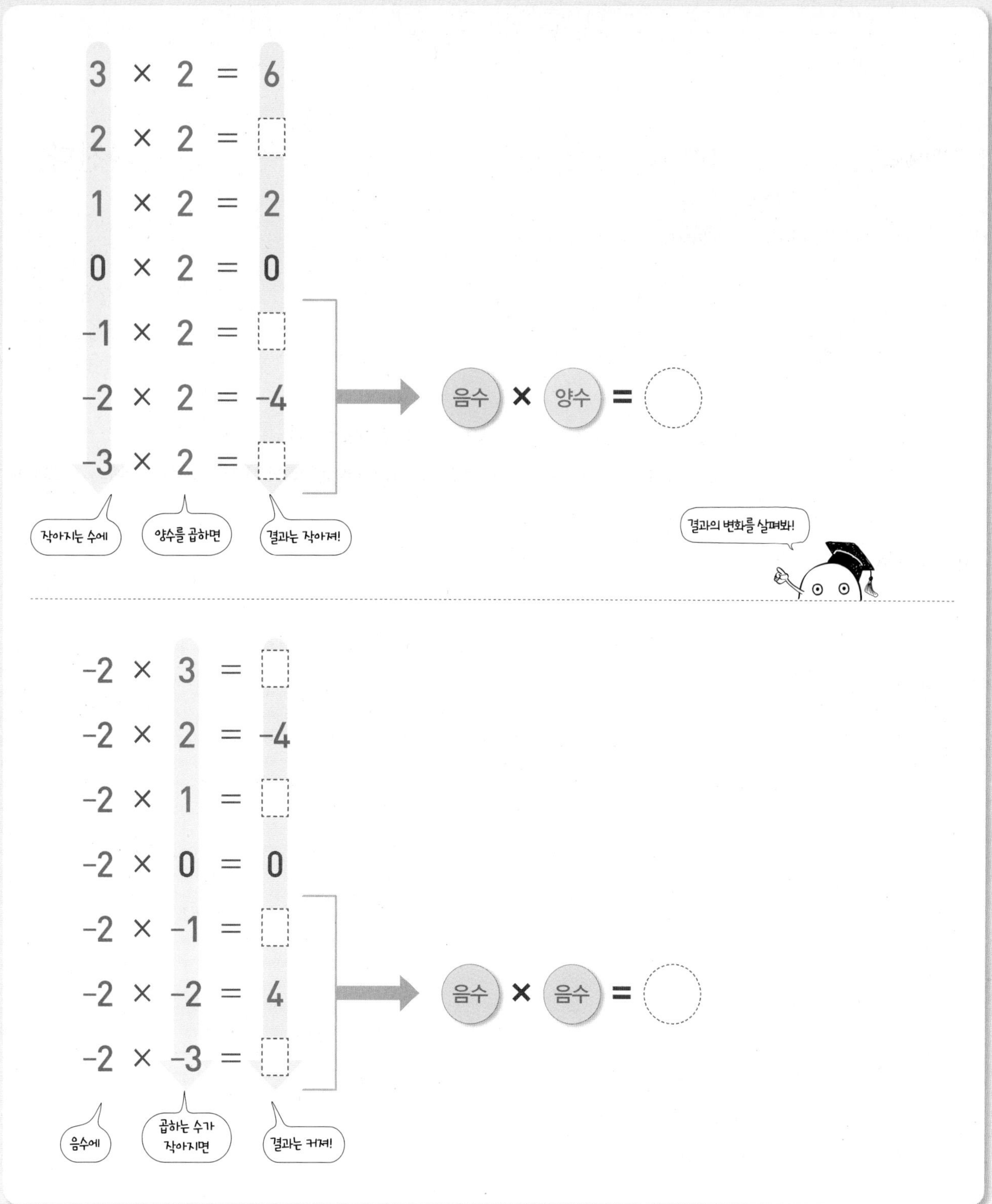

답 4, −2, −6, 음수 / −6, −2, 2, 6, 양수

유리수의 곱셈

부호부터 결정한 후 분자는 분자끼리 분모는 분모끼리 곱한다.

부호 결정

$\bigcirc\dfrac{●}{■} \times \bigcirc\dfrac{★}{▲} = \bigcirc\dfrac{●\times★}{■\times▲}$

$\left(-\dfrac{7}{3}\right)\times\left(+\dfrac{5}{21}\right)=\square$

답 $-\dfrac{5}{9}$

4 정수와 유리수의 곱셈의 활용

음수의 개수로 부호가 결정돼!

모두 양수일 때 (음수가 0개)	$+ \times + \times + \times + \times \cdots \times + = +$
음수가 1개일 때	$- \times + \times + \times + \times \cdots \times + = -$
음수가 2개일 때	$- \times - \times + \times + \times \cdots \times + = +$
음수가 3개일 때	$- \times - \times - \times + \times \cdots \times + = -$

⋯

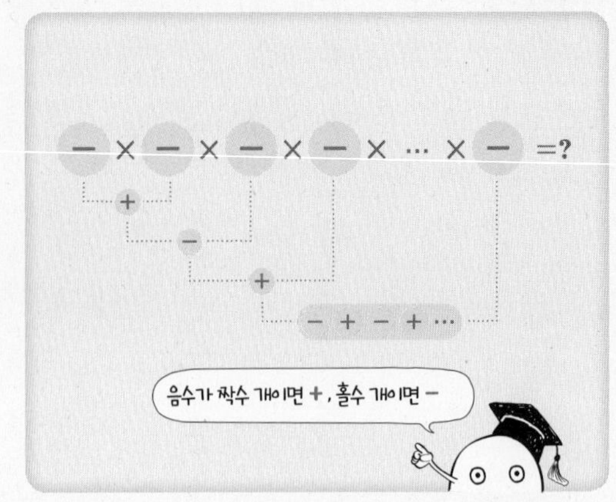

− × − × − × − × ⋯ × − =?
+
−
+
− + − + ⋯
음수가 짝수 개이면 +, 홀수 개이면 −

(1) **세 수 이상의 곱셈**

① **부호 결정**: 음수의 개수가 짝수 개이면 $+$이고, 음수의 개수가 홀수 개이면 $-$이다.

② 각 수들의 절댓값의 곱에 ①에서 결정된 부호를 붙인다.

(2) **거듭제곱의 계산**

① **양수의 거듭제곱**: 지수에 관계없이 양의 부호 $+$를 붙인다.

② **음수의 거듭제곱**: 지수가 짝수이면 양의 부호 $+$를, 지수가 홀수이면 음의 부호 $-$를 붙인다.

(3) **분배법칙**: 세 수 a, b, c에 대하여

① $a\times(b+c)=a\times b+a\times c$ ② $(a+b)\times c=a\times c+b\times c$

세 수 이상의 곱셈의 부호

$(-)\times(-)\times\cdots\times(-)$ ➡ $+$ (짝수개)

$(-)\times(-)\times\cdots\times(-)$ ➡ $-$ (홀수개)

$(-2)^2$과 -2^2은 다른 수야.

지수는 곱해지는 수의 개수를 의미해. 이를 이용하여 음의 정수나 유리수의 거듭제곱을 계산할 수 있지. 특히, 음의 정수의 거듭제곱에서는 지수가 홀수일 때와 짝수일 때, 부호가 달라지므로 지수에 대한 밑이 양수인지 음수인지 잘 파악해야 해.

① $(-2)^2=(-2)\times(-2)=+(2\times2)=+4$ ➡ 밑이 −2이다.

② $-2^2=-(2)^2=-(2\times2)=-4$ ➡ 밑이 2이다.

우리 혹시 쌍둥이?
절대 NO!
(−2)² ≠ −2²

개념확인

1. 다음을 계산하시오.

(1) $(-1)\times(+4)\times(-2)$

(2) $(+2)\times(-5)\times(+6)$

(3) $(-3)^3$

(4) $-\left(-\frac{1}{4}\right)^2$

2. 분배법칙을 이용하여 다음을 계산하시오.

(1) $(-15)\times\left\{\left(-\frac{2}{5}\right)+\frac{1}{3}\right\}$

(2) $\frac{1}{3}\times13+\frac{1}{3}\times(-4)$

세 개 이상의 수의 곱셈

1 $\left(-\frac{3}{4}\right)\times\left(-\frac{1}{6}\right)\times 16$을 계산하시오.

세 개 이상의 수의 곱셈은
① 부호를 먼저 정한다.
⇨ 음수가 짝수 개이면 +, 음수가 홀수 개이면 −
② 절댓값의 곱에 정한 부호를 붙인다.

1-1 $\left(-\frac{2}{7}\right)\times\left(-\frac{7}{4}\right)\times 12\times\left(-\frac{1}{3}\right)$을 계산하시오.

1-2 $\left(-\frac{1}{2}\right)\times\left(-\frac{2}{3}\right)\times\left(-\frac{3}{4}\right)\times\cdots\times\left(-\frac{49}{50}\right)$를 계산하면?

① $-\frac{1}{25}$　② $-\frac{1}{50}$　③ $\frac{1}{100}$
④ $\frac{1}{50}$　⑤ $\frac{1}{25}$

거듭제곱

2 다음 중 옳지 않은 것은?

① $(-2)^3=-8$　② $\left(-\frac{1}{2}\right)^2=\frac{1}{4}$　③ $-(-3)^2=-9$
④ $-\left(-\frac{1}{3}\right)^3=-\frac{1}{27}$　⑤ $-(-1)^5=1$

• 양수의 거듭제곱 ⇨ +
• 음수의 거듭제곱
⇨ 지수가 짝수 : +
지수가 홀수 : −

2-1 다음 중 가장 큰 수와 가장 작은 수의 곱을 구하시오.

$$(-2)^2,\quad \left(-\frac{2}{3}\right)^2,\quad -\left(-\frac{3}{4}\right)^2,\quad \left(-\frac{1}{2}\right)^3,\quad -(-2)^2$$

2-2 $(-1)+(-1)^2+(-1)^3+\cdots+(-1)^{100}$을 계산하면?

① -100　② -50　③ 0
④ 50　⑤ 100

분배법칙

3 **세 정수 a, b, c에 대하여 $a\times b=5$, $a\times c=-7$일 때, $a\times(b-c)$의 값은?**

① -35　② -12　③ -2
④ 2　⑤ 12

분배법칙
① $a\times(b+c)$
$=a\times b+a\times c$
② $a\times(b-c)$
$=a\times b-a\times c$
③ $(a+b)\times c$
$=a\times c+b\times c$
④ $(a-b)\times c$
$=a\times c-b\times c$

3-1 다음 계산 과정에서 분배법칙이 이용된 곳은?

$$\begin{aligned}&3\times20+3\times(-5)+3\times15\\&=3\times\{20+(-5)+15\} &①\\&=3\times\{(20+15)+(-5)\} &②\\&=3\times\{35+(-5)\} &③\\&=3\times30 &④\\&=90 &⑤\end{aligned}$$

3-2 다음 계산 과정에서 두 수 a, b의 합 $a+b$의 값을 구하시오.

$$\left(-\frac{5}{3}\right)\times41+\left(-\frac{5}{3}\right)\times19=\left(-\frac{5}{3}\right)\times a=b$$

3-3 분배법칙을 이용하여 $1.2\times5.3+1.2\times4.7+8.8\times5.3+8.8\times4.7$을 계산하시오.

네 유리수 중에서 세 수를 뽑아 곱하기

4 **네 유리수 $-\frac{4}{5}$, $\frac{2}{5}$, 3, $-\frac{10}{3}$ 중에서 서로 다른 세 수를 뽑아 곱한 값 중 가장 큰 수는?**

① 1 ② 2 ③ 4
④ $\frac{16}{3}$ ⑤ 8

- 서로 다른 세 수를 뽑아 곱할 때, 가장 큰 수 만들기
  ① 음수의 개수: 짝수 개
  ② 세 수의 절댓값의 곱을 가장 크게 한다.
- 서로 다른 세 수를 뽑아 곱할 때, 가장 작은 수 만들기
  ① 음수의 개수: 홀수 개
  ② 세 수의 절댓값의 곱을 가장 크게 한다.

4-1 네 유리수 $-\frac{3}{14}$, -28, $\frac{1}{2}$, $\frac{1}{7}$ 중에서 서로 다른 세 수를 뽑아 곱한 값 중 가장 작은 수를 구하시오.

4-2 네 유리수 -3, $-\frac{1}{5}$, $\frac{4}{3}$, $-\frac{5}{2}$ 중에서 서로 다른 세 수를 뽑아 곱한 값 중 가장 큰 수를 구하시오.

5 정수와 유리수의 나눗셈 (1)

나눗셈도 음수의 개수로 부호가 결정돼

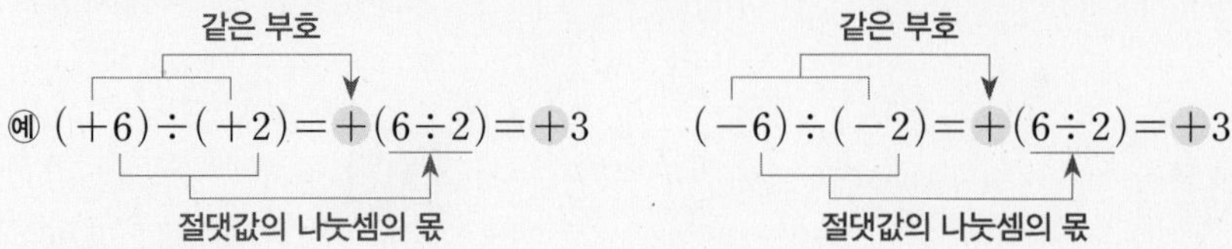

(1) **부호가 같은 두 수의 나눗셈:** 두 수의 절댓값의 나눗셈의 몫에 양의 부호 +를 붙여서 계산한다.

예 $(+6)\div(+2)=+(6\div2)=+3$ $\quad(-6)\div(-2)=+(6\div2)=+3$

(같은 부호 / 절댓값의 나눗셈의 몫)

(2) **부호가 다른 두 수의 나눗셈:** 두 수의 절댓값의 나눗셈의 몫에 음의 부호 −를 붙여서 계산한다.

예 $(+6)\div(-2)=-(6\div2)=-3$ $\quad(-6)\div(+2)=-(6\div2)=-3$

(다른 부호 / 절댓값의 나눗셈의 몫)

(3) 0을 0이 아닌 수로 나눈 몫은 항상 0이다. 예 $0\div4=0$

주의 나눗셈에서 0으로 나누는 것은 생각하지 않는다.

나눗셈은 곱셈의 반대 과정이야.

오른쪽 그림과 같이 $6\div2$의 값을 구하는 것은
$6=\square\times2$를 만족하는 $\square$를 찾는 것과 같아.
$\square=3$이므로 $6\div2=3$이 되는 것을 알 수 있어.
마찬가지로 $6\div(-2)$의 값을 구하려면
$6=\square\times(-2)$를 만족하는 $\square$를 찾아야
하고 $\square=-3$이므로 $6\div(-2)=-3$이야.

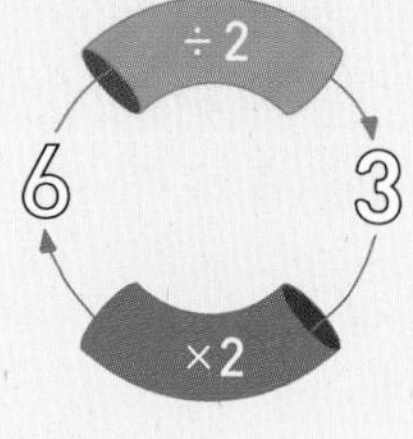

개념확인

1. 다음을 계산하시오.

(1) $(+8)\div(+2)$

(2) $(-27)\div(-9)$

(3) $(-36)\div(+6)$

(4) $(+45)\div(-5)$

2. 다음을 계산하시오.

(1) $(+8.4)\div(+6)$

(2) $(+4.8)\div(-0.8)$

(3) $(-2.4)\div(+6)$

(4) $(-3.2)\div(-0.2)$

정수와 유리수의 나눗셈 – 두 수의 나눗셈

1 **다음을 계산하시오.**

(1) $(-18)\div(-6)$ (2) $(+100)\div(-5)$

(3) $(-104)\div(+8)$ (4) $0\div(-9)$

나눗셈의 부호
$(+)\div(+) \Rightarrow +$
$(-)\div(-) \Rightarrow +$
$(+)\div(-) \Rightarrow -$
$(-)\div(+) \Rightarrow -$

1-1 다음을 계산하시오.

(1) $(+4.9)\div(+0.7)$ (2) $(+76)\div(-4)$

(3) $(-24)\div(+8)$ (4) $(-8.1)\div(-9)$

1-2 다음 중 계산 결과가 가장 작은 것은?

① $(+10)\div(-2)$ ② $(+25)\div(+5)$

③ $(-16)\div(-2)$ ④ $(+21)\div(-3)$

⑤ $(-18)\div(+3)$

정수와 유리수의 나눗셈 – 세 수의 나눗셈

2 **다음을 계산하시오.**

(1) $24\div(-2)\div(-3)$ (2) $(-56)\div(-2)\div(-4)$

세 개 이상의 정수의 나눗셈은 앞에서부터 차례로 계산한다.

2-1 $A=(+36)\div(+9)\div(-2)$, $B=24\div(-6)\div(-2)$일 때, $A\div B$의 값을 구하시오.

정수와 유리수의 나눗셈 (2)

나눗셈은 결국 곱셈이야!

$$6\div2=\frac{6}{2}=\frac{6\times1}{1\times2}=6\times\frac{1}{2}$$

$$a\div b=a\times\frac{1}{b}$$

곱셈으로

역수

나누는 수를 역수로 바꾸고  나눗셈을 곱셈으로 고쳐서 계산한다.

(1) 역수를 이용한 수의 나눗셈

① **역수:** 두 수의 곱이 1이 될 때, 한 수를 다른 수의 역수라고 한다.

예 $3\times\frac{1}{3}=1$이므로 3의 역수는 $\frac{1}{3}$, $\frac{1}{3}$의 역수는 3이다.

참고 $0\times a=1$을 만족하는 a는 없으므로 0의 역수는 없다.

주의 역수를 구할 때 부호는 바뀌지 않는다.

② **역수를 이용한 나눗셈:** 나누는 수를 그 역수로 바꾸어 곱셈으로 고쳐서 계산한다.

예 $(+5)\div\left(-\frac{5}{2}\right)=(+5)\times\left(-\frac{2}{5}\right)=-\left(5\times\frac{2}{5}\right)=-2$

역수를 이용한 나눗셈

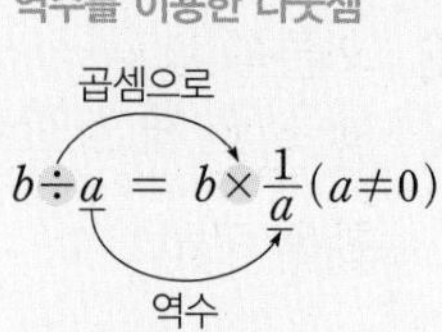

개념확인

1. 다음 수의 역수를 구하시오.

(1) 5

(2) $\frac{1}{9}$

(3) $-\frac{2}{7}$

(4) 2.1

2. 다음을 계산하시오.

(1) $\left(+\frac{2}{3}\right)\div\left(+\frac{6}{7}\right)$

(2) $\left(-\frac{2}{5}\right)\div\left(-\frac{1}{3}\right)$

(3) $\left(-\frac{3}{8}\right)\div\left(+\frac{5}{6}\right)$

(4) $\left(+\frac{3}{5}\right)\div\left(-\frac{3}{8}\right)$

역수 구하기

1 다음 중 두 수가 서로 역수가 <u>아닌</u> 것은?

① $4, \frac{1}{4}$ ② $\frac{2}{7}, \frac{7}{2}$ ③ $0.3, \frac{3}{10}$
④ $-\frac{1}{5}, -5$ ⑤ $-2\frac{2}{3}, -\frac{3}{8}$

어떤 수의 역수를 구할 때 대분수는 가분수로, 정수는 분모가 1인 분수로, 소수는 분수로 고친 뒤, 부호는 그대로 두고 분모와 분자를 서로 바꾼다.

1-1 $-2\frac{1}{3}$의 역수를 a, $\frac{10}{7}$의 역수를 b라 할 때, $a\times b$의 값을 구하시오.

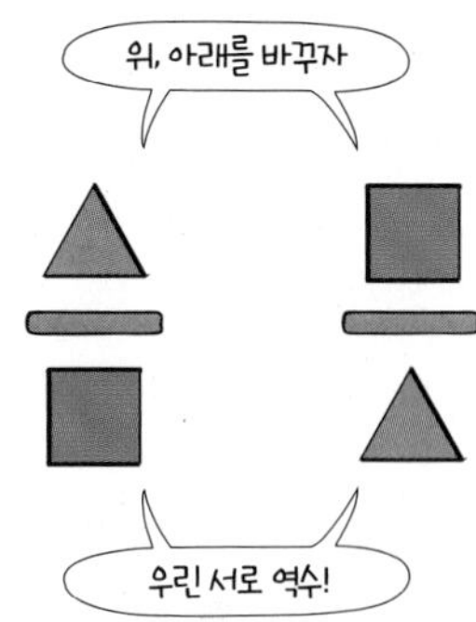
위, 아래를 바꾸자
우린 서로 역수!

1-2 오른쪽 그림과 같은 정육면체 모양의 주사위에서 마주 보는 면에 있는 두 수의 곱이 1일 때, 보이지 않는 세 면에 있는 수의 합을 구하시오.

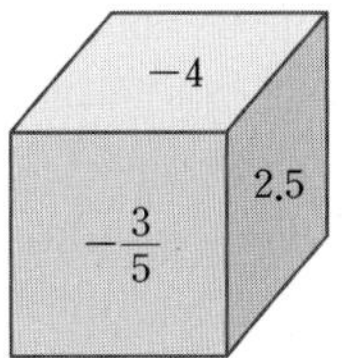
-4
2.5
$-\frac{3}{5}$

역수를 이용한 나눗셈

2 다음 중 계산 결과가 나머지 넷과 다른 하나는?

① $(-8)\div(+4)$ ② $\left(+\frac{6}{5}\right)\div\left(-\frac{3}{5}\right)$ ③ $\left(-\frac{14}{3}\right)\div\left(+\frac{28}{3}\right)$
④ $\left(+\frac{1}{3}\right)\div\left(-\frac{1}{6}\right)$ ⑤ $(-18)\div\left(+\frac{9}{4}\right)\div(+4)$

• $○\div\triangle=○\times\frac{1}{\triangle}$
• $○\div\triangle\div\square$
$=○\times\frac{1}{\triangle}\times\frac{1}{\square}$

2-1 $\left(-\frac{5}{3}\right)\div\left(+\frac{4}{15}\right)\div\left(-\frac{5}{4}\right)$를 계산하시오.

계산 결과가 주어지는 경우의 곱셈과 나눗셈

3 다음 □ 안에 알맞은 수를 차례로 구하시오.

$$(-4)\times\square=-60,\quad \square\div(-3)^2=2$$

① $a\times\square=b$일 때, $\square=b\div a$
② $a\div\square=b$일 때, $\square=a\div b$
③ $\square\div a=b$일 때, $\square=b\times a$

3-1 $(-8)\div A=-12$, $B\times\left(-\frac{4}{9}\right)=\frac{1}{3}$일 때, $A\times B$의 값을 구하시오.

유리수의 부호

4 양수 a와 음수 b에 대하여 다음 중 그 부호가 나머지 넷과 다른 하나는?

① $a-b$ ② $b-a$ ③ $a\times b$
④ $a\div b$ ⑤ $b\div a$

$a>0$, $b<0$일 때,
① $a+b$: 부호는 알 수 없다.
② $a-b$: 양수
$b-a$: 음수
③ $a\times b$: 음수
④ $a\div b$, $b\div a$: 음수

4-1 세 유리수 a, b, c에 대하여 $a>0$, $b>0$, $c<0$일 때, 옳은 것을 모두 고르시오.

ㄱ. $a-c>0$ ㄴ. $b-c<0$ ㄷ. $\frac{b}{a}>0$ ㄹ. $c\times a>0$

7 정수와 유리수의 혼합 계산

거듭제곱을 제일 먼저 계산해!

거듭제곱 → 괄호 풀기 → 곱셈, 나눗셈 → 덧셈, 뺄셈

(1) 곱셈과 나눗셈의 혼합 계산

① 거듭제곱이 있으면 거듭제곱을 먼저 계산한다.

② 나눗셈은 역수를 이용하여 곱셈으로 고친다.

③ 음수의 개수에 따라 전체의 부호를 정한 후 절댓값의 곱에 결정된 부호를 붙인다.

(2) 덧셈, 뺄셈, 곱셈, 나눗셈의 혼합 계산

① 거듭제곱이 있으면 거듭제곱을 먼저 계산한다.

② 괄호가 있으면 괄호 안을 먼저 계산한다. 이때 괄호는 소괄호 ( ), 중괄호 { }, 대괄호 [ ]의 순서로 계산한다.

③ 곱셈과 나눗셈을 계산한다.

④ 덧셈과 뺄셈을 계산한다.

$5-(-3)\times\{(-2)^2+(-5)\}$

$=5-(-3)\times\{4+(-5)\}$

$=5-(-3)\times(-1)$

$=5-(+3)$

$=2$

왜 덧셈, 뺄셈보다 곱셈을 먼저 계산할까?

초등학교에서 학습한 것처럼 곱셈은 같은 수의 덧셈을 간단하게 나타내는 방법이다.
3×4는 $3+3+3+3$을 간단하게 나타낸 것이므로 $2+3\times4$는 $2+3+3+3+3$을 의미한다.
즉, $2+3\times4$에서 3×4는 먼저 3을 4번 더했다는 의미이므로 곱셈을 먼저 계산한 후에 덧셈을 계산해야 한다.

$2+3\times4=2+3+3+3+3$ (4개)

개념확인

1. 다음을 계산하시오.

(1) $(-15)\times(-2)\div(-10)$

(2) $(+12)\div(-2)\times(-3)$

(3) $\left(-\frac{6}{7}\right)\times\frac{3}{4}\div\frac{9}{14}$

(4) $\frac{6}{7}\div\left(-\frac{3}{5}\right)\times\frac{1}{4}$

2. 다음 식의 계산 순서를 차례로 쓰시오.

$5-\{(3-12)+1\}\div(-2)$

(↑ ㉠ at −, ㉡ at −, ㉢ at +, ㉣ at ÷)

3. 다음을 계산하시오.

(1) $(-18)\div(-2)+6\times(-1)$

(2) $13+\{(-4)\times3-(-16)\}$

(3) $\frac{5}{8}\times\left\{(-7)-\frac{2}{5}\right\}\div(-4)$

(4) $\frac{1}{3}\times\left(-\frac{1}{2}\right)+\left(-\frac{1}{2}\right)^2\div\frac{3}{8}$

곱셈과 나눗셈의 혼합 계산

1 **다음을 계산하시오.**

(1) $12\div(-3)\times(-2)^2$　　(2) $(-4)\div\left(+\frac{3}{2}\right)\times\left(-\frac{6}{5}\right)$

곱셈과 나눗셈의 혼합 계산
① 거듭제곱이 있으면 거듭제곱을 먼저 계산한다.
② 나눗셈을 곱셈으로 고친다.
③ 음수의 개수에 따라 전체의 부호를 정한다.
④ 절댓값의 곱에 결정된 부호를 붙인다.

1-1 $(-2)^3\times\frac{5}{4}\div\left(-\frac{1}{2}\right)$을 계산하시오.

혼합 계산의 순서

2 **다음 식의 계산 순서를 차례로 나열하시오.**

$$20\div\{(15-20\div4)\times(-2)\}-(-6)$$

(↑ ㉠ at ÷, ㉡ at −, ㉢ at ÷, ㉣ at ×, ㉤ at −)

혼합 계산 순서
(　) 안에 뺄셈과 나눗셈이 혼합되어 있는 경우에는 나눗셈을 먼저 계산한다.

2-1 다음 식의 계산 순서를 차례로 나열하시오.

$$1-\left\{(-5)^2\times\frac{1}{10}-(-3)\right\}\div8$$

(↑ ㉠ at −, ㉡ at $(-5)^2$, ㉢ at ×, ㉣ at −, ㉤ at ÷)

2-2 다음 계산 과정에서 ㉠~㉣에 알맞은 수를 써넣으시오.

$$3-(-2)\times\{(-2)^3+(-4)\}$$

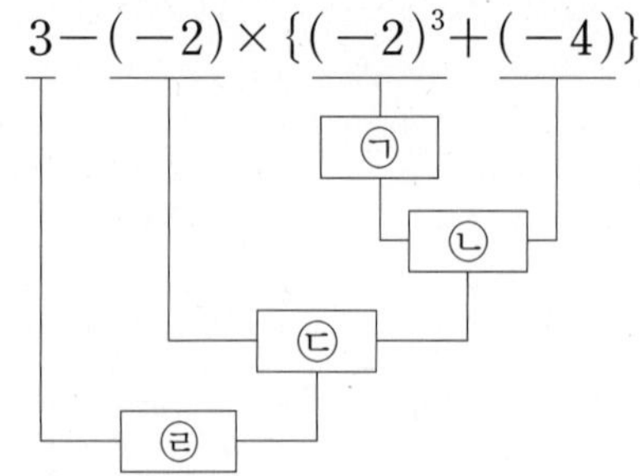

덧셈, 뺄셈, 곱셈, 나눗셈의 혼합 계산

3 **다음을 계산하시오.**

$$-5^2+[32\div\{5\times(-2)-6\}]\times(-2)^2$$

혼합 계산 순서
① 거듭제곱
② ( ) ⇨ { } ⇨ [ ]
③ ×, ÷
④ +, −

3-1 다음을 계산하시오.

$$\left\{-2^2\div\left(-\frac{1}{3}\right)+4\right\}\div\left(-\frac{2}{5}\right)^2+(-3)^3$$

3-2 $1.5\times\left(-\frac{2}{3}\right)^2-\frac{9}{4}\div3+\left(-\frac{1}{2}\right)^3\div\left(-\frac{1}{4}\right)^2$을 계산한 결과에 가장 가까운 정수를 구하시오.

새로운 계산 기호

4 **두 수 a, b에 대하여 $a\circ b=a\div b\times4$로 약속할 때, $5\circ\left(\frac{1}{9}\circ\frac{2}{9}\right)$를 계산하시오.**

새로운 계산 기호는 주어진 약속에 따라 식을 세우고 계산한다.

4-1 두 수 a, b에 대하여 $a \bigcirc b = a \div b \times 2$, $a \diamond b = 1 - a \times b$로 약속할 때, $\left(\frac{1}{2} \bigcirc \frac{2}{3}\right) \diamond \left(\frac{1}{5} \bigcirc \frac{4}{15}\right)$를 계산하시오.

4-2 두 수 a, b에 대하여 $a \triangle b = a \times b - 3$, $a \circledcirc b = a \div b + 2$로 약속할 때, $\left\{(-3) \triangle \frac{5}{6}\right\} \circledcirc \{(-7) \triangle (-2)\}$를 계산하시오.

실생활에서 혼합 계산의 활용

5 **동현이와 연정이가 동전 던지기 게임을 하는데 앞면이 나오면 $+3$점, 뒷면이 나오면 -1점을 받기로 하였다. 동전 던지기를 각각 10번 하여 동현이는 앞면이 7번, 연정이는 뒷면이 7번 나왔을 때, 동현이와 연정이가 얻은 점수는 각각 몇 점인지 구하시오.**

n번 던져 앞면이 a번 나오면 뒷면은 $(n-a)$번 나온다.

5-1 준수와 영재가 가위바위보를 하여 계단 오르기 놀이를 하는데 이기면 4칸 위로 올라가고, 지면 한 칸 아래로 내려가기로 하였다. 가위바위보를 8번 하여 준수가 5번을 이겼다고 할 때, 준수는 영재보다 몇 칸 더 위로 올라갔는지 구하시오.

(단, 비기는 경우는 없다.)

기본 문제

1 정수와 유리수의 사칙계산

다음 중 계산 결과가 옳지 않은 것은?

① $\left(+\frac{1}{2}\right)+\left(-\frac{1}{3}\right)=\frac{1}{6}$

② $(-7)-(+4)=-11$

③ $\left(-\frac{3}{8}\right)\times\left(+\frac{4}{3}\right)=-\frac{1}{2}$

④ $\left(-\frac{3}{4}\right)\div(-5)=\frac{15}{4}$

⑤ $0\times\left(+\frac{1}{3}\right)=0$

2 유리수의 덧셈, 뺄셈

$\frac{9}{4}-\frac{5}{2}-\frac{4}{3}+\frac{7}{6}$을 계산하시오.

3 바르게 계산한 값 구하기

어떤 수에서 $-\frac{3}{2}$을 빼어야 할 것을 잘못하여 더하였더니 그 결과가 $-\frac{9}{10}$가 되었다. 이때 바르게 계산한 값은?

① $-\frac{5}{3}$ ② $-\frac{2}{3}$ ③ $\frac{3}{5}$
④ $\frac{21}{10}$ ⑤ $\frac{9}{4}$

4 수의 덧셈과 뺄셈의 활용

오른쪽 그림의 삼각형에서 세 변에 놓인 네 수의 합이 모두 같을 때, A, B의 값은?

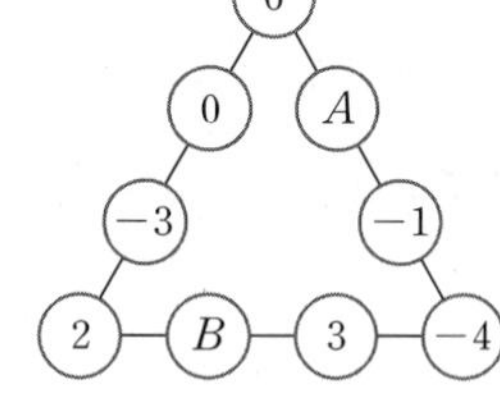

① $A=-3$, $B=4$
② $A=3$, $B=4$
③ $A=4$, $B=-3$
④ $A=4$, $B=3$
⑤ $A=4$, $B=4$

5 계산 법칙

다음 계산 과정에서 덧셈의 교환법칙이 이용된 곳은?

$$\begin{aligned}&3\times(-2)+3\times(+4)+3\times(-12) &①\\&=3\times\{(-2)+(+4)+(-12)\} &②\\&=3\times\{(-2)+(-12)+(+4)\} &③\\&=3\times\{(-14)+(+4)\} &④\\&=3\times(-10) &⑤\\&=-30\end{aligned}$$

6 정수와 유리수의 혼합 계산

다음 식을 바르게 계산한 것은?

$$3-\left\{1-\left(-\frac{1}{2}\right)\right\}\times 4$$

① -6 ② -5 ③ -4
④ -3 ⑤ -2

7 거듭제곱

5보다 -3만큼 작은 수를 a, 4보다 -3만큼 큰 수를 b, 6보다 -2만큼 큰 수를 c라 할 때, $(-1)^a-(-1)^b+(-1)^c$의 값을 구하시오.

8 거듭제곱

다음 중 계산 결과가 옳지 않은 것은?

① $(-4)^2=16$　② $-\left(-\frac{1}{2}\right)^3=\frac{1}{8}$

③ $-(-3)^2=-9$　④ $-6^2=36$

⑤ $\left(-\frac{1}{5}\right)^3=-\frac{1}{125}$

9 세 개 이상의 수의 곱셈

오른쪽 그림과 같은 정육면체에서 마주 보는 면에 있는 두 수의 합이 0일 때, 보이지 않는 세 면에 있는 수의 곱은?

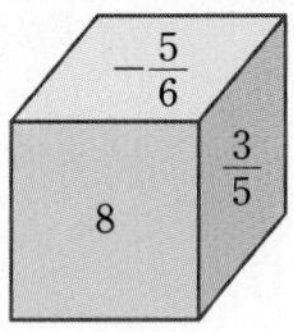

① $\frac{5}{2}$　② 3

③ $\frac{7}{2}$　④ 4

⑤ $\frac{9}{2}$

10 역수 구하기

-0.3의 역수를 a, $-1\frac{4}{5}$의 역수를 b라 할 때, $a\div b$의 값을 구하시오.

11 계산 결과가 주어지는 경우

다음을 만족하는 두 수 a, b에 대하여 $a-b$의 값을 구하시오.

$$\frac{2}{5}-a=\frac{1}{3}, \qquad \left(-\frac{5}{6}\right)\times b=\frac{1}{3}$$

12 곱셈과 나눗셈의 혼합 계산

$\left(-\frac{1}{2}\right)^2\times 4\div\left(-\frac{1}{5}\right)$을 계산하면?

① -5　② $-\frac{1}{5}$　③ $\frac{1}{5}$

④ 5　⑤ 10

13 정수와 유리수의 혼합 계산

$(-3)\times\left\{\frac{4}{3}-(-1)^6\right\}-(-2)\div 0.5^2$을 계산하면?

① -15　② -9　③ 1

④ 7　⑤ 9

개념 완성

발전 문제

1 (가), (나), (다)에 알맞은 수를 차례로 a, b, c라 할 때, $a\times b\div c$의 값은?

> (가) 4보다 -1만큼 큰 수　　(나) -2보다 $-\frac{4}{3}$만큼 작은 수
> (다) $(-2)\div(-3)$

① -9　② -5　③ -3　④ 3　⑤ 9

2 오른쪽 그림과 같은 전개도를 사용하여 정육면체를 만들 때, 마주 보는 면에 적혀 있는 수는 서로 역수이다. 이때 세 수 a, b, c에 대하여 $a\times b-c$의 값을 구하시오.

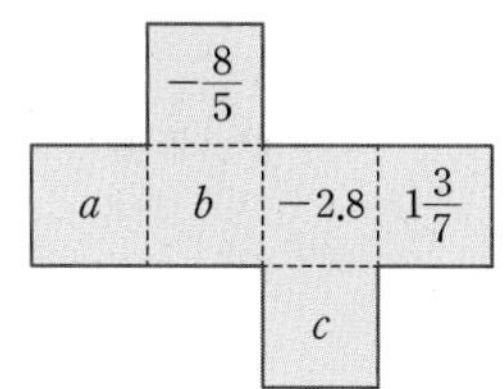

3 자연수 n에 대하여 $\frac{1}{n\times(n+1)}=\frac{1}{n}-\frac{1}{n+1}$임을 이용하여 $\frac{1}{2\times3}+\frac{1}{3\times4}+\cdots+\frac{1}{10\times11}$을 계산하시오.

먼저 주어진 식을 $\frac{1}{n}-\frac{1}{n+1}$의 형태로 바꾼다.

4 세 유리수 a, b, c에 대하여 $a>0$, $a\times c<0$, $\frac{c}{b}>0$일 때, 다음 중 옳지 <u>않은</u> 것은?

① $a-b>0$　② $b+c>0$　③ $\frac{b}{a}<0$　④ $\frac{b\times c}{a}>0$　⑤ $c-a<0$

5 다음을 계산하시오.

$$\left(-\frac{1}{3}\right)\times\left(-\frac{3}{5}\right)\times\left(-\frac{5}{7}\right)\times\cdots\times\left(-\frac{97}{99}\right)\times\left(-\frac{99}{101}\right)$$

곱하는 음수의 개수를 파악하여 부호를 정한다.

6 서술형

-3보다 -2만큼 큰 수를 a, $\frac{1}{4}$보다 -2만큼 작은 수를 b라 할 때, $a+b$의 값을 구하기 위한 풀이 과정을 쓰고 답을 구하시오.

① 단계: a의 값 구하기

$a=$ ______________

② 단계: b의 값 구하기

$b=$ ______________

③ 단계: $a+b$의 값 구하기

$a+b=$ ______________

► Check List

- 정수의 덧셈을 이용하여 a의 값을 바르게 구하였는가?
- 정수와 유리수의 뺄셈을 이용하여 b의 값을 바르게 구하였는가?
- $a+b$의 값을 바르게 구하였는가?

7 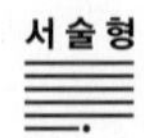 서술형

다음 식을 계산하기 위한 풀이 과정을 쓰고 답을 구하시오.

$$\left(-\frac{2}{5}\right)\underset{\underset{\text{㉠}}{\uparrow}}{\div}\left[\frac{4}{5}\underset{\underset{\text{㉡}}{\uparrow}}{+}\left\{\underset{\underset{\text{㉢}}{\uparrow}}{\underline{\left(-\frac{1}{2}\right)^2}}\underset{\underset{\text{㉣}}{\uparrow}}{-}\frac{3}{8}\right\}\right]\underset{\underset{\text{㉤}}{\uparrow}}{\times}\frac{2}{3}$$

① 단계: 계산 순서에 맞게 나열하기

____

____

② 단계: 순서에 맞게 계산하기

____

____

____

____

► Check List

- 계산 순서에 맞게 바르게 나열하였는가?
- 순서에 맞게 바르게 계산하였는가?

III 문자와 식

1 문자의 사용과 식의 계산

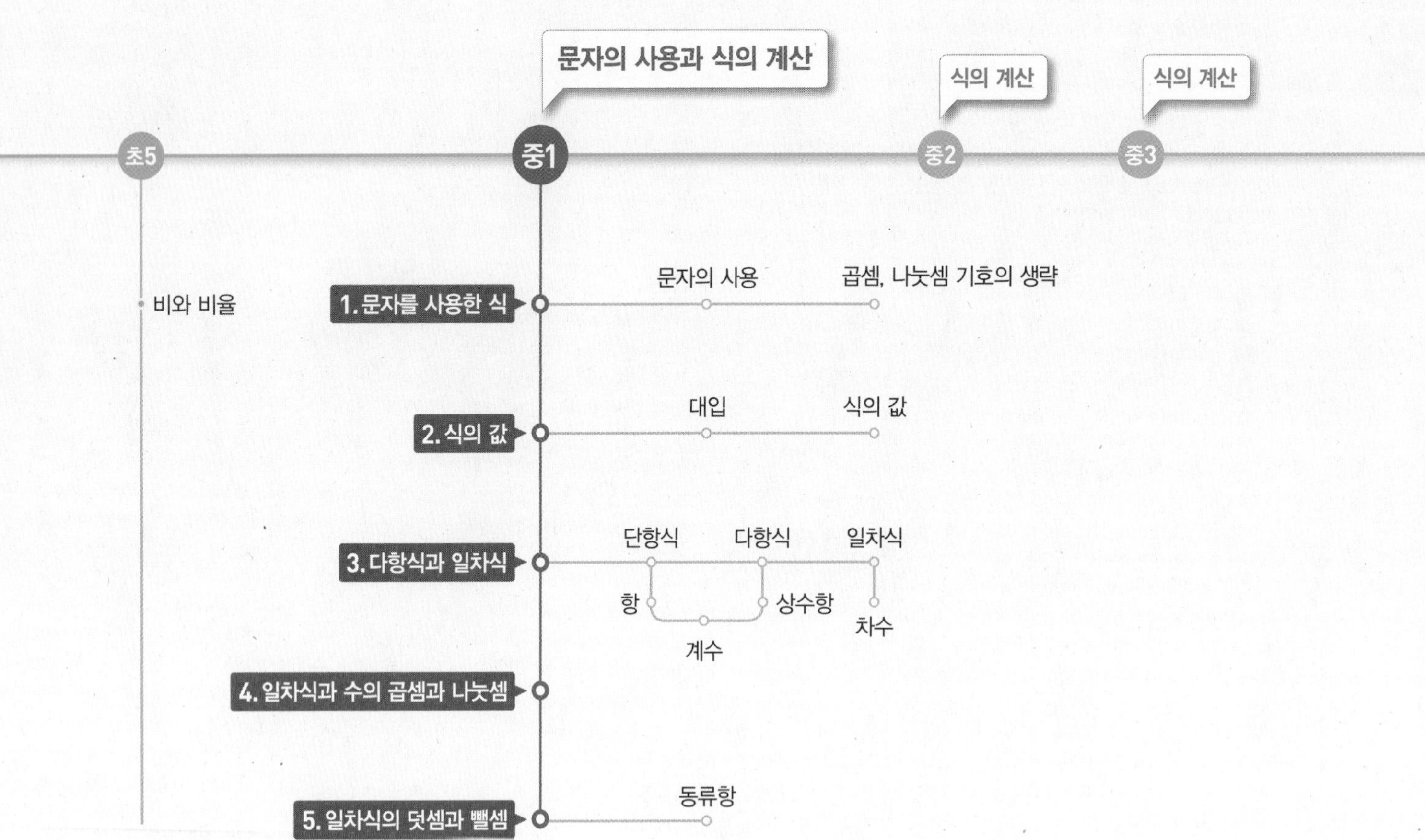

문자의 사용과 식의 계산
식의 계산
식의 계산
초5
중1
중2
중3
비와 비율
1. 문자를 사용한 식
문자의 사용
곱셈, 나눗셈 기호의 생략
2. 식의 값
대입
식의 값
3. 다항식과 일차식
단항식
다항식
일차식
항
상수항
계수
차수
4. 일차식과 수의 곱셈과 나눗셈
5. 일차식의 덧셈과 뺄셈
동류항

간결하고 명확한 수학 언어의 탄생

다음 등변사다리꼴의
둘레의 길이는?

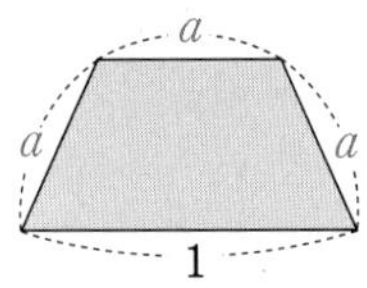

어떤 수 a의 3배에
1을 더하면?

$3a+1$

$\boxed{a}+\boxed{a}+\boxed{a}+1$

시속 3 km로 a시간 걷고
1 km를 더 걸었을 때
총 이동 거리는?

1 문자를 사용한 식

문자가 수를 대신해!

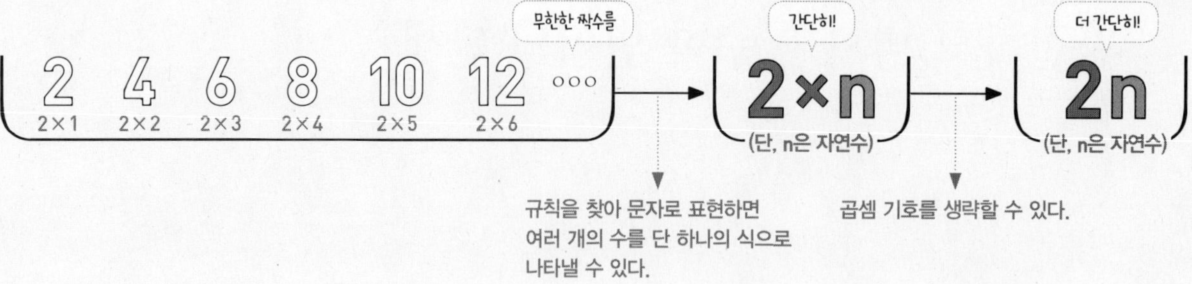

규칙을 찾아 문자로 표현하면 여러 개의 수를 단 하나의 식으로 나타낼 수 있다.

곱셈 기호를 생략할 수 있다.

(1) 곱셈, 나눗셈 기호의 생략

① **곱셈 기호의 생략**: 수와 문자, 문자와 문자 사이의 곱셈 기호 ×는 생략한다.

곱셈 기호를 생략할 때는 다음 규칙을 따른다.

- (수)×(문자): 수를 문자 앞에 쓴다. ➡ $a\times4=4a$, $0.1\times x=0.1x$
- $1\times$(문자), $-1\times$(문자): 1은 생략한다. ➡ $1\times x=x$, $(-1)\times x=-x$
- (문자)×(문자): 알파벳 순서대로 쓴다. ➡ $z\times x\times y\times a=axyz$
- 같은 문자의 곱: 거듭제곱을 사용하여 나타낸다. ➡ $b\times a\times b\times c\times a=a^2b^2c$
- (수)×(괄호가 있는 식): 수를 괄호 앞에 쓴다. ➡ $(a+b)\times3=3(a+b)$

② **나눗셈 기호의 생략**: 나눗셈 기호 ÷는 생략하고 분수의 꼴로 나타낸다.

$$a\div b=a\times\frac{1}{b}=\frac{a}{b}\ (\text{단, } b\neq0)$$

(2) 문자를 사용하여 식 세우기: 구체적인 값이 주어지지 않거나 일반적인 수량을 나타낼 때, 문자를 사용하면 수량 사이의 관계를 식으로 간단히 나타낼 수 있다.

예 닭 x마리의 다리의 전체 개수 → $2x$개

주의

- $0.1\times a$는 $0.a$로 쓰지 않고 $0.1a$로 쓴다.
- $a\div1$은 $\frac{a}{1}$로 쓰지 않고 a로 쓴다.
- $a\div(-1)$은 $\frac{a}{-1}$로 쓰지 않고 $-a$로 쓴다.

수와 문자로 수학적 의사소통이 간단해져!

문자를 사용하면 훨씬 간결하고 명확하게 표현할 수 있어.

어떤 수를 두 번 곱한 수와
다른 수를 세 번 곱해서 두 배 한 수를 더한 것은
또 다른 수를 두 번 곱한 것의 세 배와 같아!
$a^2+2b^3=3c^2$
문자로 표현하면 간단해!

개념확인

1. 다음 식을 곱셈 기호와 나눗셈 기호를 생략하여 나타내시오.

(1) $a\times3$　　(2) $b\times(-1)$

(3) $-3\times(x-y)$　　(4) $y\div3$

2. 다음을 문자를 사용한 식으로 나타내시오.

(1) 밑변의 길이가 8 cm, 높이가 h cm인 삼각형의 넓이

(2) 한 자루에 700원인 볼펜 x자루의 가격

곱셈 기호와 나눗셈 기호의 생략

1 **곱셈 기호와 나눗셈 기호를 생략하여 다음 식을 나타내시오.**

(1) $x\times(-1)\times(x+y)$ (2) $-0.1\times a\times b\times a$

(3) $5\div(x-y)$ (4) $b\div a\div c$

곱셈 기호와 나눗셈 기호의 생략

① 수와 문자, 문자와 문자 사이의 곱셈 기호를 생략한다.

② 같은 문자의 곱은 거듭제곱을 사용하여 나타낸다.

③ 나눗셈은 역수의 곱셈으로 바꾼 후 분수의 꼴로 나타낸다.

1-1 다음을 곱셈 기호와 나눗셈 기호를 생략하여 나타내시오.

(1) $(a+b)\div c\times 2$ (2) $x\times x\times 3-5\div(y\div x)$

1-2 다음 중 곱셈 기호와 나눗셈 기호를 생략하여 바르게 나타낸 것을 모두 고르면? (정답 2개)

① $x\div\frac{7}{4}y=\frac{4xy}{7}$

② $\left(-\frac{2}{3}\right)\div a\div b=-\frac{2}{3ab}$

③ $2\times a\times a\times(-0.1)=-0.2a^2$

④ $0.1\times a=0.a$

⑤ $(x+2)\times\left(-\frac{2}{3}\right)\times a=a(x+2)\frac{2}{3}$

1-3 다음 중 $\frac{2(a+b)}{xy}$와 같은 것은?

① $a+b\div 2\times x\times y$ ② $a+b\times 2\div x\div y$

③ $(a+b)\times 2\div x\div y$ ④ $(a+b)\div 2\div x\div y$

⑤ $(a+b)\times 2\times x\times y$

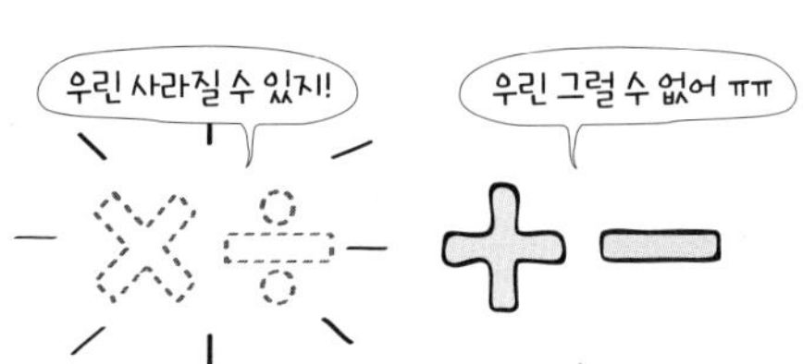

문자를 사용한 식 – 수, 금액

2 **다음을 문자를 사용한 식으로 나타내시오.**

(1) 백의 자리, 십의 자리, 일의 자리의 숫자가 각각 a, b, c인 세 자리의 자연수
(2) 소수 첫째 자리의 숫자가 a, 소수 둘째 자리의 숫자가 b인 수
(3) 정가가 5000원인 필통을 a % 할인해서 샀을 때, 지불한 금액

• 백의 자리, 십의 자리, 일의 자리의 숫자가 각각 a, b, c인 세 자리의 자연수에서
a가 나타내는 수는 → $100a$
b가 나타내는 수는 → $10b$
c가 나타내는 수는 → c

• 정가가 a원인 물건을 x % 할인하여 판매한 가격
⇨ $a-a\times\frac{x}{100}$
$=a-\frac{ax}{100}$(원)

2-1 백의 자리의 숫자가 x, 십의 자리의 숫자가 y, 일의 자리의 숫자가 5인 세 자리의 자연수를 5로 나누었을 때의 몫을 x, y를 사용한 식으로 나타내시오.

문자를 사용한 식 – 도형

3 **다음을 문자를 사용한 식으로 나타내시오.**

(1) 가로의 길이가 x cm, 세로의 길이가 y cm인 직사각형의 둘레의 길이
(2) 밑변의 길이가 a cm, 높이가 h cm인 삼각형의 넓이

(삼각형의 넓이)
$=\frac{1}{2}\times$(밑변의 길이) $\times$(높이)

3-1 오른쪽 그림과 같이 가로의 길이가 15, 세로의 길이가 12인 직사각형에서 색칠한 부분의 넓이를 x를 사용한 식으로 나타내시오.

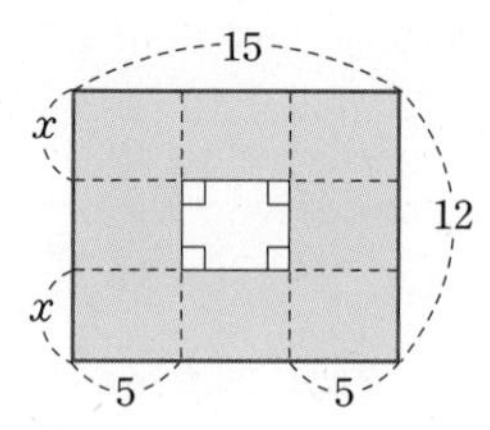

문자를 사용한 식 – 거리, 속력, 시간

4 **다음을 문자를 사용한 식으로 나타내시오.**

(1) 초속 8 m로 x분 동안 달린 거리

(2) x km의 거리를 시속 20 km로 왕복할 때, 걸리는 시간

• (거리)=(속력)×(시간)

• (속력)=$\frac{(거리)}{(시간)}$

• (시간)=$\frac{(거리)}{(속력)}$

4-1 A 지점에서 출발하여 15 km 떨어진 B 지점을 향하여 자전거를 타고 시속 6 km로 a시간 동안 달렸을 때, 남은 거리를 문자를 사용한 식으로 나타내시오.

문자를 사용한 식 – 농도

5 **다음을 문자를 사용한 식으로 나타내시오.**

(1) 10 %의 소금물 a g에 들어 있는 소금의 양

(2) 물 100 g에 소금 x g을 넣어 만든 소금물의 농도

• (소금물의 농도)
$=\frac{(소금의 양)}{(소금물의 양)}\times 100(\%)$

• (소금의 양)
$=\frac{(소금물의 농도)}{100}\times(소금물의 양)$

5-1 x %의 소금물 200 g과 y %의 소금물 300 g을 섞었을 때, 이 소금물의 농도를 문자를 사용한 식으로 나타내시오.

2 식의 값

넣는 수에 따라 달라지는 식의 값!

대입

$a=2$ 일 때, $3a+1=3\times a+1$
$=3\times2+1$
$=6+1$
$=7$
식의 값

곱하기가 생략된 걸 잊지 마!

(1) **대입:** 문자를 포함한 식에서 문자 대신 어떤 수를 넣는 것

(2) **식의 값:** 문자를 포함한 식의 문자에 어떤 수를 대입하여 구한 값

(3) **식의 값을 구하는 방법**

① 주어진 식에서 생략된 곱셈 기호를 다시 쓴다.

② 문자에 주어진 수를 대입하여 계산한다.

예 $a=3$일 때, $2a-1$의 값

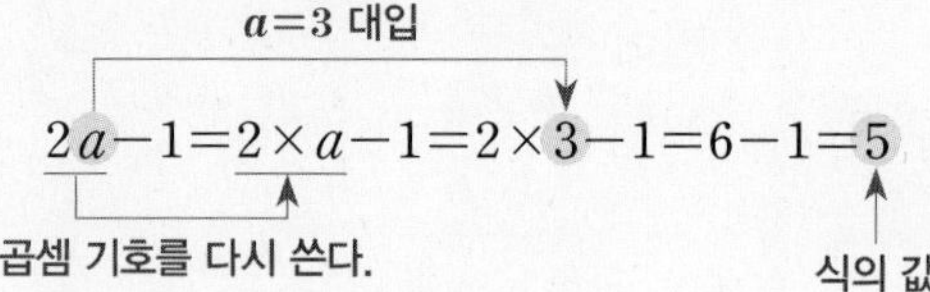

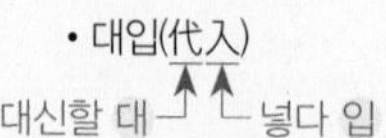

음수를 대입할 때는 반드시 괄호를 사용하자!

문자에 음수를 대입할 때 괄호를 사용하지 않으면 다음과 같은 실수를 할 수 있으므로 반드시 괄호를 사용하여 대입하도록 하자.

$x=-2$일 때, $3x+1$의 값

$3x+1 \xrightarrow[\text{대입}]{x=-2}$ $3-2+1=2$ X
$3\times(-2)+1=-5$ O

개념확인

1. $a=-3$일 때, 다음 식의 값을 구하시오.

(1) $2a-1$ (2) $-\frac{3}{a}+1$ (3) $a-a^2$ (4) $2(a^2+1)$

2. $x=-2$, $y=1$일 때, 다음 식의 값을 구하시오.

(1) $-2xy$ (2) $3x^2-y$ (3) $xy-x^2$ (4) $\frac{3y}{2x}$

식의 값 구하기

1 **다음 식의 값을 구하시오.**

(1) $m=-1$일 때, m^2+3m

(2) $x=1$, $y=-3$일 때, $\dfrac{x+y}{x-y}$

식의 값을 구할 때, 주어진 식에서 생략된 곱셈 기호를 다시 쓰고, 문자에 주어진 수를 대입하여 계산한다.

1-1 다음 식의 값을 구하시오.

(1) $a=-\dfrac{2}{3}$일 때, $9a^2+3a-5$

(2) $x=-2$, $y=-4$일 때, x^2-xy+y^2

1-2 $a=-2$일 때, 다음 중 식의 값이 나머지 넷과 다른 하나는?

① $6+a$ ② a^2 ③ $-2a$
④ $6-a^2$ ⑤ $(-a)^2$

분수를 분모에 대입하여 식의 값 구하기

2 $x=\dfrac{1}{2}$, $y=-\dfrac{1}{3}$**일 때,** $\dfrac{1}{x}-\dfrac{1}{y}$**의 값을 구하시오.**

분모에 분수를 대입할 때에는 생략된 나눗셈 기호를 다시 쓴다.

2-1 $x=\dfrac{1}{2}$, $y=\dfrac{2}{3}$, $z=-\dfrac{3}{4}$일 때, $\dfrac{1}{x}+\dfrac{2}{y}-\dfrac{3}{z}$의 값을 구하시오.

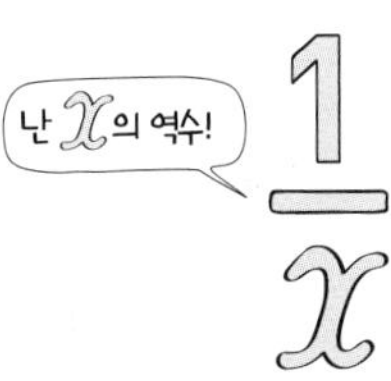

식의 값의 활용

3 **화씨온도 x °F는 섭씨온도 $\frac{5}{9}(x-32)$ °C이다. 화씨온도가 68 °F일 때, 섭씨온도를 구하시오.**

식의 값의 활용
문자를 사용한 식에서 특정한 값을 구할 때
⇨ 어떤 문자에 어떤 값을 대입해야 하는지를 먼저 파악한다.

3-1 오른쪽 그림과 같은 상자에 어떤 수 x를 넣으면 그 수의 5배보다 3만큼 작은 수가 나온다고 한다. 이 상자에 2를 넣어 나오는 값과 -3을 넣어 나오는 값의 합을 구하시오.

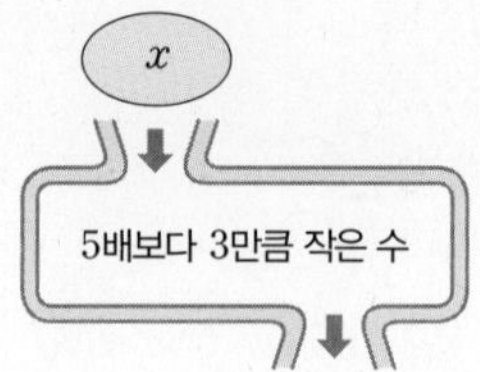

3-2 오른쪽 그림과 같이 두 대각선의 길이가 각각 a cm, b cm인 마름모가 있다. 다음 물음에 답하시오.

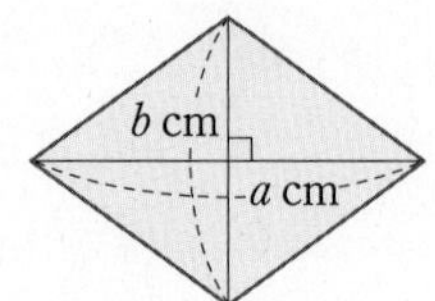

(1) 마름모의 넓이를 S cm^{2}라 할 때, S를 a, b를 사용한 식으로 나타내시오.

(2) $a=8$, $b=5$일 때, 이 마름모의 넓이를 구하시오.

3-3 오른쪽 그림과 같이 윗변의 길이가 x cm, 아랫변의 길이가 y cm, 높이가 z cm인 사다리꼴이 있다. 다음 물음에 답하시오.

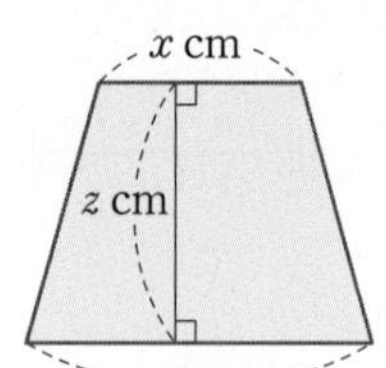

(1) 사다리꼴의 넓이를 S cm^{2}라 할 때, S를 x, y, z를 사용한 식으로 나타내시오.

(2) $x=4$, $y=6$, $z=5$일 때, 이 사다리꼴의 넓이를 구하시오.

3 다항식과 일차식

문자식을 분해해 보자!

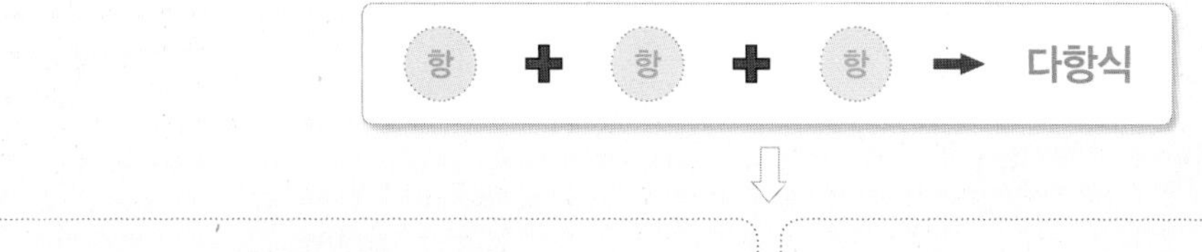

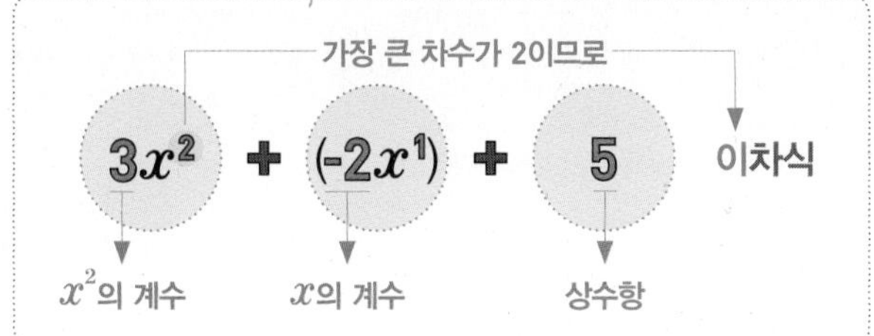

(1) 항과 계수

① **항**: 수 또는 문자의 곱으로만 이루어진 식

② **상수항**: 수로만 이루어진 항

③ **계수**: 수와 문자의 곱으로 이루어진 항에서 문자 앞에 곱해진 수

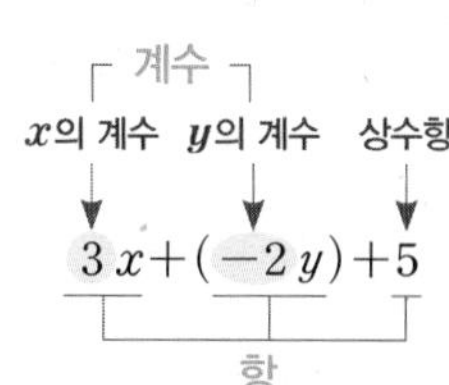

(2) 다항식과 단항식

① **다항식**: 한 개 이상의 항의 합으로 이루어진 식 (예) $-5x+3$, $3x-2y+1$, $2x$

② **단항식**: 다항식 중에서 한 개의 항으로만 이루어진 식 (예) $2x$, -7

• 다(多)항식 ← 많을 다 • 단(單)항식 ← 홑 단

• 단항식도 다항식이다.

(3) 일차식

① **항의 차수**: 항에 포함되어 있는 특정한 문자의 곱해진 개수

② **다항식의 차수**: 다항식에서 차수가 가장 큰 항의 차수

③ **일차식**: 차수가 1인 다항식 (예) $4y$, $2x+1$

 $\frac{5}{x}$와 같이 분모에 문자가 있는 식은 다항식이 아니므로 일차식이 아니다.

• 상수항의 차수는 0으로 정한다.

두 개 이상의 문자를 가진 항의 차수

두 개 이상의 문자를 가진 항의 차수는 각 문자의 지수의 합이 돼. 또한 문자별로 구분하여 차수를 말할 수도 있어.

항 $4x^3y^2$의
- 차수 → $3+2=5$
- x에 대한 차수 → 3
- y에 대한 차수 → 2

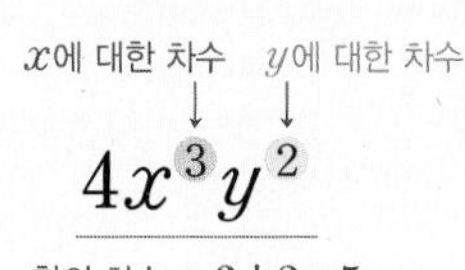

개념확인

1. 다항식 $4x^3-2x^2+1$에 대하여 다음을 구하시오.

(1) 항

(2) x^3, x^2의 각각의 계수

(3) 상수항

(4) 다항식의 차수

다항식

1 다음 중 다항식 $3x^2-\frac{x}{2}+5$에 대한 설명으로 옳은 것은?

① 다항식의 차수는 3이다.

② 항은 $3x^2$, $\frac{x}{2}$, 5이다.

③ $-\frac{x}{2}$의 차수는 2이다.

④ 상수항은 5이다.

⑤ x의 계수는 3과 $-\frac{1}{2}$이다.

다항식 $2x-y^2+1$에서
- 항: $2x$, $-y^2$, 1
- 상수항: 1
- x의 계수: 2
- y^2의 계수: -1
- 다항식의 차수: 2

1-1 다음 중 다항식 $\frac{y^2}{5}-\frac{y}{3}+9$에 대한 설명으로 옳은 것을 모두 고르면? (정답 2개)

① y^2의 계수는 $\frac{1}{5}$이다.

② 항은 1개이다.

③ y의 계수와 상수항의 곱은 -3이다.

④ 다항식의 차수는 3이다.

⑤ 상수항의 차수는 1이다.

나를 잊지마...
항상 수만 있는 항, 상수항!
2x
5

1-2 다항식 $-\frac{x}{2}+3y-5$에서 x의 계수를 a, y의 계수를 b, 상수항을 c라 할 때, $a+b+c$의 값은?

① $-\frac{5}{2}$ ② -2 ③ $-\frac{1}{2}$

④ $\frac{3}{2}$ ⑤ 4

일차식

2 **다음 다항식의 차수를 말하고, 일차식인 것을 고르시오.**

(1) $3x^2$　　(2) $2x+4$

(3) x^2-x-3　　(4) $\frac{3}{2}x^3-1$

x에 대한 일차식
⇨ x에 대한 다항식 중 차수가 1인 다항식
다항식의 차수: 다항식에서 차수가 가장 큰 항의 차수

2-1 다음 중 일차식인 것은?

① $0\times x-4$　② $2a-3a^2$　③ $\frac{1}{x}+2$

④ $\frac{b}{2}+\frac{b^3}{3}$　⑤ $\frac{y}{3}-\frac{1}{4}$

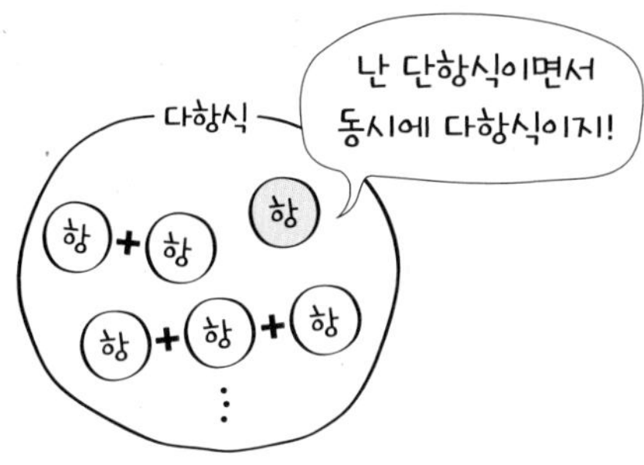

2-2 다음 다항식에 대하여 옳은 것을 **보기**에서 모두 고른 것은?

a^3　$x+y-7$　$\frac{x^2}{5}+\frac{x}{3}+1$　$9+6y$　$a+b$

보기

ㄱ. 일차식은 3개이다.
ㄴ. 항이 2개인 식은 3개이다.
ㄷ. 상수항이 0인 식은 2개이다.

① ㄱ　② ㄷ　③ ㄱ, ㄴ

④ ㄱ, ㄷ　⑤ ㄴ, ㄷ

2-3 다음 카드 중에서 일차식이 적힌 카드만을 골랐을 때, 모든 일차항의 계수의 곱은?

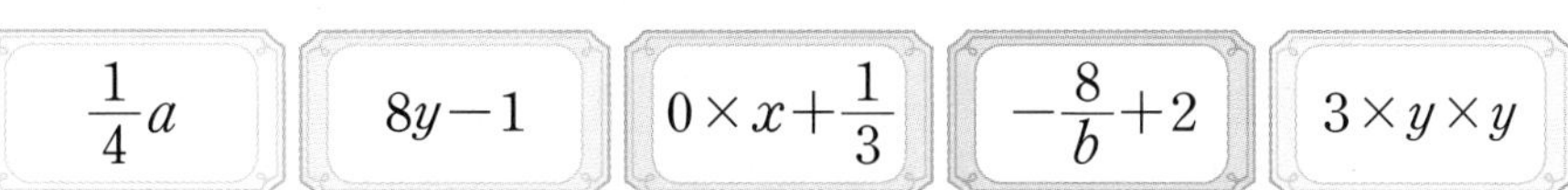

① -5　② -3　③ -1

④ 2　⑤ 4

4 일차식과 수의 곱셈과 나눗셈

수끼리 모아 간단히!

$2\times 6x = \underline{2\times 6}\times x = 12x$ (수끼리 계산!)

$6x \div 2 = 6x \times \frac{1}{2} = \underline{6\times\frac{1}{2}}\times x = 3x$ (역수, 곱셈으로, 수끼리 계산!)

(1) 단항식과 수의 곱셈, 나눗셈

① **(단항식)×(수):** 수끼리 곱한 후 문자를 곱한다.

② **(단항식)÷(수):** 나누는 수의 역수를 곱하여 계산한다.

(2) 일차식과 수의 곱셈, 나눗셈

① **(일차식)×(수):** 분배법칙을 이용하여 일차식의 각 항에 수를 곱하여 계산한다.

예 $(2a-4)\times 2 = 2a\times 2 - 4\times 2 = 4a-8$

분배법칙

② **(일차식)÷(수):** 분배법칙을 이용하여 나누는 수의 역수를 일차식의 각 항에 곱하여 계산한다.

분배법칙

예 $(2a-4)\div 2 = (2a-4)\times\frac{1}{2} = 2a\times\frac{1}{2} - 4\times\frac{1}{2} = a-2$

÷(수) ➡ ×(역수)

(수)×(일차식)의 계산
- $m(x+y)=mx+my$
- $m(x-y)=mx-my$

(일차식)÷(수)의 계산

$(x+y)\div m = (x+y)\times\frac{1}{m}$

$= \frac{x}{m}+\frac{y}{m}$

개념확인

1. 다음 □ 안에 알맞은 수를 써넣으시오.

(1) $-3a\times 5 = \square\times 5\times a$
$= \square a$

(2) $6a\times\frac{1}{3} = 6\times\square\times a$
$= \square a$

(3) $2(4x+5) = \square\times 4x + \square\times 5$
$= \square x + \square$

(4) $-(x-3) = (\square)\times x - (\square)\times 3$
$= -x + \square$

(5) $(8x-10)\div 2 = (8x-10)\times\square$
$= 8x\times\square - 10\times\square$
$= \square x - \square$

(6) $(-x+2)\div\frac{1}{3} = (-x+2)\times\square$
$= -x\times\square + 2\times\square$
$= \square x + \square$

단항식과 수의 곱셈, 나눗셈

1 **다음 식을 계산하시오.**

(1) $-10a\times\frac{1}{5}$　　(2) $\frac{8}{3}y\div2$

- (단항식)×(수): 수끼리 곱한 후 문자를 곱한다.
- (단항식)÷(수): 나누는 수의 역수를 곱하여 계산한다.

1-1 다음 식을 계산하시오.

(1) $-a\times5$　　(2) $\frac{7}{4}b\times12$

(3) $\frac{1}{3}y\div\frac{5}{6}$　　(4) $-\frac{3}{2}x\div\frac{1}{6}$

일차식과 수의 곱셈, 나눗셈

2 **다음 식을 계산하시오.**

(1) $-(4x-3)$　　(2) $\frac{1}{2}(2x+4)$

(3) $(4y+12)\div4$　　(4) $(-x+2)\div\frac{1}{2}$

- (일차식)×(수): 분배법칙을 이용한다.
- (일차식)÷(수): 나누는 수의 역수를 곱한다.

2-1 $(8x-12)\div\left(-\frac{4}{3}\right)$를 간단히 하였을 때, x의 계수와 상수항의 합을 구하시오.

2-2 다음 중 옳지 않은 것은?

① $3\left(2a+\frac{1}{6}\right)=6a+\frac{1}{2}$　　② $-5(2x+1)=-10x-5$

③ $(20x-12)\div4=5x-3$　　④ $(-y+9)\div\left(-\frac{3}{2}\right)=\frac{3}{2}y-\frac{27}{2}$

⑤ $15\left(-\frac{2}{3}x+\frac{4}{5}\right)=-10x+12$

5 일차식의 덧셈과 뺄셈

같은 종류끼리 모아 간단히!

문자와 차수가 같은 항

$5x^1+3x^1=(5+3)x=8x$

분배법칙

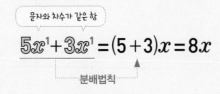

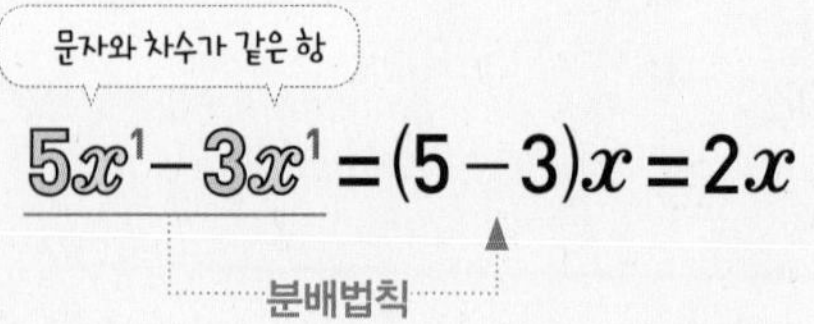

(1) 동류항

① **동류항:** 다항식에서 문자와 차수가 각각 같은 항

주의 문자나 차수 중 하나라도 다르면 동류항이 아니다.

② **동류항의 덧셈, 뺄셈:** 동류항끼리 모은 후 동류항의 계수끼리 더하거나 뺀 후 문자를 곱한다. 이때 분배법칙을 이용한다.

$4x+2y-2x+y$
$=4x-2x+2y+y$ (동류항끼리 모은다.)
$=(4-2)x+(2+1)y$ (분배법칙을 이용한다.)
$=2x+3y$

• 동(同)류항 ← 같을 동

(2) 일차식의 덧셈, 뺄셈: 일차식의 덧셈과 뺄셈은 다음과 같은 순서로 한다.

① 괄호가 있으면 분배법칙을 이용하여 괄호를 푼다.

② 동류항끼리 모아 간단히 한다.

③ 차수가 높은 항부터 순서대로 정리한다.

(3) 복잡한 일차식의 덧셈, 뺄셈

① **계수가 분수인 경우:** 분모의 최소공배수로 통분하고 분자끼리 계산한다.

예 $\dfrac{5x-7}{2}-\dfrac{2x+1}{3}=\dfrac{3(5x-7)-2(2x+1)}{6}=\dfrac{15x-21-4x-2}{6}=\dfrac{11x-23}{6}$

② **괄호가 있는 경우:** ( ) → { } → [ ]의 순서로 푼다.

예 $2x-\{x-3(2x-1)\}=2x-(x-6x+3)=2x-(-5x+3)$
$=2x+5x-3=7x-3$

• 괄호 앞의 부호에 주의한다.

개념확인

1. 다음 식을 간단히 하시오.

(1) $5-6x-8+7x$

(2) $-5(-2x+1)-2(3x-2)$

(3) $\dfrac{2x-1}{4}-\dfrac{x-1}{3}$

(4) $7x+\{9-(5-2x)\}$

동류항

상수항은 모두 동류항이다.

1 **다음 보기 중 동류항끼리 짝 지어진 것을 모두 고르시오.**

보기

ㄱ. $3x,\ 3y$　　ㄴ. $m,\ m^2$　　ㄷ. $a^2b,\ ab^2$

ㄹ. $-1,\ 1$　　ㅁ. $2a^2,\ 5a^2$　　ㅂ. $4x,\ 4$

1-1 다음 중 $2x$와 동류항인 것은?

① $2y$　　② xy　　③ $\frac{4}{x}$

④ $-\frac{x}{3}$　　⑤ $-\frac{4}{5}x^2$

일차식의 덧셈, 뺄셈

2 $-\frac{2}{3}(x+6)+\frac{1}{3}(5x+9)=ax+b$**일 때, 상수 a, b에 대하여 $a-b$의 값을 구하시오.**

일차식의 덧셈, 뺄셈 풀이 순서
① 분배법칙을 이용하여 괄호를 푼다.
② 동류항끼리 모아 간단히 한다.
③ 차수가 높은 항부터 순서대로 정리한다.

2-1 다음은 진우가 $(9x+2)-(5x-1)$을 계산하는 과정이다. 진우가 처음으로 잘못 계산한 곳을 말하고, 바르게 계산한 답을 구하시오.

$$\begin{aligned}&(9x+2)-(5x-1)\\ &=9x+2-5x-1 \quad ㉠\\ &=9x-5x+2-1 \quad ㉡\\ &=(9-5)x+(2-1) \quad ㉢\\ &=4x+1 \quad ㉣\end{aligned}$$

$$ax+bx=(\underbrace{x+x+\cdots+x}_{a\text{개}})+(\underbrace{x+x+\cdots+x}_{b\text{개}})=\underbrace{x+x+\cdots+x}_{(a+b)\text{개}}=(a+b)x$$

여러 가지 일차식의 덧셈, 뺄셈

3 다음 식을 간단히 하시오.

(1) $\frac{x-1}{2}-\frac{2x-3}{5}$　　　(2) $y-\{1-2(y-1)\}$

괄호 앞에 − 부호가 있을 때 $-(a-b)=-a+b$와 같이 괄호 안의 각 항의 부호를 모두 바꾸어 괄호를 푼다.

3-1 $5x-\{3+2x-(6x-1)\}$을 간단히 하였을 때 x의 계수를 a, $\frac{-7x+2y}{4}+\frac{5x+y}{6}$를 간단히 하였을 때 y의 계수를 b라 하자. 이때 ab의 값은?

① -6　　② -3　　③ 3
④ 6　　⑤ 9

3-2 다음 식을 간단히 하시오.

$$4x-[2x-\{1-(3-7x)\}]$$

문자에 일차식 대입하기

4 $A=-x+3$, $B=2x-1$일 때, $4A-2(A-B)$를 간단히 하였더니 $ax+b$가 되었다. 이때 $a+b$의 값을 구하시오. (단, a, b는 상수)

문자에 일차식을 대입할 때에는 괄호를 사용한다.

4-1 $A=x+3$, $B=-2x+5$일 때, $A-2B$를 간단히 하였더니 $ax+b$가 되었다. 이때 $a-b$의 값은? (단, a, b는 상수)

① -35　　② -12　　③ -2
④ 2　　⑤ 12

어떤 식 구하기

5 **다음 □ 안에 알맞은 식을 구하시오.**

$$\square-(3x-1)=5x+7$$

어떤 다항식 □에 다항식 ○를 더했더니 다항식 △가 되었다.
□+○=△
⇨ □=△−○

어떤 다항식 □에서 다항식 ○를 빼었더니 다항식 △가 되었다.
□−○=△
⇨ □=△+○

5-1 어떤 다항식에 $-x+4y$를 더했더니 $7x+3y$가 되었다. 이때 어떤 다항식을 구하시오.

5-2 오른쪽 표에서 가로, 세로, 대각선에 놓인 세 식의 합이 같도록 빈칸에 알맞은 식을 써넣으시오.

$-3x+4$		
$-5x-1$	$-x+1$	$3x+3$
	$-9x+5$	

바르게 계산한 식 구하기

6 **어떤 다항식에 $6x+6$을 더해야 할 것을 잘못하여 뺐더니 $-7x+4$가 되었다. 다음 물음에 답하시오.**

(1) 어떤 다항식을 구하시오.

(2) 바르게 계산한 식을 구하시오.

잘못 계산한 식을 바르게 계산하는 문제는 다음 순서로 푼다.
① 어떤 식을 □라 하고 잘못하여 계산한 식을 세운다.
② 어떤 식 □를 구한 후 바르게 계산한 식을 구한다.

6-1 어떤 식에서 $3x+1$을 빼야 할 것을 잘못하여 더했더니 $7x-2$가 되었다. 바르게 계산한 식은?

① $x-4$ ② $x+4$ ③ $4x-3$
④ $4x-1$ ⑤ $4x+3$

대입 ; 대신하여 넣기

초등 기호에 자연수 대입하기

다음과 같이 기호에 대한 값이 표로 주어져 있을 때, 다음을 계산하시오.

기호	■	●	▲	★
값	1	2	3	4

❶ ■ + 1 = ☐

❷ ● + ▲ −2 = ☐

❸ $\frac{★}{2}$ − ■ = ☐

❹ 10 − (■ +★) = ☐

❺ (★ − ■) × ● = ☐

❻ (★ + 2)÷(■ + 2) = ☐

답 ❶ 2 ❷ 3 ❸ 1 ❹ 5 ❺ 6 ❻ 2

중등 1. 문자에 수 대입하기

양수를 대입하는 경우

❶ $x=1$일 때, $2x+3=$ ☐

생략된 **곱셈 기호**를 꼭 써준다!
$2x+3$ → $2\times1+3$
x 대신 1을 넣으면

❷ $x=\frac{2}{3}$일 때, $6x-2=$ ☐

❸ $x=2$일 때, $2x-1=$ ☐

❹ $x=4$일 때, $-3x+2=$ ☐

음수를 대입하는 경우

❺ $x=-1$일 때, $-x+3=$ ☐

음수를 대입할 때 **괄호**를 꼭 써준다!
$-x+3$ → $-(-1)+3$
x 대신 -1을 넣으면

❻ $x=-\frac{1}{2}$일 때, $4x+3=$ ☐

❼ $x=-2$일 때, $2x^2+x=$ ☐

❽ $x=-3$일 때, $\frac{12}{1-x}=$ ☐

답 ❶ 5 ❷ 2 ❸ 3 ❹ −10 ❺ 4 ❻ 1 ❼ 6 ❽ 3

2. 문자에 식 대입하기

❶ $y=x+1$일 때, $x-y=$ [ ]

$x-y$ $x-(x+1)$

y 대신 $(x+1)$을 넣으면

❷ $y=-x-1$일 때, $x+y=$ [ ]

❸ $y=2x-1$일 때, $x+2y=$ [ ]

❹ $y=2-2x$일 때, $-x-2y=$ [ ]

❺ $A=x+1$, $B=y-1$일 때,
$A+B=$ [ ]

$A+B \rightarrow (x+1)+(y-1)$

❻ $A=2x+1$, $B=-y+1$일 때,
$A-2B=$ [ ]

❼ $A=x+y-1$, $B=2x-y+1$일 때,
$2A-B=$ [ ]

답 ❶ -1 ❷ -1 ❸ $5x-2$ ❹ $3x-4$ ❺ $x+y$ ❻ $2x+2y-1$ ❼ $3y-3$

일반화

수의 대입이든 식의 대입이든,
미지수의 자리에 (수나 식) 전체를 대신 넣는다는 원리는 같다!

$$ax+b$$

수 대입 → $x=3$ 대입 → $a\times$ [3] $+b=3a+b$

x 대신 3을 넣는다.

식 대입 → $x=y-1$ 대입 → $a\times$ [$(y-1)$] $+b=ay-a+b$

x 대신 $(y-1)$을 넣는다.

MATH Writing

다음 문제를 해결해 보자.

두 다항식 $A=2x^2-xy$, $B=x^2+3xy$에 대하여 $A-B$는?

(고1 전국연합학력평가 발췌)

예시답안 | $A-B=(2x^2-xy)-($ [ ] $)=2x^2-xy-x^2-3xy=$ [ ]

답 x^2+3xy, x^2-4xy

개념 완성
기본 문제

1 곱셈 기호와 나눗셈 기호의 생략

다음 중 옳은 것은?

① $3\times x-y\times 2=6(x-y)$
② $x\div y-a\times a=\frac{y}{x}-a^2$
③ $m\div(-2)\div n=-\frac{m}{2n}$
④ $4\times(x-y)\div 3=4x-\frac{y}{3}$
⑤ $a\div b-c\times(-1)=\frac{a}{b+c}$

2 문자를 사용한 식

다음 중 옳지 않은 것은?

① a시간 b분은 $(60a+b)$분이다.
② 500 g의 a %는 $50a$ g이다.
③ 1200원의 x %는 $12x$원이다.
④ 백의 자리의 숫자가 x, 십의 자리의 숫자가 0, 일의 자리의 숫자가 y인 세 자리의 자연수는 $100x+y$이다.
⑤ 길이가 a m인 종이테이프를 5등분하였을 때, 세 조각의 길이의 합은 $\frac{3}{5}a$ m이다.

3 문자를 사용한 식

오른쪽 그림과 같이 큰 정사각형 안에 작은 직사각형이 있을 때, 색칠한 부분의 넓이를 식으로 나타내면?

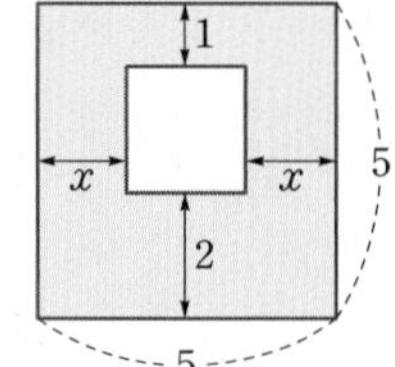

① $4x$ ② $4x+15$
③ $4x+35$ ④ $-4x+15$
⑤ $-4x+35$

4 식의 값 구하기

$x=2$, $y=-5$일 때, $xy-3y+1$의 값은?

① -6 ② -3 ③ 0
④ 3 ⑤ 6

5 분수를 분모에 대입하여 식의 값 구하기

$a=\frac{1}{2}$일 때, 다음 식의 값을 가장 작은 것부터 차례로 나열하시오.

$$a,\ -a,\ \frac{1}{a},\ -\frac{1}{a},\ a^2,\ \frac{1}{a^2}$$

6 식의 값의 활용

온도를 나타낼 때, 우리나라에서는 섭씨온도(℃)를, 미국에서는 화씨온도(°F)를 사용한다. 화씨온도 x °F는 섭씨온도 $\frac{5}{9}(x-32)$ ℃일 때, 화씨온도 77 °F는 섭씨온도 몇 ℃인지 구하시오.

7 다항식

다음 중 다항식 $4x^2-2x+1$에 대한 설명으로 옳지 않은 것은?

① x의 계수는 -2이다. ② $4x^2$의 차수는 2이다.
③ 항은 $4x^2$, $2x$, 1이다. ④ 다항식의 차수는 2이다.
⑤ 상수항은 1이다.

8 일차식

다음 중 일차식인 것은?

① $1-x+2x^2$
② $\frac{1}{y}-3$
③ $m\times 0-4$
④ x^3-2x+1
⑤ $\frac{a}{2}$

9 동류항

다음 중 동류항끼리 짝 지어진 것은?

① $2x$, $2x^2$
② $-2x$, $-2y$
③ $3y^2$, $-3y$
④ $4x$, $-\frac{2}{3}x$
⑤ 5, $5a$

10 일차식의 덧셈, 뺄셈

일차식 $2x+1-3(x-2)$를 계산하면?

① $x+5$
② $x-5$
③ $-x+5$
④ $-x+7$
⑤ $-x-7$

11 여러 가지 일차식의 덧셈, 뺄셈

다음 중 옳지 <u>않은</u> 것은?

① $(-4x+3)-(2x-5)=-6x+8$
② $2(3x-2)-3(5x-7)=-9x+17$
③ $(6y+4)\div 3-(y+1)\div\frac{2}{3}=\frac{y}{2}-\frac{1}{6}$
④ $\frac{x-2}{3}-\frac{3x-2}{4}=\frac{-5x-2}{12}$
⑤ $y-2\{y-3(2-y)\}=5y+12$

12 여러 가지 일차식의 덧셈, 뺄셈

다음을 간단히 한 식에서 x의 계수를 a, 상수항을 b라 할 때, $a+b$의 값을 구하시오.

$$\frac{2(4x-3)}{5}-3\left(\frac{1}{3}x-\frac{1}{5}\right)+\frac{3x+1}{4}$$

13 어떤 식 구하기

다음 **조건**을 만족하는 두 다항식 A, B를 각각 x를 사용한 식으로 나타내시오.

조건

(가) A에서 $5x-3$을 빼면 $-2x+1$이다.
(나) A에서 B를 빼면 $11x-8$이다.

14 식의 값의 활용, 일차식의 덧셈, 뺄셈

오른쪽 표는 어느 전시회의 입장료를 나타낸 것이다. 어느 날 이 전시회의 성인과 청소년의 입장객은 모두 500명이고, 그중에서 성인이 x명이라고 할 때, 다음 물음에 답하시오.

구분	입장료(원)
성인	3000
청소년	1500

(1) 입장료의 총액을 x를 사용한 식으로 나타내시오.
(2) 청소년이 300명 입장했을 때, 입장료의 총액을 구하시오.

발전 문제

1 A 지점에서 출발하여 x km만큼 떨어진 B 지점까지 시속 60 km로 가는데 가는 도중에 30분간 쉬었다고 한다. A 지점에서 출발하여 B 지점에 도착할 때까지 걸린 시간을 문자를 사용한 식으로 나타내면?

① $(60x+30)$시간 ② $\left(60x+\frac{1}{2}\right)$시간 ③ $\left(\frac{x}{60}+\frac{1}{2}\right)$시간
④ $\left(\frac{x}{60}+2\right)$시간 ⑤ $\left(\frac{x}{60}+30\right)$시간

2 $x=-\frac{1}{2}$, $y=\frac{1}{3}$, $z=\frac{1}{5}$일 때, $\frac{3}{x}-\frac{1}{y}+\frac{2}{z}$의 값은?

① -2 ② -1 ③ 0
④ 1 ⑤ 2

3 오른쪽 그림은 가로, 세로의 길이가 각각 10 cm, $2x$ cm인 직사각형 2개를 겹쳐 놓은 도형이다. 이 도형의 둘레의 길이를 x를 사용한 식으로 나타내면?

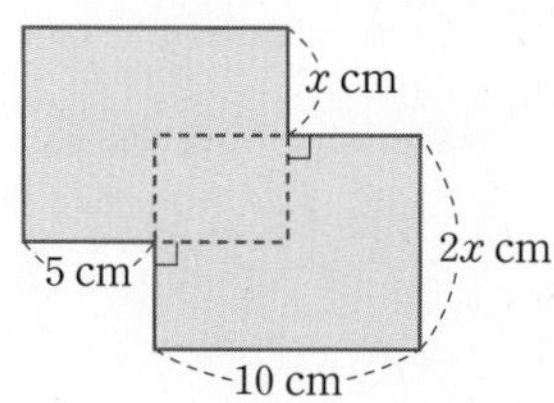

① $(3x+15)$ cm ② $(4x+20)$ cm
③ $(5x+25)$ cm ④ $(6x+30)$ cm
⑤ $(7x+35)$ cm

도형의 각 변의 길이를 구한 후 둘레의 길이를 구한다.

4 다항식 $ax^2-6x+4-2x^2-5x+1$을 간단히 하였을 때, x에 대한 일차식이 되도록 하는 상수 a의 값을 구하시오.

5 다음 그림과 같이 성냥개비를 사용하여 정삼각형의 개수를 하나씩 계속 늘려 나가려고 한다. 다음 물음에 답하시오.

정삼각형을 1개씩 더 만들 때마다 사용한 성냥개비는 몇 개씩 늘어나는 지 생각해 본다.

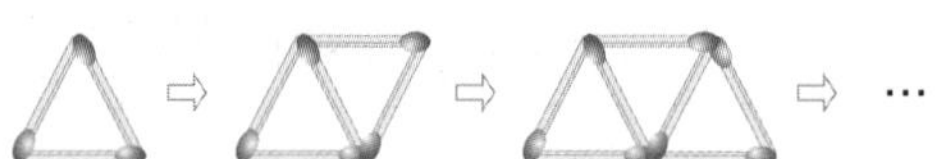

(1) 정삼각형을 x개 만들 때 사용한 성냥개비는 몇 개인지 x를 사용한 식으로 나타내시오.

(2) 정삼각형을 15개 만들 때 사용한 성냥개비는 몇 개인지 구하시오.

6 서술형

다항식 $\frac{1}{6}(x+1)-\frac{x-2}{3}+\frac{x-1}{2}$을 간단히 하였을 때, 다음을 구하기 위한 풀이 과정을 쓰고 답을 구하시오.

(1) x의 계수와 상수항의 합을 구하시오.

(2) $x=-7$일 때, 주어진 식의 값을 구하시오.

(1) ① 단계: 주어진 식을 간단히 하기

$$\frac{1}{6}(x+1)-\frac{x-2}{3}+\frac{x-1}{2}$$

$$=\frac{1}{6}x+\frac{1}{6}-\frac{2x-4}{6}+\underline{\qquad}=\underline{\qquad\quad}$$

② 단계: x의 계수와 상수항의 합 구하기

x의 계수는 ___, 상수항은 ___이므로 그 합은 ________

(2) ③ 단계: $x=-7$일 때, 식의 값 구하기

________에 $x=-7$을 대입하여 주어진 식의 값을 구하면

__________ $=$ _____

Check List
- 주어진 식을 간단히 하였는가?
- x의 계수와 상수항의 합을 바르게 구하였는가?
- $x=-7$일 때 식의 값을 바르게 구하였는가?

7 서술형

어떤 다항식에서 $2x-5$를 빼야 할 것을 잘못하여 더했더니 $x-3$이 되었다. 다음을 구하기 위한 풀이 과정을 쓰고 답을 구하시오.

(1) 어떤 다항식을 구하시오.

(2) 바르게 계산한 식을 구하시오.

(1) ① 단계: 잘못 계산한 식 세우기

② 단계: 어떤 다항식 구하기

(2) ③ 단계: 바르게 계산한 식 구하기

Check List
- 잘못 계산한 식을 바르게 세웠는가?
- 어떤 다항식을 바르게 구하였는가?
- 바르게 계산한 식을 구하였는가?

2 일차방정식

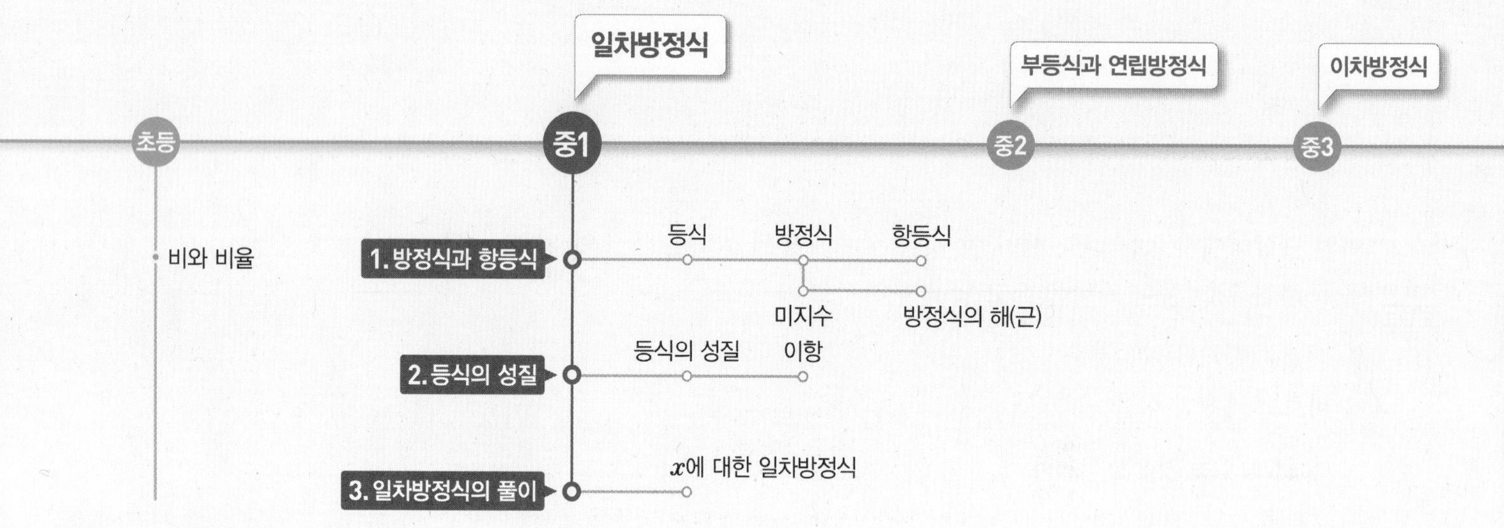

일차방정식
부등식과 연립방정식
이차방정식
초등
중1
중2
중3
비와 비율
1. 방정식과 항등식
등식
방정식
항등식
미지수
방정식의 해(근)
2. 등식의 성질
등식의 성질
이항
3. 일차방정식의 풀이
x에 대한 일차방정식

'방정식을 푼다.' = '방정식을 참이 되게 하는 값을 구한다.'

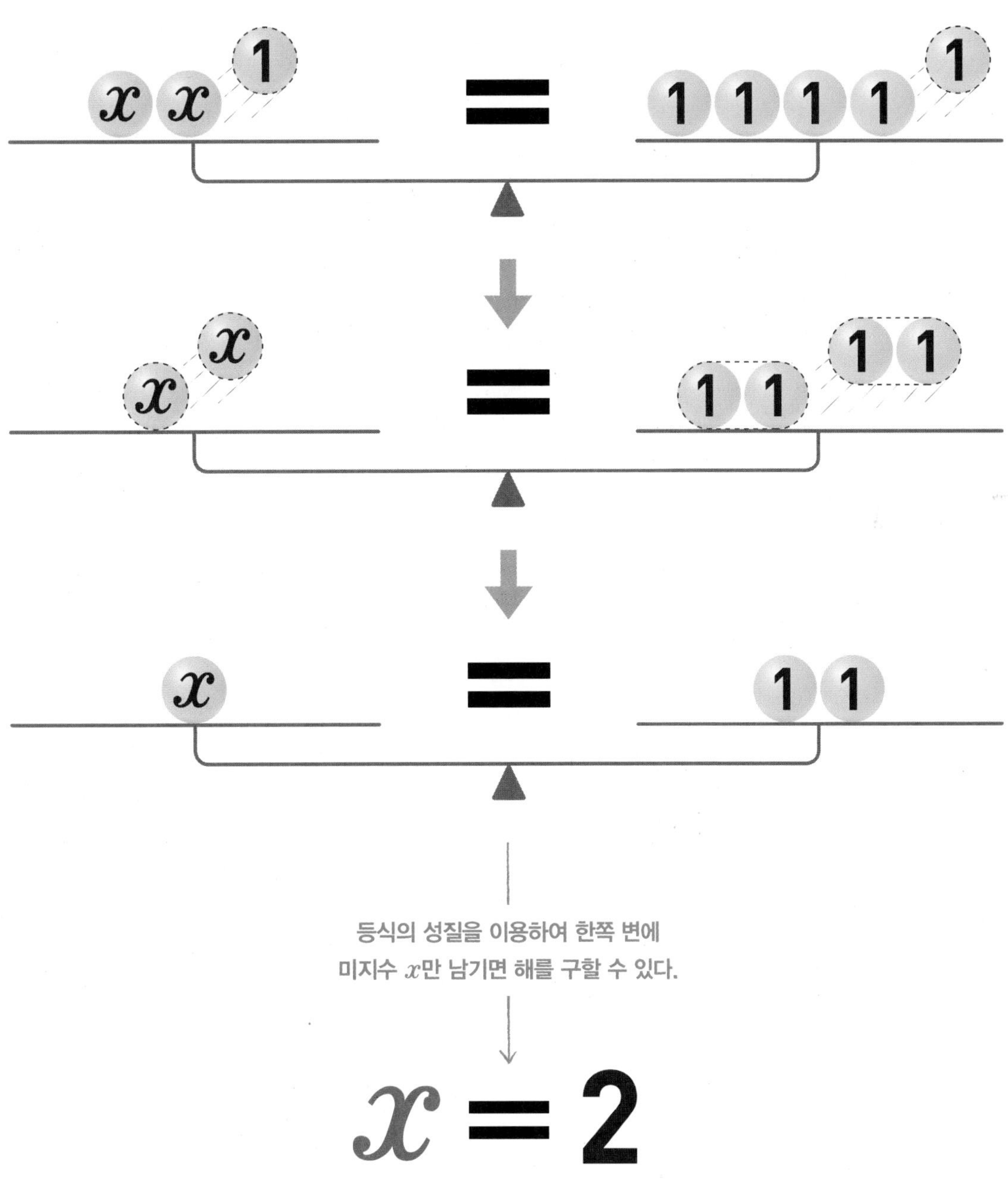

2𝑥 + 1 = 5
양변에 동일한 수를
더하여도, 빼어도, 곱하여도, 나누어도
등식은 성립한다.
등식의 성질을 이용하여 한쪽 변에
미지수 𝑥만 남기면 해를 구할 수 있다.
𝑥 = 2

1 방정식과 항등식

서로 '같은' 두 개의 식

• 등식

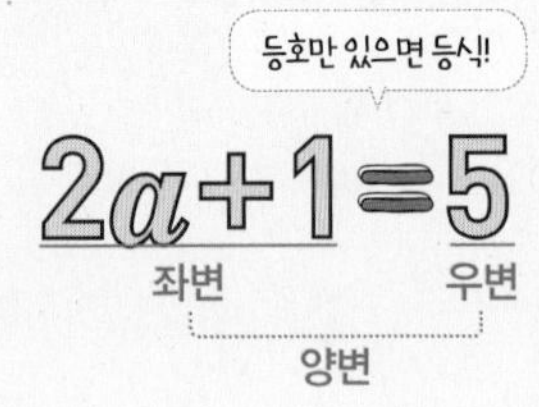

• 방정식

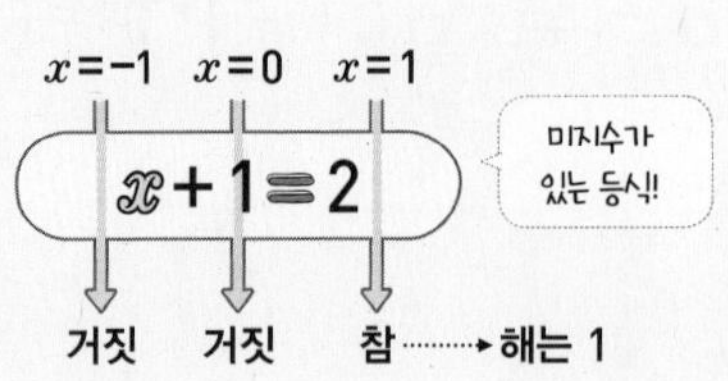

• 항등식

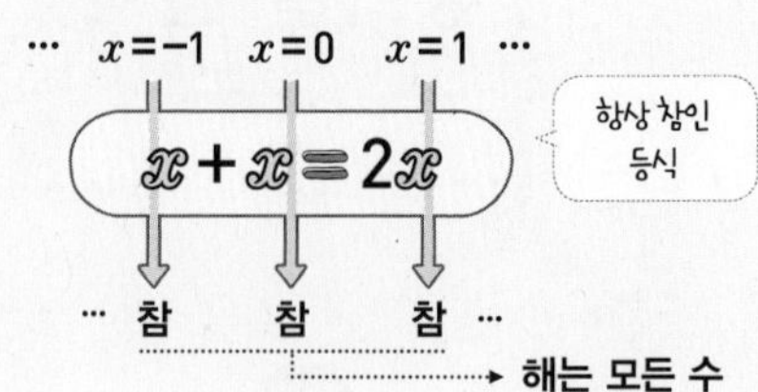

(1) 등식: 등호 '='를 사용하여 수나 식이 서로 같음을 나타낸 식

참고 다음은 모두 등식이 아니다.

① 부등호(>, <, ≥, ≤)를 사용한 식 예 $1+3>2$, $x+1\leq 4$

② 등호가 없는 식 예 $a+5$, $3x+1$

(2) 방정식과 항등식

① **방정식**: 미지수의 값에 따라 참이 되기도 하고 거짓이 되기도 하는 등식

• 미지수: 방정식에 있는 문자 예 x, y, a 등

• 방정식의 해(근): 방정식을 참이 되게 하는 미지수의 값

예 $x+5=8$은 x의 값이 3일 때는 참이고, x의 값이 3이 아닌 다른 값일 때는 거짓이므로 방정식이다. 이때 $x=3$은 이 방정식의 해(근)이다.

• 방정식을 푼다: 방정식의 해(근)를 구하는 것

② **항등식**: 미지수에 어떤 값을 대입해도 항상 참이 되는 등식

예 $x+2x=3x$는 x에 어떤 값을 대입해도 항상 참이므로 x에 대한 항등식이다.

• 등(等)식
 └ 같을 등

• 등호의 왼쪽과 오른쪽이 일치하지 않아도 등호를 사용한 식은 모두 등식이다.

• 항(恒)등식
 └ 항상, 늘 항

• 등식의 좌변과 우변을 간단히 하였을 때 양변의 식이 같으면 항등식이다.

항등식은 계수를 통해서 판단하자.

어떤 식이 항등식임을 밝히기 위해 미지수 x에 모든 수를 대입하는 것은 현실적으로 불가능해. 따라서 등식의 좌변과 우변에 있는 식을 간단히 정리한 후에 계수를 비교하여 좌변의 식과 우변의 식이 완벽하게 일치하는지 확인하면 항등식인지 아닌지 판단할 수 있어.

x의 계수가 같다.

$2x+4=2(x+1)+2$ → $2x+4=2x+4$ ⇒ 항등식(O)

상수항이 같다.

x의 계수가 다르다.

$3x+2=2(x-1)$ → $3x+2=2x+(-2)$ ⇒ 항등식(X)

상수항이 다르다.

개념확인

1. 다음 중 등식인 것은 ○표를, 등식이 아닌 것은 ×표를 ( ) 안에 써넣으시오.

(1) $3a+7=1$ ( )

(2) $x-3$ ( )

(3) $2x-5<6$ ( )

(4) $2+5=7$ ( )

2. 다음 중 항등식인 것은 ○표를, 항등식인 아닌 것은 ×표를 ( ) 안에 써넣으시오.

(1) $4x=7-3x$ ( )

(2) $2x+2x=4x$ ( )

(3) $\dfrac{x-4}{2}=\dfrac{x}{2}-2$ ( )

(4) $2(x-3)=6x-6$ ( )

등식

1 **다음 보기 중 등식인 것을 모두 고르시오.**

보기		
ㄱ. $3x+4=7x$	ㄴ. $3x+x>2x$	ㄷ. $1-x=-x+1$
ㄹ. $a+5$	ㅁ. $4x\leq x+2$	

등식이 아닌 경우
① 부등호($>$, $<$, $\geq$, $\leq$)를 사용한 식
예 $1+3>2$
② 등호가 없는 식
예 $2x-1$

1-1 다음 중 등식이 아닌 것을 모두 고르면? (정답 2개)

① $a+2$ ② $x+x=2x$ ③ $4\times5-7=13$
④ $x-4=2$ ⑤ $3(x+1)\geq x+4$

문장을 등식으로 나타내기

2 **다음 문장을 등식으로 나타내시오.**

(1) 3000원을 내고 700원짜리 장미꽃 x송이를 샀더니 거스름돈이 200원이었다.
(2) x에서 2를 뺀 수에 3배한 값은 x의 2배에 1을 더한 값과 같다.

'A는 B와 같다.' 또는 'A는 B이다.'와 같은 문장은 등식 $A=B$로 나타낼 수 있다.

2-1 다음 문장을 등식으로 나타낸 것 중 옳지 않은 것은?

① x에 8을 더한 값은 x의 3배에 2를 더한 값과 같다. ⇨ $x+8=3x+2$
② 100 g에 x원인 삼겹살 600 g의 가격은 12000원이다. ⇨ $600x=12000$
③ 7000원을 내고 x원짜리 연필 5자루를 샀더니 거스름돈이 450원이었다.
⇨ $7000-5x=450$
④ 가로의 길이가 3 cm, 세로의 길이가 x cm인 직사각형의 넓이는 18 cm^{2}이다.
⇨ $3x=18$
⑤ 시속 x km로 달리는 자동차가 5시간 동안 달린 거리는 120 km이다.
⇨ $5x=120$

읽어봐!
=
은? 는?
아니! '양쪽이 같다.'가 맞아!
휴!

방정식과 항등식

3 **다음 보기 중 항등식인 것을 모두 고르시오.**

> **보기**
> ㄱ. $5-3x=2$　　ㄴ. $3x-(x-2)=2x+2$
> ㄷ. $2(2x-3)=-4x+6$　　ㄹ. $x-4x=x+x$
> ㅁ. $x-5x=-4x$

항등식: 미지수에 어떤 값을 대입해도 항상 참이 되는 등식

3-1 다음 중 x의 값에 관계없이 항상 성립하는 등식이 아닌 것을 모두 고르면? (정답 2개)

① $x+2=1+2x$　② $4(x-1)=4x-4$
③ $3x+3=6$　④ $x+4x=5x$
⑤ $x+2=3x+2-2x$

항등식이 될 조건

4 **다음 등식이 항등식이 되도록 □ 안에 알맞은 식을 써넣으시오.**

(1) $4(x-3)=-12+\square$

(2) $-2(x+3)=\square+x$

등식 $ax+b=cx+d$가 x에 대한 항등식이면 $a=c$, $b=d$이다.

4-1 등식 $4x-a=(b+2)x+3$이 x에 대한 항등식일 때, 상수 a, b에 대하여 $a+b$의 값은?

① -3　② -1　③ 0
④ 1　⑤ 3

4-2 등식 $a(1+2x)+2=8x+b$가 x의 값에 관계없이 항상 성립할 때, 상수 a, b에 대하여 ab의 값은?

① 8　② 16　③ 24　④ 32　⑤ 40

방정식의 해

5 **다음 중 [ ] 안의 수가 주어진 방정식의 해인 것은?**

① $4-x=7x$ [1]
② $4x-3=1$ [2]
③ $-3x-2=1$ [-1]
④ $-x-5=2x-2$ [-2]
⑤ $3(x-2)=2x+1$ [5]

$x=a$가 방정식의 해이다.
⇨ $x=a$를 대입하면 방정식이 참이 된다.

5-1 다음 중 [ ] 안의 수가 주어진 방정식의 해인 것은?

① $3x+1=7$ [3]
② $-x+3=4$ [-1]
③ $-2x+8=0$ [-4]
④ $4x=2x+1$ [2]
⑤ $4x-6=-3(2-x)$ [1]

5-2 다음 방정식 중 해가 $x=-4$인 것은?

① $x+2=4$
② $-x+8=11$
③ $2x+3=-4x-9$
④ $\frac{x}{2}+5=3x+15$
⑤ $\frac{x}{3}+10=\frac{3}{4}x-2$

방정식 이해하기

초등

알맞은 숫자카드 찾기

다음과 같이 1부터 5까지의 숫자카드가 있다. 다음 식을 만족하는 숫자카드를 모두 고르시오.

1 2 3 4 5

❶ $2+\square=5$ ❷ $\square-1=4$ ❸ $3\times\square=3$

❶, ❷, ❸ 모두 식을 만족하는 숫자카드가 1개씩 있다.

답 ❶ 3 ❷ 5 ❸ 1

중등

여러 가지 등식 풀기

다음 방정식을 풀고, 그 결과를 비교하시오.

❶ $3\times x=3$

❷ $x+2(x-4)=1$

❸ $0\times x=0$

❹ $x+2(x-1)=3x-2$

❺ $0\times x=1$

❻ $x+2(x-1)=3x+4$

[결과]

해가 하나인 경우
➡ ❶, $\square$
x의 값에 따라 참이 되기도 하고 거짓이 되기도 한다.

해가 무수히 많은 경우
➡ $\square$, $\square$
x의 값에 상관없이 항상 참이다.

해가 없는 경우
➡ $\square$, ❻
x의 값에 상관없이 항상 거짓이다.

특정한 하나의 해를 구할 수 있다.

해를 하나로 특정할 수 없다.

답 ❶ $x=1$ ❷ $x=3$ ❸ 해가 무수히 많다. ❹ 해가 무수히 많다. ❺ 해가 없다. ❻ 해가 없다. / [결과] ❷, ❸, ❹, ❺

일반화

특정한 해를 구할 수 있는 등식	해를 하나로 특정할 수 없는 등식(부정과 불능)	
$3 \times x = 3$	$0 \times x = 0$	$0 \times x = 1$
등식을 만족하는 특정한 x의 값은 1	x의 값에 어떤 값을 대입해도 성립	등식을 만족하는 x의 값이 없음
➡ x의 값에 따라 ☐이 되기도 하고 ☐이 되기도 하는 등식	➡ x의 값에 상관없이 항상 ☐이 되는 등식	➡ x의 값에 상관없이 항상 ☐이 되는 등식
 방정식	항등식(부정)	 (불능)

$$ax = b$$

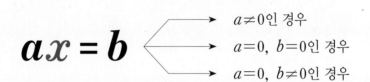

- $a \neq 0$인 경우 ➡ 방정식
- $a=0$, $b=0$인 경우 ➡ 항등식(부정)
- $a=0$, $b \neq 0$인 경우 ➡ (불능)

* 해가 무수히 많이 존재할 때 부정이라 하고, 해를 갖지 않을 때 불능이라고 한다.

답 참, 거짓, 참, 거짓

MATH Reading

'방정식'이라는 이름의 유래

방정식 **方**네모 방 **程**과정 정 **式**법 식

'방정식'이란 말은 중국의 유명한 수학책인 「구장산술(九章算術)」에서 나왔다. 방(方)은 '네모', 즉 사각형을 의미하며, '정(程)'은 '과정'을 뜻한다. 「구장산술」에서는 방정식의 한 종류인 연립일차방정식을 풀 때, 미지수 앞에 붙는 숫자인 계수를 '네모'로 놓고 나열한 후, 네모의 절댓값이 같도록 조작한 다음 두 식을 더하거나 빼는 방법으로 해를 구한다. 즉, 계수에 해당하는 **네모**방(方)**를 조작해 나가면서**정(程) **미지수의 값을 구하는 방법**에서 '방정식'이라는 용어가 나온 것이다.

2 등식의 성질

등식의 양변에 같은 연산을 해도 양변은 같은 식

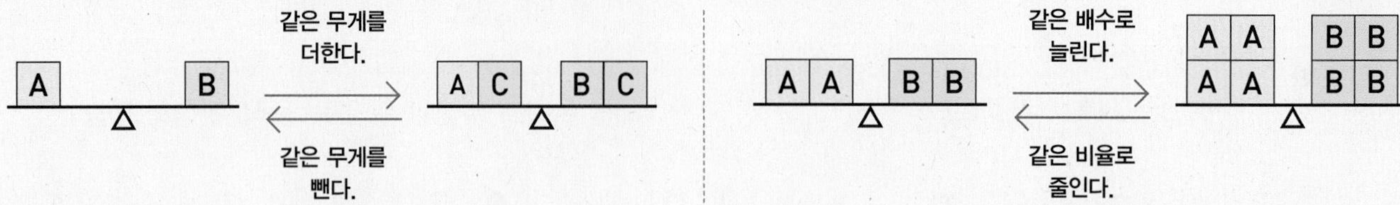

(1) 등식의 성질

① 등식의 양변에 같은 수를 더하여도 등식은 성립한다. ⇨ $a=b$이면 $a+c=b+c$

② 등식의 양변에서 같은 수를 빼어도 등식은 성립한다. ⇨ $a=b$이면 $a-c=b-c$

③ 등식의 양변에 같은 수를 곱하여도 등식은 성립한다. ⇨ $a=b$이면 $ac=bc$

④ 등식의 양변을 0이 아닌 같은 수로 나누어도 등식은 성립한다.

⇨ $a=b$이면 $\frac{a}{c}=\frac{b}{c}$ (단, $c\neq0$)
└→ $a\div c=b\div c$

(2) 이항 : 등식의 성질을 이용하여 등식의 한 변에 있는 항의 부호를 바꾸어 다른 변으로 옮기는 것

(3) 등식의 성질과 이항을 이용한 방정식의 풀이 : 주어진 방정식을 '$x=$(수)'의 꼴로 고쳐서 해를 구한다.

등식의 성질

$2x-1=5$
등식의 성질 ① 이용
$2x-1+1=5+1$
$2x=6$
등식의 성질 ④ 이용
$2x\div2=6\div2$
$\therefore x=3$

이항

$2x-1=5$
이항
$2x=5+1$
$2x=6$
등식의 성질 ④ 이용
$2x\div2=6\div2$
$\therefore x=3$

• $a=b$이면 $ac=bc$이지만, $ac=bc$라고 해서 반드시 $a=b$인 것은 아니다.
예 $a=2$, $b=3$, $c=0$이면 $ac=bc$이지만 $a\neq b$이다.

• 이(移)항
└ 옮길 이

• 이항은 '등식의 양변에 같은 수를 더하거나 양변에서 같은 수를 빼어도 등식은 성립한다.'는 등식의 성질 ①, ②를 이용한 것이다.

왜 0으로 나눌 수 없는 걸까?

등식의 양변에 같은 수를 더하거나 양변에서 같은 수를 빼거나 양변에 같은 수를 곱하여도 등식은 성립한다. 하지만 등식의 양변을 나눌 때에는 반드시 0이 아닌 수로 나누어야 해.

왜 0으로 나누면 안 되는 걸까? 다음과 같이 등식의 양변을 0으로 나누면 말도 안 되는 결과가 나오게 되지.

$$1\times0=2\times0 \Rightarrow 1\times0\div0=2\times0\div0 \Rightarrow 1=2\ (?)$$

따라서 수학에서는 0으로 나누는 것을 생각하지 않아!

개념확인

1. 오른쪽은 등식의 성질을 이용하여 방정식 $\frac{4}{3}x+2=10$을 푸는 과정이다. □ 안에 알맞은 수를 써넣으시오.

$\frac{4}{3}x+2=10$

$\frac{4}{3}x+2-\square=10-\square$, $\frac{4}{3}x=\square$

$\frac{4}{3}x\times\square=\square\times\square$ $\quad\therefore x=\square$

등식의 성질

1 다음 중 옳지 않은 것은?

① $a=b$이면 $a-1=b-1$이다.
② $\frac{a}{2}=\frac{b}{3}$이면 $3a=2b$이다.
③ $a+b=0$이면 $2a=-2b$이다.
④ $\frac{a}{2}=b$이면 $a=2b$이다.
⑤ $ac=bc$이면 $a=b$이다.

$a=b$일 때
① $a+c=b+c$
② $a-c=b-c$
③ $ac=bc$
④ $\frac{a}{c}=\frac{b}{c}$ (단, $c\neq0$)

1-1 다음은 $a=b$일 때, $-\frac{5}{2}a+4=-\frac{5}{2}b+4$임을 보이는 과정이다. □ 안에 알맞은 수를 써넣으시오.

$$a=b$$
$$-\frac{5}{2}\times a=\square\times b$$
$$-\frac{5}{2}a+4=-\frac{5}{2}b+\square$$

양변에 □를 곱한다.
양변에 □를 더한다.

1-2 $x=y$일 때, 다음 중 옳지 않은 것은?

① $2x-2y=0$
② $x+4=y+4$
③ $\frac{x}{3}+1=\frac{y}{3}+1$
④ $x\div z=y\div z$ (단, $z\neq0$)
⑤ $-x-7=-y+7$

등식의 성질을 이용한 방정식의 풀이

2 등식의 성질을 이용하여 다음 방정식을 푸시오.

(1) $2x=-10-3x$

(2) $-\frac{2}{3}x+8=-4$

주어진 방정식을 등식의 성질을 이용하여 '$x=$(수)'의 꼴로 고쳐서 해를 구한다.

2-1 다음 방정식의 풀이 과정 (1)~(3)에 이용된 등식의 성질을 **보기**에서 고르시오.

$$\frac{3x-5}{4}=4 \xrightarrow{(1)} 3x-5=16 \xrightarrow{(2)} 3x=21 \xrightarrow{(3)} x=7$$

보기

$a=b$이고 c가 자연수일 때,

ㄱ. $a+c=b+c$

ㄴ. $a-c=b-c$

ㄷ. $ac=bc$

ㄹ. $\frac{a}{c}=\frac{b}{c}$

이항

3 다음 등식의 밑줄 친 항을 이항하시오.

(1) $3x\underline{-1}=2x+3$

(2) $5x+4=\underline{2x}+1$

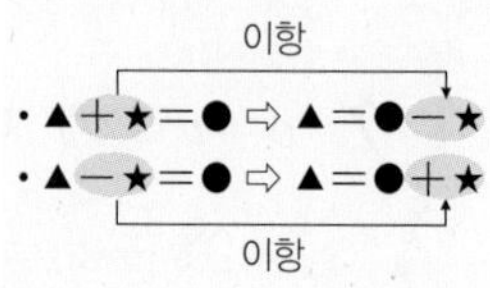

3-1 다음 등식을 이항하여 $ax+b=0$의 꼴로 나타내시오. (단, a, b는 상수, $a>0$)

(1) $4x+9=x-5$

(2) $7-x=x+2$

3 일차방정식의 풀이

등식을 변형하여 x와 같은 수 찾기!

이항하기 → $ax=b$ 꼴로 만들기 → 해 구하기

(1) **x에 대한 일차방정식 :** 방정식에서 우변에 있는 모든 항을 좌변으로 이항하여 정리하였을 때, '(x에 대한 일차식)$=0$'의 꼴이 되는 방정식

예) $2x+4=1$의 우변에 있는 모든 항을 좌변으로 이항하면 $2x+4-1=0$, 즉 $2x+3=0$이므로 일차방정식이다.
(x에 대한 일차식)$=0$

(2) **일차방정식의 풀이**

① **이항하기 :** 미지수 x를 포함하는 항은 좌변으로, 상수항은 우변으로 이항한다.

② **$ax=b$:** 양변을 정리하여 $ax=b(a\neq0)$의 꼴로 나타낸다.

③ **$x=\frac{b}{a}$:** 양변을 x의 계수 a로 나누어 해 $x=\frac{b}{a}$를 구한다.

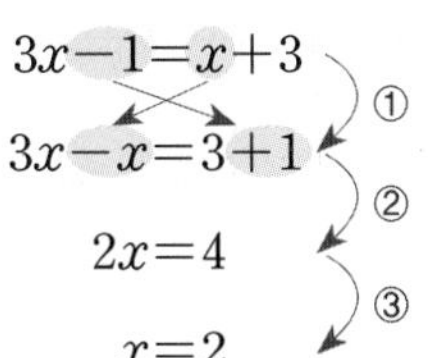

(3) **괄호가 있는 일차방정식의 풀이**

① 분배법칙을 이용하여 괄호를 푼다. → $a(b+c)=ab+ac$

② 일차방정식의 풀이 방법에 따라 해를 구한다.

(4) **계수가 소수 또는 분수인 일차방정식의 풀이**

계수에 소수나 분수가 있으면 양변에 적당한 수를 곱하여 계수를 정수로 고쳐서 푼다.

① **계수가 소수인 경우 :** 양변에 10, 100, 1000, …을 곱한다. 예) $0.3x-0.2=x \xrightarrow{\times 10} 3x-2=10x$

② **계수가 분수인 경우 :** 양변에 분모의 최소공배수를 곱한다. 예) $\frac{1}{2}x+\frac{2}{3}=x \xrightarrow{\times 6} 3x+4=6x$

방정식의 해 검산하기

방정식이 참이 되게 하는 미지수의 값을 방정식의 해라고 해. 따라서 방정식의 해를 대입하면 등식이 성립해야 하지.
만약 대입했을 때 등식이 성립하지 않으면 해가 아니므로 방정식을 다시 풀어야 해.

대입

$2x+1=5 \rightarrow 2x=4 \rightarrow x=2$

$2\times2+1=5$ (참)

개념확인

1. 다음 일차방정식을 푸시오.

(1) $2x+3=5$

(2) $3x-2=4$

(3) $0.7x+6=0.2x$

(4) $\frac{x-1}{3}=\frac{5x+1}{6}$

일차방정식

1 **다음 보기에서 일차방정식인 것을 모두 고르시오.**

> 보기
> ㄱ. $x^2+x=x(x+3)$　　ㄴ. $x=1+x^2$
> ㄷ. $3(x+1)=2(x+2)$　　ㄹ. $-x^2+2x+1=x$
> ㅁ. $4x+7=x+5$　　ㅂ. $2x+3$

x에 대한 일차방정식
⇨ $ax+b=0(a\neq0)$

1-1 다음 중 x에 대한 일차방정식인 것을 모두 고르면? (정답 2개)

① $3x=x-2$　② $x^2-4=0$　③ $4x-3=x+1$
④ $5(x-2)=5x-10$　⑤ $x+(-x)=0$

괄호가 있는 일차방정식의 풀이

2 **다음 방정식을 푸시오.**

(1) $3-2x=2(x-1)$　(2) $-5(x-3)=2x+1$

괄호가 있는 일차방정식의 풀이
① 분배법칙을 이용하여 괄호를 푼다.
② $ax=b(a\neq0)$의 꼴로 나타낸다.
③ 양변을 a로 나누어 해를 구한다.

2-1 방정식 $2(x-2)=-3(x+2)$를 푸시오.

계수가 소수 또는 분수인 일차방정식의 풀이

3 **다음 방정식을 푸시오.**

(1) $-2(x+0.4)=-0.3x+0.9$　(2) $\dfrac{3x-1}{2}=\dfrac{2(1-x)}{3}+1$

• 계수가 소수인 일차방정식
양변에 10, 100, 1000, …을 곱하여 계수를 정수로 바꾼다.
• 계수가 분수인 일차방정식
양변에 분모의 최소공배수를 곱하여 계수를 정수로 바꾼다.

3-1 방정식 $0.2x-\frac{3}{5}=0.15\left(x-\frac{2}{3}\right)$를 푸시오.

비례식으로 주어진 일차방정식의 풀이

4 **다음 식을 만족시키는 x의 값을 구하시오.**

$$(2x-1):4=(x-1):3$$

비례식으로 주어진 일차방정식의 풀이
$a:b=c:d$로 주어진 비례식은 $ad=bc$임을 이용하여 일차방정식을 세운다.

4-1 비례식 $0.4:(x-1)=0.1:(x-3)$을 만족시키는 x의 값을 구하시오.

일차방정식의 해가 주어진 경우

5 **방정식 $6x+a=4x-5$의 해가 $x=-2$일 때, 상수 a의 값을 구하시오.**

일차방정식 $ax+b=0$의 해가 $x=k$이면 방정식에 $x=k$를 대입하면 등식이 성립한다.

5-1 방정식 $\frac{x-k}{3}-\frac{2x+k}{2}=3$의 해가 $x=3$일 때, $-6k+5$의 값을 구하시오.
(단, k는 상수)

해가 같은 두 일차방정식

6 **x에 대한 두 일차방정식 $3x-2=x+6$과 $4x-a=2x+3$의 해가 같을 때, 다음을 구하시오.**

(1) 방정식 $3x-2=x+6$의 해

(2) 상수 a의 값

두 방정식의 해가 같을 때에는 한 방정식의 해를 구한 후, 구한 해를 다른 방정식에 대입하면 등식이 성립한다.

6-1 두 방정식 $7+\frac{2}{5}x=-6-\frac{1}{4}x$와 $8+10x=5x-k$의 해가 같을 때, 상수 k의 값은?

① -52　　② -48　　③ -10

④ 58　　⑤ 92

특수한 해를 갖는 경우 – 해가 없을 때

7 **x에 대한 방정식 $(a-7)x=10-ax$의 해가 존재하지 않을 때, 상수 a의 값을 구하시오.**

x에 대한 방정식을 $ax=b$의 꼴로 나타내었을 때, 해가 존재하지 않는다. ⇨ $a=0$, $b\neq0$

7-1 다음 중 x에 대한 방정식 $ax-1=3x+b$의 해가 없을 조건은?

① $a=3$, $b=-1$　　② $a=-1$, $b=3$　　③ $a=3$, $b\neq-1$

④ $a\neq3$, $b=-1$　　⑤ $a\neq3$, $b\neq-1$

특수한 해를 갖는 경우 – 해가 무수히 많을 때

8 x에 대한 방정식 $2(x-9)=ax-x+b$의 해가 무수히 많을 때, 상수 a, b에 대하여 $a+b$의 값을 구하시오.

x에 대한 방정식을 $ax=b$의 꼴로 나타내었을 때, 해가 무수히 많다.
⇨ $a=0$, $b=0$

8-1 x에 대한 방정식 $\frac{ax}{3}+2=x+b$의 해가 무수히 많을 때, 상수 a, b에 대하여 ab의 값을 구하시오.

해에 대한 조건이 주어진 방정식

9 다음 중 x에 대한 일차방정식 $2x+a-9=0$의 해가 정수가 되도록 하는 자연수 a의 값으로 적당한 것은?

① 2　② 4　③ 5　④ 6　⑤ 8

주어진 방정식의 해를 미지수를 포함한 식으로 나타낸 후 해의 조건을 만족하는 미지수의 값을 구한다.

9-1 x에 대한 일차방정식 $5x+a=2x+6$의 해가 자연수가 되도록 하는 자연수 a의 개수는?

① 1　② 2　③ 3　④ 4　⑤ 5

9-2 x에 대한 일차방정식 $x-\frac{1}{5}(3x+2a)=-2$의 해가 음의 정수가 되도록 하는 모든 자연수 a의 값의 합을 구하시오.

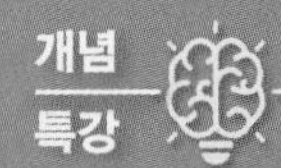

양팔 저울로 이해하는 등식의 성질

수평을 이루고 있는 양팔 저울의 양쪽에 무게가 같은 물건을 올려놓거나 내려놓아도 양쪽의 무게는 같으므로 저울은 수평을 이룬다. 또 양쪽에 올려놓은 물건의 무게를 같은 배수만큼 늘리거나 줄여도 양쪽의 무게는 같으므로 저울은 수평을 이룬다. 너무나 당연한 이 성질은 등식에서도 성립한다. 등식 $a=b$를 원하는 대로 조작하여 식을 변형할 수 있다.

1. 양팔 저울의 평형

다음 그림과 같이 양팔 저울이 평형을 이루고 있다. 같은 모양의 무게는 모두 같을 때, ○의 무게는 □□의 무게와 같음을 알아내는 과정이다. [ ] 안에 알맞은 것을 써넣으시오.

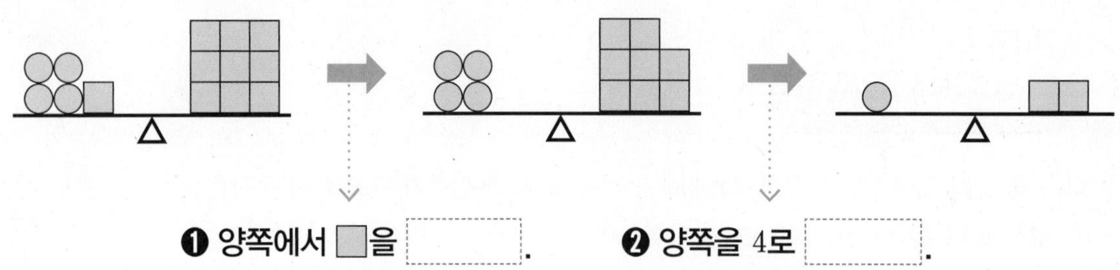

❶ 양쪽에서 □을 [ ].　　❷ 양쪽을 4로 [ ].

평형을 이루고 있는 저울의 양쪽에
무게가 같은 물건을 **더하거나, 빼거나, 곱하거나, 나누어도**
양팔 저울은 **평형을 이룬다.**

답 뺀다, 나눈다

적용하기

1-1 다음 그림과 같이 양팔 저울이 모두 평형을 이루고 있다. 같은 모양의 무게는 모두 같을 때, 다음 보기 중 [ ] 안에 들어갈 수 있는 것으로 알맞은 것을 모두 구하시오.

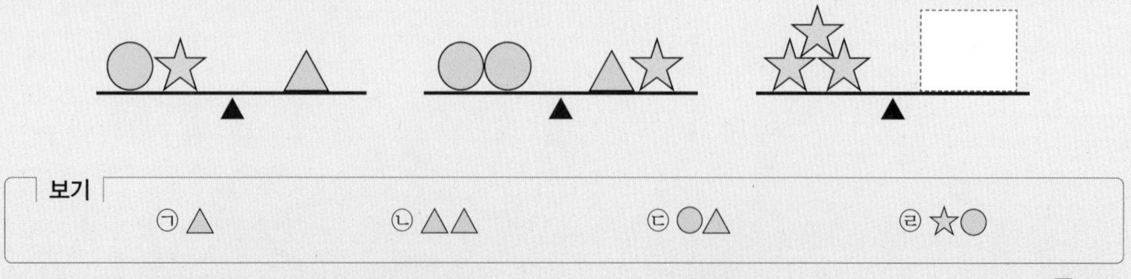

보기
㉠ △　　㉡ △△　　㉢ ○△　　㉣ ☆○

답 ㉠, ㉣

2. 등식의 성질

다음 그림을 이용하여 방정식 $2x+1=7$의 해를 구하시오.

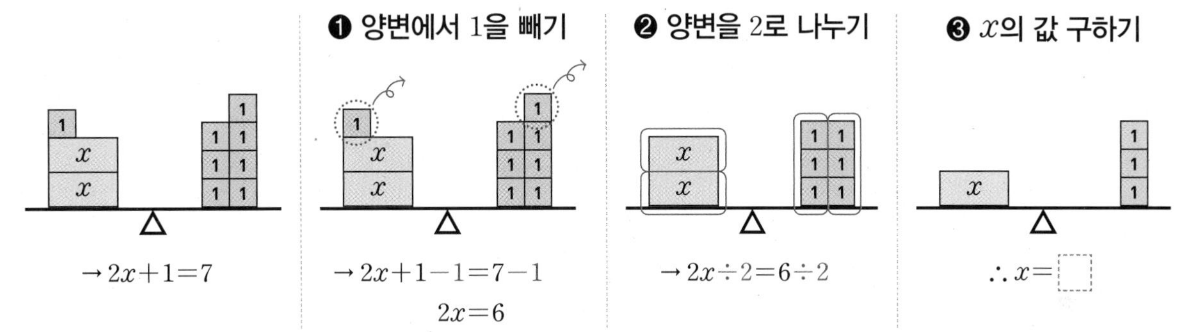

등식의 양변에 같은 수를

더하거나, 빼거나, 곱하거나, 0이 아닌 수로 나누어도

등식은 성립한다.

답 3

적용하기

2-1 다음은 등식 $a=b$를 등식의 성질을 이용하여 변형한 것이다. 어디서 잘못되었는지 찾고, 그 이유를 말하시오.

$a=b$에서		$a=b$
① 양변에 a를 더하면	→	$2a=a+b$
② 양변에서 $2b$를 빼면	→	$2a-2b=a-b$
		$2(a-b)=a-b$
③ 양변을 $a-b$로 나누면	→	$2=1$

답 ③, $a=b$에서 $a-b=0$이므로 양변을 $a-b$로 나눌 수 없다.

기본 문제

1 방정식과 항등식

다음 중 항등식인 것은?

① $3(x+1)=3(x-1)$ ② $2x+4=\frac{1}{2}(x+2)$
③ $5x=1$ ④ $4(x-1)+2=4x-2$
⑤ $7x+4=2(3x+2)$

2 방정식의 해

다음 방정식 중 해가 $x=-2$인 것은?

① $-x+2=0$ ② $x-3=0$ ③ $2x+4=0$
④ $3x=4$ ⑤ $x=-2x$

3 등식의 성질

다음 중 옳지 <u>않은</u> 것은?

① $a-b=0$이면 $5a=5b$이다.
② $ac=bc$이면 $a-b=0$이다.
③ $a=-3b$이면 $\frac{a}{3}+1=-b+1$이다.
④ $a+b=0$이면 $\frac{a}{2}=-\frac{b}{2}$이다.
⑤ $a=\frac{b}{2}$이면 $4a-1=2b-1$이다.

4 등식의 성질을 이용한 방정식의 풀이

다음은 일차방정식 $-3(2x-3)=5$를 푸는 과정을 나타낸 것이다.

> 주어진 일차방정식의 양변을 (가) 으로 나누면
> $2x-3=-\frac{5}{3}$ ······ ㉠
> ㉠의 양변에 (나) 을 더하면
> $2x=\frac{4}{3}$ ······ ㉡
> ㉡의 양변을 2로 나누면
> $x=$ (다)
> 이다.

위의 (가), (나), (다)에 들어갈 값을 차례로 나타내면?

① -3, -3, $-\frac{2}{3}$ ② -3, 3, $-\frac{2}{3}$
③ -3, 3, $\frac{2}{3}$ ④ 3, 3, $-\frac{2}{3}$
⑤ 3, -3, $\frac{2}{3}$

5 이항

등식 $-(x+2)+2(3x-4)=-3(x-2)$를 $ax+b=0$의 꼴로 간단히 하였을 때, 상수 a, b에 대하여 $\frac{b}{a}$의 값을 구하시오. (단, a, b는 서로소, $a>0$)

6 일차방정식

다음 중 일차방정식인 것은?

① $-1+2=1$ ② $4x>1$
③ $2x+5x$ ④ $x(x+3)=x-1$
⑤ $3(x-2)=-2x$

7 일차방정식의 풀이

다음 일차방정식 중 해가 나머지 넷과 다른 하나는?

① $1-5x=11$　② $2x+1=3$
③ $2x-1=4-3x$　④ $3x-7=-4$
⑤ $-\frac{x}{10}-0.1=-\frac{1}{5}$

8 일차방정식의 풀이

다음은 주영이가 일차방정식 $\frac{x}{5}-\frac{3x+2}{4}=-5$의 해를 구하는 과정이다. 주영이가 처음으로 잘못 계산한 곳을 말하고, 일차방정식의 해를 바르게 구하시오.

$$\frac{x}{5}-\frac{3x+2}{4}=-5$$
㉠
$$20\times\frac{x}{5}-20\times\frac{3x+2}{4}=20\times(-5)$$
㉡
$$4x-15x+10=-100$$
㉢
$$-11x=-110$$
㉣
$$\therefore x=10$$

9 계수가 소수 또는 분수인 일차방정식의 풀이

다음 일차방정식을 푸시오.

$$0.3(x-6)-1=\frac{3x+4}{5}$$

10 일차방정식의 풀이

일차방정식 $\frac{1}{3}x+2=2x-1$의 해가 $x=a$일 때, $-5a+4$의 값은?

① -13　② -5　③ 0
④ 5　⑤ 13

11 해가 같은 두 일차방정식

두 방정식 $4(x-1)=\frac{x-6}{5}+\frac{3x-1}{2}$과 $3x-a=0$의 해가 같을 때, 상수 a의 값을 구하시오.

12 특수한 해를 갖는 경우 – 해가 무수히 많을 때

x에 대한 방정식 $2x+3=2(x-1)+a$의 해가 무수히 많을 때, 상수 a의 값을 구하시오.

13 해에 대한 조건이 주어진 방정식

방정식 $5-ax=4x-5$의 해는 방정식 $0.3(x-5)=0.2x-2$의 해의 2배일 때, 상수 a의 값은?

① -5　② -3　③ -1
④ 1　⑤ 3

개념 완성

발전 문제

1 등식 $3x+2=7-ax$가 x에 대한 일차방정식이 되기 위한 상수 a의 조건으로 알맞은 것은?

① $a=-3$　② $a\neq-3$　③ $a=3$
④ $a\neq3$　⑤ $a=7$

x에 대한 일차방정식
⇨ $ax+b=0$ (단, $a\neq0$)

2 오른쪽 그림에서 위에 있는 이웃한 동그라미에 들어 있는 두 수의 합이 아래의 동그라미에 들어 있는 수와 같다고 한다. 이때 x의 값은?

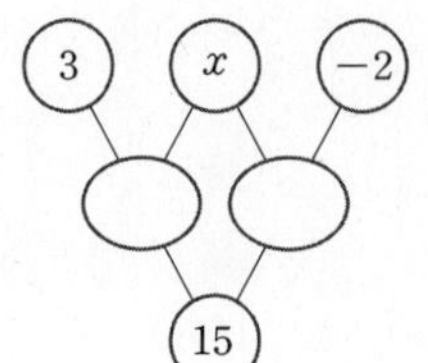

① 1　② 3　③ 5
④ 7　⑤ 9

3 서로 다른 두 수 x, y에 대하여 x, y 중 큰 수를 $\max(x, y)$, 작은 수를 $\min(x, y)$로 나타낼 때, 다음 등식을 만족하는 x의 값을 구하시오.

$$\max(x-5, x+3)-\min(2-3x, 4-3x)=\min(-6, -7)$$

4 시현이는 일차방정식 $3x-2=4x+1$을 푸는 데 우변의 x의 계수 4를 잘못 보고 풀어서 해를 $x=\frac{3}{2}$으로 구하였다. 4를 어떤 수로 잘못 보았는지 구하시오.

잘못 본 수를 a라 하고 해를 대입하여 a의 값을 구한다.

5 x에 대한 일차방정식 $\frac{1}{2}x+\frac{1}{3}a=5$의 해가 자연수일 때, 자연수 a의 값과 그때의 해를 모두 구하시오.

6 서술형

등식 $(1-a)x+b+2=3x-a+1$이 x의 값에 관계없이 항상 성립할 때, $a+b$의 값을 구하기 위한 풀이 과정을 쓰고 답을 구하시오. (단, a, b는 상수)

① 단계: 항등식의 성질을 이용하여 식 세우기

$(1-a)x+b+2=3x-a+1$이 x에 대한 항등식이므로

$1-a=$_____ …… ㉠

$b+2=$_______ …… ㉡

② 단계: a, b의 값 각각 구하기

㉠에서 $-a=$_____ $\therefore a=$_____

$a=$_____를 ㉡에 대입하면

$b+2=$_______$+1$, $b+2=$_____ $\therefore b=$_____

③ 단계: $a+b$의 값 구하기

$\therefore a+b=$_______________

► Check List
- 항등식의 성질을 이용하여 a, b에 대한 식을 바르게 세웠는가?
- a, b의 값을 각각 바르게 구하였는가?
- $a+b$의 값을 바르게 구하였는가?

7 서술형

비례식 $(2x-4):\frac{2}{3}(x-1)=2:1$을 만족하는 x의 값이 방정식 $\frac{x-1}{3}-\frac{x+a}{2}=1-x$의 해일 때, 상수 a의 값을 구하기 위한 풀이 과정을 쓰고 답을 구하시오.

① 단계: 비례식을 풀어 x의 값 구하기

____

____

____

② 단계: a의 값 구하기

____

____

____

____

► Check List
- 비례식을 풀어 x의 값을 바르게 구하였는가?
- x의 값을 방정식에 대입하여 a의 값을 바르게 구하였는가?

3 일차방정식의 활용

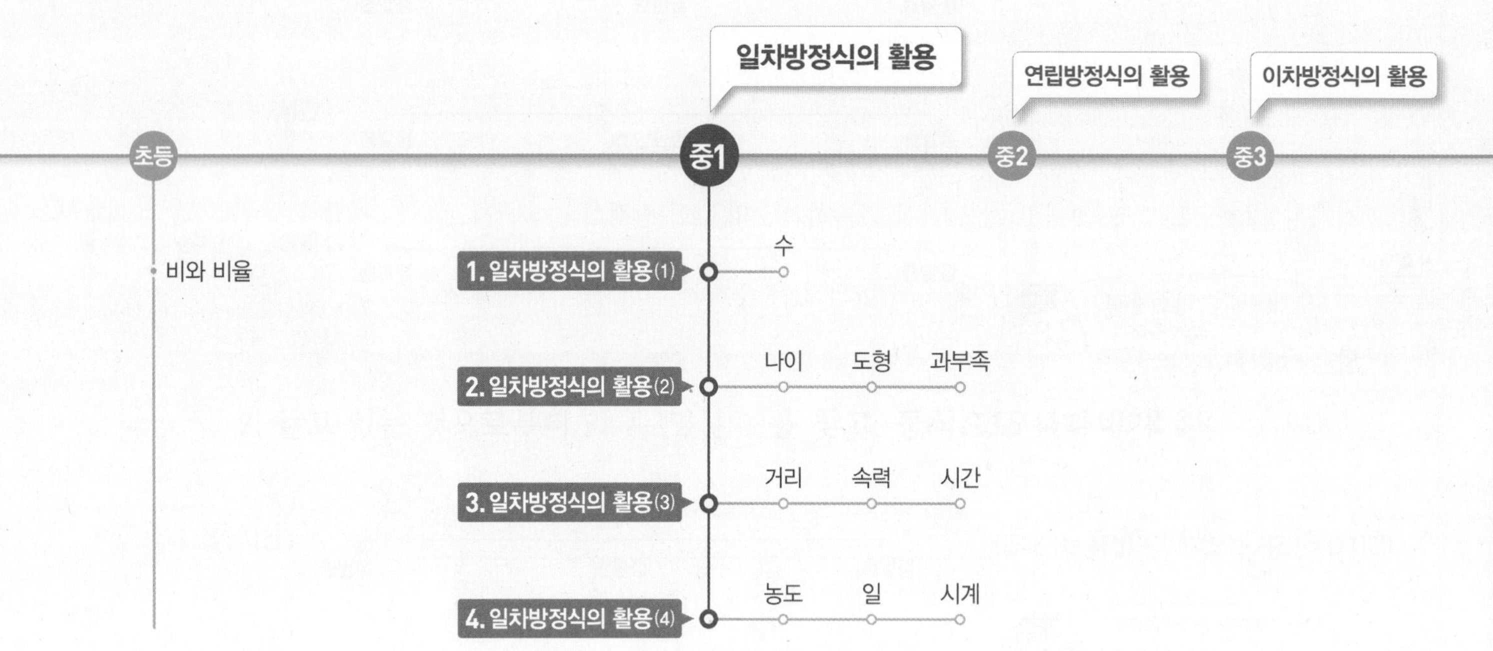

일차방정식의 활용
연립방정식의 활용
이차방정식의 활용
초등
중1
중2
중3
비와 비율
1. 일차방정식의 활용(1)
수
2. 일차방정식의 활용(2)
나이
도형
과부족
3. 일차방정식의 활용(3)
거리
속력
시간
4. 일차방정식의 활용(4)
농도
일
시계

방정식으로 실생활 문제를 해결하다!

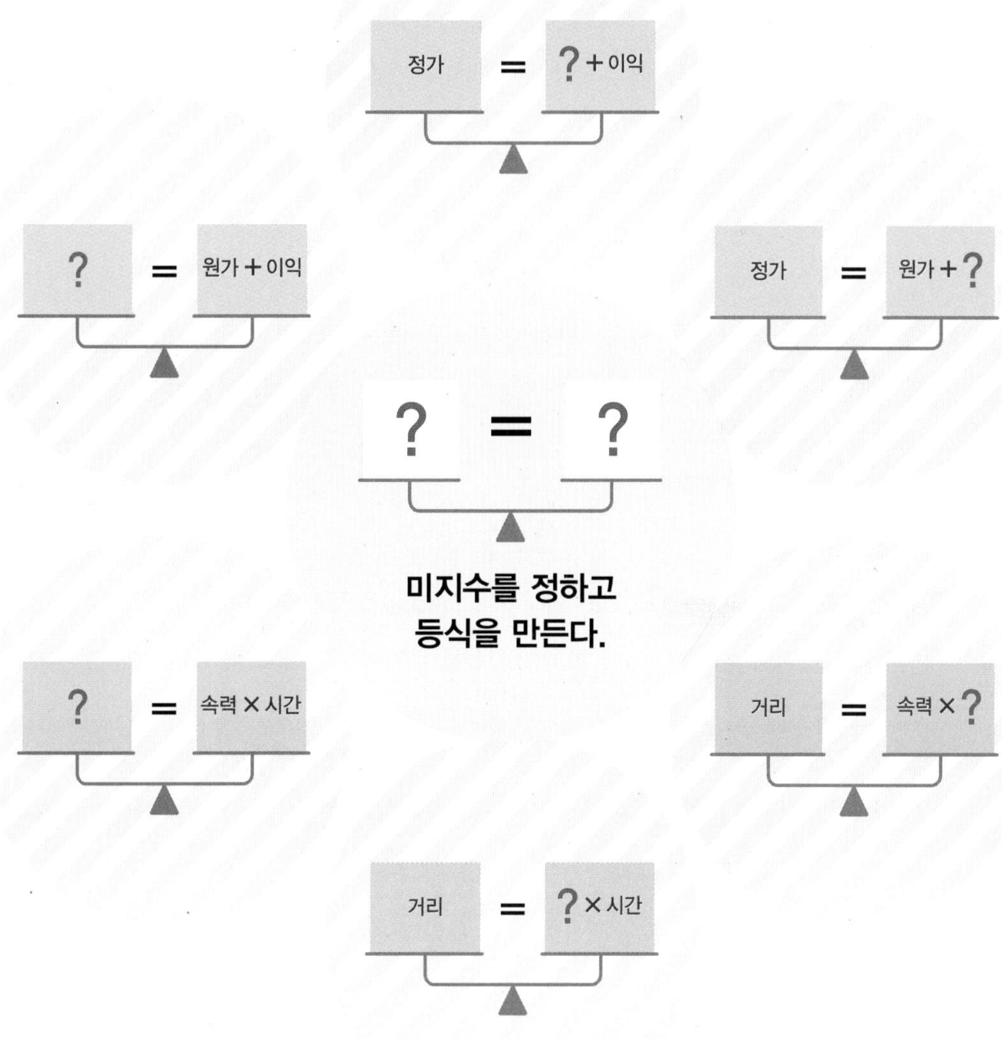

1 일차방정식의 활용 (1)

모르는 것을 x로 두고 같아지는 두 식을 만들어!

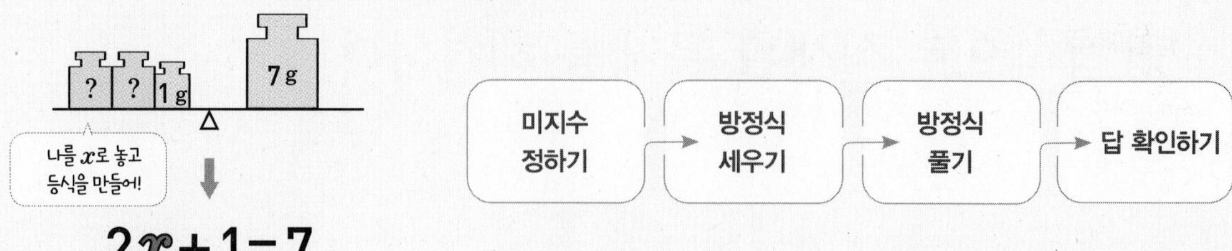

(1) 일차방정식의 활용 문제를 푸는 순서

① **미지수 정하기**: 문제의 뜻을 파악하고 구하려는 값을 x로 놓는다.

② **방정식 세우기**: 문제에서 주어진 조건에 맞게 x에 대한 방정식을 세운다.

③ **방정식 풀기**: 방정식을 풀어 x의 값을 구한다.

④ **확인하기**: 구한 해가 문제의 뜻에 맞는지 확인한다.

(2) 수에 대한 문제

① **어떤 수에 대한 문제**: 어떤 수를 x로 놓고 조건에 맞게 x에 대한 방정식을 세워서 푼다.

② **연속하는 수에 대한 문제**: 기준이 되는 수를 x로 놓고 조건에 맞게 방정식을 세워서 푼다.

- 연속하는 두 정수 ⇨ x, $x+1$ 또는 $x-1$, x
- 연속하는 두 짝수 또는 홀수 ⇨ x, $x+2$ 또는 $x-2$, x
- 연속하는 세 정수 ⇨ $x-1$, x, $x+1$ 또는 x, $x+1$, $x+2$ 또는 $x-2$, $x-1$, x
- 연속하는 세 짝수 또는 홀수 ⇨ $x-2$, x, $x+2$ 또는 x, $x+2$, $x+4$ 또는 $x-4$, $x-2$, x

③ **자릿수에 대한 문제**: 십의 자리의 숫자가 a, 일의 자리의 숫자가 b인 두 자리의 자연수는 $10a+b$임을 이용하여 방정식을 세워서 푼다.

개념확인

1. 연속하는 세 자연수의 합이 96일 때, 세 자연수를 구하는 과정이다. □ 안에 알맞은 식 또는 수를 써넣으시오.

① **미지수 정하기**
세 자연수 중 가운데 수를 x라 하자.

② **방정식 세우기**
연속하는 세 자연수를 작은 수부터 나타내면
□, x, □이다.
세 자연수의 합이 96이므로
$(\square)+x+(\square)=96$

③ **방정식 풀기**
방정식을 풀면 $x=\square$
따라서 세 자연수는 □, □, □이다.

④ **확인하기**
구한 세 수의 합이 96이 맞는지 확인한다.

2. 연속하는 두 홀수의 합이 56일 때, 두 홀수를 구하는 과정이다. □ 안에 알맞은 식 또는 수를 써넣으시오.

① **미지수 정하기**
두 홀수 중 작은 수를 x라 하자.

② **방정식 세우기**
연속하는 두 홀수를 작은 수부터 나타내면
x, □이다.
두 홀수의 합이 56이므로
$x+(\square)=56$

③ **방정식 풀기**
방정식을 풀면 $x=\square$
따라서 두 홀수는 □, □이다.

④ **확인하기**
구한 두 수의 합이 56이 맞는지 확인한다.

어떤 수에 대한 문제

어떤 수에 대한 문제를 푸는 순서
① 어떤 수를 x로 놓는다.
② 주어진 조건에 맞게 x에 대한 방정식을 세운다.
③ x에 대한 방정식을 푼다.

1 **어떤 수에 5를 더하고 3배한 수는 어떤 수에서 3을 빼고 9배한 수와 같을 때, 다음 물음에 답하시오.**

(1) 어떤 수를 x로 놓고 방정식을 세우시오.

(2) 어떤 수를 구하시오.

1-1 어떤 수에서 2를 뺀 수의 $\frac{1}{6}$은 어떤 수의 $\frac{1}{3}$보다 1만큼 크다고 할 때, 어떤 수를 구하시오.

연속하는 자연수에 대한 문제

연속하는 두 짝수의 차는 2이다.

2 **연속하는 두 짝수에서 두 수의 합은 작은 수의 3배보다 10만큼 작다고 할 때, 다음 물음에 답하시오.**

(1) 두 짝수 중 작은 수를 x로 놓고 방정식을 세우시오.

(2) 두 짝수를 구하시오.

2-1 연속하는 세 홀수의 합이 63일 때, 가장 큰 홀수를 구하시오.

2-2 연속하는 세 자연수 중에서 가운데 수의 3배는 나머지 두 수의 합보다 20만큼 크다고 할 때, 가장 작은 자연수를 구하시오.

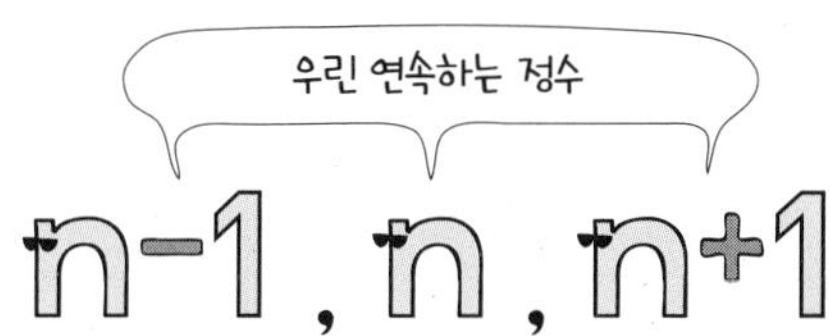

자리의 숫자에 대한 문제

3 **십의 자리의 숫자가 9인 두 자리의 자연수가 있다. 이 자연수의 십의 자리의 숫자와 일의 자리의 숫자를 바꾼 수는 처음 수보다 18만큼 작다고 할 때, 처음 수를 구하시오.**

십의 자리의 숫자가 a, 일의 자리의 숫자가 b인 두 자리의 자연수
⇨ $10\times a+1\times b$
$=10a+b$

3-1 일의 자리의 숫자가 5인 두 자리의 자연수가 있다. 이 자연수의 십의 자리의 숫자와 일의 자리의 숫자를 바꾼 수는 처음 수보다 9만큼 크다고 한다. 처음 수의 십의 자리의 숫자를 x라 할 때, x에 대한 방정식을 세우면?

① $x+5=10(x+5)-9$
② $x+5=10(x+5)+9$
③ $50+x=(10x+5)-9$
④ $50+x=(10x+5)+9$
⑤ $10x+5=10(x+5)-9$

3-2 일의 자리의 숫자가 7인 두 자리의 자연수가 있다. 이 자연수는 각 자리의 숫자의 합의 3배와 같을 때, 이 자연수는?

① 17 ② 27 ③ 37
④ 47 ⑤ 57

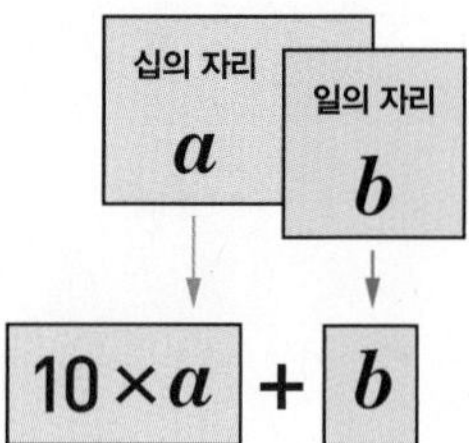

3-3 일의 자리의 숫자와 십의 자리의 숫자의 합이 11인 두 자리의 자연수가 있다. 이 자연수의 일의 자리의 숫자와 십의 자리의 숫자를 바꾼 수는 처음 수보다 63만큼 크다고 할 때, 처음 수를 구하시오.

2 일차방정식의 활용 (2)

아는 것들로부터 모르는 것 찾기!

($a-x$)세 ← x년 전 ← 올해 a세 → x년 후 → ($a+x$)세

(1) **나이에 대한 문제 :** 조건을 만족하는 해가 x년 후 또는 x년 전이라 하고 방정식을 세워서 푼다.

⇨ (x년 후의 나이)=(올해 나이)$+x$

⇨ (x년 전의 나이)=(올해 나이)$-x$

(2) **도형에 대한 문제 :** 도형의 둘레의 길이와 넓이를 구하는 공식을 이용한다.

① (삼각형의 넓이)$=\frac{1}{2}\times$(밑변의 길이)$\times$(높이)

② (직사각형의 넓이)=(가로의 길이)$\times$(세로의 길이)

③ (직사각형의 둘레의 길이)$=2\times${(가로의 길이)+(세로의 길이)}

(3) **과부족에 대한 문제 :** 전체 개수에서 남는 양은 더해주고, 부족한 양은 빼준다.

① 사람들에게 물건을 나누어 줄 때

⇨ 사람 수를 x로 놓고, 나누어 주는 것의 개수를 x에 대한 식으로 나타낸다.

⇨ 주어진 물건을 나누는 것이므로 남거나 부족한 경우와 관계없이 주어진 전체 물건의 개수는 같다.

② 사람들을 몇 명씩 묶을 때

⇨ 묶음의 개수를 x로 놓고, 사람 수를 x에 대한 식으로 나타낸다.

⇨ 주어진 인원을 나누어 묶는 것이므로 남거나 부족한 경우와 관계없이 주어진 전체 인원은 같다.

개념확인

1. 올해 어머니의 나이는 38세, 아들의 나이는 10세이다. 다음 물음에 답하시오.

(1) 다음 표를 완성하시오.

	어머니	아들
올해 나이(세)	38	
x년 후 나이(세)		

(2) 어머니의 나이가 아들의 나이의 3배가 되는 것은 몇 년 후인지 구하고, 그때의 어머니의 나이를 구하시오.

2. 학생들에게 볼펜을 나누어 주는데 한 명에게 6자루씩 주면 4자루가 남고, 7자루씩 주면 6자루가 부족하다고 한다. 다음 물음에 답하시오.

(1) 학생 수를 x라 하고 방정식을 세우시오.

(2) 학생 수를 구하시오.

(3) 볼펜은 모두 몇 자루인지 구하시오.

나이에 대한 문제

1 **올해 아버지의 나이는 40세, 아들의 나이는 9세이다. 아버지의 나이가 아들의 나이의 2배가 되는 것은 몇 년 후인지 구하시오.**

x년 후의
아버지의 나이는
$(40+x)$세
아들의 나이는 $(9+x)$세

1-1 현재 세현이네 가족의 나이가 다음 **조건**을 모두 만족할 때, 아버지의 현재 나이는?

> 조건
> (가) 세현이의 나이의 5배에서 3세를 빼면 어머니의 나이인 37세와 같다.
> (나) 22년 후에 아버지의 나이는 세현이의 나이의 2배가 된다.

① 36세 ② 37세 ③ 38세
④ 39세 ⑤ 40세

도형에 대한 문제

2 **세로의 길이가 가로의 길이보다 3 cm 더 긴 직사각형의 둘레의 길이가 18 cm일 때, 이 직사각형의 넓이를 구하시오.**

직사각형의 가로의 길이가 a, 세로의 길이가 b일 때, 둘레의 길이는 $2(a+b)$이다.

2-1 높이가 6 cm인 삼각형의 넓이가 30 cm^2일 때, 이 삼각형의 밑변의 길이를 구하시오.

2-2 한 변의 길이가 8 cm인 정사각형의 가로의 길이를 2 cm만큼 늘이고, 세로의 길이를 x cm만큼 줄였더니 처음 정사각형의 넓이보다 14 cm^2 작은 직사각형이 되었다. 이때 x의 값을 구하시오.

원가와 정가에 대한 문제

3 어떤 피자 가게에서는 포장 판매일 경우 30 % 할인된 가격으로 팔고 있다. 수희는 이 피자 가게에서 16800원을 내고 피자를 사 왔다. 이 피자의 할인 전 가격을 구하시오. (단, 거스름돈은 없다.)

① 원가가 x원인 물건에 a %의 이익을 붙인 정가

⇨ $x+\frac{a}{100}x=\left(1+\frac{a}{100}\right)x$(원)

② 정가가 x원인 물건을 a % 할인하여 판매한 가격

⇨ $x-\frac{a}{100}x=\left(1-\frac{a}{100}\right)x$(원)

③ (이익)=(판매 가격)−(원가)

3-1 원가에 3할의 이익을 붙여서 정가를 정한 물건이 팔리지 않아 정가에서 200원을 할인하여 팔았더니 70원의 이익이 생겼다. 이때 이 물건의 원가는?

① 800원 ② 850원 ③ 900원
④ 950원 ⑤ 1000원

이동에 대한 문제

4 두 개의 컵 A, B에 각각 350 mL, 130 mL의 물이 들어 있다. A컵에 들어 있는 물의 양이 B컵에 들어 있는 물의 양의 2배가 되도록 하려고 할 때, A컵에서 B컵으로 몇 mL의 물을 옮겨야 하는지 구하시오.

A컵에서 B컵으로 옮긴 물의 양을 x mL로 놓고 방정식을 세운다.

4-1 두 개의 병 A, B에 각각 400 mL, 1700 mL의 탄산 음료가 들어 있다. A와 B에 들어 있는 탄산 음료의 양이 같아지도록 하려면 B에서 A로 몇 mL의 탄산 음료를 옮겨야 하는가?

① 500 mL ② 550 mL ③ 600 mL
④ 650 mL ⑤ 700 mL

예금에 대한 문제

5 **현재 형과 동생의 통장에 각각 25000원과 10000원이 예금되어 있다. 매달 형은 5000원씩, 동생은 10000원씩 예금할 때, 형과 동생의 예금액이 같아지는 것은 몇 개월 후인지 구하시오. (단, 이자는 생각하지 않는다.)**

(x개월 후의 예금액)
=(현재 예금액)
+(매달 예금액)×x

5-1 현재 진우의 저금통에는 10000원, 혜지의 저금통에는 20000원이 들어 있다. 진우는 매일 5000원씩, 혜지는 매일 2000원씩 저금통에 넣을 때, 진우의 저금통에 들어 있는 금액이 혜지의 저금통에 들어 있는 금액의 2배가 되는 것은 며칠 후인지 구하시오.

과부족에 대한 문제

6 **학생들에게 공책을 나누어 주는데 한 학생에게 3권씩 주면 28권이 남고, 4권씩 주면 6권이 부족하다. 다음 물음에 답하시오.**

(1) 학생 수를 구하시오.

(2) 공책은 몇 권 있는지 구하시오.

나누어 주는 방법에 관계없이 공책 수는 일정하다.

6-1 선화가 친구들에게 자두를 똑같이 나누어 주려고 하는데 5개씩 주면 4개가 부족하고, 4개씩 주면 10개가 남는다고 한다. 이때 선화가 자두를 나누어 준 친구들은 모두 몇 명인지 구하시오.

3 일차방정식의 활용 (3)

전체 거리나 걸린 시간에 주목해!

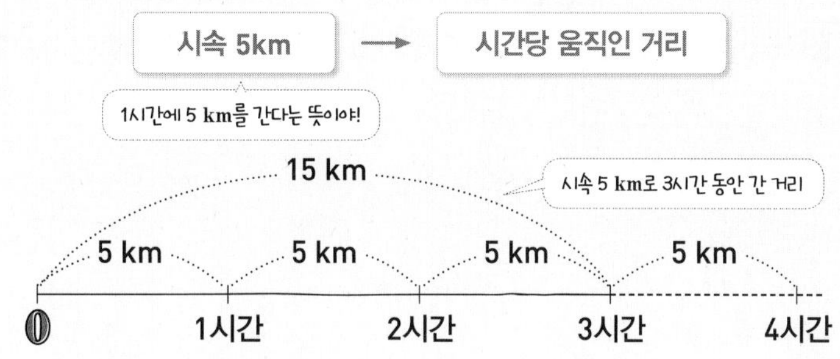

(1) 거리, 속력, 시간

거리, 속력, 시간에 대한 문제는 다음을 이용하여 식을 세운다.

① (거리)=(속력)×(시간)　② (속력)$=\dfrac{(\text{거리})}{(\text{시간})}$　③ (시간)$=\dfrac{(\text{거리})}{(\text{속력})}$

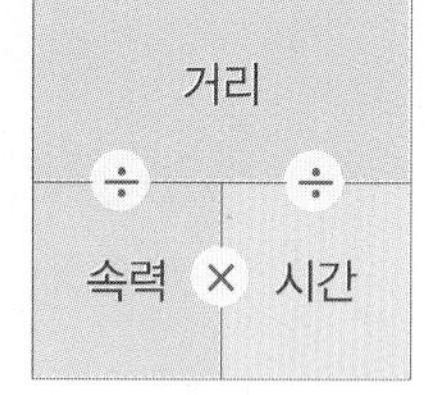

주의 속력은 일반적으로 시속으로 주어지지만 분속 또는 초속으로 주어지는 경우도 있으므로 단위에 유의하여 계산한다.

(2) 거리, 속력, 시간에 대한 문제에서 방정식 세우기 ➡ '전체 시간' 또는 '전체 이동 거리'가 식을 세우는 포인트!

① 두 지점 사이를 왕복하는 경우

거리를 x로 놓는다. ⇨ $\dfrac{x}{(\text{갈 때의 속력})}+\dfrac{x}{(\text{올 때의 속력})}=$(전체 시간)

② 두 사람 A, B가 마주 보고 출발하거나 호수 둘레를 돌다가 만나는 경우

걸린 시간을 x로 놓는다. ⇨ (A의 속력)$\times x+$(B의 속력)$\times x=$(전체 이동 거리)

개념확인

1. 등산을 하는데 올라갈 때는 시속 3 km로, 같은 길로 내려올 때는 시속 4 km로 걸었더니 총 7시간이 걸렸다. 다음 물음에 답하시오.

(1) 다음 표를 완성하시오.

	올라갈 때	내려올 때
거리(km)	x	
속력(km/시)	3	
걸린 시간(시간)		

(2) (올라갈 때 걸린 시간)+(내려올 때 걸린 시간)
=(전체 걸린 시간)
임을 이용하여 방정식을 세우시오.

(3) 올라간 거리를 구하시오.

2. 둘레의 길이가 700 m인 트랙을 A는 분속 60 m로, B는 분속 80 m로 걷고 있다. 두 사람 A, B가 같은 지점에서 동시에 서로 반대 방향으로 출발한 지 몇 분 후에 처음으로 다시 만났을 때, 다음 물음에 답하시오.

(1) 다음 표를 완성하시오.

	A	B
걸린 시간(분)	x	
속력(m/분)	60	
이동 거리(m)		

(2) (A의 이동 거리)+(B의 이동 거리)
=(전체 이동 거리)
임을 이용하여 방정식을 세우시오.

(3) 두 사람 A, B는 몇 분 후에 처음으로 다시 만나는지 구하시오.

속력이 바뀌는 경우

1 **영준이가 정상까지의 거리가 x km인 등산로를 올라갈 때는 시속 2 km, 같은 길로 내려올 때는 시속 4 km로 걸어서 모두 3시간이 걸렸다고 한다. 다음 물음에 답하시오.**

(1) 올라갈 때 걸린 시간을 x를 사용하여 나타내시오.
(2) 내려올 때 걸린 시간을 x를 사용하여 나타내시오.
(3) 정상까지의 거리를 구하시오.

$(\text{시간})=\frac{(\text{거리})}{(\text{속력})}$

1-1 두 지점 A, B 사이를 왕복하는 데 갈 때는 시속 10 km로 자전거를 타고 갔고, 올 때는 시속 4 km로 뛰어왔더니 총 1시간 45분이 걸렸다. 이때 두 지점 A, B 사이의 거리는?

① 3 km ② 4 km ③ 5 km
④ 6 km ⑤ 7 km

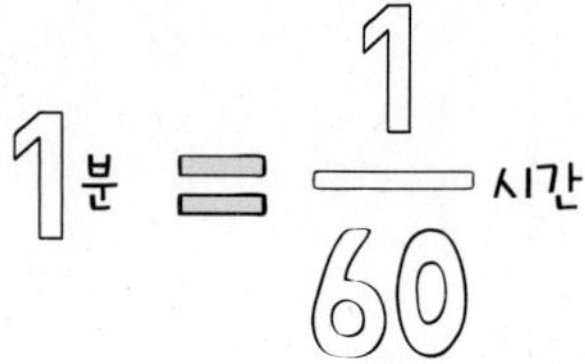

1-2 자전거를 타고 집에서 52 km 떨어져 있는 공원까지 운동하기로 한 현이는 다음과 같은 계획을 세웠다.

> [계획 1] 집에서 출발할 때는 시속 20 km로 달린다.
> [계획 2] 어느 지점에 이르러서는 시속 30 km로 달린다.
> [계획 3] 총 2시간이 걸려야 한다.

이때 시속 20 km로 달린 거리는?

① 16 km ② 18 km ③ 20 km
④ 22 km ⑤ 24 km

$(\text{시간})=\frac{(\text{거리})}{(\text{속력})}$임을 이용하여 시간에 대한 관계식을 세운다.

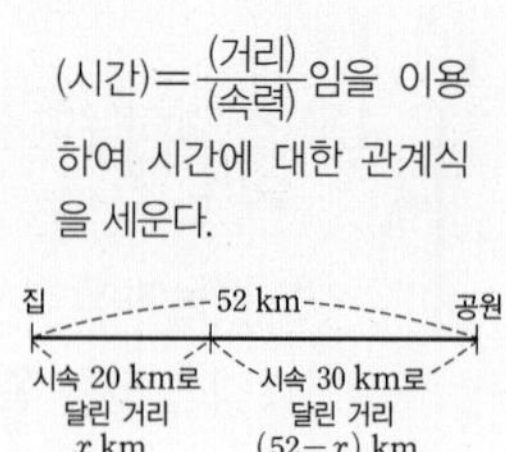

시차를 두고 출발하는 경우

2 **어머니가 집을 나선 지 20분 후에 동생이 어머니를 따라 나섰다. 어머니는 매분 30 m의 속력으로 걷고, 동생은 매분 150 m의 속력으로 달려갔다고 할 때, 동생은 집에서 출발한 지 몇 분 후에 어머니를 만나게 되는지 구하시오.**

A가 출발한 지 t분 후에 B가 출발하여 B가 출발한 지 x분 후에 A, B가 만났다.
⇨ A가 $(x+t)$분 동안 이동한 거리와 B가 x분 동안 이동한 거리가 같다.

2-1 효은이는 오전 9시 정각에 A 지점에서 출발하여 매분 40 m의 속력으로 B 지점을 향하여 걷고 있다. 10분 후 민욱이도 A 지점을 출발하여 매분 60 m의 속력으로 효은이를 따라 간다고 할 때, 효은이와 민욱이가 만나게 되는 시각은?

① 오전 9시 15분　② 오전 9시 20분　③ 오전 9시 25분
④ 오전 9시 30분　⑤ 오전 9시 35분

시차가 발생하는 경우

3 **재경이가 집에서 학교까지 가는데 시속 9 km로 자전거를 타고 가면 시속 3 km로 걸어가는 것보다 1시간 빨리 도착한다고 한다. 집과 학교 사이의 거리를 구하시오.**

(느린 속력으로 갈 때 걸린 시간)
−(빠른 속력으로 갈 때 걸린 시간)
=(시간 차)
임을 이용하여 방정식을 세운다.

3-1 두 지점 A, B 사이를 자동차로 왕복하는 데 갈 때는 시속 60 km로, 올 때는 시속 40 km로 달렸더니 올 때는 갈 때보다 12분이 더 걸렸다. 두 지점 A, B 사이의 거리를 구하시오.

마주 보고 걷거나 둘레를 도는 경우

4 **둘레의 길이가 1500 m인 호수의 같은 지점에서 형은 시속 4 km로, 동생은 시속 6 km로 같은 방향으로 동시에 출발하였다. 출발한 지 몇 분 후에 형제가 처음으로 다시 만나는지 구하시오.**

(두 사람의 이동 거리의 차) =(호수의 둘레의 길이)

4-1 두 사람 A, B는 길이가 2550 m인 다리의 양끝에서 서로를 향해 A는 분속 300 m로, B는 A보다 30초 늦게 출발하여 분속 100 m로 달렸다. 두 사람이 만날 때까지 A가 달린 시간은 몇 분 몇 초인지 구하시오.

기차가 터널을 지나는 경우

5 **초속 15 m의 일정한 속력으로 달리는 기차가 길이가 480 m인 터널을 완전히 통과하는 데 36초가 걸렸다. 이때 기차의 길이를 구하시오.**

기차가 터널을 완전히 통과하는 것은 기차가 터널에서 완전히 빠져나왔음을 의미한다.
즉, 기차가 움직여야 하는 거리는
(터널의 길이)+(기차의 길이)
이다.

5-1 길이가 1 km인 철교가 있다. 시속 360 km의 일정한 속력으로 달리는 기차가 이 철교를 완전히 통과하는 데 12초 걸렸다면 이 기차의 길이는?

① 100 m ② 150 m ③ 200 m
④ 250 m ⑤ 300 m

일차방정식의 활용 (4)

전체 소금의 양을 생각해!

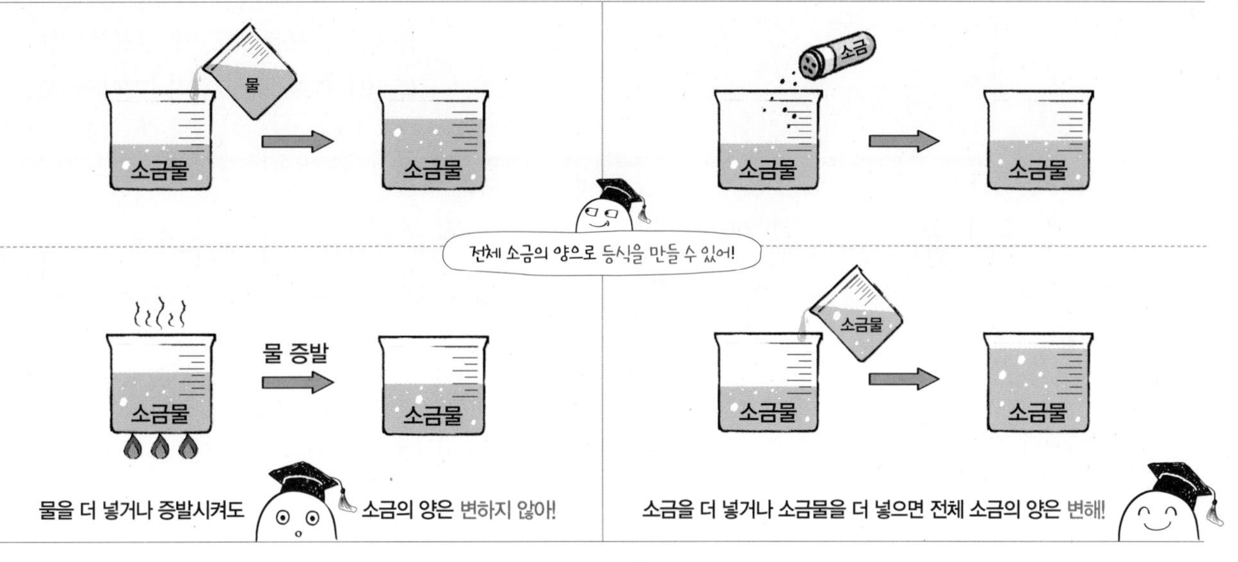

(1) **농도 :** 물질이 물에 녹아 있는 양의 정도를 백분율(%)로 나타낸 것으로 용액의 진하고 묽은 정도를 말한다.

① $(\text{소금물의 농도}) = \dfrac{(\text{소금의 양})}{(\text{소금물의 양})} \times 100(\%)$

(소금물의 양) = (소금의 양)+(물의 양)

② $(\text{소금의 양}) = \dfrac{(\text{소금물의 농도})}{100} \times (\text{소금물의 양})$

(2) **소금물에 대한 문제에서 방정식 세우기** ➡ '전체 소금의 양'이 식을 세우는 포인트!

소금의 양이 변하지 않는 경우	소금의 양이 변하는 경우
① **소금물에 물을 더 넣는 경우** ⇨ 소금물의 양은 늘어나지만 소금의 양은 변하지 않는다. ② **소금물에서 물을 증발시키는 경우** ⇨ 소금물의 양은 줄어들지만 소금의 양은 변하지 않는다.	① **소금물에 소금을 섞는 경우** ⇨ 소금물의 양과 소금의 양은 모두 변한다. ② **농도가 다른 두 소금물을 섞는 경우** ⇨ 소금물의 양과 소금의 양은 모두 변한다.

개념확인

1. 8 %의 소금물 200 g에 x g의 물을 더 넣으면 5 %의 소금물이 될 때, 다음 물음에 답하시오.

(1) 다음 표를 완성하시오.

	물을 넣기 전	물을 넣은 후
농도(%)	8	
소금물의 양(g)	200	
소금의 양(g)		

(2) 소금의 양은 일정함을 이용하여 방정식을 세우시오.

(3) 더 넣은 물의 양을 구하시오.

2. 4 %의 소금물 300 g에서 x g의 물을 증발시키면 6 %의 소금물이 될 때, 다음 물음에 답하시오.

(1) 다음 표를 완성하시오.

	물 증발 전	물 증발 후
농도(%)	4	
소금물의 양(g)	300	
소금의 양(g)		

(2) 소금의 양은 일정함을 이용하여 방정식을 세우시오.

(3) 증발시킨 물의 양을 구하시오.

물을 넣거나 증발시키는 경우

1 **10 %의 소금물 300 g에 물을 더 넣어 6 %의 소금물을 만들려고 한다. 몇 g의 물을 더 넣어야 하는지 구하시오.**

물을 넣거나 증발시켜도 소금의 양은 변하지 않음을 이용하여 방정식을 세운다.

1-1 4 %의 소금물 5 kg이 들어 있는 통의 뚜껑을 열어 놓은 채로 보관하였더니 5 %의 소금물이 되었다. 이때 증발한 물의 양은?

① 0.6 kg　　② 0.8 kg　　③ 1 kg
④ 1.2 kg　　⑤ 1.4 kg

두 소금물을 섞는 경우

2 **4 %의 소금물 200 g과 10 %의 소금물을 섞어 6 %의 소금물을 만들려고 한다. 이때 섞어야 할 10 %의 소금물의 양을 구하시오.**

농도가 다른 두 소금물 A와 B를 섞을 때
(소금물 A의 소금의 양)
+(소금물 B의 소금의 양)
=(섞은 소금물의 소금의 양)
임을 이용하여 방정식을 세운다.

2-1 오른쪽 그림은 어떤 마트에서 판매하는 두 종류의 오렌지 주스이다. 두 오렌지 주스를 섞으면 오렌지 함유량은 몇 %인가?

① 39 %　　② 41 %
③ 43 %　　④ 45 %
⑤ 47 %

1.8 L

200 mL

일에 대한 문제

3 **어떤 일을 하는데 A는 6일, B는 9일이 걸린다고 한다. A가 이 일을 혼자 4일 동안 한 후, B가 혼자서 나머지 일을 완성하였다. 다음 물음에 답하시오.**

(1) 전체 일의 양을 1이라고 할 때, A, B가 하루에 하는 일의 양을 각각 구하시오.
(2) B가 일한 날수를 구하시오.

어떤 일을 혼자서 완성하는 데 x일 걸린다.
⇨ 전체 일의 양을 1이라 하면 하루에 하는 일의 양은 $\frac{1}{x}$이다.

3-1 어떤 일을 하는데 선호는 21일, 수정이는 28일이 걸린다고 한다. 선호와 수정이가 같이 일한다면 일을 마치는 데 며칠이 걸리겠는가?

① 12일　② 14일　③ 16일　④ 18일　⑤ 20일

시계에 대한 문제

4 **12시와 1시 사이에 시계의 시침과 분침이 서로 반대 방향으로 일직선을 이루는 시각을 구하시오.**

① 시침: 한 시간에 $\frac{360°}{12}=30°$만큼 움직이므로 1분에 $\frac{30°}{60}=0.5°$씩 움직인다.
② 분침: 한 시간에 360°만큼 움직이므로 1분에 $\frac{360°}{60}=6°$씩 움직인다.

4-1 4시와 5시 사이에 시계의 시침과 분침이 일치하는 시각을 구했더니 자연수 a에 대하여 a분과 $(a+1)$분 사이였다고 한다. a의 값은?

① 20　② 21　③ 22　④ 23　⑤ 24

개념 특강

거리, 속력, 시간의 활용 문제 _방정식 세우는 방법

거리, 속력, 시간에 대한 문제는 다음 관계를 이용하여 방정식을 세운다.

(거리) = (속력) × (시간)

(속력) = $\frac{(거리)}{(시간)}$

(시간) = $\frac{(거리)}{(속력)}$

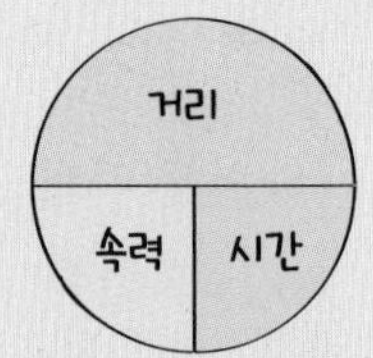

1. 속력이 바뀌는 경우

예담이가 등산을 하는데 올라갈 때는 시속 3 km, 같은 길을 내려올 때는 시속 4 km로 걸어서 모두 7시간이 걸렸다고 한다. 올라갈 때 걸린 시간을 구하시오.

풀이 ❶

1. 알고 있는 것을 확인하고, x 정하기

속력은 정해져 있으니 거리나 시간을 x로 정할 수 있어!

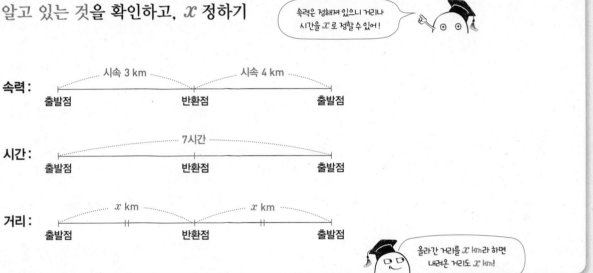

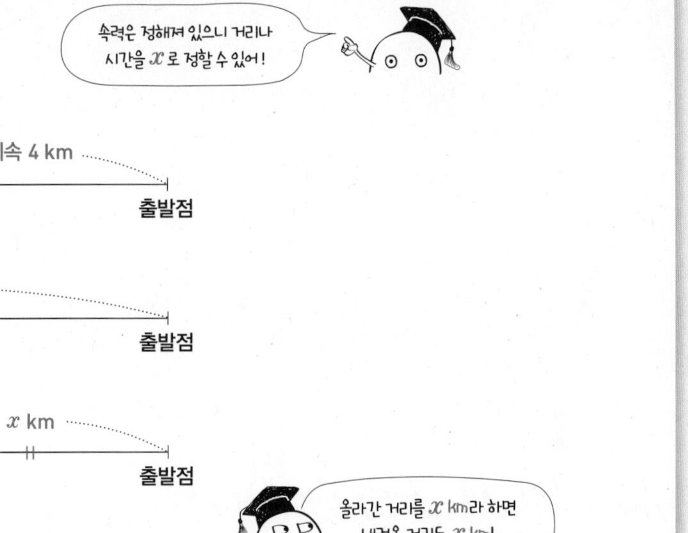

올라간 거리를 x km라 하면 내려온 거리도 x km!

2. 알고 있는 것으로부터 알 수 있는 것을 찾고, 등식으로 나타내기

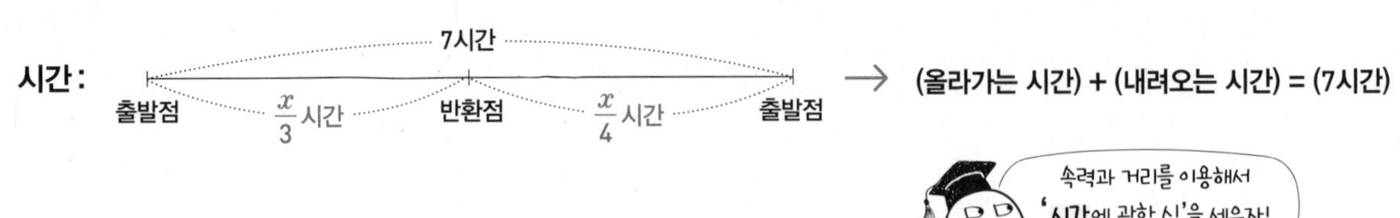

속력과 거리를 이용해서 '시간에 관한 식'을 세우자!

3. 방정식 세워서 풀기

즉, $\frac{x}{3}+$ □ $=$ □

$4x+$ □ $=$ □ $\therefore x=$ □

따라서 올라간 거리는 □ km이고, 속력은 시속 □ km이므로 걸린 시간은 $\frac{□}{3}=$ □(시간)이다.

답 $\frac{x}{4}$, 7, $3x$, 84, 12, 12, 3, 12, 4

방정식을 세울 때, 좌변과 우변이 같아야 해!
(**거리**에 관한 식) = (**거리**에 관한 식),
(**속력**에 관한 식) = (**속력**에 관한 식),
(**시간**에 관한 식) = (**시간**에 관한 식)

알고 있는 것부터
그림으로 나타내 보자!

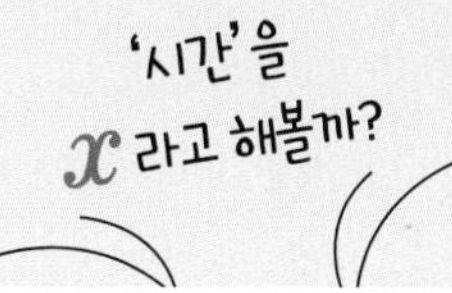

풀이 ❷

1. 알고 있는 것을 확인하고, x 정하기

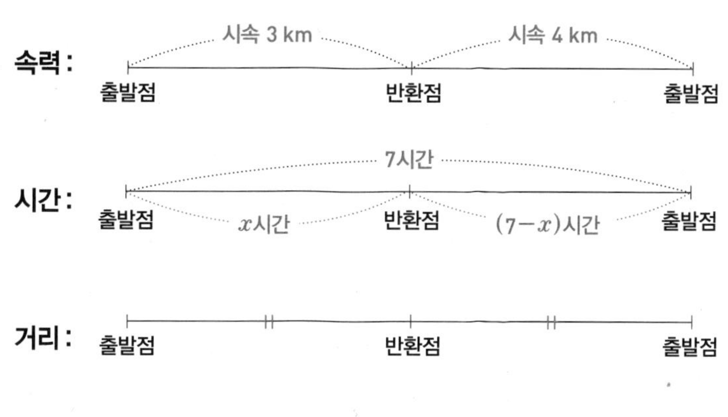

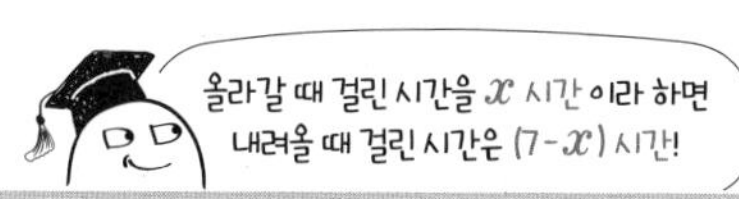

2. 알고 있는 것으로부터 알 수 있는 것을 찾고, 등식으로 나타내기

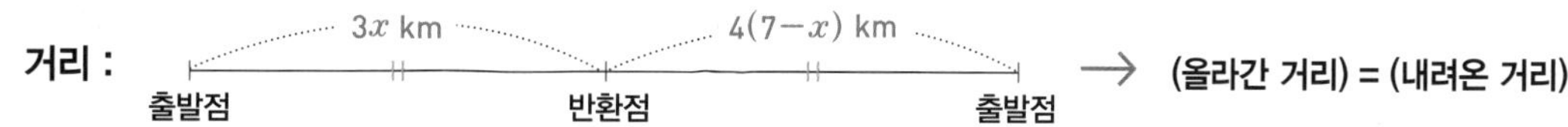

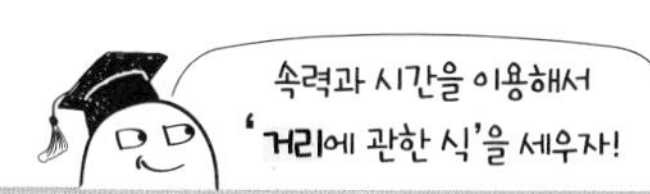

3. 방정식 세워서 풀기

즉, $3x=$ [ ]

[ ] $x=28$ $\quad\therefore x=$ [ ]

따라서 올라갈 때 걸린 시간은 [ ] 시간이다.

답 $4(7-x)$, 7, 4, 4

2. 속력이 달라서 시차가 생기는 경우

두 지점 A, B 사이를 자동차로 왕복하는데 갈 때는 시속 60 km, 올 때는 시속 40 km로 달렸더니 올 때는 갈 때보다 시간이 20분 더 걸렸다. 이때 두 지점 A, B 사이의 거리를 구하시오.

풀이 ❶

1. 알고 있는 것을 확인하고, x 정하기

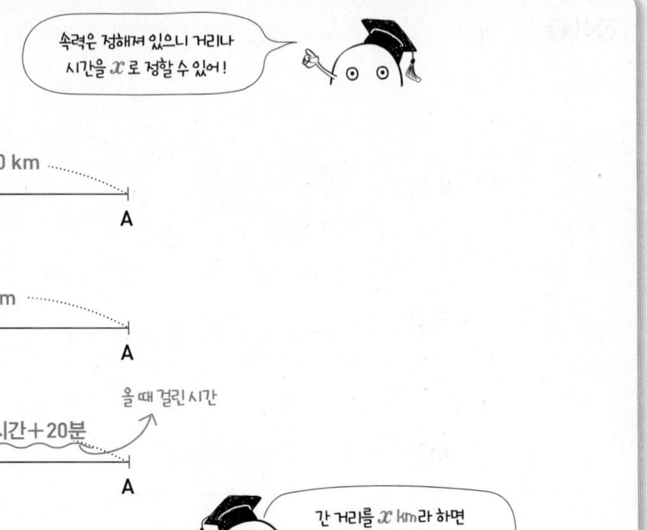

속력 : 시속 60 km (A → B), 시속 40 km (B → A)

거리: x km (A → B), x km (B → A)

시간: 갈 때 걸린 시간 (A → B), 갈 때 걸린 시간+20분 (B → A) → 올 때 걸린 시간

간 거리를 x km라 하면
온 거리도 x km!

2. 알고 있는 것으로부터 알 수 있는 것을 찾고, 등식으로 나타내기

올 때는 갈 때보다 20분 더 걸렸으므로

⟶ (올 때 걸린 시간) = (갈 때 걸린 시간) + 20분

⟶ (올 때 걸린 시간) − (갈 때 걸린 시간) = 20분

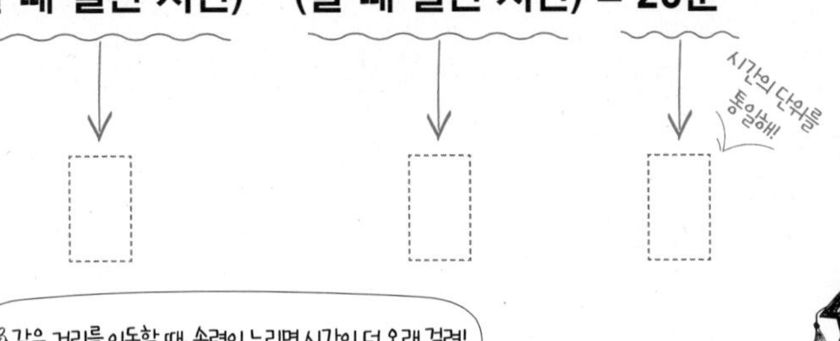

같은 거리를 이동할 때, 속력이 느리면 시간이 더 오래 걸려!

속력과 거리를 이용해서
'시간에 관한 식'을 세우자!

3. 방정식 세워서 풀기

즉, ☐ − ☐ = ☐

$3x-$ ☐ = ☐ $\therefore x=$ ☐

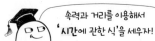

따라서 A, B 사이의 거리는 ☐ km이다.

답 $\frac{x}{40}$, $\frac{x}{60}$, $\frac{1}{3}$, $\frac{x}{40}$, $\frac{x}{60}$, $\frac{1}{3}$, $2x$, 40, 40, 40

'시간'을
x라고 해볼까?

풀이 ❷

1. 알고 있는 것을 확인하고, x 정하기

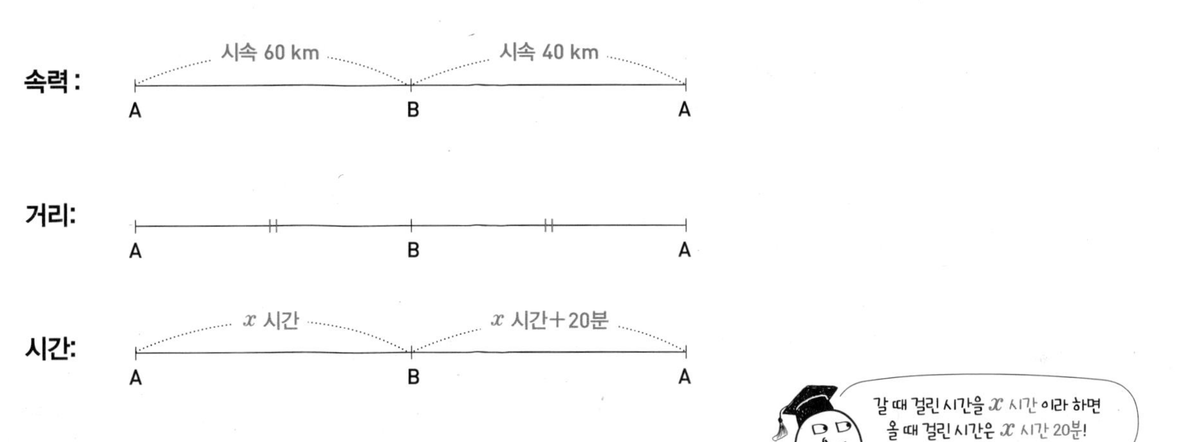
속력 :
시속 60 km
시속 40 km
A
B
A
거리:
A
B
A
시간:
x 시간
x 시간+20분
A
B
A
갈 때 걸린 시간을 x 시간 이라 하면
올 때 걸린 시간은 x 시간 20분!

2. 알고 있는 것으로부터 알 수 있는 것을 찾고, 등식으로 나타내기

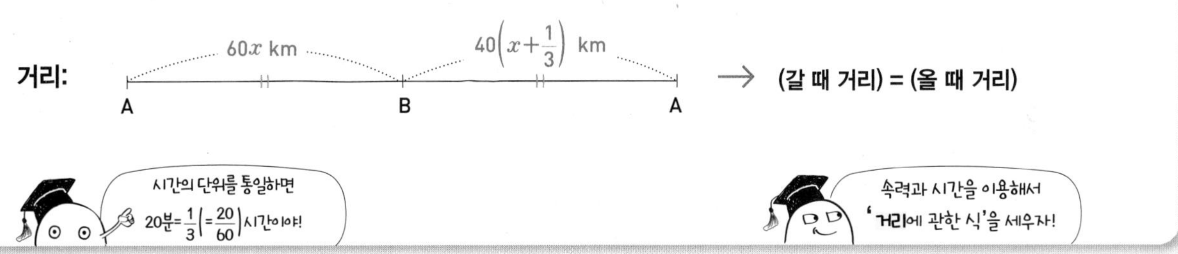
거리:
$60x$ km
$40\left(x+\frac{1}{3}\right)$ km
A
B
A
→ (갈 때 거리) = (올 때 거리)
시간의 단위를 통일하면
$20분=\frac{1}{3}\left(=\frac{20}{60}\right)$시간이야!
속력과 시간을 이용해서
'거리에 관한 식'을 세우자!

3. 방정식 세워서 풀기

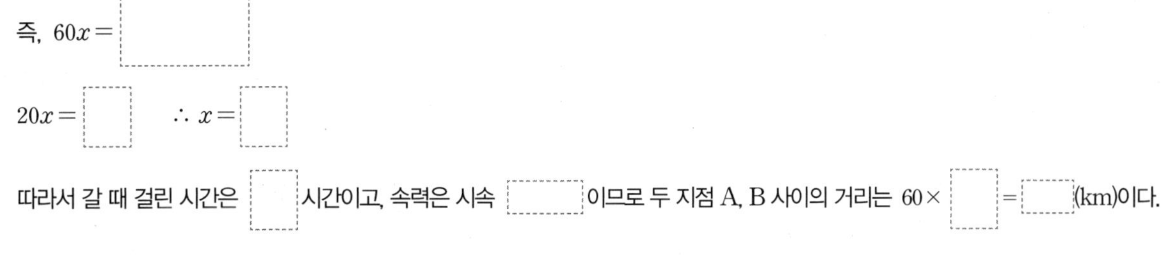

즉, $60x=$ □

$20x=$ □ $\therefore x=$ □

따라서 갈 때 걸린 시간은 □ 시간이고, 속력은 시속 □ 이므로 두 지점 A, B 사이의 거리는 $60\times$ □ $=$ □(km)이다.

답 $40\left(x+\frac{1}{3}\right)$, $\frac{40}{3}$, $\frac{2}{3}$, $\frac{2}{3}$, 60 km, $\frac{2}{3}$, 40

무엇을 x로 놓던 답은 구할 수 있어!
하지만 x를 뭘로 정하느냐에 따라 풀이가 쉬워질 수도, 어려워질 수도 있지.

개념 완성

기본 문제

1 어떤 수에 대한 문제

어떤 수에서 5를 뺀 수는 어떤 수의 4배보다 10만큼 크다. 어떤 수는?

① -5 ② -3 ③ 1
④ 3 ⑤ 5

2 연속하는 자연수에 대한 문제

연속하는 세 짝수의 합이 156일 때, 가장 큰 수는?

① 48 ② 50 ③ 52
④ 54 ⑤ 56

3 자리의 숫자에 대한 문제

일의 자리의 숫자가 6인 두 자리의 자연수가 있다. 이 자연수의 일의 자리의 숫자와 십의 자리의 숫자를 바꾼 수는 처음 수의 2배보다 9만큼 작다고 할 때, 처음 수를 구하시오.

4 수에 대한 문제

다음은 그리스의 수학자 피타고라스의 제자들에 대한 내용이다. 피타고라스의 제자는 모두 몇 명인가?

> 내 제자의 $\frac{1}{2}$은 수의 아름다움을 탐구하고, $\frac{1}{4}$은 자연수의 이치를 연구한다. 또, $\frac{1}{7}$은 굳게 입을 다물고 깊은 사색에 잠겨 있다. 그 외에 여자인 제자가 세 사람 있다. 그들이 제자의 전부이다.

① 14명 ② 24명 ③ 28명
④ 56명 ⑤ 112명

5 나이에 대한 문제

올해 삼촌의 나이가 29세, 조카의 나이가 5세일 때, 삼촌의 나이가 조카의 나이의 3배가 되는 때는 지금으로부터 몇 년 후인가?

① 1년 ② 3년 ③ 5년
④ 7년 ⑤ 9년

6 도형에 대한 문제

둘레의 길이가 40 cm인 직사각형이 있다. 이 직사각형의 가로의 길이가 세로의 길이보다 6 cm만큼 더 길 때, 가로의 길이를 구하시오.

7 도형에 대한 문제

오른쪽 그림과 같은 사다리꼴의 넓이가 42 cm^2일 때, h의 값은?

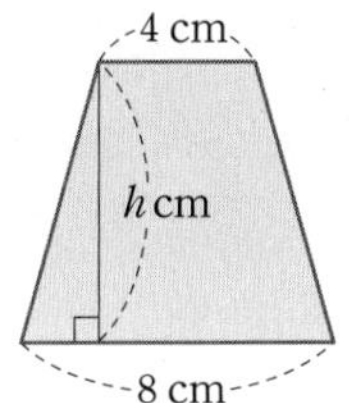

① 1　② 3
③ 5　④ 7
⑤ 9

8 원가와 정가에 대한 문제

원가에 30 %의 이익을 붙여 정가를 정한 물건이 팔리지 않아 정가에서 500원 할인하여 팔았더니 700원의 이익이 생겼다. 이 물건의 원가를 구하시오.

9 이동에 대한 문제

두 개의 컵 A, B에 각각 400 mL, 300 mL의 물이 들어 있다. A컵에 들어 있는 물의 양이 B컵에 들어 있는 물의 양의 3배가 되도록 하려고 할 때, B컵에서 A컵으로 옮겨야 하는 물의 양은?

① 125 mL　② 140 mL　③ 175 mL
④ 200 mL　⑤ 225 mL

10 예금에 대한 문제

현재 용화의 저금통에는 20000원, 민희의 저금통에는 40000원이 들어 있다. 용화는 매월 6000원씩, 민희는 매월 2000원씩 저금한다면 용화와 민희의 저금액이 같아지는 것은 몇 개월 후인지 구하시오.

11 과부족에 대한 문제

어느 학급에서 박물관 견학을 가려고 한다. 1명당 600원씩 걷으면 전체 입장료에서 1000원이 부족하고, 700원씩 걷으면 2000원이 남을 때, 이 학급의 학생 수는?

① 30　② 31　③ 32
④ 33　⑤ 34

12 학생 수의 증가, 감소에 대한 문제

올해 어느 중학교의 1학년 전체 학생은 작년에 비하여 5 % 감소한 285명이라 한다. 작년의 전체 학생 수를 구하시오.

13 속력이 바뀌는 경우

수현이는 집에서 3 km 떨어져 있는 할머니댁까지 가는데 시속 3 km로 걸어가다가 시속 6 km로 뛰어갔더니 총 45분이 걸렸다. 시속 3 km로 걸어간 거리는?

① 1 km ② $\frac{3}{2}$ km ③ 2 km
④ $\frac{5}{2}$ km ⑤ 3 km

14 시차를 두고 출발하는 경우

정혁이는 오후 3시 정각에 학교에서 출발하여 매분 80 m의 속력으로 도서관을 향해 걸어갔다. 정혁이가 출발한 지 5분 후에 민우도 학교에서 출발하여 매분 100 m의 속력으로 정혁이를 뒤따라 갈 때, 정혁이와 민우가 만나는 시각은?

① 오후 3시 10분 ② 오후 3시 15분
③ 오후 3시 20분 ④ 오후 3시 25분
⑤ 오후 3시 30분

15 물을 넣거나 증발시키는 경우

8 %의 소금물 200 g에서 몇 g의 물을 증발시키면 10 %의 소금물이 되는지 구하시오.

16 일에 대한 문제

어떤 물통에 물을 가득 채우는 데 A 호스로는 3시간이 걸리고, B 호스로는 2시간이 걸린다. 물통에 A 호스로만 30분 동안 물을 채운 후 그 다음부터는 A, B 두 호스로 같이 물을 가득 채웠다. A, B 두 호스로 같이 물을 채운 시간을 구하시오.

개념 완성

발전 문제

1 원가가 3000원인 상품이 있다. 정가의 20 %를 할인하여 팔아도 원가의 20 % 이익을 남기려면 정가를 얼마로 정하면 되는가?

① 4050원 ② 4070원 ③ 4100원
④ 4300원 ⑤ 4500원

2 체육관의 긴 의자에 학생들이 앉는데 한 의자에 6명씩 앉으면 4명이 앉지 못하고, 한 의자에 7명씩 앉으면 빈 의자는 없고 마지막 의자에는 5명이 앉는다고 한다. 이때 학생 수를 구하시오.

한 의자에 6명씩 앉을 때와 7명씩 앉을 때의 학생 수는 변함이 없다.

3 일정한 속력으로 달리는 기차가 1100 m 길이의 터널을 완전히 통과하는 데 54초가 걸리고, 300 m 길이의 다리를 완전히 통과하는 데 18초가 걸린다고 한다. 이 기차의 길이를 구하시오.

터널을 통과할 때와 다리를 통과할 때의 기차의 속력은 일정하다.

4 5 %의 소금물 200 g에 물과 소금을 더 넣어 8 %의 소금물을 만들려고 한다. 10 g의 소금을 더 넣었을 때, 물은 몇 g을 더 넣어야 하는지 구하시오.

5 5시와 6시 사이에 시계의 시침과 분침이 이루는 각의 크기가 90°가 되는 시각은 두 번 나타난다. 그 두 시각의 차는?

① $\frac{347}{11}$분 ② $\frac{349}{11}$분 ③ 32분
④ $\frac{358}{11}$분 ⑤ $\frac{360}{11}$분

시침이 분침보다 시곗바늘이 도는 방향으로 90°만큼 더 움직인 경우와 분침이 시침보다 시곗바늘이 도는 방향으로 90°만큼 더 움직인 경우를 생각해 본다.

6 서술형

민경이는 치킨 2마리를 주문하고 10 % 할인을 받아 30600원을 냈다. 치킨 한 마리의 정가를 구하기 위한 풀이 과정을 쓰고 답을 구하시오. (단, 거스름돈은 없다.)

① 단계: 미지수를 이용하여 방정식 세우기

치킨 한 마리의 정가를 x원이라 하면

__________ $=30600$

② 단계: 방정식 풀기

________ $=30600$, ______ $=30600$

$\therefore x=$ __________

③ 단계: 정가 구하기

치킨 한 마리의 정가는 ________ 원이다.

► Check List
- 치킨 한 마리의 정가를 미지수 x로 놓고 x에 대한 방정식을 바르게 세웠는가?
- 세운 방정식을 바르게 풀었는가?
- 치킨 한 마리의 정가를 바르게 구하였는가?

7 서술형

성록이는 영화관에서 친구를 만나기로 하였다. 집에서 영화관까지 시속 4 km로 걸어가면 약속 시간보다 10분 늦게 도착하고, 시속 10 km로 자전거를 타고 가면 약속 시간보다 17분 일찍 도착한다고 할 때, 집에서 영화관까지의 거리를 구하기 위한 풀이 과정을 쓰고 답을 구하시오.

① 단계: 미지수를 이용하여 방정식 세우기

② 단계: 방정식 풀기

③ 단계: 집에서 영화관까지의 거리 구하기

► Check List
- 집에서 영화관까지의 거리를 미지수 x로 놓고 x에 대한 방정식을 바르게 세웠는가?
- 세운 방정식을 바르게 풀었는가?
- 집에서 영화관까지의 거리를 바르게 구하였는가?

IV

좌표평면과 그래프

1 좌표평면과 그래프

1 순서쌍과 좌표
2 사분면
3 그래프

2 정비례와 반비례

1 정비례 관계
2 정비례 관계 $y=ax\ (a\neq0)$의 그래프
3 반비례 관계
4 반비례 관계 $y=\frac{a}{x}\ (a\neq0)$의 그래프

1 좌표평면과 그래프

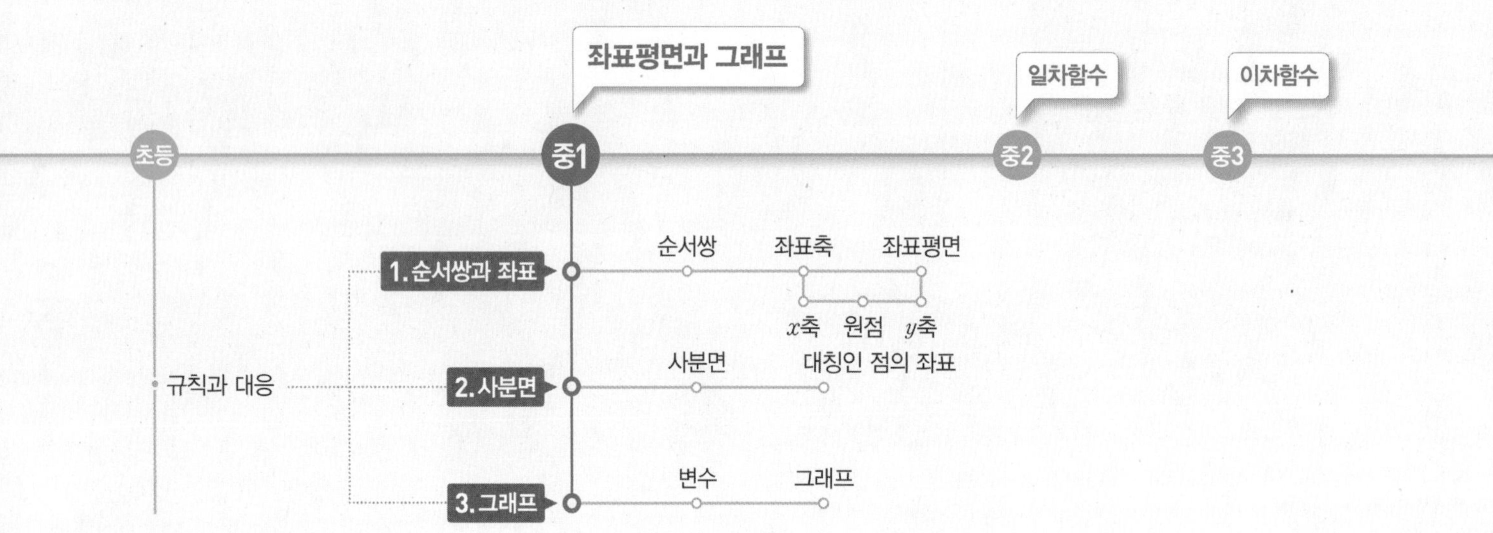

좌표평면과 그래프
일차함수
이차함수
초등
중1
중2
중3
1. 순서쌍과 좌표
순서쌍
좌표축
좌표평면
x축
원점
y축
규칙과 대응
2. 사분면
사분면
대칭인 점의 좌표
3. 그래프
변수
그래프

그래프로 변화를 나타내다!

그래프를 통해 두 수의 대응 관계와 변화 양상을 관찰, 설명, 예측할 수 있다.

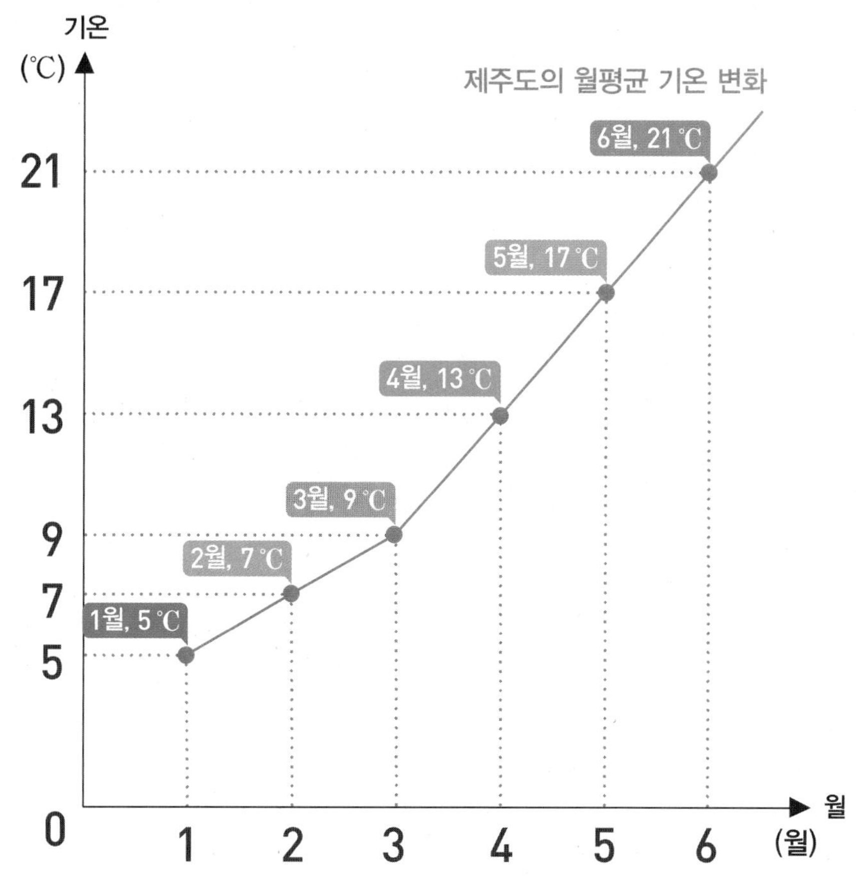

월	1월	2월	3월	4월	5월	6월
기온(℃)	5	7	9	13	17	21

순서쌍	(1, 5)	(2, 7)	(3, 9)	(4, 13)	(5, 17)	(6, 21)

1 순서쌍과 좌표

점의 주소!

• 수직선 위의 점

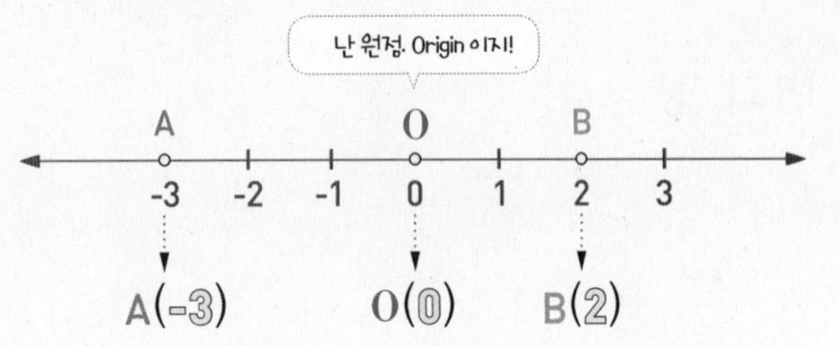

• 좌표평면 위의 점

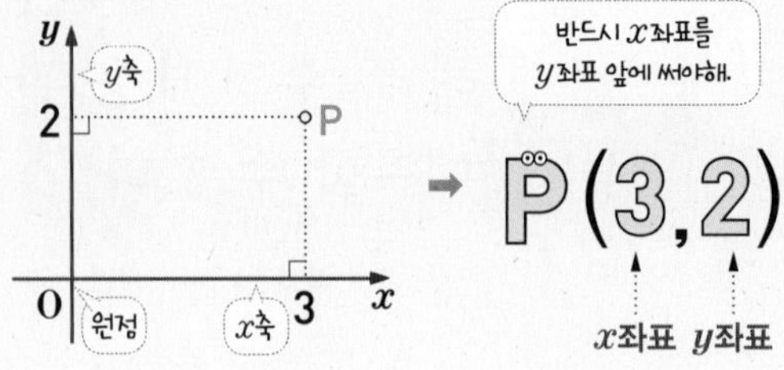

(1) 수직선 위의 점의 좌표

수직선 위의 점이 나타내는 수를 그 점의 좌표라 하고, 점 P의 좌표가 a일 때, 이것을 기호로 $P(a)$와 같이 나타낸다.

(2) 좌표평면

① **순서쌍**: 순서를 생각하여 두 수를 (a, b)와 같이 한 쌍으로 나타낸 것

② **좌표축**: 두 수직선이 점 O에서 서로 수직으로 만날 때, 가로의 수직선을 x축, 세로의 수직선을 y축이라 하고, x축, y축을 통틀어 좌표축이라 한다. 이때 두 좌표축이 만나는 점 O를 원점이라 한다.

③ **좌표평면**: 좌표축이 정해져 있는 평면

참고 원점을 나타내는 O는 숫자 0이 아니라 'Origin(기원, 태생)'의 첫 글자이다.

(3) 좌표평면 위의 점의 좌표

좌표평면 위의 한 점 P에서 x축, y축에 각각 수선을 내려 x축, y축과 만나는 점이 나타내는 수가 각각 a, b일 때, 순서쌍 (a, b)를 점 P의 좌표라 하고 기호로 $P(a, b)$와 같이 나타낸다. 이때 a를 점 P의 x좌표, b를 점 P의 y좌표라 한다.

좌표축 위의 점의 좌표

① 원점의 좌표 → $(0, 0)$

② x축 위의 점의 좌표 → (x좌표, 0)

③ y축 위의 점의 좌표 → (0, y좌표)

순서가 중요해서 이름이 되어버린 순서쌍!

예를 들어 점 $A(1, 2)$의 x좌표는 1이고, y좌표는 2야.
또, 점 $B(2, 1)$의 x좌표는 2이고, y좌표는 1이야.
단지 1과 2의 순서만 바뀌었지만 오른쪽 그림과 같이 두 점의 위치는 완전히 달라져.
따라서 순서쌍에서는 두 수의 순서가 매우 중요해.

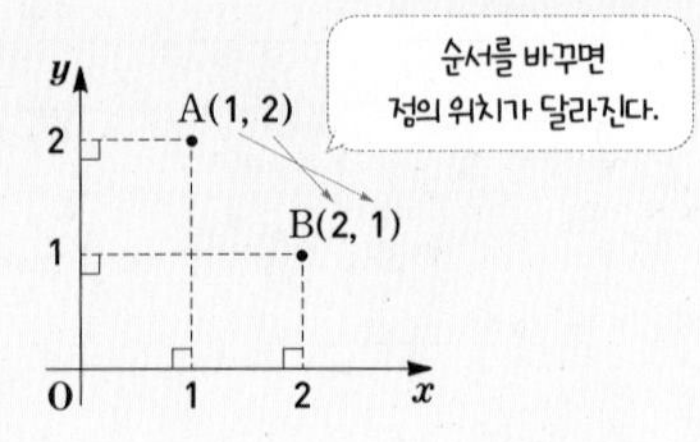

개념확인

1. 다음 수직선을 보고 물음에 답하시오.

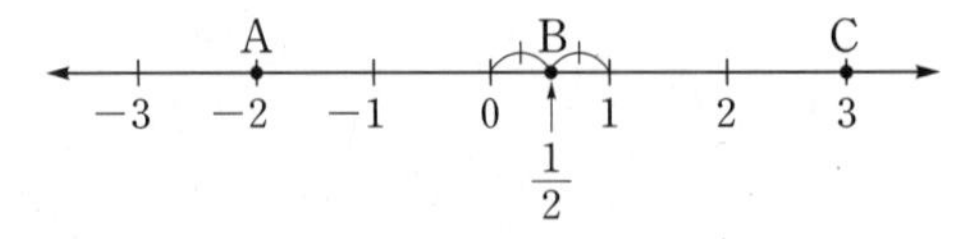

(1) 세 점 A, B, C의 좌표를 각각 기호로 나타내시오.

(2) 두 점 $P(-1)$, $Q\left(\frac{3}{2}\right)$을 수직선 위에 각각 나타내시오.

순서쌍

1 **다음 점의 좌표를 구하시오.**

(1) x좌표가 2이고 y좌표가 4인 점

(2) x좌표가 3이고 y좌표가 1인 점

순서쌍은 두 수의 순서를 생각한 것이므로 (a, b)와 (b, a)는 서로 다르다. (단, $a \neq b$)

1-1 두 개의 주사위 A, B를 던져서 나온 눈의 수를 각각 a, b라 할 때, $a+b=4$를 만족하는 순서쌍 (a, b)를 모두 구하시오.

좌표평면 위의 점의 좌표

2 **오른쪽 좌표평면을 보고 다음 물음에 답하시오.**

(1) 네 점 A, B, C, D의 좌표를 각각 기호로 나타내시오.

(2) 두 점 P$(3, -1)$, Q$(-3, 0)$을 오른쪽 좌표평면 위에 각각 나타내시오.

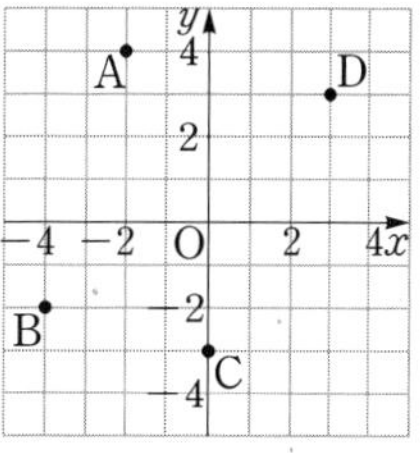

좌표평면 위의 점의 좌표
⇨ (x좌표, y좌표)

2-1 오른쪽 좌표평면에서 점 A의 x좌표를 a, 점 B의 y좌표를 b라 할 때, $a+b$의 값은?

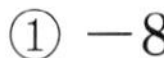

① -8　　② -5

③ -1　　④ 3

⑤ 6

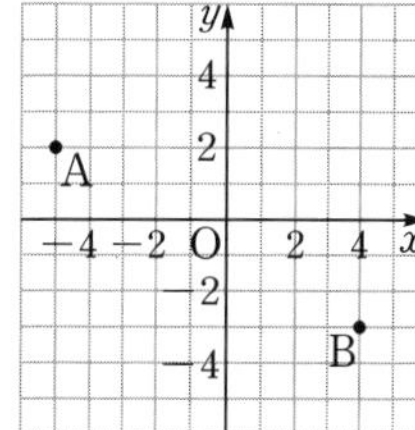

x축 또는 y축 위의 점의 좌표

3 **다음 점의 좌표를 구하시오.**

(1) x축 위에 있고 x좌표가 6인 점

(2) y축 위에 있고 y좌표가 -7인 점

• x축 위의 점의 좌표 ⇨ (x좌표, 0)
• y축 위의 점의 좌표 ⇨ (0, y좌표)

3-1 점 $\mathrm{A}(2a+3,\ 6-2a)$가 x축 위의 점이고, 점 $\mathrm{B}(b-1,\ 10-b)$가 y축 위의 점일 때, $a+b$의 값은?

① 1 ② 2 ③ 3
④ 4 ⑤ 5

좌표평면 위의 도형의 넓이

4 **좌표평면 위의 세 점 A(2, 3), B(2, −4), C(−2, −2)를 꼭짓점으로 하는 삼각형 ABC의 넓이는?**

① 10 ② 12 ③ 14
④ 16 ⑤ 18

꼭짓점을 지나는 직사각형을 이용하여 삼각형의 넓이를 구한다.
축과 평행이 되는 선분이 있으면 그 선분을 삼각형의 밑변으로 정한다.

4-1 좌표평면 위의 세 점 $\mathrm{A}(-1,\ -1)$, $\mathrm{B}(3,\ -1)$, $\mathrm{C}(4,\ 2)$를 꼭짓점으로 하는 삼각형 ABC의 넓이는?

① 4 ② 5 ③ 6
④ 7 ⑤ 8

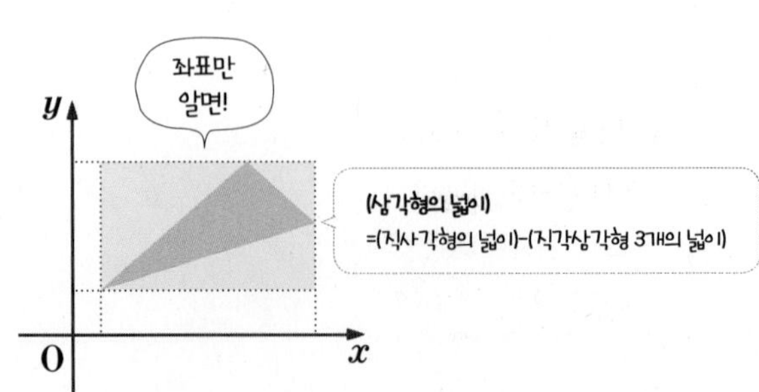

2 사분면

사분면과 점의 부호!

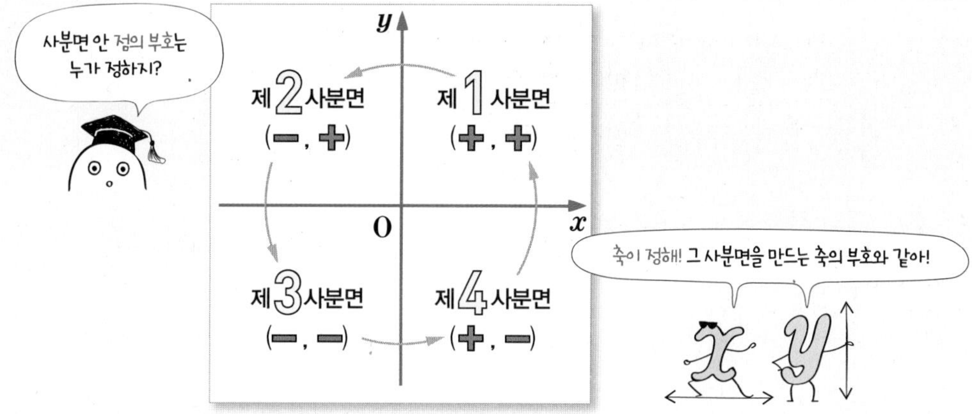

(1) 사분면(4개로 나누어진 면)

좌표평면은 좌표축에 의하여 네 부분으로 나누어지고,

그 각 부분을 제1사분면, 제2사분면, 제3사분면, 제4사분면이라 한다.

참고 세 점 $(0, 0)$, $(-2, 0)$, $(0, 5)$와 같이 원점과 x축, y축 위의 점은 어느 사분면에도 속하지 않는다.

(2) 대칭인 점의 좌표

점 (a, b)를 x축, y축, 원점에 대하여 대칭이동한 점의 좌표는 다음과 같다.

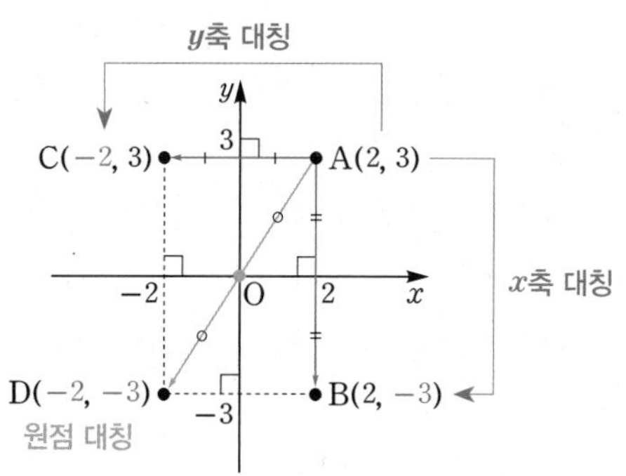

	x축 대칭	y축 대칭	원점 대칭
점 (a, b)	점 $(a, -b)$	점 $(-a, b)$	점 $(-a, -b)$

y좌표의 부호만 반대 / x좌표의 부호만 반대 / x좌표, y좌표의 부호가 모두 반대

선대칭은 종이접기와 같다!

초등학교 과정에서 선대칭의 위치에 있는 도형에 대하여 공부했지. 선대칭의 위치에 있는 도형은 대칭축으로 접으면 완전히 겹쳐져. 마찬가지로 어떤 점과 x축 대칭인 점은 x축을 대칭축으로 하여 접었을 때 만들어지는 점과 같아져.

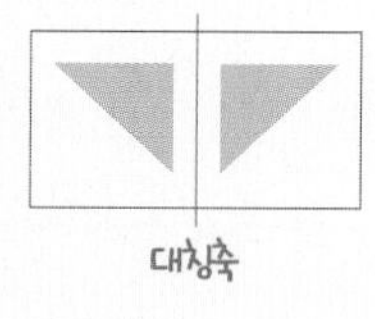

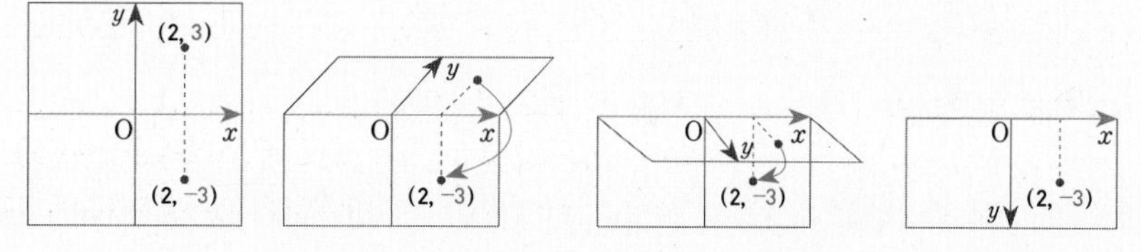

개념확인

1. 다음 점은 어느 사분면 위의 점인지 말하시오.

(1) $(-2, 4)$
(2) $(1, 10)$
(3) $(-5, -1)$
(4) $(7, -3)$

2. 점 $(-3, 6)$을 다음과 같이 대칭이동했을 때의 점의 좌표를 구하시오.

(1) x축에 대하여 대칭
(2) y축에 대하여 대칭
(3) 원점에 대하여 대칭

사분면

1 **다음 점을 보고 물음에 답하시오.**

A$(2, -1)$, B$(-3, 5)$, C$(0, 4)$,
D$(-6, 2)$, E$(-7, 0)$, F$(3, -4)$

(1) 제2사분면 위의 점을 모두 고르시오.
(2) 제4사분면 위의 점을 모두 고르시오.
(3) 어느 사분면에도 속하지 않는 점을 모두 고르시오.

어느 사분면에도 속하지 않는 점
⇨ 원점, x축 위의 점, y축 위의 점

1-1 다음 **보기** 중 제3사분면 위의 점은 모두 몇 개인지 구하시오.

보기
ㄱ. $(2, 8)$ ㄴ. $(-2, -11)$ ㄷ. $(-1, 4)$
ㄹ. $(0, -1)$ ㅁ. $(9, -5)$ ㅂ. $(-3, -7)$

1-2 두 순서쌍 $(a+1, 4-b)$와 $(3-a, 2b+7)$이 서로 같을 때, 점 P(a, b)는 어느 사분면 위의 점인가?

① 제1사분면 ② 제2사분면 ③ 제3사분면
④ 제4사분면 ⑤ 어느 사분면에도 속하지 않는다.

사분면의 결정 – 두 수의 부호를 이용하는 경우

2 **$ab<0$, $a<b$일 때, 점 P(a, b)는 어느 사분면 위의 점인가?**

① 제1사분면 ② 제2사분면 ③ 제3사분면
④ 제4사분면 ⑤ 어느 사분면에도 속하지 않는다.

$ab<0$이면 a, b의 부호는 서로 다르다. 이때
① $a>b$이면
⇨ $a>0$, $b<0$
② $a<b$이면
⇨ $a<0$, $b>0$

2-1 $\frac{a}{b}>0$, $a+b<0$일 때, 점 $\mathrm{A}(-a, b)$는 어느 사분면 위의 점인가?

① 제1사분면 ② 제2사분면 ③ 제3사분면
④ 제4사분면 ⑤ 어느 사분면에도 속하지 않는다.

2-2 $a>0$, $b<0$이고 $|a|<|b|$일 때, 점 $\mathrm{A}(a+b, a-b)$는 어느 사분면 위의 점인가?

① 제1사분면 ② 제2사분면 ③ 제3사분면
④ 제4사분면 ⑤ 어느 사분면에도 속하지 않는다.

사분면의 결정 – 점이 속한 사분면이 주어진 경우

3 **점 $\mathbf{A(-a, b)}$가 제1사분면 위의 점일 때, 점 $\mathbf{B(a, ab)}$는 어느 사분면 위의 점인가?**

① 제1사분면 ② 제2사분면 ③ 제3사분면
④ 제4사분면 ⑤ 어느 사분면에도 속하지 않는다.

점 $\mathrm{P}(a, b)$가
① 제1사분면 위의 점이면 $a>0$, $b>0$
② 제2사분면 위의 점이면 $a<0$, $b>0$
③ 제3사분면 위의 점이면 $a<0$, $b<0$
④ 제4사분면 위의 점이면 $a>0$, $b<0$

3-1 점 $\mathrm{P}(a, b)$가 제4사분면 위의 점일 때, 점 $\mathrm{Q}(b-a, a-b)$는 어느 사분면 위의 점인가?

① 제1사분면 ② 제2사분면 ③ 제3사분면
④ 제4사분면 ⑤ 어느 사분면에도 속하지 않는다.

3-2 점 $P(a, -b)$가 제2사분면 위의 점일 때, 점 $Q(a^2, a+b)$는 어느 사분면 위의 점인가?

① 제1사분면 ② 제2사분면 ③ 제3사분면
④ 제4사분면 ⑤ 어느 사분면에도 속하지 않는다.

대칭인 점의 좌표

4 **다음을 구하시오.**

(1) 점 $(4, 2)$와 x축에 대하여 대칭인 점의 좌표를 $(4, a)$라 할 때, a의 값
(2) 점 $(1, -5)$와 y축에 대하여 대칭인 점의 좌표를 $(b, -5)$라 할 때, b의 값
(3) 점 $(-3, -1)$과 원점에 대하여 대칭인 점의 좌표를 $(c, 1)$이라 할 때, c의 값

점 (a, b)와
① x축에 대하여 대칭인 점
⇨ $(a, -b)$
② y축에 대하여 대칭인 점
⇨ $(-a, b)$
③ 원점에 대하여 대칭인 점
⇨ $(-a, -b)$

4-1 두 점 $(-a, 2)$, $(6, b)$가 원점에 대하여 서로 대칭일 때, a, b의 값을 각각 구하시오.

4-2 점 $(5, a)$와 x축에 대하여 대칭인 점의 좌표와 점 $(b, -1)$과 원점에 대하여 대칭인 점의 좌표가 같을 때, a, b의 값을 각각 구하시오.

3 그래프

점들의 모임, 그래프!

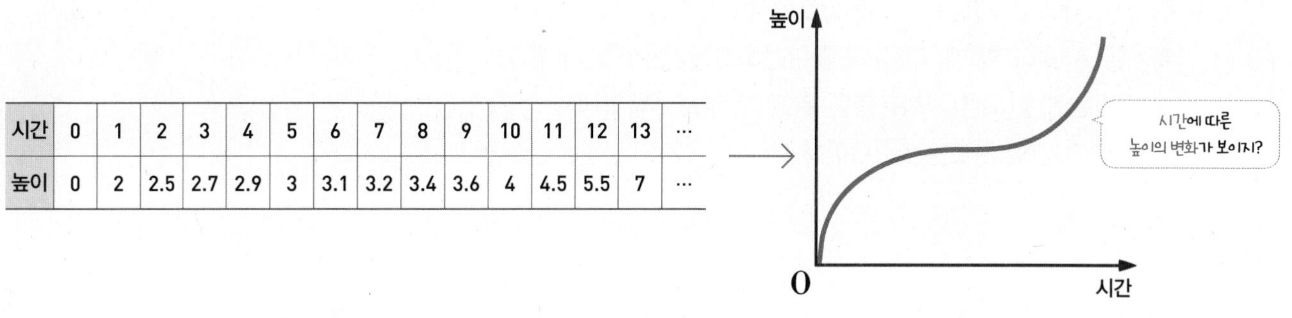

시간	0	1	2	3	4	5	6	7	8	9	10	11	12	13	…
높이	0	2	2.5	2.7	2.9	3	3.1	3.2	3.4	3.6	4	4.5	5.5	7	…

(1) **변수 :** 여러 가지로 변하는 값을 나타내는 문자

참고 변수와는 달리 일정한 값을 갖는 수나 문자를 상수라 한다.

(2) **그래프 :** 두 변수 x, y의 순서쌍 (x, y)를 좌표로 하는 점 전체를 좌표평면 위에 나타낸 것

참고 그래프는 점, 직선, 곡선 등의 모양을 갖는다.

(3) **그래프의 이해 :** 두 양 사이의 관계를 좌표평면 위에 그래프로 나타내면 두 양의 변화 관계를 알 수 있다.

예 다음 그래프는 어떤 자동차가 출발한 후 시간에 따른 속력의 변화를 나타낸 것이다.

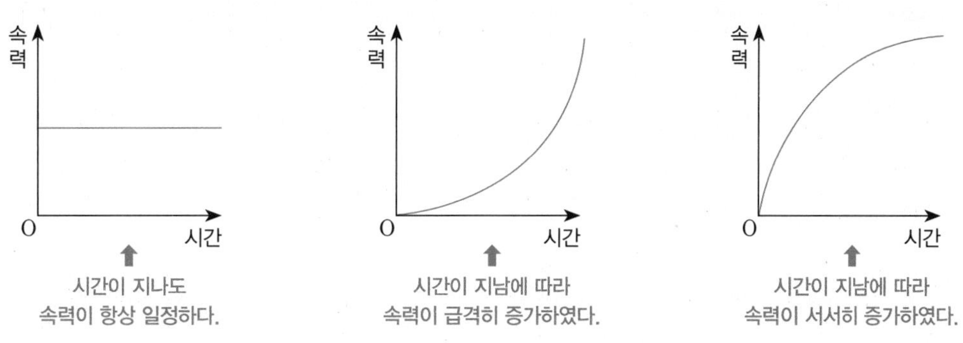

그래프의 장점은 무엇일까?

오른쪽 표를 그래프로 나타내면 학생들이 어떤 과목을 가장 좋아하는지 한눈에 파악할 수 있어.
자료의 양이 적을 때에는 별로 차이가 안 느껴질 수도 있지만 자료의 양이 많아질수록 표보다 그래프가 더욱 더 편리해져.

〈과목별 좋아하는 학생 수〉

과목	국어	수학	영어	과학
학생 수(명)	3	1	2	1

학생 수(명)
3
2
1
O 국어 수학 영어 과학 과목

개념확인

1. 부피가 8 m^3인 물통에 물을 넣기 시작한 지 x분 후의 물의 부피를 y m^3라고 할 때, x와 y 사이의 관계를 그래프로 나타내면 오른쪽 그림과 같다. 다음 물음에 답하시오.

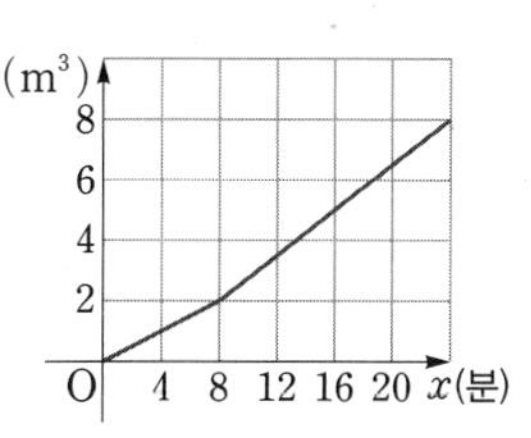

(1) 8분 후의 물의 부피를 구하시오.

(2) 물통에 물을 가득 채울 때까지 걸리는 시간을 구하시오.

그래프 그리기

1 지면에서 높이 10 km까지는 1 km 높아질 때마다 기온이 6 ℃ 내려간다고 한다. 지면으로부터의 높이를 x km, 기온을 y ℃라 할 때, 다음 표를 완성하고 두 변수 x, y 사이의 관계를 오른쪽 좌표평면 위에 그래프로 나타내시오. (단, 지면의 온도는 24 ℃이다.)

x(km)	0	1	2	3	4	5
y(℃)	24					

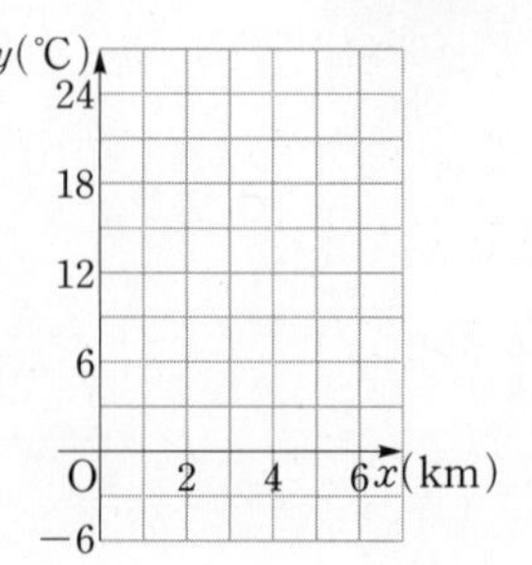

그래프: 두 변수 x, y의 순서쌍 (x, y)를 좌표로 하는 점 전체를 좌표평면 위에 나타낸 것

1-1 자전거를 일정한 속력으로 타면 10분에 60 kcal의 열량이 소모된다고 한다. 자전거를 탄 시간 x분과 소모되는 열량 y kcal 사이의 관계를 오른쪽 좌표평면 위에 그래프로 나타내시오.

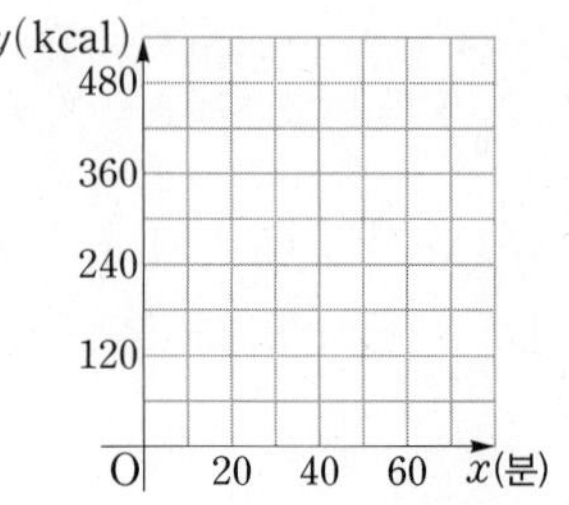

상황에 맞는 그래프 찾기

2 오른쪽 그림과 같이 두 개의 원기둥을 붙여 놓은 모양의 물통에 일정한 속력으로 물을 넣을 때, 시간 x초와 물통의 물의 높이 y cm 사이의 관계를 나타낸 그래프로 알맞은 것은?

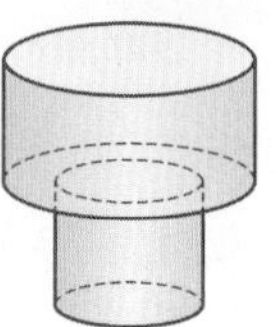

물통의 밑면의 반지름의 길이가 일정하면 물의 높이는 일정하게 증가한다. 물통의 밑면의 반지름의 길이가 길수록 물의 높이는 천천히 증가한다.

①
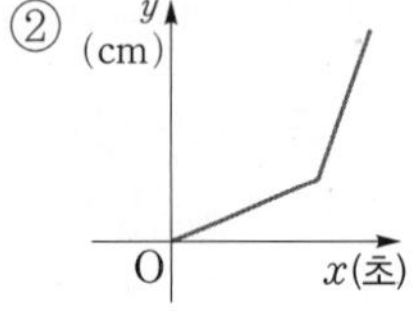

②
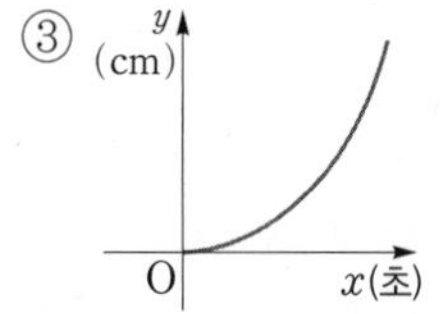

③ (cm) O x(초)

④
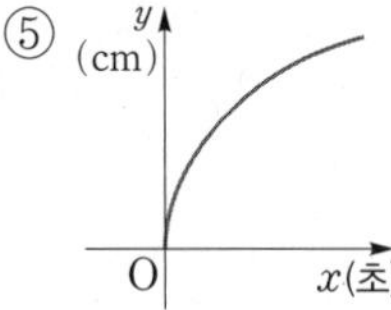

⑤ (cm) O x(초)

2-1 준희는 집을 출발하여 학교까지 일정한 속력으로 가다가 중간에 편의점에서 우유를 하나 사서 마셨다. 그 후 다시 일정한 속력으로 학교까지 걸어갔다. 준희가 집에서 출발한 후 x분 동안 이동한 거리를 y km라 할 때, 다음 중 두 변수 x, y 사이의 관계를 나타낸 그래프로 알맞은 것은?

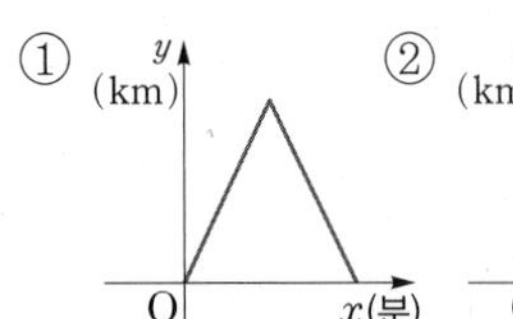

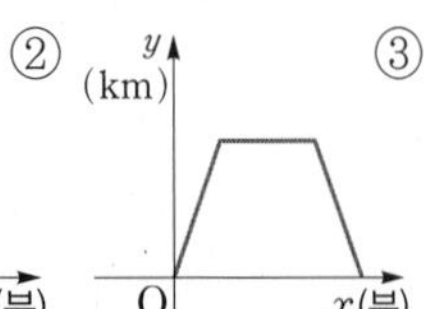

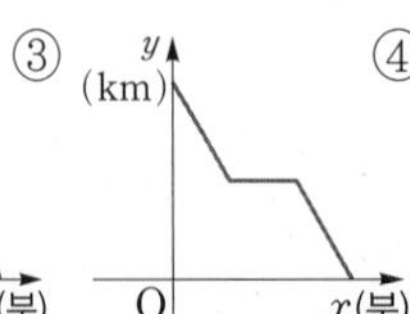

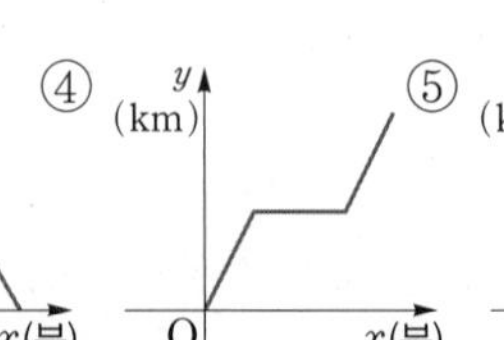

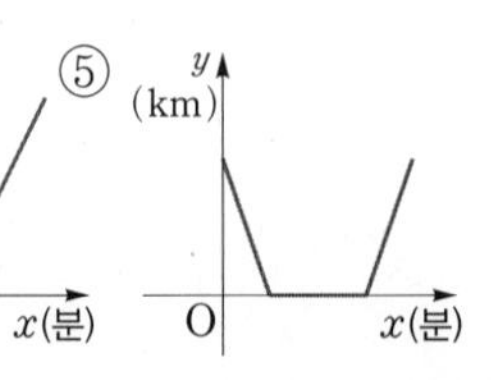

그래프 해석하기

3 **오른쪽 그래프는 어떤 물체의 운동 시간 x초와 속력 y m/초 사이의 관계를 나타낸 것이다. 다음 중 그래프에 대한 설명으로 옳지 않은 것은?**

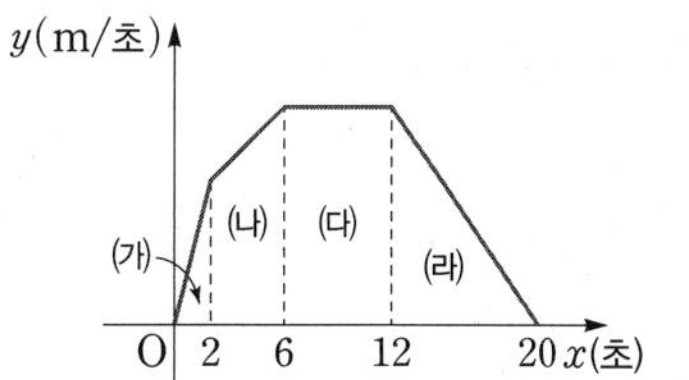

① 이 물체는 속력이 변하는 운동을 하고 있다.
② (나) 구간은 속력이 일정하게 증가한다.
③ (다) 구간은 전혀 운동을 하지 않는다.
④ (라) 구간은 속력이 일정하게 감소한다.
⑤ 이 물체는 출발한 후 20초 뒤에 정지하였다.

x와 y 사이의 관계를 나타낸 그래프에서 x의 값이 증가함에 따라 y의 값의 변화를 확인하여 그래프를 해석한다.

3-1 영수는 집에서 마트까지 걸어갔다가 돌아왔다. 오른쪽 그래프는 영수가 집에서 출발한 지 x분 후의 집으로부터의 거리를 y m라 할 때, 두 변수 x, y 사이의 관계를 나타낸 것이다. 다음을 구하시오.

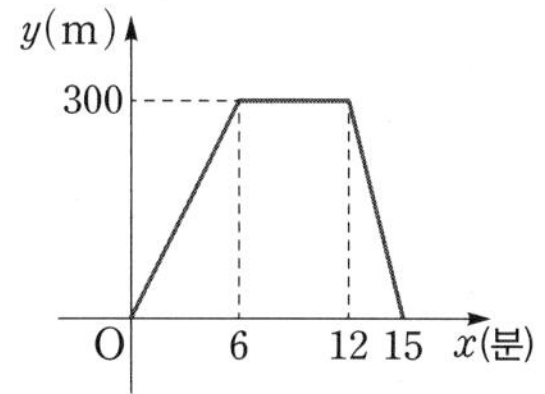

(1) 집에서 마트까지의 거리
(2) 마트에서 머문 시간
(3) 마트에서 집으로 돌아오는 데 걸린 시간

3-2 오른쪽 그래프는 어느 수영선수가 출발점에서 출발한 지 x초 후의 출발점으로부터의 거리를 y m라 할 때, 두 변수 x, y 사이의 관계를 나타낸 것이다. 수영선수가 출발한 지 10초 후와 20초 후의 출발점으로부터의 거리의 차를 구하시오.

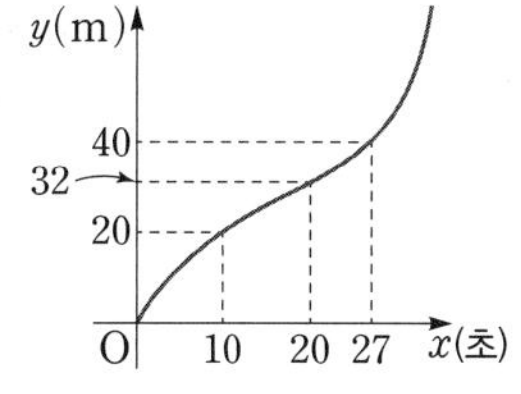

3-3 진희와 윤희는 공원에서 마트로 가려고 한다. 오른쪽 그래프는 두 사람이 공원에서 동시에 출발한 지 x분 후의 공원으로부터의 거리를 y m라 할 때, 두 변수 x, y 사이의 관계를 나타낸 것이다. 두 사람이 공원에서 출발한 지 20분 후의 두 사람 사이의 거리를 구하시오.

(단, 공원에서 마트까지 직선 위를 움직인다.)

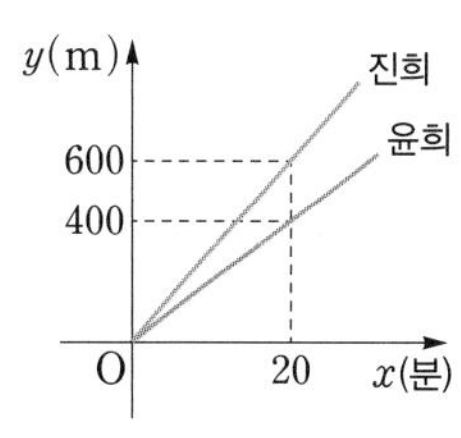

그래프 해석하기

해석1 다른 상황, 같은 그래프의 해석

상황 ❶ 시간과 온도

0 ℃의 차가운 물을 냄비에 넣고 끓였더니 100 ℃ 이후에는 온도 변화 없이 계속 끓고 있다.

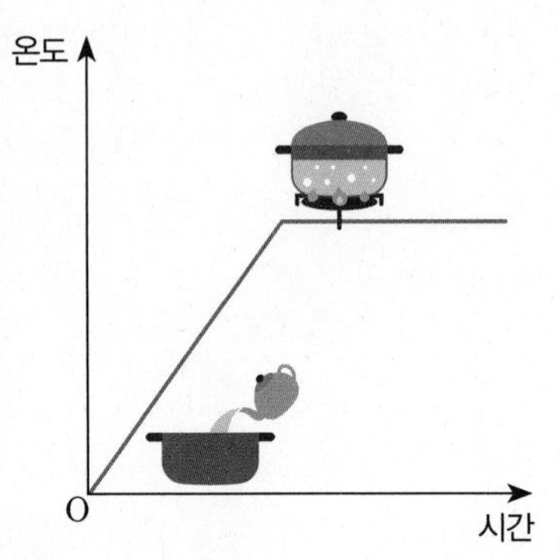

상황 ❷ 시간과 거리

장거리 달리기에 참가한 은호는 100 m를 전속력으로 달린 후, 한참 동안 멈춰 쉬고 있다.

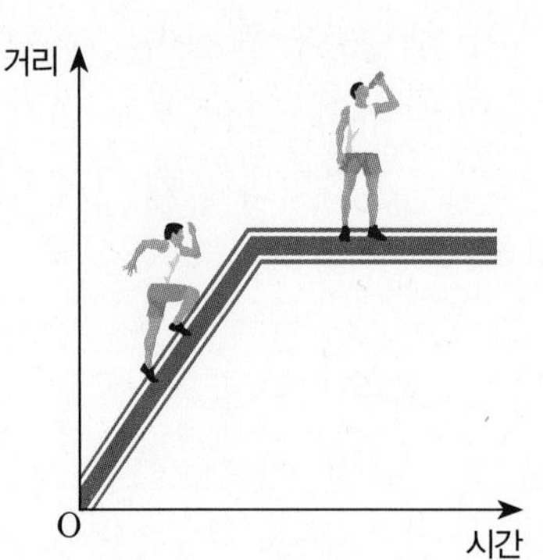

상황 ❸ 시간과 높이

아침 9시부터 산을 오른 유영이네 가족은 11시에 산 정상에 도착한 후, 그곳에 머물러 있는 중이다.

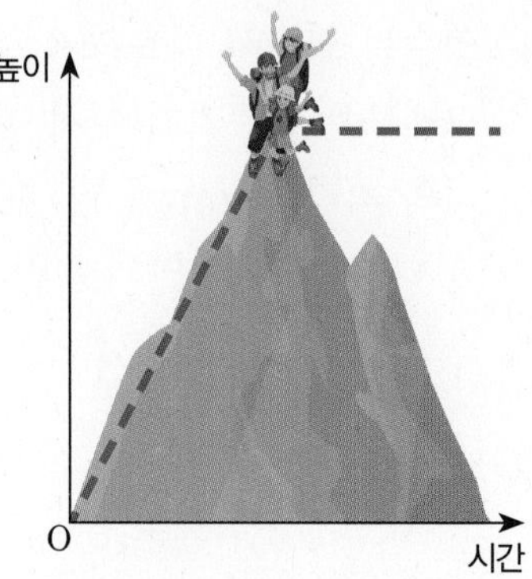

상황은 다르지만,
x축의 변화에 따른 y축의 변화 양상이 동일하므로
같은 모양의 그래프로 나타낼 수 있다.

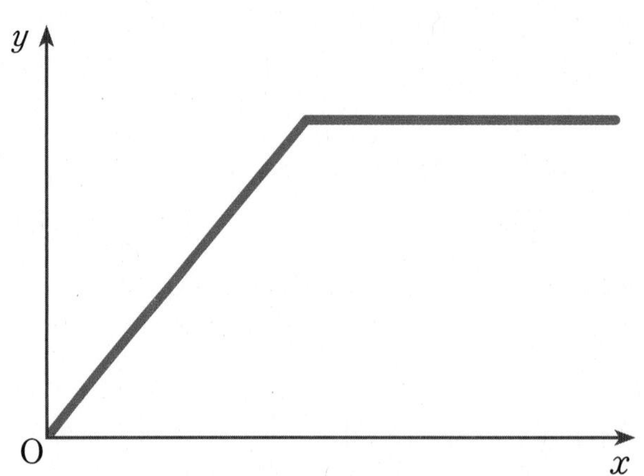

해석2 같은 상황, 다른 그래프의 해석

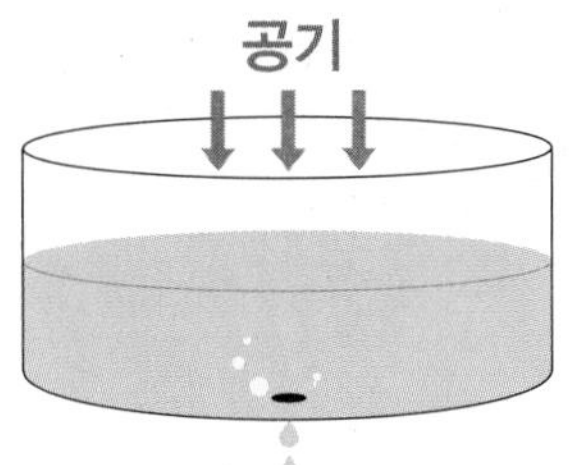

물이 가득 차 있는 물통 밑바닥에 작은 구멍이 생겨 1분에 2 L씩 물이 새기 시작했다. 그리고 물통 윗부분 빈 공간은 공기로 채워진다고 할 때, 시간의 변화에 따른 다음의 변화를 각각 그래프로 나타내 보자.

동일한 상황에서

x축이 같더라도 y축을 무엇으로 하느냐에 따라 그래프의 모양이 달라진다.

그래프 ❶ 시간과 물의 양

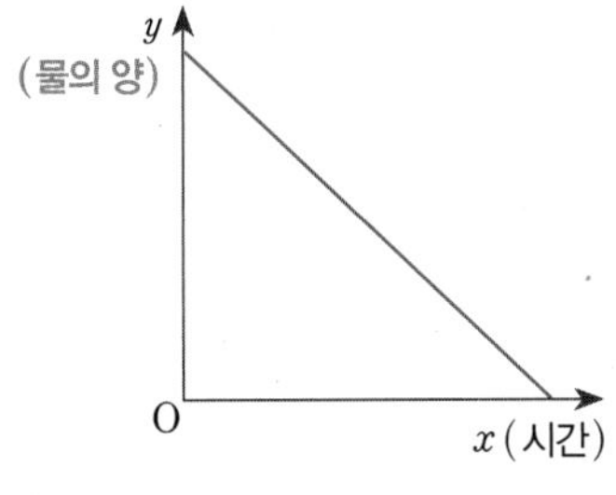

시간이 흐를수록 물통 속 물의 양은 ☐.

그래프 ❷ 시간과 공기의 양

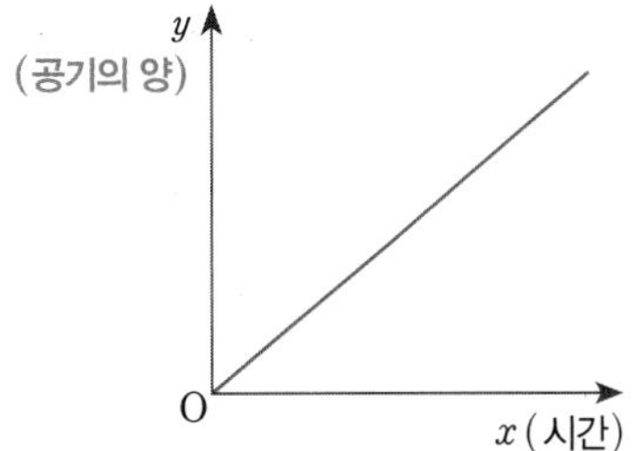

새어 나간 물의 양만큼 공기가 채워지므로, 물통 속 공기는 점차 ☐.

그래프 ❸ 시간과 물질의 총량

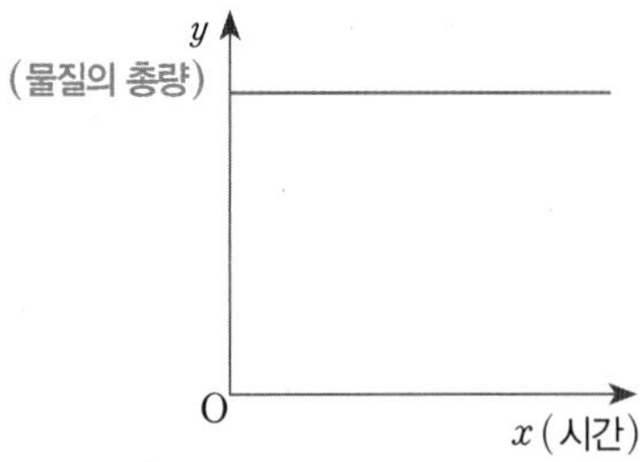

물통의 크기는 일정하므로, 그 속에 들어갈 수 있는 물질의 총량은 항상 같다.

답 줄어든다, 늘어난다

기본 문제

1 순서쌍

두 순서쌍 $(3a, 6)$, $(-9, b+4)$가 서로 같을 때, $a+b$의 값은?

① -3　② -2　③ -1　④ 2　⑤ 3

2 좌표평면 위의 점의 좌표

다음 중 오른쪽 좌표평면 위의 점 A, B, C, D, E의 좌표를 나타낸 것으로 옳지 않은 것은?

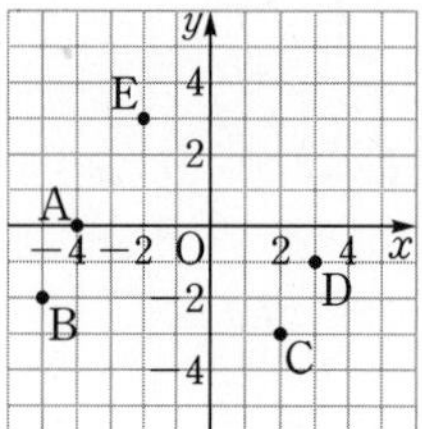

① A$(-4, 0)$
② B$(-5, -2)$
③ C$(-3, 2)$
④ D$(3, -1)$
⑤ E$(-2, 3)$

3 x축 또는 y축 위의 점의 좌표

다음 중 x축 위의 점은?

① A$(0, 2)$　② B$(2, 6)$　③ C$(-4, 0)$　④ D$(-5, 3)$　⑤ E$(-2, -3)$

4 x축 또는 y축 위의 점의 좌표

점 $(a+3, b-2)$는 x축 위의 점이고 점 $(a-3, b+2)$는 y축 위의 점일 때, 점 (a, b)는?

① $(-3, -2)$　② $(-3, 2)$　③ $(3, 2)$　④ $(-2, -3)$　⑤ $(-2, 3)$

5 좌표평면 위의 도형의 넓이

좌표평면 위의 네 점 A$(0, -4)$, B$(-2, 1)$, C$(3, 1)$, D$(3, -4)$를 꼭짓점으로 하는 사각형 ABCD의 넓이는?

① 10　② 15　③ 20　④ 30　⑤ 35

6 사분면

다음 설명 중 옳지 않은 것은?

① 원점의 좌표는 $(0, 0)$이다.
② x축 위의 점의 y좌표는 0이다.
③ 점 A$(0, -3)$은 어느 사분면에도 속하지 않는다.
④ 점 B$(1, -3)$은 제4사분면 위의 점이다.
⑤ 점 C(a, b)가 제2사분면 위의 점이면 $a<0$, $b<0$이다.

7 사분면의 결정 – 점이 속한 사분면이 주어진 경우

점 (a, b)가 제3사분면 위의 점일 때, 점 $(a+b, -2b)$는 어느 사분면 위의 점인가?

① 제1사분면　② 제2사분면　③ 제3사분면　④ 제4사분면　⑤ 어느 사분면에도 속하지 않는다.

8 대칭인 점의 좌표

점 $(-5, 2)$와 x축에 대하여 대칭인 점의 좌표는?

① $(-5, -5)$　② $(-5, -2)$　③ $(-2, 5)$　④ $(2, -5)$　⑤ $(5, 2)$

9 상황에 맞는 그래프 찾기

다음 상황을 읽고 비행기가 이륙한 후 흐른 시간 x분과 고도 y km 사이의 관계를 나타낸 그래프로 알맞은 것은?

김포에서 제주를 향해 출발하는 비행기가 이륙 후에 10분 동안 일정한 속력으로 고도를 높이다가 30분 동안 일정한 고도를 유지했다. 그리고 10분 동안 일정하게 고도를 낮추어 착륙하였다.

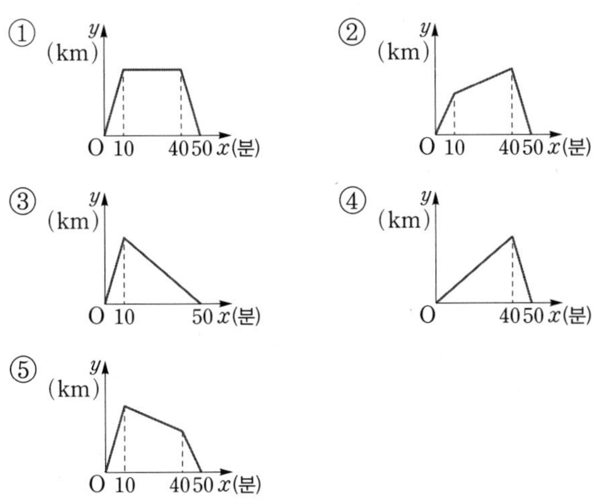

10 상황에 맞는 그래프 찾기

다음은 서로 다른 원기둥 모양의 물통 3개와 이 3개의 물통에 매초 일정한 양의 물을 똑같이 넣을 때의 시간과 물의 높이 사이의 관계를 나타낸 그래프이다. 물통과 그래프를 바르게 연결하시오.

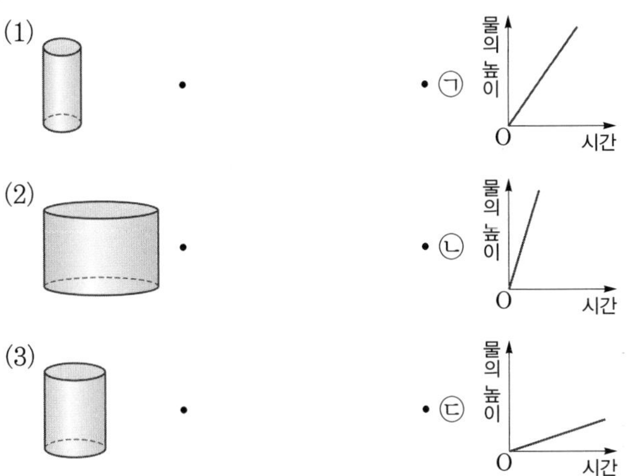

11 그래프 해석하기

다음 그래프는 세 명의 학생이 물을 마셨을 때, 시간이 지남에 따라 남은 물의 양을 각각 나타낸 것이다. 물음에 답하시오.

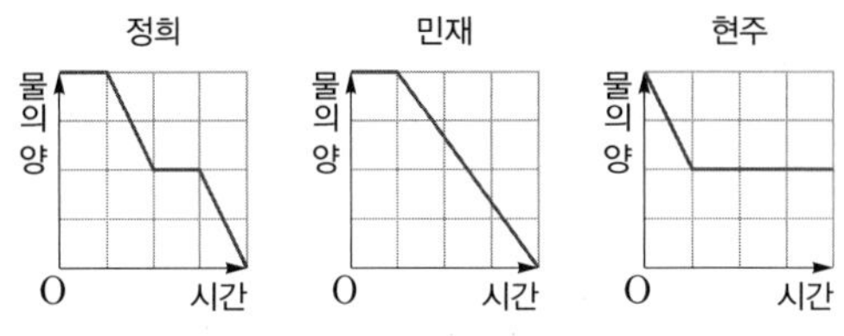

(1) 물을 다 마신 학생을 모두 말하시오.

(2) 물을 마시다가 중간에 멈춘 적이 있는 학생을 모두 말하시오.

12 그래프 해석하기

오른쪽 그래프는 찬희가 집에서 1000 m 떨어진 서점까지 걸어갈 때, 집을 출발한 후 흐른 시간 x분과 이동한 거리 y m 사이의 관계를 나타낸 것이다. 다음 물음에 답하시오.

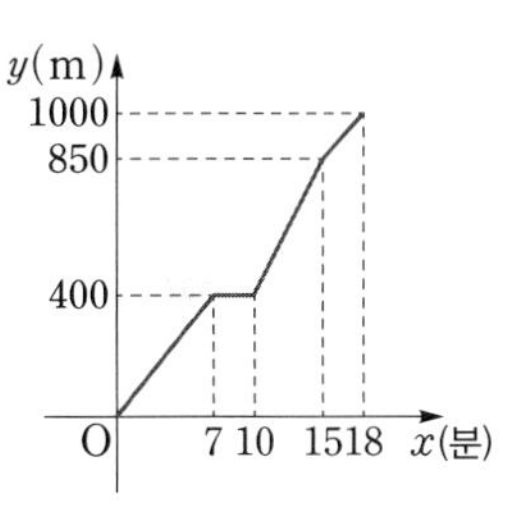

(1) 찬희가 집을 출발한 지 7분 동안 이동한 거리를 구하시오.

(2) 찬희가 집으로부터 850 m를 이동하였을 때는 집을 출발한 지 몇 분 후인지 구하시오.

(3) 찬희가 중간에 이동하지 않고 멈춰 있던 시간을 구하시오.

개념 완성

발전 문제

1 세 점 $A(3,\ 1)$, $B(-2,\ 3)$, $C(0,\ -2)$를 꼭짓점으로 하는 삼각형 ABC의 넓이를 구하시오.

삼각형의 밑변의 길이와 높이를 알기 어려울 때에는 꼭짓점을 지나는 직사각형을 이용하여 삼각형의 넓이를 구한다.

2 점 $A\left(a-3,\ \frac{1}{2}a+1\right)$이 x축 위에 있고, 점 $B(3b-6,\ 2+b)$가 y축 위에 있을 때, ab의 값을 구하시오.

x축 위에 있는 점은 y좌표가 0이고, y축 위에 있는 점은 x좌표가 0이다.

3 점 $(a,\ -5)$와 x축에 대하여 대칭인 점의 좌표와 점 $(3,\ b)$와 y축에 대하여 대칭인 점의 좌표가 같을 때, $a+b$의 값을 구하시오.

4 수빈이가 직선 도로 위에서 자전거를 탈 때, 출발한 지 x분 후의 출발점으로부터 떨어진 거리를 y m라 하자. 오른쪽 그래프는 x와 y 사이의 관계를 나타낸 것이다. 다음 **보기** 중 이 그래프에 대한 설명으로 옳은 것을 모두 고르시오.

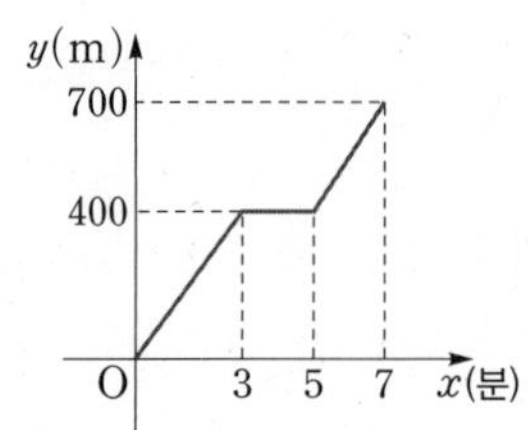

보기

ㄱ. 달린 거리는 총 700 m이다.
ㄴ. 출발 후 3분 동안 달린 거리는 400 m이다.
ㄷ. 수빈이는 3분 동안 멈춰 있었다.
ㄹ. 달린 시간은 총 7분이다.

5 오른쪽 그래프는 100 m 달리기에 참가한 두 학생 A, B가 달린 시간 x초와 달린 거리 y m 사이의 관계를 나타낸 것이다. 다음 설명 중 옳지 <u>않은</u> 것은?

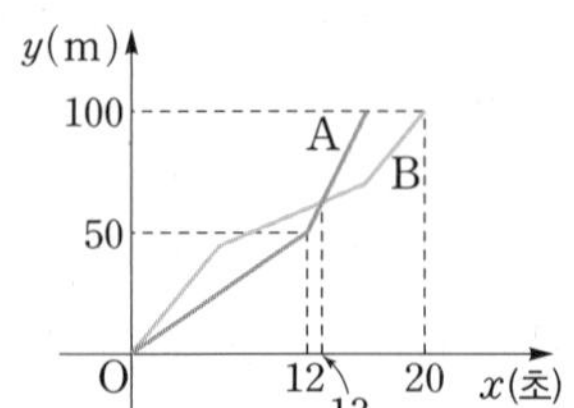

① 결승점은 A가 먼저 통과했다.
② A는 12초 동안 50 m를 달렸다.
③ 50 m 지점을 먼저 지난 학생은 A이다.
④ 처음 13초 동안은 B가 A보다 앞서 있다.
⑤ 두 학생은 달리기 시작한 지 13초 후에 만났다.

x축에 수직인 직선을 그으면 같은 시각에서의 A, B의 달린 거리를 각각 알 수 있다.
y축에 수직인 직선을 그으면 A, B가 같은 위치를 지날 때의 각각의 달린 시간을 알 수 있다.

6 서술형

두 점 $A(1-a,\ 2b-1)$, $B(5-2a,\ 2b-3)$이 원점에 대하여 서로 대칭일 때, $a+b$의 값을 구하기 위한 풀이 과정을 쓰고 답을 구하시오.

① 단계: a의 값 구하기

$1-a=-($________$)$, ______$a=-6$

$\therefore a=$______

② 단계: b의 값 구하기

________$=-2b+3$, $4b=$______

$\therefore b=$______

③ 단계: $a+b$의 값 구하기

$a+b=$________

Check List
- a의 값을 바르게 구했는가?
- b의 값을 바르게 구했는가?
- $a+b$의 값을 바르게 구했는가?

7 서술형

지수는 직선 모양의 길을 따라 정해진 지점을 다녀오는 왕복 운동을 하고 있다. 다음 그래프는 지수가 출발점에서 출발한 지 x분 후 출발점으로부터 떨어진 거리 y m를 나타낸 것이다. 같은 방식으로 움직인다고 할 때, 지수가 2시간 동안 이 길의 정해진 지점을 몇 번 다녀올 수 있는지 구하기 위한 풀이 과정을 쓰고 답을 구하시오.

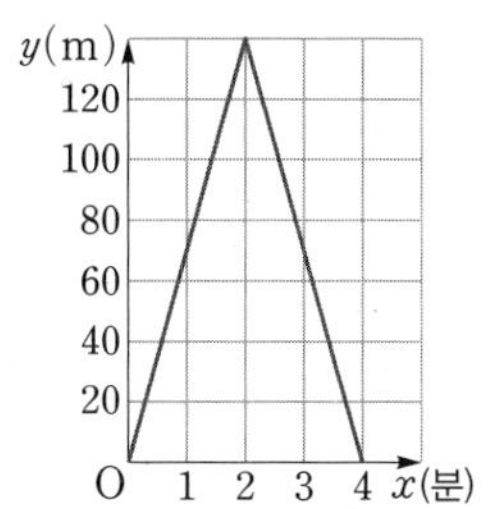

① 단계: 정해진 지점을 한 번 다녀오는 데 걸리는 시간 구하기

② 단계: 2시간 동안 정해진 지점을 몇 번 다녀올 수 있는지 구하기

Check List
- 정해진 지점을 한 번 다녀오는 데 걸리는 시간을 바르게 구하였는가?
- 2시간 동안 정해진 지점을 몇 번 다녀올 수 있는지 바르게 구하였는가?

2 정비례와 반비례

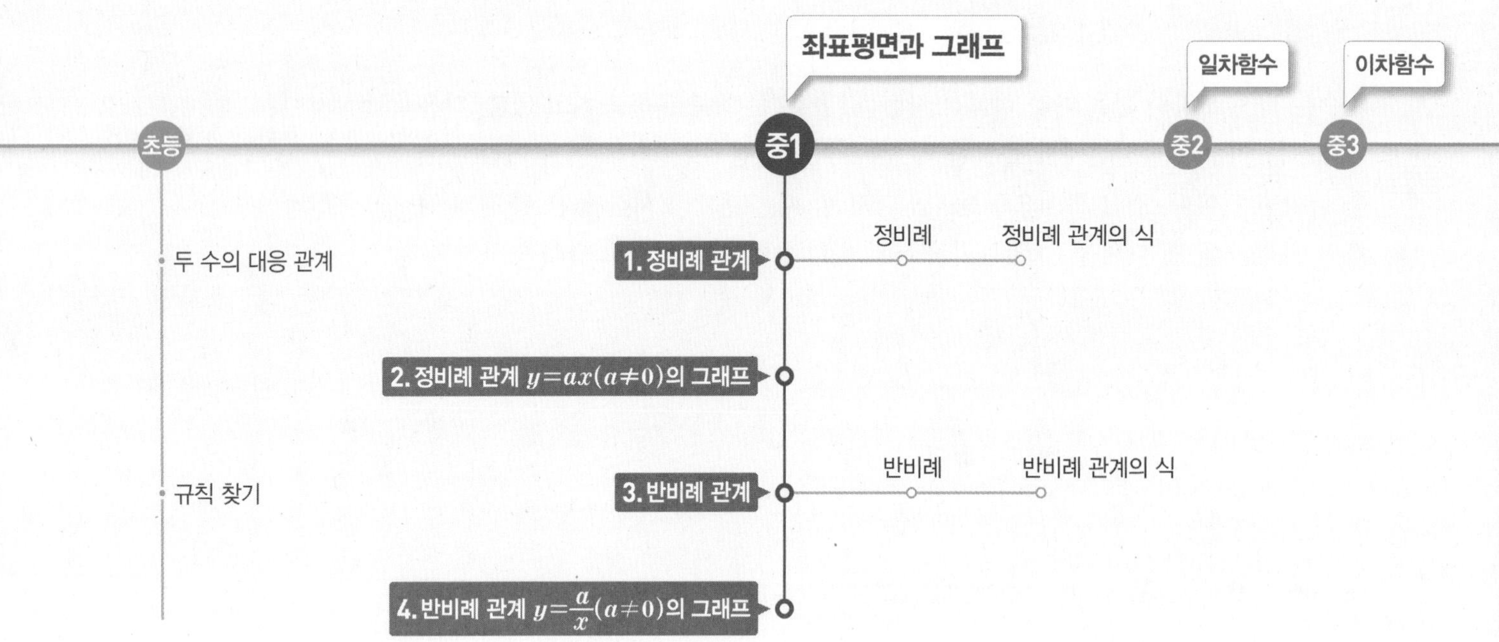

좌표평면과 그래프
일차함수
이차함수
초등
중1
중2
중3
두 수의 대응 관계
규칙 찾기
1. 정비례 관계
정비례
정비례 관계의 식
2. 정비례 관계 $y=ax(a\neq0)$의 그래프
3. 반비례 관계
반비례
반비례 관계의 식
4. 반비례 관계 $y=\frac{a}{x}(a\neq0)$의 그래프

변화가 일정해서 특별한 그래프

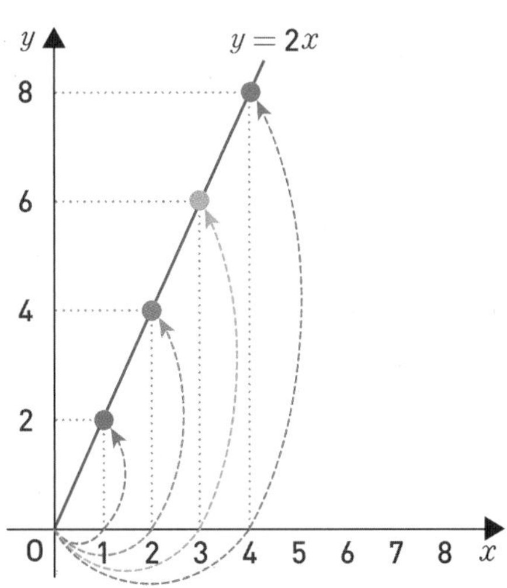

x	1	2	3	4
y	2	4	6	8
x에 대한 y의 비율	$\frac{2}{1}$ =	$\frac{4}{2}$ =	$\frac{6}{3}$ =	$\frac{8}{4}$ = 2

x에 대한 y의
비율이 일정

정비례

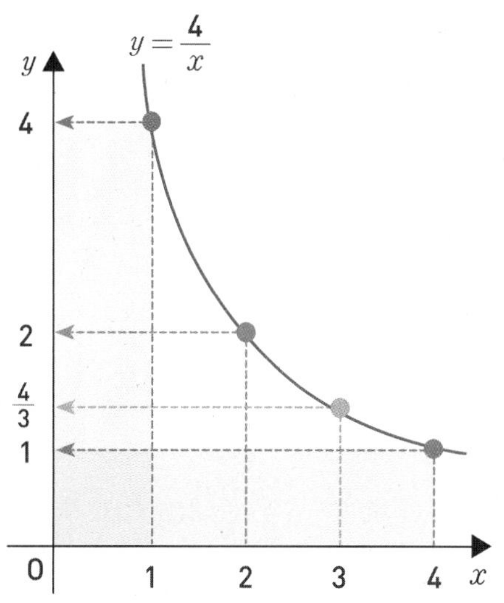

x	1	2	3	4
	×	×	×	×
y	4	2	$\frac{4}{3}$	1
	‖	‖	‖	‖
x와 y의 곱	4 =	4 =	4 =	4

x와 y의
곱이 일정

반비례

1 정비례 관계

비율이 일정한 관계!

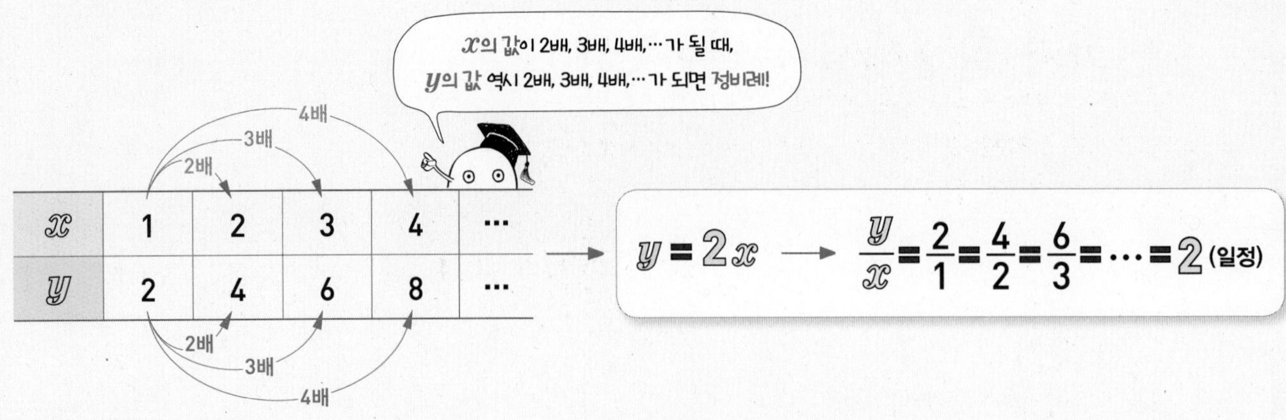

(1) **정비례 :** 두 변수 x, y에 대하여 x가 2배, 3배, 4배, …가 됨에 따라 y도 2배, 3배, 4배, …가 되는 관계가 있을 때, y는 x에 정비례한다고 한다.

(2) **정비례 관계의 식**

① y가 x에 정비례하면 $y=ax(a\neq0)$가 성립한다.

② x와 y 사이에 $y=ax(a\neq0)$가 성립하면 y는 x에 정비례한다.

$$y=ax$$

일정한 수

정비례는 두 변수의 비율이 일정해.

x	1	2	3	4	…
y	3	6	9	12	…

두 변수 x, y가 왼쪽 표와 같은 관계이면 y는 x에 정비례해. 이때 y의 값은 항상 x의 값의 3배이므로 x와 y 사이의 관계식은 $y=3x$야. 양변을 x로 나누면 $\frac{y}{x}=3$이 되므로 x에 대한 y의 비율이 일정해. 실제로 표를 통해서 확인하면 $\frac{y}{x}=\frac{3}{1}=\frac{6}{2}=\frac{9}{3}=\frac{12}{4}=3$으로 일정해.

개념확인

1. 다음 **보기** 중 y가 x에 정비례하는 것을 모두 고르시오.

보기

ㄱ. $y=3x$　　ㄴ. $y=x+2$　　ㄷ. $y=\frac{x}{5}$

ㄹ. $xy=6$　　ㅁ. $y=-\frac{1}{x}$　　ㅂ. $y=x^2$

2. 한 개에 500원 하는 음료수 x개의 가격을 y원이라고 할 때, 다음 물음에 답하시오.

(1) 아래 표를 완성하시오.

x	1	2	3	4	…
y					…

(2) x와 y 사이의 관계식을 구하시오.

(3) 음료수 5개의 가격을 구하시오.

정비례 관계

1 **다음 중 y가 x에 정비례하는 것을 모두 고르면? (정답 2개)**

① 한 봉지의 무게가 500 g인 사탕 x봉지의 무게 y g
② 시속 x km로 2시간 동안 걸은 거리 y km
③ 넓이가 15 cm^2인 삼각형의 밑변의 길이 x cm와 높이 y cm
④ 둘레의 길이가 20 cm인 직사각형의 가로의 길이 x cm와 세로의 길이 y cm
⑤ 하루 24시간 동안 잠을 자는 시간 x시간과 깨어있는 시간 y시간

y가 x에 정비례하면 $y=ax(a\neq0)$가 성립한다.

1-1 다음 중 y가 x에 정비례하는 것은?

① 한 변의 길이가 x cm인 정사각형의 넓이 y cm^2
② 초속 x m로 100 m를 달릴 때 걸리는 시간 y초
③ 10000원을 모으기 위해 매달 x원씩 저축하는 기간 y개월
④ 한 변의 길이가 x cm인 정삼각형의 둘레의 길이 y cm
⑤ 100 g의 물에 소금 x g을 넣어 만든 소금물의 농도 y %

1-2 y가 x에 정비례하고 $x=-4$일 때 $y=12$이다. $y=-21$일 때 x의 값을 구하시오.

정비례 관계의 실생활에서의 활용

2 **40 L 들이 물통에 매분 4 L씩 물을 채우려고 한다. x분 후에 물통에 채워진 물의 양을 y L라고 할 때, 다음 물음에 답하시오.**

(1) x와 y 사이의 관계식을 구하시오.
(2) 10분 후에 물통에 채워진 물의 양을 구하시오.

1분 후에 4 L
⇨ 2분 후에 2×4 L
⇨ 3분 후에 3×4 L
⋮ ⋮ ⋮
⇨ x분 후에 $x\times4$ L

2-1 시속 8 km로 x시간 동안 간 거리를 y km라고 할 때, 다음 물음에 답하시오.

(1) x와 y 사이의 관계식을 구하시오.
(2) 24 km를 가는 데 걸리는 시간을 구하시오.

2 정비례 관계 $y=ax(a\neq 0)$의 그래프

비율이 일정한 관계를 그림으로!

정비례 관계 $y=2x$에서

❶ 대응표 만들기

x	…	-2	-1	0	1	2	…
y	…	-4	-2	0	2	4	…

❷ 순서쌍 나타내기 …, (−2, −4), (−1, −2), (0, 0), (1, 2), (2, 4), …

❸ 그래프 그리기

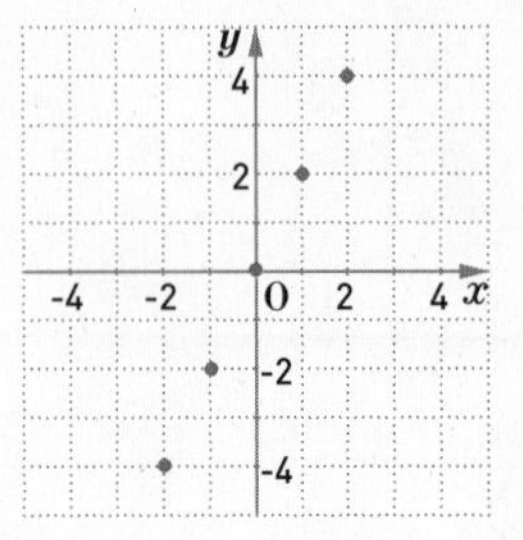

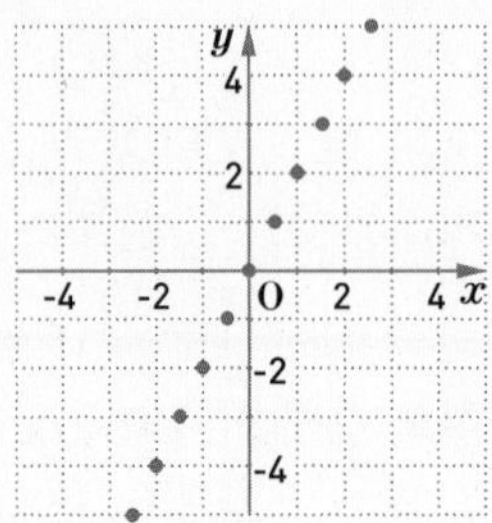

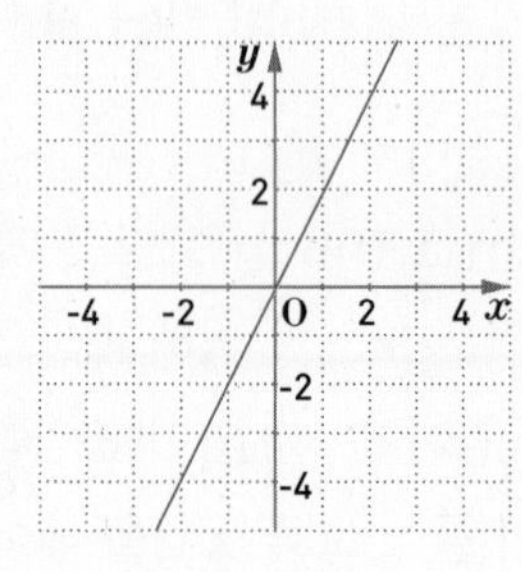

x의 값의 간격을 좀 더 촘촘히 하면 그래프의 모양은 점점 직선에 가까워지게 된다.

(1) 정비례 관계 $y=ax(a\neq 0)$의 그래프의 성질

정비례 관계 $y=ax(a\neq 0)$의 그래프는 원점을 지나는 직선이다.

	$a>0$일 때	$a<0$일 때
그래프	$y=ax$, a, 제1사분면, 제3사분면, O, 1, x, y	$y=ax$, 제2사분면, 제4사분면, O, 1, a, x, y
성질	❶ 오른쪽 위로 향하는 직선이다. ❷ 제1사분면과 제3사분면을 지난다. ❸ x의 값이 증가하면 y의 값도 증가한다.	❶ 오른쪽 아래로 향하는 직선이다. ❷ 제2사분면과 제4사분면을 지난다. ❸ x의 값이 증가하면 y의 값은 감소한다.

정비례 관계 $y=ax(a\neq 0)$의 그래프

① a의 값에 관계없이 항상 점 $(1, a)$를 지난다.

② a의 절댓값이 클수록 y축에 가까워지고 a의 절댓값이 작을수록 x축에 가까워진다.

개념확인

1. 정비례 관계 $y=-2x$에 대하여 다음 물음에 답하시오.

(1) x와 y 사이의 관계를 나타낸 아래 표를 완성하시오.

x	…	-2	-1	0	1	2	…
y	…						…

(2) 오른쪽 좌표평면 위에 (1)의 x, y의 값을 이용하여 x가 모든 수일 때, 정비례 관계 $y=-2x$의 그래프를 그리시오.

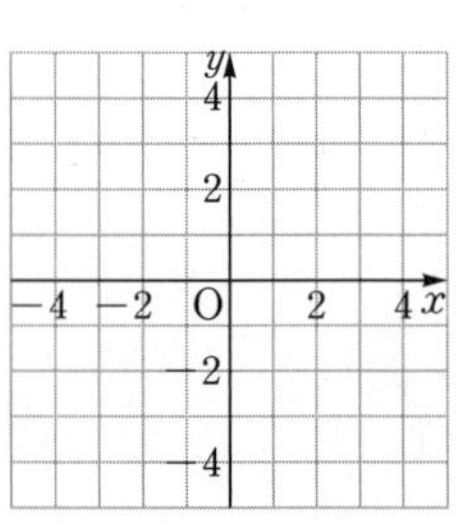

정비례 관계 $y=ax(a\neq0)$의 그래프

1 **다음 정비례 관계의 그래프 중 제1사분면과 제3사분면을 지나는 것을 모두 고르면? (정답 2개)**

① $y=-x$　② $y=4x$　③ $y=\frac{1}{3}x$
④ $y=-\frac{2}{5}x$　⑤ $y=-2x$

정비례 관계 $y=ax$의 그래프는 $a>0$이면 제1사분면과 제3사분면을 지나고, $a<0$이면 제2사분면과 제4사분면을 지난다.

1-1 다음 정비례 관계의 그래프 중 y축에 가장 가까운 것은?

① $y=-3x$　② $y=-\frac{1}{3}x$　③ $y=-\frac{1}{5}x$
④ $y=\frac{5}{3}x$　⑤ $y=5x$

1-2 오른쪽 그림은 네 정비례 관계 $y=ax$, $y=bx$, $y=cx$, $y=dx$의 그래프이다. 이때 상수 a, b, c, d의 대소 관계를 구하시오.

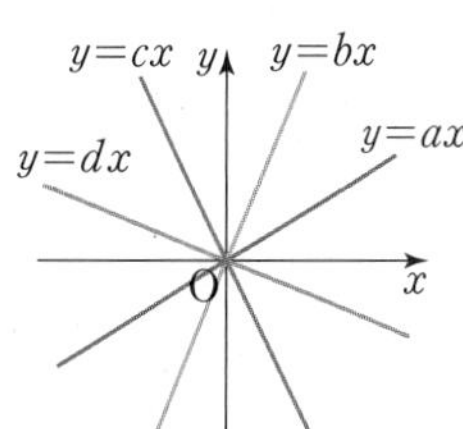

정비례 관계 $y=ax(a\neq0)$의 그래프 위의 점

2 **다음 중 정비례 관계 $y=-4x$의 그래프 위의 점이 아닌 것은?**

① $(0, 0)$　② $(1, -4)$　③ $(-1, 4)$
④ $(2, -8)$　⑤ $(-3, -12)$

점 (□, △)가 정비례 관계 $y=ax$의 그래프 위의 점이다.
⇨ 정비례 관계 $y=ax$의 그래프가 점 (□, △)를 지난다.
⇨ $y=ax$에 $x=$□, $y=$△를 대입하면 등식이 성립한다.

2-1 정비례 관계 $y=\frac{3}{4}x$의 그래프가 오른쪽 그림과 같을 때, a의 값을 구하시오.

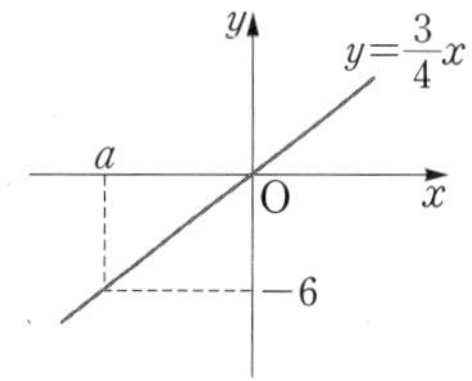

정비례 관계 $y=ax(a\neq0)$에서 a의 값 구하기

3 **정비례 관계 $y=ax$의 그래프가 점 $(3, -15)$를 지날 때, 상수 a의 값을 구하시오.**

정비례 관계 $y=ax$의 그래프가 점 $(\square, \triangle)$를 지난다.
⇨ $y=ax$에 $x=\square$, $y=\triangle$를 대입하면 등식이 성립한다.

3-1 정비례 관계 $y=ax$의 그래프가 점 $(2, -3)$을 지날 때, 다음 중 이 그래프 위에 있는 점이 아닌 것은? (단, a는 상수)

① $(-4, 6)$　② $(-2, 3)$　③ $(2, -4)$
④ $\left(3, -\frac{9}{2}\right)$　⑤ $(-6, 9)$

정비례 관계 $y=ax(a\neq0)$의 식 구하기

4 **오른쪽 그림과 같은 그래프가 나타내는 식은?**

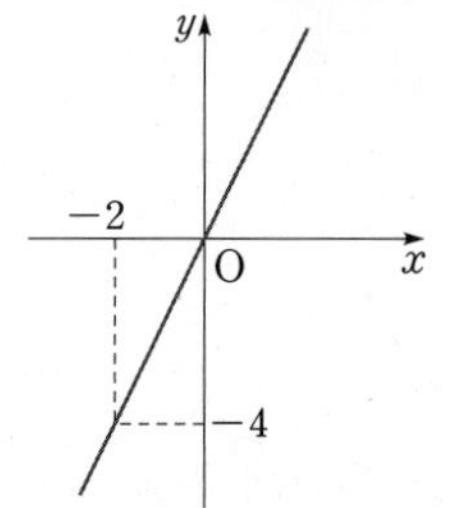

① $y=-2x$　② $y=-\frac{1}{2}x$
③ $y=\frac{1}{2}x$　④ $y=x$
⑤ $y=2x$

정비례 관계식 구하기
① 그래프가 원점을 지나는 직선일 때, x, y 사이의 관계식을 $y=ax$로 놓는다.
② 그래프 위의 점 $(\square, \triangle)$를 찾는다.
③ $y=ax$에 $x=\square$, $y=\triangle$를 대입하여 a의 값을 구한다.

4-1 오른쪽 그림과 같은 그래프가 점 A를 지날 때, 점 A의 좌표를 구하시오.

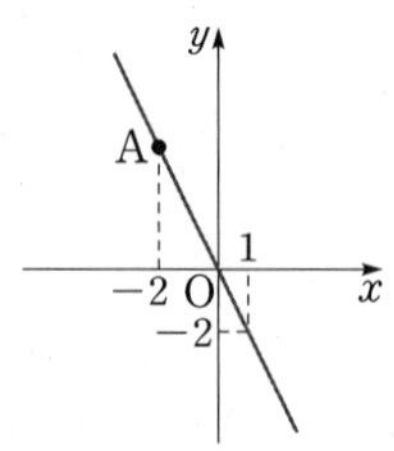

정비례 관계 $y=ax(a\neq0)$의 그래프의 성질

5 **다음 중 정비례 관계 $y=5x$의 그래프에 대한 설명으로 옳지 않은 것을 모두 고르면? (정답 2개)**

① 제2사분면과 제4사분면을 지난다. ② 점 $(-1, -5)$를 지난다.
③ 원점을 지나는 직선이다. ④ 오른쪽 위로 향하는 직선이다.
⑤ x의 값이 증가하면 y의 값은 감소한다.

정비례 관계 $y=ax(a\neq0)$의 그래프에서 $a>0$이면
① 오른쪽 위로 향하는 직선이다.
② 제1사분면과 제3사분면을 지난다.
③ x의 값이 증가하면 y의 값도 증가한다.

5-1 다음은 정비례 관계 $y=ax(a\neq0)$의 그래프에 대하여 선화, 진우, 서은이가 나눈 대화이다. 잘못 말한 사람을 찾고 바르게 고치시오. (단, a는 상수)

> 선화: 그래프는 원점을 지나는 직선이야.
> 진우: $a<0$일 때, x의 값이 증가하면 y의 값도 증가해.
> 서은: $a>0$이면 제1사분면과 제3사분면을 지나.

정비례 관계 $y=ax(a\neq0)$의 그래프와 도형의 넓이

6 **오른쪽 그림과 같이 정비례 관계 $y=\frac{3}{2}x$의 그래프 위의 한 점 A에서 x축에 수직인 직선을 그었을 때, x축과 만나는 점 B의 좌표가 $(4, 0)$이다. 이때 삼각형 AOB의 넓이를 구하시오. (단, O는 원점이다.)**

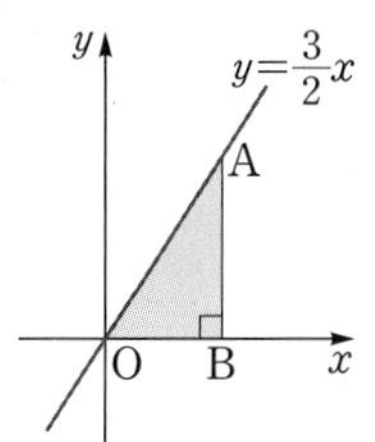

① 점 P에서 x축에 내린 수선과 x축이 만나는 점의 좌표가 $(a, 0)$이다.
⇨ 점 P의 x좌표는 a이다.
② 점 P에서 y축에 내린 수선과 y축이 만나는 점의 좌표가 $(0, b)$이다.
⇨ 점 P의 y좌표는 b이다.

6-1 정비례 관계 $y=2x$의 그래프 위의 두 점 $(a, 2)$, $(5, b)$와 점 $(3, 2)$를 꼭짓점으로 하는 삼각형의 넓이를 구하시오.

3 반비례 관계

곱이 일정한 관계!

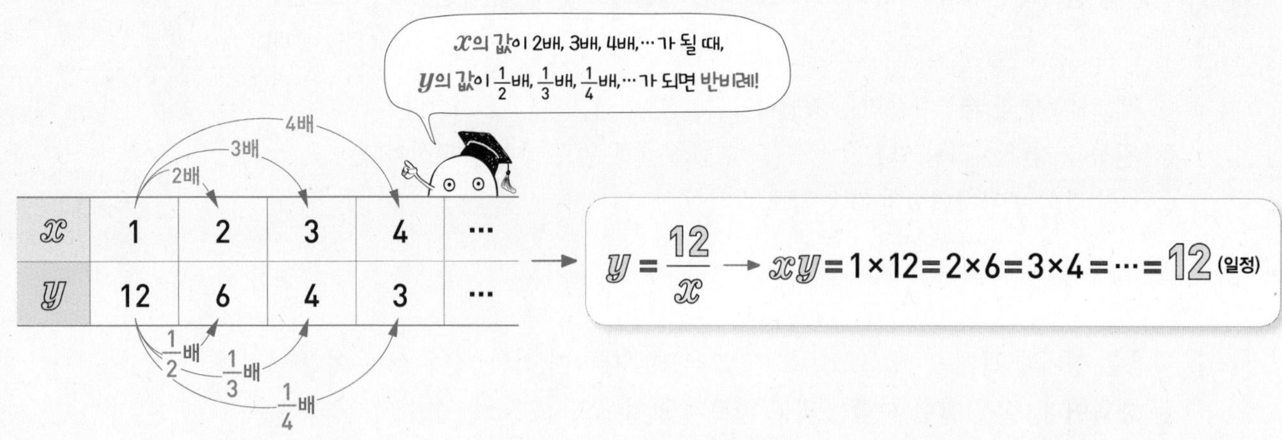

x	1	2	3	4	…
y	12	6	4	3	…

$y=\dfrac{12}{x}$ → $xy=1\times12=2\times6=3\times4=\cdots=12$ (일정)

(1) **반비례 :** 두 변수 x, y에 대하여 x가 2배, 3배, 4배, …가 됨에 따라 y는 $\frac{1}{2}$배, $\frac{1}{3}$배, $\frac{1}{4}$배, …가 되는 관계가 있을 때, y는 x에 반비례한다고 한다.

(2) **반비례 관계의 식**

① y가 x에 반비례하면 $y=\dfrac{a}{x}(a\neq0)$가 성립한다.

② x와 y 사이에 $y=\dfrac{a}{x}(a\neq0)$가 성립하면 y는 x에 반비례한다.

일정한 수

$$y=\frac{a}{x}$$

반비례는 두 변수의 곱이 일정해.

x	1	2	3	4	…
y	12	6	4	3	…

두 변수 x, y가 왼쪽 표와 같은 관계이면 y는 x에 반비례해. $x=1$일 때 $y=12$이므로 x와 y 사이의 관계식은 $y=\dfrac{12}{x}$야. 양변에 x를 곱하면 $xy=12$이므로 x와 y의 곱이 일정해. 실제로 표를 통해서 확인하면 $xy=1\times12=2\times6=3\times4=4\times3=12$로 일정해.

개념확인

1. 다음 **보기** 중 y가 x에 반비례하는 것을 모두 고르시오.

보기

ㄱ. $y=6-x$　ㄴ. $xy=-1$　ㄷ. $x+y=10$

ㄹ. $\dfrac{x}{y}=2$　ㅁ. $xy=12$　ㅂ. $y=3x$

2. 케익 12조각을 x명이 y조각씩 똑같이 나누어 먹을 때, 다음 물음에 답하시오.

(1) 아래 표를 완성하시오.

x	1	2	3	4	…
y					…

(2) x와 y 사이의 관계식을 구하시오.

(3) 6명이 나누어 먹으면 한 명이 몇 조각씩 먹을 수 있는지 구하시오.

반비례 관계

1 **다음 중 y가 x에 반비례하는 것을 모두 고르면? (정답 2개)**

① 소금 10 g이 들어 있는 소금물 x g의 농도 y %
② 하루 중 낮의 길이가 x시간일 때, 밤의 길이 y시간
③ 16 km의 거리를 x시간 동안 걸었을 때의 평균 속력 y km/시
④ 한 모서리의 길이가 x cm인 정육면체의 부피 y cm^3
⑤ 강아지 x마리의 다리의 개수 y

y가 x에 반비례하면 $y=\frac{a}{x}(a\neq0)$가 성립한다.

1-1 다음 **보기**에서 y가 x에 반비례하는 것을 모두 고른 것은?

보기
ㄱ. 한 상자에 사과 3개를 담을 때, x개의 상자에 들어 있는 사과 y개
ㄴ. 올해 13세인 수빈이의 x년 후의 나이 y세
ㄷ. 넓이가 20 cm^2인 삼각형의 밑변의 길이 x cm와 높이 y cm
ㄹ. 자동차가 시속 x km로 120 km를 가는 데 걸리는 시간 y시간

① ㄱ, ㄷ ② ㄱ, ㄹ ③ ㄴ, ㄷ
④ ㄴ, ㄹ ⑤ ㄷ, ㄹ

반비례 관계의 실생활에서의 활용

2 **넓이가 42 cm^2인 직사각형의 가로의 길이가 x cm, 세로의 길이가 y cm일 때, 다음 물음에 답하시오.**

(1) x와 y 사이의 관계식을 구하시오.
(2) 가로의 길이가 6 cm일 때, 세로의 길이를 구하시오.

넓이가 일정하다
⇨ (가로)×(세로)가 일정
⇨ 곱이 일정
⇨ 반비례 관계

2-1 소금 10 g을 모두 사용하여 농도가 x %인 소금물 y g을 만들려고 한다. 다음 물음에 답하시오.

(1) x와 y 사이의 관계식을 구하시오.
(2) 농도가 25 %일 때, 소금물의 양을 구하시오.

반비례 관계 $y=\frac{a}{x}(a\neq0)$의 그래프

곱이 일정한 관계를 그림으로!

반비례 관계 $y=\frac{4}{x}$에서

❶ **대응표 만들기**

x	…	-4	-2	-1	1	2	4	…
y	…	-1	-2	-4	4	2	1	…

❷ **순서쌍 나타내기** … (-4, -1), (-2, -2), (-1, -4), (1, 4), (2, 2), (4, 1), …

❸ **그래프 그리기**

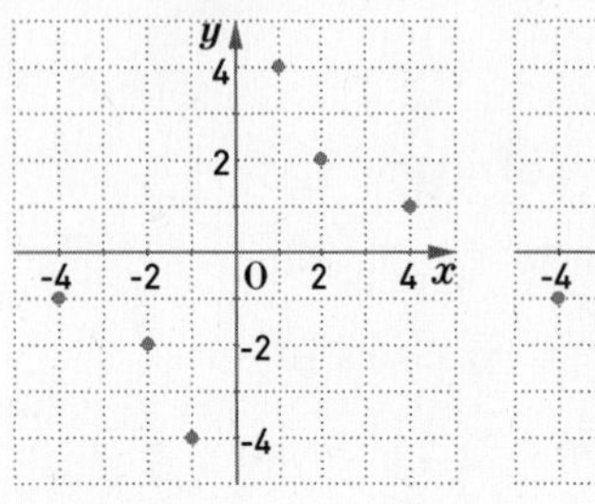

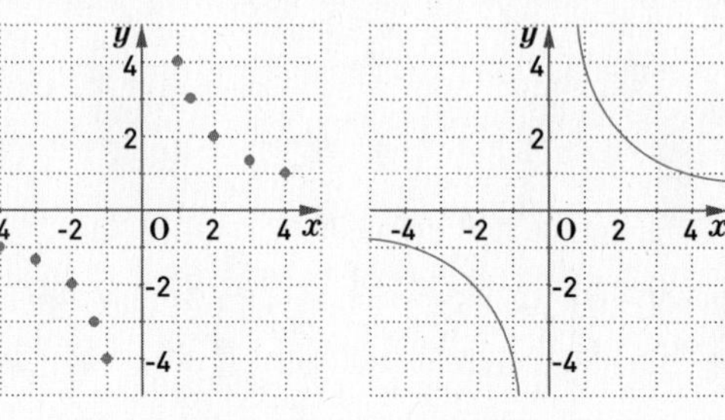

x의 값의 간격을 좀 더 촘촘히 하면 그래프의 모양은 점점 곡선에 가까워지게 된다.

(1) 반비례 관계 $y=\frac{a}{x}(a\neq0)$의 그래프의 성질

반비례 관계 $y=\frac{a}{x}(a\neq0)$의 그래프는 좌표축에 점점 가까워지면서 한없이 뻗어 나가는 한 쌍의 매끄러운 곡선이다.

	$a>0$일 때	$a<0$일 때
그래프	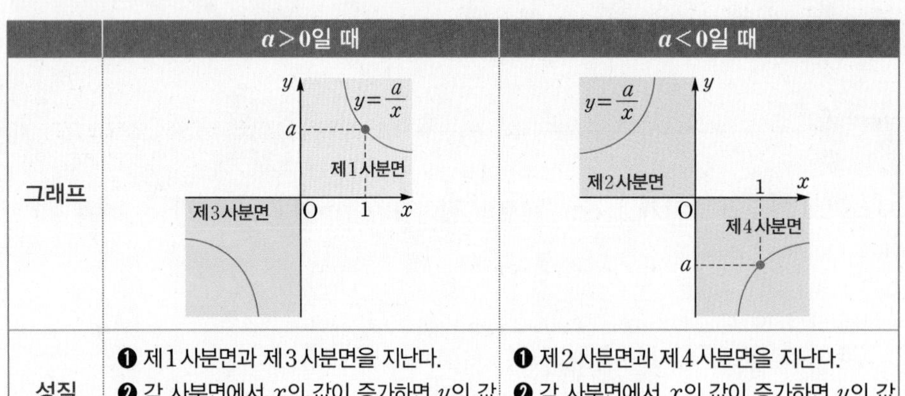	
성질	❶ 제1사분면과 제3사분면을 지난다. ❷ 각 사분면에서 x의 값이 증가하면 y의 값은 감소한다.	❶ 제2사분면과 제4사분면을 지난다. ❷ 각 사분면에서 x의 값이 증가하면 y의 값도 증가한다.

반비례 관계 $y=\frac{a}{x}(a\neq0)$의 그래프
① a의 값에 관계없이 항상 점 $(1, a)$를 지난다.
② a의 절댓값이 클수록 원점에서 멀어지고, a의 절댓값이 작을수록 원점에 가까워진다.

개념확인

1. 반비례 관계 $y=-\frac{3}{x}$에 대하여 다음 물음에 답하시오.

(1) x와 y 사이의 관계를 나타낸 아래 표를 완성하시오.

x	…	-3	-1	1	3	…
y	…					…

(2) 오른쪽 좌표평면 위에 (1)의 x, y의 값을 이용하여 x가 0이 아닌 모든 수 일 때, 반비례 관계 $y=-\frac{3}{x}$의 그래프를 그리시오.

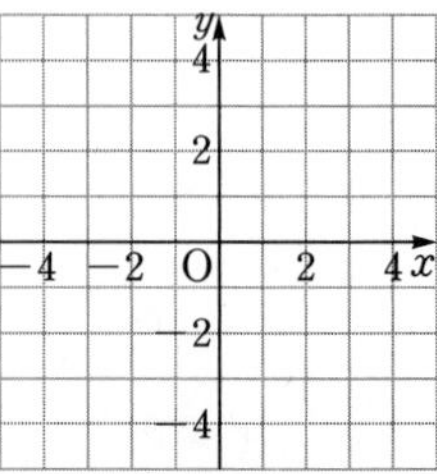

반비례 관계 $y=\frac{a}{x}(a\neq0)$의 그래프 위의 점

1 **반비례 관계 $y=-\frac{4}{x}$의 그래프가 점 $\left(\frac{1}{4}, k\right)$를 지날 때, k의 값은?**

① -16 ② -8 ③ -4
④ 8 ⑤ 16

점 (□, △)가 반비례 관계 $y=\frac{a}{x}$의 그래프 위의 점이다.
⇨ 반비례 관계 $y=\frac{a}{x}$의 그래프가 점 (□, △)를 지난다.
⇨ $y=\frac{a}{x}$에 $x=$□, $y=$△를 대입하면 등식이 성립한다.

1-1 다음 중 반비례 관계 $y=\frac{10}{x}$의 그래프 위의 점을 모두 고르면? (정답 2개)

① $(0, 0)$ ② $(2, 5)$ ③ $(-2, -5)$
④ $(5, -2)$ ⑤ $(-2, 5)$

반비례 관계 $y=\frac{a}{x}(a\neq0)$에서 a의 값 구하기

2 **반비례 관계 $y=\frac{a}{x}$의 그래프가 두 점 $(-3, 2)$, $(b, -6)$을 지날 때, $a+b$의 값은? (단, a는 상수)**

① -6 ② -5 ③ -3
④ 3 ⑤ 5

반비례 관계 $y=\frac{a}{x}$의 그래프가 점 (□, △)를 지난다.
⇨ $y=\frac{a}{x}$에 $x=$□, $y=$△를 대입하면 등식이 성립한다.

2-1 반비례 관계 $y=\frac{a}{x}$의 그래프가 오른쪽 그림과 같을 때, 상수 a의 값을 구하시오.

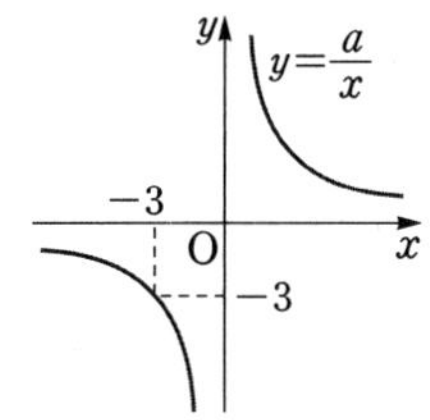

반비례 관계 $y=\frac{a}{x}(a\neq0)$의 식 구하기

3 **오른쪽 그림과 같은 반비례 관계의 그래프에서 y의 값이 $-\frac{1}{4}$ 일 때, x의 값을 구하시오.**

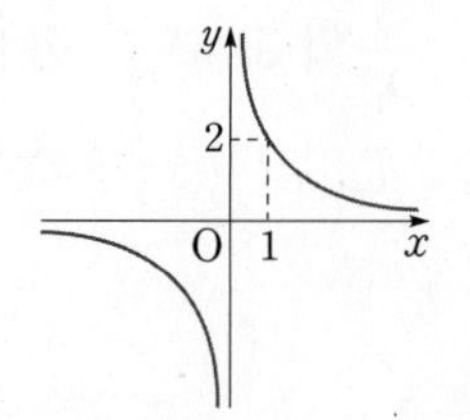

반비례 관계식 구하기
① 그래프가 원점에 대하여 대칭인 한 쌍의 곡선일 때, x, y 사이의 관계식을 $y=\frac{a}{x}$로 놓는다.
② 그래프 위의 점 (□, △)를 찾는다.
③ $y=\frac{a}{x}$에 $x=$□, $y=$△를 대입하여 a의 값을 구한다.

3-1 오른쪽 그림과 같은 반비례 관계의 그래프에서 k의 값은?

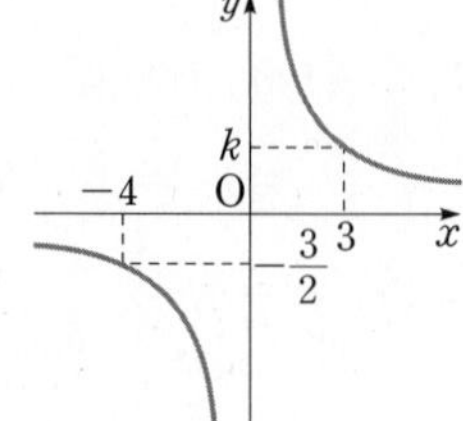

① -6　② -3　③ 1
④ 2　⑤ 3

반비례 관계 $y=\frac{a}{x}(a\neq0)$의 그래프의 성질

4 **다음 보기 중 반비례 관계 $y=\frac{a}{x}(a\neq0)$의 그래프에 대한 설명으로 옳지 않은 것을 모두 고르시오.**

보기
ㄱ. 한 쌍의 곡선이다.　ㄴ. 항상 원점을 지난다.
ㄷ. 점 $(1, a)$를 지난다.　ㄹ. x축, y축과 만난다.
ㅁ. $a>0$일 때, 각 사분면에서 x의 값이 증가하면 y의 값은 감소한다.
ㅂ. $a<0$이면 제2사분면과 제4사분면을 지난다.

반비례 관계 $y=\frac{a}{x}$의 그래프는 원점에 대칭이고 좌표축에 한없이 가까워지는 한 쌍의 매끄러운 곡선이다.

4-1 다음 중 반비례 관계 $y=-\frac{5}{x}$의 그래프에 대한 설명으로 옳은 것은?

① x축과 한 점에서 만난다.
② 점 $(-1, -5)$를 지난다.
③ 제1사분면과 제3사분면을 지난다.
④ 각 사분면에서 x의 값이 증가하면 y의 값도 증가한다.
⑤ 반비례 관계 $y=-\frac{8}{x}$의 그래프보다 원점에서 더 멀다.

반비례 관계 $y=\frac{a}{x}(a\neq0)$의 그래프와 도형의 넓이

5 **오른쪽 그림은 반비례 관계 $y=\frac{4}{x}$의 그래프의 일부이고 점 P는 이 그래프 위의 점이다. 점 Q의 x좌표가 3일 때, 삼각형 OQP의 넓이를 구하시오. (단, O는 원점이다.)**

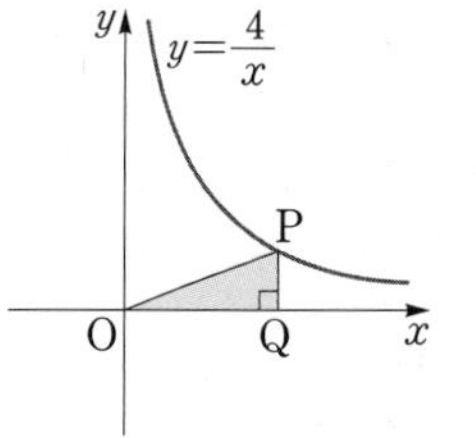

점 (a, b)에서
① x축에 내린 수선이 x축과 만나는 점의 좌표는 ⇨ $(a, 0)$
② y축에 내린 수선이 y축과 만나는 점의 좌표는 ⇨ $(0, b)$

5-1 오른쪽 그림은 반비례 관계 $y=\frac{12}{x}$의 그래프의 일부이고 점 P는 이 그래프 위의 점이다. 직사각형 OAPB의 넓이를 구하시오. (단, O는 원점이다.)

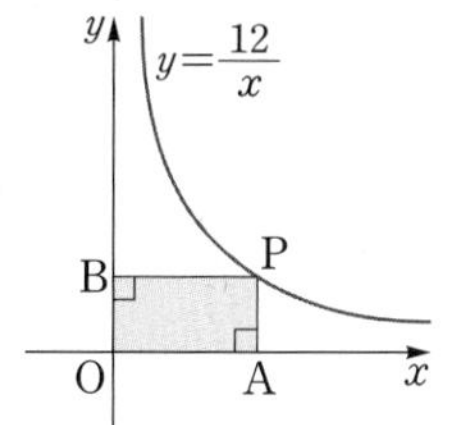

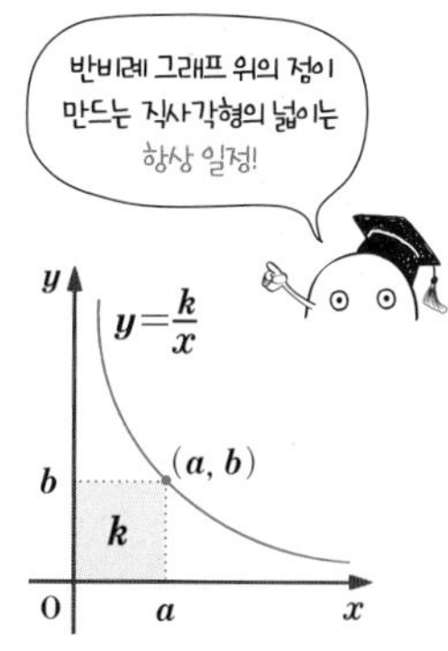

반비례 그래프 위의 점이 만드는 직사각형의 넓이는 항상 일정!
$y=\frac{k}{x}$
(a, b)
b
k
O
a

두 그래프 $y=ax$, $y=\frac{b}{x}$가 만나는 점

6 **오른쪽 그림과 같이 두 그래프 $y=-\frac{1}{3}x$와 $y=\frac{a}{x}$가 만나는 점 A의 x좌표가 -6일 때, 상수 a의 값을 구하시오.**

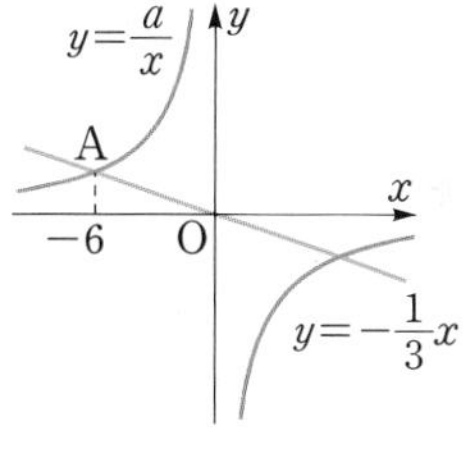

두 그래프 $y=ax$와 $y=\frac{b}{x}$가 점 (p, q)에서 만난다.
⇨ 점 (p, q)는 정비례 관계 $y=ax$의 그래프 위의 점인 동시에 반비례 관계 $y=\frac{b}{x}$의 그래프 위의 점이다.
⇨ 두 그래프 $y=ax$, $y=\frac{b}{x}$에 $x=p$, $y=q$를 각각 대입하면 등식이 성립한다.

6-1 오른쪽 그림과 같이 두 그래프 $y=ax$와 $y=\frac{b}{x}$가 점 $(-2, 5)$에서 만날 때, 상수 a, b에 대하여 ab의 값은?

① -25 ② -20
③ 15 ④ 20
⑤ 25

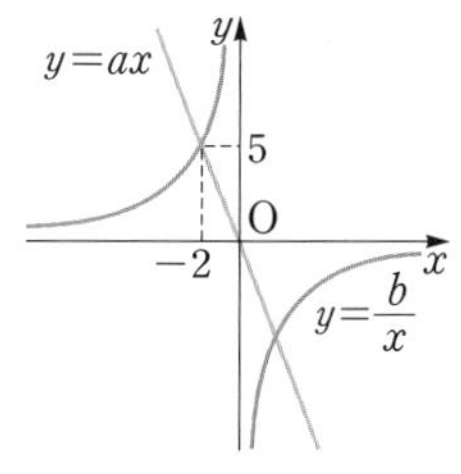

개념 완성 기본 문제

1 정비례 관계

다음 중 y가 x에 정비례하는 것은?

① $y=x+2$　② $\frac{y}{x}=-3$　③ $y=\frac{x}{2}+1$
④ $y=\frac{5}{x}$　⑤ $xy=-1$

2 정비례 관계

y가 x에 정비례하고 $x=-2$일 때 $y=8$이다. $y=-20$일 때, x의 값은?

① 4　② 5　③ 6
④ 7　⑤ 8

3 정비례 관계 $y=ax(a\neq0)$의 그래프

다음 중 정비례 관계 $y=\frac{4}{3}x$의 그래프는?

①
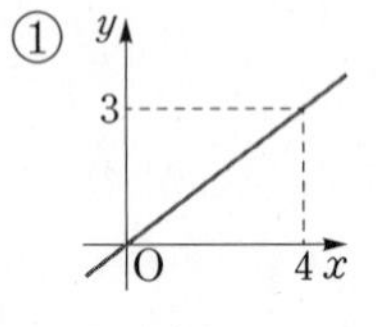

②
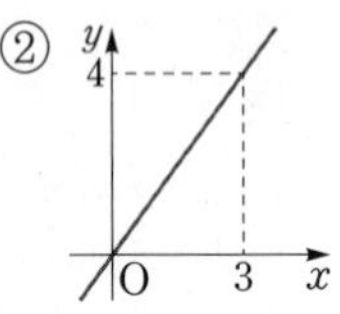

③
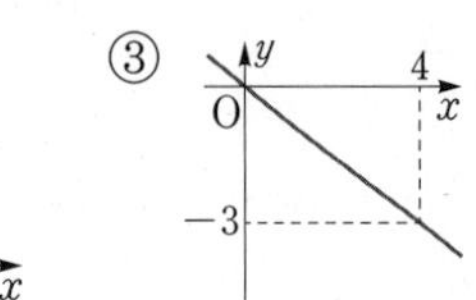

④
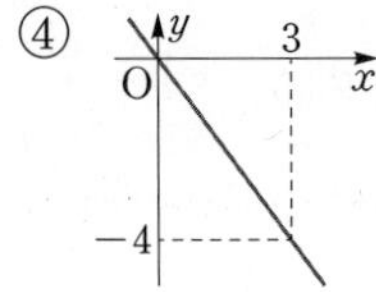

⑤
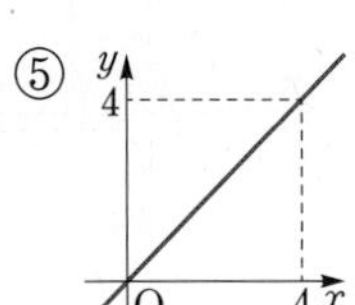

4 정비례 관계 $y=ax(a\neq0)$의 그래프

두 정비례 관계 $y=2x$와 $y=ax$의 그래프가 오른쪽 그림과 같을 때, 다음 중 상수 a의 값이 될 수 있는 것은?

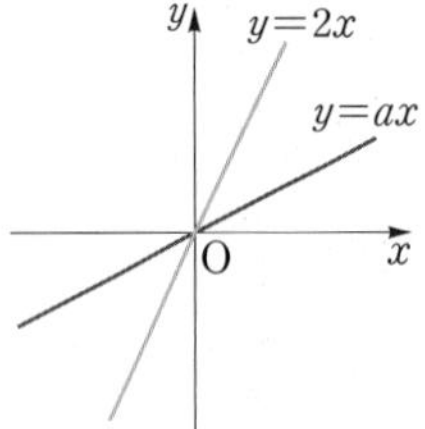

① -1　② $-\frac{1}{2}$
③ $\frac{1}{2}$　④ $\frac{5}{2}$
⑤ 3

5 정비례 관계 $y=ax(a\neq0)$에서 a의 값 구하기

다음 중 오른쪽 그림과 같은 정비례 관계 $y=ax$의 그래프 위의 점이 아닌 것은? (단, a는 상수)

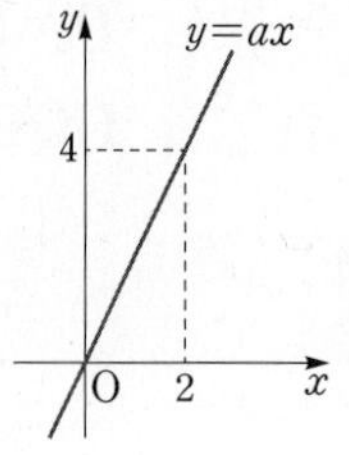

① $\left(\frac{1}{3}, \frac{2}{3}\right)$　② $(1, 2)$
③ $\left(-\frac{1}{2}, -1\right)$　④ $\left(\frac{3}{2}, 3\right)$
⑤ $\left(-4, -\frac{1}{2}\right)$

6 정비례 관계 $y=ax(a\neq0)$에서 a의 값 구하기

정비례 관계 $y=ax$의 그래프가 두 점 $(-4, 2)$, $(b, -3)$을 지날 때, ab의 값을 구하시오.

(단, a는 상수)

7 정비례 관계 $y=ax(a\neq0)$의 식 구하기

오른쪽 그림과 같은 그래프가 점 $(-3, 6)$을 지날 때, k의 값을 구하시오.

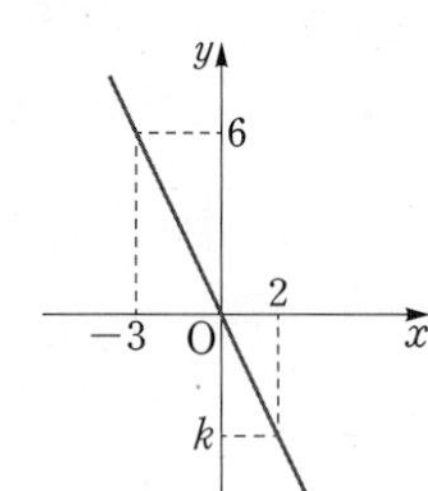

8 정비례 관계 $y=ax(a\neq0)$의 그래프의 성질

다음 중 정비례 관계 $y=-\frac{1}{2}x$의 그래프에 대한 설명으로 옳은 것은?

① 점 $(2, 1)$을 지난다.
② 원점에 대하여 대칭인 한 쌍의 곡선이다.
③ 오른쪽 위로 향하는 직선이다.
④ 제2사분면과 제4사분면을 지난다.
⑤ x의 값이 증가할 때, y의 값도 증가한다.

9 반비례 관계 $y=\frac{a}{x}(a\neq0)$의 그래프의 성질

다음 반비례 관계의 그래프 중 원점으로부터 가장 멀리 떨어져 있는 것은?

① $y=-\frac{6}{x}$ ② $y=-\frac{2}{x}$ ③ $y=\frac{1}{x}$

④ $y=\frac{4}{x}$ ⑤ $y=\frac{5}{x}$

10 정비례 관계와 반비례 관계의 그래프의 성질

다음 **보기**에서 x와 y 사이의 관계를 나타내는 그래프가 제4사분면을 지나는 것을 모두 고르시오.

보기

ㄱ. $y=4x$ ㄴ. $y=\frac{1}{3}x$ ㄷ. $y=-3x$

ㄹ. $y=-\frac{5}{x}$ ㅁ. $y=\frac{3}{x}$ ㅂ. $y=-\frac{1}{x}$

11 반비례 관계 $y=\frac{a}{x}(a\neq0)$의 그래프의 성질

가로의 길이가 x, 세로의 길이가 10, 높이가 y인 직육면체의 부피가 500일 때, 다음 중 x와 y 사이의 관계를 나타낸 그래프로 알맞은 것은?

①
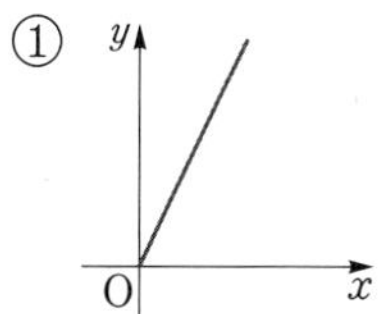

②
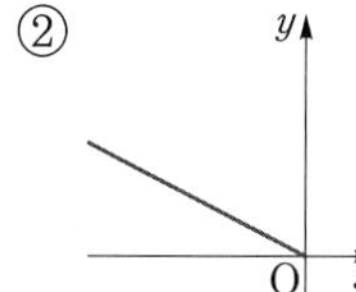

③
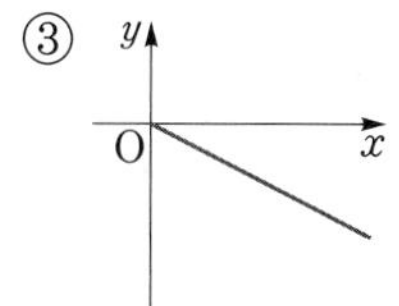

④
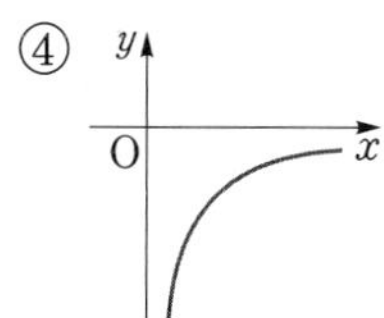

⑤
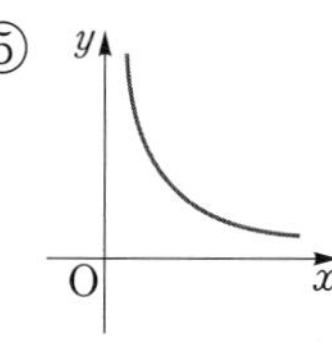

12 반비례 관계 $y=\frac{a}{x}(a\neq0)$에서 a의 값 구하기

반비례 관계 $y=\frac{a}{x}$의 그래프가 점 $(-1,\ 7)$를 지날 때, 상수 a의 값을 구하시오.

13 반비례 관계 $y=\frac{a}{x}(a\neq0)$에서 a의 값 구하기

다음 중 오른쪽 그림과 같은 반비례 관계 $y=\frac{a}{x}$의 그래프 위의 점은? (단, a는 상수)

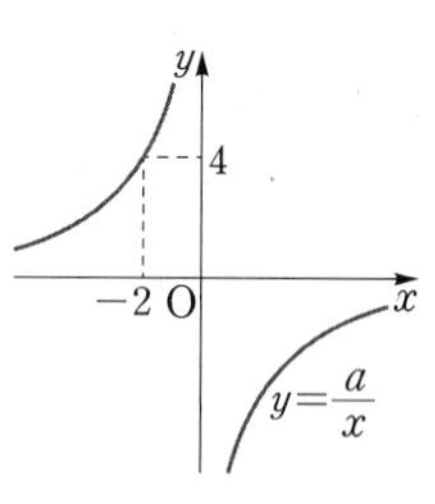

① $(-2,\ 2)$ ② $(-1,\ 4)$

③ $(1,\ -6)$ ④ $(4,\ -2)$

⑤ $(8,\ 1)$

14 반비례 관계 $y=\frac{a}{x}(a\neq0)$에서 a의 값 구하기

반비례 관계 $y=\frac{a}{x}$의 그래프가 두 점 $(5,\ -3)$, $(-3,\ b)$를 지날 때, $a-b$의 값을 구하시오. (단, a는 상수)

15 반비례 관계 $y=\frac{a}{x}(a\neq0)$의 그래프와 도형의 넓이

오른쪽 그림은 반비례 관계 $y=\frac{15}{x}$의 그래프이고 점 C는 이 그래프 위의 점이다. 이때 직사각형 AOBC의 넓이를 구하시오. (단, O는 원점)

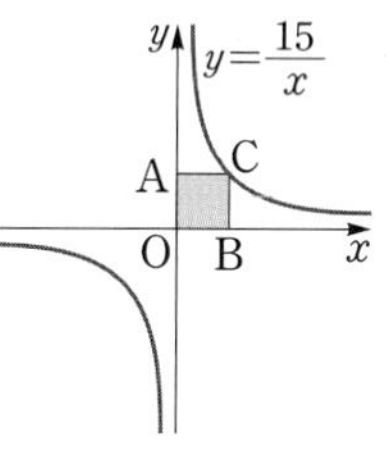

발전 문제

1 오른쪽 그림과 같이 정비례 관계 $y=-\frac{1}{2}x$의 그래프 위의 점 P(a, b)에 대하여 삼각형 OPM의 넓이가 9일 때, 점 P의 좌표를 구하시오. (단, $a>0$이고 O는 원점이다.)

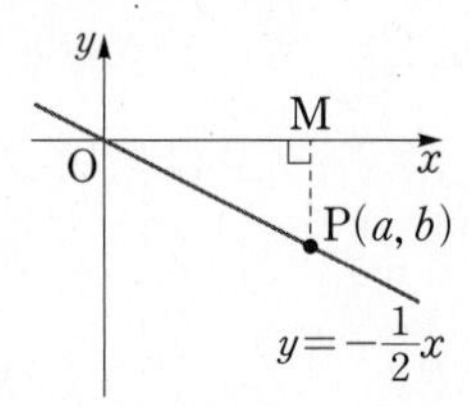

2 오른쪽 그림에서 제1사분면 위의 두 점 A, C는 각각 두 정비례 관계 $y=4x(x>0)$, $y=\frac{1}{4}x(x>0)$의 그래프 위의 점이다. 사각형 ABCD는 한 변의 길이가 6인 정사각형일 때, 점 A의 좌표를 구하시오. (단, 두 점 A, B의 x좌표는 같다.)

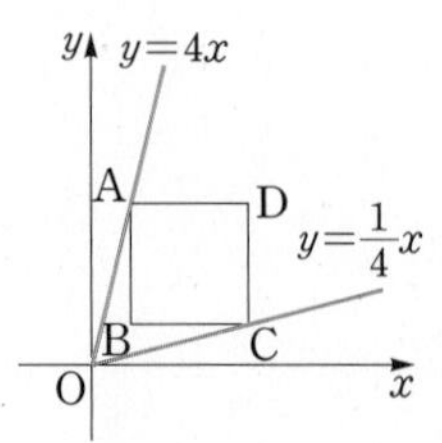

점 A의 x좌표를 a라 하고, 사각형 ABCD가 정사각형임을 이용하여 세 점 B, C, D의 좌표를 a로 나타낸다.

3 오른쪽 그림과 같이 두 점 A, C는 반비례 관계 $y=\frac{a}{x}(x>0)$의 그래프 위에 있는 점이다. 직사각형 ABCD의 넓이가 24일 때, 상수 a의 값을 구하시오.

(단, 직사각형의 네 변은 x축 또는 y축에 평행하다.)

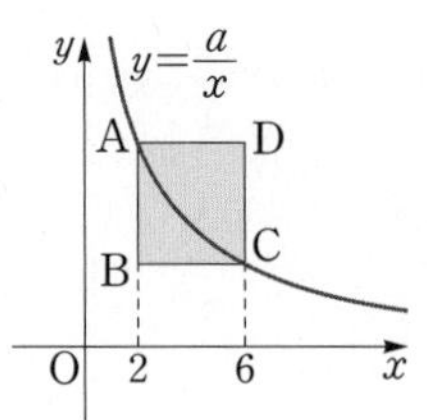

4 정비례 관계 $y=ax$의 그래프가 오른쪽 그림과 같을 때, 다음 중 반비례 관계 $y=\frac{a}{x}$의 그래프는? (단, a는 상수)

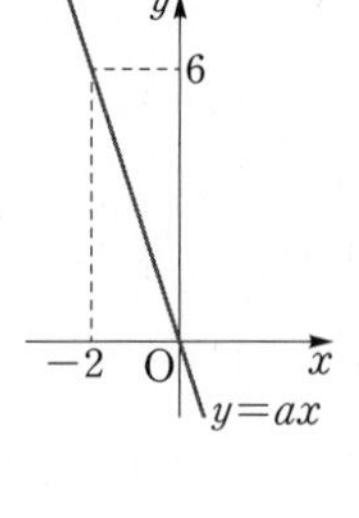

①
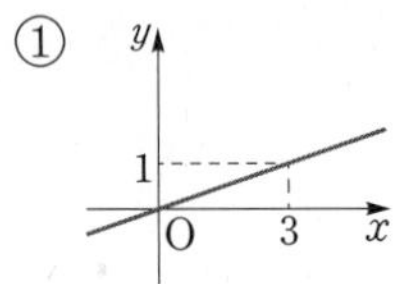

②
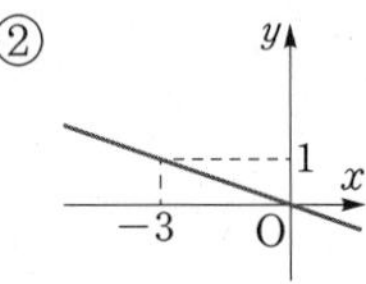

③
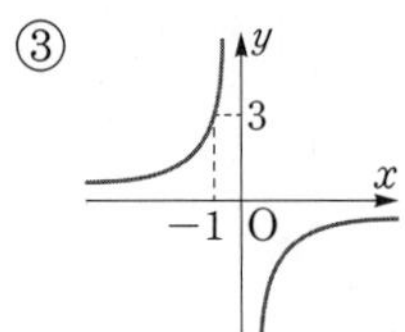

④
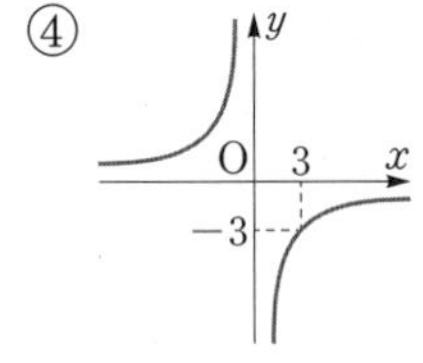

⑤
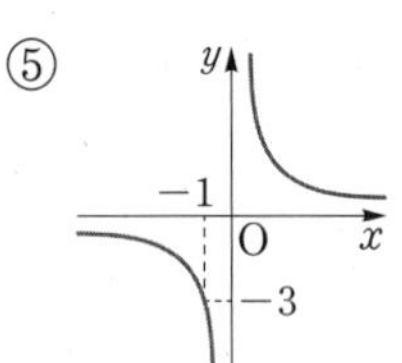

5 오른쪽 그림과 같이 정비례 관계 $y=\frac{2}{3}x$의 그래프와 반비례 관계 $y=\frac{a}{x}$의 그래프가 점 A에서 만나고 점 A의 x좌표가 3일 때, 상수 a의 값을 구하시오.

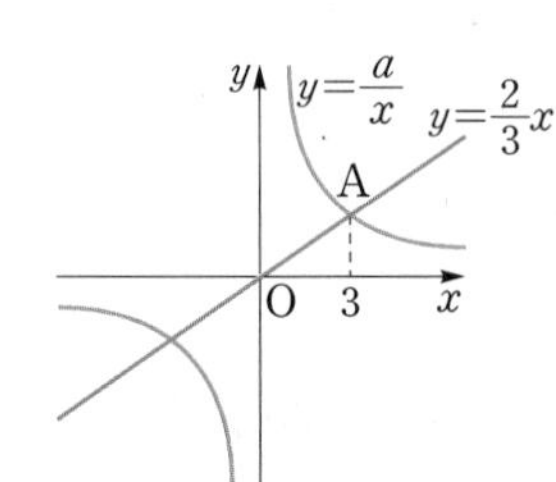

점 A의 y좌표를 구한 후 점 A가 반비례 관계 $y=\frac{a}{x}$의 그래프 위의 점임을 이용하여 a의 값을 구한다.

6 서술형

정비례 관계 $y=ax$의 그래프가 점 $(4, 8)$을 지나고 반비례 관계 $y=\frac{a}{x}$의 그래프가 점 $(-3, b)$를 지날 때, $a+b$의 값을 구하기 위한 풀이 과정을 쓰고 답을 구하시오. (단, a는 상수)

① 단계: a의 값 구하기

$y=ax$에 $x=4$, $y=8$을 대입하면

$8=$_______ $\therefore a=$_______

② 단계: b의 값 구하기

$y=\frac{2}{x}$이므로 $x=-3$, $y=b$를 대입하면 $b=$_______

③ 단계: $a+b$의 값 구하기

$a+b=$____________

► Check List

- a의 값을 바르게 구하였는가?
- b의 값을 바르게 구하였는가?
- $a+b$의 값을 바르게 구하였는가?

7 서술형

두 정비례 관계 $y=x$와 $y=-2x$의 그래프가 오른쪽 그림과 같이 x좌표가 2인 점 A, B를 각각 지난다. 이때 삼각형 AOB의 넓이를 구하기 위한 풀이 과정을 쓰고 답을 구하시오. (단, O는 원점이다.)

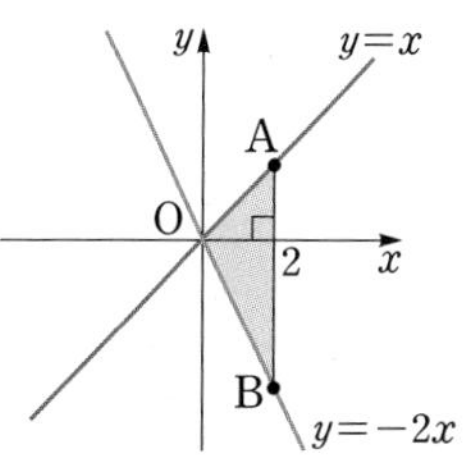

① 단계: 점 A의 좌표 구하기

____

____

② 단계: 점 B의 좌표 구하기

____

____

③ 단계: 삼각형 AOB의 넓이 구하기

____

____

► Check List

- 점 A의 좌표를 바르게 구하였는가?
- 점 B의 좌표를 바르게 구하였는가?
- 삼각형 AOB의 넓이를 바르게 구하였는가?

수학은 개념이다!

디딤돌수학

개념기본

중 1 / 1 익힘북

2022 개정 교육과정

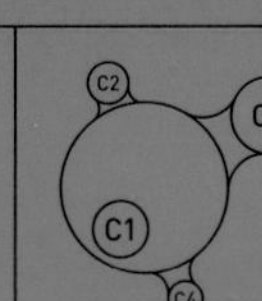

중학 수학은 개념의 연결과 확장이다.

디딤돌

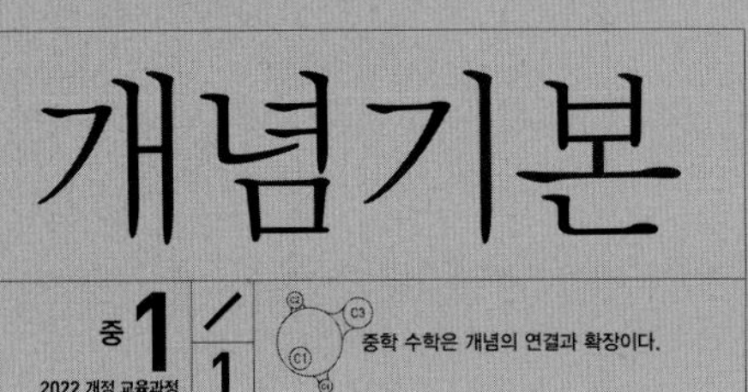
개념기본
중1-1
2022 개정 교육과정
중학 수학은 개념의 연결과 확장이다.

디딤돌수학 개념기본 중학 1-1

펴낸날 [초판 1쇄] 2023년 10월 30일 [초판 4쇄] 2024년 9월 15일
펴낸이 이기열
펴낸곳 (주)디딤돌 교육
주소 (03972) 서울특별시 마포구 월드컵북로 122 청원선와이즈타워
대표전화 02-3142-9000
구입문의 02-322-8451
내용문의 02-336-7918
팩시밀리 02-335-6038
홈페이지 www.didimdol.co.kr
등록번호 제10-718호
구입한 후에는 철회되지 않으며 잘못 인쇄된 책은 바꾸어 드립니다.

수학은 개념이다!

디딤돌수학

개념기본

중 1/1 익힘북

중학 수학은 개념의 연결과 확장이다.

차례

1 소인수분해

개념적용익힘

소수와 합성수

개념북 11쪽

1 ●○○

다음 중 소수를 모두 고르면? (정답 2개)

① 14　② 17　③ 21
④ 25　⑤ 31

2 ●●○

40 이하의 자연수 중에서 가장 작은 소수와 가장 큰 소수의 합은?

① 37　② 38　③ 39
④ 40　⑤ 41

3 ●●○

10보다 크고 30보다 작은 자연수 중에서 약수가 1과 자기 자신뿐인 수의 개수는?

① 4　② 5　③ 6
④ 7　⑤ 8

소수의 성질

개념북 11쪽

4 ●○○

다음 중 옳은 것은?

① 가장 작은 합성수는 1이다.
② 모든 홀수는 소수이다.
③ 3의 배수 중에서 소수는 3개이다.
④ 51은 소수이다.
⑤ 합성수는 약수가 3개 이상이다.

5 ●●○

다음 **보기** 중 소수와 합성수에 대한 설명으로 옳은 것을 모두 고르시오.

보기

ㄱ. 2가 아닌 짝수는 모두 합성수이다.
ㄴ. 두 소수의 곱은 항상 홀수이다.
ㄷ. 가장 작은 소수는 1이다.
ㄹ. 한 자리의 자연수 중에서 합성수는 4개이다.

6 ●●●

다음 **조건**을 동시에 만족하는 자연수를 모두 구하시오.

조건

(가) 40보다 크고 50보다 작은 자연수이다.
(나) 약수가 2개뿐이다.

곱을 거듭제곱으로 나타내기

개념북 13쪽

7 ●○○

다음 중 7^3을 나타낸 것으로 옳은 것은?

① 7×3
② $7+7+7$
③ $7\times7\times7$
④ $3+3+3+3+3+3+3$
⑤ $3\times3\times3\times3\times3\times3\times3$

8 ●○○

5^4에 대한 다음 설명 중 옳은 것은?

① 5+5+5+5를 나타낸 것이다.
② 20과 같다.
③ 지수는 5이다.
④ 밑은 4이다.
⑤ '5의 네제곱'이라고 읽는다.

9 ●○○

다음 중 옳은 것은?

① $3^3=9$
② $2\times2\times2\times3\times3=2^2\times3^3$
③ $\frac{1}{7}\times\frac{1}{7}\times\frac{1}{7}\times\frac{1}{7}=\frac{4}{7}$
④ $\frac{1}{5\times5\times5}=\frac{1}{5^3}$
⑤ $a+a+a+a+a=a^5$

10 ●●○

$2\times5\times3\times3\times5\times3=2^a\times b^3\times5^c$일 때, 자연수 a, b, c에 대하여 $a+b+c$의 값은?

① 3 ② 4 ③ 5
④ 6 ⑤ 7

수를 거듭제곱으로 나타내기

개념북 13쪽

11 ●○○

다음 중 옳은 것은?

① $8=2^4$ ② $9=3^3$
③ $25=5^2$ ④ $7\times7\times7\times7=4\times7$
⑤ $6\times6\times6\times6\times6=5^6$

12 ●○○

$7^{\square}=343$일 때, □ 안에 들어갈 알맞은 자연수는?

① 2 ② 3 ③ 4
④ 5 ⑤ 6

13 ●●○

$2^a=16$, $5^3=b$를 만족하는 자연수 a, b에 대하여 $a+b$의 값은?

① 28 ② 29 ③ 128
④ 129 ⑤ 629

14 ●●●

요리사가 손으로 국수를 만들 때, 반죽을 손으로 잡아당겨 늘인 다음 반으로 접고 다시 잡아당겨 늘이는 일을 반복한다. 이때 한 가닥의 국수 반죽을 한 번 접으면 면은 2가닥이 되고, 두 번 접으면 4가닥이 된다. 반죽을 몇 번 접으면 국수가 512가닥이 되는지 구하시오.

소인수분해하기

개념북 15쪽

15 ●○○

144를 소인수분해하면?

① $2^4\times3^2$　② $2^2\times3\times5$
③ $3^4\times5$　④ $2^2\times3^4$
⑤ $2^5\times3^2\times5$

16 ●○○

다음 중 소인수분해가 옳지 않은 것은?

① $18=2\times3^2$　② $100=2^2\times5^2$
③ $72=2^3\times3^2$　④ $98=2\times7^2$
⑤ $150=3\times5^2$

17 ●●○

다음 중 소인수분해한 것으로 옳은 것은?

① $48=2^3\times3$　② $54=2^2\times3^3$
③ $32=2^6$　④ $90=2\times3^2\times5$
⑤ $120=2^2\times3^3\times5$

소인수분해한 결과에서 밑과 지수 구하기

개념북 15쪽

18 ●○○

120을 소인수분해하면 $2^a\times3^b\times c$일 때, 자연수 a, b, c에 대하여 $a+b+c$의 값은?

① 5　② 6　③ 7
④ 8　⑤ 9

19 ●●○

$216=a^m\times b^n$일 때, 자연수 a, b, m, n에 대하여 $a+b-m+n$의 값은? (단, a, b는 소수이고, $a<b$)

① 4　② 5　③ 6
④ 7　⑤ 8

20 ●●○

32×243을 $2^m\times3^n$으로 나타낼 때, 자연수 m, n에 대하여 $m\times n$의 값을 구하시오.

21 ●●●

$1\times2\times3\times4\times5\times6$을 소인수분해하면 $2^x\times3^y\times5^z$이다. 이때 자연수 x, y, z에 대하여 $x+y-z$의 값을 구하시오.

소인수 구하기

개념북 16쪽

22 ●○○

다음 중 84의 소인수가 아닌 것을 모두 고르면? (정답 2개)

① 2 ② 3 ③ 5
④ 7 ⑤ 11

23 ●●○

540을 소인수분해하였을 때, 모든 소인수의 합은?

① 4 ② 5 ③ 7
④ 8 ⑤ 10

24 ●●○

다음 중 2와 3을 소인수로 가지고 있는 자연수가 아닌 것은?

① 6 ② 12 ③ 24
④ 50 ⑤ 72

25 ●●○

다음은 민혁이가 친구에게 휴대전화번호를 알려 주면서 한 말이다. 이때 민혁이의 휴대전화번호 뒷자리인 네 자리의 숫자를 구하시오.

> 내 휴대전화번호 뒷자리인 네 자리의 숫자는 1300의 소인수를 작은 수부터 차례로 늘어 놓은 숫자야.
>
> 987 − 6543 − □□□□

제곱인 수 만들기

개념북 16쪽

26 ●●○

600에 자연수를 곱하여 어떤 수의 제곱이 되게 하려고 한다. 이때 곱할 수 있는 가장 작은 자연수는?

① 6 ② 10 ③ 15
④ 20 ⑤ 75

27 ●●○

$24 \times a = b^2$을 만족하는 a, b가 가장 작은 자연수가 되도록 할 때, $a+b$의 값을 구하시오.

28 ●●○

250을 가장 작은 자연수 a로 나누어 어떤 자연수 b의 제곱이 되게 하려고 할 때, $a+b$의 값은?

① 10 ② 15 ③ 20
④ 25 ⑤ 30

소인수분해를 이용하여 약수 구하기

개념북 18쪽

29 ●○○

다음 중 $2^3 \times 7^2$의 약수인 것을 모두 고르면? (정답 2개)

① 2^4 ② 7^3 ③ $2^3 \times 7$
④ $2^3 \times 7^2$ ⑤ $2^2 \times 7^3$

30 ●○○

다음 중 $2^2 \times 3^3 \times 5$의 약수가 <u>아닌</u> 것은?

① 2×5 ② $3^2 \times 5$ ③ $2^2 \times 3 \times 5$
④ 2×3^4 ⑤ $2^2 \times 3^3$

31 ●●○

다음 중 140의 약수가 <u>아닌</u> 것은?

① 2^2 ② $2^2 \times 5$ ③ $2^2 \times 7$
④ $2 \times 5 \times 7$ ⑤ $2^2 \times 5^2$

약수의 개수 구하기

개념북 18쪽

32 ●○○

3^5의 약수의 개수를 a, $2^3 \times 3^2$의 약수의 개수를 b라 할 때, $a+b$의 값은?

① 12 ② 15 ③ 18
④ 21 ⑤ 24

33 ●●○

다음 중 약수의 개수가 가장 적은 것은?

① 2^4 ② 30 ③ 2×5^2
④ 42 ⑤ 77

34 ●●○

자연수 a의 약수의 개수를 $f(a)$로 나타내기로 할 때, $f(27) \times f(80)$의 값을 구하시오.

약수의 개수가 주어졌을 때, 지수 구하기

개념북 19쪽

35 ●○○

3^a의 약수의 개수가 4일 때, 자연수 a의 값은?

① 1 ② 2 ③ 3
④ 4 ⑤ 5

36 ●●○

$3^2 \times 7^a$의 약수의 개수가 9일 때, 자연수 a의 값은?

① 1 ② 2 ③ 3
④ 4 ⑤ 5

37 ●●○

$8 \times 3 \times 5^a$의 약수의 개수가 32일 때, 자연수 a의 값은?

① 3 ② 4 ③ 5
④ 6 ⑤ 7

38 ●●●

126의 약수의 개수와 $3^3 \times 7^x$의 약수의 개수가 같을 때, 자연수 x의 값은?

① 1 ② 2 ③ 3
④ 4 ⑤ 5

약수의 개수가 n인 자연수 구하기

개념북 19쪽

39 ●●○

$2^6 \times □$의 약수의 개수가 14일 때, □ 안에 들어갈 가장 작은 두 자리의 자연수는?

① 11 ② 12 ③ 15
④ 17 ⑤ 19

40 ●●○

$a \times 5^2$의 약수의 개수가 15일 때, 다음 중 a의 값이 될 수 있는 것은?

① 4 ② 8 ③ 16
④ 32 ⑤ 64

41 ●●○

$6 \times □$의 약수의 개수가 12일 때, 다음 중 □ 안에 들어갈 수 없는 수는?

① 10 ② 12 ③ 15
④ 18 ⑤ 20

42 ●●●

다음 내용을 보고, '나'는 어떤 수인지 말하시오.

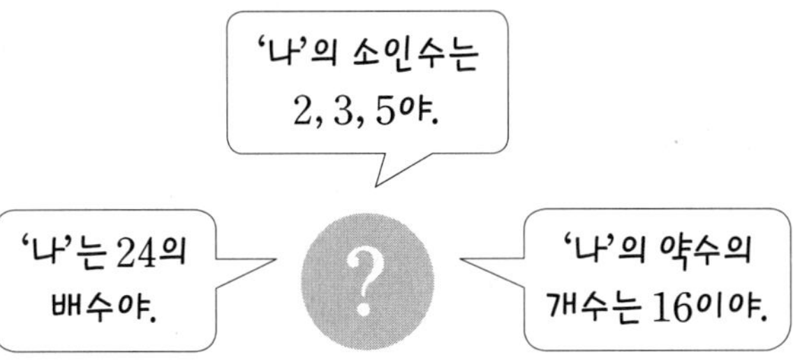

'나'의 소인수는 2, 3, 5야.
'나'는 24의 배수야.
?
'나'의 약수의 개수는 16이야.

개념완성익힘

1

다음 중 소수는 모두 몇 개인가?

1	5	11	24	41	57

① 1개 ② 2개 ③ 3개
④ 4개 ⑤ 5개

2 실력UP

에라토스테네스의 체를 이용하여 2부터 169까지의 자연수 중에서 소수를 찾을 때, □의 배수까지만 지우면 169까지의 합성수가 모두 지워지고 소수만 남는다. 이때 □ 안에 들어갈 가장 작은 자연수를 구하시오.

3

다음 설명 중 옳지 않은 것은?

① 가장 작은 합성수는 4이다.
② 소수의 약수는 항상 2개이다.
③ 10 이하의 자연수 중에서 소수는 4개이다.
④ 자연수의 약수는 2개 이상이다.
⑤ 합성수는 2개 이상의 소수의 곱으로 나타낼 수 있다.

4

다음 중 소인수가 나머지 넷과 다른 하나는?

① 24 ② 36 ③ 48
④ 54 ⑤ 60

5

오른쪽 그림과 같이 서로 다른 소수가 적힌 8개의 공을 두 개의 주머니 A, B에 나누어 넣고 다음과 같은 활동을 하였다.

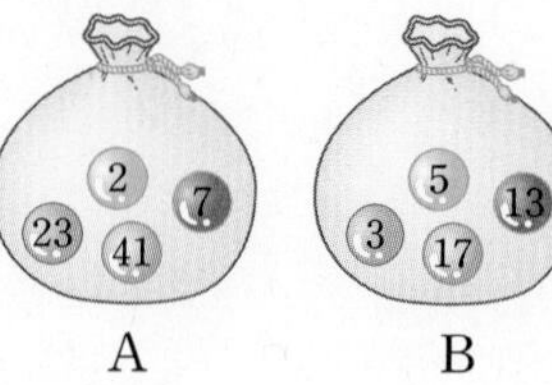

(1) A 주머니에서 몇 개의 공을 꺼내어 적힌 수의 곱을 구한다.
(2) B 주머니에서 몇 개의 공을 꺼내어 적힌 수의 곱을 구한다.

(1)과 (2)의 계산 결과는 같을 수 없다. 그 이유가 무엇인지 말하시오.

6

다음 중 $216\times a=b^2$을 만족시키는 자연수 a의 값이 될 수 없는 것은? (단, b는 자연수)

① 6 ② 24 ③ 48
④ 54 ⑤ 150

7

756을 가능한 한 작은 자연수로 나누어 어떤 자연수의 제곱이 되게 하려고 한다. 이때 나누어야 할 수는?

① 5 ② 9 ③ 15
④ 21 ⑤ 30

8

다음 중 $2^2\times3\times5^3\times7$의 약수가 아닌 것은?

① 2×5 ② $2^3\times3$ ③ $2\times3\times5^2$
④ $2^2\times5^2\times7$ ⑤ $2^2\times3\times5^3\times7$

9 실력UP

세 자연수 a, b, c에 대하여 45가 $3^a \times 5^b \times 7^c$의 약수일 때, $a+b+c$의 최솟값을 구하시오.

10 실력UP

자연수 a에 대하여 $f(a)$를 a의 약수의 개수라 할 때, $f(f(360))$의 값은?

① 4 ② 6 ③ 8
④ 10 ⑤ 12

11

5^3의 약수의 개수를 a, $7^2 \times 11$의 약수의 개수를 b라 할 때, $a+b$의 값을 구하시오.

12

$18 \times \square$의 약수의 개수가 12일 때, 다음 중 $\square$ 안에 들어갈 수 없는 수는?

① 4 ② 5 ③ 6
④ 7 ⑤ 8

서술형

13

$81=9^a$, $3 \times 3 \times 3 \times 3 \times 3 = 3^b$일 때, 자연수 a, b에 대하여 $a \times b$의 값을 구하기 위한 풀이 과정을 쓰고 답을 구하시오.

14

$\frac{432}{n}$가 자연수가 되게 하는 자연수 n의 개수를 구하기 위한 풀이 과정을 쓰고 답을 구하시오.

15

30 이하의 자연수 중에서 약수의 개수가 3인 수를 모두 구하기 위한 풀이 과정을 쓰고 답을 구하시오.

2 최대공약수와 최소공배수

개념적용익힘

공약수와 최대공약수의 관계

개념북 29쪽

1 ●○○

어떤 두 자연수의 최대공약수는 18이다. 이 두 자연수의 공약수를 모두 구하시오.

2 ●●○

두 자연수 A, B의 최대공약수가 20일 때, 다음 중 A와 B의 공약수는?

① 3 ② 6 ③ 8
④ 10 ⑤ 15

3 ●●○

두 자연수 a, b의 최대공약수가 36일 때, 다음 중 이 두 수의 공약수가 아닌 것은?

① 4 ② 9 ③ 15
④ 18 ⑤ 36

4 ●●○

두 자연수 A, B의 최대공약수가 54일 때, 두 자연수의 공약수의 개수는?

① 5 ② 6 ③ 7
④ 8 ⑤ 9

최대공약수 구하기

개념북 29쪽

5 ●○○

두 수 $2^3\times3^2\times5$, $2^4\times3^2$의 최대공약수는?

① $2^3\times3$ ② $2^3\times3^2$ ③ $2^3\times3\times5$
④ $2^3\times3^2\times5$ ⑤ $2^4\times3^2\times5$

6 ●○○

두 수 80, 120의 최대공약수는?

① 2^2 ② 2^3 ③ $2^3\times3$
④ $2^2\times5$ ⑤ $2^3\times5$

7 ●○○

세 수 $2^2\times3^3\times5$, $2^3\times3\times5^2$, $2\times5\times7^2$의 최대공약수를 구하시오.

8 ●●○

세 수 45, 75, 105의 최대공약수를 구하시오.

9 ●●○

다음 중 두 수 $2^3\times3^2$, $2^2\times3^3\times7$의 공약수가 아닌 것은?

① 3^2 ② 2×3 ③ $2\times3\times7$
④ $2^2\times3$ ⑤ $2^2\times3^2$

10 ●●○

다음 중 세 수 30, 45, 90의 공약수를 모두 고르면? (정답 2개)

① 3 ② 6 ③ 9
④ 12 ⑤ 15

11 ●●○

두 수 $2^3\times3^2\times5$, $2\times3^3\times5^2$의 공약수의 개수는?

① 8 ② 9 ③ 10
④ 11 ⑤ 12

12 ●●○

세 수 60, 72, 84의 공약수의 개수는?

① 3 ② 6 ③ 9
④ 12 ⑤ 15

최대공약수가 주어질 때, 미지수 구하기

개념북 30쪽

13 ●○○

두 수 $3^3\times5^a$, $3^2\times5^3$의 최대공약수가 $3^2\times5^2$일 때, 자연수 a의 값은?

① 1 ② 2 ③ 3
④ 4 ⑤ 5

14 ●●○

두 수 $2^a\times3^4\times7$, $2^4\times3^b\times5$의 최대공약수가 $2^3\times3^2$일 때, 자연수 a, b의 값을 각각 구하시오.

15 ●●○

두 수 $2^2\times3^a\times5^3$, $2^3\times3^2\times5^2$의 최대공약수가 $2^2\times3\times5^b$일 때, 자연수 a, b에 대하여 $a+b$의 값은?

① 2 ② 3 ③ 4
④ 5 ⑤ 6

16 ●●●

세 자연수 A, $2^2\times3^2\times5^2$, $2^2\times3^3\times5\times7$의 최대공약수가 $2^2\times3\times5$일 때, 다음 중 A의 값으로 가능한 수는?

① $2\times3\times5$ ② $2^2\times3\times7$
③ $2^2\times3^2\times5$ ④ $2^2\times3\times5^3$
⑤ $2^2\times5^2\times7$

서로소 찾기

개념북 30쪽

17 ●○○

다음 중 두 수가 서로소인 것은?

① 9, 21　② 17, 21　③ 12, 51
④ 14, 35　⑤ 13, 26

18 ●●○

다음 중 48과 서로소인 것은?

① 18　② 24　③ 32
④ 125　⑤ 160

19 ●●○

다음 중 옳지 않은 것을 모두 고르면? (정답 2개)

① 최대공약수가 1인 두 자연수는 서로소이다.
② 두 자연수가 서로소이면 두 수의 공약수는 1뿐이다.
③ 22와 33은 서로소이다.
④ 두 홀수는 서로소이다.
⑤ 서로 다른 두 소수는 항상 서로소이다.

20 ●●●

다음 **조건**을 모두 만족하는 자연수 중에서 가장 작은 수를 구하시오.

조건
(가) 약수가 1과 자기 자신뿐이다.
(나) 50 이상의 수이다.
(다) 106과 서로소이다.

공배수와 최소공배수의 관계

개념북 32쪽

21 ●○○

다음 중 최소공배수가 16인 두 수의 공배수인 것은?

① 32　② 36　③ 42
④ 54　⑤ 58

22 ●○○

두 자연수의 최소공배수가 18일 때, 다음 중 이 두 자연수의 공배수가 아닌 것은?

① 18　② 36　③ 72
④ 108　⑤ 142

23 ●●○

두 자연수 A, B의 최소공배수가 21일 때, 이 두 자연수 A와 B의 공배수 중에서 두 자리의 자연수의 개수는?

① 3　② 4　③ 5
④ 6　⑤ 7

24 ●●○

두 자연수의 최소공배수가 28일 때, 두 수의 공배수 중 300보다 작은 자연수는 모두 몇 개인지 구하시오.

정답과 풀이 61쪽

최소공배수 구하기

개념북 32쪽

25 ●○○

두 수 $2^2\times3\times5$, $2^2\times5\times7$의 최소공배수는?

① $2^2\times5$ ② $2^2\times3\times7$
③ $2^3\times3\times5$ ④ $2^2\times3\times5\times7$
⑤ $2^2\times3^2\times5\times7$

26 ●●○

두 수 14와 84의 최소공배수는?

① 14 ② 28 ③ 42
④ 84 ⑤ 168

27 ●●○

세 수 12, 36, 72의 최소공배수는?

① $2^2\times3$ ② $2^2\times3^2$ ③ $2^3\times3$
④ $2^3\times3^2$ ⑤ $2^3\times3^3$

28 ●●○

다음 중 세 수 $2^2\times5$, $2^3\times3^2$, 3×5의 공배수인 것은?

① $2^2\times3\times5$ ② $2^3\times3\times5^2$
③ $2^4\times3^3\times5$ ④ $2^4\times3\times5^2$
⑤ $2^4\times3^4$

최소공배수가 주어질 때, 미지수 구하기

개념북 33쪽

29 ●●○

두 수 $2^a\times3\times5$, $2^2\times3^b\times7$의 최소공배수가 $2^3\times3^2\times5\times7$일 때, 자연수 a, b에 대하여 $a+b$의 값을 구하시오.

30 ●●○

다음 세 수의 최소공배수가 700일 때, 자연수 a, b, c에 대하여 $a+b+c$의 값을 구하시오.

2×5^a, $2^b\times5\times7$, $2\times5\times7^c$

31 ●●○

어떤 수와 36의 최소공배수가 $2^2\times3^2\times5$일 때, 다음 중 어떤 수가 될 수 없는 것은?

① 5 ② 10 ③ 20
④ 40 ⑤ 60

32 ●●●

어떤 자연수와 26의 최소공배수가 130일 때, 이 자연수를 모두 구하시오.

미지수가 포함된 세 수의 최소공배수

개념북 33쪽

33 ●●○

두 자연수 $8\times x$, $12\times x$의 최소공배수가 72일 때, x의 값을 구하시오.

34 ●●○

세 자연수 $4\times a$, $5\times a$, $6\times a$의 최소공배수가 120일 때, a의 값은?

① 2 ② 3 ③ 4
④ 5 ⑤ 6

35 ●●●

최소공배수가 144인 어떤 세 자연수의 비가 $2:3:4$일 때, 이 세 자연수 중에서 가장 작은 수는?

① 12 ② 18 ③ 24
④ 36 ⑤ 48

36 ●●●

세 자연수 $10\times x$, $12\times x$, $16\times x$의 최소공배수가 960일 때, 이 세 수의 최대공약수를 구하시오.

최대공약수와 최소공배수가 주어졌을 때, 두 수 구하기

개념북 34쪽

37 ●●○

두 자연수 A와 42의 최대공약수가 14, 최소공배수가 168일 때, 자연수 A의 값은?

① 14 ② 28 ③ 36
④ 42 ⑤ 56

38 ●●○

세 자연수 18, 30, A의 최대공약수가 6이고, 최소공배수가 630일 때, 다음 중 A의 값이 될 수 <u>없는</u> 것은?

① 42 ② 126 ③ 210
④ 540 ⑤ 630

39 ●●○

최대공약수가 4, 최소공배수가 32인 두 자연수의 합은?

① 36 ② 40 ③ 44
④ 48 ⑤ 52

40 ●●○

두 자리의 자연수 A, B의 최대공약수는 8이고, 최소공배수는 48이다. 이때 $B-A$의 값은? (단, $A<B$)

① 6 ② 8 ③ 10
④ 12 ⑤ 14

(두 수의 곱)=(최대공약수)×(최소공배수)

개념북 34쪽

41

어느 두 자연수의 최대공약수가 9, 최소공배수가 81일 때, 이 두 자연수의 곱을 구하시오.

42

두 자연수의 곱이 96이고 최소공배수가 24일 때, 이 두 수의 최대공약수는?

① 3 ② 4 ③ 10
④ 12 ⑤ 14

43

두 자연수 A, B에 대하여 $A \times B = 294$이고, 최대공약수는 7이다. 이때 두 수 A, B의 최소공배수를 구하시오.

44

두 수의 최소공배수가 270이고, 두 수의 곱이 4860일 때, 두 수의 최대공약수를 구하시오.

어떤 자연수로 나누기

개념북 36쪽

45

어떤 수로 34를 나누면 2가 남고, 40을 나누면 나누어떨어진다고 한다. 이러한 수 중에서 가장 큰 수를 구하시오.

46

두 수 26과 38을 어떤 자연수로 나누어도 나머지가 2가 되는 자연수 중 가장 큰 수를 구하시오.

47

어떤 수로 53을 나누어도 1이 남고, 77을 나누어도 1이 남는다고 한다. 이러한 수 중에서 가장 큰 자연수는?

① 2 ② 3 ③ 4
④ 6 ⑤ 12

어떤 자연수를 나누기

개념북 36쪽

48 ●●○

9로 나누어도 2가 남고, 15로 나누어도 2가 남는 자연수 중에서 가장 작은 세 자리의 수를 구하시오.

49 ●●○

14로 나누면 11이 남고, 16으로 나누면 3이 부족한 자연수 중에서 가장 작은 수를 구하시오.

50 ●●○

어떤 자연수를 3으로 나누면 1이 남고, 4로 나누면 2가 남고, 5로 나누면 3이 남는다고 한다. 이러한 자연수 중 가장 작은 수를 구하시오.

51 ●●○

세 자연수 5, 8, 12 중 어느 수로 나누어도 4가 남는 자연수 중 500보다 크고 720보다 작은 수를 구하시오.

분수를 자연수로 만들기 (1)

개념북 37쪽

52 ●○○

두 분수 $\frac{24}{A}$, $\frac{32}{A}$가 모두 자연수가 되는 가장 큰 자연수 A를 구하시오.

53 ●○○

다음 중 두 분수 $\frac{32}{a}$, $\frac{56}{a}$을 모두 자연수가 되게 하는 자연수 a의 값이 될 수 없는 것은?

① 1　② 2　③ 4　④ 6　⑤ 8

54 ●●○

두 분수 $\frac{42}{a}$, $\frac{70}{a}$을 자연수로 만드는 자연수 a의 값을 모두 구하시오.

55 ●●○

두 수 40과 30에 어떤 단위분수를 곱하였더니 그 결과가 모두 자연수가 되었다. 이러한 분수 중에서 가장 작은 수를 구하시오.

분수를 자연수로 만들기 (2)

개념북 37쪽

56 ●○○

두 분수 $\frac{1}{6}$, $\frac{1}{10}$ 중 어느 것을 곱해도 자연수가 되는 가장 작은 자연수를 구하시오.

57 ●○○

두 분수 $\frac{1}{36}$, $\frac{1}{54}$ 중 어느 것을 곱해도 자연수가 되는 가장 큰 세 자리의 자연수를 구하시오.

58 ●●○

두 수 $\frac{n}{24}$, $\frac{n}{60}$을 모두 자연수가 되게 하는 세 자리의 자연수 n의 개수는?

① 6 ② 8 ③ 10
④ 12 ⑤ 14

59 ●●○

세 분수 $\frac{1}{2}$, $\frac{1}{3}$, $\frac{1}{6}$의 어느 것에 곱하여도 모두 자연수가 되는 자연수 중 50보다 크고 60보다 작은 수를 구하시오.

60 ●●○

두 분수 $\frac{2}{3}$, $\frac{4}{5}$의 어느 것에 곱하여도 모두 자연수가 되는 가장 작은 분수를 구하시오.

61 ●●○

두 분수 $\frac{3}{10}$, $\frac{9}{25}$의 어느 것에 곱하여도 모두 자연수가 되는 가장 작은 분수를 $\frac{b}{a}$라 할 때, $b-a$의 값을 구하시오. (단, a, b는 서로소)

62 ●●●

세 분수 $\frac{6}{7}$, $\frac{18}{35}$, $\frac{30}{49}$의 어느 것에 곱하여도 모두 자연수가 되는 가장 작은 분수를 구하시오.

개념완성익힘

1

세 수 $2^2\times3^2\times5$, $3^2\times5\times7$, $3^3\times5^3$의 최대공약수는?

① 2^3 ② $2\times3\times5$ ③ $3^2\times5$
④ $2^2\times3^3$ ⑤ 3×5^3

2

다음 **조건**을 동시에 만족하는 자연수를 모두 구하시오.

> **조건**
> (가) 48의 약수이다. (나) 10과 서로소이다.

3

다음 중 옳지 않은 것을 모두 고르면? (정답 2개)

① 서로소인 두 수의 최대공약수는 없다.
② 두 수의 공약수는 최대공약수의 약수이다.
③ 서로소인 두 짝수는 존재하지 않는다.
④ 두 수가 서로소이면 둘 중 하나는 소수이다.
⑤ 두 수 $2\times3^2\times5$와 $2^3\times5^2\times7$의 최소공배수는 $2^3\times3^2\times5^2\times7$이다.

4

두 자연수 A, B의 최소공배수가 24일 때, 이 두 자연수의 공배수 중에서 200과 가장 가까운 수를 구하시오.

5

다음 두 자연수의 최대공약수는 $2^2\times3$이고, 최소공배수는 $2^3\times3^3\times7$일 때, 자연수 a, b에 대하여 $a+b$의 값은?

> $2^3\times3^a\times7$ $2^b\times3$

① 4 ② 5 ③ 6
④ 7 ⑤ 8

6 실력UP

두 자연수 A, B에 대하여 최대공약수를 $A☆B$, 최소공배수를 $A\triangle B$로 나타낼 때, $(48☆72)\triangle(30☆45)$의 값은?

① 60 ② 72 ③ 86
④ 104 ⑤ 120

7

두 자연수 A와 63의 최대공약수가 9, 최소공배수가 315일 때, 자연수 A를 구하시오.

8

최대공약수와 최소공배수가 각각 14, 112인 두 수의 합은?

① 70 ② 84 ③ 98
④ 112 ⑤ 126

9

두 분수 $\frac{15}{16}$, $\frac{25}{24}$의 어느 것에 곱하여도 자연수가 되는 분수 중 가장 작은 분수는?

① $\frac{25}{4}$　② $\frac{25}{2}$　③ $\frac{24}{5}$
④ $\frac{32}{5}$　⑤ $\frac{48}{5}$

10

세 분수 $\frac{9}{25}$, $\frac{3}{10}$, $\frac{27}{20}$을 자연수로 만들기 위해 곱할 수 있는 가장 작은 분수를 구하시오.

11

두 분수 $\frac{35}{68}$, $\frac{49}{51}$의 어느 것에 곱하여도 항상 자연수가 되게 하는 분수가 있다. 이 중 가장 작은 분수를 주어진 두 수에 곱하여 각각 만들어진 두 자연수의 합을 구하시오.

서술형

12

두 자연수의 비가 3 : 7이고, 최소공배수가 252일 때, 두 자연수 중 작은 수를 구하기 위한 풀이 과정을 쓰고 답을 구하시오.

13

어떤 수를 3, 5, 6으로 나누면 모두 2가 남는다고 한다. 이러한 수 중에서 가장 작은 세 자리의 자연수를 구하기 위한 풀이 과정을 쓰고 답을 구하시오.

대단원 마무리

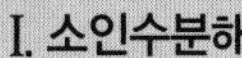

I. 소인수분해

1 다음 중 옳은 것은?

① $2\times2\times3\times3\times3=2^2+3^3$
② $3\times3\times3\times3\times3=5^3$
③ $4\times4\times3\times3\times3\times3=3^4\times4^4$
④ $2\times2\times2+4\times4\times4=2^3\times4^3$
⑤ $6\times6\times7\times7\times7=6^2\times7^3$

2 720을 소인수분해하면 $2^a\times3^b\times5^c$일 때, 자연수 a, b, c에 대하여 $a+b+c$의 값은?

① 5 ② 6 ③ 7
④ 8 ⑤ 9

3 여섯 개의 면에 2, 5, 7이 각각 두 번씩 쓰여 있는 주사위가 있다. 이 주사위를 여러 번 던져서 나오는 눈의 수의 곱으로 수를 만들 때, 다음 중 만들 수 있는 수는?

① 15 ② 24 ③ 28
④ 44 ⑤ 63

4 $A=2^3\times5$에 대한 다음 설명 중 옳지 <u>않은</u> 것은?

① A의 약수의 개수는 8이다.
② A의 소인수는 2^3, 5이다.
③ $A\times90$은 어떤 자연수의 제곱이다.
④ 2^2은 A의 약수이다.
⑤ $A\div10$은 어떤 자연수의 제곱이다.

5 108에 가능한 한 작은 자연수 x를 곱하여 어떤 자연수 y의 제곱이 되게 하려고 한다. 이때 $x+y$의 값은?

① 9 ② 12 ③ 21
④ 25 ⑤ 27

6 다음 수 중 약수의 개수가 가장 적은 것은?

① 75 ② $2^3\times5^3$ ③ $2^2\times3\times5^4$
④ 100 ⑤ 178

서술형

7 자연수 a의 약수의 개수를 $N(a)$로 나타낼 때, $N(60)\times N(a)=96$을 만족하는 자연수 a의 개수를 구하기 위한 풀이 과정을 쓰고 답을 구하시오. (단, $a<50$)

8 $2^4\times\square$의 약수의 개수가 15일 때, □ 안에 알맞은 가장 작은 자연수는?

① 4 ② 9 ③ 16
④ 25 ⑤ 36

9 세 수 $2\times3^2\times5$, $3^2\times5$, $3^3\times5^2\times7$의 최대공약수와 최소공배수는?

	최대공약수	최소공배수
①	3×5	$3^2\times5^2\times7$
②	3×5	$3^3\times5^2\times7$
③	$3^2\times5$	$2\times3^2\times5^2\times7$
④	$3^2\times5$	$2\times3^3\times5^2\times7$
⑤	$3^2\times5^2$	$2\times3^2\times5^2\times7$

10 두 수 $2^a\times3^3\times7$, $2^3\times3^b$의 최대공약수는 $2^2\times3^3$이고, 최소공배수는 $2^3\times3^4\times7$일 때, 자연수 a, b에 대하여 $a\times b$의 값은?

① 2　② 4　③ 6
④ 8　⑤ 10

11 어떤 세 자리의 자연수와 60의 최대공약수가 15이다. 이러한 자연수 중 가장 작은 수를 구하시오.

12 두 자리의 자연수 A, B에 대하여 두 수의 곱이 490이고 최대공약수가 7일 때, $A+B$의 값을 구하시오.

13 세 자리의 자연수 A, B의 최대공약수가 36이고, 최소공배수가 432일 때, $B-A$의 값을 구하시오. (단, $A<B$)

14 세 자연수 4, 5, 6 중 어느 것으로 나누어도 1이 남는 세 자리의 자연수 중에서 가장 작은 자연수를 구하시오.

서술형

15 두 분수 $\frac{1}{8}$, $\frac{1}{12}$ 중 어느 것을 곱해도 자연수가 되는 수 중에서 100 이하의 자연수는 몇 개인지 구하기 위한 풀이 과정을 쓰고 답을 구하시오.

1 정수와 유리수

개념적용익힘

양의 부호 또는 음의 부호로 나타내기

개념북 51쪽

1 ●○○

다음을 부호 +, −를 사용하여 나타내시오.

(1) 3000원 이익 / 3000원 손해

(2) 해발 1894 m / 해저 1894 m

(3) 100년 후 / 100년 전

(4) 20점 득점 / 20점 실점

2 ●●○

다음 중 양의 부호 + 또는 음의 부호 −를 사용하여 나타낸 것으로 옳지 않은 것은?

① 해발 300 m : +300 m
② 7일 전 : −7일
③ 1000원 이익 : +1000원
④ 3 kg 감소 : −3 kg
⑤ 1500원 수입 : −1500원

3 ●●○

다음 밑줄 친 부분을 부호 +, −를 사용하여 나타낼 때, 부호가 나머지 넷과 다른 하나는?

① 찬호의 키가 작년보다 3 cm 자랐다.
② 버스 요금이 5 % 올랐다.
③ 오늘 지각한 학생이 어제보다 4명 줄었다.
④ 수학 성적이 20점 올랐다.
⑤ 올해 여름의 평균 기온은 영상 32 ℃이다.

정수를 분류하기

개념북 51쪽

4 ●○○

다음 중 정수가 아닌 것은?

① −6　② 7　③ 3.5
④ 0　⑤ $\frac{12}{4}$

5 ●○○

다음 수 중 정수를 모두 고르시오.

$-3,\quad -\frac{1}{2},\quad 1.5,\quad 3,\quad \frac{3}{2},\quad 5$

6 ●●○

다음 수 중 정수는 모두 몇 개인지 구하시오.

$\frac{1}{4},\quad 9,\quad -3,\quad \frac{5}{12},\quad \frac{14}{2},\quad 0$

7 ●●○

다음 수 중 양의 정수와 음의 정수를 각각 고르시오.

$-2,\quad 0,\quad -1.5,\quad \frac{7}{3},\quad -\frac{15}{5},\quad 5$

정답과 풀이 67쪽

유리수를 분류하기

개념북 53쪽

8 ●○○

다음 수를 보고 물음에 답하시오.

$-7,\quad 1.4,\quad \frac{8}{4},\quad -4.33,\quad 0,\quad -\frac{6}{2},\quad \frac{1}{3},\quad -\frac{7}{4}$

(1) 음수를 모두 찾아 쓰시오.
(2) 양수를 모두 찾아 쓰시오.
(3) 정수가 아닌 유리수를 모두 찾아 쓰시오.

9 ●○○

다음 수에 대한 설명으로 옳은 것은?

$-4,\quad \frac{8}{2},\quad -\frac{9}{2},\quad 1.6,\quad 3$

① 양수는 2개이다.
② 양의 정수는 1개이다.
③ 정수는 2개이다.
④ 유리수는 5개이다.
⑤ 정수가 아닌 유리수는 3개이다.

10 ●●○

다음 수 중에서 양의 유리수의 개수를 x, 음의 유리수의 개수를 y, 정수가 아닌 유리수의 개수를 z라고 할 때, $x+y-z$의 값을 구하시오.

$-\frac{3}{2},\quad 0.5,\quad 4,\quad -5,\quad \frac{10}{5},\quad 0$

유리수의 이해

개념북 53쪽

11 ●●○

다음 설명 중 옳지 않은 것은?

① 0은 정수이지만 유리수는 아니다.
② 유리수 중에는 정수가 아닌 수도 있다.
③ 유리수는 양의 유리수, 0, 음의 유리수로 이루어져 있다.
④ 모든 정수는 유리수이다.
⑤ -0.5는 정수가 아닌 유리수이다.

12 ●●○

다음 설명 중 옳은 것은?

① 양의 정수와 음의 정수를 통틀어 정수라 한다.
② 모든 유리수는 정수이다.
③ 유리수는 분자가 정수이고 분모는 0이 아닌 정수인 분수로 나타낼 수 있는 수이다.
④ -1과 1 사이에는 유리수가 1개 있다.
⑤ 0은 양의 유리수이다.

13 ●●○

다음 설명 중 옳은 것을 모두 고르면? (정답 2개)

① 정수 중 양의 정수가 아닌 수는 음의 정수이다.
② 0은 유리수이다.
③ 유리수는 양의 유리수와 음의 유리수로 이루어져 있다.
④ 모든 자연수는 정수이다.
⑤ -1과 0 사이에는 유리수가 없다.

수를 수직선 위에 나타내기

개념북 55쪽

14 ●○○

다음 중 수직선 위의 점 A, B, C, D, E에 대응하는 수로 옳지 않은 것은?

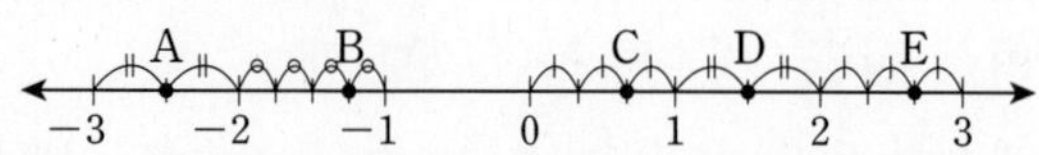

① A : -2.5　② B : $-\frac{5}{4}$　③ C : $\frac{2}{3}$

④ D : 0.5　⑤ E : $\frac{8}{3}$

15 ●●○

다음 수를 수직선 위에 나타내었을 때, 왼쪽에서 두 번째에 있는 수는?

① -3　② 0.5　③ $-\frac{1}{2}$

④ $-\frac{13}{5}$　⑤ 4

16 ●●○

다음 수직선 위의 점 A, B, C, D, E가 나타내는 수에 대한 설명 중 옳은 것은?

A　B　C　D　E

-5 -4 -3 -2 -1 0 1 2 3 4 5

① 자연수는 3개이다.

② 음수는 1개이다.

③ 점 D가 나타내는 수는 $\frac{3}{2}$이다.

④ 점 E가 나타내는 수는 $\frac{9}{2}$이다.

⑤ 유리수는 4개이다.

수직선 위에서 같은 거리에 있는 점

개념북 55쪽

17 ●●○

수직선 위에서 6과 -4를 나타내는 두 점으로부터 같은 거리에 있는 점이 나타내는 수는?

① -1　② 0　③ 1

④ 2　⑤ 3

18 ●●○

수직선 위에서 -3을 나타내는 점으로부터의 거리가 4인 점이 나타내는 두 수는?

① -9, 1　② -7, 1　③ -3, 4

④ 1, 4　⑤ 4, 8

19 ●●●

두 수를 수직선 위에 나타내었을 때, 두 점 사이의 거리가 10이고, 두 점의 한가운데에 있는 점에 대응하는 수가 3일 때, 이 두 수는?

① -4, 6　② -3, 7　③ -2, 8

④ -1, 9　⑤ 0, 10

절댓값

개념북 56쪽

20 ●○○

다음 중 절댓값이 가장 작은 수는?

① -7　　② $-\frac{3}{2}$　　③ 0

④ $\frac{1}{3}$　　⑤ 3

21 ●●○

다음 수직선 위의 두 점 A, B는 원점으로부터의 거리가 각각 7, 6이다. 두 점 A, B에 대응되는 수를 각각 구하시오.

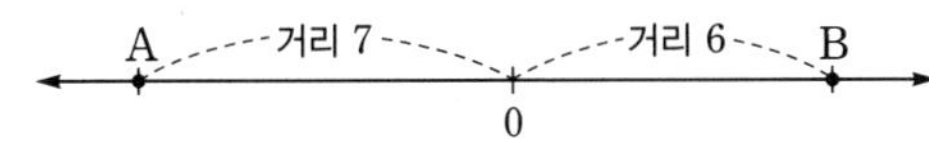

22 ●●○

$a>0$, $b<0$이고 $|a|=4$, $|b|=5$일 때, a, b의 값을 각각 구하시오.

절댓값의 성질

개념북 56쪽

23 ●●○

다음 수를 수직선 위에 나타내었을 때, 원점에서 가장 멀리 떨어져 있는 수는?

① 2　　② $\frac{21}{7}$　　③ -5

④ 0　　⑤ $-\frac{8}{4}$

24 ●●○

다음 수를 수직선 위에 나타내었을 때, 원점에 두 번째로 가까운 수는?

① -4　　② $-\frac{1}{4}$　　③ $\frac{13}{2}$

④ -1　　⑤ $\frac{1}{3}$

25 ●●●

다음 중 절댓값에 대한 설명으로 옳은 것은?

① 절댓값은 항상 0보다 크다.

② 두 수 -3과 3의 절댓값은 서로 같다.

③ 절댓값이 a인 수는 항상 2개이다.

④ 0의 절댓값은 없다.

⑤ 수직선 위에서 오른쪽에 있는 점에 대응하는 수는 왼쪽에 있는 점에 대응하는 수보다 절댓값이 항상 크다.

절댓값과 대소 관계

개념북 57쪽

26 ●○○

절댓값이 3 이하인 정수의 개수는?

① 4 ② 5 ③ 6
④ 7 ⑤ 8

27 ●●○

다음 **조건**을 모두 만족하는 수는?

> **조건**
> (가) 절댓값이 6보다 작은 정수
> (나) 수직선 위에서 0에 대응하는 점의 왼쪽에 있는 점에 대응한다.

① -8 ② -4 ③ 0
④ 3 ⑤ 7

28 ●●○

절댓값이 $\frac{14}{5}$보다 작은 정수는 몇 개인지 구하시오.

29 ●●○

다음 수 중 절댓값이 $\frac{7}{2}$ 이상인 수는 모두 몇 개인가?

-4, 1, 3, $\frac{13}{4}$, $-\frac{15}{2}$, 5

① 1개 ② 2개 ③ 3개
④ 4개 ⑤ 5개

절댓값이 같고 부호가 반대인 두 수 구하기

개념북 57쪽

30 ●●○

절댓값이 같고 $a>b$인 두 수 a, b가 있다. 수직선 위에서 a, b에 대응하는 두 점 사이의 거리가 8일 때, b의 값은?

① -4 ② -2 ③ 2
④ 4 ⑤ 8

31 ●●○

절댓값이 같고 부호가 반대인 두 수 a, b가 있다. a가 b보다 10만큼 작을 때, a의 값은?

① -10 ② -5 ③ 0
④ 5 ⑤ 10

32 ●●○

두 수 a, b는 절댓값이 같고 b가 a보다 14만큼 큰 수일 때, b의 값은?

① -14 ② -7 ③ 0
④ 7 ⑤ 14

33 ●●○

절댓값이 같고 부호가 반대인 두 수의 차가 $\frac{18}{5}$일 때, 두 수 중 큰 수를 구하시오.

두 수의 대소 관계

개념북 61쪽

34 ●●○

다음 중 대소 관계가 옳은 것은?

① $-1<-3$　② $0<-0.2$
③ $5<4.9$　④ $-\frac{1}{4}>-\frac{1}{3}$
⑤ $|-2.1|>\left|-\frac{7}{3}\right|$

35 ●●○

다음 중 두 수의 대소 관계가 옳지 않은 것은?

① $-2<2$　② $3<\frac{7}{2}$　③ $-3>-4$
④ $-\frac{1}{2}<-\frac{2}{3}$　⑤ $2>-5$

36 ●●○

다음 중 두 수의 대소 관계가 옳은 것을 모두 고르면? (정답 2개)

① $-2>0$　② $3>-5$　③ $-7>-4$
④ $-\frac{1}{2}<-\frac{5}{4}$　⑤ $\frac{1}{3}>\frac{1}{4}$

37 ●●○

다음 중 □ 안에 들어갈 부등호의 방향이 나머지 넷과 다른 하나는?

① 0 □ -2　② -2.5 □ -3.1
③ 2.2 □ $\frac{5}{2}$　④ $\frac{1}{3}$ □ $-\frac{1}{2}$
⑤ $-\frac{1}{3}$ □ $-\frac{3}{4}$

여러 개의 수의 대소 관계

개념북 61쪽

38 ●○○

다음 수를 작은 수부터 차례로 나열하시오.

$0,\quad -2,\quad \frac{4}{3},\quad -4.1,\quad \frac{9}{2},\quad 3$

39 ●●○

다음 수에 대한 설명으로 옳지 않은 것은?

$-\frac{1}{2},\quad 3,\quad \frac{3}{4},\quad -\frac{2}{5},\quad -1.3,\quad \frac{7}{3}$

① 가장 작은 수는 -1.3이다.
② 가장 큰 수는 3이다.
③ 절댓값이 가장 작은 수는 $-\frac{2}{5}$이다.
④ 절댓값이 가장 큰 수는 3이다.
⑤ 수직선 위에 나타낼 때, 가장 오른쪽에 있는 점에 대응하는 수는 $\frac{7}{3}$이다.

40 ●●●

다음 **조건**을 모두 만족하는 서로 다른 세 정수 a, b, c의 대소 관계를 기호로 나타내시오.

조건
(가) a와 c는 3보다 작다.
(나) $|a|=3$
(다) b는 -3보다 작다.
(라) (b와 3 사이의 거리)$<$(c와 3 사이의 거리)

부등호로 나타내기

개념북 62쪽

41 ●○○

다음 중 부등호를 사용하여 바르게 나타낸 것은?

① x는 1보다 크다. ⇨ $x<1$
② y는 -7 이상 -5 이하이다. ⇨ $-7<y<-5$
③ z는 -2보다 크지 않다. ⇨ $z<-2$
④ a는 2보다 크고 12 미만이다. ⇨ $2\le a<12$
⑤ b는 -1보다 작지 않고 3 이하이다. ⇨ $-1\le b\le 3$

42 ●●○

다음 **보기**에서 $-\frac{1}{2}\le x<3$을 나타내는 것을 모두 고른 것은?

보기
ㄱ. x는 $-\frac{1}{2}$ 이상이고 3 미만이다.
ㄴ. x는 $-\frac{1}{2}$보다 작지 않고 3보다 작다.
ㄷ. x는 $-\frac{1}{2}$보다 크거나 같고 3보다 크지 않다.
ㄹ. x는 $-\frac{1}{2}$보다 크고 3 미만이다.

① ㄱ, ㄴ ② ㄱ, ㄷ ③ ㄴ, ㄷ
④ ㄴ, ㄹ ⑤ ㄷ, ㄹ

43 ●●○

다음 수 중에서 -5 이상 3.2 미만인 수를 모두 찾아 쓰시오.

$-2,\quad \frac{7}{2},\quad 0,\quad 0.5,\quad -6,\quad -5.2,\quad 3.2$

두 유리수 사이에 있는 정수 찾기

개념북 63쪽

44 ●○○

다음을 만족하는 수를 모두 구하시오.

(1) $\frac{7}{4}$보다 크고 $\frac{16}{5}$ 이하인 정수
(2) 2와 $\frac{19}{3}$ 사이에 있는 정수

45 ●●○

$-\frac{1}{2}<x\le 7$을 만족하는 정수 x의 개수는?

① 4 ② 5 ③ 6
④ 7 ⑤ 8

46 ●●○

두 유리수 -2와 $\frac{5}{3}$ 사이에 있는 수 중에서 분모가 3인 정수가 아닌 유리수를 모두 구하시오.

47 ●●●

두 수 $\frac{2}{3}$와 $\frac{6}{5}$ 사이의 수 중에서 분모가 5인 기약분수는 모두 몇 개인가?

① 없다. ② 1개 ③ 2개
④ 3개 ⑤ 4개

개념완성익힘

1

다음 밑줄 친 부분을 양의 부호 + 또는 음의 부호 −를 사용하여 나타낼 때, 부호가 나머지 넷과 다른 하나는?

① 아이스크림 가격이 50원 올랐다.
② 동현이는 작년보다 몸무게가 5 kg 더 늘었다.
③ 전기 요금이 6 % 인상되었다.
④ 연정이는 책을 사기 위해 10000원을 지출했다.
⑤ 준수는 기말고사에서 10점이 올랐다.

2

다음 중 정수가 아닌 유리수는?

① -4　② $\frac{11}{2}$　③ 0
④ $\frac{24}{6}$　⑤ $-\frac{49}{7}$

3

다음 중 옳지 않은 것은?

① 절댓값이 3인 수는 3, −3이다.
② 자연수가 아닌 정수는 음의 정수이다.
③ 음수는 절댓값이 클수록 작은 수이다.
④ 가장 작은 자연수는 1이다.
⑤ 절댓값이 가장 작은 수는 0이다.

4

오른쪽 그림과 같은 전개도를 접어서 정육면체를 만들면 서로 마주 보는 면에 적힌 수는 절댓값이 같고 부호가 반대라고 한다. 이때 A, B, C에 알맞은 수를 각각 구하시오.

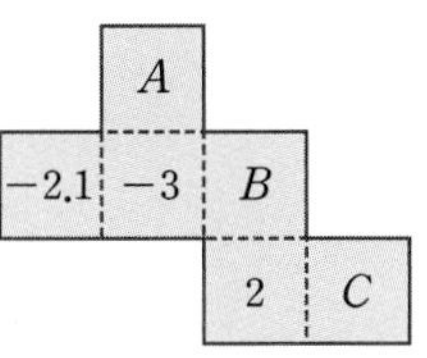

5

다음 수직선 위의 점 A, B, C, D, E에 대한 설명 중 옳은 것은?

① 점 A가 나타내는 수는 $-\frac{5}{2}$이다.
② 점 A와 점 C가 나타내는 수는 모두 정수이다.
③ 점 B와 점 D가 나타내는 수의 절댓값은 같다.
④ 점 E가 나타내는 수의 절댓값이 가장 크다.
⑤ 점 C와 점 E가 나타내는 수 사이에 있는 정수는 3개이다.

6 실력UP

절댓값이 서로 다른 두 유리수 a, b에 대하여

$a * b=(a, b$ 중 절댓값이 큰 수$)$,
$a \diamond b=(a, b$ 중 절댓값이 작은 수$)$

로 약속할 때, $\left\{(-2.5) * 3\right\} \diamond \left(-\frac{9}{2}\right)$의 값을 구하시오.

7

다음 수에 대응하는 점을 수직선 위에 나타낼 때, 원점에서 가장 멀리 떨어져 있는 수는?

① $\frac{1}{2}$　② $-\frac{2}{3}$　③ 2
④ $\frac{9}{5}$　⑤ -4

8

절댓값이 같고 차가 16인 두 수는?

① -16, 16　② -8, 16　③ -8, 8
④ 0, 16　⑤ -4, 4

9

다음 중 대소 관계가 옳지 않은 것은?

① $-2<5$　② $|-3|<|6|$
③ $2.7<\frac{15}{4}$　④ $-\frac{3}{2}>-\frac{4}{3}$
⑤ $-5<0$

10

다음 수를 작은 수부터 차례로 나열할 때, 네 번째에 오는 수를 구하시오.

$|+3|$,　$-\frac{1}{3}$,　$\frac{5}{2}$,　-2,　$\left|-\frac{1}{2}\right|$

11

다음 중 'x는 -2보다 크고 $\frac{1}{3}$보다 크지 않다.'를 부등호를 사용하여 바르게 나타낸 것은?

① $-2\le x\le\frac{1}{3}$　② $-2<x\le\frac{1}{3}$
③ $-2\le x<\frac{1}{3}$　④ $-2<x<\frac{1}{3}$
⑤ $x\le\frac{1}{3}$

서술형

12

-8의 절댓값을 a, 절댓값이 5인 수 중에서 양수를 b라고 할 때, $a+b$의 값을 구하기 위한 풀이 과정을 쓰고 답을 구하시오.

13

두 유리수 $-\frac{7}{2}$과 $\frac{9}{2}$ 사이에 있는 정수 중 가장 작은 수를 a, 가장 큰 수를 b라 할 때, a, b의 값을 각각 구하기 위한 풀이 과정을 쓰고 답을 구하시오.

14

두 정수 a, b가 다음 **조건**을 모두 만족할 때, a, b의 값을 각각 구하기 위한 풀이 과정을 쓰고 답을 구하시오.

조건
(가) $|a|=1$　(나) $|a|>|b|$　(다) $a<b$

2 정수와 유리수의 사칙계산

개념적용익힘

수직선을 이용한 수의 덧셈

개념북 71쪽

1 ●○○

다음 수직선으로 설명할 수 있는 덧셈식은?

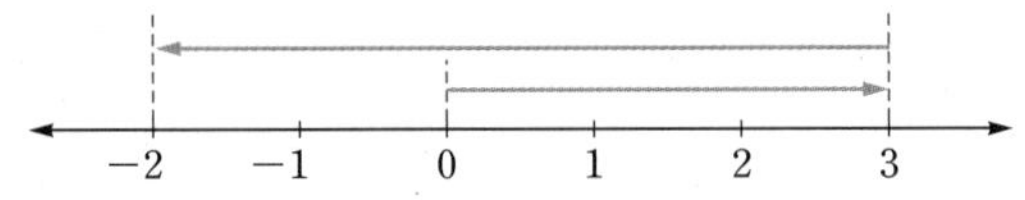

① $(+3)+(-2)$ ② $(-3)+(+2)$
③ $(-3)+(-2)$ ④ $(+3)+(-5)$
⑤ $(+3)+(+5)$

2 ●○○

다음 수직선으로 설명할 수 있는 덧셈식은?

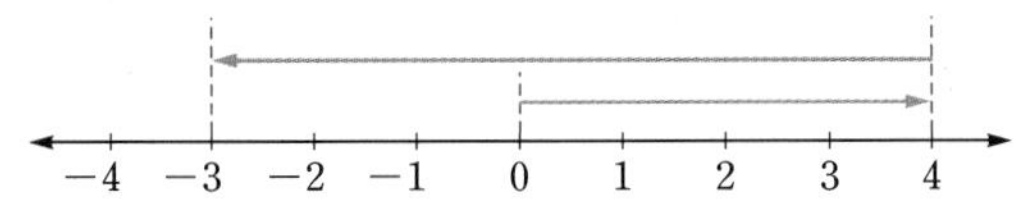

① $(+4)+(-3)$ ② $(-3)+(+4)$
③ $(-3)+(+7)$ ④ $(+4)+(+7)$
⑤ $(+4)+(-7)$

3 ●○○

다음 수직선으로 설명할 수 있는 덧셈식은?

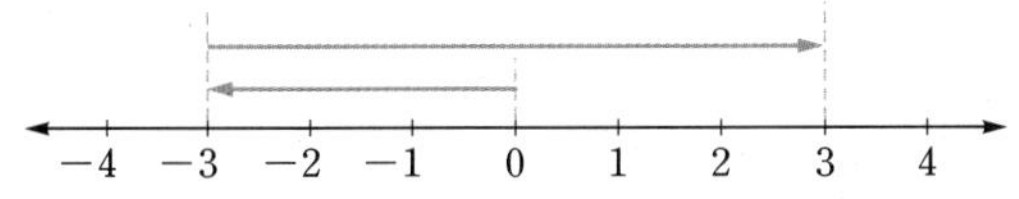

① $(-3)+(+3)$ ② $(-6)+(-3)$
③ $(-3)+(+6)$ ④ $(+6)+(+3)$
⑤ $(+3)+(-6)$

정수와 유리수의 덧셈

개념북 71쪽

4 ●○○

다음 중 계산 결과가 옳은 것은?

① $(-5)+(+3)=-8$
② $(-3)+(-7)=10$
③ $(-4)+(+10)=6$
④ $(+5)+(+1)=-6$
⑤ $(+3)+(-2)=5$

5 ●○○

다음 중 계산 결과가 가장 큰 것은?

① $(+3)+(+8)$ ② $(-3)+(-2)$
③ $(-9)+(+15)$ ④ $(+12)+(-13)$
⑤ $(-16)+(+28)$

6 ●●○

다음 중 계산 결과가 옳은 것은?

① $\left(+\frac{1}{5}\right)+\left(+\frac{2}{15}\right)=\frac{1}{5}$
② $\left(-\frac{3}{8}\right)+\left(-\frac{5}{16}\right)=-\frac{13}{16}$
③ $\left(-\frac{3}{7}\right)+\left(-\frac{3}{14}\right)=-\frac{9}{14}$
④ $\left(-\frac{1}{12}\right)+\left(+\frac{1}{3}\right)=-\frac{1}{4}$
⑤ $\left(+\frac{2}{3}\right)+\left(-\frac{1}{2}\right)=-\frac{1}{6}$

7 ●●○

다음 중 계산 결과가 옳지 않은 것은?

① $\left(+\frac{3}{2}\right)+\left(-\frac{2}{5}\right)=\frac{11}{10}$

② $0+\left(-\frac{3}{4}\right)=-\frac{3}{4}$

③ $\left(+\frac{1}{2}\right)+\left(+\frac{1}{3}\right)=\frac{5}{6}$

④ $(-1)+\left(+\frac{2}{3}\right)=-\frac{1}{3}$

⑤ $\left(-\frac{2}{5}\right)+\left(-\frac{1}{3}\right)=-\frac{1}{15}$

8 ●●○

다음 중 계산 결과가 나머지 넷과 다른 하나는?

① $(+3)+(+1)$

② $(-2.7)+(+6.7)$

③ $(-3)+(+7)$

④ $(+5)+(-1)$

⑤ $\left(+\frac{16}{3}\right)+\left(-\frac{1}{3}\right)$

9 ●●○

다음 수 중에서 가장 큰 수와 가장 작은 수의 합을 구하시오.

$-\frac{6}{5},\quad +\frac{2}{3},\quad -1,\quad +\frac{3}{4}$

덧셈의 계산 법칙

개념북 72쪽

10 ●○○

다음 계산 과정에서 (가), (나)에 이용된 덧셈의 계산 법칙을 각각 말하시오.

$$\begin{aligned}&\left(-\frac{7}{2}\right)+\left(+\frac{4}{3}\right)+\left(+\frac{7}{2}\right)\\ &=\left(+\frac{4}{3}\right)+\left(-\frac{7}{2}\right)+\left(+\frac{7}{2}\right) \quad \text{(가)}\\ &=\left(+\frac{4}{3}\right)+\left\{\left(-\frac{7}{2}\right)+\left(+\frac{7}{2}\right)\right\} \quad \text{(나)}\\ &=\left(+\frac{4}{3}\right)+0\\ &=+\frac{4}{3}\end{aligned}$$

11 ●○○

다음 계산 과정에서 덧셈의 결합법칙이 이용된 곳의 기호를 쓰시오.

$$\begin{aligned}&(-6)+(+3)+(-7)+(+8)\\ &=(-6)+(-7)+(+3)+(+8) \quad ㉠\\ &=\{(-6)+(-7)\}+\{(+3)+(+8)\} \quad ㉡\\ &=(-13)+(+11) \quad ㉢\\ &=-2 \quad ㉣\end{aligned}$$

12 ●●○

다음 계산 과정에서 ㉠~㉣에 알맞은 것은?

$(-3)+(+5)+(-7)$

$=(+5)+(-3)+(-7)$) 덧셈의 [㉠] 법칙

$=(+5)+\{(-3)+(-7)\}$) 덧셈의 [㉡] 법칙

$=(+5)+($ [㉢] $)=$ [㉣]

	㉠	㉡	㉢	㉣
①	교환	결합	$+10$	$+15$
②	교환	결합	-10	-5
③	결합	교환	-10	-5
④	결합	교환	$+10$	$+15$
⑤	결합	교환	$+4$	$+9$

세 개 이상의 수의 덧셈

개념북 72쪽

13 ●●○

$(-2.5)+\left(-\frac{2}{5}\right)+(+2)$를 계산하면?

① -0.7 ② -0.9 ③ -1.5
④ -2.3 ⑤ -2.9

14 ●●○

다음을 계산하면?

$$\left(+\frac{5}{3}\right)+\left(-\frac{2}{3}\right)+\left(-\frac{1}{2}\right)+\left(+\frac{1}{6}\right)$$

① $-\frac{4}{3}$ ② -1 ③ $-\frac{1}{3}$
④ $\frac{1}{3}$ ⑤ $\frac{2}{3}$

15 ●●○

다음 중 계산 결과가 옳지 않은 것은?

① $(-13)+(+5)+(+6)=-2$
② $(+16)+(-8)+(-11)=-3$
③ $(-2.4)+(-2)+(-2.6)=-7$
④ $\left(+\frac{1}{2}\right)+\left(+\frac{1}{3}\right)+\left(-\frac{5}{2}\right)=-\frac{5}{3}$
⑤ $(-5)+(+0.2)+(-3)+(+2.8)=-4$

정수와 유리수의 뺄셈

개념북 74쪽

16 ●○○

다음 중 계산 결과가 가장 큰 것은?

① $(+7)-(+4)$
② $(-4)-(-4)$
③ $(-9)-(-7)$
④ $(-2)-(+3)-(-2)$
⑤ $(+2)-(-3)-(+1)$

17 ●●○

다음 중 계산 결과가 옳지 않은 것은?

① $\left(+\frac{1}{4}\right)-\left(+\frac{3}{16}\right)=\frac{1}{16}$
② $(-12.3)-(-11.5)=-0.8$
③ $\left(-\frac{7}{9}\right)-\left(+\frac{5}{12}\right)=-\frac{43}{36}$
④ $(-2.6)-(+5.3)=-7.9$
⑤ $\left(-\frac{3}{4}\right)-\left(-\frac{7}{5}\right)=-\frac{13}{20}$

18 ●●○

다음 수 중에서 절댓값이 가장 큰 수를 a, 절댓값이 가장 작은 수를 b라고 할 때, $a-b$의 값을 구하시오.

$-\frac{1}{2}$, -4.2, -3, $-\frac{3}{5}$, 4, $\frac{9}{2}$

절댓값이 주어진 두 수의 덧셈과 뺄셈

개념북 75쪽

19 ●●○

절댓값이 4인 양수 A와 절댓값이 3인 음수 B에 대하여 $B-A$의 값을 구하시오.

20 ●●○

절댓값이 $\frac{1}{3}$인 음수 A와 절댓값이 $\frac{2}{3}$인 음수 B에 대하여 $A-B$의 값을 구하시오.

21 ●●●

a는 절댓값이 5인 수이고 b는 절댓값이 8인 수이다. 이때 $a-b$의 값 중 가장 작은 값은?

① -13　② -8　③ -5　④ -3　⑤ 0

22 ●●●

a는 절댓값이 6인 수이고 b는 절댓값이 2인 수이다. 이때 $a-b$의 값 중 가장 큰 값과 가장 작은 값을 차례로 구하시오.

계산 결과가 주어지는 경우의 덧셈과 뺄셈

개념북 75쪽

23 ●○○

다음 □ 안에 알맞은 수는?

$$(-3)+\square=-10$$

① -13　② -7　③ 3　④ 7　⑤ 13

24 ●●○

다음 □ 안에 알맞은 수는?

$$\left(+\frac{2}{5}\right)-\square=\frac{26}{15}$$

① $-\frac{26}{15}$　② $-\frac{5}{3}$　③ $-\frac{4}{3}$　④ $-\frac{19}{15}$　⑤ $-\frac{6}{5}$

25 ●●○

다음 식을 만족하는 두 수 a, b에 대하여 $b-a$의 값은?

$$a+4=2, \qquad b-(-2.7)=5$$

① -4.7　② -0.3　③ 0.3　④ 4.3　⑤ 5.7

덧셈과 뺄셈의 혼합 계산

개념북 76쪽

26 ●○○

다음 중 계산 결과가 가장 작은 것은?

① $3-5+7$　② $-7+3-5$　③ $5-3+7$　④ $-3-7+5$　⑤ $-5+7-3$

27 ●●○

다음 중 계산 결과가 옳은 것은?

① $1.5-0.4+1=1.2$

② $-5+3+1=-1$

③ $\frac{3}{4}-\frac{1}{2}+\frac{1}{3}=-\frac{7}{12}$

④ $-\frac{2}{3}+1-\frac{1}{4}=-\frac{1}{12}$

⑤ $0.5-\frac{3}{2}+0.3+1=-0.3$

28 ●●○

다음을 계산하시오.

$$\frac{3}{4}-\frac{1}{2}-3-\frac{7}{4}+5$$

29 ●●●

$\frac{3}{5}-\frac{3}{4}+\frac{2}{5}+3$을 계산하여 기약분수로 나타내면 $\frac{b}{a}$일 때, $a+b$의 값을 구하시오.

○보다 △만큼 큰 수 또는 작은 수

개념북 76쪽

30 ●○○

다음 중 가장 큰 수는?

① 3보다 2만큼 큰 수

② 2보다 4만큼 큰 수

③ 10보다 4만큼 작은 수

④ -5보다 10만큼 큰 수

⑤ 15보다 7만큼 작은 수

31 ●●○

-4보다 2만큼 작은 수를 a, 3보다 -7만큼 큰 수를 b라 할 때, $a-b$의 값은?

① -2　② 0　③ 2　④ 4　⑤ 6

32 ●●○

3보다 $-\frac{1}{3}$만큼 큰 수를 a, 2보다 -0.5만큼 작은 수를 b라 할 때, $a-b$의 값은?

① $-\frac{31}{6}$　② $-\frac{1}{6}$　③ $\frac{1}{6}$　④ $\frac{31}{6}$　⑤ $\frac{20}{3}$

33 ●●○

$\frac{1}{2}$보다 $\frac{1}{6}$만큼 작은 수를 a, $-\frac{7}{4}$보다 $\frac{1}{2}$만큼 큰 수를 b라 할 때, $a+b$의 값을 구하시오.

바르게 계산한 값 구하기

개념북 77쪽

34 ●●○

어떤 수에 -5를 더해야 할 것을 잘못하여 뺐더니 그 결과가 -3이 되었다. 바르게 계산한 값을 구하시오.

35 ●●○

8에 어떤 수를 더해야 할 것을 잘못해서 뺐더니 그 결과가 -6이 되었다. 바르게 계산한 값은?

① -6 ② 6 ③ 14
④ 18 ⑤ 22

36 ●●○

어떤 수에서 $\frac{1}{3}$을 빼야할 것을 잘못하여 더했더니 그 결과가 $\frac{3}{4}$이 되었다. 바르게 계산한 값을 구하시오.

37 ●●●

$\frac{7}{5}$에서 어떤 수를 빼야할 것을 잘못하여 더했더니 그 결과가 $-\frac{1}{2}$이 되었다. 바르게 계산한 값을 구하시오.

수의 덧셈과 뺄셈의 활용

개념북 77쪽

38 ●●○

오른쪽 표에서 가로, 세로, 대각선의 수의 합이 모두 같도록 빈칸에 알맞은 수를 써넣을 때, $a-b$의 값을 구하시오.

	a	
b	1	
-2	3	2

39 ●●○

다음 표는 1월의 어느 날 다섯 개의 도시 A, B, C, D, E의 최고기온과 최저기온을 측정하여 얻은 결과이다. 일교차가 가장 큰 도시는? (단, 일교차는 하루 중의 최고기온에서 최저기온을 뺀 값이다.)

기온 \ 도시	A	B	C	D	E
최고기온(℃)	0	-2	-3	1	3
최저기온(℃)	-5	-9	-6	-5	-3

① A ② B ③ C
④ D ⑤ E

40 ●●●

다음 표는 4월 20일을 기준으로 원/달러 환율이 전날에 비하여 얼마나 등락하였는지를 나타낸 것이다. 4월 20일의 원/달러 환율이 1220원일 때, 24일의 원/달러 환율을 구하시오.

(단, $+$는 상승을, $-$는 하락을 의미한다.)

	21일	22일	23일	24일
환율 등락(원)	$+2.3$	-4.2	-3.8	$+1.5$

정수와 유리수의 곱셈

개념북 79쪽

41 

다음 중 계산 결과가 나머지 넷과 다른 하나는?

① $(-4)\times(+9)$
② $(+3)\times(-12)$
③ $(-6)\times(-6)$
④ $(-18)\times(+2)$
⑤ $(-1)\times(+36)$

42 ●●○

다음 중 계산 결과가 옳지 않은 것은?

① $(+3)\times(+11)=33$
② $\frac{2}{3}\times\left(-\frac{3}{4}\right)=-\frac{1}{2}$
③ $0\times(-8)=0$
④ $(-0.2)\times(-5)=-1$
⑤ $(-12)\times(+3)=-36$

43 ●●○

다음 수 중에서 가장 큰 수와 가장 작은 수의 곱을 구하시오.

$0.7,\quad -\frac{7}{5},\quad -\frac{1}{3},\quad -1,\quad 1\frac{3}{4}$

곱셈의 계산 법칙

개념북 79쪽

44 ●○○

다음 계산 과정에서 곱셈의 교환법칙이 이용된 곳의 기호를 쓰시오.

$$\begin{aligned}&(-5)\times(+3)\times(-12)\\ &=(+3)\times(-5)\times(-12) \quad ㉠\\ &=(+3)\times\{(-5)\times(-12)\} \quad ㉡\\ &=(+3)\times(+60) \quad ㉢\\ &=180\end{aligned}$$

45 ●○○

다음 계산 과정에서 ㉠, ㉡에 이용된 곱셈의 계산 법칙을 각각 말하시오.

$$\begin{aligned}&(-2)\times(+6)\times(-5)\\ &=(+6)\times(-2)\times(-5) \quad ㉠\\ &=(+6)\times\{(-2)\times(-5)\} \quad ㉡\\ &=(+6)\times(+10)\\ &=60\end{aligned}$$

46 ●●○

다음 계산 과정에서 ㉠~㉣에 알맞은 것을 구하시오.

$$\begin{aligned}&\left(-\frac{1}{2}\right)\times\left(-\frac{1}{3}\right)\times(+4)\\ &=\left(-\frac{1}{3}\right)\times\left(-\frac{1}{2}\right)\times(+4) \quad \text{곱셈의 }\boxed{㉠}\text{법칙}\\ &=\left(-\frac{1}{3}\right)\times\left\{\left(-\frac{1}{2}\right)\times(+4)\right\} \quad \text{곱셈의 }\boxed{㉡}\text{법칙}\\ &=\left(-\frac{1}{3}\right)\times(\boxed{㉢})\\ &=\boxed{㉣}\end{aligned}$$

세 개 이상의 수의 곱셈

개념북 83쪽

47 ●○○

다음을 계산하시오.

(1) $(-2)\times(-4)\times(-5)$

(2) $\left(-\frac{1}{2}\right)\times\left(+\frac{4}{7}\right)\times\left(-\frac{14}{3}\right)$

48 ●●○

다음 중 계산 결과가 가장 작은 것은?

① $(-2)\times(-1)\times(+4)$

② $(-3)\times\left(-\frac{1}{3}\right)\times(-2)$

③ $\left(-\frac{1}{5}\right)\times(-8)\times\left(+\frac{1}{2}\right)$

④ $\left(+\frac{8}{3}\right)\times\left(-\frac{1}{4}\right)\times\left(+\frac{1}{2}\right)$

⑤ $\left(-\frac{7}{5}\right)\times\left(-\frac{10}{3}\right)\times(-0.5)$

49 ●●●

$\left(-\frac{1}{3}\right)\times\left(-\frac{3}{5}\right)\times\left(-\frac{5}{7}\right)\times\cdots\times\left(-\frac{23}{25}\right)$을 계산하면?

① $-\frac{23}{25}$　② $-\frac{1}{25}$　③ $\frac{1}{25}$

④ $\frac{23}{25}$　⑤ 1

거듭제곱

개념북 83쪽

50 ●○○

다음 중 옳은 것은?

① $(-3)^2=-9$　② $(-3)^3=-9$

③ $-2^2=-4$　④ $(-1)^{99}=-99$

⑤ $-4^2=16$

51 ●●○

다음 중 가장 큰 수는?

① $(-2)^3$　② $-(-2)^3$　③ -3^2

④ $-(-3)^2$　⑤ $-(-2)^4$

52 ●●○

다음을 계산하시오.

(1) $\left(+\frac{3}{2}\right)^2$　(2) $\left(-\frac{2}{5}\right)^2$

(3) $\left(+\frac{2}{3}\right)^3$　(4) $\left(-\frac{1}{2}\right)^3$

53 ●●○

다음 중 가장 큰 수와 가장 작은 수를 차례로 찾아 쓰시오.

$\left(-\frac{1}{2}\right)^4,\ \left(\frac{1}{2}\right)^2,\ -\frac{1}{2^3},\ -\left(-\frac{1}{2}\right)^2,\ -\left(-\frac{1}{2}\right)^3$

54 ●●○

다음을 계산하시오.

$$\left(-\frac{2}{3}\right)^3\times\left(-\frac{3}{2}\right)^2\times(-12)$$

55 ●●○

다음 중 계산 결과가 나머지 넷과 다른 하나는?

① $(-1)^{10}$　② -1^{100}
③ $(-1)^{908}$　④ $-(-1)^{1011}$
⑤ $-(-1)^{19999}$

56 ●●○

$-1^{100}+(-1)^{102}-(-1)^{103}$을 계산하면?

① -3　② -2　③ -1
④ 0　⑤ 1

57 ●●●

$(-1)-(-1)^2+(-1)^3-\cdots+(-1)^{99}-(-1)^{100}$을 계산하면?

① -100　② -50　③ 0
④ 50　⑤ 100

분배법칙

개념북 84쪽

58 ●○○

다음 계산 과정에서 ㉠에 이용된 계산 법칙을 말하시오.

$$\begin{aligned}&\frac{1}{2}\times\left\{\left(-\frac{4}{3}\right)+\left(+\frac{3}{8}\right)\right\}\\&=\frac{1}{2}\times\left(-\frac{4}{3}\right)+\frac{1}{2}\times\left(+\frac{3}{8}\right)\quad ㉠\\&=-\frac{2}{3}+\frac{3}{16}=-\frac{23}{48}\end{aligned}$$

59 ●●○

다음 식을 만족하는 두 수 a, b에 대하여 $a+b$의 값을 구하시오.

$$(-2)\times(-32)+(-2)\times16=(-2)\times a=b$$

60 ●●○

분배법칙을 이용하여 다음을 계산하시오.

(1) $30\times\left(\frac{6}{5}-\frac{5}{6}\right)$

(2) $(-5.6)\times2+(-5.6)\times8$

61 ●●●

세 유리수 a, b, c에 대하여 $a\times b=8$, $a\times(b+c)=-2$일 때, $a\times c$의 값을 구하시오.

네 유리수 중에서 세 수를 뽑아 곱하기

개념북 85쪽

62 ●●○

네 유리수 3, $-\frac{1}{2}$, $\frac{2}{3}$, -4 중에서 서로 다른 세 수를 뽑아 곱한 값 중 가장 작은 수는?

① -8 ② $-\frac{19}{6}$ ③ $-\frac{4}{3}$
④ -1 ⑤ $-\frac{1}{2}$

63 ●●○

네 유리수 0.2, $-\frac{1}{3}$, $-\frac{5}{2}$, -3 중에서 서로 다른 세 수를 뽑아 곱한 값 중 가장 큰 수는?

① $\frac{1}{2}$ ② $\frac{2}{3}$ ③ 1
④ $\frac{3}{2}$ ⑤ $\frac{5}{3}$

64 ●●○

네 유리수 $-\frac{7}{3}$, $-\frac{3}{2}$, $\frac{2}{3}$, -4 중에서 서로 다른 세 수를 뽑아 곱한 값 중 가장 작은 수는?

① -21 ② $-\frac{95}{6}$ ③ -14
④ $-\frac{25}{2}$ ⑤ -12

정수와 유리수의 나눗셈 – 두 수의 나눗셈

개념북 87쪽

65 ●○○

다음을 계산하시오.

(1) $(+9)\div(-3)$
(2) $(-72)\div(+12)$
(3) $(+5.4)\div(-3)$
(4) $(-64)\div(-1.6)$

66 ●●○

다음 중 계산 결과가 나머지 넷과 다른 하나는?

① $(-36)\div(-9)$ ② $(+8)\div(-2)$
③ $(+12)\div(-3)$ ④ $(-20)\div(+5)$
⑤ $(-28)\div(+7)$

67 ●●○

다음 중 계산 결과가 옳은 것은?

① $(+20)\div(+4)=-5$
② $(-27)\div3=9$
③ $(+2.8)\div(-7)=-4$
④ $(-8.1)\div(-9)=0.9$
⑤ $0\div(-1)=-1$

68 ●●○

다음 중 계산 결과가 가장 작은 것은?

① $(+10)\div(-2)$ ② $(+25)\div(+5)$
③ $(-16)\div(-4)$ ④ $(+21)\div(-7)$
⑤ $(-18)\div(+3)$

정수와 유리수의 나눗셈 – 세 수의 나눗셈

개념북 87쪽

69 ●●○

$(-72)\div(+8)\div(-3)$을 계산하면?

① -9　② -3　③ -1
④ 1　⑤ 3

70 ●●○

다음을 계산하시오.

(1) $(+5.4)\div(+0.6)\div(-0.5)$
(2) $(-7.2)\div(+0.3)\div(-1.2)$
(3) $(-1.6)\div(-0.4)\div(-0.8)$

71 ●●○

$A=(-48)\div(-2)\div(+6)$,
$B=98\div7\div(-2)$일 때, $A+B$의 값을 구하시오.

72 ●●○

$A=36\div(-0.3)\div(-1.2)$일 때,
$A\div4\div(-2.5)$의 값을 구하시오.

역수 구하기

개념북 89쪽

73 ●○○

다음 수의 역수를 구하시오.

(1) $\frac{2}{3}$　(2) 4　(3) -0.7

74 ●●○

다음 중 두 수가 서로 역수가 아닌 것은?

① $1,\ 1$　② $0.4,\ \frac{5}{2}$　③ $-\frac{1}{6},\ -6$
④ $-4,\ 0.25$　⑤ $\frac{8}{3},\ \frac{3}{8}$

75 ●●○

$-\frac{a}{3}$의 역수가 $\frac{3}{4}$일 때, a의 값을 구하시오.

76 ●●○

7의 역수를 a, $-\frac{3}{14}$의 역수를 b라 할 때, $a\times b$의 값을 구하시오.

역수를 이용한 나눗셈

개념북 89쪽

77 ●●○

다음 중 계산 결과가 옳지 않은 것은?

① $\left(-\frac{4}{3}\right)\div 24=-\frac{1}{18}$

② $(-2)\div(-0.5)=4$

③ $\left(+\frac{2}{5}\right)\div\left(+\frac{2}{3}\right)=\frac{3}{5}$

④ $\left(-\frac{3}{5}\right)\div\left(-\frac{3}{25}\right)=5$

⑤ $(+6)\div\left(-\frac{12}{5}\right)=\frac{5}{2}$

78 ●●○

다음 중 계산 결과가 나머지 넷과 다른 하나는?

① $(-12)\div(+3)$　② $\left(+\frac{3}{2}\right)\div\left(-\frac{3}{4}\right)$

③ $\left(+\frac{6}{7}\right)\div\left(-\frac{3}{14}\right)$　④ $\left(-\frac{16}{3}\right)\div\left(+\frac{4}{3}\right)$

⑤ $\left(+\frac{2}{5}\right)\div\left(-\frac{1}{10}\right)$

79 ●●●

$-2\frac{2}{3}$의 역수를 a, 3.2의 역수를 b라 할 때, $a\div b$의 값은?

① $-\frac{2}{15}$　② $-\frac{5}{6}$　③ $-\frac{6}{5}$

④ -3　⑤ $-\frac{15}{2}$

계산 결과가 주어지는 경우의 곱셈과 나눗셈

개념북 90쪽

80 ●●○

다음 □ 안에 알맞은 수를 구하시오.

$$\square\div\left(-\frac{9}{2}\right)=\frac{1}{6}$$

81 ●●○

다음 □ 안에 알맞은 수는?

$$5.4\div\square=-\frac{3}{5}$$

① -12　② -9　③ -6

④ -3　⑤ -2

82 ●●○

$(-6)\times a=48$, $b\div(-2)^2=8$일 때, $b\div a$의 값을 구하시오.

83 ●●●

$\square\div(-4)\div\frac{21}{16}=\frac{2}{7}$일 때, □ 안에 알맞은 수는?

① $\frac{8}{3}$　② $\frac{8}{7}$　③ $\frac{2}{3}$

④ $-\frac{3}{8}$　⑤ $-\frac{3}{2}$

유리수의 부호

개념북 90쪽

84 ●●○

세 유리수 a, b, c에 대하여 $a>0$, $b<0$, $c<0$일 때, 다음 중 옳은 것은?

① $a-b<0$ ② $b+c>0$ ③ $\frac{b}{c}>0$
④ $a\times c>0$ ⑤ $\frac{c}{a}>0$

85 ●●○

두 유리수 a, b에 대하여 $a>0$, $a\times b<0$일 때, 다음 중 항상 옳은 것을 모두 고르면? (정답 2개)

① $b>0$ ② $a+b<0$ ③ $a-b>0$
④ $b-a>0$ ⑤ $\frac{a}{b}<0$

86 ●●○

두 정수 a, b에 대하여 $a\times b<0$, $a>b$일 때, 다음 중 항상 양수인 것을 모두 고르면? (정답 2개)

① $-a$ ② $-b$ ③ $a+b$
④ $a-b$ ⑤ $b-a$

87 ●●○

두 유리수 a, b에 대하여 $a\times b<0$, $a<b$일 때, 다음 중 옳은 것은?

① $a-b>0$ ② $b-a>0$ ③ $a\div b>0$
④ $b\div a>0$ ⑤ $-a<0$

곱셈과 나눗셈의 혼합 계산

개념북 92쪽

88 ●○○

$\left(-\frac{1}{3}\right)^2\times(-3)^3\div\frac{2}{5}$를 계산하시오.

89 ●●○

다음 중 옳지 않은 것은?

① $(-2)\times\left(-\frac{1}{10}\right)\div\left(+\frac{1}{3}\right)^2=\frac{9}{5}$
② $\left(-\frac{4}{5}\right)\times\left(+\frac{7}{4}\right)\div\left(-\frac{7}{12}\right)=\frac{12}{5}$
③ $\left(+\frac{1}{2}\right)^3\div(+8)\times(-2)^3=\frac{1}{8}$
④ $\left(-\frac{1}{2}\right)^2\times\left(-\frac{7}{10}\right)\div\left(-\frac{7}{5}\right)=\frac{1}{8}$
⑤ $(-2)^3\div(-6)^2\times\left(+\frac{3}{2}\right)^2=-\frac{1}{2}$

90 ●●○

다음을 계산하시오.

$$(-0.3)^2\times\left(\frac{4}{3}\right)^2\div\left(-\frac{1}{5}\right)\div\left(-\frac{1}{2}\right)^2$$

91 ●●○

다음을 계산하면?

$$(-2^3)\times(-3)^2\div0.75\times\left(-\frac{1}{3}\right)$$

① -32 ② -16 ③ 8
④ 16 ⑤ 32

혼합 계산의 순서

개념북 92쪽

92 ●○○

다음 식의 계산 순서를 차례로 나열하시오.

$$2\div\left\{-\frac{1}{4}+3^3\times\left(-\frac{1}{3}\right)^2\right\}\times\frac{3}{5}$$

(ㄱ: $\div$, ㄴ: $+$, ㄷ: 3^3, ㄹ: $\left(-\frac{1}{3}\right)^2$, ㅁ: $\times$ 순서로 화살표 표시)

ㄱ ㄴ ㄷ ㄹ ㅁ

93 ●●○

다음 중 계산 순서를 바르게 나열한 것은?

$$24+\frac{4}{3}\times\left\{\left(-\frac{5}{9}-\frac{7}{8}\right)\div\frac{15}{4}\right\}$$

ㄱ ㄴ ㄷ ㄹ

① ㄱ, ㄴ, ㄷ, ㄹ　② ㄷ, ㄱ, ㄹ, ㄴ
③ ㄷ, ㄹ, ㄴ, ㄱ　④ ㄹ, ㄴ, ㄱ, ㄷ
⑤ ㄹ, ㄴ, ㄷ, ㄱ

94 ●●○

다음 식의 계산에서 두 번째로 계산해야 할 것을 고르시오.

$$\left(-\frac{1}{2}\right)-\frac{3}{4}\div\left\{\frac{5}{6}\times\left(\frac{1}{2}-\frac{2}{3}\right)\right\}$$

ㄱ ㄴ ㄷ ㄹ

95 ●●○

다음 식의 계산 순서를 차례로 나열하시오.

$$3\div\left[\left\{(-1)+\left(6-3\div\frac{1}{2}\right)\right\}\times\left(-\frac{1}{3}\right)\right]$$

ㄱ ㄴ ㄷ ㄹ ㅁ

덧셈, 뺄셈, 곱셈, 나눗셈의 혼합 계산

개념북 93쪽

96 ●●○

다음을 계산하면?

$$6\div\left\{(-2)+\left(6-3\div\frac{1}{2}\right)\times\left(-\frac{1}{5}\right)\right\}$$

① -6　② -3　③ 0
④ 3　⑤ 6

97 ●●○

다음을 계산하시오.

$$\frac{1}{5}+\left\{\left(-\frac{2}{3}\right)+\frac{1}{2}\right\}\div\frac{1}{6}-\left(-\frac{1}{2}\right)^2$$

98 ●●○

$A=-14+(-9)\div(-3)$,
$B=2\times\{(-1)^6-6^2\div(-2)\}-18$일 때, $A+B$의 값을 구하시오.

99 ●●●

$\frac{1}{3}-\frac{5}{7}\times\left\{\left(-\frac{2}{5}\right)\div\frac{4}{3}-\frac{1}{3}\times(-2)^2\right\}$을 계산하면?

① $-\frac{3}{2}$　② $-\frac{1}{2}$　③ $\frac{1}{2}$
④ $\frac{3}{2}$　⑤ $\frac{5}{2}$

새로운 계산 기호

개념북 93쪽

100 ●●○

두 수 a, b에 대하여 $a◎b=a\div b+2$로 약속할 때, $12◎\left\{\frac{7}{2}◎\left(-\frac{1}{4}\right)\right\}$을 계산하시오.

101 ●●○

두 유리수 a, b에 대하여 $a○b=a\div b-3$으로 약속할 때, $10○\left(\frac{2}{7}○\frac{1}{7}\right)$을 계산하시오.

102 ●●○

두 유리수 a, b에 대하여

$$a\diamond b=a-b+a\times b, \quad a○b=b-a$$

로 약속할 때, $\frac{1}{4}○\left(\frac{1}{6}\diamond\frac{1}{8}\right)$을 계산하시오.

실생활에서 혼합 계산의 활용

개념북 94쪽

103 ●●○

영채는 주사위 놀이를 하고 있다. 홀수의 눈이 나오면 그 눈의 수만큼 점수를 얻고, 짝수의 눈이 나오면 그 눈의 수의 2배만큼 점수를 잃는다고 한다. 주사위를 3번 던져 나온 눈의 수가 차례로 4, 6, 3일 때, 영채가 얻은 점수는?

① -20　② -17　③ -14　④ -11　⑤ -8

104 ●●●

다음 **보기**와 같은 규칙으로 동전 던지기 게임을 할 때, 동전을 4회 던져서 나올 수 없는 점수는?

보기

ㄱ. 동전의 앞면이 나오면 $+3$점을 얻는다.
ㄴ. 동전의 뒷면이 나오면 -1점을 얻는다.

① -4점　② 0점　③ 4점　④ 8점　⑤ 10점

105 ●●●

슬기와 지혜가 계단에서 가위바위보 놀이를 하는데 이기면 4칸을 올라가고, 지면 3칸을 내려가기로 하였다. 모두 15번의 가위바위보를 하여 슬기가 7번 이겼다고 할 때, 지혜는 처음 위치에서 몇 칸을 올라갔는가?
(단, 비기는 경우는 없다.)

① 4칸　② 11칸　③ 20칸　④ 24칸　⑤ 28칸

개념완성익힘

1

다음 중 계산 결과가 옳은 것은?

① $\left(-\frac{3}{2}\right)+\left(-\frac{1}{2}\right)=2$
② $(-1.5)-(+2.5)=-1$
③ $\left(+\frac{2}{5}\right)\times\left(-\frac{10}{3}\right)=\frac{4}{3}$
④ $(-25)\div(-5)=5$
⑤ $\frac{1}{3}\div\left(-\frac{3}{4}\right)=-\frac{1}{4}$

2

$\frac{1}{2}-\frac{2}{3}+\frac{3}{4}-\frac{5}{6}$를 계산하시오.

3

어떤 수에 $\frac{5}{4}$를 더해야 할 것을 잘못하여 빼었더니 그 결과가 $-\frac{1}{3}$이 되었다. 이때 바르게 계산한 값은?

① $\frac{13}{12}$ ② $\frac{9}{4}$ ③ $\frac{13}{6}$
④ $\frac{29}{12}$ ⑤ $\frac{5}{2}$

4

$a=\left(+\frac{13}{4}\right)\times\left(-\frac{6}{13}\right)$, $b=\left(-\frac{5}{6}\right)\times\left(-\frac{2}{5}\right)$일 때, $a\times b$의 값을 구하시오.

5

다음 계산 과정에서 ㉠, ㉡, ㉢에 이용된 계산 법칙을 말하시오.

$$\begin{aligned}&(-15)\times6+(-15)\times4+(-15)\times(-6)\\&=(-15)\times\{6+4+(-6)\} &\text{㉠}\\&=(-15)\times\{4+6+(-6)\} &\text{㉡}\\&=(-15)\times[4+\{6+(-6)\}] &\text{㉢}\\&=(-15)\times(4+0)\\&=(-15)\times4\\&=-60\end{aligned}$$

6

다음 수 중에서 서로 다른 세 수를 뽑아 곱한 값 중 가장 큰 수는?

$-6,\quad -\frac{4}{3},\quad -1,\quad \frac{2}{3},\quad \frac{7}{2}$

① 24 ② 26 ③ 28
④ 30 ⑤ 32

7 실력UP

n이 홀수일 때, $-1^n-(-1)^{2\times n+1}+(-1)^{n-1}$을 계산하면? (단, $n>1$)

① -2 ② -1 ③ 0
④ 1 ⑤ 2

8

1.3의 역수를 a, $\frac{5}{26}$의 역수를 b라 할 때, $a\times b$의 값은?

① 2 ② 4 ③ 6
④ 8 ⑤ 10

9 실력UP

세 유리수 a, b, c에 대하여 $a\times b>0$, $b\div c<0$, $b<c$일 때, 다음 중 옳은 것은?

① $a<0$, $b<0$, $c<0$　　② $a<0$, $b>0$, $c<0$
③ $a<0$, $b<0$, $c>0$　　④ $a>0$, $b>0$, $c<0$
⑤ $a>0$, $b<0$, $c<0$

10

$\left(-\frac{1}{2}\right)^2\times 4\div\left(-\frac{1}{5}\right)$을 계산하면?

① -5　　② $-\frac{1}{5}$　　③ $\frac{1}{5}$
④ 5　　⑤ 10

11

$3^2-\left(-\frac{3}{2}\right)\times\left\{\left(-\frac{2}{3}\right)\div\left(-\frac{7}{9}\right)\right\}+(-2)^3$을 계산하시오.

12 실력UP

두 수 x, y에 대하여 $x\bigstar y=\frac{x+y}{x\times y}$로 약속할 때, $\left(\frac{1}{2}\bigstar\frac{1}{5}\right)\bigstar\frac{1}{7}$을 계산하시오.

서술형

13

오른쪽 표에서 가로, 세로, 대각선의 방향의 세 수의 합이 모두 같을 때, a의 값을 구하기 위한 풀이 과정을 쓰고 답을 구하시오.

	-3	2
		3
	a	-2

14

$-\frac{5}{3}$보다 2만큼 큰 수를 a, $\frac{2}{5}$보다 $-\frac{2}{3}$만큼 작은 수를 b라 할 때, $a\div b$의 값을 구하기 위한 풀이 과정을 쓰고 답을 구하시오.

15

민정이는 한 문제를 맞히면 5점을 얻고, 틀리면 2점을 잃는 낱말 맞히기를 했다. 기본 점수 100점에서 시작하고 총 문제를 푼 결과가 다음 표와 같았을 때, 민정이의 점수를 구하기 위한 풀이 과정을 쓰고 답을 구하시오. (단, 맞히면 ○표로, 틀리면 ×표로 표시한다.)

1번	2번	3번	4번	5번	6번	7번
×	○	○	×	○	×	○

대단원 마무리

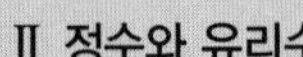

1 다음은 유리수를 분류하여 나타낸 것이다. □ 안에 해당되는 수는?

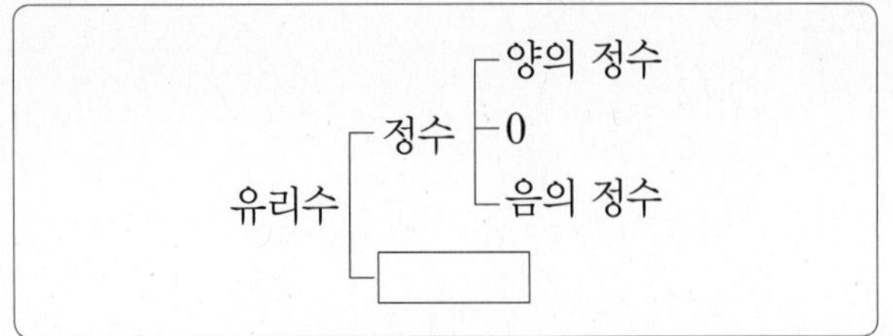

① -8 ② 0 ③ $+3$
④ $-\frac{15}{3}$ ⑤ 2.7

2 다음 설명 중 옳은 것은?

① 음수는 절댓값이 작을수록 크다.
② 'a는 4 이상이다.'를 기호로 나타내면 '$a>4$'이다.
③ 0은 유리수가 아니다.
④ 자연수에 음의 부호 $-$를 붙인 수는 양의 정수이다.
⑤ 절댓값이 a인 수는 항상 2개이다.

서술형

3 절댓값이 서로 다른 두 정수 a, b에 대하여

$a▲b=(a, b$ 중 절댓값이 큰 수$)$
$a▼b=(a, b$ 중 절댓값이 작은 수$)$

로 약속할 때, $\{(-10)▲3\}▼(x▲6)=6$을 만족하는 정수 x의 개수를 구하기 위한 풀이 과정을 쓰고 답을 구하시오.

4 두 수 a, b의 절댓값이 같고 a가 b보다 $\frac{9}{2}$만큼 클 때, a의 값은?

① 2 ② $\frac{9}{4}$ ③ 4
④ $\frac{9}{2}$ ⑤ 9

5 다음은 5개 도시의 최고기온과 최저기온을 나타낸 것이다. ①~⑤의 도시 중 일교차가 가장 큰 도시는? (단, 일교차는 하루 중의 최고기온에서 최저기온을 뺀 값이다.)

도시	최고기온(℃)	최저기온(℃)
①	-7	-13
②	0	-7
③	5.3	-3.2
④	6	-1
⑤	9.2	3.7

6 $a>b$인 두 정수 a, b에 대하여 a와 b의 절댓값의 합이 3일 때, $a-b$의 값으로 알맞은 것을 모두 고르면? (정답 2개)

① 0 ② 1 ③ 2
④ 3 ⑤ 4

7 $-\frac{1}{2}+\frac{1}{3}-\frac{5}{6}-\frac{3}{2}$을 계산하면?

① $-\frac{5}{2}$ ② $-\frac{5}{6}$ ③ $-\frac{1}{2}$
④ $\frac{5}{6}$ ⑤ $\frac{3}{2}$

8 다음 계산 과정에서 ① ~ ⑤에 알맞은 것으로 옳지 않은 것은?

$(-24)\times(+1.2)\times\frac{1}{6}$
$=(+1.2)\times(\boxed{①})\times\frac{1}{6}$) ④
$=(+1.2)\times\left\{(\boxed{①})\times\frac{1}{6}\right\}$) ⑤
$=(+1.2)\times(\boxed{②})$
$=\boxed{③}$

① -24 ② -4
③ -4.8 ④ 곱셈의 교환법칙
⑤ 분배법칙

9 다음 중 옳지 않은 것은?

① $(-6)\times\frac{1}{4}=-\frac{3}{2}$
② $\left(-\frac{3}{2}\right)-\left(-\frac{4}{3}\right)=-\frac{1}{6}$
③ $\left(-\frac{1}{3}\right)\times\left(-\frac{4}{3}\right)=\frac{4}{9}$
④ $(-2)^3=-8$
⑤ $\left(+\frac{1}{2}\right)+\left(-\frac{1}{3}\right)=-\frac{1}{6}$

10 $\left(+\frac{3}{5}\right)\times\square\times\left(-\frac{10}{3}\right)=14$일 때, □ 안에 알맞은 수는?

① -7 ② $-\frac{13}{2}$ ③ -5
④ $\frac{11}{2}$ ⑤ 7

서술형

11 $\frac{3}{4}$의 역수를 a, $-1\frac{1}{2}$의 역수를 b라 할 때, $a\div b$의 값을 구하기 위한 풀이 과정을 쓰고 답을 구하시오.

12 두 유리수 a, b에 대하여 $a<0$, $a\times b<0$일 때, 다음 중 항상 양수인 것은?

① $a-b$ ② $a+b$ ③ $b-a$
④ $\frac{b}{a}$ ⑤ $a\times b^2$

13 어느 축구 대회에서 각 팀은 출전한 다른 팀과 한 번씩 시합을 하고, 한 시합에서 이기면 +2점, 무승부이면 +1점, 지면 −2점을 받아 순위를 가린다고 한다. A팀이 이 대회에서 6승 8무 7패를 하였다고 할 때, A팀의 점수는?

① −2점 ② 2점 ③ 3점
④ 4점 ⑤ 6점

14 다음 식을 계산하면?

$$2-\left[\left(-\frac{1}{2}\right)^2-\left\{-3+\frac{3}{4}\times\left(1-\frac{1}{3}\right)\right\}\div 2\right]$$

① $-\frac{1}{2}$ ② $-\frac{1}{4}$ ③ 0
④ $\frac{1}{4}$ ⑤ $\frac{1}{2}$

1 문자의 사용과 식의 계산

개념적용익힘

곱셈 기호와 나눗셈 기호의 생략

개념북 103쪽

1 ●○○

다음을 곱셈 기호와 나눗셈 기호를 생략하여 나타내시오.

(1) $(x+y)\times b\times 4$

(2) $a\times a\times(-2)\times b+c$

(3) $m\div(n+5)$

(4) $x\div y\div z$

2 ●○○

$(-3)\times a\times a\times b\times b\times a$를 곱셈 기호를 생략하여 나타내면?

① $3a^2b^3$ ② $3-a^3b^2$ ③ $-3a^2b^2a$

④ $-3a^3b^2$ ⑤ a^3b^3

3 ●●○

다음 중 곱셈 기호와 나눗셈 기호를 생략하여 바르게 나타낸 것을 모두 고르면? (정답 2개)

① $a\times 1=1a$

② $0.1\times x=0.x$

③ $a\times(-1)=-a$

④ $x\div\frac{1}{y}\div z=xyz$

⑤ $\frac{1}{x}\div\left(-\frac{2}{3}\right)\div 2x=-\frac{3}{4x^2}$

4 ●●○

다음을 곱셈 기호와 나눗셈 기호를 생략하여 나타내시오.

(1) $(-x)\times y\div 3+z\times 3$

(2) $5\div(x+y)\times z$

5 ●●○

다음 중 곱셈 기호와 나눗셈 기호를 생략하여 나타낸 것으로 옳지 않은 것은?

① $a\div 7\times b=\frac{ab}{7}$

② $3\times(a+b)\div 4=\frac{3(a+b)}{4}$

③ $x\times x\times x\times x\div 6=\frac{x^4}{6}$

④ $a\div(4\times b\div c)=\frac{4ab}{c}$

⑤ $a\times a\div b\div(-1)=-\frac{a^2}{b}$

6 ●●○

다음 중 $\frac{ac}{b}$와 같은 것은?

① $(a\times b)\div c$ ② $a\div\frac{1}{b}\times c$

③ $a\div b\times\frac{1}{c}$ ④ $a\div b\div\frac{1}{c}$

⑤ $\frac{1}{a}\div b\div c$

문자를 사용한 식 – 수, 금액

개념북 104쪽

7 ●○○

다음을 문자를 사용한 식으로 나타내시오.

(1) 십의 자리의 숫자가 m, 일의 자리의 숫자가 3인 두 자리의 자연수

(2) 백의 자리, 십의 자리, 일의 자리의 숫자가 각각 x, y, 9인 세 자리의 자연수

(3) 정가가 $100a$원인 LED 모니터를 x % 할인하여 판다고 할 때, 판매 가격

8 ●●○

백의 자리의 숫자가 a, 십의 자리의 숫자가 b, 일의 자리의 숫자가 2인 세 자리의 자연수보다 10만큼 작은 수를 문자를 사용한 식으로 나타내시오.

9 ●●○

한 권에 a원 하는 공책 5권과 한 자루에 b원 하는 볼펜 4자루를 사고 7000원을 냈을 때의 거스름돈을 문자를 사용한 식으로 나타내시오.

10 ●●●

십의 자리의 숫자가 a, 일의 자리의 숫자가 b, 소수 첫째 자리의 숫자가 c, 소수 둘째 자리의 숫자가 d인 수를 문자를 사용한 식으로 나타내면?

① $10a+b+0.cd$

② $a+b+c+d$

③ $10ab+\frac{c}{100}+\frac{d}{100}$

④ $10a+b+\frac{c}{10}+\frac{d}{100}$

⑤ $\frac{abcd}{100}$

문자를 사용한 식 – 도형

개념북 104쪽

11 ●○○

가로의 길이가 a cm, 세로의 길이가 b cm인 직사각형에 대하여 다음을 a, b를 사용한 식으로 나타내시오.

(1) 직사각형의 넓이

(2) 직사각형의 둘레의 길이

12 ●●○

다음 중 옳지 않은 것은?

① 한 변의 길이가 a cm인 정삼각형의 둘레의 길이 ⇨ $3a$ cm

② 한 변의 길이가 x cm인 정사각형의 둘레의 길이 ⇨ $4x$ cm

③ 한 모서리의 길이가 x cm인 정육면체의 겉넓이 ⇨ $6x^2$ cm²

④ 한 대각선의 길이가 a cm, 다른 대각선의 길이가 b cm인 마름모의 넓이 ⇨ $\frac{1}{2}ab$ cm²

⑤ 윗변의 길이가 a cm, 아랫변의 길이가 b cm, 높이가 h cm인 사다리꼴의 넓이 ⇨ $\left(\frac{1}{2}a+\frac{1}{2}bh\right)$ cm²

13 ●●○

오른쪽 그림과 같은 직육면체의 겉넓이를 문자를 사용한 식으로 나타내시오.

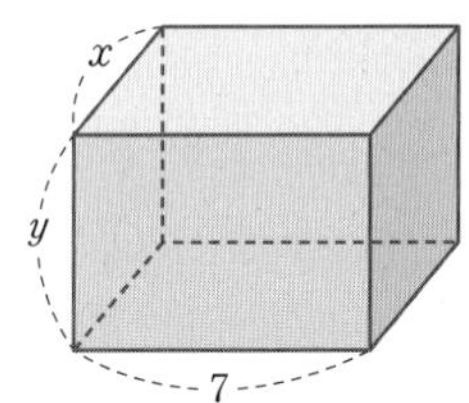

문자를 사용한 식 – 거리, 속력, 시간

개념북 105쪽

14 ●●○

다음 **보기** 중 옳은 것을 모두 고르시오.

> **보기**
>
> ㄱ. 시속 2 km로 걷는 사람이 x시간 동안 움직인 거리 ⇨ $2x$ km
>
> ㄴ. x km의 거리를 시속 5 km로 왕복할 때, 걸리는 시간 ⇨ $\frac{x}{5}$시간
>
> ㄷ. 시속 3 km로 걷는 사람이 x km를 걸을 때, 걸리는 시간 ⇨ $\frac{x}{3}$시간
>
> ㄹ. 초속 1.4 m로 x분 동안 달린 거리 ⇨ $1.4x$ m

15 ●●○

세현이네 집에서 학교까지의 거리는 6 km이다. 집에서 일정한 속력으로 자전거를 타고 x시간 만에 학교에 도착하였을 때, 다음 중 자전거의 속력을 분속으로 바르게 나타낸 것은?

① 분속 $50x$ m　② 분속 $100x$ m　③ 분속 $\frac{20}{x}$ m　④ 분속 $\frac{50}{x}$ m　⑤ 분속 $\frac{100}{x}$ m

16 ●●○

A 지점에서 출발하여 20 km 떨어진 B 지점을 향하여 인라인 스케이트를 타고 시속 7 km로 a시간 동안 달렸다. 이때 a시간 동안 달리고 남은 거리를 문자를 사용한 식으로 나타내시오.

문자를 사용한 식 – 농도

개념북 105쪽

17 ●○○

a %의 소금물 500 g에 들어 있는 소금의 양을 문자를 사용한 식으로 나타내시오.

18 ●●○

5 %의 소금물 x g에 10 %의 소금물 y g을 섞었을 때, 이 소금물에 들어 있는 소금의 양을 문자를 사용한 식으로 나타내시오.

19 ●●○

x %의 소금물 200 g과 y %의 소금물 100 g을 섞었을 때, 섞은 소금물 속에 들어 있는 소금의 양을 문자를 사용한 식으로 나타내면?

① $2xy$ g　② $(2x+y)$ g　③ $(20x+10y)$ g　④ $(200x+100y)$ g　⑤ $\frac{x+y}{300}$ g

20 ●●●

a %의 설탕물 200 g에 물 b g을 넣을 때, 이 설탕물의 농도를 문자를 사용한 식으로 나타내면?

① $(2a+b)$%　② $\frac{2a+b}{100}$%　③ $\frac{2a+b}{200}$%　④ $\frac{200+b}{200a}$%　⑤ $\frac{200a}{200+b}$%

식의 값 구하기

개념북 107쪽

21 ●○○

$y=-3$일 때, 다음 식의 값을 구하시오.

(1) $y+6$ (2) $5-2y$

(3) y^2-9 (4) $-y^2+2$

22 ●○○

$a=-1$일 때, $3a^3-4a^2$의 값은?

① -7 ② -1 ③ 1

④ 7 ⑤ 12

23 ●●○

$a=-2$일 때, 다음 중 식의 값이 나머지 넷과 다른 하나는?

① $-2a$ ② a^2 ③ $2(4a+10)$

④ $\frac{a-1}{3}$ ⑤ $\frac{3}{2}a+7$

24 ●●○

$x=1$, $y=-2$일 때, 다음 식의 값을 구하시오.

(1) $2x+3y$ (2) $x-\frac{1}{2}y$

(3) x^2+y^2 (4) $\frac{12x}{y^3}$

25 ●●○

$x=-2$, $y=1$일 때, 다음 중 식의 값이 가장 큰 것은?

① $\frac{xy}{2}$ ② $-2xy$ ③ $\frac{1}{3}x^2$

④ $\frac{3x}{2y}$ ⑤ $-2x+3y^2$

26 ●●○

$a=3$, $b=2$일 때, $\frac{b^2}{2a^2+3ab}$의 값을 구하시오.

27 ●●○

$a=-3$, $b=\frac{1}{2}$일 때, $-a+4b+2ab$의 값은?

① -5 ② -2 ③ 2

④ 5 ⑤ 11

28 ●●●

$x=\frac{1}{2}$, $y=\frac{1}{3}$일 때, $3x-2xy+3y$의 값을 구하시오.

분수를 분모에 대입하여 식의 값 구하기

개념북 107쪽

29 ●●○

$x=4$, $y=-\frac{2}{3}$일 때, $4\div x+(-6)\div y$의 값은?

① 1　　② 2　　③ 8
④ 9　　⑤ 10

30 ●●○

$x=\frac{3}{2}$, $y=-\frac{4}{5}$일 때, $\frac{3}{x}+\frac{8}{y}$의 값을 구하시오.

31 ●●●

$x=-\frac{1}{2}$, $y=\frac{1}{5}$일 때, $\frac{x-y}{xy}$의 값을 구하시오.

32 ●●●

$x=\frac{1}{5}$, $y=-\frac{1}{3}$, $z=-\frac{1}{2}$일 때, $\frac{1}{x}-\frac{2}{y}+\frac{3}{z}$의 값을 구하시오.

식의 값의 활용

개념북 108쪽

33 ●●○

오른쪽 그림과 같은 삼각형이 있다. 다음 물음에 답하시오.

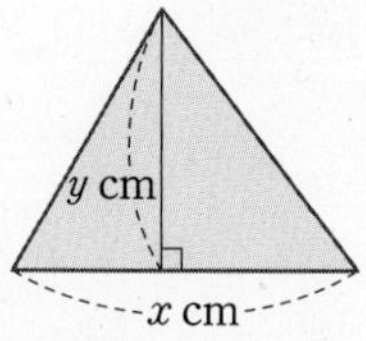

(1) 삼각형의 넓이를 $S\text{ cm}^2$라 할 때, S를 x, y에 대한 식으로 나타내시오.

(2) $x=6$, $y=4$일 때, 이 삼각형의 넓이를 구하시오.

34 ●●○

공기 중에서 소리의 속력은 기온이 x ℃일 때, 초속 $(331+0.6x)$ m라고 한다. 세현이는 번개가 친 지 10초 후에 천둥소리를 들었다. 세현이가 있는 곳의 기온이 30 ℃일 때, 다음 물음에 답하시오.

(1) 천둥소리의 속력을 구하시오.

(2) 세현이가 있는 곳에서 번개가 친 곳까지의 거리는 몇 m인지 구하시오.

35 ●●●

진우가 10000원으로 1000원짜리 연필 a자루를 사고, b원짜리 필통 1개를 40 % 할인 받아 샀을 때, 다음 물음에 답하시오.

(1) 진우에게 남은 돈을 a와 b에 대한 식으로 나타내시오.

(2) $a=2$, $b=4000$일 때, 진우에게 남은 돈을 구하시오.

다항식

개념북 110쪽

36 ●○○

다음 중 단항식인 것을 모두 고르면? (정답 2개)

① -1 ② $4x^2+3$ ③ $\dfrac{2x+1}{y}$

④ $-\dfrac{a^2b}{5}$ ⑤ $3y^2+1$

37 ●○○

다항식 $\dfrac{5}{2}x-y+1$에 대하여 다음을 구하시오.

(1) 모든 항

(2) x, y 각각의 계수

(3) 상수항

38 ●●○

다항식 $-x^2+x+2$에 대한 다음 설명 중 옳은 것은?

① 항은 $-x^2$, x, 2이다.

② x^2의 계수는 1이다.

③ x의 계수는 없다.

④ 이 다항식의 차수는 3이다.

⑤ 상수항은 없다.

39 ●●○

다항식 $3x^2-2x+5$의 차수를 a, 항의 개수를 b, x의 계수를 c, 상수항을 d라고 할 때, $a+b-c+d$의 값은?

① 5 ② 7 ③ 9

④ 10 ⑤ 12

일차식

개념북 111쪽

40 ●○○

다음 중 일차식이 아닌 것은?

① $-4x$ ② $-2x+4$ ③ $\dfrac{x}{2}-1$

④ $3-x+x^3$ ⑤ $0.5x-3$

41 ●●○

다음 **보기**에서 일차식인 것을 모두 고르시오.

보기	
ㄱ. $2x$	ㄴ. y^2-3
ㄷ. x^2+x+3	ㄹ. $-\dfrac{1}{2}x-1$
ㅁ. $3-5y$	ㅂ. $0\times x+6$

42 ●●○

다음 중 일차식은 모두 몇 개인지 구하시오.

$1-3y$, a^2+2a, $4x+3$, $-3y+\dfrac{1}{2}$, $\dfrac{4}{x}-50$

43 ●●○

다음 중 x에 대한 일차식의 설명으로 옳은 것은?

① 상수항은 항상 0이다.

② 항이 1개뿐인 식이다.

③ x의 계수는 항상 1이다.

④ $ax+b$(a, b는 상수)의 꼴로 나타낼 수 있다.

⑤ 차수가 가장 큰 항의 차수가 1이다.

단항식과 수의 곱셈, 나눗셈

개념북 113쪽

44 ●○○

다음 식을 계산하시오.

(1) $-7\times 2x$

(2) $\frac{1}{2}y\div\frac{3}{8}$

45 ●●○

다음 식을 계산하시오.

(1) $(-3)\times(-2y)$

(2) $9x\times\left(-\frac{1}{3}\right)$

(3) $8a\div\frac{4}{3}$

(4) $-\frac{1}{2}x\div\frac{1}{4}\div\frac{1}{2}$

46 ●●○

다음 중 옳지 않은 것은?

① $-4a\times 2=-8a$　　② $\frac{3}{4}x\times 6=\frac{9}{2}x$

③ $-b\div 3=-\frac{1}{3}b$　　④ $\frac{y}{3}\div\frac{3}{2}=\frac{2}{3}y$

⑤ $\frac{2}{3}x\div 4=\frac{1}{6}x$

일차식과 수의 곱셈, 나눗셈

개념북 113쪽

47 ●○○

다음 식을 계산하시오.

(1) $-2(-2x+5)$

(2) $(-10a+5)\div 5$

48 ●●○

다음 식을 계산하시오.

(1) $(2x-3)\times(-3)$

(2) $\frac{1}{3}(3b+2)$

(3) $(5y-20)\div\frac{5}{3}$

(4) $\left(-\frac{4}{7}x-\frac{1}{6}\right)\div\left(-\frac{2}{3}\right)$

49 ●●○

$(6x-9)\div\left(-\frac{3}{4}\right)=ax+b$일 때, 상수 a, b에 대하여 $a+b$의 값을 구하시오.

50 ●●○

두 식 $-8\left(\frac{3}{4}x-2\right)$와 $(3y-12)\div\frac{3}{2}$을 간단히 하였을 때, 두 식의 상수항의 합은?

① -4　　② 1　　③ 0

④ 3　　⑤ 8

동류항

개념북 115쪽

51 ●○○

다음 중 $-x$와 동류항인 것은?

① -1　② $-\frac{1}{x}$　③ $-xy$
④ $\frac{x}{3}$　⑤ $-y$

52 ●○○

다음 중 동류항끼리 짝 지어진 것은?

① a, a^2　② $2x$, $2y$　③ xy, xy^2
④ $2x$, $-3x$　⑤ $3b$, 3

53 ●●○

다음 중 $3a$와 동류항인 것은 몇 개인지 구하시오.

$\frac{1}{5}b$,	a^2,	$\frac{1}{2}a$,	$-5a$,	$\frac{1}{3}$,	$\frac{2}{3a}$

54 ●●○

다항식 $3x+y+1+y^2+3y+x+\frac{1}{2}$에서 동류항을 모두 말하시오.

일차식의 덧셈, 뺄셈

개념북 115쪽

55 ●○○

다음 식을 간단히 하시오.

(1) $(7x-8)+(4x+1)$
(2) $(-y+2)-(y-3)$

56 ●●○

다음 중 계산 결과가 옳은 것은?

① $(2x+3)+(x-1)=2x+2$
② $(-2x+4)+(3x-3)=x+1$
③ $(-x+1)+3(x-1)=2x+2$
④ $(3x-1)-(x-2)=2x-1$
⑤ $(x+7)-2(x+3)=-2x+1$

57 ●●○

다음 식을 간단히 하시오.

(1) $-2(2x+1)+3(x-4)$
(2) $\frac{1}{4}(4x+8)-(2x-4)$
(3) $2(3a+6)+3(-a-4)$
(4) $-2(6b-8)-15\left(\frac{2}{3}b+\frac{1}{5}\right)$

58 ●●○

$\frac{1}{4}(8x-20)-\frac{2}{3}(9x-6)$을 간단히 하였을 때, x의 계수를 a, 상수항을 b라 하자. 이때 ab의 값은?

① -4　② -2　③ 1
④ 2　⑤ 4

여러 가지 일차식의 덧셈, 뺄셈

개념북 116쪽

59 ●●○

다음 식을 간단히 하시오.

(1) $\frac{5x-7}{2}-\frac{2x+1}{3}$

(2) $2x-\{x-3(2x-1)\}$

60 ●●○

$\frac{3(1+x)}{5}-\frac{x-2}{2}$를 간단히 하면?

① $x+16$　② $-\frac{2}{5}x+\frac{2}{5}$

③ $\frac{1}{10}x-\frac{2}{5}$　④ $\frac{1}{10}x+\frac{1}{10}$

⑤ $\frac{1}{10}x+\frac{8}{5}$

61 ●●●

$\frac{x-3}{2}-\frac{1-2x}{3}-x$를 간단히 하였을 때, x의 계수를 a, 상수항을 b라고 하자. 이때 $a-b$의 값은?

① -2　② 2　③ 4

④ 6　⑤ 8

62 ●●●

$-x-[3y+2x-\{-5x-3(x-y)\}]=ax+by$ 일 때, 상수 a, b에 대하여 ab의 값은?

① -11　② -5　③ 0

④ 5　⑤ 11

문자에 일차식 대입하기

개념북 116쪽

63 ●●○

$A=2x+3$, $B=-3x+2$일 때, $2A-B$를 간단히 하면?

① $-7x-5$　② $-5x-7$　③ $-3x+3$

④ $2x-2$　⑤ $7x+4$

64 ●●○

$A=-x-7$, $B=21-12x$일 때, $2A-\frac{1}{3}B$를 간단히 하면?

① $-4x-21$　② $-2x-7$　③ $2x-21$

④ $2x+7$　⑤ $4x-21$

65 ●●○

$A=6x+2$, $B=-5x+1$일 때, $3A+2B$를 간단히 하였더니 $ax+b$가 되었다. 상수 a, b에 대하여 $a+b$의 값을 구하시오.

66 ●●●

$A=3x+1$, $B=x-2$일 때,
$2(A-B)+5(B-1)$을 간단히 하면?

① 3　② -9　③ $-9x+3$

④ $9x$　⑤ $9x-9$

정답과 풀이 83쪽

어떤 식 구하기

개념북 117쪽

67 ●●○

다음 □ 안에 알맞은 식을 구하시오.

(1) $\square-(x+4)=3x+4$

(2) $-2(3x+7)+\square=2x+9$

(3) $x+5-(\square)=2x+3$

68 ●●○

다음 □ 안에 알맞은 식을 구하시오.

$$2(-3x+6)-(\square)=5x-1$$

69 ●●○

어떤 다항식에 $2x-y$를 더했더니 $3x+5y$가 되었다. 이때 어떤 다항식을 구하시오.

70 ●●●

다음 **조건**을 만족하는 두 다항식 A, B에 대하여 $A+B$를 간단히 하면?

조건

(가) A에 $-3x+1$을 더했더니 $5x-4$가 되었다.

(나) B에서 $2x+7$을 뺐더니 $-4x-2$가 되었다.

① $-3x+1$ ② $-x-2$ ③ $2x+5$
④ $6x$ ⑤ $8x+3$

바르게 계산한 식 구하기

개념북 117쪽

71 ●●○

어떤 식에서 $-2x+1$을 빼야 할 것을 잘못하여 더했더니 $5x+1$이 되었다. 이때 바르게 계산한 식을 구하시오.

72 ●●○

어떤 식에 $4a-3$을 더해야 할 것을 잘못하여 뺐더니 $-6a+4$가 되었다. 이때 바르게 계산한 식을 구하시오.

73 ●●○

어떤 다항식에서 $2x-5$를 빼야 할 것을 잘못해서 더했더니 $3x-6$이 되었을 때, 바르게 계산한 식은?

① $-3x+1$ ② $-x-5$ ③ $-x+2$
④ $-x+4$ ⑤ $x-4$

74 ●●○

어떤 식에 $-5x+4y$를 더해야 할 것을 잘못하여 뺐더니 $8x-9y$가 되었을 때, 바르게 계산한 식은?

① $-2x-y$ ② $-2x+y$ ③ $2x-y$
④ $2x+y$ ⑤ $4x+2y$

개념완성익힘

1

다음 중 옳지 않은 것은?

① $a\times b\times a\times a\times(-1)=-a^3b$

② $a\div b+4=\frac{a}{b+4}$

③ $(a-b)\div 5=\frac{a-b}{5}$

④ $3\times a-2\div 3\times b=3a-\frac{2}{3}b$

⑤ $0.1\times x\times y\times y\times x=0.1x^2y^2$

2

다음 중 $\frac{ab}{2}$와 같은 것을 모두 고르면? (정답 2개)

① $a\div 2\times b$　② $b\div a\times 2$　③ $a\div b\times 2$
④ $b\times a\div 2$　⑤ $2\times b\div a$

3

다음을 문자를 사용한 식으로 나타내시오.

(1) 시속 a km로 달리는 자동차가 b시간 동안 이동한 거리
(2) a %의 소금물 300 g에 들어 있는 소금의 양
(3) 정가가 a원인 물건을 20 % 할인했을 때, 물건의 가격
(4) 백의 자리의 숫자가 x, 십의 자리의 숫자가 y, 일의 자리의 숫자가 z인 세 자리의 자연수

4

$x=-2$, $y=1$일 때, 다음 중 식의 값이 가장 큰 것은?

① $2x-y$　② $x+y$　③ $\frac{x}{y}+xy$
④ x^2-y^2　⑤ $(x-y)^2$

5

$a=-\frac{1}{3}$일 때, 다음 중 식의 값이 가장 작은 것을 고르시오.

$\left(\frac{1}{a}\right)^2$,　$3a$,　a^2,　$-a$,　$-\left(\frac{1}{a}\right)^2$

6

다음 중 다항식 $-x+2y-3$에 대한 설명으로 옳은 것은?

① 다항식의 차수는 1이다.
② 상수항은 3이다.
③ x의 계수는 1이다.
④ $-x$와 $2y$는 동류항이다.
⑤ 각 항의 계수와 상수항을 모두 합하면 6이다.

7

다음 중 일차식인 것은?

① $x^2+\frac{1}{3}$　② $1-2x^3$　③ $3+2b+b^3$
④ $\frac{x}{3}-\frac{1}{2}$　⑤ a^2-3a

8

다음 중 옳은 것은?

① $\frac{3}{2}(6x-2)=9x-2$

② $(12y-8)\div\left(-\frac{4}{3}\right)=-16y+\frac{32}{3}$

③ $-5(x+6)=-5x+30$

④ $-(9x-6)\div 3=3x-2$

⑤ $(-x+2)\div\frac{1}{3}=-3x+6$

9

다음 중 동류항끼리 짝 지어진 것은?

① $-5x$, $-5y$　　② $-xy^2$, $\frac{3xy^2}{5}$

③ $2x^2$, $2a^2$　　④ $3ab^2$, $7a^2b$

⑤ $\frac{2}{x}$, $3x$

10

$A=-2x+y$, $B=3x+2y$일 때,
$A-2B-(B-A)$를 간단히 하면?

① $-13x-8y$　② $-13x-4y$　③ $-5x+4y$

④ $5x-4y$　⑤ $13x+4y$

11 실력UP

오른쪽 그림은 직각삼각형과 직사각형을 붙여서 만든 도형이다. 안쪽의 작은 사각형은 큰 직사각형에서 2 cm씩 줄여서 만든 직사각형이다. 색칠한 부분의 넓이를 x에 대한 일차식으로 나타내시오.

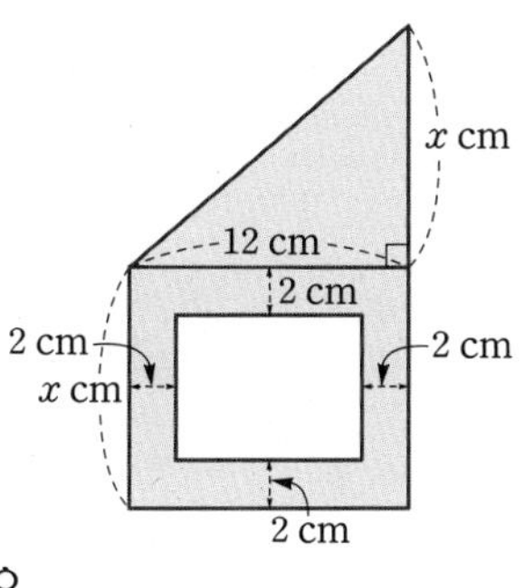

서술형

12

키가 x cm인 사람의 표준 체중을 구하는 식은 $\{(x-100)\times 0.9\}$ kg이다. 키가 179 cm인 사람의 표준 체중을 구하기 위한 풀이 과정을 쓰고 답을 구하시오.

13

$\frac{3x-5}{4}-\frac{7x+2}{6}$를 간단히 하였을 때, x의 계수와 상수항의 합을 구하기 위한 풀이 과정을 쓰고 답을 구하시오.

14

오른쪽 표는 어느 영화관의 입장료를 나타낸 것이다. 어느날 이 영화관의 성인과 청소년의 입장객은 모두 500명이고, 그중에서 성인이 x명이라고 할 때, 다음을 구하기 위한 풀이 과정을 쓰고 답을 구하시오.

구분	입장료(원)
성인	9000
청소년	7000

(1) 영화관에서 받은 입장료의 총 금액을 x를 사용한 식으로 나타내시오.

(2) 청소년이 400명 입장했을 때, 영화관에서 받은 입장료의 총 금액을 구하시오.

2 일차방정식

개념적용익힘

등식

개념북 127쪽

1 ●○○

다음에서 등식인 것은 ○표를, 등식이 아닌 것은 ×표를 ( ) 안에 써넣으시오.

(1) $2x+3$ ( )　　(2) $5x-4x=6$ ( )

(3) $6+7=10$ ( )　　(4) $7+2<x$ ( )

2 ●○○

다음 중 등식이 아닌 것은?

① $2x+5$　　② $2x=x+3$

③ $x+4=2$　　④ $5x-2=2x$

⑤ $8+6=14$

3 ●●○

다음 **보기** 중에서 등식인 것을 모두 고르시오.

보기

ㄱ. $b+3$　　ㄴ. $3+7=10$

ㄷ. $15\div11$　　ㄹ. $2x-3=2$

4 ●●○

다음 **보기** 중에서 등식은 모두 몇 개인지 구하시오.

보기

ㄱ. $-(x+2)$　　ㄴ. $1-(-2)>0$

ㄷ. $x+3=2x+7$　　ㄹ. x^2-2

ㅁ. $x+2<5$　　ㅂ. $2(x+1)=3x+2$

문장을 등식으로 나타내기

개념북 127쪽

5 ●○○

다음 문장을 등식으로 나타내시오.

(1) x에서 4를 뺀 것은 x의 5배와 같다.

(2) 500원짜리 아이스크림 3개와 900원짜리 과자 x봉지의 가격은 3300원이다.

(3) 시속 x km로 3시간 동안 간 거리는 9 km이다.

(4) 한 변의 길이가 x cm인 정사각형의 둘레의 길이는 4 cm이다.

6 ●○○

다음 문장을 등식으로 나타내시오.

> 4명이 a원씩 내서 b원인 선물을 사고 남은 돈은 2500원이다.

7 ●●○

다음 중 문장을 등식으로 나타낸 것으로 옳지 않은 것은?

① x에서 2를 뺀 것은 x의 3배와 같다. ⇨ $x-2=3x$

② 가로의 길이가 8 cm, 세로의 길이가 x cm인 직사각형의 넓이는 12 cm^{2}이다. ⇨ $8x=12$

③ 27권의 공책을 x명의 학생들에게 4권씩 나누어 주었더니 3권이 남았다. ⇨ $27=4x-3$

④ 300원짜리 볼펜을 x자루 사고 2000원을 내었더니 거스름돈이 200원이었다. ⇨ $2000-300x=200$

⑤ 시속 60 km로 x시간 동안 달린 거리는 240 km이다. ⇨ $60x=240$

 방정식과 항등식

개념북 128쪽

8 ●○○

다음 중 방정식인 것은?

① $5x-2$　② $x+2<5$
③ $3x+2=1$　④ $2x+5\geq3$
⑤ $x+1=1+x$

9 ●●○

다음 중 항등식인 것은?

① $3x=0$
② $2(x+2)=2(x+1)+1$
③ $4x-9=0$
④ $-2(x+4)=2(x-6)$
⑤ $2(x+4)+1=2x+9$

10 ●●○

다음 중 어떤 x의 값에 대해서도 항상 참인 것은?

① $2(x-4)=2x-8$
② $x=-3x+4$
③ $3-2x=7$
④ $-x+6=-x+2$
⑤ $5x-2=2x+3$

11 ●●○

다음 **보기** 중에서 항등식을 모두 고른 것은?

보기	
ㄱ. $x+(5-x)=x$	ㄴ. $2x+3=2(x-1)+5$
ㄷ. $x^2+2x=0$	ㄹ. $-x-2=(5-x)-7$

① ㄱ, ㄴ　② ㄱ, ㄷ　③ ㄱ, ㄹ
④ ㄴ, ㄷ　⑤ ㄴ, ㄹ

항등식이 될 조건

개념북 128쪽

12 ●○○

다음 등식이 항등식이 되도록 □ 안에 알맞은 수나 식을 써넣으시오.

(1) $5x-3=5x+(\square)$
(2) $4x+3=x+\square+1$
(3) $2(x-3)=-6+\square$
(4) $3(x-4)=2x+\square$

13 ●●○

다음 등식이 항등식일 때, 상수 a, b의 값을 각각 구하시오.

$$-x+3+ax=4x+b+1$$

14 ●●○

등식 $2x+a=bx-4$가 모든 x의 값에 대하여 항상 참일 때, 상수 a, b에 대하여 $\frac{a}{b}$의 값을 구하시오.

15 ●●●

등식 $2x+5=-a(x-1)+bx$가 x에 대한 항등식일 때, 상수 a, b에 대하여 a^2+b^2의 값을 구하시오.

방정식의 해

개념북 129쪽

16 ●●○

다음 방정식 중 해가 $x=3$인 것은?

① $x-3=2$
② $-2x+1=9$
③ $3x-1=-2(x-1)+12$
④ $\frac{x+1}{3}=x-\frac{4}{3}$
⑤ $\frac{1}{5}(x-4)=\frac{3}{2}x+1$

17 ●●○

다음 중 [ ] 안의 수가 주어진 방정식의 해가 아닌 것은?

① $x+1=0$ [-1]
② $x-1=2x-3$ [2]
③ $5x-3=3x-3$ [0]
④ $2(x-4)=2$ [4]
⑤ $3x+2=5(x-2)+2$ [5]

18 ●●○

다음 중 [ ] 안의 수가 주어진 방정식의 해인 것은?

① $3-x=5x$ [1]
② $-x+2=6$ [2]
③ $2x=-3x+1$ [-1]
④ $-3x+6=0$ [-2]
⑤ $-2(x-2)=4x-14$ [3]

등식의 성질

개념북 133쪽

19 ●○○

$x=y$일 때, 다음 중 옳지 않은 것은?

① $x+1=y+1$
② $x-5=y+5$
③ $\frac{2}{3}x=\frac{2}{3}y$
④ $2x=2y$
⑤ $\frac{x}{z}=\frac{y}{z}$ (단, $z\neq0$)

20 ●●○

다음 중 옳지 않은 것은?

① $a=b$이면 $a+c=b+c$이다.
② $a+c=b+c$이면 $a=b$이다.
③ $ac=bc$이면 $a=b$이다.
④ $a=b$이면 $ac=bc$이다.
⑤ $\frac{a}{c}=\frac{b}{c}$이면 $a=b$이다. (단, $c\neq0$)

21 ●●○

$2a=4b$일 때, 다음 중 옳지 않은 것은?

① $a=2b$
② $\frac{a}{4}=\frac{b}{2}$
③ $5a-2=10b-2$
④ $\frac{a}{2}=b$
⑤ $2(a-1)=4(b-1)$

22 ●●○

다음 중 옳지 <u>않은</u> 것을 모두 고르면? (정답 2개)

① $-a=b$이면 $2-a=b+2$이다.

② $a=5b$이면 $a-5=5(b-5)$이다.

③ $a+b=x+y$이면 $a-x=y-b$이다.

④ $\frac{a}{2}=b$이면 $a=2b$이다.

⑤ $3a=4b$이면 $\frac{a}{3}=\frac{b}{4}$이다.

23 ●●○

다음 중 옳은 것을 모두 고르면? (정답 2개)

① $x=-y$이면 $2x+3=-2y-3$이다.

② $-x=y$이면 $x+5=-y+5$이다.

③ $x=3y$이면 $x+1=3y+1$이다.

④ $-2x=3y$이면 $-2x-2=3y+3$이다.

⑤ $\frac{x}{3}=\frac{y}{5}$이면 $\frac{x+3}{3}=\frac{y-5}{5}$이다.

24 ●●○

다음 중 옳은 것은?

① $-a+2=2-b$이면 $a+5=b+5$이다.

② $3a=-b$이면 $a+3=\frac{1}{3}(b+3)$이다.

③ $a+2=b+2$이면 $a-5=b+5$이다.

④ $2a+3=2b+1$이면 $a=b+1$이다.

⑤ $\frac{a}{2}=\frac{b}{5}$이면 $5(a+3)=2(b+3)$이다.

등식의 성질을 이용한 방정식의 풀이

개념북 134쪽

25 ●○○

오른쪽 방정식의 풀이 과정 ㉠~㉢ 중에서 등식의 성질 '$a=b$이면 $ac=bc$이다.'를 이용한 곳을 고르시오. (단, c는 자연수)

$$\frac{2}{5}x+1=\frac{5}{3}$$
㉠
$$6x+15=25$$
㉡
$$6x=10$$
㉢
$$\therefore x=\frac{5}{3}$$

26 ●○○

오른쪽은 등식의 성질을 이용하여 방정식 $3x+2=8$을 푸는 과정이다. 이때 (가), (나)에 이용된 등식의 성질을 **보기**에서 각각 고르시오.

$$3x+2=8$$
(가)
$$3x=6$$
(나)
$$\therefore x=2$$

보기

$a=b$이고 c가 자연수일 때,

ㄱ. $a+c=b+c$　　ㄴ. $a-c=b-c$

ㄷ. $ac=bc$　　ㄹ. $\frac{a}{c}=\frac{b}{c}$

27 ●○○

다음은 등식의 성질을 이용하여 방정식의 해를 구한 것이다. 이용된 등식의 성질을 **보기**에서 고르시오.

보기

$a=b$이고 c가 자연수일 때,

ㄱ. $a+c=b+c$　　ㄴ. $a-c=b-c$

ㄷ. $ac=bc$　　ㄹ. $\frac{a}{c}=\frac{b}{c}$

(1) $x+5=1$이면 $x=-4$이다.

(2) $5x=10$이면 $x=2$이다.

(3) $\frac{x}{10}=1$이면 $x=10$이다.

28 ●●○

다음 중 방정식을 푸는 과정에서 등식의 성질 '$a=b$이면 $a-c=b-c$이다.'를 이용한 것은? (단, c는 자연수)

① $x-5=-6 \Rightarrow x=-1$
② $x+3=1 \Rightarrow x=-2$
③ $3x=9 \Rightarrow x=3$
④ $5x-1=0 \Rightarrow x=\frac{1}{5}$
⑤ $\frac{1}{3}x=3 \Rightarrow x=9$

29 ●●○

다음은 방정식 $5x-2=2x+1$을 등식의 성질을 이용하여 푸는 과정이다. ①~⑤에 알맞지 않은 것은?

$$5x-2=2x+1$$
$$5x-2-\boxed{①}=2x+1-\boxed{①}$$
$$3x-2=1$$
$$3x-2+\boxed{②}=1+\boxed{②}$$
$$3x=\boxed{③}$$
$$\frac{3x}{\boxed{④}}=\frac{3}{\boxed{④}}$$
$$\therefore x=\boxed{⑤}$$

① $2x$ ② -1 ③ 3
④ 3 ⑤ 1

30 ●●○

등식의 성질을 이용하여 다음 방정식을 푸시오.

(1) $6x+5=-7$ (2) $\frac{1}{2}x-7=3$

이항

개념북 134쪽

31 ●○○

다음 등식의 밑줄 친 항을 이항하시오.

(1) $2x\underline{+1}=-3x-2$ (2) $10x+5=\underline{2x}+3$

32 ●●○

다음 중 이항이 바르게 된 것은?

① $x+5=-4 \Rightarrow x=-4+5$
② $3x=2x+1 \Rightarrow 3x+2x=1$
③ $4x+2=2x-3 \Rightarrow 4x-2x=-3-2$
④ $x-1=2x+3 \Rightarrow x-2x=3-1$
⑤ $-3x=4 \Rightarrow x=4+3$

33 ●●○

다음 중 이항을 바르게 하지 않은 것은?

① $x-2=1 \Rightarrow x=1+2$
② $5x=2x+1 \Rightarrow 5x-2x=1$
③ $-2x-3=2 \Rightarrow -2x=2-3$
④ $4x+3=2x \Rightarrow 4x-2x+3=0$
⑤ $5x-2=2x-5 \Rightarrow 5x-2x=-5+2$

34 ●●○

등식 $-5x+3=2x+5$를 이항만을 이용하여 $ax=b\,(a<0)$의 꼴로 고쳤을 때, 상수 a, b에 대하여 $a+b$의 값을 구하시오.

일차방정식

개념북 136쪽

35 ●○○

다음 중 일차방정식이 아닌 것은?

① $x+3=2x+1$　② $3x+3=5$
③ $2x-5=1-4x$　④ $x+3=-3+x$
⑤ $x^2+x=x^2+5x+2$

36 ●●○

다음 중 x에 대한 일차방정식인 것을 모두 고르면? (정답 2개)

① $1+5x>0$　② $2x-3=6x-5$
③ $3(x-2)=3x-6$　④ $x^2+2x=0$
⑤ $5-x^2=2x-x^2$

37 ●●○

다음 **보기** 중에서 x에 대한 일차방정식인 것을 모두 고르시오.

보기
ㄱ. $x^2+2x=x^2-5$　ㄴ. $x+1=x+4$
ㄷ. $4x-2=x+1$　ㄹ. $2x+1=3x^2$
ㅁ. $3x-2=-2+3x$

38 ●●○

등식 $ax^2+5x=bx-3$이 x에 대한 일차방정식이 되기 위한 두 상수 a, b의 조건을 구하시오.

괄호가 있는 일차방정식의 풀이

개념북 136쪽

39 ●○○

다음 방정식을 푸시오.

(1) $7-x=5(3-x)$
(2) $2(x+1)-4x=4-x$

40 ●●○

일차방정식 $7x-(2x-1)=x+3$의 해를 구하시오.

41 ●●○

일차방정식 $2(3x-1)=-(2x+3)$의 해는?

① $x=-\frac{1}{4}$　② $x=-\frac{1}{8}$　③ $x=\frac{1}{8}$
④ $x=\frac{1}{4}$　⑤ $x=\frac{5}{8}$

42 ●●○

일차방정식 $2x-3=3(x-2)+1$의 해가 $x=a$이고 일차방정식 $-2(x+2)-1=2x+3$의 해가 $x=b$일 때, ab의 값을 구하시오.

계수가 소수 또는 분수인 일차방정식의 풀이

개념북 136쪽

43 ●●○

일차방정식 $0.2(x+2)-0.3(x-2)=0.8$을 풀면?

① $x=0$　② $x=1$　③ $x=2$
④ $x=3$　⑤ $x=4$

44 ●●○

일차방정식 $0.4x-0.6=0.2(x-5)+2$를 풀면?

① $x=-8$　② $x=-4$　③ $x=4$
④ $x=6$　⑤ $x=8$

45 ●●○

일차방정식
$0.3x-0.02(x-5)=0.08x-0.1(x+11)$의 해가 $x=a$일 때, a^2-5a의 값은?

① 24　② 27　③ 30
④ 33　⑤ 36

46 ●●○

일차방정식 $\frac{x-2}{3}-\frac{x-3}{5}=2$를 풀면?

① $x=\frac{27}{2}$　② $x=14$　③ $x=\frac{29}{2}$
④ $x=15$　⑤ $x=\frac{31}{2}$

47 ●●○

일차방정식 $\frac{x}{2}+\frac{2-x}{3}=\frac{1}{2}(x+5)$를 푸시오.

48 ●●○

일차방정식 $\frac{2-x}{4}-(x-1)=-1$의 해가 $x=a$일 때, a^2+3a-7의 값은?

① -2　② -1　③ 1
④ 2　⑤ 3

49 ●●●

일차방정식 $\frac{2x-3}{5}=0.5(x+2)$를 풀면?

① $x=-16$　② $x=-8$　③ $x=-2$
④ $x=2$　⑤ $x=16$

50 ●●●

일차방정식 $0.1x-0.5=\frac{1}{4}\left(\frac{1}{2}x-3\right)$을 풀면?

① $x=7$　② $x=8$　③ $x=9$
④ $x=10$　⑤ $x=11$

비례식으로 주어진 일차방정식의 풀이

개념북 137쪽

51 ●●○

다음 비례식을 만족시키는 x의 값을 구하시오.

$$(x-1):4=2x:9$$

52 ●●○

비례식 $(3x-2):(x+3)=4:5$를 만족시키는 x의 값은?

① -3 ② -2 ③ 1
④ 2 ⑤ 3

53 ●●○

비례식 $(2x+6):3=(3x-1):2$를 만족시키는 x의 값을 구하시오.

54 ●●●

비례식 $0.3:\frac{2x+1}{2}=0.2:(x+5)$를 만족시키는 x의 값은?

① -14 ② -7 ③ 1
④ 7 ⑤ 14

일차방정식의 해가 주어진 경우

개념북 137쪽

55 ●●○

방정식 $4x-3=2x+a$의 해가 $x=5$일 때, $3a-16$의 값을 구하시오. (단, a는 상수)

56 ●●○

방정식 $\frac{5x-a}{3}=\frac{x+1}{6}+a$의 해가 $x=1$일 때, 상수 a의 값은?

① 0 ② 1 ③ 2
④ 3 ⑤ 4

57 ●●○

다음 방정식의 해가 $x=-1$일 때, 상수 a의 값은?

$$\frac{3x-a}{4}=-3-\frac{x+a}{2}$$

① -14 ② -7 ③ 0
④ 7 ⑤ 14

58 ●●●

일차방정식 $ax-\frac{1}{4}x=-0.25$의 해가 $x=-3$일 때, 상수 a의 값을 구하시오.

해가 같은 두 일차방정식

개념북 138쪽

59 ●●○

두 방정식 $\frac{1}{2}x-3=5$와 $2(x-a)=x-6$의 해가 같을 때, 상수 a의 값을 구하시오.

60 ●●○

두 방정식 $-4x+5=3x-2$와 $\frac{x}{4}-\frac{x-2a}{2}=1$의 해가 서로 같을 때, 상수 a의 값을 구하시오.

61 ●●○

두 일차방정식 $2(x+2)=4x-2$와 $\frac{3x-1}{2}-\frac{ax+1}{3}=2$의 해가 같을 때, 상수 a의 값을 구하시오.

62 ●●●

다음 두 일차방정식의 해가 서로 같을 때, $2a+3$의 값을 구하시오. (단, a는 상수)

$$-2(x-2)-x=x-4,\ \frac{a-x}{3}=\frac{1}{2}-\frac{x-4a}{3}$$

특수한 해를 갖는 경우 – 해가 없을 때

개념북 138쪽

63 ●●○

x에 대한 방정식 $kx+2=5(x-3)$의 해가 존재하지 않을 때, 상수 k의 값을 구하시오.

64 ●●○

등식 $(a+3)x=7+2ax$를 만족하는 x의 값이 존재하지 않을 때, 상수 a의 값을 구하시오.

65 ●●○

등식 $ax+2=5x+b$의 해가 없을 조건은? (단, a, b는 상수)

① $a=5,\ b=2$ ② $a=5,\ b\neq2$
③ $a\neq5,\ b=2$ ④ $a\neq5,\ b\neq2$
⑤ $a\neq0,\ b\neq2$

66 ●●●

x에 대한 방정식 $\frac{1}{3}x-a=\frac{5}{4}+bx$의 해가 없기 위한 상수 a, b의 조건을 각각 구하시오.

정답과 풀이 88쪽

특수한 해를 갖는 경우 – 해가 무수히 많을 때

개념북 139쪽

67 ●○○

등식 $(3a-1)x+3=4x-b$의 해가 무수히 많을 때, 상수 a, b에 대하여 ab의 값은?

① -5　② -3　③ 1
④ 3　⑤ 5

68 ●●○

x에 대한 방정식 $ax-1.2x+1.8=b-2x$의 해가 무수히 많을 때, 상수 a, b에 대하여 $a+b$의 값을 구하시오.

69 ●●○

x에 대한 방정식 $\frac{x}{3}-1=ax+\frac{b}{2}$의 해가 무수히 많을 때, 상수 a, b에 대하여 $12a+b$의 값을 구하시오.

70 ●●●

등식 $(a+5)x+3=3ax$의 해는 없고, 등식 $bx+2=c$의 해는 모든 수일 때, 상수 a, b, c에 대하여 $a+b+c$의 값을 구하시오.

해에 대한 조건이 주어진 방정식

개념북 139쪽

71 ●●○

x에 대한 일차방정식 $2(5-x)=a$의 해가 자연수가 되도록 하는 자연수 a의 값을 모두 구하시오.

72 ●●○

x에 대한 일차방정식 $7x+k=4x+10$의 해가 자연수가 되도록 하는 모든 자연수 k의 값의 합을 구하시오.

73 ●●○

x에 대한 일차방정식 $4(7-x)=a$의 해가 자연수가 되도록 하는 자연수 a는 모두 몇 개인지 구하시오.

74 ●●●

x에 대한 일차방정식 $x-\frac{1}{2}(x+3a)=-2$의 해가 음의 정수일 때, 이를 만족하는 자연수 a의 값은?

① 1　② 2　③ 3
④ 4　⑤ 5

개념완성익힘

1

다음 문장 중 등식으로 표현할 수 없는 것은?

① 한 변의 길이가 x인 정삼각형의 둘레의 길이는 y이다.
② 25를 4로 나눈 몫은 6이고 나머지는 1이다.
③ x에 5를 더한 후 2배한다.
④ 700원짜리 볼펜을 x자루 사고 5000원을 내었더니 거스름돈이 100원이었다.
⑤ 가로의 길이가 x cm, 세로의 길이가 y cm인 직사각형의 넓이는 100 cm^2이다.

2

다음 중 x의 값에 관계없이 항상 참인 등식은?

① $2x-1=4$
② $3-x=-(x-3)$
③ $2x+4=2(x+4)$
④ $x=x+3$
⑤ $-3x+1=2x+1+x$

3

등식 $3kx-12=-6(x+2)$가 x에 대한 항등식일 때, 상수 k의 값을 구하시오.

4

다음 중 옳은 것은?

① $\frac{x}{3}=\frac{y}{4}$이면 $3x=4y$이다.
② $a=b$이면 $a+c=b-c$이다.
③ $a=b$이면 $-a-x=x-b$이다.
④ $a+b=x+y$이면 $b-y=x-a$이다.
⑤ $x+y=0$이면 $x+2=y+2$이다.

5

다음 중 일차방정식이 아닌 것은?

① $-2x+2=7+2x$
② $3(x+1)=2x+2$
③ $2x-4=4x-2x$
④ $x+5=3x-1$
⑤ $x^2-4=6x+x^2$

6

다음 방정식 중 해가 가장 큰 것은?

① $7x-4=10$
② $2(x+4)=6$
③ $-3x-7=3x+5$
④ $2(x-1)=3(x+2)$
⑤ $8x+2=2(x+4)$

7

일차방정식 $3x-6=x+6$의 해가 $x=a$, 일차방정식 $\frac{1}{2}x-2=\frac{2}{3}x+4$의 해가 $x=b$일 때, $\frac{b}{a}$의 값은?

① -6
② -3
③ 1
④ 3
⑤ 6

8

일차방정식 $\frac{x-1}{5}-\frac{1}{2}=0.3x-0.9$를 풀면?

① $x=-2$
② $x=-1$
③ $x=\frac{1}{2}$
④ $x=\frac{3}{2}$
⑤ $x=2$

9 실력UP

일차방정식 $0.3(x-1)=\frac{2x+1}{4}$의 해를 $x=a$라 할 때, a보다 큰 음의 정수의 개수는?

① 없다. ② 1 ③ 2
④ 3 ⑤ 4

10

일차방정식 $4(x+a)-(x-a)=-4$의 해가 $x=2$일 때, 상수 a의 값은?

① -2 ② -1 ③ 0
④ 1 ⑤ 2

11

다음 두 일차방정식의 해가 같을 때, 상수 a의 값은?

$$0.3(x+1)+\frac{x-1}{5}=0.6$$
$$4x-a=5x+1$$

① -3 ② -2 ③ -1
④ 1 ⑤ 2

12

비례식 $(x-1):6=(x-2):3$을 만족하는 x의 값이 일차방정식 $ax+4=-x-5$의 해일 때, 상수 a의 값을 구하시오.

서술형

13

등식 $-2(x-1)+3(5-x)=-(2x-7)$을 간단히 하여 $ax+b=0$의 꼴로 나타내었을 때, 상수 a, b에 대하여 $a+b$의 값을 구하기 위한 풀이 과정을 쓰고 답을 구하시오. (단, $a>0$)

14

일차방정식 $2-ax=5x+5$의 해는 일차방정식 $x=1.5x+\frac{3}{10}$의 해의 2배일 때, 상수 a의 값을 구하기 위한 풀이 과정을 쓰고 답을 구하시오.

15

x에 대한 일차방정식 $x-\frac{1}{5}(x-a)=5$의 해가 자연수가 되도록 하는 자연수 a의 개수를 구하기 위한 풀이 과정을 쓰고 답을 구하시오.

3 일차방정식의 활용

개념적용익힘

어떤 수에 대한 문제

개념북 149쪽

1 ●●○

어떤 수에 3을 더한 후 2배한 수는 어떤 수에 9를 더한 것과 같다. 어떤 수를 구하시오.

2 ●●○

어떤 수에서 2를 빼고 3배한 수는 어떤 수의 2배보다 4만큼 더 클 때, 어떤 수를 구하시오.

3 ●●○

어떤 수에 8을 더한 다음 2배한 수는 어떤 수의 4배보다 2만큼 작다고 한다. 어떤 수는?

① -10　　② -9　　③ 9
④ 10　　⑤ 11

4 ●●●

어떤 수에 3배하고 2를 더해야 할 것을 잘못하여 2를 더하고 2배하였더니 구하려고 했던 수보다 4만큼 커졌다. 어떤 수를 구하시오.

연속하는 자연수에 대한 문제

개념북 149쪽

5 ●●○

연속하는 두 홀수의 합이 작은 수의 4배보다 8만큼 작다고 한다. 두 홀수를 구하시오.

6 ●●○

연속하는 세 자연수의 합이 126일 때, 가장 큰 자연수는?

① 40　　② 41　　③ 42
④ 43　　⑤ 44

7 ●●○

연속하는 세 홀수의 합이 51일 때, 세 홀수를 구하시오.

8 ●●○

연속하는 세 짝수 중에서 가운데 수의 3배는 나머지 두 수의 합보다 14만큼 크다고 한다. 세 짝수의 합은?

① 40　　② 42　　③ 44
④ 46　　⑤ 48

자리의 숫자에 대한 문제

개념북 150쪽

9 ●●○

십의 자리의 숫자가 3인 두 자리의 자연수가 있다. 이 자연수는 각 자리의 숫자의 합의 4배와 같을 때, 이 자연수를 구하시오.

10 ●●○

십의 자리의 숫자가 4인 두 자리의 자연수가 있다. 이 자연수의 십의 자리 숫자와 일의 자리의 숫자를 바꾼 수는 처음 수보다 9만큼 작다고 할 때, 처음 수를 구하시오.

11 ●●○

일의 자리의 숫자가 8인 두 자리의 자연수가 있다. 이 자연수의 일의 자리의 숫자와 십의 자리의 숫자를 바꾼 수는 처음 수의 2배보다 7만큼 크다고 한다. 처음 수를 구하시오.

12 ●●●

일의 자리의 숫자와 십의 자리의 숫자의 합이 10인 두 자리의 자연수가 있다. 이 자연수의 일의 자리의 숫자와 십의 자리의 숫자를 바꾼 수는 처음 수의 2배보다 1만큼 작다고 한다. 처음 수를 구하시오.

나이에 대한 문제

개념북 152쪽

13 ●●○

올해 아버지의 나이는 46세이고 아들의 나이는 15세이다. 몇 년 후에 아버지의 나이가 아들의 나이의 2배가 되는지 구하시오.

14 ●●○

현재 선민이의 나이는 6세이고, 선민이의 어머니의 나이는 36세이다. 몇 년 후에 어머니의 나이가 선민이의 나이의 3배가 되는가?

① 5년 ② 6년 ③ 7년
④ 8년 ⑤ 9년

15 ●●○

올해 형의 나이는 18세, 동생의 나이는 15세이다. 동생의 나이가 형의 나이의 반보다 10세가 더 많게 되는 것은 몇 년 후인지 구하시오.

16 ●●○

각각 두 살 터울인 삼형제가 있다. 맏이의 나이는 막내의 나이의 2배보다 10세 적다고 할 때, 막내의 나이는?

① 12세 ② 13세 ③ 14세
④ 15세 ⑤ 16세

도형에 대한 문제

개념북 152쪽

17 ●○○

높이가 8 cm인 삼각형의 넓이가 24 cm^2일 때, 이 삼각형의 밑변의 길이는?

① 4 cm ② 5 cm ③ 6 cm
④ 7 cm ⑤ 8 cm

18 ●●○

가로의 길이가 세로의 길이보다 5 cm 더 긴 직사각형의 둘레의 길이가 22 cm일 때, 이 직사각형의 가로의 길이와 세로의 길이를 각각 구하시오.

19 ●●○

한 변의 길이가 10 cm인 정사각형이 있다. 이 정사각형의 가로의 길이를 2 cm, 세로의 길이를 x cm만큼 늘였더니 넓이가 처음 정사각형의 넓이의 3배인 직사각형이 되었다. 이때 x의 값을 구하시오.

20 ●●○

윗변의 길이가 5 cm, 아랫변의 길이가 6 cm, 높이가 4 cm인 사다리꼴에서 아랫변의 길이를 x cm만큼 늘였더니 처음 사다리꼴의 넓이보다 8 cm^2 만큼 늘어났다. 이때 x의 값을 구하시오.

원가와 정가에 대한 문제

개념북 153쪽

21 ●●○

어떤 의류 매장에서는 정가의 25 %를 할인하는 행사를 하고 있다. 정한이가 이 매장에서 12000원을 내고 옷을 샀을 때, 이 옷의 할인 전 가격은?

(단, 거스름돈은 없다.)

① 13000원 ② 14000원 ③ 15000원
④ 16000원 ⑤ 17000원

22 ●●○

어떤 물건의 원가에 20 %의 이익을 붙여서 정가를 정하고 정가에서 500원을 할인하여 팔았더니 원가의 10 %의 이익이 생겼다. 다음 물음에 답하시오.

(1) 원가를 x원이라고 할 때, 정가에서 500원 할인하여 팔았을 때의 이익을 x에 대한 식으로 나타내시오.
(2) 이 물건의 원가를 구하시오.

23 ●●●

어떤 제품의 원가에 40 %의 이익을 붙여서 정가를 정했다가 다시 정가에서 1200원을 할인하여 팔았더니 원가의 20 %의 이익이 남았다. 이 제품의 원가는?

① 4800원 ② 5200원 ③ 5500원
④ 5800원 ⑤ 6000원

이동에 대한 문제

개념북 153쪽

24 ●○○

두 개의 컵 A, B에 각각 50 mL, 110 mL의 물이 들어 있다. A와 B에 들어 있는 물의 양이 같아지도록 B에서 A로 물을 옮기려고 한다. 다음에 물음에 답하시오.

(1) B에서 A로 옮겨야 하는 물의 양을 x mL라 하고 방정식을 세우시오.

(2) 옮겨야 하는 물의 양을 구하시오.

25 ●●○

두 개의 병 A, B에 각각 2500 mL, 300 mL의 물이 들어 있다. A에 들어 있는 물의 양이 B에 들어 있는 물의 양보다 1000 mL 더 많도록 하려면 A에서 B로 몇 mL의 물을 옮겨야 하는가?

① 550 mL ② 600 mL ③ 650 mL
④ 700 mL ⑤ 750 mL

26 ●●○

두 개의 병 A, B에 각각 1000 mL, 200 mL의 주스가 들어 있다. A에 들어 있는 주스의 양이 B에 들어 있는 주스의 양의 3배가 되도록 하려고 할 때, A에서 B로 옮겨야 하는 주스의 양은?

① 60 mL ② 70 mL ③ 80 mL
④ 90 mL ⑤ 100 mL

예금에 대한 문제

개념북 154쪽

27 ●●○

현재 형의 저금통에는 6000원, 동생의 저금통에는 4000원이 들어 있다. 형은 매일 200원씩, 동생은 매일 400원씩 저금통에 넣는다면 며칠 후에 형과 동생의 저금통에 들어 있는 금액이 같아지는지 구하시오.

28 ●●○

현재 언니의 저금통에는 23000원, 동생의 저금통에는 11000원이 들어 있다. 앞으로 매달 언니는 2000원씩, 동생은 3000원씩 저금을 할 때, 언니와 동생의 저금액이 같아지는 것은 몇 개월 후인지 구하시오.

29 ●●○

형과 동생은 매월 5000원씩 은행에 저축을 하고 있다. 현재 형의 예금액은 100000원이고 동생의 예금액은 25000원일 때, 형의 예금액이 동생의 예금액의 2배가 되는 것은 몇 개월 후인지 구하시오.

(단, 이자는 생각하지 않는다.)

30 ●●●

영민이와 수민이의 현재 예금액은 각각 84000원, 20000원이다. 영민이는 매달 2000원씩, 수민이는 매달 x원씩 예금을 한다면 6개월 후에 영민이의 예금액이 수민이의 예금액의 3배가 된다고 한다. 이때 x의 값을 구하시오. (단, 이자는 생각하지 않는다.)

과부족에 대한 문제

개념북 154쪽

31 ●○○

학생들에게 우표를 나누어 주는데 한 명에게 6장씩 주면 9장이 남고, 8장씩 주면 3장이 부족하다고 한다. 다음 물음에 답하시오.

(1) 학생 수를 x라 하고 방정식을 세우시오.
(2) 학생 수를 구하시오.
(3) 우표는 모두 몇 장인지 구하시오.

32 ●●○

학생들에게 볼펜을 나누어 주는데 3자루씩 주면 1자루가 남고, 4자루씩 주면 5자루가 부족하다. 이때 학생 수를 구하시오.

33 ●●○

학생들에게 사과를 나누어 주려고 하는데 3개씩 나누어 주면 2개가 남고, 5개씩 나누어 주면 8개가 부족하다고 한다. 이때 학생 수와 사과의 개수를 각각 구하시오.

속력이 바뀌는 경우

개념북 156쪽

34 ●●○

같은 코스로 산의 정상까지 올라갔다 내려오는데 올라갈 때는 시속 4 km로 걷고, 내려올 때는 시속 5 km로 걸어서 모두 9시간이 걸렸다. 올라갈 때 걸린 시간을 구하시오.

35 ●●○

집에서 공원까지 갈 때에는 시속 2 km로, 올 때에는 같은 길로 시속 6 km로 걸어서 왕복하는 데 4시간이 걸렸다. 집에서 공원까지의 거리를 구하시오.

36 ●●○

집에서 학교까지 가는데 절반까지는 시속 4 km로 걸어가고, 나머지 절반은 시속 6 km로 뛰어서 모두 20분이 걸렸다. 집에서 학교까지의 거리를 구하시오.

37 ●●●

A 지점에서 출발하여 30 km 떨어진 B 지점으로 가는데 처음에는 시속 5 km로 걷다가 도중에 자전거를 타고 시속 20 km로 달려서 3시간 30분이 걸렸다. 걸어간 거리와 자전거를 타고 간 거리를 각각 구하시오.

시차를 두고 출발하는 경우

개념북 157쪽

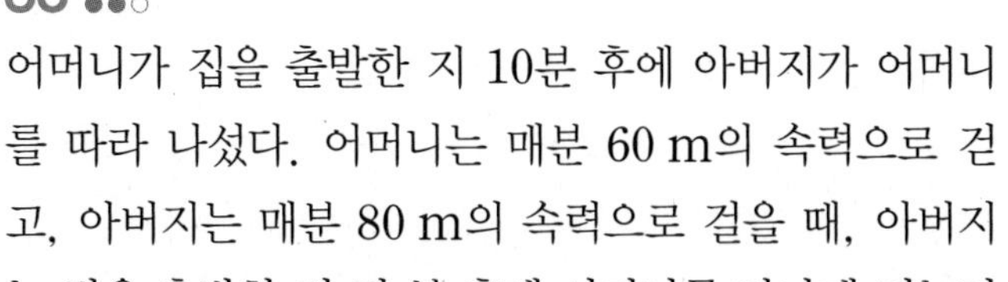

38 ●●○

어머니가 집을 출발한 지 10분 후에 아버지가 어머니를 따라 나섰다. 어머니는 매분 60 m의 속력으로 걷고, 아버지는 매분 80 m의 속력으로 걸을 때, 아버지는 집을 출발한 지 몇 분 후에 어머니를 만나게 되는지 구하시오.

39 ●●○

동생이 집을 출발한 지 15분 후에 형이 동생을 따라 출발하였다. 동생은 시속 4 km로 걷고, 형은 시속 8 km로 자전거를 타고 갔다면 형이 출발한 지 몇 분 후에 두 사람이 만나게 되는지 구하시오.

40 ●●○

상욱이는 오전 10시 정각에 A 지점에서 출발하여 매분 50 m의 속력으로 B 지점을 향하여 걷고 있다. 10분 후에 영미도 A 지점을 출발하여 매분 70 m의 속력으로 상욱이를 뒤따라 간다고 할 때, 상욱이와 영미가 만나게 되는 시각을 구하시오.

41 ●●●

경찰이 40 m 떨어져 있는 범인을 보고 매초 5 m의 속력으로 쫓기 시작했다. 경찰이 범인을 쫓기 시작한 지 5초 후에 이를 알아챈 범인은 매초 4 m의 속력으로 도망간다고 할 때, 경찰이 출발하여 범인을 잡을 때까지 몇 초가 걸리는지 구하시오.

시차가 발생하는 경우

개념북 157쪽

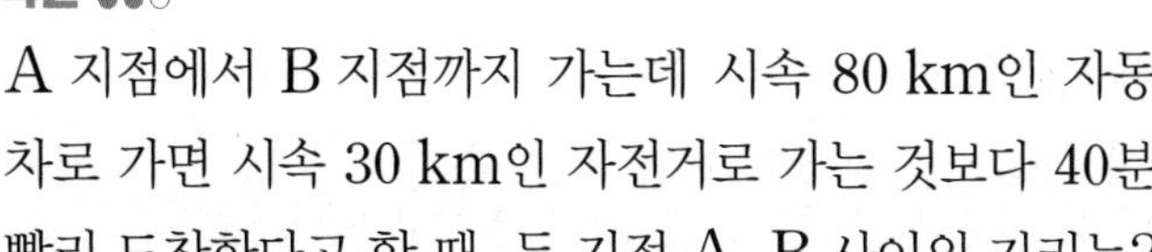

42 ●●○

A 지점에서 B 지점까지 가는데 시속 80 km인 자동차로 가면 시속 30 km인 자전거로 가는 것보다 40분 빨리 도착한다고 할 때, 두 지점 A, B 사이의 거리는?

① 32 km ② 34 km ③ 35 km
④ 36 km ⑤ 38 km

43 ●●○

집에서 병원 사이를 왕복하는데 갈 때는 분속 50 m, 올 때는 분속 80 m로 자전거를 탔더니 올 때가 갈 때보다 18분 덜 걸렸다. 이때 집에서 병원 사이의 거리는?

① 1.8 km ② 2 km ③ 2.4 km
④ 2.6 km ⑤ 3 km

44 ●●●

집에서 약속 장소까지 시속 5 km로 걸어 가면 약속 시간보다 15분 후에 도착하고, 시속 7 km로 자전거를 타고 가면 약속 시간보다 5분 전에 도착한다고 한다. 집에서 약속 장소까지의 거리는?

① 5 km ② $\frac{31}{6}$ km ③ $\frac{11}{2}$ km
④ $\frac{35}{6}$ km ⑤ 6 km

마주 보고 걷거나 둘레를 도는 경우

개념북 158쪽

45 ●●○

둘레의 길이가 1800 m인 호수가 있다. 이 호숫가에서 창헌이는 매분 40 m의 속력으로, 세은이는 매분 50 m의 속력으로 같은 지점에서 반대 방향으로 동시에 출발하였다. 출발한 지 몇 분 후에 두 사람이 처음으로 다시 만나는가?

① 15분 ② 16분 ③ 18분
④ 20분 ⑤ 21분

46 ●●○

분속 50 m로 걷는 사람과 분속 60 m로 걷는 사람이 둘레의 길이가 1100 m인 트랙의 같은 지점에서 동시에 출발하여 서로 같은 방향으로 걷고 있다. 두 사람은 출발한 지 몇 분 후에 처음으로 다시 만나는가?

① 100분 ② 110분 ③ 120분
④ 130분 ⑤ 140분

47 ●●●

서은이의 집과 혜송이의 집 사이의 거리는 12 km이다. 오후 1시 정각에 서은이는 시속 3 km로, 혜송이는 시속 7 km로 서로 상대방의 집을 향하여 각자의 집에서 동시에 출발하여 걸었다. 이때 두 사람이 만나는 시각을 구하시오.

기차가 터널을 지나는 경우

개념북 158쪽

48 ●●○

초속 32 m의 일정한 속력으로 달리는 기차가 길이 805 m인 철교를 완전히 통과하는 데 28초가 걸린다고 한다. 이 기차의 길이를 구하시오.

49 ●●○

길이가 2 km인 터널이 있다. 시속 180 km의 일정한 속력으로 달리는 기차가 이 터널을 완전히 통과하는 데 50초가 걸렸을 때, 이 기차의 길이는?

① 300 m ② 350 m ③ 400 m
④ 450 m ⑤ 500 m

50 ●●○

일정한 속력으로 달리는 기차가 길이가 500 m인 터널을 완전히 통과하는 데 30초가 걸리고, 길이가 700 m인 터널을 완전히 통과하는 데 40초가 걸린다. 이 기차의 길이를 구하시오.

51 ●●●

일정한 속력으로 달리는 열차가 길이가 600 m인 철교를 완전히 통과하는 데 30초가 걸리고, 길이가 750 m인 터널을 완전히 통과하는 데 35초가 걸린다. 이때 열차는 초속 몇 m로 달리는지 구하시오.

물을 넣거나 증발시키는 경우

개념북 160쪽

52 ●●○

30 %의 소금물 200 g에 물 300 g을 넣으면 소금물의 농도는 몇 %가 되는가?

① 11 % ② 12 % ③ 13 %
④ 14 % ⑤ 15 %

53 ●●○

소금물 400 g에 물 50 g을 넣었더니 농도가 8 %인 소금물이 되었다. 처음 소금물의 농도는?

① 9 % ② 10 % ③ 11 %
④ 12 % ⑤ 13 %

54 ●●○

12 %의 소금물에 400 g의 물을 넣어 4 %의 소금물을 만들었다. 12 %의 소금물의 양은?

① 200 g ② 300 g ③ 350 g
④ 400 g ⑤ 450 g

55 ●●○

3 %의 소금물 100 g이 있다. 여기에서 몇 g의 물을 증발시키면 10 %의 소금물이 되는지 구하시오.

두 소금물을 섞는 경우

개념북 160쪽

56 ●●○

12 %의 소금물 400 g과 x %의 소금물 300 g을 섞었더니 15 %의 소금물이 되었다. 이때 x의 값은?

① 16 ② 17 ③ 18
④ 19 ⑤ 20

57 ●●○

8 %의 소금물 100 g과 12 %의 소금물 300 g을 섞으면 몇 %의 소금물이 되는지 구하시오.

58 ●●○

3 %의 설탕물 200 g과 12 %의 설탕물을 섞어 10 %의 설탕물을 만들려고 한다. 이때 섞어야 할 12 %의 설탕물의 양을 구하시오.

일에 대한 문제

개념북 161쪽

59 ●●○

A가 혼자서 하면 10일, B가 혼자서 하면 20일이 걸리는 일이 있다. 처음에는 A, B 두 명이 같이 시작하여 5일간 일을 하다가 그 다음부터는 B가 혼자서 일을 하여 끝마쳤다. B가 혼자서 일한 날수는?

① 5일 ② 6일 ③ 7일
④ 8일 ⑤ 9일

60 ●●○

어떤 물통에 물을 가득 채우려면 A 호스로는 30분, B 호스로는 50분이 걸린다고 한다. A, B 두 호스로 10분 동안 물을 받다가 A 호스로만 물을 받으려고 할 때, 이 물통에 물을 가득 채우려면 A 호스로 몇 분 동안 더 받아야 하는가?

① 12분 ② 13분 ③ 14분
④ 15분 ⑤ 16분

61 ●●○

어떤 일을 하는데 갑이 혼자서 하면 16일이 걸리고, 을이 혼자서 하면 24일이 걸린다고 한다. 이 일을 을이 혼자 9일 동안 하다가 갑과 을이 함께하여 끝마쳤다고 할 때, 갑과 을이 함께 일한 날수는?

① 4일 ② 5일 ③ 6일
④ 7일 ⑤ 8일

시계에 대한 문제

개념북 161쪽

62 ●●○

7시와 8시 사이에 시계의 시침과 분침이 일치하는 시각은?

① 7시 38분 ② 7시 $\frac{419}{11}$분
③ 7시 $\frac{420}{11}$분 ④ 7시 $\frac{421}{11}$분
⑤ 7시 $\frac{422}{11}$분

63 ●●●

11시와 12시 사이에 시계의 분침과 시침이 서로 반대 방향으로 일직선을 이루는 시각은?

① 11시 $\frac{300}{11}$분 ② 11시 $\frac{304}{11}$분
③ 11시 $\frac{311}{11}$분 ④ 11시 $\frac{313}{11}$분
⑤ 11시 $\frac{315}{11}$분

64 ●●●

1시와 2시 사이에 시계의 시침과 분침이 이루는 각의 크기가 60°가 되는 시각을 구하시오.

개념완성익힘

1

연속하는 세 홀수의 합이 99일 때, 가장 작은 수는?

① 29 ② 31 ③ 33
④ 35 ⑤ 37

2

일의 자리의 숫자가 5인 두 자리의 자연수가 있다. 이 자연수의 일의 자리의 숫자와 십의 자리의 숫자를 바꾼 수는 처음 수의 4배보다 9만큼 작다고 할 때, 처음 수를 구하시오.

3

올해 이모의 나이가 23세, 조카의 나이가 9세일 때, 이모의 나이가 조카의 나이의 2배가 되는 때는 지금으로부터 몇 년 후인가?

① 1년 ② 2년 ③ 3년
④ 4년 ⑤ 5년

4

다음은 그리스의 수학자 디오판토스의 묘비에 적힌 내용이다. 디오판토스는 몇 세까지 살았는가?

> 이 비석 밑에는 디오판토스가 잠들어 있노라. 그는 일생의 $\frac{1}{6}$을 소년으로, $\frac{1}{12}$을 청년으로 보냈으며 그 뒤 다시 일생의 $\frac{1}{7}$을 혼자 살다가 결혼하여 5년 후에 아들을 낳았다. 그의 아들은 아버지 생애의 $\frac{1}{2}$만큼을 살다 죽었다. 그는 아들이 죽은 지 4년 후에 일생을 마쳤다.

① 78세 ② 81세 ③ 84세
④ 87세 ⑤ 90세

5

오른쪽 그림과 같은 사다리꼴의 넓이가 18 cm^2일 때, h의 값은?

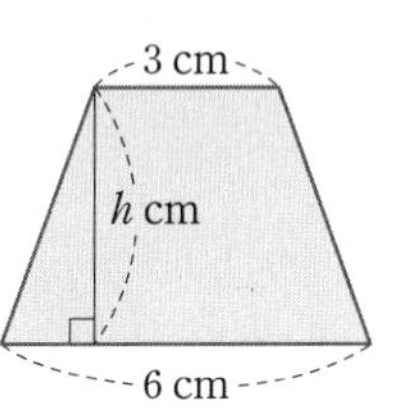

① 1 ② 2
③ 3 ④ 4
⑤ 5

6 실력UP

원가에 25 %의 이익을 붙여서 정가를 정한 상품이 팔리지 않아 정가에서 200원을 할인하여 팔았더니 300원의 이익을 얻었다. 이 상품의 판매 가격을 구하시오.

7

A, B 두 사람의 현재 예금액이 각각 100000원, 20000원이다. 두 사람이 매달 2000원씩 예금을 한다면 몇 개월 후에 A의 예금액이 B의 예금액의 2배가 되는지 구하시오. (단, 이자는 생각하지 않는다.)

8

어느 학급에서 전시회를 가려고 하는데 1명당 700원씩 걷으면 단체 입장료보다 1000원이 부족하고, 800원씩 걷으면 단체 입장료보다 1000원이 많아진다. 이때 이 학급의 학생 수를 구하시오.

9 실력UP

어느 중학교의 올해의 남학생과 여학생의 수는 작년에 비하여 남학생은 4 % 증가하고, 여학생은 6 % 감소했다. 작년의 전체 학생 수는 500명이고, 올해와 작년의 전체 학생 수는 같을 때, 올해 남학생 수와 여학생 수를 각각 구하시오.

서술형

10

둘레의 길이가 58 cm인 직사각형이 있다. 이 직사각형의 가로의 길이가 세로의 길이보다 3 cm만큼 길 때, 가로의 길이를 구하기 위한 풀이 과정을 쓰고 답을 구하시오.

11

5 %의 설탕물과 15 %의 설탕물을 섞었더니 12 %의 설탕물 500 g이 되었다고 한다. 이때 5 %의 설탕물의 양을 구하기 위한 풀이 과정을 쓰고 답을 구하시오.

12

어떤 물통에 물을 가득 채우는데 A 호스로는 4시간이 걸리고, B 호스로는 3시간이 걸린다. 물통에 A 호스로만 30분 동안 물을 채운 후 그 다음부터는 A, B 두 호스로 같이 물을 가득 채웠다. A, B 두 호스로 같이 물을 채운 시간을 구하기 위한 풀이 과정을 쓰고 답을 구하시오.

대단원 마무리

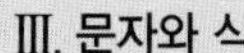
Ⅲ. 문자와 식

1 다음 중 옳지 않은 것은?

① 한 권에 1500원인 공책 x권의 가격은 $1500x$원이다.

② 십의 자리의 숫자가 a, 일의 자리의 숫자가 b인 두 자리의 자연수는 ab이다.

③ 한 개에 2000원 하는 사과 a개를 사고 b원을 냈을 때의 거스름돈은 $(b-2000a)$원이다.

④ 정가가 b원인 물건을 20 % 할인하여 판매할 때의 물건의 가격은 $0.8b$원이다.

⑤ 수학 점수는 a점, 국어 점수는 b점일 때, 두 과목의 평균 점수는 $\frac{a+b}{2}$점이다.

2 $x=-2$, $y=3$일 때, $x^2-2xy+2y^2$의 값은?

① 28 ② 30 ③ 32 ④ 34 ⑤ 36

3 $ax^2-2x+6-2x^2+3x-5$를 간단히 하였을 때, x에 대한 일차식이 되도록 하는 상수 a의 값은?

① -2 ② -1 ③ 0 ④ 1 ⑤ 2

4 다항식 $-2(2a-5)+3(a+1)$을 간단히 하였을 때, 일차항의 계수와 상수항의 합은?

① -4 ② -1 ③ 1 ④ 12 ⑤ 13

5 다음 중 식의 계산이 옳지 않은 것은?

① $-4x+9x=5x$

② $3(-y+4)=-3y+12$

③ $-5(1-x)=-5+5x$

④ $\frac{3x+12}{15}=\frac{1}{5}x+\frac{4}{5}$

⑤ $(4x-6)\div\left(-\frac{2}{5}\right)=\frac{-8x+12}{5}$

서술형

6 다음 **조건**을 모두 만족하는 두 일차식 A, B에 대하여 $A+B$를 구하기 위한 풀이 과정을 쓰고 답을 구하시오.

> **조건**
> (가) A에서 $-x+3$을 빼면 $2x+1$이다.
> (나) B에 2를 곱하면 $4x-2$이다.

7 등식 $a(x-4)=3x-2b$가 x의 값에 관계없이 항상 성립할 때, $b-a$의 값을 구하시오.

(단, a, b는 상수)

8 다음 중 x에 대한 일차방정식인 것을 모두 고르면? (정답 2개)

① $x=0$
② $3x-8$
③ $x^2+1=0$
④ $4x-1=2(2x+1)$
⑤ $x^2+1=x(5+x)$

9 방정식 $2(x-0.4)=0.3(x+3)$의 해가 $x=a$, 방정식 $\frac{2x-1}{3}+\frac{3x-2}{4}=2$의 해가 $x=b$일 때, $a+b$의 값을 구하시오.

10 다음 두 방정식의 해가 같을 때, 상수 a의 값을 구하시오.

$$0.3(x+1)+\frac{x-1}{5}=0.6$$
$$4x-a=5x+1$$

11 어떤 수 x의 5배에서 4를 뺀 수는 x에 2를 더한 후 7배한 수와 같다. 이때 x의 값은?

① -9
② -7
③ -5
④ 5
⑤ 9

12 어느 농구 경기에서 한 선수가 2점짜리와 3점짜리 슛만으로 12골을 넣어 27점을 얻었다. 이때 2점짜리 슛의 개수는?

① 6 ② 7 ③ 8
④ 9 ⑤ 10

13 가로의 길이가 12 m, 세로의 길이가 10 m인 직사각형 모양의 밭에 오른쪽 그림과 같이 폭이 일정한 길을 내었더니 밭의 넓이가 처음 넓이의 $\frac{3}{4}$이 되었다. 이때 x의 값은?

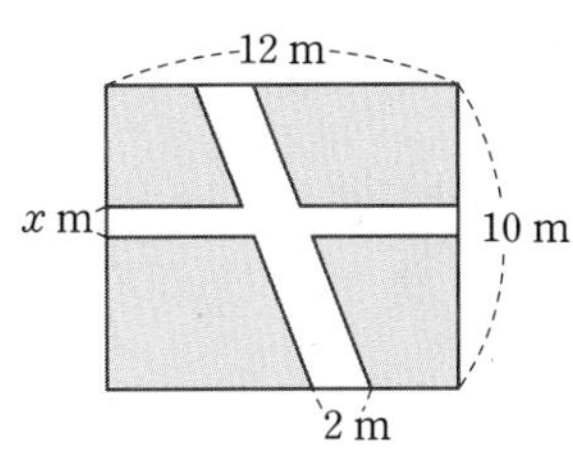

① 0.4 ② 0.5 ③ 0.8
④ 1 ⑤ 1.2

14 어떤 물건의 정가를 원가의 30 %의 이익을 붙여서 정했는데 그 정가에서 200원을 할인하여 팔면 400원의 이익이 생긴다고 한다. 이때 이 물건의 원가는?

① 1800원 ② 1900원 ③ 2000원
④ 2100원 ⑤ 2200원

서술형

15 둘레의 길이가 2.04 km인 호수의 어떤 지점에서 진우가 분속 48 m로 걷기 시작한 후 20분 후에 같은 지점에서 민지가 반대 방향으로 분속 60 m로 걷기 시작했다. 진우는 출발한 지 몇 분 후에 민지와 만나게 되는지를 구하기 위한 풀이 과정을 쓰고 답을 구하시오.

16 15 %의 소금물 200 g에서 소금물을 조금 퍼내고, 퍼낸 소금물의 양만큼 물을 부어 9 %의 소금물을 만들었다. 이때 처음 퍼낸 소금물의 양은?

① 60 g ② 80 g ③ 100 g
④ 120g ⑤ 140 g

1 좌표평면과 그래프

개념적용익힘

순서쌍

개념북 175쪽

1 ●○○

주사위를 두 번 던져 처음 나온 눈의 수를 a, 나중에 나온 눈의 수를 b라고 할 때, $a+b=6$이 되는 순서쌍 $(a,\ b)$를 모두 구하시오.

2 ●●○

두 수 a, b에 대하여 $|a|=2$, $|b|=4$일 때, 순서쌍 $(a,\ b)$를 모두 구하시오.

3 ●●○

두 순서쌍 $(2,\ 6-x)$, $(y+3,\ 2)$가 같을 때, $x+y$의 값은?

① 1　② 2　③ 3
④ 4　⑤ 5

4 ●●○

두 순서쌍 $(3a-5,\ b+1)$, $(-1-a,\ 3b+5)$가 같을 때, $a+b$의 값은?

① -2　② -1　③ 1
④ 2　⑤ 3

좌표평면 위의 점의 좌표

개념북 175쪽

5 ●○○

오른쪽 좌표평면을 보고 물음에 답하시오.

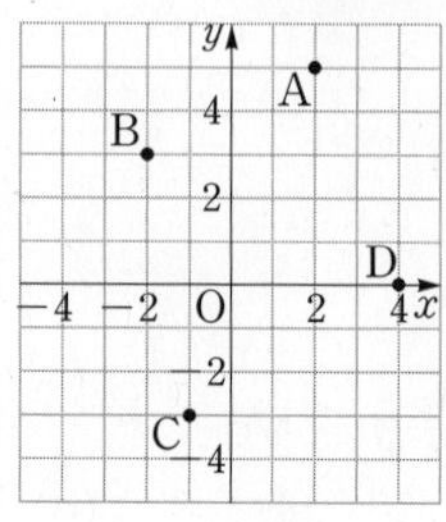

(1) x좌표가 0, y좌표가 -2인 점 P와 x좌표가 1, y좌표가 3인 점 Q를 오른쪽 좌표평면 위에 나타내시오.

(2) 네 점 A, B, C, D의 좌표를 각각 기호로 나타내시오.

6 ●●○

다음 중 오른쪽 좌표평면 위의 점의 좌표를 바르게 나타낸 것은?

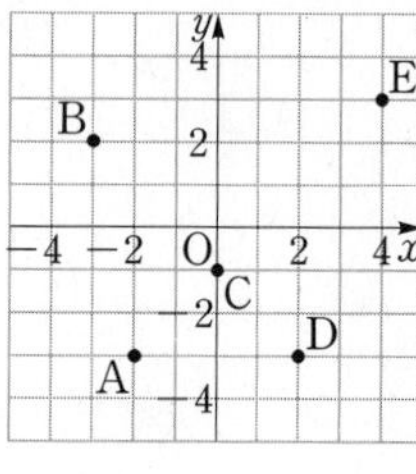

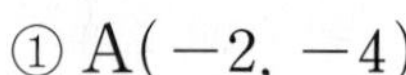

① A$(-2,\ -4)$
② B$(-2,\ 3)$
③ C$(-1,\ 0)$
④ D$(-3,\ 2)$
⑤ E$(4,\ 3)$

7 ●●○

오른쪽 그림에서 사각형 ABCD가 정사각형일 때, 두 점 B, D의 좌표를 각각 기호로 나타내시오. (단, 사각형 ABCD의 각 변은 좌표축과 평행하다.)

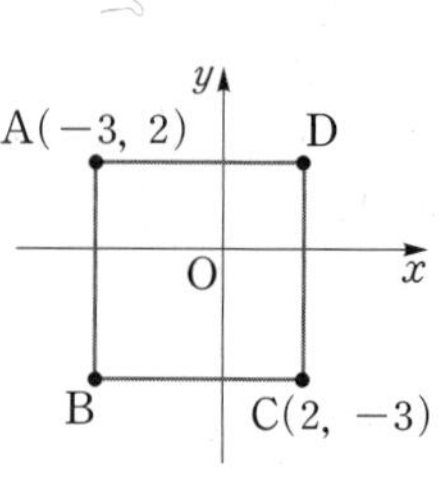

x축 또는 y축 위의 점의 좌표

개념북 176쪽

8 ●○○

x축 위에 있고 x좌표가 -6인 점의 좌표는?

① $(6, 0)$ ② $(-6, 0)$ ③ $(0, 6)$
④ $(0, -6)$ ⑤ $(-6, -6)$

9 ●○○

다음 점의 좌표를 구하시오.

(1) y축 위에 있고 y좌표가 8인 점
(2) x축 위에 있고 x좌표가 -4인 점

10 ●●○

점 $(a-3, b+2)$는 x축 위의 점이고, 점 $(a+1, 2b-6)$은 y축 위의 점일 때, $a+b$의 값을 구하시오.

11 ●●○

점 $\mathrm{A}(a+5, 12-3a)$가 x축 위의 점이고, 점 $\mathrm{B}(2-b, 5-2b)$가 y축 위의 점일 때, $a+b$의 값을 구하시오.

좌표평면 위의 도형의 넓이

개념북 176쪽

12 ●●○

좌표평면 위의 세 점 $\mathrm{A}(3, 2)$, $\mathrm{B}(-2, -3)$, $\mathrm{C}(3, -3)$을 꼭짓점으로 하는 삼각형 ABC의 넓이는?

① 3 ② $\frac{15}{2}$ ③ 10
④ $\frac{25}{2}$ ⑤ 25

13 ●●○

좌표평면 위의 세 점 $\mathrm{A}(2, 3)$, $\mathrm{B}(-3, 3)$, $\mathrm{C}(-2, -1)$을 꼭짓점으로 하는 삼각형 ABC의 넓이를 구하시오.

14 ●●○

좌표평면 위의 세 점 $\mathrm{A}(-3, 1)$, $\mathrm{B}(5, 1)$, $\mathrm{C}(1, 5)$를 꼭짓점으로 하는 삼각형 ABC의 넓이는?

① 12 ② 13 ③ 14
④ 15 ⑤ 16

15 ●●●

좌표평면 위의 세 점 $\mathrm{A}(-2, 1)$, $\mathrm{B}(4, 0)$, $\mathrm{C}(1, 4)$를 꼭짓점으로 하는 삼각형 ABC의 넓이를 구하시오.

사분면

개념북 178쪽

16 ●○○

다음 중 제2사분면 위의 점은?

① $(-8, 0)$ ② $(-2, -7)$ ③ $(-1, 4)$
④ $(3, -4)$ ⑤ $(9, 5)$

17 ●●○

다음 중 점의 좌표와 그 점이 속하는 사분면이 바르게 연결된 것을 모두 고르면? (정답 2개)

① $A(4, 4)$ ⇨ 제1사분면
② $B(6, -4)$ ⇨ 제2사분면
③ $C(-6, 2)$ ⇨ 제3사분면
④ $D(0, -5)$ ⇨ 제4사분면
⑤ $O(0, 0)$ ⇨ 어느 사분면에도 속하지 않는다.

18 ●●○

다음 중 좌표평면에 대한 설명으로 옳은 것은?

① 제4사분면의 x좌표는 음수이다.
② 점 $(3, 6)$은 제2사분면 위에 있다.
③ 점 $(-6, 0)$은 y축 위에 있다.
④ 두 점 $(4, -1)$, $(-1, 4)$는 같은 사분면 위에 있다.
⑤ 점 $(0, -3)$은 어느 사분면에도 속하지 않는다.

사분면의 결정 – 두 수의 부호를 이용하는 경우

개념북 178쪽

19 ●●○

$a>0$, $b<0$일 때, 점 $(ab, -a+b)$는 어느 사분면 위의 점인지 구하시오.

20 ●●○

$ab<0$, $a>b$일 때, 다음 중 제3사분면 위에 있는 점은?

① (a, b) ② (b, a) ③ $(-a, b)$
④ $(a, -b)$ ⑤ $(-a, -b)$

21 ●●○

$a<b$, $ab<0$일 때, 다음 중 점 $\left(\frac{a}{b}, b\right)$와 같은 사분면 위에 있는 점은?

① $(2, 5)$ ② $(-1, 0)$ ③ $(6, -2)$
④ $(-2, 7)$ ⑤ $(-1, -1)$

22 ●●○

$x+y<0$, $xy>0$일 때, 점 (x, y)는 어느 사분면 위의 점인지 구하시오.

사분면의 결정 – 점이 속한 사분면이 주어진 경우

개념북 179쪽

23 ●●○

점 $\mathrm{P}(a,\ b)$가 제3사분면 위의 점일 때,
점 $\mathrm{Q}(b,\ -ab)$는 어느 사분면 위의 점인가?

① 제1사분면 ② 제2사분면 ③ 제3사분면
④ 제4사분면 ⑤ 어느 사분면에도 속하지 않는다.

24 ●●○

점 $\mathrm{A}(x,\ y)$가 제4사분면 위의 점일 때,
점 $\mathrm{B}(xy,\ x-y)$는 어느 사분면 위의 점인가?

① 제1사분면 ② 제2사분면 ③ 제3사분면
④ 제4사분면 ⑤ 어느 사분면에도 속하지 않는다.

25 ●●○

점 $\mathrm{P}(a,\ b)$가 제2사분면 위의 점일 때, 다음 중 제1사분면 위의 점은?

① $(a-b,\ a)$ ② $(ab,\ a)$ ③ $(b,\ ab)$
④ $(b-a,\ b)$ ⑤ $(b-a,\ ab)$

26 ●●●

점 $\mathrm{A}(a,\ b)$가 제2사분면 위의 점일 때, 다음 중 점 $\mathrm{B}(-ab,\ a-b)$와 같은 사분면 위에 있는 점은?

① $(2,\ 5)$ ② $(-2,\ 2)$ ③ $(-5,\ -3)$
④ $(1,\ -6)$ ⑤ $(0,\ 5)$

대칭인 점의 좌표

개념북 180쪽

27 ●○○

다음 중 점 $\mathrm{P}(3,\ 2)$와 y축에 대하여 대칭인 점의 좌표는?

① $(-3,\ 2)$ ② $(3,\ -2)$ ③ $(-2,\ 3)$
④ $(-3,\ -2)$ ⑤ $(-2,\ -3)$

28 ●●○

점 $\mathrm{P}(-4,\ 9)$와 x축에 대하여 대칭인 점의 좌표가 $(a,\ b)$일 때, ab의 값을 구하시오.

29 ●●○

두 점 $\mathrm{A}(2a-3,\ -4b-1)$, $\mathrm{B}(-3a,\ 2b-3)$이 원점에 대하여 서로 대칭일 때, a, b의 값을 각각 구하시오.

그래프 그리기

개념북 182쪽

30

어느 약수터에서 1분에 4 L씩 일정하게 약수가 나온다고 한다. 다음은 x분 동안 받은 약수의 양 y L를 나타낸 표이다. 표를 완성하고 두 변수 x, y 사이의 관계를 오른쪽 좌표평면 위에 나타내시오.

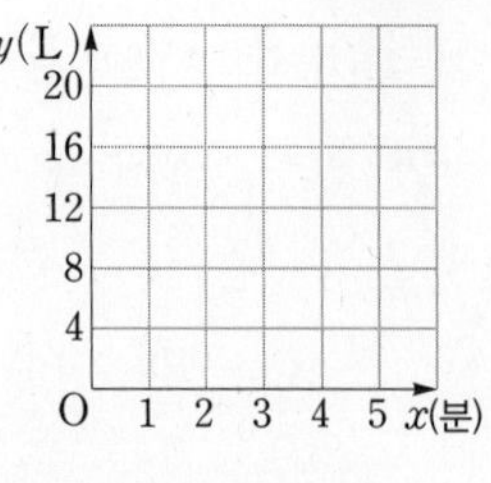

x(분)	1	2	3	4	5	…
y(L)						…

31

다음 그림과 같이 두 개의 원기둥을 붙여놓은 모양의 물통에 물이 가득 차 있다. 이 물통에서 물을 일정하게 빼낼 때, 물을 빼는 시간과 물의 높이 사이의 관계를 그래프로 나타내시오.

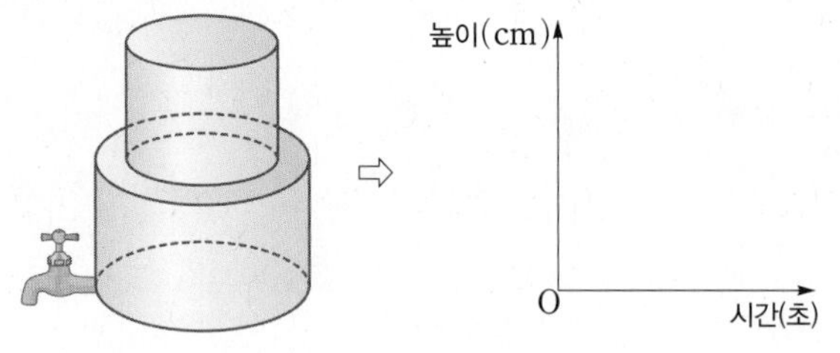

32

다음 상황을 읽고 선우가 움직인 거리와 시간 사이의 관계를 그래프로 나타내시오.

> 선우는 집에서 할머니 댁까지 일정한 속력으로 자전거를 타고 가다가 중간에 자전거가 고장이 나서 잠시 쉬었다. 그 후 자전거를 끌고 일정한 속력으로 걸어서 할머니 댁까지 갔다.

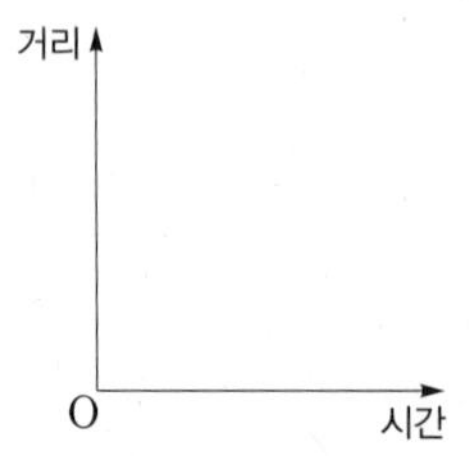

상황에 맞는 그래프 찾기

개념북 182쪽

33

오른쪽은 어떤 그릇에 시간당 일정한 양의 물을 넣는다고 할 때, 시간이 지남에 따른 물의 높이의 변화를 나타낸 그래프이다. 다음 **보기**에서 이 그릇의 모양으로 가장 알맞은 것을 고르시오.

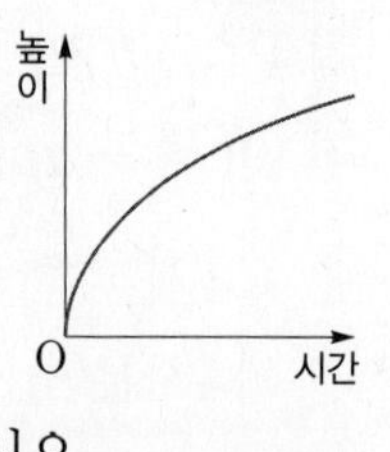

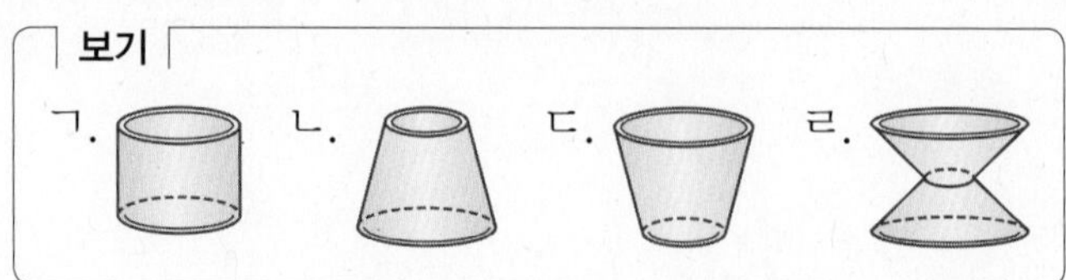

34

이현이는 학원을 출발하여 일정한 속력으로 집으로 걸어오다가 중간에 화장실에 들렀다가 집으로 돌아왔다. 다음 중 이현이가 집에서 떨어진 거리를 시간에 따라 나타낸 그래프로 알맞은 것은?

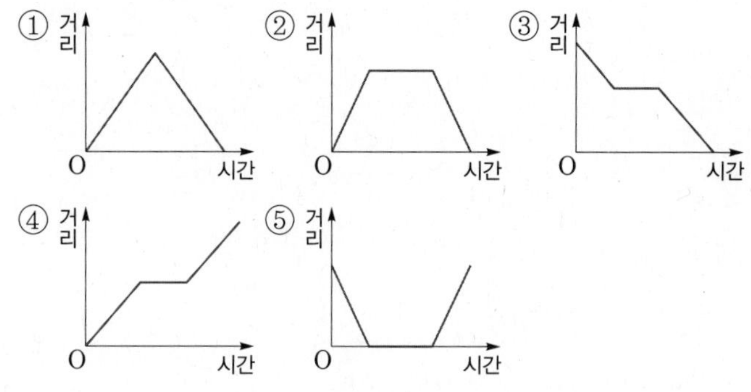

35

다음 상황에 알맞은 그래프를 **보기**에서 고르시오.

> 어느 도시의 오전에는 기온의 변화가 없다가 오후가 되자 기온이 올랐다. 그 후 해가 지면서 기온이 다시 떨어졌다.

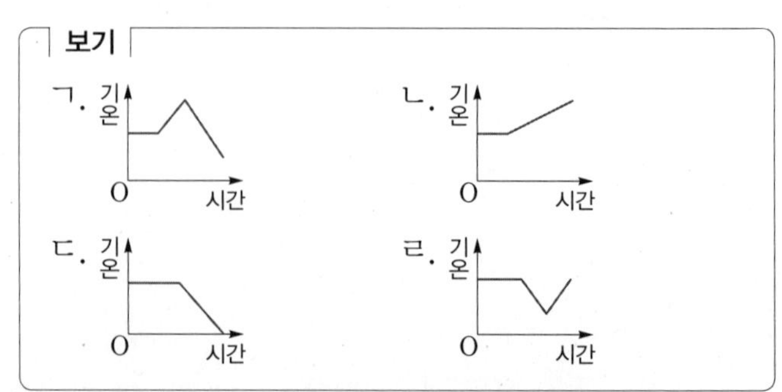

그래프 해석하기

개념북 183쪽

36

오른쪽 그래프는 남아 있는 우유의 양을 시간에 따라 나타낸 것이다. 다음 **보기** 에서 이 그래프에 알맞은 상황을 고르시오.

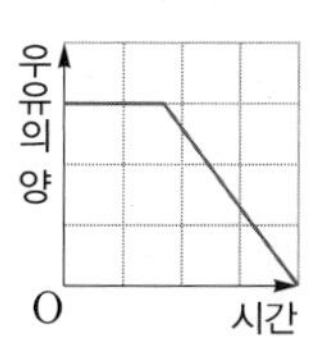

보기

ㄱ. 채원이는 우유를 마시다가 반쯤 남았을 때 배가 불러 우유를 책상 위에 두었다.
ㄴ. 승우는 우유를 책상 위에 올려놓고 숙제를 하다가 숙제를 다 하고 우유를 모두 마셨다.
ㄷ. 시온이는 우유를 반쯤 마시고 전화 통화를 한 다음 남은 우유를 모두 마셨다.

37

오른쪽 그래프는 어느 도시의 강수량의 변화를 시간에 따라 나타낸 것이다. 이 그래프의 각 구간 (가)~(라)를 해석한 것으로 알맞은 것을 **보기**에서 차례로 나열하시오.

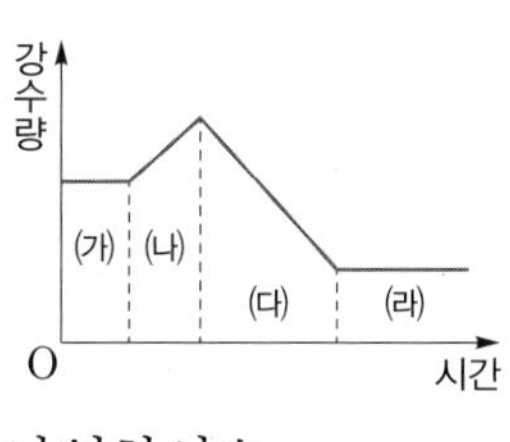

보기

ㄱ. 강수량이 증가한다. ㄴ. 강수량이 감소한다.
ㄷ. 강수량이 변함없다.

38

오른쪽 그래프는 민수가 집에서 출발하여 공원까지 자전거를 x분 동안 타고 갔을 때, 집에서 떨어진 거리 y km를 나타낸 것이다. 다음 물음에 답하시오.

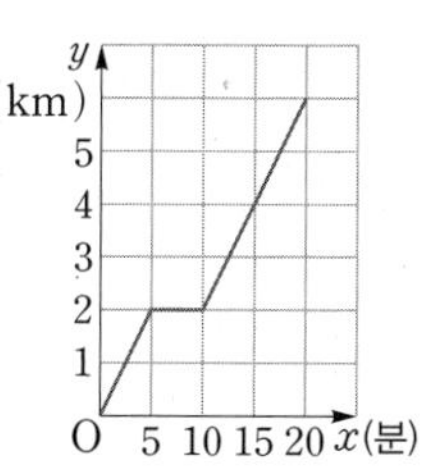

(1) 민수가 15분 동안 이동한 거리를 구하시오.
(2) 민수가 이동한 총 거리를 구하시오.
(3) 민수가 중간에 이동하지 않고 쉰 시간은 몇 분인지 구하시오.

39

건우가 자전거를 x분 동안 탔을 때 소모되는 열량을 y kcal라 하자. 오른쪽 그래프는 두 변수 x, y 사이의 관계를 나타낸 것이다. 다음 물음에 답하시오.

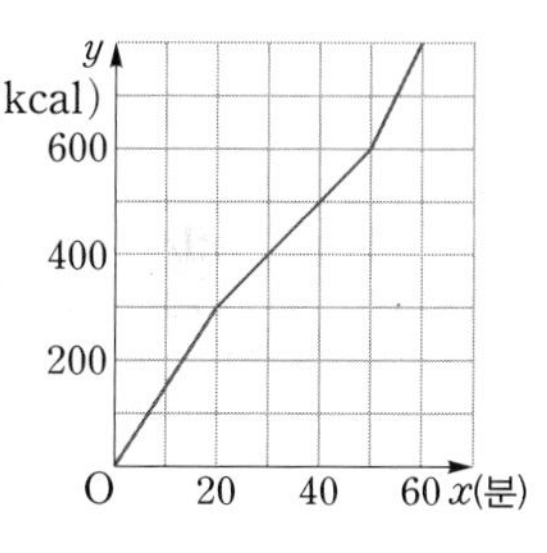

(1) 건우가 자전거를 20분 동안 탔을 때 소모된 열량을 구하시오.
(2) 열량이 600 kcal 소모되었을 때 자전거를 몇 분 탔는지 구하시오.

40

오른쪽 그래프는 재석이와 명수가 동시에 학교를 출발하여 직선 거리에 있는 도서관을 갈 때, 학교를 출발한 후 x분 동안 이동한 거리 y m 사이의 관계를 나타낸 것이다. 학교를 출발한 지 5분 후 두 사람 사이의 거리를 구하시오.

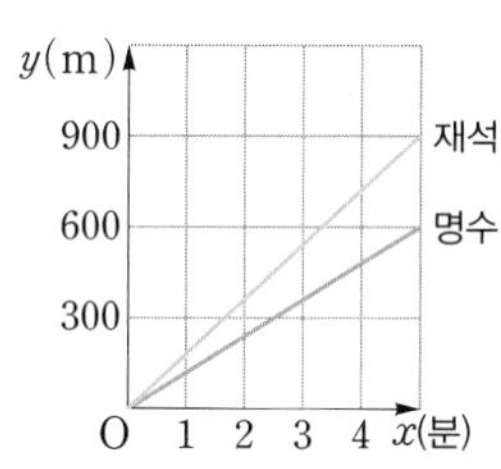

개념완성익힘

1

두 순서쌍 $(4a,\ b-2)$, $(2a-2,\ 3b)$가 서로 같을 때, $a+b$의 값은?

① -2 ② -1 ③ 0
④ 1 ⑤ 2

2

다음 중 오른쪽 좌표평면 위의 점의 좌표를 바르게 나타낸 것은?

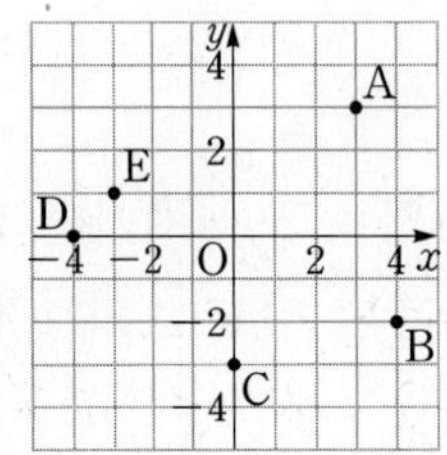

① $\mathrm{A}(-3,\ 3)$ ② $\mathrm{B}(-3,\ 4)$
③ $\mathrm{C}(-3,\ 0)$ ④ $\mathrm{D}(-4,\ 0)$
⑤ $\mathrm{E}(1,\ -3)$

3

두 점 $\mathrm{A}(a-2,\ 4a-1)$, $\mathrm{B}(3-2b,\ b-1)$이 각각 x축, y축 위에 있을 때, $\dfrac{b}{a}$의 값을 구하시오.

4

다음 중 좌표평면 위의 점의 좌표와 그 점이 속하는 사분면이 바르게 짝 지어진 것은?

① $\mathrm{A}(3,\ 2)$ ⇨ 제2사분면
② $\mathrm{B}(-1,\ 4)$ ⇨ 제3사분면
③ $\mathrm{C}(5,\ -4)$ ⇨ 제4사분면
④ $\mathrm{D}(-3,\ -7)$ ⇨ 제1사분면
⑤ $\mathrm{E}(-2,\ 0)$ ⇨ 제2사분면

5 실력UP

$ab>0$, $a+b<0$일 때, 다음 중 점 $\left(a,\ \dfrac{a}{b}\right)$와 같은 사분면 위에 있는 점은?

① $(3,\ 2)$ ② $(-1,\ 1)$ ③ $(2,\ -3)$
④ $(0,\ 4)$ ⑤ $(-2,\ -5)$

6

점 $(a,\ b)$가 제1사분면 위의 점일 때, 다음 중 제2사분면 위에 있는 점은?

① $(b,\ a)$ ② $(a,\ -b)$ ③ $(-a,\ b)$
④ $(-a,\ -b)$ ⑤ $(a,\ a+b)$

7

다음 그림과 같은 모양의 그릇에 일정한 속력으로 물을 넣는다고 할 때, 경과 시간 x에 따른 물의 높이 y의 변화를 그래프로 나타내시오.

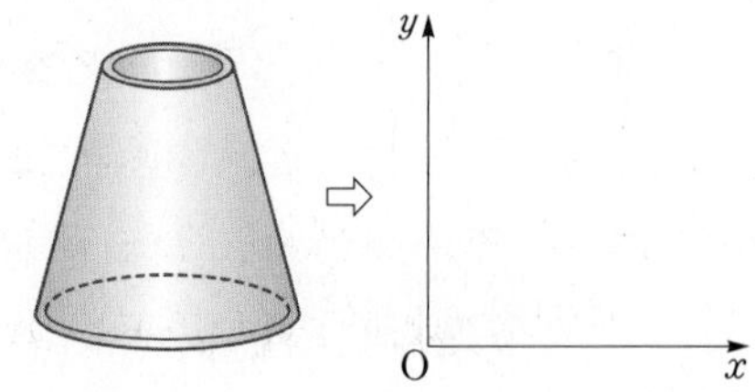

8

다음 상황을 읽고 자동차의 속력을 시간에 따라 나타낸 그래프로 알맞은 것을 **보기**에서 고르시오.

자동차가 고속도로에 진입하여 속력을 일정하게 높이다가 시속 100 km를 유지하면서 달렸다. 그런데 사고 현장을 발견하고 속도를 일정하게 줄여 정지하였다.

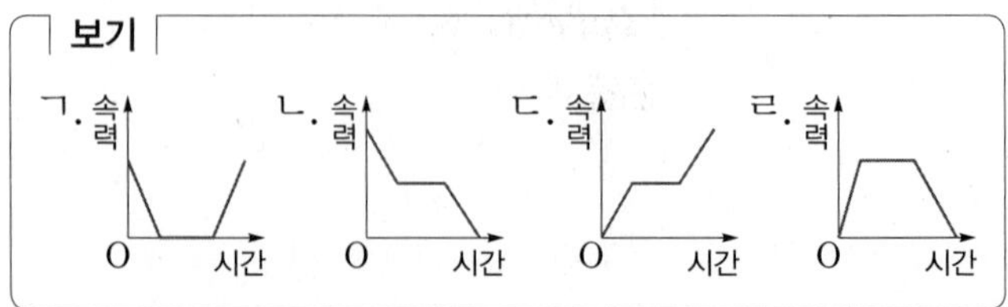

9

재원이는 출발점으로부터 20 m 거리에 있는 반환점을 일정한 속력으로 2회 반복하여 왕복하였다. 시간 x초에 따른 재원이의 출발점으로부터의 거리 y m 사이를 그래프로 나타낸 것으로 알맞은 것은?

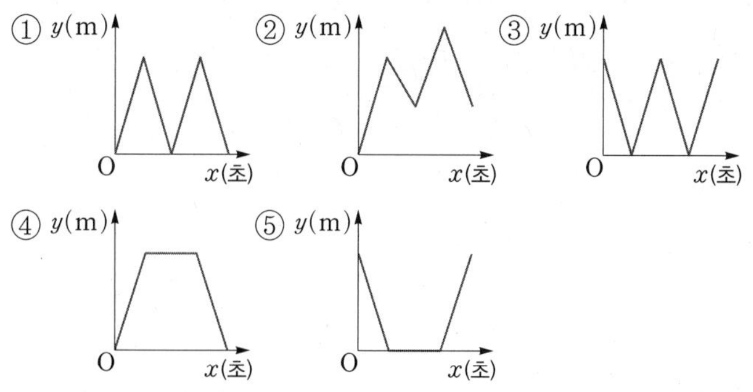

10

두 변수 x와 y 사이의 관계를 그래프로 나타내었더니 오른쪽과 같았다. 다음 중 변수 x, y로 가장 적합한 것은?

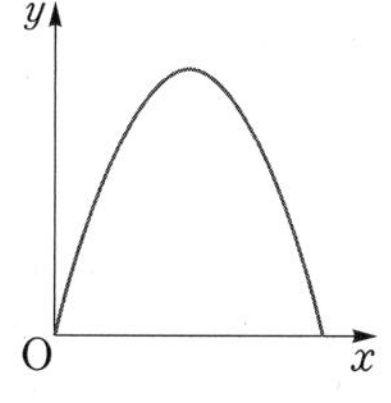

① 지면에서 하늘을 향해 공을 던질 때, 경과 시간 x에 따른 공의 높이 y
② 휴대 전화를 충전할 때, 충전 시간 x에 따른 배터리 잔량 y
③ 다이빙 선수가 점프하여 다이빙을 할 때까지 경과시간 x에 따른 지면으로부터의 높이 y
④ 높은 산을 올라갈 때, 올라간 높이 x에 따른 기온 y
⑤ 하루 동안 컴퓨터를 켜둔 시간 x에 따른 전기요금 y

11

오른쪽 그래프는 시간과 온도에 따른 물의 상태 변화를 나타낸 것이다. 다음 물음에 답하시오.

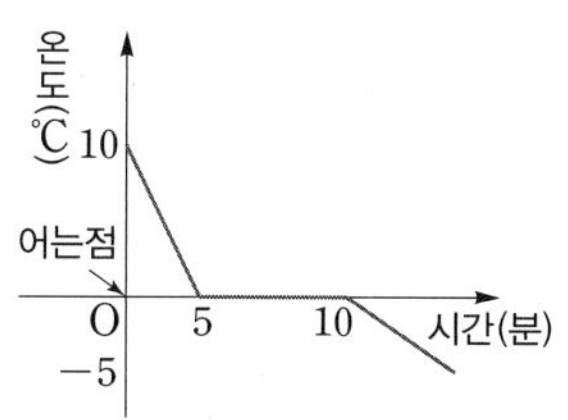

(1) 몇 분 후에 처음으로 물이 얼기 시작하는지 구하시오.
(2) 온도가 변하지 않고 유지되는 시간은 몇 분인지 구하시오.

서술형

12

좌표평면 위의 세 점 A(3, 2), B(0, −2), C(5, −2)를 꼭짓점으로 하는 삼각형 ABC의 넓이를 구하기 위한 풀이 과정을 쓰고 답을 구하시오.

13

좌표평면 위의 두 점 A($-a+5$, 7), B(-2, $b+3$)이 y축에 대하여 서로 대칭일 때, $a-b$의 값을 구하기 위한 풀이 과정을 쓰고 답을 구하시오.

14

어느 자전거 동호회 사람들은 20 km 떨어진 공원에 자전거를 타고 가서 기념사진을 찍고 왔다. 오른쪽 그래프는 동호회 사람들이 자전거를 탄 시각에 따른 이동한 거리를 나타낸 것이다. 다음을 구하기 위한 풀이 과정을 쓰고 답을 구하시오.

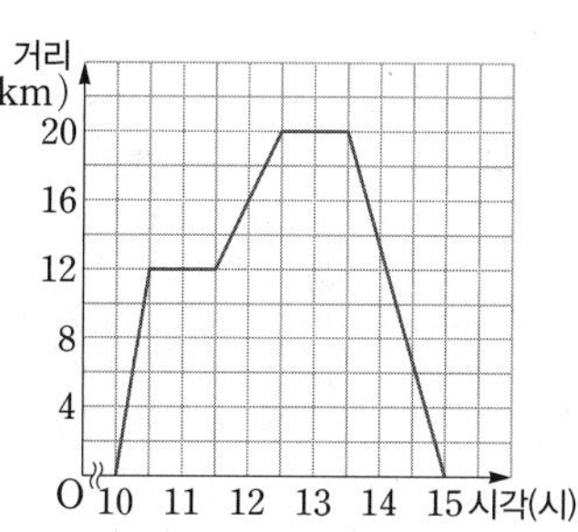

(1) 출발해서 공원에 도착할 때까지 걸린 시간은 몇 시간 몇 분인지 구하시오.
(2) 동호회 사람들은 공원을 가는 중간에 휴식을 취하며 간식을 먹었다고 한다. 간식을 먹은 시간은 몇 시간인지 구하시오.

2 정비례와 반비례

개념적용익힘

정비례 관계

개념북 193쪽

1

다음 중 y가 x에 정비례하는 것을 모두 고르면? (정답 2개)

① 90 km를 시속 x km로 달린 시간은 y시간이다.
② 1자루에 500원 하는 볼펜 x자루의 가격은 y원이다.
③ 길이 1 m의 무게가 20 g인 철사 x m의 무게는 y g이다.
④ 두 대각선의 길이가 각각 x cm, y cm인 마름모의 넓이는 50 cm^2이다.
⑤ 무게가 500 g인 케이크를 x조각으로 똑같이 자를 때, 한 조각의 무게는 y g이다.

2

y가 x에 정비례하고 $x=6$일 때, $y=9$이다. 이때 x와 y 사이의 관계를 식으로 나타내면?

① $y=-6x$　② $y=-2x$　③ $y=\frac{1}{2}x$
④ $y=\frac{3}{2}x$　⑤ $y=6x$

3

y가 x에 정비례하고 $x=12$일 때, $y=10$이다. $x=-6$일 때, y의 값은?

① -5　② -1　③ 1
④ 5　⑤ 12

정비례 관계의 실생활에서의 활용

개념북 193쪽

4

150 L 들이 비어 있는 물탱크에 매분 6 L씩 물을 채우려고 한다. x분 후에 물탱크에 채워지는 물의 양을 y L라고 할 때, 다음은 x와 y 사이의 관계를 표로 나타낸 것이다. 물음에 답하시오.

x	1	2	3	4	5
y	6				

(1) 위의 표를 완성하시오.
(2) x와 y 사이의 관계를 식으로 나타내시오.
(3) 18분 후에 물탱크에 채워진 물의 양을 구하시오.
(4) 물탱크에 물을 120 L 채우는 데 걸리는 시간을 구하시오.

5

어떤 물체의 지구에서의 무게는 달에서의 무게의 6배이다. 달에서의 무게가 x kg인 물체의 지구에서의 무게를 y kg이라고 할 때, 지구에서 몸무게가 48 kg인 혜경이는 달에서 몇 kg인지 구하시오.

6

톱니의 수가 각각 20, 15인 A, B 두 개의 톱니바퀴가 서로 맞물려서 돌아가고 있다. 톱니바퀴 A가 3번 회전하는 동안 톱니바퀴 B는 몇 번 회전하는지 구하시오.

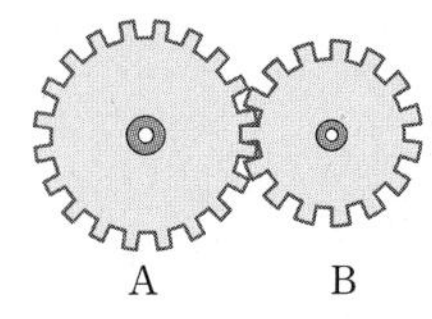

정비례 관계 $y=ax\,(a\neq0)$의 그래프

개념북 195쪽

7 ●○○

다음 중 정비례 관계 $y=-\frac{3}{4}x$의 그래프는?

① 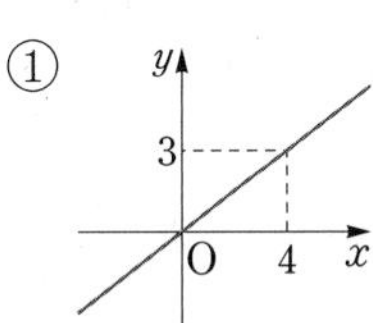

② 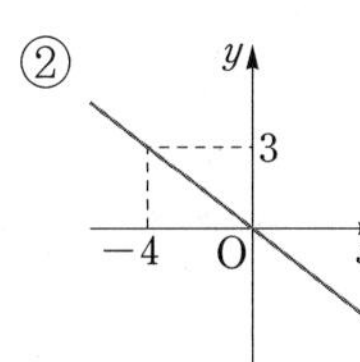

③ 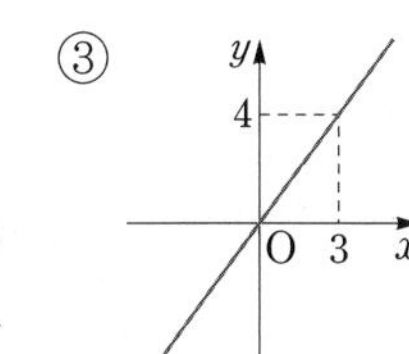

④ 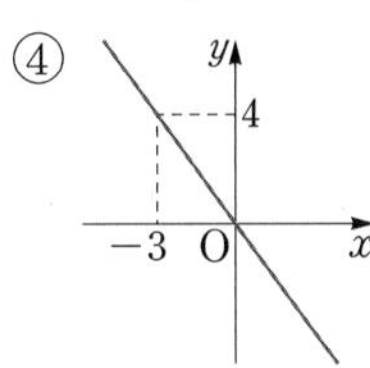

⑤ 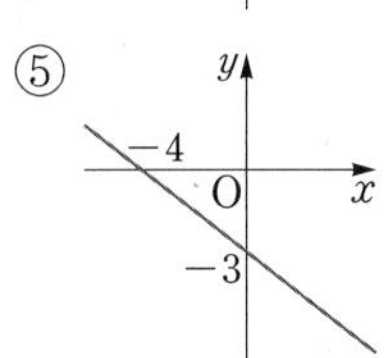

8 ●●○

다음 정비례 관계의 그래프 중 x축에 가장 가까운 것은?

① $y=\frac{3}{7}x$　② $y=12x$　③ $y=-5x$
④ $y=-\frac{3}{4}x$　⑤ $y=-x$

9 ●●○

두 정비례 관계 $y=x$, $y=ax$의 그래프가 오른쪽 그림과 같을 때, 다음 중 상수 a의 값이 될 수 있는 것은?

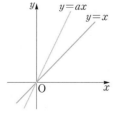

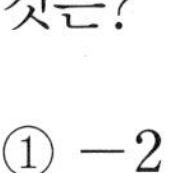

① -2　② $-\frac{1}{3}$
③ $\frac{1}{2}$　④ 1
⑤ $\frac{3}{2}$

정비례 관계 $y=ax(a\neq0)$의 그래프 위의 점

개념북 195쪽

10 ●○○

다음 중 정비례 관계 $y=-2x$의 그래프 위의 점은?

① $(2,\ 2)$　② $(3,\ 6)$　③ $(-2,\ -3)$
④ $(9,\ -18)$　⑤ $(-2,\ -4)$

11 ●●○

정비례 관계 $y=\frac{1}{5}x$의 그래프가 점 $(a,\ -3)$을 지날 때, a의 값은?

① -15　② -12　③ 7
④ 12　⑤ 15

12 ●●○

정비례 관계 $y=-\frac{2}{3}x$의 그래프가
점 $(2a+5,\ a-1)$을 지날 때, a의 값은?

① -2　② -1　③ 1
④ 2　⑤ 3

13 ●●○

정비례 관계 $y=-\frac{1}{3}x$의 그래프가 오른쪽 그림과 같을 때, $a+b$의 값을 구하시오.

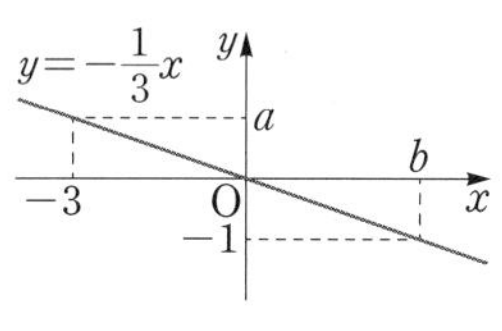

정비례 관계 $y=ax(a\neq0)$에서 a의 값 구하기

개념북 196쪽

14 ●○○

정비례 관계 $y=ax$의 그래프가 점 $(-2, 10)$을 지날 때, 상수 a의 값을 구하시오.

15 ●●○

정비례 관계 $y=ax$의 그래프가 두 점 $(-6, -4)$, $(b, 2)$를 지날 때, ab의 값은? (단, a는 상수)

① -4 ② -2 ③ 1
④ 2 ⑤ 4

16 ●●○

정비례 관계 $y=ax$의 그래프가 점 $(-2, 1)$을 지날 때, 다음 중 이 그래프 위에 있는 점이 아닌 것은? (단, a는 상수)

① $(-4, 2)$ ② $\left(-1, \frac{1}{2}\right)$ ③ $(2, 1)$
④ $\left(3, -\frac{3}{2}\right)$ ⑤ $(4, -2)$

17 ●●○

정비례 관계 $y=ax$의 그래프가 점 $(3, -6)$을 지나고, 정비례 관계 $y=bx$의 그래프가 점 $\left(-\frac{1}{4}, 2\right)$를 지날 때, $a-b$의 값은? (단, a, b는 상수)

① 2 ② 3 ③ 4
④ 5 ⑤ 6

정비례 관계 $y=ax(a\neq0)$의 식 구하기

개념북 196쪽

18 ●●○

오른쪽 그래프가 나타내는 식을 구하시오.

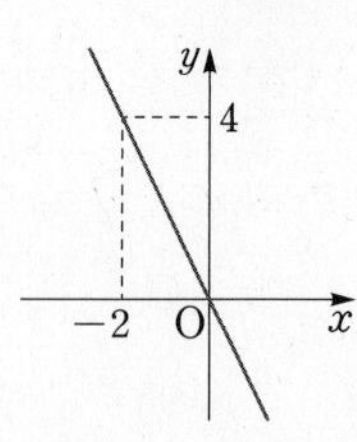

19 ●●○

다음 중 오른쪽 그림과 같은 그래프 위의 점은?

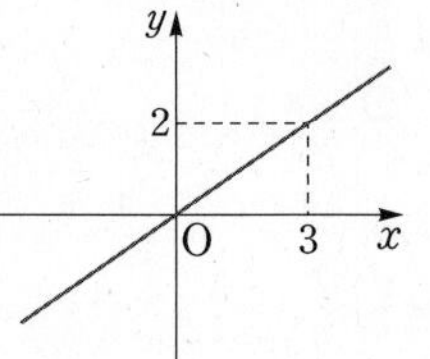

① $(-3, 2)$ ② $(-2, -3)$
③ $(2, 3)$ ④ $(4, 6)$
⑤ $(6, 4)$

20 ●●○

오른쪽 그림과 같은 그래프가 점 $(k, -2)$를 지날 때, k의 값을 구하시오.

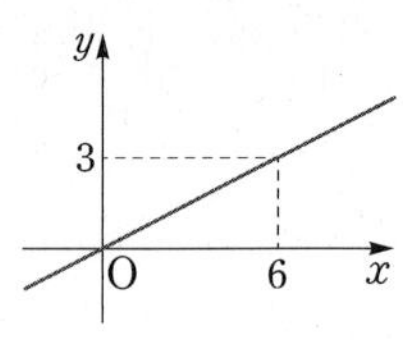

정비례 관계 $y=ax(a\neq0)$의 그래프의 성질

개념북 197쪽

21

다음 **보기**의 그래프 중에서 제3사분면을 지나는 것을 모두 고른 것은?

보기

ㄱ. $y=2x$ ㄴ. $y=-3x$ ㄷ. $y=\frac{x}{5}$

ㄹ. $y=-\frac{1}{2}x$ ㅁ. $y=-\frac{3}{7}x$

① ㄱ, ㄴ ② ㄱ, ㄷ ③ ㄷ, ㄹ
④ ㄷ, ㅁ ⑤ ㄹ, ㅁ

22

다음 중 정비례 관계 $y=ax(a\neq0)$의 그래프에 대한 설명으로 옳은 것은?

① 원점을 지나는 한 쌍의 곡선이다.
② $a<0$일 때, 제1사분면과 제3사분면을 지난다.
③ a의 절댓값이 클수록 x축에 가까워진다.
④ $a>0$일 때, x의 값이 감소하면 y의 값도 감소한다.
⑤ $a<0$일 때, x의 값이 증가하면 y의 값도 증가한다.

23

다음 중 정비례 관계 $y=-2x$의 그래프에 대한 설명으로 옳지 않은 것은?

① 원점을 지나는 직선이다.
② 점 $(2, -4)$를 지난다.
③ 제2사분면과 제4사분면을 지난다.
④ x의 값이 증가하면 y의 값은 감소한다.
⑤ 정비례 관계 $y=-x$의 그래프보다 x축에 더 가깝다.

정비례 관계 $y=ax(a\neq0)$의 그래프와 도형의 넓이

개념북 197쪽

24

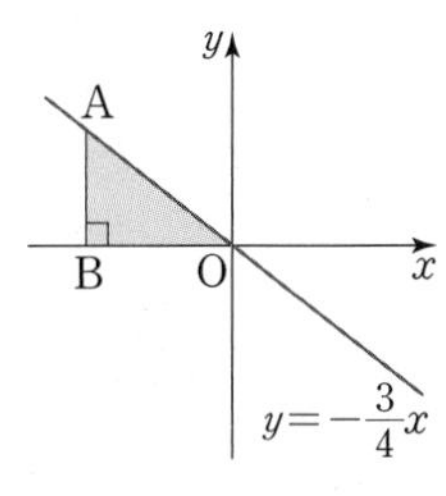

오른쪽 그림과 같이 정비례 관계 $y=-\frac{3}{4}x$의 그래프 위의 한 점 A에서 x축에 수직인 직선을 그었을 때, x축과 만나는 점 B의 좌표가 $(-8, 0)$이다. 이때 삼각형 AOB의 넓이를 구하시오. (단, O는 원점이다.)

25

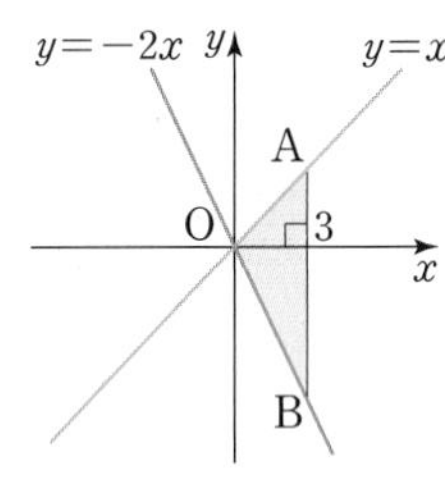

오른쪽 그림과 같이 두 정비례 관계 $y=x$, $y=-2x$의 그래프 위의 점을 각각 A, B라 할 때, 두 점의 x좌표가 3으로 같다. 이때 삼각형 AOB의 넓이를 구하시오. (단, O는 원점이다.)

26

정비례 관계 $y=3x$의 그래프 위의 두 점 $(1, a)$, $(4, b)$와 점 $(1, 5)$를 꼭짓점으로 하는 삼각형의 넓이를 구하시오.

반비례 관계

개념북 199쪽

27 ●○○

다음 중 x의 값이 2배, 3배, 4배, …가 될 때, y의 값은 $\frac{1}{2}$배, $\frac{1}{3}$배, $\frac{1}{4}$배, …가 되는 것은?

① $y=x-\frac{4}{7}$　② $x+y=1$　③ $y=2-x$

④ $y=\frac{x}{5}$　⑤ $xy=-\frac{1}{2}$

28 ●●○

다음 중 y가 x에 반비례하는 것은?

① 1 L에 1300원인 휘발유 x L의 값은 y원이다.

② 20 km의 거리를 시속 x km로 달릴 때, 걸린 시간은 y시간이다.

③ 밑변의 길이가 x cm, 높이가 6 cm인 삼각형의 넓이는 y cm^2이다.

④ 길이가 15 cm인 초가 x cm만큼 타고 남은 초의 길이는 y cm이다.

⑤ 하루 중 밤의 길이가 x시간일 때, 낮의 길이는 y시간이다.

29 ●●○

y가 x에 반비례하고 $x=-3$일 때, $y=4$이다. $x=2$일 때, y의 값은?

① -12　② -6　③ 3

④ 6　⑤ 12

반비례 관계의 실생활에서의 활용

개념북 199쪽

30 ●●○

넓이가 64 cm^2인 직사각형의 가로의 길이가 x cm, 세로의 길이가 y cm일 때, 다음 물음에 답하시오.

(1) x와 y 사이의 관계를 식으로 나타내시오.

(2) 이 직사각형의 세로의 길이가 4 cm일 때, 가로의 길이를 구하시오.

31 ●●○

2000 mL의 오렌지 주스를 x명에게 남김없이 똑같이 나누어 줄 때, 한 명이 마시는 오렌지 주스의 양을 y mL라 하자. 다음 물음에 답하시오.

(1) x와 y 사이의 관계를 식으로 나타내시오.

(2) 한 명이 250 mL의 오렌지 주스를 마시려면 몇 명에게 나누어 주어야 하는지 구하시오.

32 ●●○

비어 있는 물탱크에 매분 20 L씩 물을 넣으면 50분 만에 물이 가득 찬다고 한다. 40분 만에 이 물탱크에 물을 가득 채우려면 매분 몇 L씩 물을 넣어야 하는지 구하시오.

33 ●●●

오른쪽 그래프는 어느 가게에서 판매되는 인형 1개의 가격과 판매량 사이의 관계를 나타낸 것이다. 판매량이 가격에 반비례하고 인형 1개의 가격이 2000원일 때, 예상되는 판매량을 구하시오.

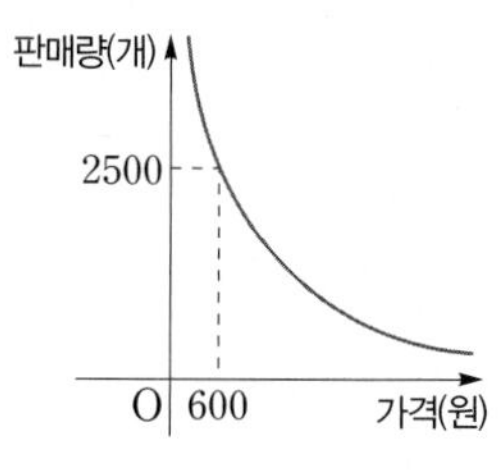

반비례 관계 $y=\frac{a}{x}\,(a\neq0)$의 그래프 위의 점

개념북 201쪽

34 ●○○

다음 중 반비례 관계 $y=-\frac{6}{x}$의 그래프 위의 점이 <u>아닌</u> 것은?

① $(6,\ -1)$ ② $(-1,\ 6)$ ③ $(2,\ 3)$
④ $(-3,\ 2)$ ⑤ $(3,\ -2)$

35 ●●○

반비례 관계 $y=-\frac{16}{x}$의 그래프가 점 $(a,\ 4)$를 지날 때, a의 값을 구하시오.

36 ●●○

반비례 관계 $y=-\frac{12}{x}$의 그래프가 두 점 $\mathrm{P}(6,\ a)$, $\mathrm{Q}(b,\ -12)$를 지날 때, $a+b$의 값을 구하시오.

37 ●●●

반비례 관계 $y=\frac{10}{x}$의 그래프 위의 점 중에서 x좌표와 y좌표가 모두 정수인 점의 개수는?

① 7 ② 8 ③ 9
④ 10 ⑤ 11

반비례 관계 $y=\frac{a}{x}\,(a\neq0)$에서 a의 값 구하기

개념북 201쪽

38 ●○○

반비례 관계 $y=\frac{a}{x}$의 그래프가 점 $(-3,\ 9)$를 지날 때, 상수 a의 값을 구하시오.

39 ●●○

반비례 관계 $y=\frac{a}{x}$의 그래프가 점 $\left(3,\ \frac{5}{3}\right)$를 지날 때, 다음 중 이 그래프 위의 점이 <u>아닌</u> 것은?

① $(-1,\ -5)$ ② $(1,\ 5)$ ③ $\left(\frac{5}{2},\ 2\right)$
④ $\left(-5,\ -\frac{3}{5}\right)$ ⑤ $\left(-\frac{5}{4},\ -4\right)$

40 ●●○

반비례 관계 $y=\frac{a}{x}$의 그래프가 두 점 $(5,\ 3)$, $(b,\ -5)$를 지날 때, $a+b$의 값을 구하시오. (단, a는 상수)

41 ●●○

반비례 관계 $y=\frac{a}{x}$의 그래프가 오른쪽 그림과 같을 때, $a-k$의 값을 구하시오. (단, a는 상수)

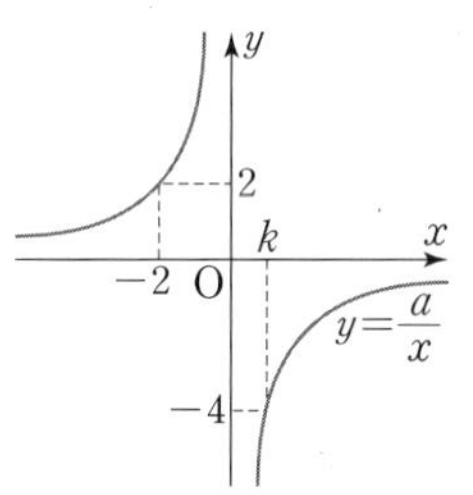

반비례 관계 $y=\frac{a}{x}(a\neq0)$의 식 구하기

개념북 202쪽

42 ●○○

다음 중 오른쪽 그림과 같은 반비례 관계의 그래프가 나타내는 식은?

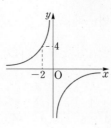

① $y=-\frac{8}{x}$ ② $y=-\frac{4}{x}$

③ $y=-\frac{2}{x}$ ④ $y=\frac{4}{x}$

⑤ $y=\frac{8}{x}$

43 ●●○

다음 중 오른쪽 그림과 같은 반비례 관계의 그래프 위의 점이 아닌 것은?

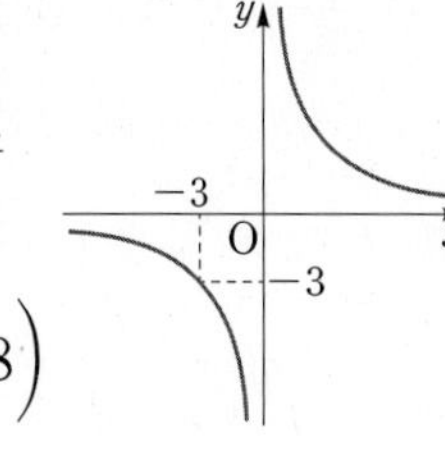

① $(-1,\ -9)$ ② $\left(-\frac{1}{2},\ -18\right)$

③ $(1,\ 9)$ ④ $\left(\frac{3}{2},\ 6\right)$

⑤ $\left(\frac{3}{5},\ 10\right)$

44 ●●○

오른쪽 그림과 같은 반비례 관계의 그래프에서 k의 값은?

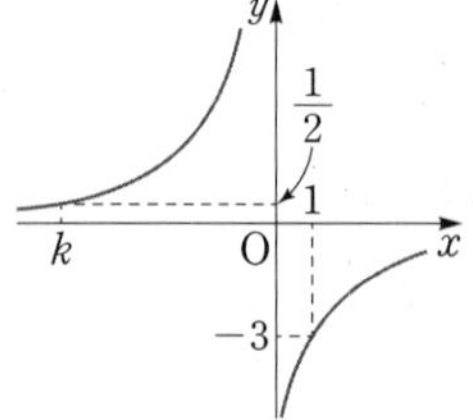

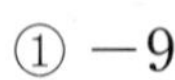

① -9 ② -8

③ -7 ④ -6

⑤ -5

반비례 관계 $y=\frac{a}{x}(a\neq0)$의 그래프의 성질

개념북 202쪽

45 ●●○

다음 중 반비례 관계 $y=\frac{a}{x}\ (a\neq0)$의 그래프에 대한 설명으로 옳은 것은?

① 원점을 지나는 직선이다.

② $a>0$일 때, 제2사분면과 제4사분면을 지난다.

③ a의 값이 클수록 원점에 가까워진다.

④ $a>0$일 때, 각 사분면에서 x의 값이 증가하면 y의 값은 감소한다.

⑤ $a<0$일 때, 제1사분면과 제3사분면을 지난다.

46 ●●○

다음 **보기**의 그래프 중에서 제4사분면을 지나는 것은 몇 개인지 구하시오.

보기

ㄱ. $y=3x$ ㄴ. $y=\frac{1}{5}x$ ㄷ. $y=-5x$

ㄹ. $y=-\frac{7}{x}$ ㅁ. $y=\frac{5}{x}$ ㅂ. $y=-\frac{1}{2x}$

47 ●●○

반비례 관계 $y=\frac{3}{x}$의 그래프에 대한 다음 설명 중 옳은 것은?

① 점 $(-1,\ 3)$을 지난다.

② $x<0$일 때, 제1사분면을 지난다.

③ 좌표축과 점 $(0,\ 1)$에서 만난다.

④ 제1사분면과 제3사분면을 지나는 한 쌍의 곡선이다.

⑤ 각 사분면에서 x의 값이 증가하면 y의 값도 증가한다.

반비례 관계 $y=\frac{a}{x}(a\neq0)$의 그래프와 도형의 넓이

개념북 203쪽

48 ●●○

오른쪽 그림은 반비례 관계 $y=\frac{2}{x}$의 그래프의 일부이고 점 P는 그래프 위의 점이다. 점 P에서 x축에 내린 수선의 발을 Q라 하고, 점 Q의 x좌표가 1일 때, 삼각형 OPQ의 넓이를 구하시오. (단 O는 원점이다.)

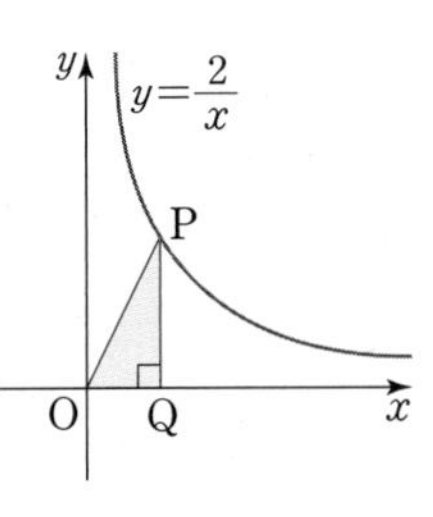

49 ●●○

오른쪽 그림은 반비례 관계 $y=\frac{4}{x}$의 그래프의 일부이고 점 P는 이 그래프 위의 점이다. 점 P에서 x축, y축에 내린 수선의 발을 각각 A, B라 할 때, 직사각형 OAPB의 넓이를 구하시오. (단 O는 원점이다.)

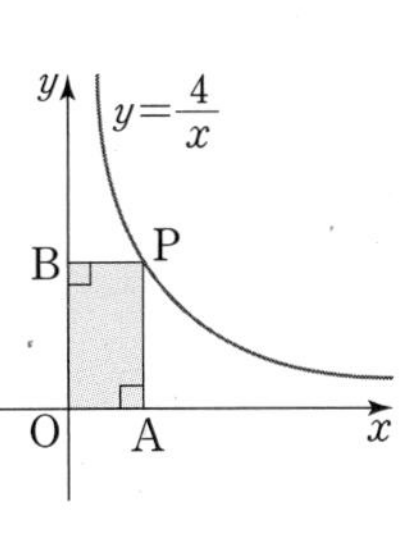

50 ●●●

오른쪽 그림과 같이 두 점 A, C는 반비례 관계 $y=\frac{a}{x}$의 그래프 위의 점이다. 직사각형 ABCD의 넓이가 12일 때, 상수 a의 값을 구하시오. (단, 두 점 A, C는 서로 원점에 대하여 대칭이고, 직사각형의 모든 변은 좌표축에 각각 평행하다.)

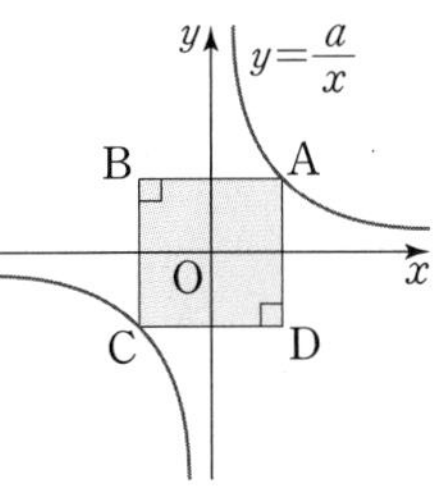

두 그래프 $y=ax$, $y=\frac{b}{x}$가 만나는 점

개념북 203쪽

51 ●●○

정비례 관계 $y=ax$의 그래프와 반비례 관계 $y=\frac{b}{x}$의 그래프가 점 (3, 2)에서 만날 때, $b-a$의 값을 구하시오. (단, a, b는 상수)

52 ●●○

오른쪽 그림은 정비례 관계 $y=ax$의 그래프와 반비례 관계 $y=\frac{6}{x}$의 그래프이다. 두 그래프가 만나는 점 P의 y좌표가 3일 때, 상수 a의 값을 구하시오.

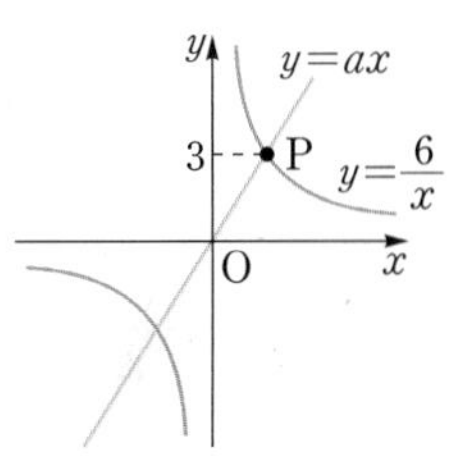

53 ●●○

오른쪽 그림과 같이 정비례 관계 $y=-3x$의 그래프와 반비례 관계 $y=\frac{a}{x}$의 그래프가 점 $(b, 6)$에서 만날 때, $a-b$의 값은?

(단, a는 상수)

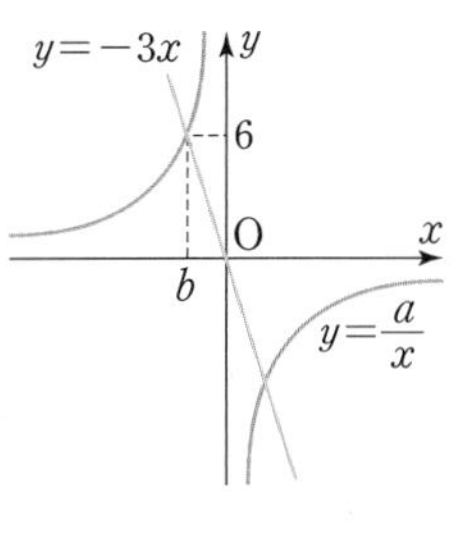

① -10　② -8　③ 8
④ 10　⑤ 12

개념완성익힘

1

다음 중 x의 값이 2배, 3배, 4배, …로 변함에 따라 y의 값도 2배, 3배, 4배, …로 변하는 것을 모두 고르면? (정답 2개)

① $y=\frac{x}{5}-1$　　② $6x-y=0$

③ $x+y=-3$　　④ $y=\frac{x}{10}$

⑤ $y-x=-2$

2

다음 정비례 관계의 그래프 중 y축에 가장 가까운 것은?

① $y=-3x$　　② $y=\frac{1}{3}x$　　③ $y=x$

④ $y=-\frac{5}{3}x$　　⑤ $y=2x$

3

정비례 관계 $y=ax$의 그래프가 두 점 $(6, 4)$, $(b, -2)$를 지날 때, b의 값은? (단, a는 상수)

① -3　　② $-\frac{4}{3}$　　③ -1

④ $\frac{4}{3}$　　⑤ 3

4 실력UP

오른쪽 그림과 같은 두 정비례 관계 $y=-x$, $y=ax$의 그래프에 대하여 다음 중 정비례 관계 $y=ax$의 그래프를 나타내는 관계식으로 적당한 것은?

(단, a는 상수)

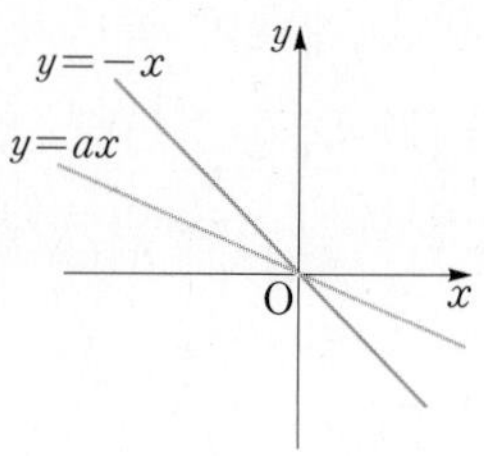

① $y=3x$　　② $y=\frac{3}{2}x$

③ $y=\frac{1}{2}x$　　④ $y=-\frac{1}{2}x$

⑤ $y=-3x$

5

오른쪽 그림과 같은 그래프가 점 $(k, -9)$를 지날 때, k의 값은?

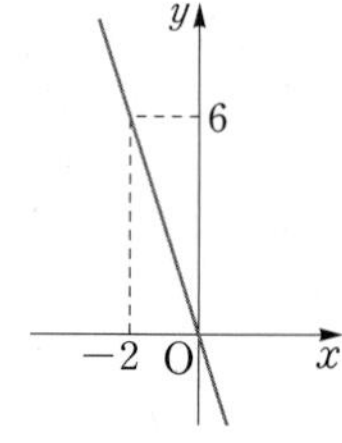

① 1　　② 2

③ 3　　④ 4

⑤ 5

6

오른쪽 그림과 같은 그래프에 대한 설명으로 옳지 않은 것은?

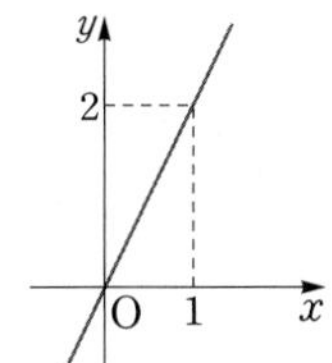

① 정비례 관계 $y=-2x$의 그래프이다.
② 점 $(-2,\ -4)$를 지난다.
③ x의 값이 증가할 때, y의 값도 증가한다.
④ $\dfrac{y}{x}$의 값이 2로 일정하다.
⑤ 그래프가 제1사분면과 제3사분면을 지난다.

7

x의 값이 2배, 3배, …가 되면 그에 따라 y의 값은 $\dfrac{1}{2}$배, $\dfrac{1}{3}$배, …가 되고, $x=7$일 때, $y=2$이다. $x=14$일 때, y의 값을 구하시오.

8

다음 중 반비례 관계 $y=\dfrac{a}{x}\ (a<0)$의 그래프는?

① 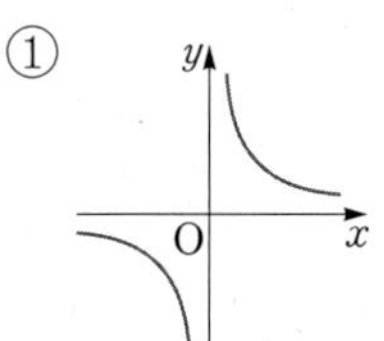
② 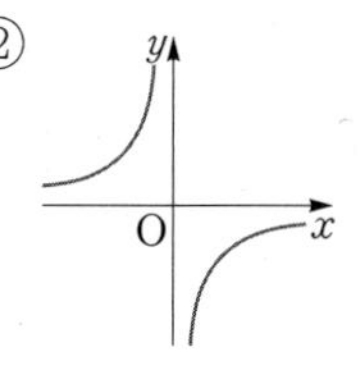
③ 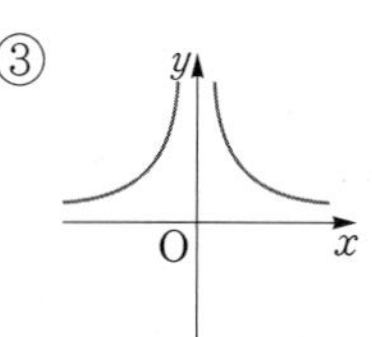
④ 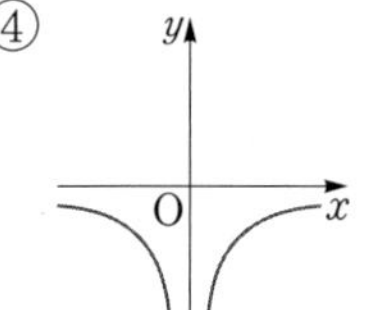
⑤ 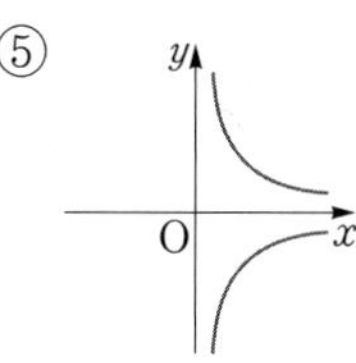

9

반비례 관계 $y=\dfrac{6}{x}$의 그래프에 대한 다음 설명 중 옳은 것을 모두 고르면? (정답 2개)

① 제2사분면과 제4사분면을 지나는 한 쌍의 곡선이다.
② 좌표축과 $(1,\ 0)$에서 만난다.
③ 각 사분면에서 x의 값이 증가하면 y의 값은 감소한다.
④ 점 $(-1,\ -6)$을 지난다.
⑤ $x>0$일 때, 제4사분면에 있다.

10

반비례 관계 $y=-\frac{4}{x}$의 그래프가 두 점 $(a,\ -2)$, $(2,\ b)$를 지날 때, ab의 값을 구하시오.

11

반비례 관계 $y=\frac{a}{x}$의 그래프가 점 $(3,\ -4)$를 지날 때, 다음 중 이 그래프 위의 점은? (단, a는 상수)

① $(-2,\ -6)$ ② $(-4,\ -3)$ ③ $(-3,\ 2)$
④ $(1,\ -12)$ ⑤ $(4,\ 3)$

서술형

12

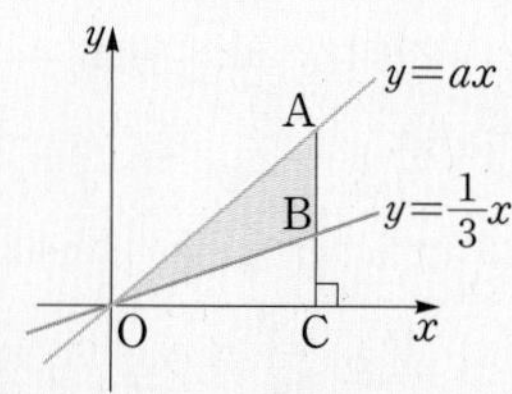

오른쪽 그림은 두 정비례 관계 $y=ax$, $y=\frac{1}{3}x$의 그래프이다. 점 C의 좌표가 $(6,\ 0)$이고, 삼각형 AOB의 넓이가 9일 때, 상수 a의 값을 구하기 위한 풀이 과정을 쓰고 답을 구하시오. (단, 점 O는 원점이고 세 점 A, B, C의 x좌표는 모두 같다.)

13

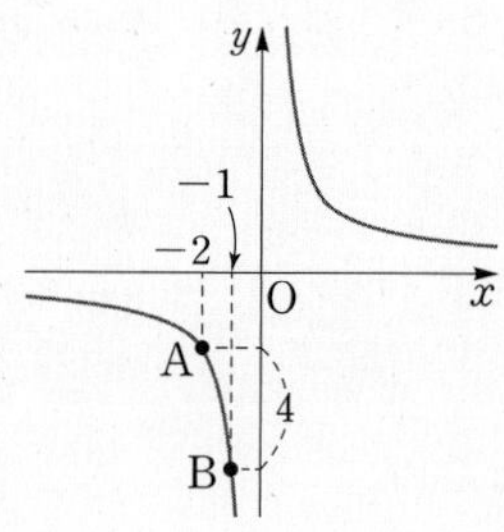

오른쪽 그림과 같이 반비례 관계의 그래프 위의 두 점 A, B의 x좌표가 각각 -2, -1이고, y좌표는 그 차가 4라고 한다. 이때 반비례 관계의 식을 구하기 위한 풀이 과정을 쓰고 답을 구하시오.

14

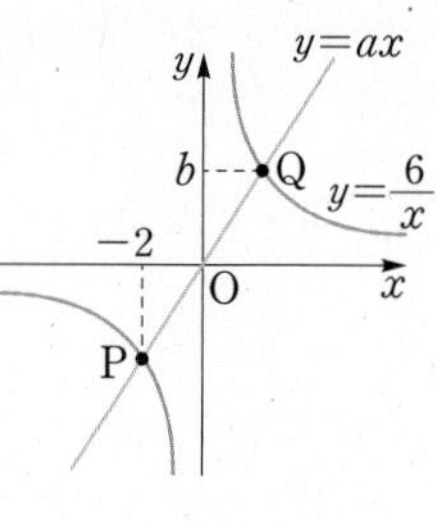

오른쪽 그림과 같이 정비례 관계 $y=ax$의 그래프와 반비례 관계 $y=\frac{6}{x}$의 그래프가 만나는 점을 각각 P, Q라 하자. 점 P의 x좌표가 -2이고, 점 Q의 y좌표를 b라 할 때, $a+b$의 값을 구하기 위한 풀이 과정을 쓰고 답을 구하시오. (단, a는 상수)

대단원 마무리

1 점 $P(a+1,\ 5-a)$의 x좌표와 y좌표가 같을 때, 다음 중 점 P의 좌표는?

① $(-5,\ -5)$ ② $(-1,\ -1)$
③ $(1,\ 1)$ ④ $(3,\ 3)$
⑤ $(5,\ 5)$

2 좌표평면 위의 세 점 $A(3,\ 4)$, $B(3,\ -2)$, $C(a,\ 0)$을 꼭짓점으로 하는 삼각형 ABC의 넓이가 12일 때, a의 값은? (단, $a<0$)

① -1 ② -2 ③ -3
④ -4 ⑤ -5

3 다음 설명 중 옳지 않은 것은?

① 점 $(-2,\ 1)$은 제2사분면 위의 점이다.
② y축 위의 점은 x좌표가 0인 점이다.
③ 점 $(3,\ 0)$은 어느 사분면에도 속하지 않는다.
④ x좌표가 양수이고, y좌표가 0이 아닌 점은 제1사분면 또는 제2사분면에 속한다.
⑤ 점 $(a,\ b)$가 제3사분면 위의 점이면 $a<0$, $b<0$이다.

4 $ab>0$, $a+b<0$일 때, 점 $(-a,\ b)$는 어느 사분면 위의 점인가?

① 제1사분면 ② 제2사분면
③ 제3사분면 ④ 제4사분면
⑤ 어느 사분면에도 속하지 않는다.

5 오른쪽과 같은 그릇에 시간당 일정한 양의 물을 넣는다고 할 때, 다음 중 경과 시간 x에 따른 물의 높이 y의 변화를 나타낸 그래프로 알맞은 것은?

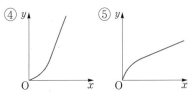

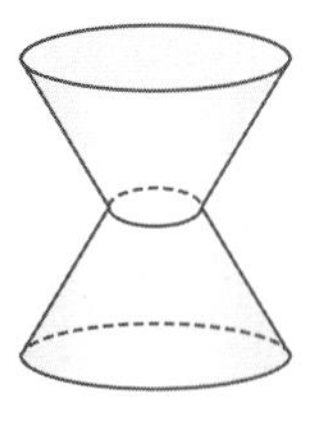

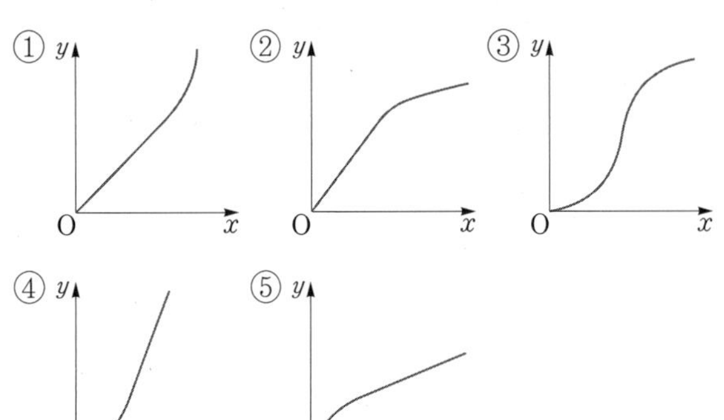

6 다음 정비례 관계의 그래프 중 x축에 가장 가까운 것은?

① $y=2x$ ② $y=x$ ③ $y=\frac{1}{2}x$
④ $y=-\frac{1}{3}x$ ⑤ $y=-5x$

7 정비례 관계 $y=-5x$의 그래프에 대한 다음 설명 중 옳지 않은 것은?

① 원점과 점 $(2,\ -10)$을 지난다.
② 오른쪽 아래로 향하는 직선이다.
③ x의 값이 증가하면 y의 값은 감소한다.
④ 제2사분면과 제4사분면을 지난다.
⑤ 원점에 대하여 대칭인 한 쌍의 곡선이다.

8 반비례 관계 $y=\frac{a}{x}$의 그래프가 오른쪽 그림과 같을 때, $a-b$의 값은? (단, a는 상수)

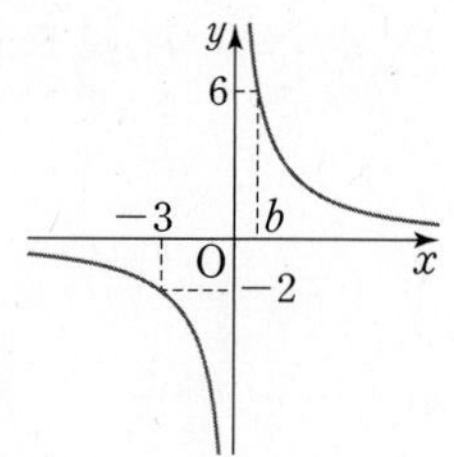

① 4 ② $\frac{9}{2}$
③ 5 ④ $\frac{11}{2}$
⑤ 6

9 반비례 관계 $y=\frac{a}{x}$의 그래프가 점 $(3,\ 5)$를 지날 때, 이 그래프 위의 점 $(x,\ y)$ 중에서 x좌표와 y좌표가 모두 정수인 점의 개수를 구하시오.

10 오른쪽 그림은 정비례 관계 $y=-\frac{4}{3}x$의 그래프와 반비례 관계 $y=\frac{a}{x}$의 그래프이다. 두 그래프가 만나는 점 A의 y좌표가 -4일 때, 상수 a의 값을 구하시오.

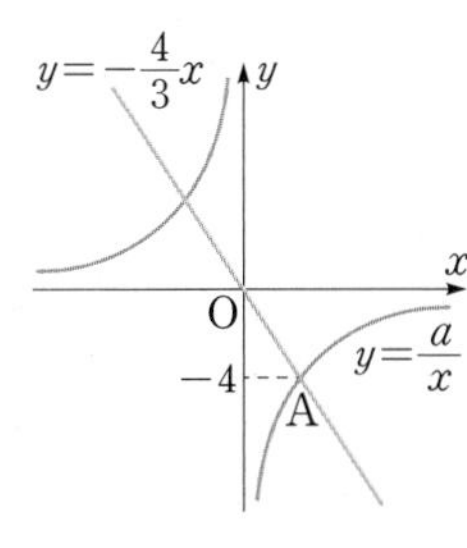

서술형

11 오른쪽 그림은 정비례 관계 $y=ax$의 그래프와 반비례 관계 $y=\frac{6}{x}$의 그래프이다. 두 그래프가 만나는 점 A의 y좌표가 3, 정비례 관계 $y=ax$의 그래프 위의 점 B의 y좌표가 -6이다. 점 A에서 x축에 수직인 직선을 그었을 때, x축과 만나는 점을 C라 할 때, 삼각형 ABC의 넓이를 구하기 위한 풀이 과정을 쓰고 답을 구하시오.

(단, a는 상수)

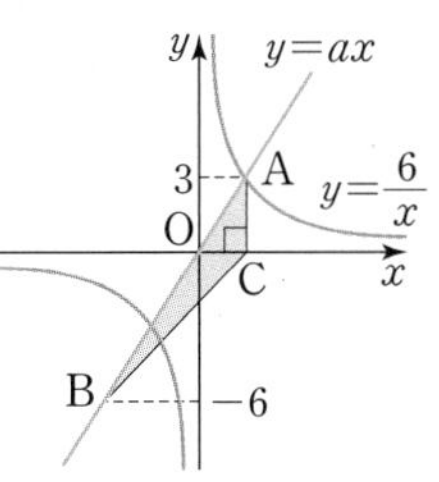

12 온도가 일정할 때, 기체의 부피는 압력에 반비례 한다. 일정한 온도에서의 압력이 5기압일 때 어떤 기체의 부피가 40 cm^3이면, 압력이 8기압일 때의 이 기체의 부피는?

① 15 cm^3 ② 20 cm^3 ③ 25 cm^3
④ 30 cm^3 ⑤ 35 cm^3

13 톱니의 수가 각각 20, x인 두 개의 톱니바퀴 A, B가 서로 맞물려서 돌아가고 있다. 톱니바퀴 A가 12번 회전하는 동안 톱니바퀴 B는 y번 회전한다고 할 때, 톱니바퀴 B의 톱니의 수가 30이면 톱니바퀴 B는 몇 번 회전하는가?

① 6번 ② 7번 ③ 8번
④ 9번 ⑤ 10번

빠른 정답 찾기

개념북

Ⅰ 소인수분해

1 소인수분해

1 소수와 합성수 개념북 10쪽

1 풀이 참조　2 풀이 참조

개념북 11쪽

1 2, 13, 71　1-1 ③　1-2 36

2 ③　2-1 ③, ⑤

2 거듭제곱 개념북 12쪽

1 (1) 밑: 2, 지수: 5　(2) 밑: 7, 지수: 3

(3) 밑: 11, 지수: 4　(4) 밑: $\frac{1}{13}$, 지수: 5

2 (1) 5^4　(2) $2^2\times5^2$　(3) $\left(\frac{2}{3}\right)^2$　(4) $2\times3^2\times10^3$

3 (1) 3^2　(2) 2^6

개념북 13쪽

1 ⑤　1-1 5　1-2 2^{20}

2 30　2-1 ③

3 소인수분해 개념북 14쪽

1 (1) 6, 3　(2) 12, 6, 3　(3) 2, 6, 3

2 (1) 2, 3, 5　(2) 2, 5, 13

개념북 15쪽

1 ④　1-1 ③　1-2 30, 70

2 4　2-1 15

3 ①, ④　3-1 3517

4 10　4-1 ②

4 소인수분해와 약수 개념북 17쪽

1 1×1, 3×1, $3^2\times1$, 1×2, 3×2, $3^2\times2$

2 풀이 참조

개념북 18쪽

1 ④, ⑤　1-1 ㄱ, ㄴ, ㅁ

2 ④　2-1 ㄱ, ㄷ, ㄴ, ㄹ

2-2 20　3 5　3-1 6

4 6　4-1 36　4-2 60

기본 문제 개념북 22~23쪽

1 ⑤　2 ⑤　3 ⑤　4 ④

5 ③　6 ④　7 ④　8 ⑤

9 ④　10 ③　11 ②　12 ②

발전 문제 개념북 24~25쪽

1 15　2 14　3 ③　4 ①

5 ⑤

6 ① $2^2\times5$, 5　② $2^2\times5^2\times7$, 7

③ 5, 7, $100=10^2$, 10　④ $5+7+10=22$

7 ① 8　② 3　③ 4

2 최대공약수와 최소공배수

1 공약수와 최대공약수 개념북 28쪽

1 (1) 1, 2, 3, 6, 9, 18

(2) 1, 2, 3, 4, 6, 8, 12, 24

(3) 1, 2, 3, 6　(4) 6

2 (1) 2^2, 3, 12　(2) 18, 3, 3, 12

개념북 29쪽

1 ⑤　1-1 1, 2, 4, 7, 14, 28

2 ①　2-1 (1) 75　(2) 15　(3) 4

2-2 ②　3 4　3-1 ⑤

3-2 ④　4 ②

4-1 1, 5, 7, 11, 13, 17, 19

2 공배수와 최소공배수 개념북 31쪽

1 (1) 8, 16, 24, 32, 40, 48, ⋯

(2) 10, 20, 30, 40, 50, ⋯

(3) 40, 80, 120, ⋯　(4) 40

2 (1) 2^3, 3, 5, 120　(2) 2, 10, 6, 2, 6, 120

개념북 32쪽

1 198　1-1 ②　2 ⑤

2-1 (1) 1260　(2) 48　(3) 504　2-2 ①

3 7　3-1 4　3-2 ⑤

4 6　4-1 ①

5 54　5-1 ②　5-2 140

6 5　6-1 ④

3 최대공약수와 최소공배수의 응용 개념북 35쪽

1 1, 1, 4, 6, 2

2 3, 6, 4, 6, 12, 15

개념북 36쪽

1 12　1-1 14

2 123　2-1 88　2-2 121

3 6　3-1 12

4 42　4-1 120　4-2 108

기본 문제 개념북 42~44쪽

1 ③　2 ②　3 ④　4 ③

5 ③　6 ②　7 ⑤　8 ③

9 60　10 12　11 30　12 57

13 ④　14 139　15 105　16 $\frac{21}{13}$

발전 문제 개념북 45~46쪽

1 ③　2 2　3 ④　4 ①

5 ① $5\times a$, $5\times b$

② $5\times a\times5\times b$, 6, 1, 6, 2, 3

③ 1, 6, 5, 30, 2, 3, 10, 15, $5+10=15$

6 ① 풀이 참조　② 풀이 참조　③ 173

Ⅱ 정수와 유리수

1 정수와 유리수

1 정수의 뜻 개념북 50쪽

1 (1) $\begin{cases}+10\text{ kg}\\-5\text{ kg}\end{cases}$　(2) $\begin{cases}+5000\text{원}\\-3000\text{원}\end{cases}$

(3) $\begin{cases}+10\text{년}\\-4\text{년}\end{cases}$　(4) $\begin{cases}+5\text{점}\\-2\text{점}\end{cases}$

2 (1) 2, +5　(2) -7, $-\frac{16}{2}$

(3) -7, 2, $+5$, 0, $-\frac{16}{2}$

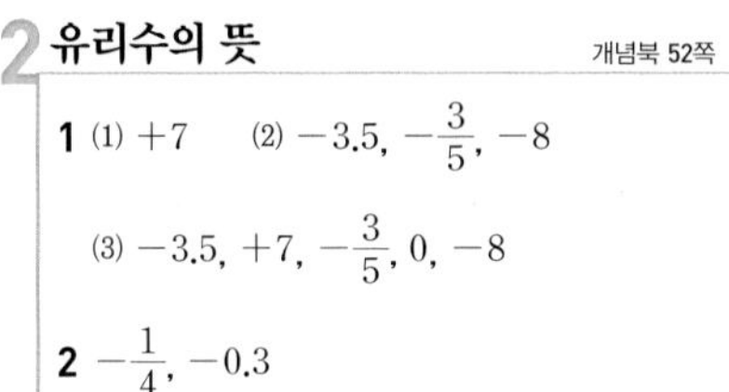

개념북 51쪽

1 ㄱ, ㄴ, ㄹ　1-1 ①, ③

2 (1) $+\frac{9}{3}$, 5　(2) -6, 0, $-\frac{16}{8}$

2-1 (1) $+\frac{4}{2}$, 3　(2) -8, $-\frac{10}{5}$　(3) 0

2 유리수의 뜻 개념북 52쪽

1 (1) $+7$　(2) -3.5, $-\frac{3}{5}$, -8

(3) -3.5, $+7$, $-\frac{3}{5}$, 0, -8

2 $-\frac{1}{4}$, -0.3

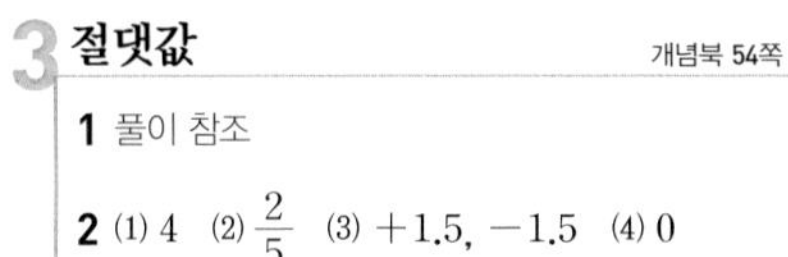

개념북 53쪽

1 ③　1-1 5

2 ②　2-1 다윤, 주원

3 절댓값 개념북 54쪽

1 풀이 참조

2 (1) 4　(2) $\frac{2}{5}$　(3) $+1.5$, -1.5　(4) 0

개념북 55쪽

1 ②　1-1 $a=-3$, $b=2$

2 -2　2-1 ⑤

3 $a=4$, $b=-5$　3-1 ④

3-2 $a=-7$, $b=3$

4 ①　4-1 ⑤

5 ③　5-1 3　5-2 -1

6 ③　6-1 $a=-9$, $b=9$

4 수의 대소 관계 개념북 60쪽

1 (1) >　(2) >　(3) <　(4) <

2 (1) $x<6$　(2) $x\ge-2$　(3) $x>4$　(4) $x\le-1$

개념북 61쪽

1 ⑤　1-1 ③

2 (1) -4　(2) -4, -1, $-\frac{1}{3}$, 0, $\frac{5}{2}$, 2.9

2-1 0.5　2-2 ③　2-3 ①

3 (1) $-3\le x<5$　(2) $-\frac{2}{9}<x\le\frac{1}{2}$

3-1 $|x|\le2$　4 5개　4-1 -5

4-2 ①　4-3 ⑤

기본 문제 개념북 64~65쪽

1 ⑤　2 0　3 ③　4 ④

5 ①　6 18　7 ②　8 ⑤

9 ④　10 ②　11 $a=-3$, $b=4$

12 ④

발전 문제 개념북 66~67쪽

1 ①, ⑤　2 5　3 ③　4 ③

5 c, b, a

6 ① $4\frac{2}{3}$ / -4, -3, -2, -1, 0, 1, 2, 3, 4 / 9　② -4, -3, -2, -1, 1, 2, 3, 4 / 8

7 ① -3　② 5　③ 8

2 사분면 개념북 177쪽

1 (1) 제2사분면 (2) 제1사분면
(3) 제3사분면 (4) 제4사분면
2 (1) $(-3, -6)$ (2) $(3, 6)$ (3) $(3, -6)$

개념북 178쪽

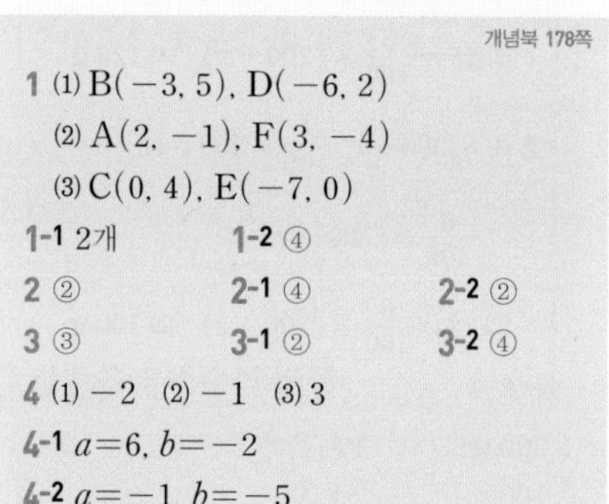

1 (1) $B(-3, 5)$, $D(-6, 2)$
(2) $A(2, -1)$, $F(3, -4)$
(3) $C(0, 4)$, $E(-7, 0)$
1-1 2개 1-2 ④
2 ② 2-1 ④ 2-2 ②
3 ③ 3-1 ② 3-2 ④
4 (1) -2 (2) -1 (3) 3
4-1 $a=6$, $b=-2$
4-2 $a=-1$, $b=-5$

3 그래프 개념북 181쪽

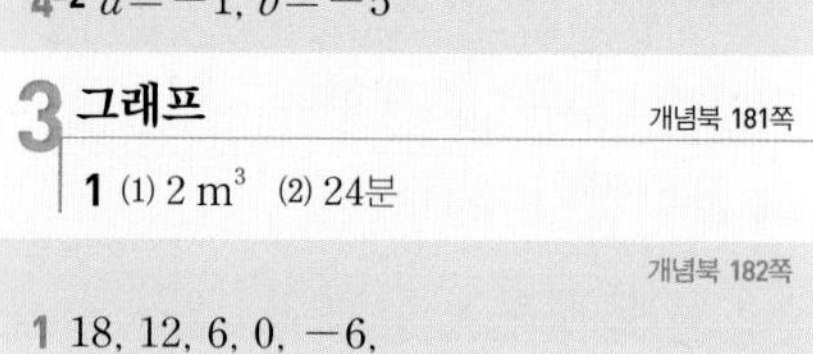

1 (1) $2\ m^3$ (2) 24분

개념북 182쪽

1 18, 12, 6, 0, -6,

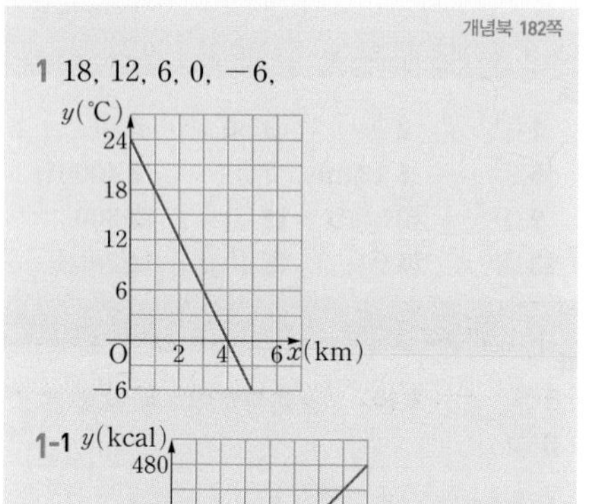

1-1

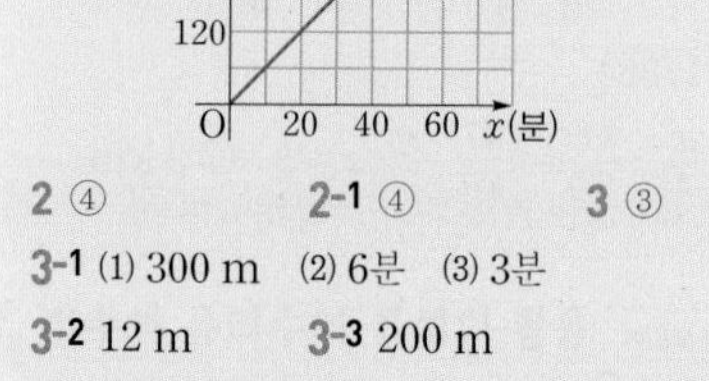

2 ④ 2-1 ④ 3 ③
3-1 (1) 300 m (2) 6분 (3) 3분
3-2 12 m 3-3 200 m

기본 문제 개념북 186~187쪽

1 ③ 2 ③ 3 ③ 4 ③
5 ③ 6 ⑤ 7 ② 8 ②
9 ① 10 (1)-ㄴ, (2)-ㄷ, (3)-ㄱ
11 (1) 정희, 민재 (2) 정희, 현주
12 (1) 400 m (2) 15분 (3) 3분

발전 문제 개념북 188~189쪽

1 $\frac{21}{2}$ 2 -4 3 2 4 ㄱ, ㄴ
5 ③
6 ① $5-2a$, -3, 2 ② $2b-1$, 4, 1 ③ 3
7 ① 4분 ② 30바퀴

2 정비례와 반비례

1 정비례 관계 개념북 192쪽

1 ㄱ, ㄷ
2 (1) 500, 1000, 1500, 2000
(2) $y=500x$ (3) 2500원

개념북 193쪽

1 ①, ② 1-1 ④ 1-2 7
2 (1) $y=4x$ (2) 40 L
2-1 (1) $y=8x$ (2) 3시간

2 정비례 관계 $y=ax(a\neq0)$의 그래프 개념북 194쪽

1 (1) 4, 2, 0, -2, -4
(2)

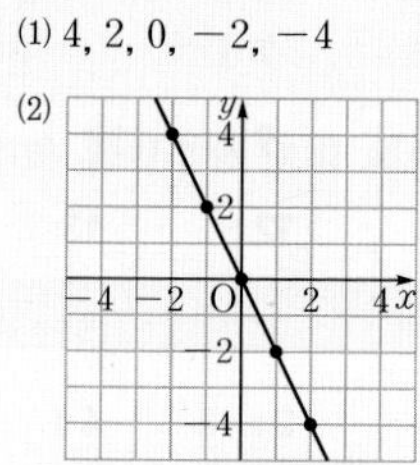

개념북 195쪽

1 ②, ③ 1-1 ⑤
1-2 $c<d<a<b$
2 ⑤ 2-1 -8
3 -5 3-1 ③
4 ⑤ 4-1 $A(-2, 4)$
5 ①, ⑤
5-1 진우: $a<0$일 때, x의 값이 증가하면 y의 값은 감소해. (또는 $a>0$일 때, x의 값이 증가하면 y의 값도 증가해.)
6 12 6-1 8

3 반비례 관계 개념북 198쪽

1 ㄴ, ㅁ
2 (1) 12, 6, 4, 3 (2) $y=\frac{12}{x}$ (3) 2조각

개념북 199쪽

1 ①, ③ 1-1 ⑤
2 (1) $y=\frac{42}{x}$ (2) 7 cm
2-1 (1) $y=\frac{1000}{x}$ (2) 40 g

4 반비례 관계 $y=\frac{a}{x}(a\neq0)$의 그래프 개념북 200쪽

1 (1) 1, 3, -3, -1
(2)

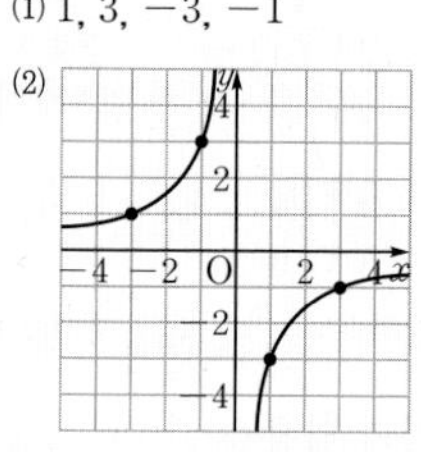

개념북 201쪽

1 ① 1-1 ②, ③
2 ② 2-1 9
3 -8 3-1 ④
4 ㄴ, ㄹ 4-1 ④
5 2 5-1 12
6 -12 6-1 ⑤

기본 문제 개념북 204~205쪽

1 ② 2 ② 3 ② 4 ③
5 ⑤ 6 -3 7 -4 8 ④
9 ① 10 ㄷ, ㄹ, ㅂ 11 ⑤
12 -7 13 ④ 14 -20 15 15

발전 문제 개념북 206~207쪽

1 $P(6, -3)$ 2 $A(2, 8)$
3 18 4 ③ 5 6
6 ① $4a$, 2 ② $-\frac{2}{3}$ ③ $\frac{4}{3}$
7 ① $A(2, 2)$ ② $B(2, -4)$ ③ 6

익힘북

I 소인수분해

1 소인수분해

개념적용익힘 익힘북 4~9쪽

1 ②, ⑤ 2 ③ 3 ③ 4 ⑤
5 ㄱ, ㄹ 6 41, 43, 47 7 ③
8 ⑤ 9 ④ 10 ④ 11 ③
12 ② 13 ④ 14 9번 15 ①
16 ⑤ 17 ④ 18 ⑤ 19 ②
20 25 21 5 22 ③, ⑤ 23 ⑤
24 ④ 25 2513 26 ① 27 18
28 ② 29 ③, ④ 30 ④ 31 ⑤
32 ③ 33 ⑤ 34 40 35 ③
36 ② 37 ① 38 ② 39 ①
40 ③ 41 ⑤ 42 120

개념완성익힘 익힘북 10~11쪽

1 ③ 2 13 3 ④ 4 ⑤
5 풀이 참조 6 ③ 7 ④
8 ② 9 4 10 ③ 11 10
12 ⑤ 13 10 14 20 15 4, 9, 25

2 최대공약수와 최소공배수

개념적용익힘 익힘북 12~19쪽

1 1, 2, 3, 6, 9, 18 2 ④ 3 ③
4 ④ 5 ② 6 ⑤ 7 10
8 15 9 ③ 10 ①, ⑤ 11 ⑤
12 ② 13 ② 14 $a=3$, $b=2$
15 ② 16 ④ 17 ② 18 ④
19 ③, ④ 20 59 21 ① 22 ⑤
23 ② 24 10개 25 ④ 26 ④
27 ④ 28 ③ 29 5 30 5
31 ④ 32 5, 10, 65, 130 33 3
34 ① 35 ③ 36 8 37 ⑤
38 ④ 39 ① 40 ② 41 729
42 ② 43 42 44 18 45 8
46 12 47 ③ 48 137 49 109
50 58 51 604 52 8 53 ④
54 1, 2, 7, 14 55 $\frac{1}{10}$ 56 30
57 972 58 ② 59 54 60 $\frac{15}{2}$
61 47 62 $\frac{245}{6}$

수학은 개념이다!

디딤돌의 중학 수학 시리즈는
여러분의 수학 자신감을 높여 줍니다.

개념 이해
디딤돌수학 개념연산

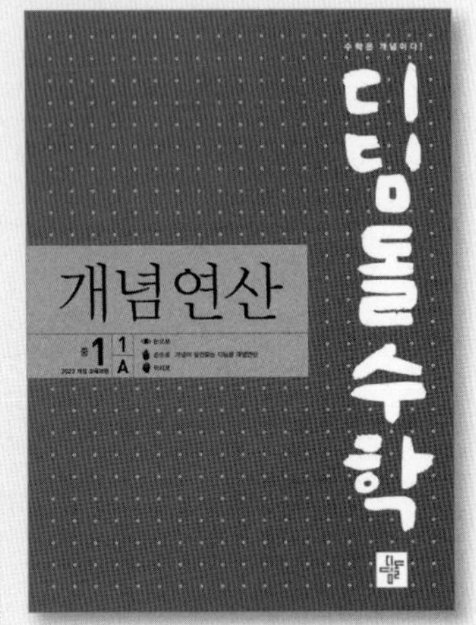

다양한 이미지와 단계별 접근을 통해
개념이 쉽게 이해되는 교재

개념 적용
디딤돌수학 개념기본

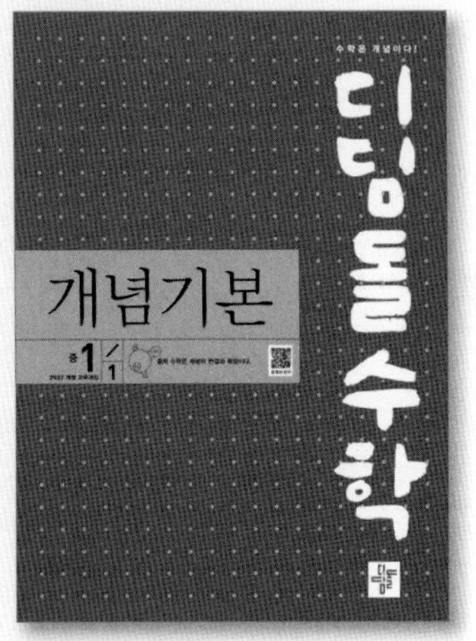

개념 이해, 개념 적용, 개념 완성으로
개념에 강해질 수 있는 교재

개념 응용
최상위수학 라이트

개념을 다양하게 응용하여
문제해결력을 키워주는 교재

개념 완성

디딤돌수학 개념연산과 개념기본은 동일한 학습 흐름으로 구성되어 있습니다.
연계 학습이 가능한 개념연산과 개념기본을 통해
중학 수학 개념을 완성할 수 있습니다.

수학은 개념이다!

개념기본

중 1 / 1

2022 개정 교육과정

정답과 풀이

'아! 이걸 묻는거구나' 출제의 의도를 단박에 알게해주는 정답과 풀이

수학은 개념이다!

개념기본

중 1 / 1

개념북 정답과 풀이

'아! 이걸 묻는거구나' 출제의 의도를 단박에 알게해주는 정답과 풀이

디딤돌

1 소인수분해

1 소수와 합성수

개념북 10쪽

1 풀이 참조　　**2** 풀이 참조

1

~~1~~	2	3	~~4~~	5	~~6~~	7	~~8~~	~~9~~	~~10~~
11	~~12~~	13	~~14~~	~~15~~	~~16~~	17	~~18~~	19	~~20~~
~~21~~	~~22~~	23	~~24~~	~~25~~	~~26~~	~~27~~	~~28~~	29	~~30~~
31	~~32~~	~~33~~	~~34~~	~~35~~	~~36~~	37	~~38~~	~~39~~	~~40~~
41	~~42~~	43	~~44~~	~~45~~	~~46~~	47	~~48~~	~~49~~	~~50~~

2

	7	29	31	47	57
약수	1, 7	1, 29	1, 31	1, 47	1, 3, 19, 57
약수의 개수	2	2	2	2	4
소수, 합성수 구분	소수	소수	소수	소수	합성수

소수와 합성수 개념북 11쪽

1 2, 13, 71　**1-1** ③　**1-2** 36

1 주어진 수 중에서 소수가 아닌 수, 즉 1과 합성수를 제외시킨다. 1은 소수도 합성수도 아니다.
$33=3\times11$, $51=3\times17$, $85=5\times17$,
$121=11\times11$이므로 합성수이다.
따라서 소수는 2, 13, 71이다.

1-1 약수가 2개인 수는 소수이므로 10 이상 30 이하의 자연수 중에서 소수는 11, 13, 17, 19, 23, 29의 6개이다.

1-2 5보다 크고 20보다 작거나 같은 자연수 중에서 소수는 7, 11, 13, 17, 19의 5개이므로 $a=5$, 40에 가장 가까운 소수는 41이므로 $b=41$
$\therefore b-a=41-5=36$

소수의 성질 개념북 11쪽

2 ③　**2-1** ③, ⑤

2 ③ 두 소수 2, 3의 곱은 $2\times3=6$이므로 짝수이다.
⑤ 한 자리의 자연수 중에서 합성수는 4, 6, 8, 9의 4개이다.
따라서 옳은 것은 ③이다.

2-1 ① $91=7\times13$이므로 소수가 아니다.
② 2는 소수이지만 짝수이다.
④ 합성수의 약수는 3개 이상이다.
따라서 옳은 것은 ③, ⑤이다.

2 거듭제곱

개념북 12쪽

1 (1) 밑: 2, 지수: 5　(2) 밑: 7, 지수: 3
(3) 밑: 11, 지수: 4　(4) 밑: $\frac{1}{13}$, 지수: 5

2 (1) 5^4　(2) $2^2\times5^2$　(3) $\left(\frac{2}{3}\right)^2$　(4) $2\times3^2\times10^3$

3 (1) 3^2　(2) 2^6

3 (1) $9=3\times3=3^2$
(2) $64=2\times2\times2\times2\times2\times2=2^6$

곱을 거듭제곱으로 나타내기 개념북 13쪽

1 ⑤　**1-1** 5　**1-2** 2^{20}

1 ① $5\times5\times5=5^3$
② $4\times4\times4\times4\times4=4^5$
③ $2\times2\times2+7\times7=2^3+7^2$
④ $9\times9\times9=9^3$
따라서 옳은 것은 ⑤이다.

1-1 $a\times a\times a\times b\times b\times a\times c\times b\times c=a^4\times b^3\times c^2$이므로
$x=4$, $y=3$, $z=2$
$\therefore x+y-z=4+3-2=5$

1-2 2일, 3일, 4일, … 후의 세포가
$4=2^2$(개), $8=2^3$(개), $16=2^4$(개), …이므로 20일 후의 이 세포는 2^{20}개이다.

수를 거듭제곱으로 나타내기 개념북 13쪽

2 30　**2-1** ③

2 $8=2^3$이므로 $a=3$, $3^3=27$이므로 $b=27$
$\therefore a+b=3+27=30$

2-1 $32\times 81=2^5\times 3^4$이므로 $a=5$, $b=4$
$\therefore a\times b=5\times 4=20$

3 소인수분해

개념북 14쪽

1 (1) 6, 3 (2) 12, 6, 3 (3) 2, 6, 3
2 (1) 2, 3, 5 (2) 2, 5, 13

2 (1) $120=2^3\times 3\times 5$이므로 120의 소인수는 2, 3, 5이다.
(2) $650=2\times 5^2\times 13$이므로 650의 소인수는 2, 5, 13이다.

소인수분해하기 개념북 15쪽

1 ④ **1-1** ③ **1-2** 30, 70

1 2) 252
2) 126
3) 63
3) 21
7 $252=2^2\times 3^2\times 7$

1-1 ③ $64=2^6$

1-2 ㉯, ㉰, ㉱는 10보다 작은 소수이므로 2, 3, 5, 7이고, 이 중에서 ㉯+㉰=㉱를 만족하는 ㉯, ㉰, ㉱는 2, 3, 5 또는 2, 5, 7이다.
㉯, ㉰, ㉱가 2, 3, 5이면 ㉮의 값은 $2\times 3\times 5=30$,
㉯, ㉰, ㉱가 2, 5, 7이면 ㉮의 값은 $2\times 5\times 7=70$이다.
따라서 ㉮의 값이 될 수 있는 수는 30, 70이다.

소인수분해한 결과에서 밑과 지수 구하기 개념북 15쪽

2 4 **2-1** 15

2 2) 196
2) 98
7) 49
7
$196=2^2\times 7^2$이므로 $a=2$, $b=2$
$\therefore a\times b=2\times 2=4$

2-1 2) 1100
2) 550
5) 275
5) 55
11
$1100=2^2\times 5^2\times 11$이므로
$a=2$, $b=2$, $c=11$
$\therefore a+b+c=2+2+11=15$

소인수 구하기 개념북 16쪽

3 ①, ④ **3-1** 3517

3 3) 195
5) 65
13 $195=3\times 5\times 13$의 소인수는 3, 5, 13이다.

3-1 $1275=3\times 5^2\times 17$이므로 소인수는 3, 5, 17이다.
따라서 소인수를 작은 수부터 차례로 늘어놓은 숫자는 3517이므로 은상이의 전화번호 뒷자리인 네 자리의 숫자는 3517이다.

제곱인 수 만들기 개념북 16쪽

4 10 **4-1** ②

4 $90=2\times 3^2\times 5$이므로 이 수에 모든 소인수의 지수가 짝수가 되도록 곱할 수 있는 가장 작은 자연수는 $2\times 5=10$이다.

4-1 $432=2^4\times 3^3$이므로 이 수에 모든 소인수의 지수가 짝수가 되도록 나눌 수 있는 가장 작은 자연수는 3이고 두 번째로 작은 자연수는 $3\times 2^2=12$이다.

4 소인수분해와 약수

개념북 17쪽

1 1×1, 3×1, $3^2\times 1$, 1×2, 3×2, $3^2\times 2$
2 풀이 참조

2 $225=3^2\times 5^2$이므로

×	1	3	3^2
1	$1\times 1=1$	$1\times 3=3$	$1\times 3^2=9$
5	$5\times 1=5$	$5\times 3=15$	$5\times 3^2=45$
5^2	$5^2\times 1=25$	$5^2\times 3=75$	$5^2\times 3^2=225$

약수: 1, 3, 5, 9, 15, 25, 45, 75, 225
약수의 개수: 9

소인수분해를 이용하여 약수 구하기 개념북 18쪽

1 ④, ⑤ **1-1** ㄱ, ㄴ, ㅁ

1 $756=2^2\times 3^3\times 7$의 약수는
(2^2의 약수)×(3^3의 약수)×(7의 약수)이므로

1, 2, 2^2과 1, 3, 3^2, 3^3 그리고 1, 7의 곱으로 나타내어진다.

따라서 756의 약수가 아닌 것은 ④, ⑤이다.

1-1 $2^4\times5^2$의 약수는 (2^4의 약수)$\times$(5^2의 약수)이므로 1, 2, 2^2, 2^3, 2^4과 1, 5, 5^2의 곱으로 나타내어진다.

따라서 $2^4\times5^2$의 약수는 ㄱ, ㄴ, ㅁ이다.

약수의 개수 구하기

개념북 18쪽

2 ④ **2-1** ㄱ, ㄷ, ㄴ, ㄹ **2-2** 20

2 ① $36=2^2\times3^2$이므로 $(2+1)\times(2+1)=9$(개)

② $2+1=3$(개)

③ $(1+1)\times(1+1)\times(1+1)=8$(개)

④ $(2+1)\times(5+1)=18$(개)

⑤ $(1+1)\times(1+1)\times(2+1)=12$(개)

2-1 ㄱ. $(3+1)\times(3+1)=16$(개)

ㄴ. $(4+1)\times(1+1)=10$(개)

ㄷ. $60=2^2\times3\times5$이므로

$(2+1)\times(1+1)\times(1+1)=12$(개)

ㄹ. $99=3^2\times11$이므로

$(2+1)\times(1+1)=6$(개)

따라서 약수의 개수가 많은 것부터 차례로 나열하면 ㄱ, ㄷ, ㄴ, ㄹ이다.

2-2 $88=2^3\times11$이므로 88의 약수의 개수는

$(3+1)\times(1+1)=8$

$126=2\times3^2\times7$이므로 126의 약수의 개수는

$(1+1)\times(2+1)\times(1+1)=12$

$\therefore f(88)+f(126)=8+12=20$

약수의 개수가 주어졌을 때 지수 구하기

개념북 19쪽

3 5 **3-1** 6

3 $3^a\times5^2$의 약수의 개수는

$(a+1)\times(2+1)=18$

$(a+1)\times3=18$, $a+1=6$ $\therefore a=5$

3-1 $8\times3^a\times5=2^3\times3^a\times5$의 약수의 개수는

$(3+1)\times(a+1)\times(1+1)=56$

$8\times(a+1)=56$, $a+1=7$ $\therefore a=6$

약수의 개수가 n인 자연수 구하기

개념북 19쪽

4 6 **4-1** 36 **4-2** 60

4 약수의 개수가 4일 때,

$4=3+1$ 또는 $4=2\times2=(1+1)\times(1+1)$이므로

서로 다른 소수 a, b에 대하여

(i) 자연수가 a^3의 꼴인 경우:

가장 작은 자연수는 $2^3=8$

(ii) 자연수가 $a\times b$의 꼴인 경우:

가장 작은 자연수는 $2\times3=6$

(i), (ii)에서 약수의 개수가 4인 가장 작은 자연수는 6이다.

4-1 $2^2\times\square$의 약수의 개수가 15일 때,

$15=14+1$ 또는 $15=(2+1)\times(4+1)$이므로

서로 다른 소수 a, b에 대하여

(i) $2^2\times\square=a^{14}$의 꼴인 경우:

$2^2\times\square=2^{14}$에서 $\square=2^{12}$

(ii) $2^2\times\square=a^2\times b^4$의 꼴인 경우:

$\square=2^2\times3^2$, 3^4, $2^2\times5^2$, $2^2\times7^2$, $\cdots$

(i), (ii)에서 $\square$ 안에 들어갈 수 있는 자연수 중 가장 작은 수는 $2^2\times3^2=36$이다.

4-2 A의 소인수는 2, 3, 5이므로

$2^a\times3^b\times5^c$ (a, b, c는 자연수)의 꼴로 나타낼 수 있다.

이때 약수의 개수가 12이므로

$(a+1)\times(b+1)\times(c+1)=12$

즉, $2\times2\times3=12$, $2\times3\times2=12$, $3\times2\times2=12$ 이므로

$a=1$, $b=1$, $c=2$일 때, $2\times3\times5^2=150$

$a=1$, $b=2$, $c=1$일 때, $2\times3^2\times5=90$

$a=2$, $b=1$, $c=1$일 때, $2^2\times3\times5=60$

그런데 A는 12의 배수이므로 60이다.

개념 완성 기본 문제

개념북 22~23쪽

1 ⑤	**2** ⑤	**3** ⑤	**4** ④
5 ③	**6** ④	**7** ④	**8** ⑤
9 ④	**10** ③	**11** ②	**12** ②

1 ⑤ $91=7\times13$이므로 91은 소수가 아니다.

2 ⑤ 1은 소수가 아닌 자연수이지만 약수가 1개이다.

3 ⑤ '3의 다섯제곱'이라고 읽는다.

4 $5\times3\times5\times3\times5=3^2\times5^3$이므로 $a=3$
$128=2^7$이므로 $b+1=7$ $\quad\therefore b=6$
$\therefore a+b=3+6=9$

5 $600=2^3\times3\times5^2$이므로 $a=3$, $b=2$
$\therefore a+b=3+2=5$

6 170을 소인수분해하면 $170=2\times5\times17$이므로
소인수는 2, 5, 17이다.
따라서 모든 소인수의 합은 $2+5+17=24$

7 495를 소인수분해하면 $495=3^2\times5\times11$이므로 가능한 한 작은 자연수를 곱하여 어떤 자연수의 제곱이 되게 하려면 $5\times11=55$를 곱해야 한다.

8 132를 소인수분해하면 $132=2^2\times3\times11$이므로 약수가 아닌 것은 ⑤이다.

9 ㄱ. $140=2^2\times5\times7$의 약수의 개수는
$(2+1)\times(1+1)\times(1+1)=12$
ㄴ. $256=2^8$의 약수의 개수는 $8+1=9$
ㄷ. $2^2\times3^2\times7^2$의 약수의 개수는
$(2+1)\times(2+1)\times(2+1)=27$
ㄹ. $2\times3\times5$의 약수의 개수는
$(1+1)\times(1+1)\times(1+1)=8$
따라서 약수의 개수가 가장 많은 것부터 차례로 나열하면 ㄷ, ㄱ, ㄴ, ㄹ이다.

10 $\dfrac{96}{N}$을 자연수가 되게 하는 자연수 N은 96의 약수이다.
96을 소인수분해하면 $96=2^5\times3$이므로
N의 개수는 $(5+1)\times(1+1)=12$

11 $2^3\times5^a$의 약수의 개수는 $(3+1)\times(a+1)=12$이므로
$a+1=3$ $\quad\therefore a=2$

12 ㄱ. 12 이하의 소수는 2, 3, 5, 7, 11로 5개이다.
ㄴ. $24=2^3\times3$이므로 약수의 개수는
$(3+1)\times(1+1)=8$이다.
ㄷ. 48을 소인수분해하면 $2^4\times3$이다.
따라서 옳은 것은 ㄴ이다.

개념 완성 발전 문제

개념북 24~25쪽

1 15 2 14 3 ③ 4 ①
5 ⑤
6 ① $2^2\times5$, 5 ② $2^2\times5^2\times7$, 7
③ 5, 7, $100=10^2$, 10 ④ $5+7+10=22$
7 ① 8 ② 3 ③ 4

1 (나)에서 2개의 소인수를 가지며 두 소인수의 합이 8이므로 두 소인수는 3과 5이다.
(가)에서 10보다 크고 20보다 작은 자연수 중 3과 5를 소인수로 가지는 수는 $3\times5=15$이다.

2 $1\times2\times3\times\cdots\times10$
$=1\times2\times3\times2^2\times5\times(2\times3)\times7\times2^3\times3^2\times(2\times5)$
$=2^8\times3^4\times5^2\times7$
이므로 $x=8$, $y=4$, $z=2$
$\therefore x+y+z=8+4+2=14$

3 200을 소인수분해하면 $200=2^3\times5^2$이므로 200의 약수 중에서 어떤 자연수의 제곱이 되는 수는 $1^2(=1)$, $2^2(=4)$, $5^2(=25)$, $2^2\times5^2(=100)$의 4개이다.

4 ① $2\times3^2\times3=2\times3^3$의 약수의 개수는
$(1+1)\times(3+1)=8$
② $2\times3^2\times6=2^2\times3^3$의 약수의 개수는
$(2+1)\times(3+1)=12$
③ $2\times3^2\times7$의 약수의 개수는
$(1+1)\times(2+1)\times(1+1)=12$
④ $2\times3^2\times11$의 약수의 개수는
$(1+1)\times(2+1)\times(1+1)=12$
⑤ $2\times3^2\times13$의 약수의 개수는
$(1+1)\times(2+1)\times(1+1)=12$

5 3의 거듭제곱의 일의 자리의 숫자는 3, 9, 7, 1이 반복해서 나타난다.

이때 $42=4\times10+2$이므로 3^{42}의 일의 자리의 숫자는 3^2의 일의 자리의 숫자와 같은 9이다.

6 ① 20을 소인수분해하면 $2^2\times5$이므로 $20\times a$가 어떤 자연수의 제곱이 되는 가장 작은 자연수 a의 값은 5이다.

② 700을 소인수분해하면 $2^2\times5^2\times7$이므로 $700\div b$가 어떤 자연수의 제곱이 되는 가장 작은 자연수 b의 값은 7이다.

③ $20\times5=700\div7=100=10^2$이므로 $c=10$

④ $a+b+c=5+7+10=22$

7 ① $40=2^3\times5$이므로 약수의 개수는

$(3+1)\times(1+1)=8 \quad \therefore F(40)=8$

② $8\times F(x)=24$이므로 $F(x)=3$

③ 자연수 x의 약수의 개수는 3이므로 이를 만족하는 자연수 x는 a^2(a는 소수)의 꼴이다.

따라서 가장 작은 자연수 x의 값은 $2^2=4$

2 최대공약수와 최소공배수

1 공약수와 최대공약수 개념북 28쪽

1 (1) 1, 2, 3, 6, 9, 18 (2) 1, 2, 3, 4, 6, 8, 12, 24
(3) 1, 2, 3, 6 (4) 6

2 (1) 2^2, 3, 12 (2) 18, 3, 3, 12

2 (1)

$$\begin{array}{r} 36=2^2\times3^2 \\ 48=2^4\times3 \\ \hline (\text{최대공약수})=2^2\times3=12 \end{array}$$

(2)

$$\begin{array}{r|rr} 2 & 36 & 48 \\ 2 & 18 & 24 \\ 3 & 9 & 12 \\ \hline & 3 & 4 \end{array}$$

(최대공약수)$=2\times2\times3=12$

공약수와 최대공약수의 관계 개념북 29쪽

1 ⑤ **1-1** 1, 2, 4, 7, 14, 28

1 ⑤ $2^3\times5$는 최대공약수 $2^2\times3\times5$의 약수가 아니다.

1-1 A, B의 공약수는 최대공약수 28의 약수이므로
1, 2, 4, 7, 14, 28

최대공약수 구하기 개념북 29쪽

2 ① **2-1** (1) 75 (2) 15 (3) 4 **2-2** ②

2

$$\begin{array}{l} \phantom{(\text{최대공약수})=}2^2\times3^2\times5 \\ \phantom{(\text{최대공약수})=}2\times3^3\times7 \\ \phantom{(\text{최대공약수})=}2^2\times3^2\times5^2 \\ \hline (\text{최대공약수})=2\times3^2 \end{array}$$

2-1 (1)

$$\begin{array}{l} \phantom{(\text{최대공약수})=}2^3\times3\times5^2 \\ \phantom{(\text{최대공약수})=2^3\times}3^2\times5^2 \\ \hline (\text{최대공약수})=3\times5^2=75 \end{array}$$

(2)

$$\begin{array}{r} 45=3^2\times5 \\ 75=3\times5^2 \\ \hline (\text{최대공약수})=3\times5=15 \end{array}$$

(3)

$$\begin{array}{l} \phantom{(\text{최대공약수})}28=2^2\times7 \\ \phantom{(\text{최대공약수})}44=2^2\times11 \\ \phantom{(\text{최대공약수})}60=2^2\times3\times5 \\ \hline (\text{최대공약수})=2^2=4 \end{array}$$

2-2

$$\begin{array}{l} \phantom{(\text{최대공약수})=}2^2\times3^2\times5 \\ \phantom{(\text{최대공약수})=}2^2\times3^3 \\ \phantom{(\text{최대공약수})=}2\times3^2\times7 \\ \hline (\text{최대공약수})=2\times3^2 \end{array}$$

세 수의 공약수의 개수는 최대공약수 2×3^2의 약수의 개수와 같으므로

$(1+1)\times(2+1)=6$

최대공약수가 주어질 때, 미지수 구하기 개념북 30쪽

3 4 **3-1** ⑤ **3-2** ④

3

$$\begin{array}{l} \phantom{(\text{최대공약수})=}2^a\times3^4\times5^2 \\ \phantom{(\text{최대공약수})=}2^2\times3^b\times7 \\ \hline (\text{최대공약수})=2\times3^3 \end{array}$$

따라서 $a=1$, $b=3$이므로

$a+b=1+3=4$

3-1 $30=2\times3\times5$와 a의 최대공약수는 6이다.

① $6=2\times3$ ② $24=2^3\times3$

③ $42=2\times3\times7$ ④ $48=2^4\times3$

⑤ $56=2^3\times7$

따라서 30과 ⑤ 56의 최대공약수는 2이므로 a의 값이 될 수 없다.

3-2 최대공약수가 $2\times3^2\times5$이므로 $2\times3^2\times5$는 반드시 A의 인수가 되어야 한다.

따라서 A가 될 수 있는 수는 ④이다.

서로소 찾기 개념북 30쪽

4 ② **4-1** 1, 5, 7, 11, 13, 17, 19

4 ② $12=2^2\times3$과 $33=3\times11$의 최대공약수는 3이므로 두 수는 서로소가 아니다.

4-1 20 이하의 자연수 중에서 $12=2^2\times3$과 서로소인 수는 1, 5, 7, 11, 13, 17, 19이다.

2 공배수와 최소공배수 개념북 31쪽

1 (1) 8, 16, 24, 32, 40, 48, ⋯

(2) 10, 20, 30, 40, 50, ⋯

(3) 40, 80, 120, ⋯ (4) 40

2 (1) 2^3, 3, 5, 120 (2) 2, 10, 6, 2, 6, 120

2 (1)

$$\begin{array}{r} 20=2^2\times5 \\ 24=2^3\times3 \\ \hline (\text{최소공배수})=2^3\times3\times5=120 \end{array}$$

(2)

$$\begin{array}{r|rr} 2 & 20 & 24 \\ \hline 2 & 10 & 12 \\ \hline & 5 & 6 \end{array}$$

(최소공배수)$=2\times2\times5\times6=120$

공배수와 최소공배수의 관계 개념북 32쪽

1 198 **1-1** ②

1 A와 B의 공배수는 최소공배수 9의 배수와 같다.

즉, $9\times22=198$, $9\times23=207$이므로 200에 가장 가까운 수는 198이다.

1-1 두 자연수 a, b의 공배수는 최소공배수 18의 배수와 같다.

따라서 18의 배수 중 100 이하의 자연수는 18, 36, 54, 72, 90의 5개이다.

최소공배수 구하기 개념북 32쪽

2 ⑤ **2-1** (1) 1260 (2) 48 (3) 504 **2-2** ①

2

$$\begin{array}{r} 2^2\times3\times5 \\ 2\times3^2\times5\times7 \\ 2^3\times3\times5^2\times7 \\ \hline (\text{최소공배수})=2^3\times3^2\times5^2\times7 \end{array}$$

2-1 (1)

$$\begin{array}{r} 2\times3^2 \\ 2^2\times3\times5 \\ 3\times5\times7 \\ \hline (\text{최소공배수})=2^2\times3^2\times5\times7=1260 \end{array}$$

(2)

$$\begin{array}{r} 12=2^2\times3 \\ 16=2^4 \\ \hline (\text{최소공배수})=2^4\times3=48 \end{array}$$

(3)

$$\begin{array}{r} 24=2^3\times3 \\ 36=2^2\times3^2 \\ 42=2\times3\times7 \\ \hline (\text{최소공배수})=2^3\times3^2\times7=504 \end{array}$$

2-2

$$\begin{array}{r} 2^2\times3^2\times7 \\ 2\times3\times5 \\ 2^3\times3^2\times7^2 \\ \hline (\text{최소공배수})=2^3\times3^2\times5\times7^2 \end{array}$$

세 수의 공배수는 최소공배수 $2^3\times3^2\times5\times7^2$의 배수이다.

따라서 2의 지수가 3보다 작은 ①은 세 수의 공배수가 아니다.

최소공배수가 주어질 때, 미지수 구하기 개념북 33쪽

3 7 **3-1** 4 **3-2** ⑤

3

$$\begin{array}{r} 2\times3^a\times5 \\ 2^b\times3^3\times7 \\ \hline (\text{최소공배수})=2^3\times3^4\times5\times7 \end{array}$$

따라서 $a=4$, $b=3$이므로

$a+b=4+3=7$

3-1

$$\begin{array}{r} 2^a\times3^2\times7^b \\ 2^3\times3^c\times7 \\ \hline (\text{최소공배수})=2^5\times3^3\times7^2 \end{array}$$

개념북

따라서 $a=5$, $b=2$, $c=3$이므로

$a+b-c=5+2-3=4$

3-2 세 자연수의 최소공배수가 $2^3\times3^3\times5\times7$이므로 A는 반드시 $2^3\times3^3\times5\times7$의 약수이면서 $3^3\times7$을 인수로 가져야 한다.

미지수가 포함된 세 수의 최소공배수 개념북 33쪽

4 6 **4-1** ①

4
$$\begin{array}{r|ccc} x & 5\times x & 6\times x & 10\times x \\ \hline 5 & 5 & 6 & 10 \\ \hline 2 & 1 & 6 & 2 \\ \hline & 1 & 3 & 1 \end{array}$$

세 자연수의 최소공배수가 180이므로

$x\times5\times2\times3=180$ $\therefore x=6$

4-1 세 자연수를 $3\times x$, $4\times x$, $8\times x$(x는 자연수)라 하면

$$\begin{array}{r|ccc} x & 3\times x & 4\times x & 8\times x \\ \hline 2 & 3 & 4 & 8 \\ \hline 2 & 3 & 2 & 4 \\ \hline & 3 & 1 & 2 \end{array}$$

세 자연수의 최소공배수가 48이므로

$x\times2\times2\times3\times2=48$ $\therefore x=2$

따라서 세 자연수는 6, 8, 16이므로 그 합은

$6+8+16=30$이다.

최대공약수와 최소공배수가 주어졌을 때, 두 수 구하기 개념북 34쪽

5 54 **5-1** ② **5-2** 140

5 A, B의 최대공약수가 6이므로

$A=6\times a$, $B=6\times b$ (a, b는 서로소, $a<b$)라 하면

A, B의 최소공배수가 48이므로

$6\times a\times b=48$ $\therefore a\times b=8$

그런데 a, b는 서로소이고, $a<b$이므로 $a=1$, $b=8$

따라서 $A=6$, $B=48$이므로 $A+B=6+48=54$

5-1 A, B의 최대공약수가 8이므로

$A=8\times a$, $B=8\times b$ (a, b는 서로소, $a<b$)라 하면

A, B의 최소공배수가 80이므로

$8\times a\times b=80$ $\therefore a\times b=10$

(i) $a=1$, $b=10$일 때, $A=8$, $B=80$

(ii) $a=2$, $b=5$일 때, $A=16$, $B=40$

그런데 A, B가 두 자리의 자연수이므로

$A=16$, $B=40$

$\therefore B-A=40-16=24$

5-2 A, B의 최대공약수가 10이므로

$A=10\times a$, $B=10\times b$ (a, b는 서로소, $a<b$)라 하면

A, B의 곱이 4500이므로

$10\times a\times10\times b=4500$ $\therefore a\times b=45$

(i) $a=1$, $b=45$일 때, $A=10$, $B=450$

(ii) $a=3$, $b=15$일 때, $A=30$, $B=150$

(iii) $a=5$, $b=9$일 때, $A=50$, $B=90$

그런데 A, B가 두 자리의 자연수이므로

$A=50$, $B=90$

$\therefore A+B=50+90=140$

(두 수의 곱)=(최대공약수)×(최소공배수) 개념북 34쪽

6 5 **6-1** ④

6 (두 수의 곱)=(최대공약수)×(최소공배수)이므로

700=(최대공약수)×140 ∴ (최대공약수)=5

6-1 (두 수의 곱)=(최대공약수)×(최소공배수)이므로

1215=9×(최소공배수) ∴ (최소공배수)=135

3 최대공약수와 최소공배수의 응용 개념북 35쪽

1 1, 1, 4, 6, 2

2 3, 6, 4, 6, 12, 15

어떤 자연수로 나누기 개념북 36쪽

1 12 **1-1** 14

1 두 수 109, 157을 어떤 자연수로 나누면 나머지가 모두 1이므로 $109-1=108$, $157-1=156$을 어떤 자연수로 나누면 나누어떨어진다.

따라서 구하는 수는 108과 156의 최대공약수이므로 $2^2\times3=12$

$$\begin{array}{r} 108=2^2\times3^3 \\ 156=2^2\times3\times13 \\ \hline (\text{최대공약수})=2^2\times3 \end{array}$$

1-1 어떤 자연수로 43을 나누면 1이 남으므로 $43-1=42$를 나누면 나누어떨어지고, 101을 나누면 3이 남으므로 $101-3=98$을 나누면 나누어떨어진다.
따라서 구하는 수는 42와 98의 최대공약수이므로 $2\times7=14$

$$\begin{array}{r} 42=2\times3\times7 \\ 98=2\quad\times7^2 \\ \hline (\text{최대공약수})=2\quad\times7 \end{array}$$

어떤 자연수를 나누기 개념북 36쪽

2 123 **2-1** 88 **2-2** 121

2 6, 10 중 어느 것으로 나누어도 나머지가 3인 수는 (6과 10의 공배수)+3이다.
6과 10의 최소공배수는 $2\times3\times5=30$이므로 공배수는 30, 60, 90, 120, ⋯이다.

$$\begin{array}{r} 6=2\times3 \\ 10=2\quad\times5 \\ \hline (\text{최소공배수})=2\times3\times5 \end{array}$$

따라서 구하는 세 자리의 자연수 중에서 가장 작은 수는 $120+3=123$

2-1 15로 나누었을 때 13이 남으면 15로 나누었을 때 2가 부족한 것이므로 어떤 자연수는 (15의 배수)-2이다.
또한, 18로 나누었을 때 2가 부족하므로 어떤 자연수는 (18의 배수)-2이다.
즉, 구하는 자연수는 (15와 18의 공배수)-2이고 이 중에서 가장 작은 수이므로 (15와 18의 최소공배수)-2이다.
따라서 15와 18의 최소공배수는 $2\times3^2\times5=90$이므로 구하는 수는 $90-2=88$

$$\begin{array}{r} 15=\quad3\times5 \\ 18=2\times3^2 \\ \hline (\text{최소공배수})=2\times3^2\times5 \end{array}$$

2-2 4, 5, 6 중 어느 것으로 나누어도 1이 남는 수는 (4, 5, 6의 공배수)+1이다.
$4=2^2$, 5, $6=2\times3$의 최소공배수는 $2^2\times3\times5=60$이므로 공배수는 60, 120, 180, ⋯이다.
따라서 구하는 세 자리의 자연수 중에서 가장 작은 수는 $120+1=121$

분수를 자연수로 만들기 (1) 개념북 37쪽

3 6 **3-1** 12

3 $\frac{30}{A}$, $\frac{36}{A}$이 모두 자연수가 되는 가장 큰 자연수는 30과 36의 최대공약수이므로 $A=2\times3=6$이다.

$$\begin{array}{r} 30=2\times3\times5 \\ 36=2^2\times3^2 \\ \hline (\text{최대공약수})=2\times3 \end{array}$$

3-1 $\frac{48}{A}$, $\frac{60}{A}$이 모두 자연수가 되는 가장 큰 자연수는 48과 60의 최대공약수이므로 $A=2^2\times3=12$이다.

$$\begin{array}{r} 48=2^4\times3 \\ 60=2^2\times3\times5 \\ \hline (\text{최대공약수})=2^2\times3 \end{array}$$

분수를 자연수로 만들기 (2) 개념북 37쪽

4 42 **4-1** 120 **4-2** 108

4 $\frac{1}{6}$, $\frac{1}{14}$ 중 어느 것을 곱해도 자연수가 되는 가장 작은 자연수는 6과 14의 최소공배수이므로 $2\times3\times7=42$이다.

$$\begin{array}{r} 6=2\times3 \\ 14=2\quad\times7 \\ \hline (\text{최소공배수})=2\times3\times7 \end{array}$$

4-1 $\frac{1}{24}$, $\frac{1}{30}$ 중 어느 것을 곱해도 자연수가 되는 가장 작은 자연수는 24와 30의 최소공배수이므로 $2^3\times3\times5=120$이다.

$$\begin{array}{r} 24=2^3\times3 \\ 30=2\times3\times5 \\ \hline (\text{최소공배수})=2^3\times3\times5 \end{array}$$

4-2 $\frac{n}{12}$, $\frac{n}{18}$을 모두 자연수로 만드는 n의 값은 12와 18의 공배수이다.
12와 18의 최소공배수는 $2^2\times3^2=36$이므로 공배수는 36, 72, 108, ⋯이다.

$$\begin{array}{r} 12=2^2\times3 \\ 18=2\times3^2 \\ \hline (\text{최소공배수})=2^2\times3^2 \end{array}$$

따라서 n의 값 중 가장 작은 세 자리의 자연수는 108이다.

개념 완성 기본 문제

개념북 42~44쪽

1 ③	**2** ②	**3** ④	**4** ③
5 ③	**6** ②	**7** ⑤	**8** ③
9 60	**10** 12	**11** 30	**12** 57
13 ④	**14** 139	**15** 105	**16** $\frac{21}{13}$

1 ③ 17과 34의 최대공약수는 17이다.

2 세 수의 최대공약수가 $2^3\times3^2$이므로 $a=3$, $b=2$
최대공약수 $2^3\times3^2$의 약수의 개수는
$(3+1)\times(2+1)=12$이므로 $c=12$
$\therefore a+b+c=3+2+12=17$

3 16과 20의 최소공배수는 $2^4\times5=80$이므로 두 수의 공배수는 80, 160, 240, 320, …이고 이 중에서 300에 가장 가까운 수는 320이다.

$$\begin{array}{r} 16=2^4 \\ 20=2^2\times5 \\ \hline (\text{최소공배수})=2^4\times5 \end{array}$$

4

$$\begin{array}{rl} & 2^2\times3^3\times5 \\ & 2\ \times3^2\quad\ \times7 \\ \hline (\text{최대공약수})= & 2\ \times3^2 \\ (\text{최소공배수})= & 2^2\times3^3\times5\times7 \end{array}$$

5 두 자연수를 $5\times x$, $11\times x$ (x는 자연수)라 하면
두 수의 최소공배수가 330이므로
$x\times5\times11=330$ $\therefore x=6$
따라서 두 자연수 중 큰 수는 $11\times6=66$

$$\begin{array}{r|cc} x & 5\times x & 11\times x \\ \hline & 5 & 11 \end{array}$$

6 세 자연수의 최소공배수가 120이므로
$x\times2\times5\times4=120$
$\therefore x=3$
이때 세 자연수의 최대공약수는 x이므로 3이다.

$$\begin{array}{r|ccc} x & 2\times x & 5\times x & 8\times x \\ \hline 2 & 2 & 5 & 8 \\ \hline & 1 & 5 & 4 \end{array}$$

7 $B=2^2\times5\times b$라 하면
두 자연수 A, B의
최소공배수가 $2^4\times3\times5^2\times7$이므로
$2^2\times5\times2^2\times3\times5\times b=2^4\times3\times5^2\times7$ $\therefore b=7$
$\therefore B=2^2\times5\times7$

$$\begin{array}{r|cc} 2^2\times5 & 2^4\times3\times5^2 & B \\ \hline & 2^2\times3\times5 & b \end{array}$$

[다른 풀이]
(두 자연수의 곱)=(최대공약수)×(최소공배수)이므로
$2^4\times3\times5^2\times B=(2^2\times5)\times(2^4\times3\times5^2\times7)$
$\therefore B=2^2\times5\times7$

8 (두 수의 곱)=(최대공약수)×(최소공배수)이므로
$2^3\times3^5\times5^2\times7=(\text{최대공약수})\times2^2\times3^3\times5\times7$
$\therefore (\text{최대공약수})=2\times3^2\times5$

9 두 수 121, 181을 어떤 자연수로 나누면 나머지가 모두 1이므로
$121-1=120$, $181-1=180$을 어떤 자연수로 나누면 나누어떨어진다.
따라서 구하는 수는 120과 180의 최대공약수이므로
$2^2\times3\times5=60$

$$\begin{array}{r} 120=2^3\times3\ \times5 \\ 180=2^2\times3^2\times5 \\ \hline (\text{최대공약수})=2^2\times3\ \times5 \end{array}$$

10 세 수 27, 63, 87을 어떤 자연수로 나누면 나머지가 모두 3이므로 $27-3=24$, $63-3=60$, $87-3=84$를 어떤 자연수로 나누면 나누어떨어진다. 따라서 구하는 수는 24와 60과 84의 최대공약수이므로
$2^2\times3=12$

$$\begin{array}{r} 24=2^3\times3\qquad\quad \\ 60=2^2\times3\times5\quad \\ 84=2^2\times3\qquad\times7 \\ \hline (\text{최대공약수})=2^2\times3\qquad\quad \end{array}$$

11 세 수 121, 152, 183을 어떤 자연수로 나누면 나머지가 각각 1, 2, 3이므로 $121-1=120$, $152-2=150$, $183-3=180$을 어떤 자연수로 나누면 나누어떨어진다. 따라서 구하는 수는
120과 150과 180의 최대공약수이므로
$2\times3\times5=30$

$$\begin{array}{r} 120=2^3\times3\ \times5 \\ 150=2\ \times3\ \times5^2 \\ 180=2^2\times3^2\times5 \\ \hline (\text{최대공약수})=2\ \times3\ \times5 \end{array}$$

12 12로 나누었을 때 9가 남으면 12로 나누었을 때 3이 부족한 것이다.
즉, 구하는 자연수는 12, 15 중 어느 것으로 나누어도 3이 부족한 수 중에서 가장 작은 수이므로
(12와 15의 최소공배수)−3이다.
따라서 12와 15의 최소공배수가 $2^2\times3\times5=60$이므로 구하는 자연수는
$60-3=57$

$$\begin{array}{r} 12=2^2\times3\qquad \\ 15=\qquad3\times5 \\ \hline (\text{최소공배수})=2^2\times3\times5 \end{array}$$

13 5, 7, 9 중 어느 수로 나누어도 나머지가 3인 가장 작은 수는 (5, 7, 9의 최소공배수)+3이다.
따라서 5, 7, $9=3^2$의 최소공배수는 $3^2\times5\times7=315$이므로 구하는 수는 $315+3=318$

14 세 수 4, 5, 7로 어떤 자연수를 나누면 모두 1씩 부족하므로 구하는 자연수는 (4, 5, 7의 최소공배수)−1이다.

따라서 $4=2^2$, 5, 7의 최소공배수가 $2^2\times5\times7=140$이므로 구하는 자연수는 $140-1=139$

15 두 분수 $\frac{1}{15}$, $\frac{1}{35}$ 중 어느 것에 곱하여도 자연수가 되는 수는 15와 35의 공배수이다.
따라서 $15=3\times5$, $35=5\times7$의 공배수 중 가장 작은 수는 최소공배수인 $3\times5\times7=105$이다.

16 $(\text{구하는 분수})=\dfrac{(3\text{과 }21\text{의 최소공배수})}{(26\text{과 }13\text{의 최대공약수})}=\dfrac{21}{13}$

개념 완성 발전 문제

개념북 45~46쪽

1 ③ **2** 2 **3** ④ **4** ①
5 ① $5\times a$, $5\times b$ ② $5\times a\times5\times b$, 6, 1, 6, 2, 3
③ 1, 6, 5, 30, 2, 3, 10, 15, $5+10=15$
6 ① 풀이 참조 ② 풀이 참조 ③ 173

1 100 이하의 자연수 중에서 3의 배수는 3, 6, 9, ⋯, 99의 33개, 5의 배수는 5, 10, 15, ⋯, 100의 20개, 15의 배수는 15, 30, 45, ⋯, 90의 6개이므로 15와 서로소인 자연수는 $100-(33+20-6)=53$(개)

2 두 수의 최대공약수를
$2^x\times5$(x는 3 또는 3보다 작은 자연수)라 하면 두 수의 공약수의 개수는 $2^x\times5$의 약수의 개수와 같으므로
$(x+1)\times(1+1)=6$ $\quad\therefore x=2$
따라서 최대공약수가 $2^2\times5$이므로 $a=2$

3 24와 36의 최대공약수는
$2^2\times3=12$이므로
24◎36=12

$$\begin{array}{r} 24=2^3\times3 \\ 36=2^2\times3^2 \\ \hline (\text{최대공약수})=2^2\times3 \end{array}$$

12와 72의 최소공배수는
$2^3\times3^2=72$이므로
12◇72=72

$$\begin{array}{r} 12=2^2\times3 \\ 72=2^3\times3^2 \\ \hline (\text{최소공배수})=2^3\times3^2 \end{array}$$

∴ (24◎36)◇72=12◇72=72

4 어떤 자연수로 132를 나누면 2가 남으므로 어떤 자연수는 $132-2=130$의 약수이다. 또한, 어떤 자연수로 185를 나누면 3이 남으므로 어떤 자연수는 $185-3=182$의 약수이다.
이러한 자연수 중 가장 큰 수는 $130=2\times5\times13$, $182=2\times7\times13$의 최대공약수이므로 $2\times13=26$이다.
따라서 어떤 자연수 중 가장 큰 수는 26이다.

5 ① 두 자연수 A, B의 최대공약수가 5이므로 두 자연수를 $5\times a$, $5\times b$ (단, a, b는 서로소, $a<b$)라 하자.
② A, B의 곱이 150이므로 $5\times a\times5\times b=150$
$\therefore a\times b=6$
이를 만족하는 서로소인 두 자연수 a, b는
1과 6 또는 2와 3이다.
③ (i) $a=1$, $b=6$일 때, $A=5$, $B=30$
(ii) $a=2$, $b=3$일 때, $A=10$, $B=15$
따라서 가능한 모든 A의 값의 합은 $5+10=15$

6 ① 분수 $\frac{b}{a}$는 분모 a가 클수록, 분자 b가 작을수록 작다.
a는 세 분수 $\frac{7}{12}$, $\frac{49}{15}$, $\frac{35}{18}$의 분자 7, 49, 35에 의해 약분되는 가장 큰 수, 즉 세 수 7, 49, 35의 최대공약수이어야 한다.
따라서 7, $49=7^2$, $35=5\times7$이므로 $a=7$
② b는 세 분수 $\frac{7}{12}$, $\frac{49}{15}$, $\frac{35}{18}$의 분모 12, 15, 18을 모두 약분시킬 수 있는 가장 작은 수, 즉 세 수 12, 15, 18의 최소공배수이어야 한다.
따라서 $12=2^2\times3$, $15=3\times5$, $18=2\times3^2$이므로
$b=2^2\times3^2\times5=180$
③ $b-a=180-7=173$

1 정수와 유리수

1 정수의 뜻 개념북 50쪽

1 (1) $\begin{cases}+10\text{ kg}\\-5\text{ kg}\end{cases}$ (2) $\begin{cases}+5000\text{원}\\-3000\text{원}\end{cases}$

(3) $\begin{cases}+10\text{년}\\-4\text{년}\end{cases}$ (4) $\begin{cases}+5\text{점}\\-2\text{점}\end{cases}$

2 (1) 2, $+5$ (2) -7, $-\frac{16}{2}$

(3) -7, 2, $+5$, 0, $-\frac{16}{2}$

양의 부호 또는 음의 부호로 나타내기 개념북 51쪽

1 ㄱ, ㄴ, ㄹ **1-1** ①, ③

1 ㄷ. 영상 21 ℃ ⇨ $+21$ ℃

따라서 옳은 것은 ㄱ, ㄴ, ㄹ이다.

1-1 ① -500원 ② $+1000$ m ③ -3 ℃ ④ $+8$층

⑤ $+5$

정수를 분류하기 개념북 51쪽

2 (1) $+\frac{9}{3}$, 5 (2) -6, 0, $-\frac{16}{8}$

2-1 (1) $+\frac{4}{2}$, 3 (2) -8, $-\frac{10}{5}$ (3) 0

2 (2) 자연수가 아닌 정수는 0과 음의 정수이므로

-6, 0, $-\frac{16}{8}$

2-1 (1) 양의 정수는 $+\frac{4}{2}$, 3 (2) 음의 정수는 -8, $-\frac{10}{5}$

(3) 양의 정수도 음의 정수도 아닌 정수는 0

2 유리수의 뜻 개념북 52쪽

1 (1) $+7$ (2) -3.5, $-\frac{3}{5}$, -8

(3) -3.5, $+7$, $-\frac{3}{5}$, 0, -8

2 $-\frac{1}{4}$, -0.3

유리수를 분류하기 개념북 53쪽

1 ③ **1-1** 5

1 ① $+\frac{24}{3}$, $+\frac{34}{8}$, 7 ⇨ 3개

② -3, $-\frac{1}{4}$ ⇨ 2개

③ $+\frac{24}{3}(=+8)$, 7 ⇨ 2개

④ 0은 유리수이다.

⑤ $-\frac{1}{4}$, $+\frac{34}{8}$ ⇨ 2개

1-1 음의 정수는 -7, $-\frac{8}{2}(=-4)$의 2개이므로 $a=2$

정수가 아닌 유리수는 1.4, $\frac{1}{3}$, $-\frac{7}{4}$의 3개이므로

$b=3$

$\therefore a+b=2+3=5$

유리수의 이해 개념북 53쪽

2 ② **2-1** 다윤, 주원

2 ① 0은 정수이다.

③ 정수는 유리수이다.

④ 자연수가 아닌 정수는 0 또는 음의 정수이다.

⑤ 유리수는 양의 유리수, 0, 음의 유리수로 이루어져 있다.

2-1 지우: 유리수는 양수, 0, 음수로 나눌 수 있어.

현서: 0은 양수도 음수도 아니야.

따라서 옳은 설명을 한 학생은 다윤, 주원이다.

3 절댓값 개념북 54쪽

1 풀이 참조

2 (1) 4 (2) $\frac{2}{5}$ (3) $+1.5$, -1.5 (4) 0

1

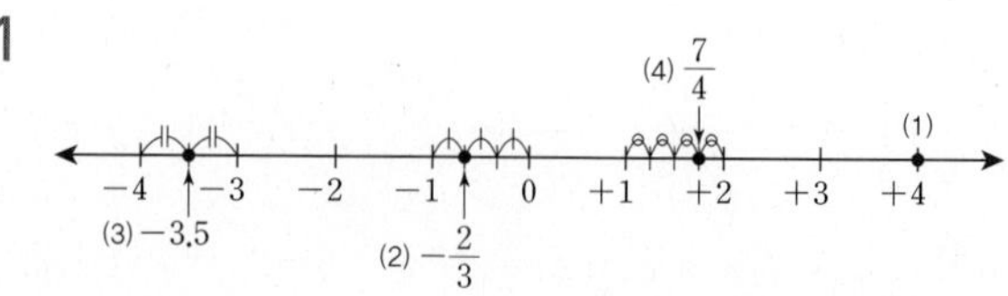

수를 수직선 위에 나타내기 　개념북 55쪽

1 ② **1-1** $a=-3$, $b=2$

1 ② 점 B에 대응하는 수는 $-\frac{7}{2}$이다.

1-1
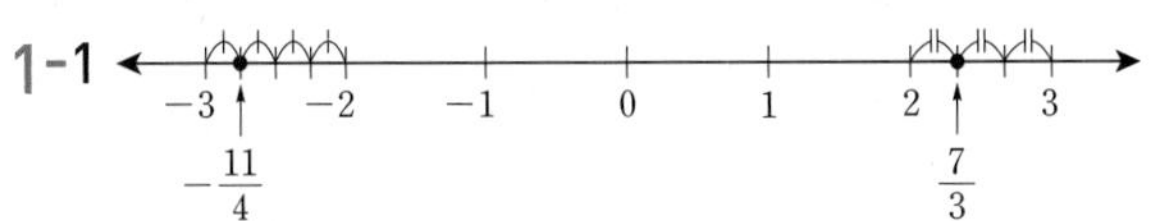

위의 그림과 같이 $-\frac{11}{4}$과 $\frac{7}{3}$을 수직선 위에 나타내면 $-\frac{11}{4}$에 가장 가까운 정수는 -3이므로 $a=-3$,
$\frac{7}{3}$에 가장 가까운 정수는 2이므로 $b=2$

수직선 위에서 같은 거리에 있는 점 　개념북 55쪽

2 -2 **2-1** ⑤

2
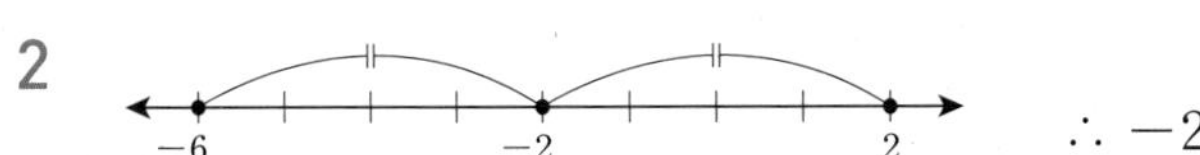
$\therefore -2$

2-1
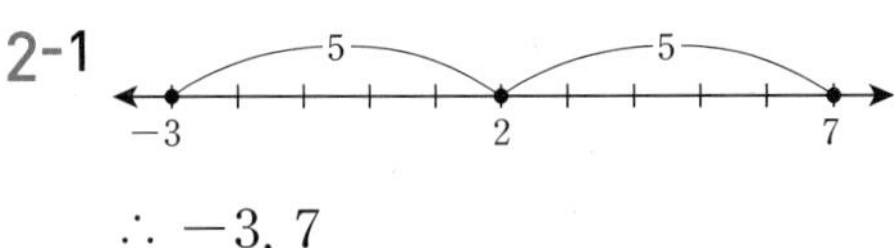
$\therefore -3, 7$

절댓값 　개념북 56쪽

3 $a=4$, $b=-5$ **3-1** ④
3-2 $a=-7$, $b=3$

3 절댓값이 4인 수는 4, -4이므로 $a=4$
절댓값이 5인 수는 5, -5이므로 $b=-5$

3-1 $|+3|=3$, $|-9|=9$이므로 $a=3$, $b=9$
$\therefore a+b=3+9=12$

3-2 $|a|=7$이므로 $a=-7(\because a<0)$
$|b|=3$이므로 $b=3(\because b>0)$

절댓값의 성질 　개념북 56쪽

4 ① **4-1** ⑤

4 $-\frac{5}{4}$, 3, -2, $-\frac{10}{3}$, $\frac{5}{2}$ 중에서 절댓값이 가장 작은 수는 $-\frac{5}{4}$이므로 원점에 가장 가까운 수는 $-\frac{5}{4}$이다.

4-1 1, $-\frac{5}{2}$, $\frac{3}{2}$, $-\frac{2}{3}$, $-\frac{8}{3}$ 중에서 절댓값이 가장 큰 수는 $-\frac{8}{3}$이므로 원점에서 가장 멀리 떨어져 있는 수는 $-\frac{8}{3}$이다.

절댓값과 대소 관계 　개념북 57쪽

5 ③ **5-1** 3 **5-2** -1

5 절댓값이 3보다 작은 정수는 -2, -1, 0, 1, 2의 5개이다.

5-1 절댓값이 $\frac{7}{3}(=2.333\cdots)$ 이상인 수는 3, $+\frac{21}{5}(=4.2)$, -4의 3개이다.

5-2 (가)에서 절댓값이 2보다 작은 정수는 -1, 0, 1
이때 (나)에서 구하는 수는 음수이므로 -1

절댓값이 같고 부호가 반대인 두 수 구하기 　개념북 57쪽

6 ③ **6-1** $a=-9$, $b=9$

6 절댓값이 같고 부호가 반대인 두 수를 수직선 위에 나타내었을 때, 두 점 사이의 거리가 12이므로 두 점은 원점으로부터 각각 6만큼 떨어져 있다.
따라서 두 수는 -6, 6이고, 이 중에서 큰 수는 6이다.

6-1 두 수 a, b의 절댓값이 같고 두 수를 나타내는 두 점 사이의 거리가 18이므로 두 점은 원점으로부터 각각 9만큼 떨어져 있다.
따라서 두 수는 -9, 9이고 $a<b$이므로
$a=-9$, $b=9$

4 수의 대소 관계 　개념북 60쪽

1 (1) $>$ (2) $>$ (3) $<$ (4) $<$
2 (1) $x<6$ (2) $x\geq-2$ (3) $x>4$ (4) $x\leq-1$

두 수의 대소 관계 　개념북 61쪽

1 ⑤ **1-1** ③

1 ④ $\left|-\frac{4}{7}\right|=\frac{4}{7}=\frac{32}{56}$이고 $\frac{5}{8}=\frac{35}{56}$이므로

$\left|-\frac{4}{7}\right|<\frac{5}{8}$

⑤ $\left|-\frac{1}{3}\right|=\frac{1}{3}=\frac{2}{6}$, $\left|-\frac{1}{2}\right|=\frac{1}{2}=\frac{3}{6}$이므로

$\left|-\frac{1}{3}\right|<\left|-\frac{1}{2}\right|$

1-1 ① $-\frac{2}{3}<\frac{1}{3}$ ② $-6<-\frac{1}{3}$ ③ $-3>-5$

④ $0<|-4|=4$ ⑤ $\frac{4}{5}<\left|-\frac{7}{3}\right|=\frac{7}{3}$

여러 개의 수의 대소 관계 개념북 61쪽

2 (1) -4 (2) -4, -1, $-\frac{1}{3}$, 0, $\frac{5}{2}$, 2.9

2-1 0.5 **2-2** ③ **2-3** ①

2 (1) $\left|-\frac{1}{3}\right|=\frac{1}{3}$, $|-4|=4$, $|2.9|=2.9$, $|0|=0$,

$|-1|=1$, $\left|\frac{5}{2}\right|=\frac{5}{2}$이므로 절댓값이 가장 큰 수는 -4이다.

(2) 작은 수부터 차례로 나열하면 -4, -1, $-\frac{1}{3}$, 0, $\frac{5}{2}$, 2.9이다.

2-1 큰 수부터 차례로 나열하면 2, $\frac{6}{5}$, 0.5, $-\frac{9}{4}$, -3이므로 세 번째에 오는 수는 0.5이다.

2-2 주어진 수의 대소를 비교하면

$-1.2<-\frac{2}{3}<1.4<\frac{8}{5}<\frac{9}{4}<3$

① 가장 큰 수는 3이다.

② 가장 작은 수는 -1.2이다.

④ $\frac{8}{5}$보다 작은 수는 1.4, $-\frac{2}{3}$, -1.2로 3개이다.

⑤ 절댓값이 가장 큰 수는 3이다.

2-3 조건 (가)에서 서로 다른 두 수 a, b의 절댓값이 같으므로

$a<0$, $b>0$이다. 즉, $a<b$ …… ㉠

조건 (나)에서 $|a|=|b|=b<c$ …… ㉡

㉠, ㉡에 의하여 $a<b<c$

부등호로 나타내기 개념북 62쪽

3 (1) $-3\le x<5$ (2) $-\frac{2}{9}<x\le\frac{1}{2}$

3-1 $|x|\le 2$

3 (1) x는 -3보다 크거나 같고 5보다 작으므로

$-3\le x<5$

(2) x는 $-\frac{2}{9}$보다 크고 $\frac{1}{2}$보다 작거나 같으므로

$-\frac{2}{9}<x\le\frac{1}{2}$

3-1 x의 절댓값이 2보다 작거나 같으므로 $|x|\le 2$

두 유리수 사이에 있는 정수 찾기 개념북 63쪽

4 5개 **4-1** -5 **4-2** ① **4-3** ⑤

4 $-\frac{5}{2}=-2.5$이므로 -2.5와 3 사이에 있는 정수는 -2, -1, 0, 1, 2의 5개이다.

4-1 $-\frac{11}{2}=-5.5$이므로 -5.5와 3 사이에 있는 정수는 -5, -4, -3, -2, -1, 0, 1, 2이다. 이 중에서 절댓값이 가장 큰 수는 $|-5|=5$의 -5이다.

4-2 $-\frac{4}{5}=-\frac{8}{10}$, $\frac{1}{2}=\frac{5}{10}$이므로 $-\frac{8}{10}$과 $\frac{5}{10}$ 사이에 있는 유리수는 $-\frac{7}{10}$, $-\frac{6}{10}$, $-\frac{5}{10}$, $\cdots$, $\frac{4}{10}$의 12개이다.

이 중에서 정수는 0의 1개이므로 정수가 아닌 유리수는 11개이다.

4-3 조건 (가)를 만족하는 정수 A는 1, 2, 3, $\cdots$, 7이고 조건 (나)를 만족하는 정수 A는 -5, -4, $\cdots$, -1, 0, 1, 2, $\cdots$, 5이므로 두 조건을 모두 만족하는 정수 A는 1, 2, 3, 4, 5로 5개이다.

개념 완성 기본 문제 개념북 64~65쪽

1 ⑤	**2** 0	**3** ③	**4** ④
5 ①	**6** 18	**7** ②	**8** ⑤
9 ④	**10** ②	**11** $a=-3$, $b=4$	
12 ④			

1 ① -5일 ② $+1$주 ③ $+3\,\text{kg}$ ④ $+15\,℃$

2 정수가 아닌 유리수는 $+3.5$, $-\frac{7}{5}$의 2개이므로 $a=2$
양의 정수는 $+\frac{6}{3}$, 8의 2개이므로 $b=2$
$\therefore a-b=2-2=0$

3 ③ 정수는 -5, 0, 2로 3개이다.

4 ④ 음수는 절댓값이 클수록 작은 수이다.

5 ① A : $-\frac{7}{2}$

6 -7의 절댓값은 7이므로 $a=7$
절댓값이 11인 양수는 11이므로 $b=11$
절댓값이 0인 수는 0이므로 $c=0$
$\therefore a+b+c=7+11+0=18$

7 두 수의 차가 8이므로 두 수를 나타내는 두 점은 원점으로부터 각각 4만큼 떨어져 있다. 따라서 두 수는 -4, 4이므로 두 수 중에서 작은 수는 -4이다.

8 ① $-\frac{5}{2}<-\frac{7}{3}$ ② $\frac{1}{5}>-\frac{7}{4}$
③ $-0.75>-\frac{4}{5}$ ④ $2.4<\frac{17}{6}$

9 주어진 수 중에서 음수는 $-\frac{3}{8}$, -3이고 $-3<-\frac{3}{8}$이므로 가장 왼쪽에 있는 점에 대응하는 수는 가장 작은 수인 -3이다.

10 ① $a<4$ ③ $c\geq 3$ ④ $-3\leq d\leq 5$ ⑤ $-\frac{1}{2}<e\leq\frac{3}{4}$

11 $-\frac{7}{2}=-3\frac{1}{2}$, $\frac{9}{2}=4\frac{1}{2}$이므로 두 유리수 $-\frac{7}{2}$과 $\frac{9}{2}$ 사이에 있는 정수는 -3, -2, -1, 0, 1, 2, 3, 4이다.
$\therefore a=-3$, $b=4$

12 $-\frac{7}{3}=-2\frac{1}{3}$이므로 두 유리수 $-\frac{7}{3}$과 $3\frac{1}{4}$ 사이에 있는 정수는 -2, -1, 0, 1, 2, 3의 6개이다.

개념완성 발전 문제

개념북 66~67쪽

1 ①, ⑤ **2** 5 **3** ③ **4** ③
5 c, b, a
6 ① $4\frac{2}{3}$ / -4, -3, -2, -1, 0, 1, 2, 3, 4 / 9
② -4, -3, -2, -1, 1, 2, 3, 4 / 8
7 ① -3 ② 5 ③ 8

1 ① $-2<-1.75<0<+\frac{8}{3}<\frac{16}{4}$이므로 수직선 위에서 가장 오른쪽에 있는 수는 $\frac{16}{4}$이다.
② 절댓값이 가장 작은 수는 0이다.
③ 정수는 $\frac{16}{4}$, 0, -2의 3개이다.
④ 가장 작은 수는 -2이다.
⑤ 정수가 아닌 유리수는 $+\frac{8}{3}$, -1.75의 2개이다.

2 수직선 위의 2를 나타내는 점에서 4만큼 떨어진 점은 6과 -2, 수직선 위의 -3을 나타내는 점에서 7만큼 떨어진 점은 4, -10이다. 즉, 점 A는 6 또는 -2, 점 B는 4 또는 -10이고 이때 두 점 A, B에서 같은 거리에 있는 점을 C라 하면
(i) A$=6$, B$=4$일 때, C$=5$
(ii) A$=6$, B$=-10$일 때, C$=-2$
(iii) A$=-2$, B$=4$일 때, C$=1$
(iv) A$=-2$, B$=-10$일 때, C$=-6$
따라서 두 점 A, B에서 같은 거리에 있는 점이 나타내는 수 중 가장 큰 수는 5이다.

3 $\frac{3}{2}=\frac{6}{4}$이므로 $-\frac{9}{4}$와 $\frac{3}{2}$, 즉 $-\frac{9}{4}$와 $\frac{6}{4}$ 사이에 있는 정수가 아닌 유리수 중에서 분모가 4인 기약분수는
$-\frac{7}{4}$, $-\frac{5}{4}$, $-\frac{3}{4}$, $-\frac{1}{4}$, $\frac{1}{4}$, $\frac{3}{4}$, $\frac{5}{4}$의 7개이다.

4 $\left|-\frac{10}{3}\right|=\frac{10}{3}=\frac{40}{12}>\left|\frac{13}{4}\right|=\frac{13}{4}=\frac{39}{12}$이므로
$a=-\frac{10}{3}$
$-\frac{10}{3}=-3\frac{1}{3}$, $\frac{13}{4}=3\frac{1}{4}$이므로
정수는 -3, -2, -1, 0, 1, 2, 3의 7개이다.
$\therefore b=7$

5 (가), (나), (다)에서 b, c는 음수, a는 양수이고 가장 작은 수는 c, 가장 큰 수는 a이다.
따라서 작은 수부터 차례로 나열하면 c, b, a이다.

6 ① $\frac{14}{3}$를 대분수로 나타내면 $4\frac{2}{3}$이므로 $|x|<\frac{14}{3}$를 만족하는 정수 x는 -4, -3, -2, -1, 0, 1, 2, 3, 4의 9개이다.
② $|x|<\frac{14}{3}$를 만족하는 정수 x 중에서 $\frac{1}{2}<|x|$를 만족하는 정수 x는 -4, -3, -2, -1, 1, 2, 3, 4의 8개이다.

7 ① $-3\left(=-\frac{9}{3}\right)<-\frac{8}{3}<-2\left(=-\frac{6}{3}\right)$이므로
$-\frac{8}{3}$에 가장 가까운 정수는 -3 $\quad\therefore a=-3$
② $5\left(=\frac{20}{4}\right)<\frac{21}{4}<6\left(=\frac{24}{4}\right)$이므로
$\frac{21}{4}$에 가장 가까운 정수는 5 $\quad\therefore b=5$
③ $\therefore |a|+|b|=|-3|+|5|=3+5=8$

2 정수와 유리수의 사칙계산

1 정수와 유리수의 덧셈 개념북 70쪽

1 (1) $+10$ (2) -9 (3) -1.6 (4) $+\frac{1}{6}$

2 (1) -7 (2) $+5$ (3) $+3.3$ (4) $+\frac{6}{5}$

1 (1) $(+6)+(+4)=+(6+4)=+10$
(2) $(-7)+(-2)=-(7+2)=-9$
(3) $(-3.2)+(+1.6)=-(3.2-1.6)=-1.6$
(4) $\left(+\frac{1}{2}\right)+\left(-\frac{1}{3}\right)=+\left(\frac{1}{2}-\frac{1}{3}\right)=+\frac{1}{6}$

2 (1) $(-10)+(+6)+(-3)$
$=(-10)+(-3)+(+6)$
$=(-13)+(+6)=-7$
(2) $(+7)+(-4)+(+2)$
$=(+7)+(+2)+(-4)$
$=(+9)+(-4)=+5$
(3) $(+4.2)+(-2.7)+(+1.8)$
$=(+4.2)+(+1.8)+(-2.7)$
$=(+6)+(-2.7)=+3.3$
(4) $\left(-\frac{1}{2}\right)+\left(+\frac{1}{5}\right)+\left(+\frac{3}{2}\right)$
$=\left(-\frac{1}{2}\right)+\left(+\frac{3}{2}\right)+\left(+\frac{1}{5}\right)$
$=1+\left(+\frac{1}{5}\right)=+\frac{6}{5}$

수직선을 이용한 수의 덧셈 개념북 71쪽

1 ③ **1-1** ④

1 수직선의 원점에서 왼쪽으로 2만큼 간 후 다시 왼쪽으로 3만큼 갔으므로 계산식은 $(-2)+(-3)$이다.

1-1 수직선의 원점에서 왼쪽으로 2만큼 간 후 다시 오른쪽으로 5만큼 갔으므로 계산식은 $(-2)+(+5)$이다.

정수와 유리수의 덧셈 개념북 71쪽

2 ② **2-1** ③

2 ① $(-4)+(-12)=-(4+12)=-16$
② $(+3)+(-25)=-(25-3)=-22$
③ $(-1.7)+(+3.2)=+(3.2-1.7)=+1.5$
④ $\left(+\frac{7}{4}\right)+\left(+\frac{1}{3}\right)=+\left(\frac{21}{12}+\frac{4}{12}\right)=+\frac{25}{12}$
⑤ $(-9)+\left(-\frac{3}{2}\right)=-\left(9+\frac{3}{2}\right)=-\frac{21}{2}$
따라서 계산 결과가 가장 작은 것은 ②이다.

2-1 ① $(+4)+(+9)=+(4+9)=+13$
② $(-11)+(+7)=-(11-7)=-4$
④ $\left(-\frac{7}{8}\right)+\left(-\frac{1}{8}\right)=-\left(\frac{7}{8}+\frac{1}{8}\right)=-1$
⑤ $(-2)+(+8)=+(8-2)=+6$

덧셈의 계산 법칙 개념북 72쪽

3 ④ **3-1** ㉡

3 (가) 덧셈의 교환법칙, (나) 덧셈의 결합법칙

3-1 ㉠ 덧셈의 교환법칙 ㉡ 덧셈의 결합법칙

세 개 이상의 수의 덧셈 개념북 72쪽

4 $+\frac{6}{7}$ **4-1** $+\frac{77}{20}$

4 $\left(+\frac{3}{5}\right)+\left(-\frac{1}{7}\right)+\left(+\frac{2}{5}\right)$

$=\left(+\frac{3}{5}\right)+\left(+\frac{2}{5}\right)+\left(-\frac{1}{7}\right)$

$=(+1)+\left(-\frac{1}{7}\right)=+\frac{6}{7}$

4-1 $A=(-1)+(+5)+\left(+\frac{3}{2}\right)$

$=(+4)+\left(+\frac{3}{2}\right)=+\frac{11}{2}$

$B=(-0.4)+\left(-\frac{3}{4}\right)+(-0.5)$

$=\left(-\frac{3}{4}\right)+(-0.4)+(-0.5)$

$=\left(-\frac{3}{4}\right)+(-0.9)$

$=\left(-\frac{3}{4}\right)+\left(-\frac{9}{10}\right)=-\frac{33}{20}$

$\therefore A+B=\left(+\frac{11}{2}\right)+\left(-\frac{33}{20}\right)$

$=\left(+\frac{110}{20}\right)+\left(-\frac{33}{20}\right)=+\frac{77}{20}$

2 정수와 유리수의 뺄셈

개념북 73쪽

1 (1) -4 (2) -5 (3) $+20$ (4) -19

2 (1) $+7$ (2) $+5$ (3) $-\frac{1}{4}$ (4) $-\frac{11}{5}$

1 (1) $(+2)-(+6)=(+2)+(-6)=-4$

(2) $(-10)-(-5)=(-10)+(+5)=-5$

(3) $(+8)-(-12)=(+8)+(+12)=+20$

(4) $(-12)-(+7)=(-12)+(-7)=-19$

2 (1) (주어진 식)$=(-2)+(+5)+(+4)=+7$

(2) (주어진 식)$=(-7)+(+10)+(+2)=+5$

(3) (주어진 식)$=\left(+\frac{5}{4}\right)+\left(+\frac{1}{4}\right)+\left(-\frac{7}{4}\right)=-\frac{1}{4}$

(4) (주어진 식)$=\left(-\frac{1}{2}\right)+\left(-\frac{1}{5}\right)+\left(-\frac{3}{2}\right)=-\frac{11}{5}$

정수와 유리수의 뺄셈 개념북 74쪽

1 ⑤ **1-1** ② **1-2** -17 **1-3** 6

1 ⑤ $(+3)-(+5)=(+3)+(-5)=-2$

1-1 ① $(-4)-(-9)=(-4)+(+9)=+5$

② $(-2.1)-(+2.9)=(-2.1)+(-2.9)=-5$

③ $(+7.4)-(+2.4)=(+7.4)+(-2.4)=+5$

④ $(+10)-(+5)=(+10)+(-5)=+5$

⑤ $\left(+\frac{9}{2}\right)-\left(-\frac{1}{2}\right)=\left(+\frac{9}{2}\right)+\left(+\frac{1}{2}\right)=+5$

1-2 $-12-3-2=-12-(+3)-(+2)$

$=-12+(-3)+(-2)$

$=-17$

1-3 $-\frac{8}{3}=-2.666\cdots$이므로 수직선에서 $-\frac{8}{3}$에 가장 가까운 정수 $a=-3$이고, $\frac{13}{4}=3.25$이므로 수직선에서 $\frac{13}{4}$에 가장 가까운 정수 $b=3$이다.

$\therefore b-a=3-(-3)=3+3=6$

절댓값이 주어진 두 수의 덧셈과 뺄셈 개념북 75쪽

2 7, -7 **2-1** 10

2 x의 절댓값이 2이므로 $x=-2$ 또는 $x=2$이고 y의 절댓값이 5이므로 $y=-5$ 또는 $y=5$

(i) $x=-2$, $y=-5$일 때, $x-y=-2-(-5)=3$

(ii) $x=-2$, $y=5$일 때, $x-y=-2-5=-7$

(iii) $x=2$, $y=-5$일 때, $x-y=2-(-5)=7$

(iv) $x=2$, $y=5$일 때, $x-y=2-5=-3$

(i)~(iv)에서 $x-y$의 값 중 가장 큰 값은 7이고, 가장 작은 값은 -7이다.

2-1 절댓값이 11인 수는 -11, 11이고 이 중 음수는 -11이므로 $a=-11$

절댓값이 21인 수는 -21, 21이고 이 중 음수는 -21이므로 $b=-21$

$\therefore a-b=-11-(-21)=-11+21=10$

계산 결과가 주어지는 경우의 덧셈과 뺄셈 개념북 75쪽

3 $+7$ **3-1** -5 **3-2** -3.2

3 $\square=(+2)+(+5)=+7$

3-1 $\square=(-1)-(+4)=(-1)+(-4)=-5$

3-2 $a-(-2)=6$에서 $a=6+(-2)=4$

$b+(-4.8)=-12$에서

$b=-12-(-4.8)=-12+(+4.8)=-7.2$

$\therefore a+b=4+(-7.2)=-3.2$

덧셈과 뺄셈의 혼합 계산

개념북 76쪽

4 ① **4-1** $-\frac{7}{10}$

4 ① 6 ② -7 ③ $\frac{23}{4}$ ④ 4.4 ⑤ 3

따라서 계산 결과가 가장 큰 것은 ①이다.

4-1 $A=(-2.5)+(+5)+(-3.5)=-1$

$B=\left(-\frac{1}{5}\right)+\left(+\frac{1}{2}\right)+\left(-\frac{3}{5}\right)=-\frac{3}{10}$

$\therefore A-B=(-1)-\left(-\frac{3}{10}\right)=-1+\frac{3}{10}=-\frac{7}{10}$

○보다 △만큼 큰 수 또는 작은 수

개념북 76쪽

5 -6 **5-1** $\frac{7}{6}$

5 $a=4+(-5)=-1$, $b=-3-2=-5$

$\therefore a+b=(-1)+(-5)=-6$

5-1 $a=(-3)+\frac{2}{3}=-\frac{7}{3}$

$b=\frac{1}{2}-(-3)=\frac{7}{2}$

$\therefore a+b=\left(-\frac{7}{3}\right)+\frac{7}{2}=\left(-\frac{14}{6}\right)+\frac{21}{6}=\frac{7}{6}$

바르게 계산한 값 구하기

개념북 77쪽

6 (1) 6 (2) -3 **6-1** 11.8

6 (1) 어떤 수를 □라 하면

□$-(-9)=15$이므로 □$=15+(-9)=6$

(2) 바르게 계산하면 $6+(-9)=-3$

6-1 어떤 수를 □라 하면 □$+(-2.8)=6.2$이므로

□$=6.2-(-2.8)=6.2+2.8=9$

따라서 바르게 계산하면

$9-(-2.8)=9+(+2.8)=11.8$

수의 덧셈과 뺄셈의 활용

개념북 77쪽

7 $A=-7$, $B=5$ **7-1** (1) -3.6 (2) 14.6 ℃

7 $0+(-4)+2+(-1)=-3$이므로

$0+3+A+1=-3$ $\therefore A=-7$

$1+(-8)+B+(-1)=-3$ $\therefore B=5$

7-1 (1) $-5.2-2.1+3.7=-3.6$

(2) 최고 기온은 9.4 ℃이고, 최저 기온은 -5.2 ℃이므로 구하는 차는 $9.4-(-5.2)=14.6$(℃)

3 정수와 유리수의 곱셈

개념북 78쪽

1 (1) $+30$ (2) $+24$ (3) -70 (4) -40 (5) -24 (6) -63

2 ㉠ 교환법칙 ㉡ 결합법칙

1 (1) $(+5)\times(+6)=+(5\times6)=+30$

(2) $(-6)\times(-4)=+(6\times4)=+24$

(3) $(+10)\times(-7)=-(10\times7)=-70$

(4) $(-8)\times(+5)=-(8\times5)=-40$

(5) $(+9)\times\left(-\frac{8}{3}\right)=-\left(9\times\frac{8}{3}\right)=-24$

(6) $(-14)\times\left(+\frac{9}{2}\right)=-\left(14\times\frac{9}{2}\right)=-63$

정수와 유리수의 곱셈

개념북 79쪽

1 ③ **1-1** $-\frac{9}{2}$

1 ③ $\left(+\frac{8}{3}\right)\times\left(-\frac{7}{4}\right)=-\left(\frac{8}{3}\times\frac{7}{4}\right)=-\frac{14}{3}$

1-1 $a=(-5)\times\left(-\frac{27}{5}\right)=+\left(5\times\frac{27}{5}\right)=+27$

$b=(+9)\times\left(-\frac{1}{54}\right)=-\left(9\times\frac{1}{54}\right)=-\frac{1}{6}$

$\therefore a\times b=(+27)\times\left(-\frac{1}{6}\right)=-\frac{9}{2}$

곱셈의 계산 법칙

개념북 79쪽

2 ③ **2-1** ㉠ 곱셈의 교환법칙 ㉡ 곱셈의 결합법칙

2 ㉠ 곱셈의 교환법칙 $a\times b=b\times a$가 이용되었다.
㉡ 곱셈의 결합법칙 $(a\times b)\times c=a\times(b\times c)$가 이용되었다.

4 정수와 유리수의 곱셈의 활용 개념북 82쪽

1 (1) $+8$ (2) -60 (3) -27 (4) $-\frac{1}{16}$
2 (1) 1 (2) 3

1 (1) $(-1)\times(+4)\times(-2)=+(1\times4\times2)=+8$
(2) $(+2)\times(-5)\times(+6)=-(2\times5\times6)=-60$
(3) $(-3)^3=-(3\times3\times3)=-27$
(4) $-\left(-\frac{1}{4}\right)^2=-\left\{\left(-\frac{1}{4}\right)\times\left(-\frac{1}{4}\right)\right\}=-\frac{1}{16}$

2 (1) $(\text{주어진 식})=(-15)\times\left(-\frac{2}{5}\right)+(-15)\times\frac{1}{3}$
$=6+(-5)=1$
(2) $(\text{주어진 식})=\frac{1}{3}\times\{13+(-4)\}=\frac{1}{3}\times9=3$

세 개 이상의 수의 곱셈 개념북 83쪽

1 $+2$ **1-1** -2 **1-2** ②

1 $\left(-\frac{3}{4}\right)\times\left(-\frac{1}{6}\right)\times16=+\left(\frac{3}{4}\times\frac{1}{6}\times16\right)=+2$

1-1 $\left(-\frac{2}{7}\right)\times\left(-\frac{7}{4}\right)\times12\times\left(-\frac{1}{3}\right)$
$=-\left(\frac{2}{7}\times\frac{7}{4}\times12\times\frac{1}{3}\right)=-2$

1-2 $\left(-\frac{1}{2}\right)\times\left(-\frac{2}{3}\right)\times\left(-\frac{3}{4}\right)\times\cdots\times\left(-\frac{49}{50}\right)$
$=-\left(\frac{1}{2}\times\frac{2}{3}\times\frac{3}{4}\times\cdots\times\frac{49}{50}\right)=-\frac{1}{50}$

거듭제곱 개념북 83쪽

2 ④ **2-1** -16 **2-2** ③

2 ④ $-\left(-\frac{1}{3}\right)^3=-\left(-\frac{1}{27}\right)=\frac{1}{27}$

2-1 $(-2)^2=4$, $\left(-\frac{2}{3}\right)^2=\frac{4}{9}$, $-\left(-\frac{3}{4}\right)^2=-\frac{9}{16}$,
$\left(-\frac{1}{2}\right)^3=-\frac{1}{8}$, $-(-2)^2=-4$이므로
가장 큰 수는 $(-2)^2$, 가장 작은 수는 $-(-2)^2$이다.
따라서 두 수의 곱은
$(-2)^2\times\{-(-2)^2\}=4\times(-4)=-16$

2-2 $(-1)+(-1)^2+(-1)^3+\cdots+(-1)^{100}$
$=\{(-1)+1\}+\{(-1)+1\}+\cdots+\{(-1)+1\}$
$=0+0+\cdots+0=0$

분배법칙 개념북 84쪽

3 ⑤ **3-1** ① **3-2** -40 **3-3** 100

3 $a\times(b-c)=a\times b-a\times c=5-(-7)=12$

3-2 $\left(-\frac{5}{3}\right)\times41+\left(-\frac{5}{3}\right)\times19=\left(-\frac{5}{3}\right)\times(41+19)$
$=\left(-\frac{5}{3}\right)\times60$
$=-100$
이므로 $a=60$, $b=-100$
$\therefore a+b=60+(-100)=-40$

3-3 $1.2\times5.3+1.2\times4.7+8.8\times5.3+8.8\times4.7$
$=1.2\times(5.3+4.7)+8.8\times(5.3+4.7)$
$=1.2\times10+8.8\times10$
$=(1.2+8.8)\times10$
$=10\times10=100$

네 유리수 중에서 세 수를 뽑아 곱하기 개념북 85쪽

4 ⑤ **4-1** -2 **4-2** 10

4 주어진 네 유리수 중에서 세 수를 뽑아 곱한 값이 가장 크려면 음수 2개, 양수 1개를 곱해야 하고 곱해지는 세 수의 절댓값의 곱이 가장 커야 하므로 $-\frac{4}{5}$, $-\frac{10}{3}$, 3을 곱해야 한다.
$\therefore \left(-\frac{4}{5}\right)\times\left(-\frac{10}{3}\right)\times(+3)=+\left(\frac{4}{5}\times\frac{10}{3}\times3\right)$
$=8$

4-1 주어진 네 유리수 중에서 세 수를 뽑아 곱한 값이 가장 작으려면 음수 1개, 양수 2개를 곱해야 하고 곱해지는 세 수의 절댓값의 곱이 가장 커야 하므로 -28, $\frac{1}{2}$, $\frac{1}{7}$을 곱해야 한다.
$\therefore (-28)\times\frac{1}{2}\times\frac{1}{7}=-\left(28\times\frac{1}{2}\times\frac{1}{7}\right)=-2$

4-2 주어진 네 유리수 중에서 세 수를 뽑아 곱한 값이 가장 크려면 음수 2개, 양수 1개를 곱해야 하고 곱해지는 세 수의 절댓값의 곱이 가장 커야 하므로 -3, $\frac{4}{3}$, $-\frac{5}{2}$를 곱해야 한다.

$\therefore (-3)\times\frac{4}{3}\times\left(-\frac{5}{2}\right)=10$

5 정수와 유리수의 나눗셈 (1)

개념북 86쪽

1 (1) $+4$ (2) $+3$ (3) -6 (4) -9

2 (1) $+1.4$ (2) -6 (3) -0.4 (4) $+16$

1 (1) $(+8)\div(+2)=+(8\div2)=+4$

(2) $(-27)\div(-9)=+(27\div9)=+3$

(3) $(-36)\div(+6)=-(36\div6)=-6$

(4) $(+45)\div(-5)=-(45\div5)=-9$

2 (1) $(+8.4)\div(+6)=+(8.4\div6)=+1.4$

(2) $(+4.8)\div(-0.8)=-(4.8\div0.8)=-6$

(3) $(-2.4)\div(+6)=-(2.4\div6)=-0.4$

(4) $(-3.2)\div(-0.2)=+(3.2\div0.2)=+16$

정수와 유리수의 나눗셈 - 두 수의 나눗셈

개념북 87쪽

1 (1) $+3$ (2) -20 (3) -13 (4) 0

1-1 (1) $+7$ (2) -19 (3) -3 (4) $+0.9$

1-2 ④

1 (1) $(-18)\div(-6)=+(18\div6)=+3$

(2) $(+100)\div(-5)=-(100\div5)=-20$

(3) $(-104)\div(+8)=-(104\div8)=-13$

(4) $0\div(-9)=0$

1-1 (1) $(+4.9)\div(+0.7)=+(4.9\div0.7)=+7$

(2) $(+76)\div(-4)=-(76\div4)=-19$

(3) $(-24)\div(+8)=-(24\div8)=-3$

(4) $(-8.1)\div(-9)=+(8.1\div9)=+0.9$

1-2 ① $(+10)\div(-2)=-5$

② $(+25)\div(+5)=+5$

③ $(-16)\div(-2)=+8$

④ $(+21)\div(-3)=-7$

⑤ $(-18)\div(+3)=-6$

따라서 계산 결과가 가장 작은 것은 ④이다.

정수와 유리수의 나눗셈 - 세 수의 나눗셈

개념북 87쪽

2 (1) $+4$ (2) -7 **2-1** -1

2 (1) $24\div(-2)\div(-3)=-(24\div2)\div(-3)$
$=(-12)\div(-3)$
$=+(12\div3)=+4$

(2) $(-56)\div(-2)\div(-4)=+(56\div2)\div(-4)$
$=(+28)\div(-4)$
$=-(28\div4)=-7$

2-1 $A=(+36)\div(+9)\div(-2)=+(36\div9)\div(-2)$
$=(+4)\div(-2)=-2$

$B=24\div(-6)\div(-2)=-(24\div6)\div(-2)$
$=(-4)\div(-2)=2$

$\therefore A\div B=(-2)\div2=-1$

6 정수와 유리수의 나눗셈 (2)

개념북 88쪽

1 (1) $\frac{1}{5}$ (2) 9 (3) $-\frac{7}{2}$ (4) $\frac{10}{21}$

2 (1) $+\frac{7}{9}$ (2) $+\frac{6}{5}$ (3) $-\frac{9}{20}$ (4) $-\frac{8}{5}$

1 (4) $2.1=\frac{21}{10}$이므로 $\frac{21}{10}$의 역수는 $\frac{10}{21}$

2 (1) $\left(+\frac{2}{3}\right)\div\left(+\frac{6}{7}\right)=\left(+\frac{2}{3}\right)\times\left(+\frac{7}{6}\right)=+\frac{7}{9}$

(2) $\left(-\frac{2}{5}\right)\div\left(-\frac{1}{3}\right)=\left(-\frac{2}{5}\right)\times(-3)=+\frac{6}{5}$

(3) $\left(-\frac{3}{8}\right)\div\left(+\frac{5}{6}\right)=\left(-\frac{3}{8}\right)\times\left(+\frac{6}{5}\right)=-\frac{9}{20}$

(4) $\left(+\frac{3}{5}\right)\div\left(-\frac{3}{8}\right)=\left(+\frac{3}{5}\right)\times\left(-\frac{8}{3}\right)=-\frac{8}{5}$

역수 구하기

개념북 89쪽

1 ③ **1-1** $-\frac{3}{10}$ **1-2** $-\frac{91}{60}$

1 ③ $0.3=\frac{3}{10}$이므로 $\frac{3}{10}$의 역수는 $\frac{10}{3}$이다.

1-1 $-2\frac{1}{3}=-\frac{7}{3}$의 역수는 $-\frac{3}{7}$, $\frac{10}{7}$의 역수는 $\frac{7}{10}$이므로 $a=-\frac{3}{7}$, $b=\frac{7}{10}$

$\therefore a\times b=\left(-\frac{3}{7}\right)\times\frac{7}{10}=-\frac{3}{10}$

1-2 -4의 역수는 $-\frac{1}{4}$, $-\frac{3}{5}$의 역수는 $-\frac{5}{3}$, $2.5=\frac{5}{2}$의 역수는 $\frac{2}{5}$이므로 구하는 세 수의 합은

$\left(-\frac{1}{4}\right)+\left(-\frac{5}{3}\right)+\frac{2}{5}=-\frac{91}{60}$

역수를 이용한 나눗셈 개념북 89쪽

2 ③　　**2-1** 5

2 ① $(-8)\div(+4)=(-8)\times\left(+\frac{1}{4}\right)=-2$

② $\left(+\frac{6}{5}\right)\div\left(-\frac{3}{5}\right)=\left(+\frac{6}{5}\right)\times\left(-\frac{5}{3}\right)=-2$

③ $\left(-\frac{14}{3}\right)\div\left(+\frac{28}{3}\right)=\left(-\frac{14}{3}\right)\times\left(+\frac{3}{28}\right)$
$=-\frac{1}{2}$

④ $\left(+\frac{1}{3}\right)\div\left(-\frac{1}{6}\right)=\left(+\frac{1}{3}\right)\times(-6)=-2$

⑤ $(-18)\div\left(+\frac{9}{4}\right)\div(+4)$
$=(-18)\times\left(+\frac{4}{9}\right)\times\left(+\frac{1}{4}\right)=-2$

2-1 $\left(-\frac{5}{3}\right)\div\left(+\frac{4}{15}\right)\div\left(-\frac{5}{4}\right)$
$=\left(-\frac{5}{3}\right)\times\left(+\frac{15}{4}\right)\times\left(-\frac{4}{5}\right)=5$

계산 결과가 주어지는 경우의 곱셈과 나눗셈 개념북 90쪽

3 15, 18　　**3-1** $-\frac{1}{2}$

3 $(-4)\times\square=-60$에서 $\square=(-60)\div(-4)=15$
$\square\div(-3)^2=2$에서 $\square=2\times(-3)^2=2\times9=18$

3-1 $(-8)\div A=-12$에서
$A=(-8)\div(-12)=(-8)\times\left(-\frac{1}{12}\right)=\frac{2}{3}$
$B\times\left(-\frac{4}{9}\right)=\frac{1}{3}$에서
$B=\frac{1}{3}\div\left(-\frac{4}{9}\right)=\frac{1}{3}\times\left(-\frac{9}{4}\right)=-\frac{3}{4}$
$\therefore A\times B=\frac{2}{3}\times\left(-\frac{3}{4}\right)=-\frac{1}{2}$

유리수의 부호 개념북 90쪽

4 ①　　**4-1** ㄱ, ㄷ

4 ① (양수)−(음수)=(양수)
②, ③, ④, ⑤ 음수

4-1 ㄴ. $b-c>0$ ㄹ. $c\times a<0$
따라서 옳은 것은 ㄱ, ㄷ이다.

7 정수와 유리수의 혼합 계산 개념북 91쪽

1 (1) -3 (2) $+18$ (3) -1 (4) $-\frac{5}{14}$
2 ㉡, ㉢, ㉣, ㉠
3 (1) 3 (2) 17 (3) $\frac{37}{32}$ (4) $\frac{1}{2}$

1 (1) $(-15)\times(-2)\div(-10)=(+30)\div(-10)$
$=-3$
(2) $(+12)\div(-2)\times(-3)=(-6)\times(-3)=+18$
(3) $\left(-\frac{6}{7}\right)\times\frac{3}{4}\div\frac{9}{14}=\left(-\frac{9}{14}\right)\times\frac{14}{9}=-1$
(4) $\frac{6}{7}\div\left(-\frac{3}{5}\right)\times\frac{1}{4}=\frac{6}{7}\times\left(-\frac{5}{3}\right)\times\frac{1}{4}$
$=\left(-\frac{10}{7}\right)\times\frac{1}{4}=-\frac{5}{14}$

3 (1) $(-18)\div(-2)+6\times(-1)=(+9)+(-6)=3$
(2) $13+\{(-4)\times3-(-16)\}$
$=13+\{(-12)+(+16)\}=13+(+4)=17$
(3) $\frac{5}{8}\times\left\{(-7)-\frac{2}{5}\right\}\div(-4)$
$=\frac{5}{8}\times\left(-\frac{37}{5}\right)\times\left(-\frac{1}{4}\right)=\frac{37}{32}$
(4) $\frac{1}{3}\times\left(-\frac{1}{2}\right)+\left(-\frac{1}{2}\right)^2\div\frac{3}{8}=\left(-\frac{1}{6}\right)+\frac{1}{4}\times\frac{8}{3}$
$=\left(-\frac{1}{6}\right)+\frac{2}{3}=\frac{1}{2}$

곱셈과 나눗셈의 혼합 계산 개념북 92쪽

1 (1) -16 (2) $\frac{16}{5}$　　**1-1** 20

1 (1) $12\div(-3)\times(-2)^2=12\times\left(-\frac{1}{3}\right)\times4=-16$

(2) $(-4)\div\left(+\frac{3}{2}\right)\times\left(-\frac{6}{5}\right)$

$=(-4)\times\left(+\frac{2}{3}\right)\times\left(-\frac{6}{5}\right)=\frac{16}{5}$

1-1 $(-2)^3\times\frac{5}{4}\div\left(-\frac{1}{2}\right)=(-8)\times\frac{5}{4}\times(-2)$

$=+\left(8\times\frac{5}{4}\times2\right)=20$

혼합 계산의 순서 개념북 92쪽

2 ㉢, ㉡, ㉣, ㉠, ㉤ **2-1** ㉡, ㉢, ㉣, ㉤, ㉠

2-2 ㉠ -8 ㉡ -12 ㉢ 24 ㉣ -21

2 ㉢ ( ) 안의 나눗셈 → ㉡ ( ) 안의 뺄셈

→ ㉣ { } 안의 곱셈 → ㉠ 나눗셈 → ㉤ 뺄셈

∴ ㉢, ㉡, ㉣, ㉠, ㉤

2-2 $3-(-2)\times\{(-2)^3+(-4)\}$

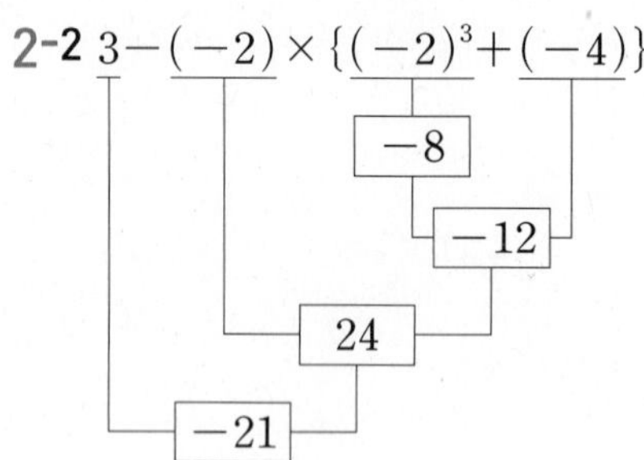

덧셈, 뺄셈, 곱셈, 나눗셈의 혼합 계산 개념북 93쪽

3 -33 **3-1** 73 **3-2** -2

3 (주어진 식)$=-25+\{32\div(-10-6)\}\times4$

$=-25+\{32\div(-16)\}\times4$

$=-25+(-2)\times4$

$=-25+(-8)=-33$

3-1 (주어진 식)$=\{(-4)\times(-3)+4\}\div\frac{4}{25}-27$

$=(12+4)\times\frac{25}{4}-27=16\times\frac{25}{4}-27$

$=100-27=73$

3-2 (주어진 식)$=\frac{3}{2}\times\frac{4}{9}-\frac{9}{4}\div3+\left(-\frac{1}{8}\right)\div\frac{1}{16}$

$=\frac{3}{2}\times\frac{4}{9}-\frac{9}{4}\times\frac{1}{3}+\left(-\frac{1}{8}\right)\times16$

$=\frac{2}{3}-\frac{3}{4}-2$

$=-\frac{25}{12}$

$-\frac{25}{12}=-2\frac{1}{12}$이므로 $-\frac{25}{12}$에 가장 가까운 정수는 -2이다.

새로운 계산 기호 개념북 93쪽

4 10 **4-1** $-\frac{5}{4}$ **4-2** $\frac{3}{2}$

4 $\frac{1}{9}\circ\frac{2}{9}=\frac{1}{9}\div\frac{2}{9}\times4=\frac{1}{9}\times\frac{9}{2}\times4=2$

$5\circ\left(\frac{1}{9}\circ\frac{2}{9}\right)=5\circ2=5\div2\times4=5\times\frac{1}{2}\times4=10$

4-1 $\frac{1}{2}\bigcirc\frac{2}{3}=\frac{1}{2}\div\frac{2}{3}\times2=\frac{1}{2}\times\frac{3}{2}\times2=\frac{3}{2}$

$\frac{1}{5}\bigcirc\frac{4}{15}=\frac{1}{5}\div\frac{4}{15}\times2=\frac{1}{5}\times\frac{15}{4}\times2=\frac{3}{2}$

$\therefore\left(\frac{1}{2}\bigcirc\frac{2}{3}\right)\diamond\left(\frac{1}{5}\bigcirc\frac{4}{15}\right)=\frac{3}{2}\diamond\frac{3}{2}=1-\frac{3}{2}\times\frac{3}{2}$

$=1-\frac{9}{4}=-\frac{5}{4}$

4-2 $(-3)\triangle\frac{5}{6}=(-3)\times\frac{5}{6}-3=-\frac{5}{2}-3=-\frac{11}{2}$

$(-7)\triangle(-2)=(-7)\times(-2)-3=14-3=11$

$\therefore\left\{(-3)\triangle\frac{5}{6}\right\}◎\{(-7)\triangle(-2)\}$

$=\left(-\frac{11}{2}\right)◎11=\left(-\frac{11}{2}\right)\div11+2$

$=\left(-\frac{11}{2}\right)\times\frac{1}{11}+2=-\frac{1}{2}+2=\frac{3}{2}$

실생활에서 혼합 계산의 활용 개념북 94쪽

5 동현 : 18점, 연정 : 2점 **5-1** 10칸

5 동현이는 앞면이 7번 나왔으므로 뒷면이 3번 나왔고, 연정이는 뒷면이 7번 나왔으므로 앞면이 3번 나왔다.

따라서 동현이가 얻은 점수는

$(+3)\times7+(-1)\times3=18$(점),

연정이가 얻은 점수는

$(+3)\times3+(-1)\times7=2$(점)이다.

5-1 이기면 네 칸 위로 올라가는 것을 $+4$, 지면 한 칸 아래로 내려가는 것을 -1로 나타내면

준수는 5번 이기고 3번 졌으므로

$(+4)\times5+(-1)\times3=17$(칸) 위로 올라갔고,

영재는 3번 이기고 5번 졌으므로

$(+4)\times3+(-1)\times5=7$(칸) 위로 올라갔다.

따라서 준수는 영재보다 $17-7=10$(칸) 더 위로 올라 갔다.

개념 완성 **기본 문제** 개념북 95~96쪽

1 ④	**2** $-\frac{5}{12}$	**3** ④	**4** ⑤
5 ②	**6** ④	**7** 3	**8** ④
9 ④	**10** 6	**11** $\frac{7}{15}$	**12** ①
13 ④			

1 ④ $\left(-\frac{3}{4}\right)\div(-5)=\left(-\frac{3}{4}\right)\times\left(-\frac{1}{5}\right)=\frac{3}{20}$

2 (주어진 식)

$=\left(+\frac{9}{4}\right)-\left(+\frac{5}{2}\right)-\left(+\frac{4}{3}\right)+\left(+\frac{7}{6}\right)$

$=\left(+\frac{27}{12}\right)+\left(-\frac{30}{12}\right)+\left(-\frac{16}{12}\right)+\left(+\frac{14}{12}\right)$

$=\left(+\frac{27}{12}\right)+\left(+\frac{14}{12}\right)+\left(-\frac{30}{12}\right)+\left(-\frac{16}{12}\right)$

$=\left(+\frac{41}{12}\right)+\left(-\frac{46}{12}\right)=-\frac{5}{12}$

3 어떤 수를 □라 하면

$\square+\left(-\frac{3}{2}\right)=-\frac{9}{10}$

$\therefore \square=\left(-\frac{9}{10}\right)-\left(-\frac{3}{2}\right)=\frac{3}{5}$

따라서 바르게 계산하면

$\frac{3}{5}-\left(-\frac{3}{2}\right)=\frac{21}{10}$

4 $6+0+(-3)+2=5$이므로

$6+A+(-1)+(-4)=5$ $\quad\therefore A=4$

$2+B+3+(-4)=5$ $\quad\therefore B=4$

5 ① 분배법칙 ② 덧셈의 교환법칙 ③ 덧셈의 결합법칙

6 $3-\left\{1-\left(-\frac{1}{2}\right)\right\}\times4=3-\left\{1+\left(+\frac{1}{2}\right)\right\}\times4$

$=3-\frac{3}{2}\times4$

$=3-6=-3$

7 $a=5-(-3)=5+(+3)=8$

$b=4+(-3)=1$, $c=6+(-2)=4$

$\therefore (-1)^a-(-1)^b+(-1)^c$

$=(-1)^8-(-1)^1+(-1)^4$

$=1-(-1)+1=3$

8 ④ $-6^2=-36$

9 보이지 않는 세 면에 있는 수는 $\frac{5}{6}$, -8, $-\frac{3}{5}$이므로

세 수의 곱은 $\frac{5}{6}\times(-8)\times\left(-\frac{3}{5}\right)=4$

10 $-0.3=-\frac{3}{10}$의 역수는 $-\frac{10}{3}$이므로 $a=-\frac{10}{3}$

$-1\frac{4}{5}=-\frac{9}{5}$의 역수는 $-\frac{5}{9}$이므로 $b=-\frac{5}{9}$

$\therefore a\div b=\left(-\frac{10}{3}\right)\div\left(-\frac{5}{9}\right)$

$=\left(-\frac{10}{3}\right)\times\left(-\frac{9}{5}\right)=6$

11 $a=\frac{2}{5}-\frac{1}{3}=\frac{1}{15}$

$b=\frac{1}{3}\div\left(-\frac{5}{6}\right)=\frac{1}{3}\times\left(-\frac{6}{5}\right)=-\frac{2}{5}$

$\therefore a-b=\frac{1}{15}-\left(-\frac{2}{5}\right)=\frac{7}{15}$

12 (주어진 식)$=\frac{1}{4}\times4\times(-5)=-5$

13 (주어진 식)$=(-3)\times\left(\frac{4}{3}-1\right)-(-2)\div\frac{1}{4}$

$=(-3)\times\frac{1}{3}-(-2)\times4$

$=(-1)-(-8)=7$

개념 완성 **발전 문제** 개념북 97~98쪽

1 ③	**2** $\frac{3}{8}$	**3** $\frac{9}{22}$	**4** ②

5 $\frac{1}{101}$

6 ① -5 ② $\frac{9}{4}$ ③ $-\frac{11}{4}$

7 ① ㉢, ㉣, ㉡, ㉠, ㉤ ② $-\frac{32}{81}$

1 $a=4+(-1)=3$

$b=-2-\left(-\frac{4}{3}\right)=-2+\frac{4}{3}=-\frac{2}{3}$

$c=(-2)\div(-3)=(-2)\times\left(-\frac{1}{3}\right)=\frac{2}{3}$

$\therefore a\times b\div c=3\times\left(-\frac{2}{3}\right)\div\frac{2}{3}$

$=(-2)\times\frac{3}{2}=-3$

2 a, b, c는 각각 $-2.8=-\frac{14}{5}$, $1\frac{3}{7}=\frac{10}{7}$, $-\frac{8}{5}$의 역수

이므로 $a=-\frac{5}{14}$, $b=\frac{7}{10}$, $c=-\frac{5}{8}$이다.

$\therefore a\times b-c=\left(-\frac{5}{14}\right)\times\frac{7}{10}-\left(-\frac{5}{8}\right)$

$=-\frac{1}{4}+\frac{5}{8}=\frac{3}{8}$

3 (주어진 식)

$=\left(\frac{1}{2}-\frac{1}{3}\right)+\left(\frac{1}{3}-\frac{1}{4}\right)+\cdots+\left(\frac{1}{10}-\frac{1}{11}\right)$

$=\frac{1}{2}-\frac{1}{11}=\frac{9}{22}$

4 $a>0$, $a\times c<0$이므로 $c<0$이고, $\frac{c}{b}>0$이므로 $b<0$

① $a-b=$(양수)$-$(음수)>0

② $b+c=$(음수)$+$(음수)<0

③ $\frac{b}{a}=\frac{(\text{음수})}{(\text{양수})}<0$

④ $\frac{b\times c}{a}=\frac{(\text{음수})\times(\text{음수})}{(\text{양수})}>0$

⑤ $c-a=$(음수)$-$(양수)<0

5 음수의 개수가 50개이므로 부호는 $+$이다.

$\therefore$ (주어진 식)$=+\left(\frac{1}{3}\times\frac{3}{5}\times\frac{5}{7}\times\cdots\times\frac{97}{99}\times\frac{99}{101}\right)$

$=\frac{1}{101}$

6 ① $a=-3+(-2)=-5$

② $b=\frac{1}{4}-(-2)=\frac{1}{4}+2=\frac{9}{4}$

③ $a+b=-5+\frac{9}{4}=-\frac{11}{4}$

7 ① 계산 순서를 차례로 나열하면 ㉢, ㉣, ㉡, ㉠, ㉤ 이다.

② (주어진 식)$=\left(-\frac{2}{5}\right)\div\left\{\frac{4}{5}+\left(\frac{1}{4}-\frac{3}{8}\right)\right\}\times\frac{2}{3}$

$=\left(-\frac{2}{5}\right)\div\left\{\frac{4}{5}+\left(-\frac{1}{8}\right)\right\}\times\frac{2}{3}$

$=\left(-\frac{2}{5}\right)\div\frac{27}{40}\times\frac{2}{3}$

$=\left(-\frac{2}{5}\right)\times\frac{40}{27}\times\frac{2}{3}$

$=-\frac{32}{81}$

1 문자의 사용과 식의 계산

1 문자를 사용한 식

개념북 102쪽

1 (1) $3a$ (2) $-b$ (3) $-3(x-y)$ (4) $\frac{y}{3}$

2 (1) $4h\text{ cm}^2$ (2) $700x$원

1 (4) $y\div3=y\times\frac{1}{3}=\frac{y}{3}$

2 (1) (삼각형의 넓이)$=\frac{1}{2}\times$(밑변의 길이)$\times$(높이)이므로

$\frac{1}{2}\times8\times h=4h(\text{cm}^2)$

(2) 한 자루에 700원인 볼펜 x자루의 가격은

$700\times$(볼펜의 수)이므로

$700\times x=700x$(원)

곱셈 기호와 나눗셈 기호의 생략

개념북 103쪽

1 (1) $-x(x+y)$ (2) $-0.1a^2b$ (3) $\frac{5}{x-y}$ (4) $\frac{b}{ac}$

1-1 (1) $\frac{2}{c}(a+b)$ (2) $3x^2-\frac{5x}{y}$

1-2 ②, ③ **1-3** ③

1 (3) $5\div(x-y)=5\times\frac{1}{x-y}=\frac{5}{x-y}$

(4) $b\div a\div c=b\times\frac{1}{a}\times\frac{1}{c}=\frac{b}{ac}$

1-1 (1) $(a+b)\div c\times2=(a+b)\times\frac{1}{c}\times2=\frac{2}{c}(a+b)$

(2) $x\times x\times3-5\div(y\div x)=3x^2-5\div\left(y\times\frac{1}{x}\right)$

$=3x^2-5\div\frac{y}{x}$

$=3x^2-5\times\frac{x}{y}$

$=3x^2-\frac{5x}{y}$

1-2 ① $x\div\frac{7}{4}y=x\times\frac{4}{7y}=\frac{4x}{7y}$

② $\left(-\frac{2}{3}\right)\div a\div b=\left(-\frac{2}{3}\right)\times\frac{1}{a}\times\frac{1}{b}=-\frac{2}{3ab}$

③ $2\times a\times a\times(-0.1)=2\times(-0.1)\times a^2$

$=-0.2a^2$

④ $0.1\times a=0.1a$

⑤ $(x+2)\times\left(-\frac{2}{3}\right)\times a=-\frac{2}{3}a(x+2)$

1-3 ① $a+b\div2\times x\times y=a+\frac{bxy}{2}$

② $a+b\times2\div x\div y=a+\frac{2b}{xy}$

③ $(a+b)\times2\div x\div y=\frac{2(a+b)}{xy}$

④ $(a+b)\div2\div x\div y=\frac{a+b}{2xy}$

⑤ $(a+b)\times2\times x\times y=2xy(a+b)$

문자를 사용한 식 – 수, 금액

개념북 104쪽

2 (1) $100a+10b+c$ (2) $0.1a+0.01b$

(3) $(5000-50a)$원

2-1 $20x+2y+1$

2 (1) $100\times a+10\times b+1\times c=100a+10b+c$

(2) $0.1\times a+0.01\times b=0.1a+0.01b$

(3) $5000-5000\times\frac{a}{100}=5000-50a$(원)

2-1 $(100\times x+10\times y+1\times5)\div5$

$=(100x+10y+5)\times\frac{1}{5}$

$=100x\times\frac{1}{5}+10y\times\frac{1}{5}+5\times\frac{1}{5}$

$=20x+2y+1$

문자를 사용한 식 – 도형

개념북 104쪽

3 (1) $2(x+y)$ cm (2) $\frac{1}{2}ah\text{ cm}^2$

3-1 $10x+120$

3 (1) $2\times(x+y)=2(x+y)(\text{cm})$

(2) $\frac{1}{2}\times a\times h=\frac{1}{2}ah(\text{cm}^2)$

3-1 $15\times12-(15-5-5)\times(12-x-x)$

$=180-5(12-2x)=10x+120$

문자를 사용한 식 – 거리, 속력, 시간 개념북 105쪽

4 (1) $480x$ m (2) $\frac{x}{10}$시간

4-1 $(15-6a)$ km

4 (1) x분은 $60x$초이므로
(거리)=(속력)×(시간)$=8\times 60x=480x$(m)
(2) (시간)$=\frac{(\text{거리})}{(\text{속력})}=\frac{2\times x}{20}=\frac{x}{10}$(시간)

4-1 (거리)=(속력)×(시간)이므로 시속 6 km로 a시간 동안 달린 거리는 $6\times a=6a$(km)
따라서 달리고 남은 거리는 $(15-6a)$ km

문자를 사용한 식 – 농도 개념북 105쪽

5 (1) $\frac{a}{10}$ g (2) $\frac{100x}{100+x}$ % **5-1** $\frac{2x+3y}{5}$ %

5 (1) $\frac{10}{100}\times a=\frac{a}{10}$(g)
(2) $\frac{x}{100+x}\times 100=\frac{100x}{100+x}$(%)

5-1 (x %의 소금물 200 g에 들어 있는 소금의 양)
$=\frac{x}{100}\times 200=2x$(g)
(y %의 소금물 300 g에 들어 있는 소금의 양)
$=\frac{y}{100}\times 300=3y$(g)
∴ (농도)$=\frac{(\text{전체 소금의 양})}{(\text{전체 소금물의 양})}\times 100$
$=\frac{2x+3y}{200+300}\times 100=\frac{2x+3y}{5}$(%)

2 식의 값 개념북 106쪽

1 (1) -7 (2) 2 (3) -12 (4) 20

2 (1) 4 (2) 11 (3) -6 (4) $-\frac{3}{4}$

1 (1) $2a-1=2\times(-3)-1=-6-1=-7$
(2) $-\frac{3}{a}+1=-\frac{3}{-3}+1=1+1=2$
(3) $a-a^2=(-3)-(-3)^2=-3-9=-12$
(4) $2(a^2+1)=2\{(-3)^2+1\}=2(9+1)$
$=2\times 10=20$

2 (1) $-2xy=-2\times(-2)\times 1=4$
(2) $3x^2-y=3\times(-2)^2-1=12-1=11$
(3) $xy-x^2=(-2)\times 1-(-2)^2=-2-4=-6$
(4) $\frac{3y}{2x}=\frac{3\times 1}{2\times(-2)}=-\frac{3}{4}$

식의 값 구하기 개념북 107쪽

1 (1) -2 (2) $-\frac{1}{2}$ **1-1** (1) -3 (2) 12

1-2 ④

1 (1) $m^2+3m=(-1)^2+3\times(-1)=1-3=-2$
(2) $\frac{x+y}{x-y}=\frac{1+(-3)}{1-(-3)}=\frac{-2}{4}=-\frac{1}{2}$

1-1 (1) $9a^2+3a-5=9\times\left(-\frac{2}{3}\right)^2+3\times\left(-\frac{2}{3}\right)-5$
$=9\times\frac{4}{9}-2-5=-3$
(2) x^2-xy+y^2
$=(-2)^2-(-2)\times(-4)+(-4)^2$
$=4-8+16=12$

1-2 ① $6+a=6+(-2)=4$
② $a^2=(-2)^2=4$
③ $-2a=-2\times(-2)=4$
④ $6-a^2=6-(-2)^2=6-4=2$
⑤ $(-a)^2=\{-(-2)\}^2=2^2=4$

분수를 분모에 대입하여 식의 값 구하기 개념북 107쪽

2 5 **2-1** 9

2 $\frac{1}{x}-\frac{1}{y}=1\div x-1\div y=1\div\frac{1}{2}-1\div\left(-\frac{1}{3}\right)$
$=1\times 2-1\times(-3)=2+3=5$

2-1 $\frac{1}{x}+\frac{2}{y}-\frac{3}{z}=1\div x+2\div y-3\div z$
$=1\div\frac{1}{2}+2\div\frac{2}{3}-3\div\left(-\frac{3}{4}\right)$
$=1\times 2+2\times\frac{3}{2}-3\times\left(-\frac{4}{3}\right)$
$=2+3+4=9$

식의 값의 활용 개념북 108쪽

3 20 ℃ **3-1** -11

3-2 (1) $S=\frac{1}{2}ab$ (2) 20 cm^2

3-3 (1) $S=\frac{(x+y)z}{2}$ (2) 25 cm^2

3 $\frac{5}{9}(x-32)$에 $x=68$을 대입하면

$\frac{5}{9}(68-32)=\frac{5}{9}\times36=20$

따라서 화씨온도 68 °F는 섭씨온도 20 ℃이다.

3-1 상자에 어떤 수 x를 넣었을 때, 나오는 값은 $5x-3$ 이므로

$x=2$일 때, $5\times2-3=10-3=7$

$x=-3$일 때, $5\times(-3)-3=-15-3=-18$

따라서 구하는 합은 $7+(-18)=-11$

3-2 (1) (마름모의 넓이)

$=\frac{1}{2}\times$(한 대각선의 길이)$\times$(다른 대각선의 길이)

이므로

$S=\frac{1}{2}\times a\times b=\frac{1}{2}ab$

(2) $S=\frac{1}{2}ab$에 $a=8$, $b=5$를 대입하면

$S=\frac{1}{2}\times8\times5=20$

따라서 마름모의 넓이는 20 cm^2이다.

3-3 (1) (사다리꼴의 넓이)

$=\frac{1}{2}\times\{$(윗변의 길이)+(아랫변의 길이)$\}\times$(높이)

이므로

$S=\frac{1}{2}\times(x+y)\times z=\frac{(x+y)z}{2}$

(2) $S=\frac{(x+y)z}{2}$에 $x=4$, $y=6$, $z=5$를 대입하면

$S=\frac{(4+6)\times5}{2}=25$

따라서 사다리꼴의 넓이는 25 cm^2이다.

3 다항식과 일차식 개념북 109쪽

1 (1) $4x^3$, $-2x^2$, 1 (2) x^3의 계수 : 4, x^2의 계수 : -2
(3) 1 (4) 3

다항식 개념북 110쪽

1 ④ **1-1** ①, ③ **1-2** ①

1 ① 다항식의 차수는 2이다.

② 항은 $3x^2$, $-\frac{x}{2}$, 5이다.

③ $-\frac{x}{2}$의 차수는 1이다.

⑤ x의 계수는 $-\frac{1}{2}$이다.

1-1 ② 항은 $\frac{y^2}{5}$, $-\frac{y}{3}$, 9의 3개이다.

③ y의 계수는 $-\frac{1}{3}$, 상수항은 9이므로 그 곱은

$-\frac{1}{3}\times9=-3$

④ 다항식의 차수는 2이다.

⑤ 상수항의 차수는 0이다.

1-2 $a=-\frac{1}{2}$, $b=3$, $c=-5$이므로

$a+b+c=-\frac{1}{2}+3+(-5)=-\frac{5}{2}$

일차식 개념북 111쪽

2 (1) 2 (2) 1 (3) 2 (4) 3 / 일차식 : (2)

2-1 ⑤ **2-2** ④ **2-3** ④

2 (1) $3x^2$의 차수는 2

(2) $2x+4$의 차수는 1

(3) x^2-x-3의 차수는 2

(4) $\frac{3}{2}x^3-1$의 차수는 3

따라서 일차식인 것은 (2)이다.

2-1 ① -4의 차수는 0 ② $2a-3a^2$의 차수는 2

③ 다항식이 아니다. ④ $\frac{b}{2}+\frac{b^3}{3}$의 차수는 3

⑤ $\frac{y}{3}-\frac{1}{4}$의 차수는 1

따라서 일차식인 것은 ⑤이다.

2-2 ㄱ. 일차식은 $x+y-7$, $9+6y$, $a+b$의 3개이다.

ㄴ. 항이 2개인 식은 $9+6y$, $a+b$의 2개이다.

ㄷ. 상수항이 0인 식은 a^3, $a+b$의 2개이다.

따라서 옳은 것은 ㄱ, ㄷ이다.

2-3 주어진 다항식 중에서 일차식은 $\frac{1}{4}a$, $8y-1$이므로 일차항의 계수는 각각 $\frac{1}{4}$, 8이다.

따라서 모든 일차항의 계수의 곱은 $\frac{1}{4}\times 8=2$

4 일차식과 수의 곱셈과 나눗셈 개념북 112쪽

1 (1) -3, -15 (2) $\frac{1}{3}$, 2 (3) 2, 2, 8, 10

(4) -1, -1, 3 (5) $\frac{1}{2}$, $\frac{1}{2}$, $\frac{1}{2}$, 4, 5 (6) 3, 3, 3, -3, 6

단항식과 수의 곱셈, 나눗셈 개념북 113쪽

1 (1) $-2a$ (2) $\frac{4}{3}y$

1-1 (1) $-5a$ (2) $21b$ (3) $\frac{2}{5}y$ (4) $-9x$

1 (1) $-10a\times\frac{1}{5}=-10\times\frac{1}{5}\times a=-2a$

(2) $\frac{8}{3}y\div 2=\frac{8}{3}y\times\frac{1}{2}=\frac{8}{3}\times\frac{1}{2}\times y=\frac{4}{3}y$

1-1 (2) $\frac{7}{4}b\times 12=\frac{7}{4}\times 12\times b=21b$

(3) $\frac{1}{3}y\div\frac{5}{6}=\frac{1}{3}y\times\frac{6}{5}=\frac{1}{3}\times\frac{6}{5}\times y=\frac{2}{5}y$

(4) $-\frac{3}{2}x\div\frac{1}{6}=-\frac{3}{2}x\times 6=-\frac{3}{2}\times 6\times x=-9x$

일차식과 수의 곱셈, 나눗셈 개념북 113쪽

2 (1) $-4x+3$ (2) $x+2$ (3) $y+3$ (4) $-2x+4$

2-1 3 **2-2** ④

2 (2) $\frac{1}{2}(2x+4)=\frac{1}{2}\times 2x+\frac{1}{2}\times 4=x+2$

(3) $(4y+12)\div 4=(4y+12)\times\frac{1}{4}$

$=4y\times\frac{1}{4}+12\times\frac{1}{4}=y+3$

(4) $(-x+2)\div\frac{1}{2}=(-x+2)\times 2$

$=-x\times 2+2\times 2$

$=-2x+4$

2-1 $(8x-12)\div\left(-\frac{4}{3}\right)=(8x-12)\times\left(-\frac{3}{4}\right)$

$=8x\times\left(-\frac{3}{4}\right)-12\times\left(-\frac{3}{4}\right)$

$=-6x+9$

따라서 x의 계수는 -6, 상수항은 9이므로 구하는 합은 $-6+9=3$

2-2 ④ $(-y+9)\div\left(-\frac{3}{2}\right)=(-y+9)\times\left(-\frac{2}{3}\right)$

$=\frac{2}{3}y-6$

5 일차식의 덧셈과 뺄셈 개념북 114쪽

1 (1) $x-3$ (2) $4x-1$ (3) $\frac{2x+1}{12}$ (4) $9x+4$

1 (2) $-5(-2x+1)-2(3x-2)=10x-5-6x+4$

$=4x-1$

(3) $\frac{2x-1}{4}-\frac{x-1}{3}=\frac{3(2x-1)-4(x-1)}{12}$

$=\frac{6x-3-4x+4}{12}=\frac{2x+1}{12}$

(4) $7x+\{9-(5-2x)\}=7x+(4+2x)$

$=9x+4$

동류항 개념북 115쪽

1 ㄹ, ㅁ **1-1** ④

1 ㄱ. 문자가 다르므로 동류항이 아니다.

ㄴ. 차수가 다르므로 동류항이 아니다.

ㄷ. 같은 문자에 대한 차수가 다르므로 동류항이 아니다.

ㄹ. 상수항끼리는 동류항이다.

ㅁ. 문자와 차수가 같으므로 동류항이다.

ㅂ. 문자가 있는 항과 상수항이므로 동류항이 아니다.

따라서 동류항끼리 짝 지어진 것은 ㄹ, ㅁ이다.

1-1 $2x$와 동류항인 것은 ④ $-\frac{x}{3}$이다.

일차식의 덧셈, 뺄셈 개념북 115쪽

2 2 **2-1** ㉠, $4x+3$

2 $-\frac{2}{3}(x+6)+\frac{1}{3}(5x+9)=-\frac{2}{3}x-4+\frac{5}{3}x+3$
$=x-1$
따라서 $a=1$, $b=-1$이므로 $a-b=1-(-1)=2$

2-1 진우가 처음으로 잘못 계산한 곳은 ㉠이다. 바르게 계산하면 다음과 같다.
$(9x+2)-(5x-1)=9x+2-5x+1$
$=9x-5x+2+1$
$=(9-5)x+(2+1)$
$=4x+3$

여러 가지 일차식의 덧셈, 뺄셈 개념북 116쪽

3 (1) $\frac{x+1}{10}$ (2) $3y-3$ **3-1** ④
3-2 $9x-2$

3 (1) $\frac{x-1}{2}-\frac{2x-3}{5}=\frac{5(x-1)-2(2x-3)}{10}$
$=\frac{5x-5-4x+6}{10}=\frac{x+1}{10}$
(2) $y-\{1-2(y-1)\}=y-(1-2y+2)$
$=y-(3-2y)=3y-3$

3-1 $5x-\{3+2x-(6x-1)\}$
$=5x-(3+2x-6x+1)$
$=5x-(-4x+4)=9x-4$
$\therefore a=9$
$\frac{-7x+2y}{4}+\frac{5x+y}{6}$
$=\frac{3(-7x+2y)+2(5x+y)}{12}$
$=\frac{-21x+6y+10x+2y}{12}$
$=\frac{-11x+8y}{12}=-\frac{11}{12}x+\frac{2}{3}y$
$\therefore b=\frac{2}{3}$
$\therefore ab=9\times\frac{2}{3}=6$

3-2 $4x-[2x-\{1-(3-7x)\}]$
$=4x-\{2x-(1-3+7x)\}$
$=4x-\{2x-(7x-2)\}$
$=4x-(2x-7x+2)$
$=4x-(-5x+2)$
$=4x+5x-2$
$=9x-2$

문자에 일차식 대입하기 개념북 116쪽

4 6 **4-1** ⑤

4 $4A-2(A-B)=4A-2A+2B=2A+2B$
$=2(-x+3)+2(2x-1)$
$=-2x+6+4x-2=2x+4$
따라서 $a=2$, $b=4$이므로 $a+b=2+4=6$

4-1 $A-2B=x+3-2(-2x+5)$
$=x+3+4x-10=5x-7$
따라서 $a=5$, $b=-7$이므로
$a-b=5-(-7)=12$

어떤 식 구하기 개념북 117쪽

5 $8x+6$ **5-1** $8x-y$
5-2 (위에서부터) $7x-3$, $-7x+2$, $5x$, $x-2$

5 $\square=5x+7+(3x-1)=5x+7+3x-1=8x+6$

5-1 어떤 다항식을 $\square$라 하면
$\square+(-x+4y)=7x+3y$
$\therefore \square=7x+3y-(-x+4y)$
$=7x+3y+x-4y=8x-y$
따라서 어떤 다항식은 $8x-y$이다.

5-2 오른쪽 표와 같이 빈칸에 알맞은 식을 각각 A, B, C, D라 하면 두 번째 줄 가로에 있는 세 식의 합이

$-3x+4$	B	D
$-5x-1$	$-x+1$	$3x+3$
A	$-9x+5$	C

$(-5x-1)+(-x+1)+(3x+3)=-3x+3$이므로
$(-3x+4)+(-5x-1)+A=-3x+3$
$(-8x+3)+A=-3x+3$
$\therefore A=-3x+3-(-8x+3)$
$=-3x+3+8x-3=5x$
$B+(-x+1)+(-9x+5)=-3x+3$
$B+(-10x+6)=-3x+3$
$\therefore B=-3x+3-(-10x+6)$
$=-3x+3+10x-6=7x-3$
$(-3x+4)+(-x+1)+C=-3x+3$
$(-4x+5)+C=-3x+3$

$\therefore C=-3x+3-(-4x+5)$
$=-3x+3+4x-5=x-2$
$D+(3x+3)+C=-3x+3$
$D+(3x+3)+(x-2)=-3x+3$
$D+(4x+1)=-3x+3$
$\therefore D=-3x+3-(4x+1)$
$=-3x+3-4x-1=-7x+2$

바르게 계산한 식 구하기 개념북 117쪽

6 (1) $-x+10$ (2) $5x+16$ **6-1** ①

6 (1) 어떤 다항식을 □라 하면
□$-(6x+6)=-7x+4$
$\therefore$ □$=-7x+4+(6x+6)=-x+10$
따라서 어떤 다항식은 $-x+10$이다.
(2) (바르게 계산한 식)$=-x+10+(6x+6)$
$=5x+16$

6-1 어떤 식을 □라 하면
□$+(3x+1)=7x-2$이므로
□$=7x-2-(3x+1)=4x-3$
$\therefore$ (바르게 계산한 식)$=4x-3-(3x+1)=x-4$

개념 완성 기본 문제 개념북 120~121쪽

1 ③ **2** ② **3** ② **4** ⑤
5 $-\frac{1}{a}$, $-a$, a^2, a, $\frac{1}{a}$, $\frac{1}{a^2}$ **6** 25 ℃
7 ③ **8** ⑤ **9** ④ **10** ④
11 ⑤ **12** 1
13 $A=3x-2$, $B=-8x+6$
14 (1) $(1500x+750000)$원 (2) 1050000원

1 ① $3\times x-y\times 2=3x-2y$
② $x\div y-a\times a=\frac{x}{y}-a^2$
④ $4\times(x-y)\div 3=\frac{4(x-y)}{3}$
⑤ $a\div b-c\times(-1)=\frac{a}{b}+c$

2 ② $500\times\frac{a}{100}=5a(\text{g})$

3 가운데 작은 직사각형의 가로의 길이와 세로의 길이는 각각 $5-2x$, $5-(1+2)=2$이다.
따라서 색칠한 부분의 넓이는 한 변의 길이가 5인 정사각형의 넓이에서 가운데 작은 직사각형의 넓이를 뺀 것이므로
(색칠한 부분의 넓이)$=5\times5-(5-2x)\times2$
$=25-(10-4x)$
$=25-10+4x=4x+15$

4 $xy-3y+1=2\times(-5)-3\times(-5)+1$
$=-10+15+1$
$=6$

5 $a=\frac{1}{2}$, $-a=-\frac{1}{2}$, $\frac{1}{a}=2$, $-\frac{1}{a}=-2$,
$a^2=\frac{1}{4}$, $\frac{1}{a^2}=4$
$\therefore -\frac{1}{a}$, $-a$, a^2, a, $\frac{1}{a}$, $\frac{1}{a^2}$

6 $x=77$을 $\frac{5}{9}(x-32)$에 대입하면
$\frac{5}{9}\times(77-32)=\frac{5}{9}\times45=25(℃)$

7 ③ 항은 $4x^2$, $-2x$, 1이다.

8 ① 차수가 2이므로 일차식이 아니다.
② 분모에 문자가 있으므로 다항식이 아니다. 따라서 일차식이 아니다.
③ $m\times0-4=-4$이므로 일차식이 아니다.
④ 차수가 3이므로 일차식이 아니다.

10 $2x+1-3(x-2)=2x+1-3x+6=-x+7$

11 ⑤ $y-2\{y-3(2-y)\}=y-2(y-6+3y)$
$=y-2(4y-6)$
$=y-8y+12=-7y+12$

12 (주어진 식)
$=\frac{8x-6}{5}-x+\frac{3}{5}+\frac{3x+1}{4}$
$=\frac{4(8x-6)-20x+12+5(3x+1)}{20}$
$=\frac{32x-24-20x+12+15x+5}{20}$
$=\frac{27x-7}{20}=\frac{27}{20}x-\frac{7}{20}$

따라서 $a=\frac{27}{20}$, $b=-\frac{7}{20}$이므로

$a+b=\frac{27}{20}+\left(-\frac{7}{20}\right)=1$

13 $A-(5x-3)=-2x+1$이므로

$A=-2x+1+(5x-3)=3x-2$

$A-B=11x-8$이므로

$(3x-2)-B=11x-8$

$\therefore B=3x-2-(11x-8)$

$=3x-2-11x+8$

$=-8x+6$

14 (1) 입장객 중에서 성인이 x명이면 청소년은 $(500-x)$명이므로 입장료의 총액은

$3000\times x+1500\times(500-x)$

$=3000x+1500\times 500-1500x$

$=1500x+750000$(원)

(2) 청소년이 300명 입장했을 때 성인은 200명 입장했으므로 $x=200$을 $1500x+750000$에 대입하면

$1500\times 200+750000=300000+750000$

$=1050000$(원)

개념 완성 발전 문제 개념북 122~123쪽

1 ③ **2** ④ **3** ④ **4** 2

5 (1) $(2x+1)$개 (2) 31개

6 (1) ① $\frac{3x-3}{6}$, $\frac{1}{3}x+\frac{1}{3}$ ② $\frac{1}{3}$, $\frac{1}{3}$, $\frac{1}{3}+\frac{1}{3}=\frac{2}{3}$

(2) ③ $\frac{1}{3}x+\frac{1}{3}$, $\frac{1}{3}\times(-7)+\frac{1}{3}$, -2

7 (1) ① $\square+(2x-5)=x-3$ ② $-x+2$

(2) ③ $-3x+7$

1 $(\text{시간})=\frac{(\text{거리})}{(\text{속력})}$이므로

$(\text{걸린 시간})=\frac{x}{60}+\frac{30}{60}=\frac{x}{60}+\frac{1}{2}$(시간)

2 (주어진 식)$=3\div x-1\div y+2\div z$

$=3\div\left(-\frac{1}{2}\right)-1\div\frac{1}{3}+2\div\frac{1}{5}$

$=3\times(-2)-1\times 3+2\times 5$

$=-6-3+10=1$

3 오른쪽 그림과 같은 도형의 둘레의 길이는

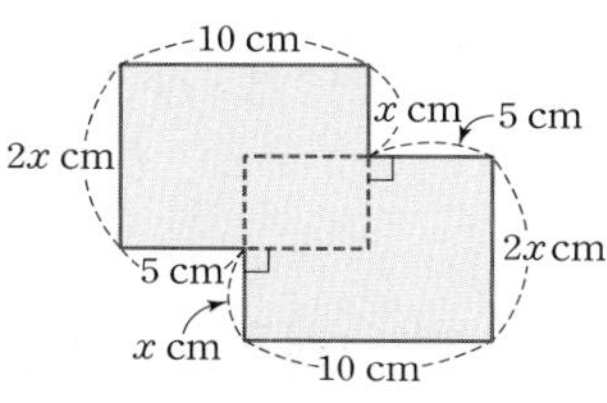

$2(2x+10+x+5)$

$=2(3x+15)$

$=6x+30$(cm)

4 $ax^2-6x+4-2x^2-5x+1=(a-2)x^2-11x+5$

이 식이 x에 대한 일차식이 되어야 하므로

$a-2=0$ $\therefore a=2$

5 (1) 정삼각형이 1개일 때 사용한 성냥개비는 3개이고, 정삼각형을 1개씩 더 만들 때마다 사용한 성냥개비는 2개씩 늘어난다.

즉, 정삼각형이 1, 2, 3, …개일 때, 사용한 성냥개비는 3, 3+2, 3+2+2, …개이므로 정삼각형을 x개 만들 때 사용한 성냥개비는

$3+2(x-1)=2x+1$(개)

(2) $2x+1$에 $x=15$를 대입하면

$2\times 15+1=31$

따라서 사용한 성냥개비는 31개이다.

6 (1) ① $\frac{1}{6}(x+1)-\frac{x-2}{3}+\frac{x-1}{2}$

$=\frac{1}{6}x+\frac{1}{6}-\frac{2x-4}{6}+\frac{3x-3}{6}$

$=\frac{1}{3}x+\frac{1}{3}$

② x의 계수는 $\frac{1}{3}$, 상수항은 $\frac{1}{3}$이므로 그 합은

$\frac{1}{3}+\frac{1}{3}=\frac{2}{3}$

(2) ③ $\frac{1}{3}x+\frac{1}{3}$에 $x=-7$을 대입하여 주어진 식의 값을 구하면 $\frac{1}{3}\times(-7)+\frac{1}{3}=-2$

7 (1) ① 어떤 다항식을 □라 하면

$\square+(2x-5)=x-3$

② $\square=(x-3)-(2x-5)$

$=x-3-2x+5$

$=-x+2$

따라서 어떤 다항식은 $-x+2$이다.

(2) ③ 어떤 다항식이 $-x+2$이므로 바르게 계산한 식은

$-x+2-(2x-5)=-x+2-2x+5$

$=-3x+7$

2 일차방정식

1 방정식과 항등식

개념북 126쪽

1 (1) ○ (2) × (3) × (4) ○

2 (1) × (2) ○ (3) ○ (4) ×

등식

개념북 127쪽

1 ㄱ, ㄷ **1-1** ①, ⑤

1 ㄱ, ㄷ. 등식 ㄴ, ㅁ. 부등호를 사용한 식
ㄹ. 다항식
따라서 등식인 것은 ㄱ, ㄷ이다.

1-1 ① 다항식 ②, ③, ④ 등식
⑤ 부등호를 사용한 식

문장을 등식으로 나타내기

개념북 127쪽

2 (1) $3000-700x=200$ (2) $3(x-2)=2x+1$

2-1 ②

2 (1) 700원짜리 장미꽃 x송이를 산 가격은 $700x$원이다.
$\therefore 3000-700x=200$
(2) x에서 2를 뺀 수에 3배한 값은 $3(x-2)$
x의 2배에 1을 더한 값은 $2x+1$
$\therefore 3(x-2)=2x+1$

2-1 ② 100 g에 x원인 삼겹살 600 g의 가격은 $6x$원이므로
$6x=12000$

방정식과 항등식

개념북 128쪽

3 ㄴ, ㅁ **3-1** ①, ③

3 ㄱ. 방정식이다.
ㄴ. $2x+2=2x+2$이므로 항등식이다.
ㄷ. $4x-6=-4x+6$이므로 방정식이다.
ㄹ. $-3x=2x$이므로 방정식이다.
ㅁ. $-4x=-4x$이므로 항등식이다.
따라서 항등식인 것은 ㄴ, ㅁ이다.

3-1 x의 값에 관계없이 항상 성립하는 등식은 항등식이다.
① 방정식이다.
② $4x-4=4x-4$이므로 항등식이다.
③ 방정식이다.
④ $5x=5x$이므로 항등식이다.
⑤ $x+2=x+2$이므로 항등식이다.

항등식이 될 조건

개념북 128쪽

4 (1) $4x$ (2) $-3x-6$ **4-1** ② **4-2** ③

4 (1) $4(x-3)=4x-12$
$\therefore \boxed{}=4x$
(2) $-2(x+3)=-2x-6$
$\therefore \boxed{}=-3x-6$

4-1 $4x-a=(b+2)x+3$이 x에 대한 항등식이므로
$4=b+2,\ -a=3$
$\therefore a=-3,\ b=2$
$\therefore a+b=-3+2=-1$

4-2 $a(1+2x)+2=8x+b$에서
$a+2ax+2=8x+b,\ 2ax+(a+2)=8x+b$
이 식이 x에 대한 항등식이므로
$2a=8 \quad \therefore a=4$
$a+2=b \quad \therefore b=6$
$\therefore ab=4\times6=24$

방정식의 해

개념북 129쪽

5 ③ **5-1** ② **5-2** ④

5 ① $4-1\neq7\times1$ ② $4\times2-3\neq1$
③ $-3\times(-1)-2=1$
④ $-(-2)-5\neq2\times(-2)-2$
⑤ $3(5-2)\neq2\times5+1$

5-1 ① $3\times3+1\neq7$ ② $-(-1)+3=4$
③ $-2\times(-4)+8\neq0$ ④ $4\times2\neq2\times2+1$
⑤ $4\times1-6\neq-3(2-1)$

5-2 각 방정식에 $x=-4$를 대입하면
① $-4+2\neq4$
② $-(-4)+8\neq11$

③ $2\times(-4)+3\neq-4\times(-4)-9$

④ $\frac{-4}{2}+5=3\times(-4)+15$

⑤ $\frac{-4}{3}+10\neq\frac{3}{4}\times(-4)-2$

2 등식의 성질

개념북 132쪽

1 2, 2, 8, $\frac{3}{4}$, 8, $\frac{3}{4}$, 6

등식의 성질

개념북 133쪽

1 ⑤ **1-1** $-\frac{5}{2}$, $-\frac{5}{2}$, 4, 4 **1-2** ⑤

1 ⑤ $c=0$이면 $ac=bc$이어도 $a\neq b$일 수 있다.
(반례) $5\times0=6\times0$이지만 $5\neq6$이다.

1-2 ⑤ $x=y$의 양변에 -1을 곱하면 $-x=-y$
$-x=-y$의 양변에서 7을 빼면
$-x-7=-y-7$

등식의 성질을 이용한 방정식의 풀이

개념북 134쪽

2 (1) $x=-2$ (2) $x=18$

2-1 (1) ㄷ (2) ㄱ (3) ㄹ

2 (1) $2x=-10-3x$에서
$2x+3x=-10-3x+3x$, $5x=-10$
$\frac{5x}{5}=\frac{-10}{5}$ $\therefore x=-2$
(2) $-\frac{2}{3}x+8=-4$에서
$-\frac{2}{3}x+8-8=-4-8$, $-\frac{2}{3}x=-12$
$-\frac{2}{3}x\times\left(-\frac{3}{2}\right)=-12\times\left(-\frac{3}{2}\right)$ $\therefore x=18$

2-1 (1) 등식의 양변에 4를 곱한다.
(2) 등식의 양변에 5를 더한다.
(3) 등식의 양변을 3으로 나눈다.
$\therefore$ (1) ㄷ (2) ㄱ (3) ㄹ

이항

개념북 134쪽

3 (1) $3x=2x+3+1$ (2) $5x-2x+4=1$

3-1 (1) $3x+14=0$ (2) $2x-5=0$

3 (1) $3x-1=2x+3$
$3x=2x+3+1$
(2) $5x+4=2x+1$
$5x-2x+4=1$

3-1 (1) $4x+9=x-5$
$4x-x+9+5=0$
$\therefore 3x+14=0$
(2) $7-x=x+2$
$0=x+x+2-7$
$\therefore 2x-5=0$

3 일차방정식의 풀이

개념북 135쪽

1 (1) $x=1$ (2) $x=2$ (3) $x=-12$ (4) $x=-1$

1 (1) $2x=5-3$, $2x=2$ $\therefore x=1$
(2) $3x=4+2$, $3x=6$ $\therefore x=2$
(3) 양변에 10을 곱하면
$7x+60=2x$, $7x-2x=-60$
$5x=-60$ $\therefore x=-12$
(4) 양변에 6을 곱하면
$2(x-1)=5x+1$, $2x-2=5x+1$
$2x-5x=1+2$, $-3x=3$ $\therefore x=-1$

일차방정식

개념북 136쪽

1 ㄱ, ㄷ, ㅁ **1-1** ①, ③

1 ㄱ. $-2x=0$ (일차방정식)
ㄴ. $-x^2+x-1=0$이므로 일차방정식이 아니다.
ㄷ. $x-1=0$ (일차방정식)
ㄹ. $-x^2+x+1=0$이므로 일차방정식이 아니다.
ㅁ. $3x+2=0$ (일차방정식)
ㅂ. 다항식
따라서 일차방정식인 것은 ㄱ, ㄷ, ㅁ이다.

1-1 ① $2x+2=0$ (일차방정식)
② 일차방정식이 아니다.
③ $3x-4=0$ (일차방정식)
④, ⑤ 항등식이므로 일차방정식이 아니다.

괄호가 있는 일차방정식의 풀이 개념북 136쪽

2 (1) $x=\frac{5}{4}$ (2) $x=2$ **2-1** $x=-\frac{2}{5}$

2 (1) $3-2x=2(x-1)$에서 $3-2x=2x-2$

$-2x-2x=-2-3$, $-4x=-5$ $\therefore x=\frac{5}{4}$

(2) $-5(x-3)=2x+1$에서 $-5x+15=2x+1$

$-5x-2x=1-15$, $-7x=-14$ $\therefore x=2$

2-1 $2(x-2)=-3(x+2)$에서 $2x-4=-3x-6$

$2x+3x=-6+4$, $5x=-2$ $\therefore x=-\frac{2}{5}$

계수가 소수 또는 분수인 일차방정식의 풀이 개념북 136쪽

3 (1) $x=-1$ (2) $x=1$ **3-1** $x=10$

3 (1) 양변에 10을 곱하면 $-20(x+0.4)=-3x+9$

$-20x-8=-3x+9$, $-17x=17$

$\therefore x=-1$

(2) 양변에 6을 곱하면 $3(3x-1)=4(1-x)+6$

$9x-3=4-4x+6$, $13x=13$ $\therefore x=1$

3-1 양변에 100을 곱하면 $20x-60=15\left(x-\frac{2}{3}\right)$

$20x-60=15x-10$, $5x=50$ $\therefore x=10$

비례식으로 주어진 일차방정식의 풀이 개념북 137쪽

4 $-\frac{1}{2}$ **4-1** $\frac{11}{3}$

4 $3(2x-1)=4(x-1)$, $6x-3=4x-4$

$2x=-1$ $\therefore x=-\frac{1}{2}$

4-1 $0.4(x-3)=0.1(x-1)$이므로 양변에 10을 곱하면

$4(x-3)=x-1$, $4x-12=x-1$

$3x=11$ $\therefore x=\frac{11}{3}$

일차방정식의 해가 주어진 경우 개념북 137쪽

5 -1 **5-1** 41

5 $6x+a=4x-5$에 $x=-2$를 대입하면

$6\times(-2)+a=4\times(-2)-5$, $-12+a=-13$

$\therefore a=-1$

5-1 주어진 방정식에 $x=3$을 대입하면

$\frac{3-k}{3}-\frac{2\times3+k}{2}=3$

양변에 6을 곱하면 $2(3-k)-3(6+k)=18$

$-5k=30$ $\therefore k=-6$

$\therefore -6k+5=-6\times(-6)+5=41$

해가 같은 두 일차방정식 개념북 138쪽

6 (1) $x=4$ (2) 5 **6-1** ⑤

6 (1) $3x-2=x+6$에서 $2x=8$ $\therefore x=4$

(2) $4x-a=2x+3$의 해가 $x=4$이므로

$4\times4-a=2\times4+3$ $\therefore a=5$

6-1 $7+\frac{2}{5}x=-6-\frac{1}{4}x$의 양변에 20을 곱하면

$140+8x=-120-5x$, $13x=-260$

$\therefore x=-20$

따라서 방정식 $8+10x=5x-k$의 해가 $x=-20$이므로

$8+10\times(-20)=5\times(-20)-k$ $\therefore k=92$

특수한 해를 갖는 경우 – 해가 없을 때 개념북 138쪽

7 $\frac{7}{2}$ **7-1** ③

7 $(a-7)x=10-ax$에서

$ax-7x=10-ax$, $ax-7x+ax=10$

$2ax-7x=10$, $(2a-7)x=10$

이 방정식의 해가 존재하지 않으려면 $2a-7=0$이어야 하므로

$a=\frac{7}{2}$

7-1 $ax-1=3x+b$에서

$ax-3x=b+1$, $(a-3)x=b+1$

이 방정식의 해가 없으려면

$a-3=0$, $b+1\neq0$

$\therefore a=3$, $b\neq-1$

특수한 해를 갖는 경우 – 해가 무수히 많을 때

개념북 139쪽

8 -15 **8-1** 6

8 $2(x-9)=ax-x+b$에서 $2x-18=ax-x+b$

$2x-ax+x=b+18$, $(3-a)x=b+18$

이 방정식의 해가 무수히 많으려면

$3-a=0$, $b+18=0$

$\therefore a=3$, $b=-18$

$\therefore a+b=3+(-18)=-15$

8-1 $\frac{ax}{3}+2=x+b$의 양변에 3을 곱하면

$ax+6=3x+3b$, $ax-3x=3b-6$

$(a-3)x=3b-6$

이 방정식의 해가 무수히 많으려면

$a-3=0$, $3b-6=0$ $\therefore a=3$, $b=2$

$\therefore ab=3\times2=6$

해에 대한 조건이 주어진 방정식

개념북 139쪽

9 ③ **9-1** ① **9-2** 10

9 $2x+a-9=0$에서 $2x=-a+9$

$\therefore x=\frac{-a+9}{2}$

x가 정수가 되려면 자연수 a는 홀수이어야 한다.

따라서 자연수 a의 값으로 적당한 것은 홀수인 ③이다.

9-1 $5x+a=2x+6$에서

$5x-2x=6-a$, $3x=6-a$ $\therefore x=\frac{6-a}{3}$

x가 자연수가 되려면 $6-a$는 3, 6, 9, $\cdots$이어야 하므로 a는 3, 0, -3, $\cdots$이다.

따라서 자연수 a는 3의 1개이다.

9-2 $x-\frac{1}{5}(3x+2a)=-2$에서 $5x-(3x+2a)=-10$

$5x-3x-2a=-10$, $2x=2a-10$

$\therefore x=a-5$

x가 음의 정수가 되려면 $a-5$는 -1, -2, -3, -4, -5, $\cdots$이어야 하므로 a는 4, 3, 2, 1, 0, $\cdots$이다.

따라서 자연수 a의 값은 1, 2, 3, 4이므로 그 합은

$1+2+3+4=10$

개념 완성 기본 문제

개념북 142~143쪽

1 ④ **2** ③ **3** ② **4** ③

5 -2 **6** ⑤ **7** ①

8 ㉡, $x=\frac{90}{11}$ **9** $x=-12$ **10** ②

11 3 **12** 5 **13** ①

1 ④ $4(x-1)+2=4x-2$에서

$4x-4+2=4x-2$ $\therefore 4x-2=4x-2$

따라서 항등식이다.

2 각 방정식에 $x=-2$를 대입하면

① $-(-2)+2\neq0$ ② $-2-3\neq0$

③ $2\times(-2)+4=0$ ④ $3\times(-2)\neq4$

⑤ $-2\neq-2\times(-2)$

따라서 해가 $x=-2$인 것은 ③이다.

3 ① $a-b=0$이면 $a=b$이므로 $5a=5b$이다. [참]

② $ac=bc$이고 $c\neq0$일 때만 $a=b$, 즉 $a-b=0$이다. [거짓]

③ $a=-3b$이면 $\frac{a}{3}=-b$이므로 $\frac{a}{3}+1=-b+1$이다. [참]

④ $a+b=0$이면 $a=-b$이므로 $\frac{a}{2}=-\frac{b}{2}$이다. [참]

⑤ $a=\frac{b}{2}$이면 $4a=2b$이므로 $4a-1=2b-1$이다. [참]

4 $-3(2x-3)=5$의 양변을 -3으로 나누면

$2x-3=-\frac{5}{3}$

$2x-3=-\frac{5}{3}$의 양변에 3을 더하면 $2x=\frac{4}{3}$

$2x=\frac{4}{3}$의 양변을 2로 나누면 $x=\frac{2}{3}$이다.

5 $-(x+2)+2(3x-4)=-3(x-2)$에서

$-x-2+6x-8=-3x+6$

$8x-16=0$, $x-2=0$

따라서 $a=1$, $b=-2$이므로 $\frac{b}{a}=-2$

6 ⑤ $3(x-2)=-2x$에서

$3x-6=-2x$

$\therefore 5x-6=0$ ⇨ 일차방정식

7 ① $-5x=10 \quad \therefore x=-2$

② $2x=2 \quad \therefore x=1$

③ $5x=5 \quad \therefore x=1$

④ $3x=3 \quad \therefore x=1$

⑤ $-x-1=-2,\ -x=-1 \quad \therefore x=1$

8 주영이가 처음으로 잘못 계산한 곳은 ㉡이다. 바르게 계산하면 다음과 같다.

$\frac{x}{5}-\frac{3x+2}{4}=-5$

$20\times\frac{x}{5}-20\times\frac{3x+2}{4}=20\times(-5)$

$4x-5(3x+2)=-100,\ 4x-15x-10=-100$

$-11x=-90 \quad \therefore x=\frac{90}{11}$

9 양변에 10을 곱하면

$3(x-6)-10=2(3x+4)$

$3x-18-10=6x+8$

$3x-28=6x+8$

$-3x=36 \quad \therefore x=-12$

10 $\frac{1}{3}x+2=2x-1$의 양변에 3을 곱하면

$x+6=6x-3$에서 $-5x=-9 \quad \therefore x=\frac{9}{5}$

따라서 $a=\frac{9}{5}$이므로

$-5a+4=-5\times\frac{9}{5}+4=-9+4=-5$

11 $4(x-1)=\frac{x-6}{5}+\frac{3x-1}{2}$의 양변에 10을 곱하면

$40(x-1)=2(x-6)+5(3x-1)$

$40x-40=2x-12+15x-5,\ 23x=23$

$\therefore x=1$

따라서 방정식 $3x-a=0$의 해가 $x=1$이므로

$3\times1-a=0 \quad \therefore a=3$

12 $2x+3=2(x-1)+a$에서 $2x+3=2x-2+a$

이 방정식의 해가 무수히 많으므로

$3=-2+a \quad \therefore a=5$

13 $0.3(x-5)=0.2x-2$의 양변에 10을 곱하면

$3(x-5)=2x-20,\ 3x-15=2x-20$

$\therefore x=-5$

따라서 방정식 $5-ax=4x-5$의 해는 $x=-10$이므로

$5-a\times(-10)=4\times(-10)-5,\ 5+10a=-45$

$10a=-50 \quad \therefore a=-5$

개념 완성 발전 문제

개념북 144~145쪽

1 ② **2** ④ **3** -2 **4** 1

5 $a=3$일 때 $x=8$, $a=6$일 때 $x=6$,
$a=9$일 때 $x=4$, $a=12$일 때 $x=2$

6 ① 3, $-a+1$ ② 2, -2, -2, $-(-2)$, 3, 1
③ $-2+1=-1$

7 ① 4 ② 4

1 $3x+2=7-ax$에서 $3x+ax-5=0$

$\therefore (3+a)x-5=0$

이 식이 일차방정식이 되려면 $3+a\neq0$이어야 하므로

$a\neq-3$

2 오른쪽 그림에서

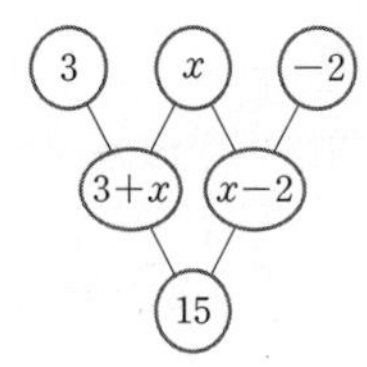

$(3+x)+(x-2)=15$

$2x+1=15,\ 2x=14$

$\therefore x=7$

3 $x-5<x+3$이므로

$\max(x-5,\ x+3)=x+3$

$2-3x<4-3x$이므로

$\min(2-3x,\ 4-3x)=2-3x$

$-6>-7$이므로 $\min(-6,\ -7)=-7$

따라서 주어진 방정식은

$x+3-(2-3x)=-7,\ x+3-2+3x=-7$

$4x=-8 \quad \therefore x=-2$

4 4를 a로 잘못 보았다고 하면 $3x-2=ax+1$의 해가 $x=\frac{3}{2}$이다.

즉, $x=\frac{3}{2}$을 대입하면

$\frac{9}{2}-2=\frac{3}{2}a+1$

$\frac{3}{2}a=\frac{3}{2}$ $\quad \therefore a=1$

따라서 4를 1로 잘못 보고 풀었다.

5 양변에 6을 곱하면

$3x+2a=30$, $3x=30-2a$ $\quad \therefore x=10-\frac{2}{3}a$

x가 자연수이려면 $\frac{2}{3}a$는 10보다 작은 자연수이어야 하고, 이때 a는 3의 배수이어야 한다.

따라서 a는 15보다 작은 3의 배수이므로 $a=3, 6, 9, 12$

$a=3$일 때, $x=10-2=8$

$a=6$일 때, $x=10-4=6$

$a=9$일 때, $x=10-6=4$

$a=12$일 때, $x=10-8=2$

6 ① $(1-a)x+b+2=3x-a+1$이 x에 대한 항등식이므로

$1-a=3$ $\quad\cdots\cdots$ ㉠

$b+2=-a+1$ $\quad\cdots\cdots$ ㉡

② ㉠에서 $-a=2$ $\quad \therefore a=-2$

$a=-2$를 ㉡에 대입하면

$b+2=-(-2)+1$, $b+2=3$ $\quad \therefore b=1$

③ $\therefore a+b=-2+1=-1$

7 ① $(2x-4):\frac{2}{3}(x-1)=2:1$에서

$2x-4=\frac{4}{3}(x-1)$

양변에 3을 곱하면 $6x-12=4(x-1)$

$6x-12=4x-4$, $2x=8$ $\quad \therefore x=4$

② $x=4$가 방정식 $\frac{x-1}{3}-\frac{x+a}{2}=1-x$의 해이므로 대입하면

$\frac{4-1}{3}-\frac{4+a}{2}=1-4$, $1-\frac{4+a}{2}=-3$

양변에 2를 곱하면

$2-(4+a)=-6$, $2-4-a=-6$

$-a=-4$ $\quad \therefore a=4$

3 일차방정식의 활용

개념북

1 일차방정식의 활용 (1)

개념북 148쪽

1 $x-1$, $x+1$, $x-1$, $x+1$, 32, 31, 32, 33

2 $x+2$, $x+2$, 27, 27, 29

어떤 수에 대한 문제

개념북 149쪽

1 (1) $3(x+5)=9(x-3)$ (2) 7 **1-1** -8

1 (1) 어떤 수 x에 5를 더하고 3배한 수는 $3(x+5)$

어떤 수 x에서 3을 빼고 9배한 수는 $9(x-3)$

$\therefore 3(x+5)=9(x-3)$

(2) $3(x+5)=9(x-3)$에서 $3x+15=9x-27$

$-6x=-42$ $\quad \therefore x=7$

따라서 어떤 수는 7이다.

1-1 어떤 수를 x라 하면

$\frac{1}{6}(x-2)=\frac{1}{3}x+1$, $x-2=2x+6$

$-x=8$ $\quad \therefore x=-8$

따라서 어떤 수는 -8이다.

연속하는 자연수에 대한 문제

개념북 149쪽

2 (1) $x+(x+2)=3x-10$ (2) 12, 14

2-1 23 **2-2** 19

2 (1) 작은 수를 x로 놓으면 큰 수는 $x+2$이다.

두 짝수의 합이 작은 수의 3배보다 10만큼 작으므로

$x+(x+2)=3x-10$

(2) $x+(x+2)=3x-10$에서 $2x+2=3x-10$

$-x=-12$ $\quad \therefore x=12$

따라서 두 짝수는 12, 14이다.

2-1 연속하는 세 홀수를 $x-2$, x, $x+2$로 놓으면

$(x-2)+x+(x+2)=63$, $3x=63$ $\quad \therefore x=21$

따라서 연속하는 세 홀수는 19, 21, 23이므로 가장 큰 홀수는 23이다.

2-2 연속하는 세 자연수를 $x-1$, x, $x+1$로 놓으면

$3x=(x-1)+(x+1)+20$

$3x=2x+20$　　$\therefore x=20$

따라서 연속하는 세 자연수는 19, 20, 21이므로 가장 작은 자연수는 19이다.

자리의 숫자에 대한 문제　　개념북 150쪽

3 97　　**3-1** ④　　**3-2** ②　　**3-3** 29

3 처음 수의 일의 자리의 숫자를 x라 하면

처음 수 : $90+x$, 바꾼 수 : $10x+9$

$10x+9=(90+x)-18$, $10x+9=x+72$

$9x=63$　　$\therefore x=7$

따라서 처음 수는 97이다.

3-1 처음 수의 십의 자리의 숫자가 x이므로

처음 수: $10x+5$

바꾼 수: $50+x$

$\therefore 50+x=(10x+5)+9$

3-2 십의 자리의 숫자를 x라 하면 주어진 자연수는 $10x+7$이므로 $10x+7=3(x+7)$

$10x+7=3x+21$, $7x=14$　　$\therefore x=2$

따라서 이 자연수는 27이다.

3-3 처음 수의 십의 자리의 숫자를 x라 하면 일의 자리의 숫자는 $11-x$이므로

처음 수 : $10x+(11-x)=9x+11$

바꾼 수 : $10(11-x)+x=-9x+110$

$-9x+110=(9x+11)+63$

$-9x+110=9x+74$, $-18x=-36$　　$\therefore x=2$

따라서 처음 수는 $9\times2+11=29$

2 일차방정식의 활용 (2)　　개념북 151쪽

1 (1) 10, $38+x$, $10+x$　(2) 4년, 42세

2 (1) $6x+4=7x-6$　(2) 10　(3) 64자루

1 (2) $38+x=3(10+x)$에서

$38+x=30+3x$, $-2x=-8$　　$\therefore x=4$

따라서 4년 후에 어머니의 나이가 아들의 나이의 3배가 되고, 그때의 어머니의 나이는

$38+4=42$(세)

2 (1) 볼펜의 수는 일정하므로 $6x+4=7x-6$

(2) $6x+4=7x-6$에서 $-x=-10$　　$\therefore x=10$

따라서 학생 수는 10이다.

(3) 학생 수가 10이므로 볼펜은 모두

$6\times10+4=64$(자루)

나이에 대한 문제　　개념북 152쪽

1 22년　　**1-1** ③

1 x년 후에 아버지의 나이가 아들의 나이의 2배가 된다고 하면 x년 후의 아버지와 아들의 나이는 각각 $(40+x)$세, $(9+x)$세이므로 $40+x=2(9+x)$

$40+x=18+2x$, $-x=-22$　　$\therefore x=22$

따라서 아버지의 나이가 아들의 나이의 2배가 되는 것은 22년 후이다.

1-1 (가)에서 현재 세현이의 나이를 x세라 하면

$5x-3=37$, $5x=40$　　$\therefore x=8$

즉, 현재 세현이의 나이는 8세이다.

(나)에서 현재 아버지의 나이를 y세라 하면

$y+22=2(8+22)$, $y+22=60$　　$\therefore y=38$

따라서 아버지의 현재 나이는 38세이다.

도형에 대한 문제　　개념북 152쪽

2 18 cm^2　　**2-1** 10 cm　　**2-2** 3

2 직사각형의 가로의 길이를 x cm라 하면 세로의 길이는 $(x+3)$ cm이므로 둘레의 길이는

$2\{x+(x+3)\}=18$, $4x+6=18$, $4x=12$

$\therefore x=3$

따라서 가로의 길이가 3 cm, 세로의 길이가 $3+3=6$(cm)이므로 넓이는 $3\times6=18(\text{cm}^2)$

2-1 밑변의 길이를 x cm라 하면

$\frac{1}{2}\times x\times6=30$, $3x=30$　　$\therefore x=10$

따라서 밑변의 길이는 10 cm이다.

2-2 $(8+2)\times(8-x)=8\times8-14$에서

$10(8-x)=50$, $80-10x=50$

$-10x=-30$　　$\therefore x=3$

원가와 정가에 대한 문제 개념북 153쪽

3 24000원 **3-1** ③

3 할인 전 가격을 x원이라 하면

$x-\frac{30}{100}x=16800$, $\frac{7}{10}x=16800$

$\therefore x=24000$

따라서 할인 전 가격은 24000원이다.

3-1 원가를 x원이라 하면 (정가)$=x+\frac{3}{10}x$(원)이므로

(판매 가격)$=\left(x+\frac{3}{10}x\right)-200$(원)

이때 (이익)=(판매 가격)−(원가)이므로

$\left\{\left(x+\frac{3}{10}x\right)-200\right\}-x=70$, $\frac{3}{10}x-200=70$

$\frac{3}{10}x=270$ $\therefore x=900$

따라서 원가는 900원이다.

이동에 대한 문제 개념북 153쪽

4 30 mL **4-1** ④

4 A컵에서 B컵으로 x mL의 물을 옮기고 난 후 각 컵의 물의 양은

A컵 : $(350-x)$ mL

B컵 : $(130+x)$ mL

$350-x=2(130+x)$, $350-x=260+2x$

$-3x=-90$ $\therefore x=30$

따라서 A컵에서 B컵으로 30 mL의 물을 옮겨야 한다.

4-1 옮겨야 하는 탄산 음료의 양을 x mL라 하면

$400+x=1700-x$, $2x=1300$ $\therefore x=650$

따라서 B에서 A로 650 mL의 탄산 음료를 옮겨야 한다.

예금에 대한 문제 개념북 154쪽

5 3개월 **5-1** 30일

5 x개월 후에 형과 동생의 예금액이 같아진다고 하면

x개월 후의 형의 예금액은 $(25000+5000x)$원, 동생의 예금액은 $(10000+10000x)$원이므로

$25000+5000x=10000+10000x$

$-5000x=-15000$ $\therefore x=3$

따라서 형과 동생의 예금액이 같아지는 것은 3개월 후이다.

5-1 x일 후에 진우의 저금통에 들어 있는 금액이 혜지의 저금통에 들어 있는 금액의 2배가 된다고 하면

x일 후의 진우의 저금통에 들어 있는 금액은

$(10000+5000x)$원

혜지의 저금통에 들어 있는 금액은

$(20000+2000x)$원이므로

$10000+5000x=2(20000+2000x)$

$1000x=30000$ $\therefore x=30$

따라서 진우의 저금통에 들어 있는 금액이 혜지의 저금통에 들어 있는 금액의 2배가 되는 것은 30일 후이다.

과부족에 대한 문제 개념북 154쪽

6 (1) 34 (2) 130권 **6-1** 14명

6 (1) 학생 수를 x라 하면

공책의 수는 $3x+28$권 또는 $4x-6$권이고 나누어 주는 방법에 관계없이 공책의 수는 일정하므로

$3x+28=4x-6$ $\therefore x=34$

따라서 학생 수는 34이다.

(2) 학생이 34명이므로 공책은

$3\times34+28=102+28=130$(권)

6-1 선화가 자두를 나누어 준 친구들을 x명이라 하면

자두의 개수는 $5x-4$ 또는 $4x+10$이고 나누어 주는 방법에 관계없이 자두의 개수는 일정하므로

$5x-4=4x+10$ $\therefore x=14$

따라서 선화가 자두를 나누어 준 친구들은 모두 14명이다.

3 일차방정식의 활용 (3)

개념북 155쪽

1 (1) x, 4, $\frac{x}{3}$, $\frac{x}{4}$ (2) $\frac{x}{3}+\frac{x}{4}=7$ (3) 12 km

2 (1) x, 80, $60x$, $80x$ (2) $60x+80x=700$ (3) 5분

1 (3) $\frac{x}{3}+\frac{x}{4}=7$에서 $4x+3x=84$

$7x=84$ $\therefore x=12$

따라서 올라간 거리는 12 km이다.

2 (3) $60x+80x=700$에서 $140x=700$ $\therefore x=5$

따라서 두 사람 A, B는 5분 후에 처음으로 다시 만난다.

속력이 바뀌는 경우 개념북 156쪽

1 (1) $\frac{x}{2}$시간 (2) $\frac{x}{4}$시간 (3) 4 km **1-1** ③

1-2 ①

1 (3) (올라갈 때 걸린 시간)+(내려올 때 걸린 시간)=3(시간)

이므로 $\frac{x}{2}+\frac{x}{4}=3$

$2x+x=12$, $3x=12$ $\therefore x=4$

따라서 정상까지의 거리는 4 km이다.

1-1 두 지점 사이의 거리를 x km라 하면

(갈 때 걸린 시간)+(올 때 걸린 시간)=(1시간 45분)

이고, 1시간 45분은 $1\frac{45}{60}=\frac{7}{4}$(시간)이므로

$\frac{x}{10}+\frac{x}{4}=\frac{7}{4}$

$2x+5x=35$, $7x=35$ $\therefore x=5$

따라서 두 지점 A, B 사이의 거리는 5 km이다.

1-2 시속 20 km로 달린 거리를 x km라 하면

시속 30 km로 달린 거리는 $(52-x)$ km이다.

(시속 20 km로 달린 시간)+(시속 30 km로 달린 시간)=2(시간)

이므로 $\frac{x}{20}+\frac{52-x}{30}=2$

$3x+2(52-x)=120$

$3x+104-2x=120$ $\therefore x=16$

따라서 시속 20 km로 달린 거리는 16 km이다.

시차를 두고 출발하는 경우 개념북 157쪽

2 5분 **2-1** ④

2 동생이 집에서 출발한 지 x분 후에 어머니를 만난다고 하면 어머니가 $(20+x)$분 동안 간 거리 : $30(20+x)$ m

동생이 x분 동안 간 거리 : $150x$ m

(어머니가 간 거리)=(동생이 간 거리)이므로

$30(20+x)=150x$

$600+30x=150x$, $-120x=-600$ $\therefore x=5$

따라서 동생은 집에서 출발한 지 5분 후에 어머니를 만나게 된다.

2-1 민욱이가 출발한 지 x분 후에 효은이를 만난다고 하면

효은이가 $(10+x)$분 동안 간 거리 : $40(10+x)$ m

민욱이가 x분 동안 간 거리 : $60x$ m

(효은이가 간 거리)=(민욱이가 간 거리)이므로

$40(10+x)=60x$, $400+40x=60x$

$-20x=-400$ $\therefore x=20$

따라서 효은이는 출발한 지 10+20=30(분) 후에 민욱이를 만나므로 두 사람이 만나게 되는 시각은 오전 9시 30분이다.

시차가 발생하는 경우 개념북 157쪽

3 4.5 km **3-1** 24 km

3 집과 학교 사이의 거리를 x km라 하면

(시속 3 km로 가는 데 걸리는 시간)

−(시속 9 km로 가는 데 걸리는 시간)=1(시간)

이므로 $\frac{x}{3}-\frac{x}{9}=1$

$3x-x=9$, $2x=9$ $\therefore x=4.5$

따라서 집과 학교 사이의 거리는 4.5 km이다.

3-1 두 지점 A, B 사이의 거리를 x km라 하면

(시속 40 km일 때 걸린 시간)

−(시속 60 km일 때 걸린 시간)=12(분)

이므로 $\frac{x}{40}-\frac{x}{60}=\frac{12}{60}$

$3x-2x=24$ $\therefore x=24$

따라서 두 지점 A, B 사이의 거리는 24 km이다.

마주 보고 걷거나 둘레를 도는 경우 개념북 158쪽

4 45분 **4-1** 6분 30초

4 형제가 x시간 후에 처음으로 다시 만난다고 하면

(동생의 이동 거리)−(형의 이동 거리)=1.5(km)

이므로 $6x-4x=1.5$

$60x-40x=15$, $20x=15$ $\therefore x=\frac{3}{4}$

따라서 형제는 $\frac{3}{4}$시간, 즉 $\frac{3}{4}\times 60=45$(분) 후에 처음으로 다시 만난다.

4-1 두 사람이 만날 때까지 A가 달린 시간을 x분이라 하면

B는 30초 늦게 출발하였으므로 B가 달린 시간은

$\left(x-\frac{1}{2}\right)$분이다.

(A가 달린 거리)$=300x$ m

(B가 달린 거리)$=100\left(x-\frac{1}{2}\right)$ m

(A가 달린 거리)+(B가 달린 거리)$=2550$(m)

이므로 $300x+100\left(x-\frac{1}{2}\right)=2550$

$400x=2600 \qquad \therefore x=6.5$

따라서 A가 달린 시간은 6.5분, 즉 6분 30초이다.

기차가 터널을 지나는 경우 개념북 158쪽

5 60 m **5-1** ③

5 기차의 길이를 x m라 하면 이 기차가 길이가 480 m인 터널을 완전히 통과하려면 $(480+x)$ m를 달려야 하므로

$\frac{480+x}{15}=36$, $480+x=540 \qquad \therefore x=60$

따라서 기차의 길이는 60 m이다.

5-1 기차의 길이를 x km라 하면 이 기차가 길이가 1 km인 철교를 완전히 통과하려면 $(1+x)$ km를 달려야 하므로

$\frac{1+x}{360}=\frac{12}{3600}$, $5(1+x)=6$, $5x=1 \qquad \therefore x=\frac{1}{5}$

따라서 기차의 길이는 $\frac{1}{5}$ km, 즉 200 m이다.

4 일차방정식의 활용 (4) 개념북 159쪽

1 (1) 5, $200+x$, $\frac{8}{100}\times 200=16$, $\frac{5}{100}\times(200+x)$

(2) $16=\frac{5}{100}\times(200+x)$ (3) 120 g

2 (1) 6, $300-x$, $\frac{4}{100}\times 300=12$, $\frac{6}{100}\times(300-x)$

(2) $12=\frac{6}{100}\times(300-x)$ (3) 100 g

1 (3) $16=\frac{5}{100}\times(200+x)$에서

$1600=1000+5x$

$5x=600 \qquad \therefore x=120$

따라서 120 g의 물을 더 넣었다.

2 (3) $12=\frac{6}{100}\times(300-x)$에서

$1200=1800-6x$

$6x=600 \qquad \therefore x=100$

따라서 100 g의 물을 증발시켰다.

물을 넣거나 증발시키는 경우 개념북 160쪽

1 200 g **1-1** ③

1 더 넣어야 하는 물의 양을 x g이라 하면 소금의 양은 일정하므로

$\frac{10}{100}\times 300=\frac{6}{100}\times(300+x)$에서

$3000=1800+6x \qquad \therefore x=200$

따라서 200 g의 물을 더 넣어야 한다.

1-1 증발한 물의 양을 x kg이라 하면 소금의 양은 일정하므로

$\frac{4}{100}\times 5=\frac{5}{100}\times(5-x)$에서

$20=25-5x$, $5x=5 \qquad \therefore x=1$

따라서 증발한 물의 양은 1 kg이다.

두 소금물을 섞는 경우 개념북 160쪽

2 100 g **2-1** ⑤

2 섞어야 하는 10 %의 소금물의 양을 x g이라 하면

$\frac{4}{100}\times 200+\frac{10}{100}\times x=\frac{6}{100}\times(200+x)$에서

$800+10x=1200+6x$, $4x=400$

$\therefore x=100$

따라서 10 %의 소금물 100 g을 섞으면 된다.

2-1 섞은 주스의 오렌지 함유량을 x %라 하면

$\frac{50}{100}\times 1800+\frac{20}{100}\times 200=\frac{x}{100}\times 2000$에서

$900+40=20x \qquad \therefore x=47$

따라서 섞은 주스의 오렌지 함유량은 47 %이다.

일에 대한 문제 개념북 161쪽

3 (1) A : $\frac{1}{6}$, B : $\frac{1}{9}$ (2) 3일 **3-1** ①

3 (1) A가 하루에 하는 일의 양은 $\frac{1}{6}$, B가 하루에 하는 일의 양은 $\frac{1}{9}$이다.

(2) B가 일한 날수를 x일이라 하면

$\frac{1}{6}\times4+\frac{1}{9}\times x=1$, $\frac{2}{3}+\frac{1}{9}x=1$, $6+x=9$

$\therefore x=3$

따라서 B가 일한 날수는 3일이다.

3-1 전체 일의 양을 1이라 하면 선호와 수정이가 하루에 하는 일의 양은 각각 $\frac{1}{21}$, $\frac{1}{28}$이고 일을 마치는 데 x일이 걸린다고 하면

$\left(\frac{1}{21}+\frac{1}{28}\right)\times x=1$, $\frac{1}{12}x=1$ $\quad\therefore x=12$

따라서 일을 마치는 데 12일이 걸린다.

시계에 대한 문제

개념북 161쪽

4 12시 $\frac{360}{11}$분 **4-1** ②

4 12시 x분에 시침과 분침이 서로 반대 방향으로 일직선을 이룬다고 하면 x분 동안 시침과 분침이 움직인 각의 크기는 각각 $0.5x°$, $6x°$이고 분침이 시침보다 시곗바늘이 도는 방향으로 180°만큼 더 움직였으므로

$6x-0.5x=180$에서 $5.5x=180$ $\quad\therefore x=\frac{360}{11}$

따라서 구하는 시각은 12시 $\frac{360}{11}$분이다.

4-1 4시 x분에 시계의 시침과 분침이 일치한다고 하면 x분 동안 시침과 분침이 움직인 각의 크기는 각각 $0.5x°$, $6x°$이고 4시 정각에 시침은 12시 정각일 때로부터 $30°\times4=120°$만큼 움직인 곳에서 출발하므로

$6x=120+0.5x$에서 $5.5x=120$ $\quad\therefore x=\frac{240}{11}$

즉, 구하는 시각은 4시 $\frac{240}{11}\left(=21\frac{9}{11}\right)$분이다.

따라서 4시 21분과 22분 사이이므로 $a=21$이다.

개념 완성 기본 문제

개념북 166~168쪽

1 ①	**2** ④	**3** 36	**4** ③
5 ④	**6** 13 cm	**7** ④	**8** 4000원
9 ①	**10** 5개월	**11** ①	**12** 300
13 ②	**14** ④	**15** 40 g	**16** 1시간

1 어떤 수를 x라 하면

$x-5=4x+10$, $-3x=15$ $\quad\therefore x=-5$

따라서 어떤 수는 -5이다.

2 연속하는 세 짝수를 $x-2$, x, $x+2$로 놓으면

$(x-2)+x+(x+2)=156$, $3x=156$

$\therefore x=52$

따라서 연속하는 세 짝수는 50, 52, 54이므로 가장 큰 수는 54이다.

3 처음 수의 십의 자리의 숫자를 x라 하면

처음 수 : $10x+6$, 바꾼 수 : $60+x$

$60+x=2(10x+6)-9$, $60+x=20x+3$

$-19x=-57$ $\quad\therefore x=3$

따라서 처음 수는 36이다.

4 제자를 모두 x명이라 하면

$\frac{1}{2}x+\frac{1}{4}x+\frac{1}{7}x+3=x$

$14x+7x+4x+84=28x$

$25x+84=28x$, $-3x=-84$ $\quad\therefore x=28$

따라서 피타고라스의 제자는 모두 28명이다.

5 x년 후에 삼촌의 나이가 조카의 나이의 3배가 된다고 하면 x년 후의 삼촌의 나이는 $(29+x)$세, 조카의 나이는 $(5+x)$세이므로

$29+x=3(5+x)$, $29+x=15+3x$

$-2x=-14$ $\quad\therefore x=7$

따라서 삼촌의 나이가 조카의 나이의 3배가 되는 때는 지금으로부터 7년 후이다.

6 가로의 길이를 x cm라 하면 세로의 길이는 $(x-6)$ cm이므로

$2\{x+(x-6)\}=40$, $4x-12=40$, $4x=52$

$\therefore x=13$

따라서 가로의 길이는 13 cm이다.

7 $42=\frac{1}{2}\times(4+8)\times h$, $42=6h$ $\quad\therefore h=7$

8 원가를 x원이라 하면

(정가)$=x+\frac{30}{100}x=\frac{13}{10}x$(원)

(판매 가격)$=\frac{13}{10}x-500$(원)

이때 700원의 이익이 생겼으므로

$\left(\frac{13}{10}x-500\right)-x=700$, $\frac{3}{10}x=1200$

$\therefore x=4000$

따라서 이 물건의 원가는 4000원이다.

9 B컵에서 A컵으로 x mL의 물을 옮긴다고 하면

$400+x=3(300-x)$, $400+x=900-3x$

$4x=500 \quad \therefore x=125$

따라서 B컵에서 A컵으로 125 mL의 물을 옮겨야 한다.

10 x개월 후에 용화와 민희의 저금액이 같아진다고 하면

x개월 후의 용화의 저금액은 $(20000+6000x)$원,

민희의 저금액은 $(40000+2000x)$원이므로

$20000+6000x=40000+2000x$

$4000x=20000 \quad \therefore x=5$

따라서 용화와 민희의 저금액이 같아지는 것은 5개월 후이다.

11 학생 수를 x라 하면

1명당 600원씩 걷는 경우

(전체 입장료)$=600x+1000$(원)

1명당 700원씩 걷는 경우

(전체 입장료)$=700x-2000$(원)

즉, $600x+1000=700x-2000$이므로

$-100x=-3000 \quad \therefore x=30$

따라서 학생 수는 30이다.

12 작년의 전체 학생 수를 x라 하면 올해 학생 수는 285이므로

$x-\frac{5}{100}x=285$, $95x=28500$

$\therefore x=300$

따라서 작년의 전체 학생 수는 300이다.

13 시속 3 km로 걸어간 거리를 x km라 하면

$\frac{x}{3}+\frac{3-x}{6}=\frac{45}{60}$, $20x+10(3-x)=45$

$10x+30=45$, $10x=15 \quad \therefore x=\frac{3}{2}$

따라서 시속 3 km로 걸어간 거리는 $\frac{3}{2}$ km이다.

14 민우가 출발한 지 x분 후에 정혁이를 만난다고 하면

$(x+5)$분 동안 정혁이가 걸은 거리 : $80(x+5)$ m

x분 동안 민우가 걸은 거리 : $100x$ m

$80(x+5)=100x$, $80x+400=100x$

$-20x=-400 \quad \therefore x=20$

따라서 민우는 오후 3시 5분에 출발하였으므로 정혁이와 민우가 만나는 시각은 민우가 출발한 지 20분 후인 오후 3시 25분이다.

15 증발시킬 물의 양을 x g이라 하면 소금의 양은 일정하므로

$\frac{8}{100}\times 200=\frac{10}{100}\times(200-x)$

$1600=2000-10x$

$10x=400 \quad \therefore x=40$

따라서 40 g의 물을 증발시키면 된다.

16 물통에 가득 찬 물의 양을 1이라 하고, A, B 두 호스로 같이 물을 채운 시간을 x시간이라 하면

A 호스로는 1시간에 물통의 $\frac{1}{3}$만큼,

B 호스로는 1시간에 물통의 $\frac{1}{2}$만큼 물을 채우므로

$\frac{1}{3}\times\frac{30}{60}+\left(\frac{1}{3}+\frac{1}{2}\right)\times x=1$, $\frac{1}{6}+\frac{5}{6}x=1$

$\frac{5}{6}x=\frac{5}{6} \quad \therefore x=1$

따라서 A, B 두 호스로 같이 물을 채운 시간은 1시간이다.

개념 완성 발전 문제

개념북 169~170쪽

1 ⑤ **2** 40 **3** 100 m **4** 40 g

5 ⑤

6 ① $2\times x\times\left(1-\frac{10}{100}\right)$

② $2x\times\frac{9}{10}$, $\frac{9}{5}x$, $30600\times\frac{5}{9}=17000$ ③ 17000

7 ① $\frac{x}{4}-\frac{x}{10}=\frac{27}{60}$ ② $x=3$ ③ 3 km

1 정가를 x원이라 하면 (판매 가격)$=x-\frac{20}{100}x$(원)

그런데 (이익)=(판매 가격)−(원가)이므로

$\left(x-\frac{20}{100}x\right)-3000=\frac{20}{100}\times 3000$

$\frac{80}{100}x-3000=600$

$\frac{4}{5}x=3600 \qquad \therefore x=4500$

따라서 정가를 4500원으로 정하면 된다.

2 의자의 개수를 x라 하면

학생 수는 $6x+4$ 또는 $7(x-1)+5$이므로

$6x+4=7(x-1)+5$, $6x+4=7x-2$

$-x=-6 \qquad \therefore x=6$

따라서 학생 수는 $6\times6+4=40$이다.

3 기차의 길이를 x m라 하면

(터널을 통과할 때 기차의 속력)$=\frac{1100+x}{54}$(m/초)

(다리를 통과할 때 기차의 속력)$=\frac{300+x}{18}$(m/초)

기차의 속력은 일정하므로

$\frac{1100+x}{54}=\frac{300+x}{18}$, $1100+x=3(300+x)$

$1100+x=900+3x$, $-2x=-200 \qquad \therefore x=100$

따라서 기차의 길이는 100 m이다.

4 5 %의 소금물 200 g에 들어 있는 소금의 양은

$\frac{5}{100}\times200=10(\text{g})$

더 넣어야 하는 물의 양을 x g이라 하면

$10+10=\frac{8}{100}\times(200+10+x)$

$2000=1680+8x$

$-8x=-320 \qquad \therefore x=40$

따라서 물은 40 g을 더 넣어야 한다.

6 5시 x분에 시계의 시침과 분침이 이루는 각의 크기가 90°가 된다고 하면 x분 동안 시침과 분침이 움직인 각의 크기는 각각 $0.5x°$, $6x°$이고 5시 정각에 시침은 12시 정각일 때로부터 $30°\times5=150°$만큼 움직인 곳에서 출발하므로 다음과 같이 두 번 나타난다.

(i) 시침이 분침보다 시곗바늘이 도는 방향으로 90°만큼 더 움직였을 경우

$(150+0.5x)-6x=90$에서 $150-5.5x=90$

$-5.5x=-60 \qquad \therefore x=\frac{120}{11}$

(ii) 분침이 시침보다 시곗바늘이 도는 방향으로 90°만큼 더 움직였을 경우

$6x-(150+0.5x)=90$에서 $5.5x-150=90$

$5.5x=240 \qquad \therefore x=\frac{480}{11}$

따라서 구하는 시각은 5시 $\frac{120}{11}$분과 5시 $\frac{480}{11}$분이므로

두 시각의 차는 $\frac{480}{11}-\frac{120}{11}=\frac{360}{11}$(분)이다.

6 ① 치킨 한 마리의 정가를 x원이라 하면

$2\times x\times\left(1-\frac{10}{100}\right)=30600$

② $2x\times\frac{9}{10}=30600$, $\frac{9}{5}x=30600$

$\therefore x=30600\times\frac{5}{9}=17000$

③ 치킨 한 마리의 정가는 17000원이다.

7 ① 집에서 영화관까지의 거리를 x km라 하면

걸어갈 때 걸리는 시간은 $\frac{x}{4}$시간, 자전거를 타고 갈 때 걸리는 시간은 $\frac{x}{10}$시간이고, 걸어가면 자전거를 타고 가는 것보다 27분이 더 걸리므로

$\frac{x}{4}-\frac{x}{10}=\frac{27}{60}$

② $15x-6x=27$, $9x=27 \qquad \therefore x=3$

③ 집에서 영화관까지의 거리는 3 km이다.

1 좌표평면과 그래프

1 순서쌍과 좌표

개념북 174쪽

1 (1) $A(-2)$, $B\left(\frac{1}{2}\right)$, $C(3)$

(2) A, P, B, Q, C; -3, -2, -1, 0, 1, 2, 3, $\frac{1}{2}$, $\frac{3}{2}$

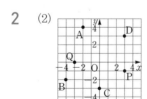

순서쌍

개념북 175쪽

1 (1) $(2,\ 4)$ (2) $(3,\ 1)$

1-1 $(1,\ 3)$, $(2,\ 2)$, $(3,\ 1)$

1 (1) x좌표가 2이고 y좌표가 4인 점의 좌표는 $(2,\ 4)$이다.
(2) x좌표가 3이고 y좌표가 1인 점의 좌표는 $(3,\ 1)$이다.

1-1 $a+b=4$를 만족하는 순서쌍 $(a,\ b)$는
$(1,\ 3)$, $(2,\ 2)$, $(3,\ 1)$이다.

좌표평면 위의 점의 좌표

개념북 175쪽

2 (1) $A(-2,\ 4)$, $B(-4,\ -2)$, $C(0,\ -3)$, $D(3,\ 3)$
(2) 풀이 참조

2-1 ①

2 (2)

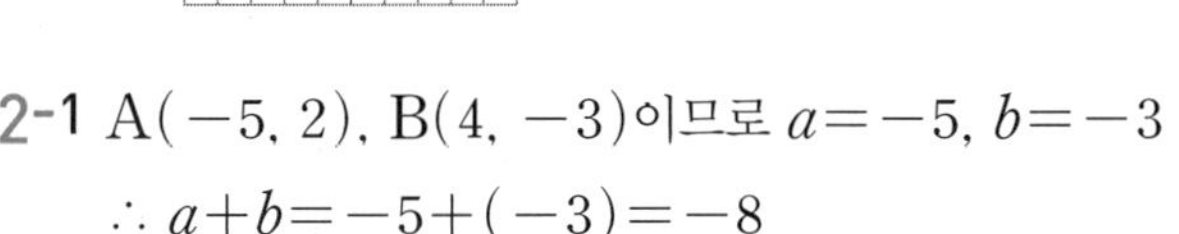

2-1 $A(-5,\ 2)$, $B(4,\ -3)$이므로 $a=-5$, $b=-3$
$\therefore a+b=-5+(-3)=-8$

x축 또는 y축 위의 점의 좌표

개념북 176쪽

3 (1) $(6,\ 0)$ (2) $(0,\ -7)$ **3-1** ④

3 (1) x축 위의 점이므로 y좌표가 0이다. $\therefore (6,\ 0)$
(2) y축 위의 점이므로 x좌표가 0이다. $\therefore (0,\ -7)$

3-1 점 $A(2a+3,\ 6-2a)$가 x축 위의 점이므로
$6-2a=0$ $\therefore a=3$
점 $B(b-1,\ 10-b)$가 y축 위의 점이므로
$b-1=0$ $\therefore b=1$
$\therefore a+b=3+1=4$

좌표평면 위의 도형의 넓이

개념북 176쪽

4 ③ **4-1** ③

4 세 점 $A(2,\ 3)$, $B(2,\ -4)$, $C(-2,\ -2)$를 좌표평면 위에 나타내면 오른쪽 그림과 같으므로

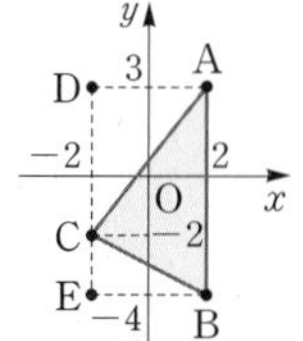

(삼각형 ABC의 넓이)
=(사각형 ADEB의 넓이)−(삼각형 ADC의 넓이)−(삼각형 CEB의 넓이)
$=4\times7-\frac{1}{2}\times4\times5-\frac{1}{2}\times4\times2$
$=28-10-4=14$

[다른 풀이]
(삼각형 ABC의 넓이)
$=\frac{1}{2}\times\{3-(-4)\}\times\{2-(-2)\}$
$=\frac{1}{2}\times7\times4=14$

4-1 세 점 $A(-1,\ -1)$, $B(3,\ -1)$, $C(4,\ 2)$를 좌표평면 위에 나타내면 오른쪽 그림과 같으므로

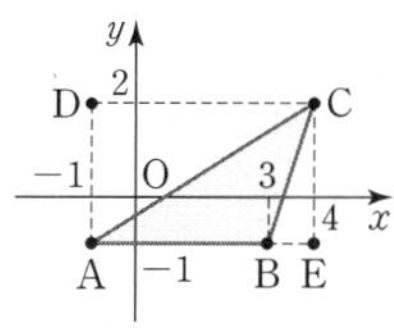

(삼각형 ABC의 넓이)
=(사각형 AECD의 넓이)−(삼각형 ACD의 넓이)−(삼각형 BEC의 넓이)
$=5\times3-\frac{1}{2}\times5\times3-\frac{1}{2}\times1\times3$
$=15-\frac{15}{2}-\frac{3}{2}=6$

[다른 풀이]
(삼각형 ABC의 넓이)
$=\frac{1}{2}\times\{3-(-1)\}\times\{2-(-1)\}$
$=\frac{1}{2}\times4\times3=6$

2 사분면

개념북 177쪽

1 (1) 제2사분면 (2) 제1사분면
(3) 제3사분면 (4) 제4사분면

2 (1) $(-3, -6)$ (2) $(3, 6)$ (3) $(3, -6)$

사분면

개념북 178쪽

1 (1) $B(-3, 5)$, $D(-6, 2)$
(2) $A(2, -1)$, $F(3, -4)$
(3) $C(0, 4)$, $E(-7, 0)$

1-1 2개 **1-2** ④

1 (1) 제2사분면 위의 점은 (x좌표)<0, (y좌표)>0이므로 $B(-3, 5)$, $D(-6, 2)$
(2) 제4사분면 위의 점은 (x좌표)>0, (y좌표)<0이므로 $A(2, -1)$, $F(3, -4)$
(3) 어느 사분면에도 속하지 않는 점은 $C(0, 4)$, $E(-7, 0)$

1-1 제3사분면 위의 점은 (x좌표)<0, (y좌표)<0이므로 ㄴ, ㅂ의 2개이다.

1-2 $a+1=3-a$에서 $2a=2$이므로 $a=1$
$4-b=2b+7$에서 $3b=-3$이므로 $b=-1$
따라서 점 $P(1, -1)$은 제4사분면 위의 점이다.

사분면의 결정 – 두 수의 부호를 이용하는 경우

개념북 178쪽

2 ② **2-1** ④ **2-2** ②

2 $ab<0$이므로 a, b의 부호는 서로 다르고 $a<b$이므로 $a<0$, $b>0$
따라서 점 $P(a, b)$는 제2사분면 위의 점이다.

2-1 $\frac{a}{b}>0$이므로 a, b의 부호는 서로 같고 $a+b<0$이므로 $a<0$, $b<0$이다.
따라서 $-a>0$, $b<0$이므로 점 $A(-a, b)$는 제4사분면 위의 점이다.

2-2 $a>0$, $b<0$이므로 $|a|=a$, $|b|=-b$이다.
$|a|<|b|$에서 $a<-b$이므로 $a+b<0$ ...... ㉠
$a>0$, $-b>0$이므로 $a-b>0$ ...... ㉡
㉠, ㉡에 의하여 점 $A(a+b, a-b)$는 제2사분면 위의 점이다.

사분면의 결정 – 점이 속한 사분면이 주어진 경우

개념북 179쪽

3 ③ **3-1** ② **3-2** ④

3 점 $A(-a, b)$가 제1사분면 위의 점이므로
$-a>0$, $b>0$ $\therefore a<0, b>0$
따라서 $a<0$, $ab<0$이므로 점 $B(a, ab)$는 제3사분면 위의 점이다.

3-1 점 $P(a, b)$가 제4사분면 위의 점이므로 $a>0$, $b<0$
따라서 $b-a<0$, $a-b>0$이므로 점 $Q(b-a, a-b)$는 제2사분면 위의 점이다.

3-2 점 $P(a, -b)$가 제2사분면 위의 점이므로
$a<0$, $-b>0$이다. 즉, $a<0$, $b<0$이다.
따라서 $a^2>0$, $a+b<0$이므로 점 $Q(a^2, a+b)$는 제4사분면 위의 점이다.

대칭인 점의 좌표

개념북 180쪽

4 (1) -2 (2) -1 (3) 3 **4-1** $a=6$, $b=-2$
4-2 $a=-1$, $b=-5$

4 (1) 점 $(4, 2)$와 x축에 대하여 대칭인 점의 좌표는 $(4, -2)$이므로 $a=-2$
(2) 점 $(1, -5)$와 y축에 대하여 대칭인 점의 좌표는 $(-1, -5)$이므로 $b=-1$
(3) 점 $(-3, -1)$과 원점에 대하여 대칭인 점의 좌표는 $(3, 1)$이므로 $c=3$

4-1 점 $(-a, 2)$와 원점에 대하여 대칭인 점의 좌표는 $(a, -2)$이므로 $a=6$, $b=-2$

4-2 점 $(5, a)$와 x축에 대하여 대칭인 점의 좌표는 $(5, -a)$이고 점 $(b, -1)$과 원점에 대하여 대칭인 점의 좌표는 $(-b, 1)$이다. 이때 두 점의 좌표가 같으므로 $a=-1$, $b=-5$

3 그래프

개념북 181쪽

1 (1) $2\ m^3$ (2) 24분

1 (1) 그래프가 점 (8, 2)를 지나므로 8분 후의 물의 부피는 $2\ m^3$이다.

(2) 그래프가 점 (24, 8)을 지나므로 물통에 물을 가득 채울 때까지 24분이 걸린다.

그래프 그리기 개념북 182쪽

1 18, 12, 6, 0, −6,

1-1

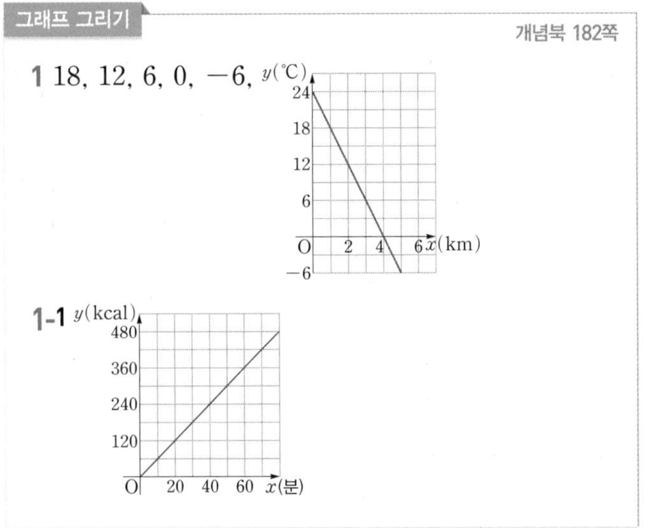

1

x(km)	0	1	2	3	4	5
y(℃)	24	18	12	6	0	−6

두 변수 x, y 사이의 관계를 표로 나타내면 위와 같으므로 그래프는 오른쪽 그림과 같다.

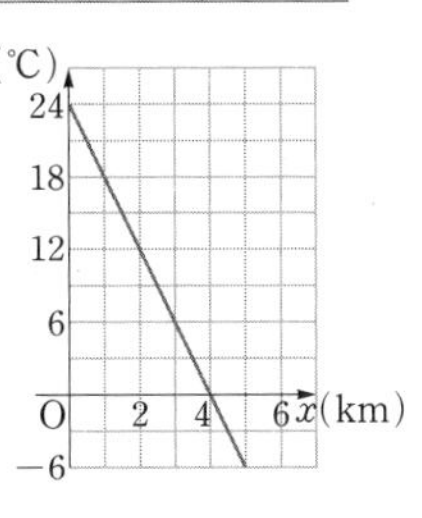

1-1

x(분)	0	10	20	30	40	⋯
y(kcal)	0	60	120	180	240	⋯

두 변수 x, y 사이의 관계를 표로 나타내면 위와 같으므로 그래프는 오른쪽 그림과 같다.

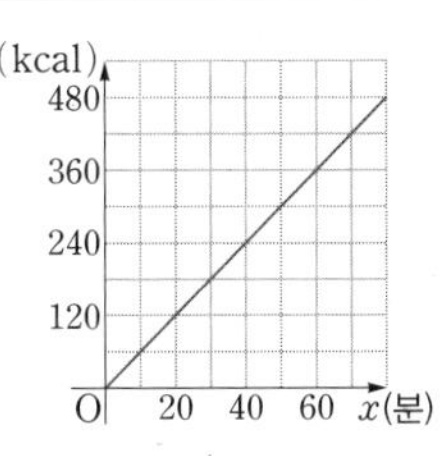

상황에 맞는 그래프 찾기 개념북 182쪽

2 ④ **2-1** ④

2 시간이 지남에 따라 물통의 물의 높이는 일정하게 증가하다가 물통의 밑면의 반지름의 길이가 길어짐에 따라 물의 높이가 처음보다는 느리고 일정하게 증가한다.
따라서 그래프로 알맞은 것은 ④이다.

2-1 출발 후 편의점까지는 일정한 속력으로 갔으므로 거리가 일정하게 증가한다. 편의점에서는 거리의 변화가 없고, 다시 일정한 속력으로 학교까지 걸어갔으므로 거리가 일정하게 증가한다.
따라서 그래프로 알맞은 것은 ④이다.

그래프 해석하기 개념북 183쪽

3 ③ **3-1** (1) 300 m (2) 6분 (3) 3분

3-2 12 m **3-3** 200 m

3 ③ (다) 구간은 물체의 속력이 일정한 구간이다.
따라서 운동을 하고 있다.

3-1 (1) $x=6$일 때, y의 값이 가장 크고 그때의 y의 값은 300이므로 영수가 집에서 출발한 지 6분 동안 300 m를 걸어 마트에 도착했음을 알 수 있다.

(2) 영수가 집에서 출발한 지 6분 후부터 12분 후까지 집으로부터의 거리가 일정하므로 마트에서 머문 시간은 $12-6=6$(분)이다.

(3) $x=12$일 때부터 y의 값이 점점 감소하여 $x=15$일 때 $y=0$이 되므로 영수가 집으로 돌아오는 데 걸린 시간은 $15-12=3$(분)이다.

3-2 출발한 지 10초 후의 출발점으로부터의 거리는 20 m, 출발한 지 20초 후의 출발점으로부터의 거리는 32 m이므로 거리의 차는 $32-20=12$(m)이다.

3-3 진희는 20분 동안 600 m를 걸었고 윤희는 20분 동안 400 m를 걸었다.
따라서 20분 후의 두 사람 사이의 거리는 $600-400=200$(m)이다.

개념 완성 기본 문제 개념북 186~187쪽

1 ③ **2** ③ **3** ③ **4** ③

5 ③ **6** ⑤ **7** ② **8** ②

9 ① **10** (1)−㉡, (2)−㉢, (3)−㉠

11 (1) 정희, 민재 (2) 정희, 현주

12 (1) 400 m (2) 15분 (3) 3분

1 $3a=-9$이므로 $a=-3$

$6=b+4$이므로 $b=2$

$\therefore a+b=-3+2=-1$

2 점 C의 x좌표는 2, y좌표는 -3이므로 $C(2, -3)$이다.

3 x축 위의 점은 y좌표가 0이므로 x축 위의 점은 ③이다.

4 점 $(a+3, b-2)$가 x축 위의 점이므로

$b-2=0 \quad \therefore b=2$

점 $(a-3, b+2)$가 y축 위의 점이므로

$a-3=0 \quad \therefore a=3$

$\therefore (a, b)=(3, 2)$

5 네 점 A, B, C, D를 좌표평면 위에 나타내면 오른쪽 그림과 같으므로

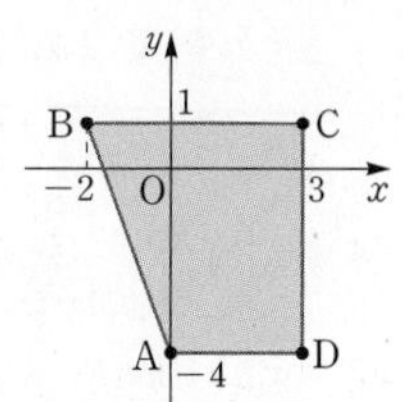

(사각형 ABCD의 넓이)

$=\frac{1}{2}\times(5+3)\times5=20$

6 ⑤ 점 $C(a, b)$가 제2사분면 위의 점이면 $a<0$, $b>0$

7 점 (a, b)가 제3사분면 위의 점이므로 $a<0$, $b<0$

$\therefore a+b<0$, $-2b>0$

따라서 점 $(a+b, -2b)$는 제2사분면 위의 점이다.

8 x축에 대하여 대칭인 점은 y좌표의 부호가 반대이므로 점 $(-5, 2)$와 x축에 대하여 대칭인 점의 좌표는 $(-5, -2)$이다.

9 고도를 높일 때 ⇨ 그래프 모양은 오른쪽 위로 향한다.

일정한 고도를 유지할 때 ⇨ 그래프 모양은 수평이다.

고도를 낮출 때 ⇨ 그래프 모양은 오른쪽 아래로 향한다.

따라서 그래프로 알맞은 것은 ①이다.

10 물통의 밑면의 반지름의 길이가 가장 짧은 (1)번 물통에 해당하는 그래프는 물의 높이가 가장 빠르게 증가하는 ㉡이고, 물통의 밑면의 반지름의 길이가 가장 긴 (2)번 물통에 해당하는 그래프는 물의 높이가 가장 천천히 증가하는 ㉢이다.

11 (1) 물의 양이 0이 되는 학생은 정희, 민재이다.

(2) 물의 양이 감소하다가 일정한 구간이 있는 그래프는 정희와 현주의 그래프이다.

12 (3) 이동하지 않고 멈춰 있을 때는 거리의 변화가 없다. 따라서 거리의 변화가 없는 구간의 시간은 $10-7=3$(분)이다.

개념완성 발전 문제

개념북 188~189쪽

1 $\frac{21}{2}$ **2** -4 **3** 2 **4** ㄱ, ㄴ

5 ③

6 ① $5-2a$, -3, 2 ② $2b-1$, 4, 1 ③ 3

7 ① 4분 ② 30바퀴

1 좌표평면 위에 삼각형 ABC를 그리면 오른쪽 그림과 같다.

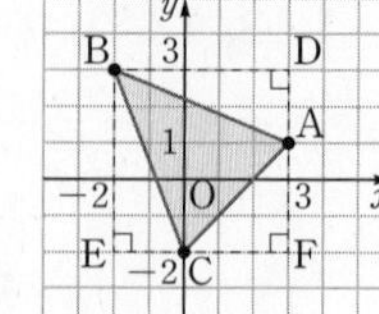

$\therefore$ (삼각형 ABC의 넓이)

=(사각형 BEFD의 넓이)

−(삼각형 ADB의 넓이)

−(삼각형 ACF의 넓이)

−(삼각형 BEC의 넓이)

$=5\times5-\frac{1}{2}\times5\times2-\frac{1}{2}\times3\times3-\frac{1}{2}\times2\times5$

$=25-5-\frac{9}{2}-5=\frac{21}{2}$

2 점 $A\left(a-3, \frac{1}{2}a+1\right)$이 x축 위에 있으므로

$\frac{1}{2}a+1=0$, $\frac{1}{2}a=-1 \quad \therefore a=-2$

점 $B(3b-6, 2+b)$가 y축 위에 있으므로

$3b-6=0$, $3b=6 \quad \therefore b=2$

$\therefore ab=-2\times2=-4$

3 점 $(a, -5)$와 x축에 대하여 대칭인 점의 좌표는 $(a, 5)$이고, 점 $(3, b)$와 y축에 대하여 대칭인 점의 좌표는 $(-3, b)$이다. 그런데 두 점의 좌표가 서로 같으므로 $a=-3$, $b=5$이다.

$\therefore a+b=-3+5=2$

4 ㄷ. 수빈이는 출발한 지 3분 후부터 5분 후까지 멈춰 있었으므로 $5-3=2$(분) 동안 멈춰 있었다.

ㄹ. 수빈이는 2분 동안 멈춰 있었으므로 달린 시간은 총 $7-2=5$(분)이다.

따라서 그래프에 대한 설명으로 옳은 것은 ㄱ, ㄴ이다.

5 ③ 50 m 지점을 지날 때, 걸린 시간이 더 짧은 학생은 B이므로 먼저 지난 학생은 B이다.

6 ① $1-a=-(5-2a)$, $-3a=-6$

$\therefore a=2$

② $2b-1=-2b+3$, $4b=4$

$\therefore b=1$

③ $a+b=2+1=3$

7 ① $x=4$일 때 $y=0$이므로 지수가 출발점에서 다시 출발점으로 돌아오는 데 걸린 시간은 4분이다.
즉, 정해진 지점을 한 번 다녀오는 데 4분이 걸린다.
② 2시간은 120분이고, $120\div4=30$이므로 지수는 2시간 동안 정해진 지점을 30번 다녀올 수 있다.

2 정비례와 반비례

1 정비례 관계

개념북 192쪽

1 ㄱ, ㄷ
2 (1) 500, 1000, 1500, 2000
(2) $y=500x$ (3) 2500원

1 ㄱ. $y=3x$이고 ㄷ. $y=\frac{x}{5}=\frac{1}{5}x$이므로 y가 x에 정비례한다. 따라서 y가 x에 정비례하는 것은 ㄱ, ㄷ이다.

2 (3) $y=500x$에 $x=5$를 대입하면 $y=500\times5=2500$이므로 음료수 5개의 가격은 2500원이다.

정비례 관계

개념북 193쪽

1 ①, ② **1-1** ④ **1-2** 7

1 ① $y=500x$
② (거리)=(속력)×(시간)이므로 $y=2x$
③ $\frac{1}{2}xy=15$이므로 $y=\frac{30}{x}$
④ $2(x+y)=20$이므로 $y=-x+10$
⑤ $x+y=24$이므로 $y=-x+24$
따라서 y가 x에 정비례하는 것은 ①, ②이다.

1-1 ① $y=x^2$
② (시간)$=\frac{(거리)}{(속력)}$이므로 $y=\frac{100}{x}$
③ $xy=10000$이므로 $y=\frac{10000}{x}$
④ $y=3x$
⑤ (소금물의 농도)$=\frac{(소금의\ 양)}{(소금물의\ 양)}\times100(\%)$
이므로 $y=\frac{x}{100+x}\times100=\frac{100x}{100+x}$
따라서 y가 x에 정비례하는 것은 ④이다.

1-2 y가 x에 정비례하므로 $y=ax$에 $x=-4$, $y=12$를 대입하면 $12=-4a$ $\quad\therefore a=-3$
따라서 $y=-3x$에 $y=-21$을 대입하면
$-21=-3x$ $\quad\therefore x=7$

정비례 관계의 실생활에서의 활용

개념북 193쪽

2 (1) $y=4x$ (2) 40 L
2-1 (1) $y=8x$ (2) 3시간

2 (1) 매분 4 L씩 x분 동안 넣은 물의 양은 $4x$ L이므로 $y=4x$
(2) $y=4x$에 $x=10$을 대입하면 $y=4\times10=40$이므로 10분 후에 물통에 채워진 물의 양은 40 L이다.

2-1 (1) (거리)=(속력)×(시간)이므로 $y=8x$
(2) $y=8x$에 $y=24$를 대입하면 $24=8x$에서 $x=3$이므로 24 km를 가는 데 걸리는 시간은 3시간이다.

2 정비례 관계 $y=ax(a\neq0)$의 그래프

개념북 194쪽

1 (1) 4, 2, 0, −2, −4
(2)
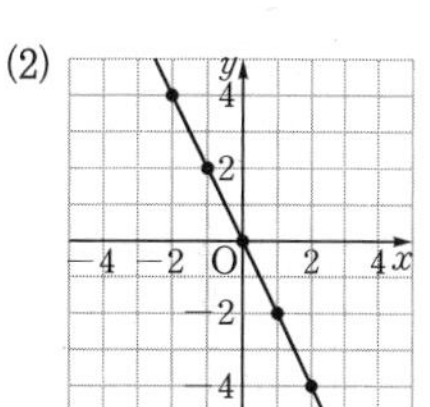

정비례 관계 $y=ax(a\neq0)$의 그래프

개념북 195쪽

1 ②, ③ **1-1** ⑤ **1-2** $c<d<a<b$

1 ①, ④, ⑤ 제2사분면과 제4사분면을 지난다.
②, ③ 제1사분면과 제3사분면을 지난다.

1-1 정비례 관계 $y=ax$의 그래프는 a의 절댓값이 클수록 y축에 가까워지므로 y축에 가장 가까운 그래프는 a의 절댓값이 가장 큰 ⑤ $y=5x$이다.

1-2 $y=ax$, $y=bx$의 그래프는 제1사분면과 제3사분면을 지나므로 $a>0$, $b>0$
$y=bx$의 그래프는 $y=ax$의 그래프보다 y축에 가까우므로 $0<a<b$

$y=cx$, $y=dx$의 그래프는 제2사분면과 제4사분면을 지나므로 $c<0$, $d<0$
$y=cx$의 그래프는 $y=dx$의 그래프보다 y축에 가까우므로 $|d|<|c|$
이때 c, d가 모두 음수이므로 $c<d<0$
따라서 $c<d<a<b$이다.

정비례 관계 $y=ax(a\neq0)$의 그래프 위의 점 개념북 195쪽

2 ⑤ **2-1** -8

2 ⑤ $y=-4x$에 $x=-3$, $y=-12$를 대입하면
$-12\neq-4\times(-3)$

2-1 $y=\frac{3}{4}x$에 $x=a$, $y=-6$을 대입하면
$-6=\frac{3}{4}a$ $\therefore a=-8$

정비례 관계 $y=ax(a\neq0)$에서 a의 값 구하기 개념북 196쪽

3 -5 **3-1** ③

3 $y=ax$에 $x=3$, $y=-15$를 대입하면
$-15=3a$ $\therefore a=-5$

3-1 $y=ax$에 $x=2$, $y=-3$을 대입하면
$-3=2a$ $\therefore a=-\frac{3}{2}$
즉, $y=-\frac{3}{2}x$
③ $y=-\frac{3}{2}x$에 $x=2$, $y=-4$를 대입하면
$-4\neq-\frac{3}{2}\times2$

정비례 관계 $y=ax(a\neq0)$의 식 구하기 개념북 196쪽

4 ⑤ **4-1** A$(-2, 4)$

4 그래프가 원점을 지나는 직선이므로 $y=ax$로 놓으면
$y=ax$의 그래프가 점 $(-2, -4)$를 지나므로
$-4=a\times(-2)$ $\therefore a=2$
따라서 구하는 식은 $y=2x$이다.

4-1 그래프가 원점을 지나는 직선이므로 $y=ax$로 놓으면
$y=ax$의 그래프가 점 $(1, -2)$를 지나므로
$-2=a\times1$ $\therefore a=-2$
즉, $y=-2x$
$y=-2x$에 $x=-2$를 대입하면 $y=-2\times(-2)=4$
$\therefore$ A$(-2, 4)$

정비례 관계 $y=ax(a\neq0)$의 그래프의 성질 개념북 197쪽

5 ①, ⑤
5-1 진우: $a<0$일 때, x의 값이 증가하면 y의 값은 감소해. (또는 $a>0$일 때, x의 값이 증가하면 y의 값도 증가해.)

5 ① 제1사분면과 제3사분면을 지난다.
⑤ x의 값이 증가하면 y의 값도 증가한다.

정비례 관계 $y=ax(a\neq0)$의 그래프와 도형의 넓이 개념북 197쪽

6 12 **6-1** 8

6 점 A의 x좌표가 4이므로 $y=\frac{3}{2}x$에 $x=4$를 대입하면
$y=\frac{3}{2}\times4=6$ $\therefore$ A$(4, 6)$
$\therefore$ (삼각형 AOB의 넓이)
$=\frac{1}{2}\times$(선분 OB의 길이)$\times$(선분 AB의 길이)
$=\frac{1}{2}\times4\times6=12$

6-1 $y=2x$에 $x=a$, $y=2$를 대입하면
$2=2a$ $\therefore a=1$
$y=2x$에 $x=5$, $y=b$를 대입하면
$b=2\times5=10$
따라서 세 점 $(1, 2)$, $(5, 10)$, $(3, 2)$를 꼭짓점으로 하는 삼각형의 넓이는
$\frac{1}{2}\times(3-1)\times(10-2)$
$=\frac{1}{2}\times2\times8=8$

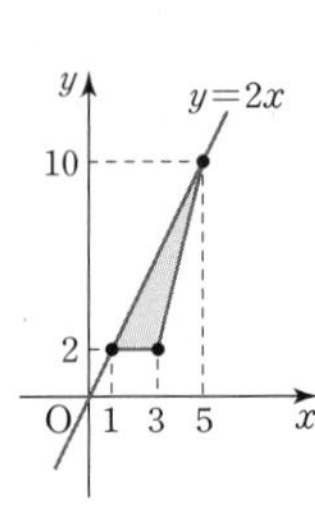

3 반비례 관계 개념북 198쪽

1 ㄴ, ㅁ
2 (1) 12, 6, 4, 3 (2) $y=\frac{12}{x}$ (3) 2조각

1 ㄴ. $xy=-1$에서 $y=-\frac{1}{x}$

ㅁ. $xy=12$에서 $y=\frac{12}{x}$이므로

y가 x에 반비례한다.

따라서 y가 x에 반비례하는 것은 ㄴ, ㅁ이다.

2 (3) $y=\frac{12}{x}$에 $x=6$을 대입하면 $y=\frac{12}{6}=2$이므로 6명이 나누어 먹으면 한 명이 2조각씩 먹을 수 있다.

반비례 관계 개념북 199쪽

1 ①, ③ **1-1** ⑤

1 ① $(\text{소금물의 농도})=\frac{(\text{소금의 양})}{(\text{소금물의 양})}\times 100(\%)$

이므로 $y=\frac{1000}{x}$

② $x+y=24$이므로 $y=-x+24$

③ $(\text{속력})=\frac{(\text{거리})}{(\text{시간})}$이므로 $y=\frac{16}{x}$

④ $y=x^3$

⑤ 강아지 1마리의 다리의 개수는 4이므로 $y=4x$

따라서 y가 x에 반비례하는 것은 ①, ③이다.

1-1 ㄱ. $y=3x$

ㄴ. $y=13+x$

ㄷ. $\frac{1}{2}xy=20$이므로 $y=\frac{40}{x}$

ㄹ. $(\text{시간})=\frac{(\text{거리})}{(\text{속력})}$이므로 $y=\frac{120}{x}$

따라서 y가 x에 반비례하는 것은 ㄷ, ㄹ이다.

반비례 관계의 실생활에서의 활용 개념북 199쪽

2 (1) $y=\frac{42}{x}$ (2) 7 cm

2-1 (1) $y=\frac{1000}{x}$ (2) 40 g

2 (1) $xy=42$이므로 $y=\frac{42}{x}$

(2) $y=\frac{42}{x}$에 $x=6$을 대입하면 $y=\frac{42}{6}=7$이므로 가로의 길이가 6 cm일 때, 세로의 길이는 7 cm이다.

2-1 (1) $(\text{소금물의 농도})=\frac{(\text{소금의 양})}{(\text{소금물의 양})}\times 100(\%)$에서

$x=\frac{10}{y}\times 100$이므로 $xy=1000$

즉, $y=\frac{1000}{x}$

(2) $y=\frac{1000}{x}$에 $x=25$를 대입하면 $y=\frac{1000}{25}=40$이므로 농도가 25 %일 때 소금물의 양은 40 g이다.

4 반비례 관계 $y=\frac{a}{x}(a\neq 0)$의 그래프

개념북 200쪽

1 (1) 1, 3, −3, −1

(2)
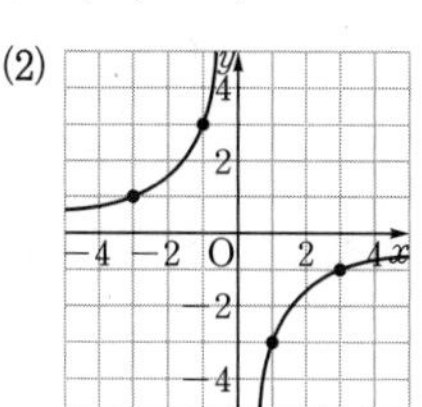

반비례 관계 $y=\frac{a}{x}(a\neq 0)$의 그래프 위의 점 개념북 201쪽

1 ① **1-1** ②, ③

1 $y=-\frac{4}{x}$에 $x=\frac{1}{4}$, $y=k$를 대입하면

$k=-4\div\frac{1}{4}=-4\times 4=-16$

1-1 ② $y=\frac{10}{x}$에 $x=2$, $y=5$를 대입하면 $5=\frac{10}{2}$

③ $y=\frac{10}{x}$에 $x=-2$, $y=-5$를 대입하면

$-5=\frac{10}{-2}$

반비례 관계 $y=\frac{a}{x}(a\neq 0)$에서 a의 값 구하기 개념북 201쪽

2 ② **2-1** 9

2 $y=\frac{a}{x}$에 $x=-3$, $y=2$를 대입하면

$2=\frac{a}{-3}$ $\quad\therefore a=-6$

따라서 $y=-\frac{6}{x}$에 $x=b$, $y=-6$을 대입하면

$-6=-\frac{6}{b}$ $\quad\therefore b=1$

$\therefore a+b=-6+1=-5$

2-1 $y=\frac{a}{x}$에 $x=-3$, $y=-3$을 대입하면

$-3=\frac{a}{-3}$ $\quad\therefore a=9$

반비례 관계 $y=\frac{a}{x}(a\neq0)$의 식 구하기 개념북 202쪽

3 -8 **3-1** ④

3 그래프가 원점에 대하여 대칭인 한 쌍의 곡선이므로

$y=\frac{a}{x}$로 놓으면 $y=\frac{a}{x}$의 그래프가 점 $(1,\ 2)$를 지나므로 $2=\frac{a}{1}$ $\quad\therefore a=2$

따라서 $y=\frac{2}{x}$에 $y=-\frac{1}{4}$을 대입하면

$-\frac{1}{4}=\frac{2}{x}$ $\quad\therefore x=-8$

3-1 그래프가 원점에 대하여 대칭인 한 쌍의 곡선이므로

$y=\frac{a}{x}$로 놓으면 $y=\frac{a}{x}$의 그래프가 점 $\left(-4,\ -\frac{3}{2}\right)$을 지나므로 $-\frac{3}{2}=\frac{a}{-4}$ $\quad\therefore a=6$

따라서 $y=\frac{6}{x}$이므로 $x=3$, $y=k$를 대입하면

$k=\frac{6}{3}=2$

반비례 관계 $y=\frac{a}{x}(a\neq0)$의 그래프의 성질 개념북 202쪽

4 ㄴ, ㄹ **4-1** ④

4 ㄴ. 원점을 지나지 않는다.

ㄹ. x축, y축에 한없이 가까워지지만 만나지는 않는다.

따라서 옳지 않은 것은 ㄴ, ㄹ이다.

4-1 ① x축과 만나지 않는다.

② 점 $(-1,\ 5)$를 지난다.

③ 제2사분면과 제4사분면을 지난다.

⑤ 반비례 관계 $y=-\frac{8}{x}$의 그래프보다 원점에 더 가깝다.

반비례 관계 $y=\frac{a}{x}(a\neq0)$의 그래프와 도형의 넓이 개념북 203쪽

5 2 **5-1** 12

5 $y=\frac{4}{x}$에 $x=3$을 대입하면 $y=\frac{4}{3}$ $\quad\therefore P\left(3,\ \frac{4}{3}\right)$

$\therefore$ (삼각형 OQP의 넓이)

$=\frac{1}{2}\times$(선분 OQ의 길이)$\times$(선분 PQ의 길이)

$=\frac{1}{2}\times3\times\frac{4}{3}=2$

5-1 점 P의 좌표를 $\left(a,\ \frac{12}{a}\right)$라 하면

$A(a,\ 0)$, $B\left(0,\ \frac{12}{a}\right)$

$\therefore$ (직사각형 OAPB의 넓이)

$=$(선분 OA의 길이)$\times$(선분 OB의 길이)

$=a\times\frac{12}{a}=12$

두 그래프 $y=ax$, $y=\frac{b}{x}$가 만나는 점 개념북 203쪽

6 -12 **6-1** ⑤

6 $y=-\frac{1}{3}x$에 $x=-6$을 대입하면

$y=-\frac{1}{3}\times(-6)=2$ $\quad\therefore A(-6,\ 2)$

$y=\frac{a}{x}$에 $x=-6$, $y=2$를 대입하면

$2=\frac{a}{-6}$ $\quad\therefore a=-12$

6-1 $y=ax$에 $x=-2$, $y=5$를 대입하면

$5=-2a$ $\quad\therefore a=-\frac{5}{2}$

$y=\frac{b}{x}$에 $x=-2$, $y=5$를 대입하면

$5=\frac{b}{-2}$ $\quad\therefore b=-10$

$\therefore ab=\left(-\frac{5}{2}\right)\times(-10)=25$

개념 완성 기본 문제 개념북 204~205쪽

1 ②	**2** ②	**3** ②	**4** ③
5 ⑤	**6** -3	**7** -4	**8** ④
9 ①	**10** ㄷ, ㄹ, ㅂ	**11** ⑤	**12** -7
13 ④	**14** -20	**15** 15	

1 ② $\frac{y}{x}=-3$에서 $y=-3x$이므로 y는 x에 정비례한다.

2 y가 x에 정비례하므로

$y=ax$에 $x=-2$, $y=8$을 대입하면

$8=-2a$ $\quad\therefore a=-4$

따라서 $y=-4x$에 $y=-20$을 대입하면

$-20=-4x \quad \therefore x=5$

3 정비례 관계 $y=\frac{4}{3}x$의 그래프는 점 $(3, 4)$를 지나므로 $y=\frac{4}{3}x$의 그래프는 ②이다.

4 $y=ax$의 그래프는 제 1 사분면과 제 3 사분면을 지나므로 $a>0$

또, 정비례 관계 $y=2x$의 그래프보다 x축에 가까우므로 $0<a<2$

따라서 a의 값이 될 수 있는 것은 ③이다.

5 그래프가 원점과 점 $(2, 4)$를 지나는 직선이므로

$y=ax$에 $x=2$, $y=4$를 대입하면

$4=2a$, $a=2 \quad \therefore y=2x$

⑤ $y=2x$에 $x=-4$, $y=-\frac{1}{2}$을 대입하면

$-\frac{1}{2} \neq 2\times(-4)$

6 $y=ax$에 $x=-4$, $y=2$를 대입하면

$2=a\times(-4)$, $a=-\frac{1}{2} \quad \therefore y=-\frac{1}{2}x$

$y=-\frac{1}{2}x$에 $x=b$, $y=-3$을 대입하면

$-3=-\frac{1}{2}\times b$, $b=6$

$\therefore ab=-\frac{1}{2}\times 6=-3$

7 그래프가 원점을 지나는 직선이므로 $y=ax$로 놓고

$x=-3$, $y=6$을 대입하면

$6=a\times(-3)$, $a=-2 \quad \therefore y=-2x$

$y=-2x$에 $x=2$, $y=k$를 대입하면

$k=-2\times 2=-4$

8 ① 점 $(2, -1)$을 지난다.

② 원점을 지나는 직선이다.

③ 오른쪽 아래로 향하는 직선이다.

⑤ x의 값이 증가할 때, y의 값은 감소한다.

9 $y=\frac{a}{x}$의 그래프는 a의 절댓값이 클수록 원점으로부터 멀리 떨어져 있다. 따라서 원점으로부터 가장 멀리 떨어져 있는 것은 a의 절댓값이 가장 큰 ①이다.

10 각 그래프가 지나는 사분면을 구해보면

ㄱ, ㄴ, ㅁ. 제 1 사분면, 제 3 사분면

ㄷ, ㄹ, ㅂ. 제 2 사분면, 제 4 사분면

따라서 제 4 사분면을 지나는 것은 ㄷ, ㄹ, ㅂ이다.

11 $x\times 10\times y=500$에서 $y=\frac{50}{x}$이고 $x>0$, $y>0$이므로 x와 y 사이의 관계를 나타낸 그래프로 알맞은 것은 ⑤이다.

12 $y=\frac{a}{x}$에 $x=-1$, $y=7$을 대입하면

$7=\frac{a}{-1} \quad \therefore a=-7$

13 $y=\frac{a}{x}$에 $x=-2$, $y=4$ 대입하면

$4=\frac{a}{-2}$, $a=-8 \quad \therefore y=-\frac{8}{x}$

④ $y=-\frac{8}{x}$에 $x=4$, $y=-2$를 대입하면 $-2=-\frac{8}{4}$

14 $y=\frac{a}{x}$에 $x=5$, $y=-3$을 대입하면

$-3=\frac{a}{5} \quad \therefore a=-15$

따라서 $y=-\frac{15}{x}$이므로 $x=-3$, $y=b$를 대입하면

$b=-\frac{15}{-3}=5$

$\therefore a-b=-15-5=-20$

15 점 C의 좌표를 $\left(a, \frac{15}{a}\right)$라 하면 $\mathrm{A}\left(0, \frac{15}{a}\right)$, $\mathrm{B}(a, 0)$

따라서 직사각형 AOBC의 넓이는 $a\times\frac{15}{a}=15$

개념 완성 발전 문제

개념북 206~207쪽

1 $\mathrm{P}(6, -3)$ **2** $\mathrm{A}(2, 8)$ **3** 18 **4** ③

5 6 **6** ① $4a$, 2 ② $-\frac{2}{3}$ ③ $\frac{4}{3}$

7 ① $\mathrm{A}(2, 2)$ ② $\mathrm{B}(2, -4)$ ③ 6

1 점 $\mathrm{P}(a, b)$는 $y=-\frac{1}{2}x$의 그래프 위의 점이므로

좌표를 $\mathrm{P}\left(a, -\frac{1}{2}a\right)$라 하면

$\triangle \mathrm{OPM}=\frac{1}{2}\times a\times\frac{1}{2}a=\frac{1}{4}a^2$

이때 $\frac{1}{4}a^2=9$에서 $a^2=36$ $\quad\therefore a=6\ (\because a>0)$

따라서 점 P의 좌표는 $\mathrm{P}(6, -3)$이다.

2 점 A의 x좌표를 a라 하면 $\mathrm{A}(a, 4a)$이므로

$\mathrm{B}(a, 4a-6)$, $\mathrm{C}(a+6, 4a-6)$, $\mathrm{D}(a+6, 4a)$

이때 점 C는 $y=\frac{1}{4}x$의 그래프 위의 점이므로

$y=\frac{1}{4}x$에 $x=a+6$, $y=4a-6$을 대입하면

$4a-6=\frac{1}{4}(a+6)$, $16a-24=a+6$

$15a=30$ $\quad\therefore a=2$

$\therefore \mathrm{A}(2, 8)$

3 두 점 A, C는 $y=\frac{a}{x}$의 그래프 위의 점이므로

$\mathrm{A}\left(2, \frac{a}{2}\right)$, $\mathrm{C}\left(6, \frac{a}{6}\right)$

그런데 두 점 B, C의 y좌표가 서로 같으므로 $\mathrm{B}\left(2, \frac{a}{6}\right)$

직사각형 ABCD의 넓이가 24이므로

$4\times\left(\frac{a}{2}-\frac{a}{6}\right)=24$, $\frac{a}{2}-\frac{a}{6}=6$, $2a=36$

$\therefore a=18$

4 $y=ax$의 그래프가 점 $(-2, 6)$을 지나므로

$6=-2a$, $a=-3$

따라서 $y=-\frac{3}{x}$의 그래프는 ③이다.

5 $y=\frac{2}{3}x$에 $x=3$을 대입하면

$y=\frac{2}{3}\times 3=2$

따라서 $\mathrm{A}(3, 2)$이고, $y=\frac{a}{x}$의 그래프 위의 점이므로

$2=\frac{a}{3}$ $\quad\therefore a=6$

6 ① $y=ax$에 $x=4$, $y=8$을 대입하면

$8=4a$ $\quad\therefore a=2$

② $y=\frac{2}{x}$이므로 $x=-3$, $y=b$를 대입하면

$b=-\frac{2}{3}$

③ $a+b=2+\left(-\frac{2}{3}\right)=\frac{4}{3}$

7 ① $y=x$에 $x=2$를 대입하면 $y=2$ $\quad\therefore \mathrm{A}(2, 2)$

② $y=-2x$에 $x=2$를 대입하면 $y=-2\times 2=-4$

$\therefore \mathrm{B}(2, -4)$

③ (선분 AB의 길이)$=2-(-4)=6$이므로

(삼각형 AOB의 넓이)$=\frac{1}{2}\times 6\times 2=6$

수학은 개념이다!

디딤돌수학

개념기본

중 1/1

익힘북 정답과 풀이

'아! 이걸 묻는거구나' 출제의 의도를 단박에 알게해주는 정답과 풀이

디딤돌

I 소인수분해

1 소인수분해

개념적용익힘 익힘북 4~9쪽

1 ②, ⑤	**2** ③	**3** ③	**4** ⑤
5 ㄱ, ㄹ	**6** 41, 43, 47		**7** ③
8 ⑤	**9** ④	**10** ④	**11** ③
12 ②	**13** ④	**14** 9번	**15** ①
16 ⑤	**17** ④	**18** ⑤	**19** ②
20 25	**21** 5	**22** ③, ⑤	**23** ⑤
24 ④	**25** 2513	**26** ①	**27** 18
28 ②	**29** ③, ④	**30** ④	**31** ⑤
32 ③	**33** ⑤	**34** 40	**35** ③
36 ②	**37** ①	**38** ②	**39** ①
40 ③	**41** ⑤	**42** 120	

1 ① $14=2\times7$ ③ $21=3\times7$ ④ $25=5\times5$
따라서 소수는 ②, ⑤이다.

2 40 이하의 소수를 모두 구하면 2, 3, 5, 7, 11, 13, 17, 19, 23, 29, 31, 37이므로 이 중에서 가장 작은 소수는 2이고, 가장 큰 소수는 37이다.
$\therefore 2+37=39$

3 약수가 1과 자기 자신뿐인 수는 소수이므로 10보다 크고 30보다 작은 자연수 중에서 소수는 11, 13, 17, 19, 23, 29의 6개이다.

4 ① 가장 작은 합성수는 4이다.
② 9는 홀수이지만 소수가 아니다.
③ 3의 배수 중에서 소수는 3 하나뿐이다.
④ 51의 약수는 1, 3, 17, 51의 4개이므로 소수가 아니다.

5 ㄱ. 짝수는 모두 2의 배수이므로 2가 아닌 짝수는 모두 합성수이다.
ㄴ. 두 소수 2와 3의 곱은 6이므로 홀수가 아니다.
ㄷ. 1은 소수도 아니고, 합성수도 아니다.
ㄹ. 한 자리의 자연수 중에서 합성수는 4, 6, 8, 9의 4개이다.
따라서 옳은 것은 ㄱ, ㄹ이다.

6 (나)에서 약수가 2개뿐인 수는 소수이다.
따라서 40보다 크고 50보다 작은 자연수 중에서 소수는 41, 43, 47이다.

7 ② 7×3 ④ 3×7 ⑤ 3^7

8 ① $5\times5\times5\times5$를 나타낸 것이다.
② 625와 같다.
③ 지수는 4이다.
④ 밑은 5이다.

9 ① $3^3=3\times3\times3=27$
② $2\times2\times2\times3\times3=2^3\times3^2$
③ $\frac{1}{7}\times\frac{1}{7}\times\frac{1}{7}\times\frac{1}{7}=\left(\frac{1}{7}\right)^4$
⑤ $a+a+a+a+a=a\times5$

10 $2\times5\times3\times3\times5\times3=2\times3^3\times5^2$이므로
$a=1,\ b=3,\ c=2$
$\therefore a+b+c=1+3+2=6$

11 ① $8=2\times2\times2=2^3$
② $9=3\times3=3^2$
④ $7\times7\times7\times7=7^4$
⑤ $6\times6\times6\times6\times6=6^5$

12 $343=7\times7\times7=7^3$이므로 $\square=3$

13 $16=2\times2\times2\times2=2^4$, $5^3=5\times5\times5=125$이므로
$a=4,\ b=125$
$\therefore a+b=4+125=129$

14 반죽을 1번 접을 때마다 면의 가닥 수는 접기 전의 가닥 수의 2배가 되므로
1번 접으면 $1\times2=2$(가닥)
2번 접으면 $2\times2=2^2$(가닥)
3번 접으면 $2^2\times2=2^3$(가닥)
⋮ ⋮
즉, n번 접으면 2^n가닥
이때 $512=2^9$이므로 반죽을 9번 접으면 국수가 512가닥이 된다.

15

$$\begin{array}{r|l} 2 & 144 \\ 2 & 72 \\ 2 & 36 \\ 2 & 18 \\ 3 & 9 \\ & 3 \end{array}$$

$\therefore 144=2^4\times3^2$

16 ⑤ $150=2\times3\times5^2$

17 ① $48=2^4\times3$
② $54=2\times3^3$
③ $32=2^5$
⑤ $120=2^3\times3\times5$

18 $120=2^3\times3\times5$이므로 $a=3$, $b=1$, $c=5$
$\therefore a+b+c=3+1+5=9$

19 $216=2^3\times3^3$이므로 $a=2$, $b=3$, $m=3$, $n=3$
$\therefore a+b-m+n=2+3-3+3=5$

20 $32=2^5$, $243=3^5$이므로 $32\times243=2^5\times3^5$
따라서 $m=5$, $n=5$이므로
$m\times n=5\times5=25$

21 $1\times2\times3\times4\times5\times6=1\times2\times3\times2^2\times5\times(2\times3)$
$=2^4\times3^2\times5$
따라서 $x=4$, $y=2$, $z=1$이므로
$x+y-z=4+2-1=5$

22 $84=2^2\times3\times7$이므로 소인수는 2, 3, 7이다.

23 $540=2^2\times3^3\times5$이므로 소인수는 2, 3, 5이다.
따라서 모든 소인수의 합은
$2+3+5=10$

24 ① $6=2\times3$이므로 소인수는 2, 3이다.
② $12=2^2\times3$이므로 소인수는 2, 3이다.
③ $24=2^3\times3$이므로 소인수는 2, 3이다.
④ $50=2\times5^2$이므로 소인수는 2, 5이다.
⑤ $72=2^3\times3^2$이므로 소인수는 2, 3이다.

25 $1300=2^2\times5^2\times13$이므로 소인수는 2, 5, 13이다.
따라서 소인수를 작은 수부터 차례로 늘어놓은 숫자는 2513이므로 민혁이의 휴대전화번호 뒷자리인 네 자리의 숫자는 2513이다.

26 어떤 수의 제곱인 수는 소인수의 지수가 모두 짝수이다.
$600=2^3\times3\times5^2$이므로 곱할 수 있는 가장 작은 자연수는 $2\times3=6$

27 $24=2^3\times3$이므로 $2^3\times3\times a=b^2$이 되려면
$a=(2\times3)\times(\text{자연수})^2$의 꼴이어야 한다.
이때 a는 가장 작은 자연수이므로 $a=(2\times3)\times1^2=6$
$b^2=24\times a=24\times6=144=12^2$이므로 $b=12$
$\therefore a+b=6+12=18$

28 $250=2\times5^3$이므로 이 수의 모든 소인수의 지수가 짝수가 되도록 나눌 수 있는 가장 작은 자연수는
$a=2\times5=10$
$250\div10=25=5^2$이므로 $b=5$
$\therefore a+b=10+5=15$

29 ① 2^4은 지수가 2^3의 지수보다 크므로 $2^3\times7^2$의 약수가 될 수 없다.
② 7^3은 지수가 7^2의 지수보다 크므로 $2^3\times7^2$의 약수가 될 수 없다.
⑤ $2^2\times7^3$은 7^3은 7^3의 지수가 7^2의 지수보다 크므로 $2^3\times7^2$의 약수가 될 수 없다.

30 ④ 2×3^4은 3^4의 지수가 3^3의 지수보다 크므로 $2^2\times3^3\times5$의 약수가 될 수 없다.

31 $140=2^2\times5\times7$이므로 140의 약수가 아닌 것은 ⑤이다.

32 3^5의 약수의 개수는 $5+1=6$이므로 $a=6$
$2^3\times3^2$의 약수의 개수는 $(3+1)\times(2+1)=12$이므로 $b=12$
$\therefore a+b=6+12=18$

33 ① 2^4의 약수의 개수는 $4+1=5$
② $30=2\times3\times5$의 약수의 개수는
$(1+1)\times(1+1)\times(1+1)=8$
③ 2×5^2의 약수의 개수는
$(1+1)\times(2+1)=6$
④ $42=2\times3\times7$의 약수의 개수는
$(1+1)\times(1+1)\times(1+1)=8$

⑤ $77=7\times11$의 약수의 개수는
$(1+1)\times(1+1)=4$
따라서 약수의 개수가 가장 적은 것은 ⑤이다.

34 $27=3^3$이므로 27의 약수의 개수는 $3+1=4$
$80=2^4\times5$이므로 80의 약수의 개수는
$(4+1)\times(1+1)=10$
$\therefore f(27)\times f(80)=4\times10=40$

35 3^a의 약수의 개수는 $a+1=4$
$\therefore a=3$

36 $3^2\times7^a$의 약수의 개수는 $(2+1)\times(a+1)=9$이므로
$3\times(a+1)=9$, $a+1=3$ $\quad\therefore a=2$

37 $8\times3\times5^a=2^3\times3\times5^a$의 약수의 개수는
$(3+1)\times(1+1)\times(a+1)=32$이므로
$8\times(a+1)=32$, $a+1=4$ $\quad\therefore a=3$

38 $126=2\times3^2\times7$의 약수의 개수는
$(1+1)\times(2+1)\times(1+1)=12$
$3^3\times7^x$의 약수의 개수는
$(3+1)\times(x+1)=12$이므로
$4\times(x+1)=12$, $x+1=3$ $\quad\therefore x=2$

39 □ 안에 들어갈 수는 두 자리의 자연수이므로
□$=(2$가 아닌 소수$)^a$ (a는 자연수)의 꼴이라 하면
$2^6\times$□의 약수의 개수는
$(6+1)\times(a+1)=14$이므로
$7\times(a+1)=14$, $a+1=2$ $\quad\therefore a=1$
따라서 □ 안에 들어갈 가장 작은 두 자리의 자연수는 소수 중 가장 작은 두 자리의 자연수이므로 11이다.

40 ① $4\times5^2=2^2\times5^2$의 약수의 개수는
$(2+1)\times(2+1)=9$
② $8\times5^2=2^3\times5^2$의 약수의 개수는
$(3+1)\times(2+1)=12$
③ $16\times5^2=2^4\times5^2$의 약수의 개수는
$(4+1)\times(2+1)=15$
④ $32\times5^2=2^5\times5^2$의 약수의 개수는
$(5+1)\times(2+1)=18$
⑤ $64\times5^2=2^6\times5^2$의 약수의 개수는
$(6+1)\times(2+1)=21$
따라서 a의 값이 될 수 있는 것은 ③이다.

41 ① $6\times10=2^2\times3\times5$의 약수의 개수는
$(2+1)\times(1+1)\times(1+1)=12$
② $6\times12=2^3\times3^2$의 약수의 개수는
$(3+1)\times(2+1)=12$
③ $6\times15=2\times3^2\times5$의 약수의 개수는
$(1+1)\times(2+1)\times(1+1)=12$
④ $6\times18=2^2\times3^3$의 약수의 개수는
$(2+1)\times(3+1)=12$
⑤ $6\times20=2^3\times3\times5$의 약수의 개수는
$(3+1)\times(1+1)\times(1+1)=16$
따라서 □ 안에 들어갈 수 없는 수는 ⑤이다.

42 '나'는 소인수가 2, 3, 5이고 $24=2^3\times3$의 배수이므로
$2^{3+a}\times3^{1+b}\times5^c$ (a, b는 0 또는 자연수, c는 자연수)의 꼴로 나타낼 수 있다.
이때 '나'의 약수는 16개이므로
$(3+a+1)\times(1+b+1)\times(c+1)=16$
에서 $4+a=4$, $2+b=2$, $c+1=2$이어야 하므로
$a=0$, $b=0$, $c=1$
따라서 '나'는 $2^3\times3\times5=120$이다.

개념완성익힘

익힘북 10~11쪽

1 ③	**2** 13	**3** ④	**4** ⑤
5 풀이 참조	**6** ③	**7** ④	**8** ②
9 4	**10** ③	**11** 10	**12** ⑤
13 10	**14** 20	**15** 4, 9, 25	

1 $24=2^3\times3$, $57=3\times19$이므로 소수는 5, 11, 41의 3개이다.

2 $169=13^2$이고 $13\times(13$보다 작은 수$)$는 이미 앞에서 13보다 작은 수들의 배수를 지울 때 지워지므로 $13\times13=169$만 지우면 $13\times(13$보다 큰 수$)$는 169보다 큰 수이므로 2부터 169까지의 자연수 중 추가로 지울 13의 배수는 없다.
또한 17의 배수부터는 17×2, 17×3, 17×5, 17×7 (17×11부터는 169보다 크다.)이며, 앞의 소수의 배수에서 지워지므로 지울 필요가 없다.
따라서 2부터 169까지의 합성수가 모두 지워지고 소수만 남으려면 13의 배수까지만 지우면 된다.

3 ③ 10 이하의 소수는 2, 3, 5, 7로 4개이다.
④ 자연수 1의 약수는 1개이다.

4 ① $24=2^3\times3$ ⇨ 소인수 : 2, 3
② $36=2^2\times3^2$ ⇨ 소인수 : 2, 3
③ $48=2^4\times3$ ⇨ 소인수 : 2, 3
④ $54=2\times3^3$ ⇨ 소인수 : 2, 3
⑤ $60=2^2\times3\times5$ ⇨ 소인수 : 2, 3, 5
따라서 소인수가 나머지 넷과 다른 하나는 ⑤이다.

5 두 주머니 A, B에 들어 있는 수는 모두 서로 다른 소수이다. 즉, 서로 다른 소수의 곱은 또 다른 소수의 곱의 약수 또는 배수가 될 수 없다.
따라서 계산 결과는 같을 수 없다.

6 $216=2^3\times3^3$이므로 $2^3\times3^3\times a=b^2$이 되려면
$a=(2\times3)\times$(자연수)^{2}의 꼴이어야 한다.
① $6=(2\times3)\times1^2$　② $24=(2\times3)\times2^2$
③ $48=(2\times3)\times2^3$　④ $54=(2\times3)\times3^2$
⑤ $150=(2\times3)\times5^2$
따라서 a의 값이 될 수 없는 것은 ③이다.

7 $756=2^2\times3^3\times7$이므로 가능한 한 작은 자연수로 나누었을 때, 어떤 자연수의 제곱이 되게 하려면 $3\times7=21$로 나누어야 한다.

8 ② $2^3\times3$은 $2^2\times3\times5^3\times7$보다 2의 지수가 더 크므로 약수가 아니다.

9 $a+b+c$의 값이 최솟값을 가지려면 a, b, c가 각각 최솟값이어야 한다.
$45=3^2\times5$가 $3^a\times5^b\times7^c$의 약수이므로 a의 최솟값은 2, b의 최솟값은 1, c의 최솟값은 1이다.
즉, $a=2$, $b=1$, $c=1$
$\therefore a+b+c=2+1+1=4$

10 $360=2^3\times3^2\times5$이므로 360의 약수의 개수는
$(3+1)\times(2+1)\times(1+1)=24$
$\therefore f(360)=24$
$24=2^3\times3$이므로 24의 약수의 개수는
$(3+1)\times(1+1)=8$　$\therefore f(24)=8$
$\therefore f(f(360))=f(24)=8$

11 5^3의 약수의 개수는 $3+1=4$　$\therefore a=4$
$7^2\times11$의 약수의 개수는
$(2+1)\times(1+1)=6$　$\therefore b=6$
$\therefore a+b=4+6=10$

12 ① $18\times4=2^3\times3^2$의 약수의 개수는
$(3+1)\times(2+1)=12$
② $18\times5=2\times3^2\times5$의 약수의 개수는
$(1+1)\times(2+1)\times(1+1)=12$
③ $18\times6=2^2\times3^3$의 약수의 개수는
$(2+1)\times(3+1)=12$
④ $18\times7=2\times3^2\times7$의 약수의 개수는
$(1+1)\times(2+1)\times(1+1)=12$
⑤ $18\times8=2^4\times3^2$의 약수의 개수는
$(4+1)\times(2+1)=15$
따라서 □ 안에 들어갈 수 없는 수는 ⑤이다.

13 $81=9\times9=9^2$이므로 $a=2$ …… ①
$3\times3\times3\times3\times3=3^5$이므로 $b=5$ …… ②
$\therefore a\times b=2\times5=10$ …… ③

단계	채점 기준	비율
①	a의 값 구하기	40 %
②	b의 값 구하기	40 %
③	$a\times b$의 값 구하기	20 %

14 $\frac{432}{n}$가 자연수가 되게 하는 자연수 n은 432의 약수이다. …… ①
$432=2^4\times3^3$이므로 약수의 개수는
$(4+1)\times(3+1)=20$ …… ②
따라서 구하는 자연수 n의 개수는 432의 약수의 개수와 같으므로 20이다. …… ③

단계	채점 기준	비율
①	자연수 n이 432의 약수임을 이해하기	50 %
②	432의 약수의 개수 구하기	40 %
③	자연수 n의 개수 구하기	10 %

15 약수의 개수가 3인 수는 (소수)^{2}의 꼴이므로 …… ①
30 이하의 자연수 중에서 약수가 3개인 수는
$2^2=4$, $3^2=9$, $5^2=25$이다. …… ②

단계	채점 기준	비율
①	약수의 개수가 3인 수들의 특징을 이해하기	50 %
②	약수의 개수가 3인 수 모두 구하기	50 %

2 최대공약수와 최소공배수

개념적용익힘
익힘북 12~19쪽

1 1, 2, 3, 6, 9, 18		**2** ④	**3** ③
4 ④	**5** ②	**6** ⑤	**7** 10
8 15	**9** ③	**10** ①, ⑤	**11** ⑤
12 ②	**13** ②	**14** $a=3$, $b=2$	
15 ②	**16** ④	**17** ②	**18** ④
19 ③, ④	**20** 59	**21** ①	**22** ⑤
23 ②	**24** 10개	**25** ④	**26** ④
27 ④	**28** ③	**29** 5	**30** 5
31 ④	**32** 5, 10, 65, 130		**33** 3
34 ①	**35** ③	**36** 8	**37** ⑤
38 ④	**39** ①	**40** ②	**41** 729
42 ②	**43** 42	**44** 18	**45** 8
46 12	**47** ③	**48** 137	**49** 109
50 58	**51** 604	**52** 8	**53** ④
54 1, 2, 7, 14		**55** $\frac{1}{10}$	**56** 30
57 972	**58** ②	**59** 54	**60** $\frac{15}{2}$
61 47	**62** $\frac{245}{6}$		

1 두 수의 공약수는 최대공약수 18의 약수이므로 1, 2, 3, 6, 9, 18이다.

2 A와 B의 공약수는 최대공약수 20의 약수이므로 1, 2, 4, 5, 10, 20이다.

3 a, b의 공약수는 최대공약수 36의 약수이므로 1, 2, 3, 4, 6, 9, 12, 18, 36이다.

4 두 수의 공약수의 개수는 최대공약수의 약수의 개수와 같다.
따라서 $54=2\times3^3$이므로 두 자연수 A와 B의 공약수의 개수는
$(1+1)\times(3+1)=8$

5
$$\begin{array}{r} 2^3\times3^2\times5 \\ 2^4\times3^2 \\ \hline (\text{최대공약수})=2^3\times3^2 \end{array}$$

6
$$\begin{array}{r} 80=2^4\times5 \\ 120=2^3\times3\times5 \\ \hline (\text{최대공약수})=2^3\times5 \end{array}$$

7
$$\begin{array}{r} 2^2\times3^3\times5 \\ 2^3\times3\times5^2 \\ 2\times5\times7^2 \\ \hline (\text{최대공약수})=2\times5=10 \end{array}$$

8
$$\begin{array}{r} 45=3^2\times5 \\ 75=3\times5^2 \\ 105=3\times5\times7 \\ \hline (\text{최대공약수})=3\times5=15 \end{array}$$

9
$$\begin{array}{r} 2^3\times3^2 \\ 2^2\times3^3\times7 \\ \hline (\text{최대공약수})=2^2\times3^2 \end{array}$$
따라서 두 수의 공약수는 최대공약수의 약수이므로 ③은 공약수가 아니다.

10
$$\begin{array}{r} 30=2\times3\times5 \\ 45=3^2\times5 \\ 90=2\times3^2\times5 \\ \hline (\text{최대공약수})=3\times5=15 \end{array}$$
따라서 세 수의 공약수는 최대공약수 15의 약수이므로 1, 3, 5, 15이다.

11
$$\begin{array}{r} 2^3\times3^2\times5 \\ 2\times3^3\times5^2 \\ \hline (\text{최대공약수})=2\times3^2\times5 \end{array}$$
두 수의 공약수의 개수는 최대공약수의 약수의 개수와 같으므로
$(1+1)\times(2+1)\times(1+1)=12$

12
$$\begin{array}{r} 60=2^2\times3\times5 \\ 72=2^3\times3^2 \\ 84=2^2\times3\times7 \\ \hline (\text{최대공약수})=2^2\times3 \end{array}$$
세 수의 공약수의 개수는 최대공약수의 약수의 개수와 같으므로
$(2+1)\times(1+1)=6$

13
$$\begin{array}{r} 3^3\times5^a \\ 3^2\times5^3 \\ \hline (\text{최대공약수})=3^2\times5^2 \end{array}$$
$\therefore a=2$

14

$$\begin{array}{r} 2^a\times3^4\quad\times7 \\ 2^4\times3^b\times5 \\ \hline (\text{최대공약수})=2^3\times3^2 \end{array}$$

$\therefore a=3,\ b=2$

15

$$\begin{array}{r} 2^2\times3^a\times5^3 \\ 2^3\times3^2\times5^2 \\ \hline (\text{최대공약수})=2^2\times3\ \times5^b \end{array}$$

따라서 $a=1$, $b=2$이므로

$a+b=1+2=3$

16 최대공약수가 $2^2\times3\times5$이므로 $2^2\times3\times5$는 반드시 A의 인수가 되어야 하고, 3의 지수는 1이어야 한다.

17 두 수의 최대공약수를 각각 구하면

① 3 ② 1 ③ 3 ④ 7 ⑤ 13

따라서 두 수가 서로소인 것은 최대공약수가 1인 ②이다.

18 ④ $125=5^3$과 $48=2^4\times3$의 최대공약수가 1이므로 서로소이다.

19 ③ $22=2\times11$과 $33=3\times11$의 최대공약수는 11이므로 서로소가 아니다.

④ 두 홀수 5, $15=3\times5$의 최대공약수는 5이므로 서로소가 아니다.

20 (가) 약수가 1과 자기 자신뿐인 수는 소수이다.

(나), (다) $106=2\times53$과 서로소인 50 이상의 소수 중 가장 작은 수는 59이다.

21 두 수의 공배수는 최소공배수 16의 배수와 같으므로 공배수는 16의 배수인 ①이다.

22 두 자연수의 공배수는 최소공배수 18의 배수와 같으므로 공배수가 아닌 것은 18의 배수가 아닌 ⑤이다.

23 두 자연수 A와 B의 공배수는 최소공배수 21의 배수와 같으므로 21, 42, 63, 84, 105, …이다.

따라서 두 자리의 자연수는 21, 42, 63, 84의 4개이다.

24 두 수의 공배수는 최소공배수인 28의 배수와 같다.

$300\div28=10.\times\times\times$이므로 300보다 작은 28의 배수는 10개이다.

25

$$\begin{array}{r} 2^2\times3\times5\quad \\ 2^2\qquad\times5\times7 \\ \hline (\text{최소공배수})=2^2\times3\times5\times7 \end{array}$$

26

$$\begin{array}{r} 14=2\qquad\times7 \\ 84=2^2\times3\times7 \\ \hline (\text{최소공배수})=2^2\times3\times7=84 \end{array}$$

27

$$\begin{array}{r} 12=2^2\times3 \\ 36=2^2\times3^2 \\ 72=2^3\times3^2 \\ \hline (\text{최소공배수})=2^3\times3^2 \end{array}$$

28

$$\begin{array}{r} 2^2\qquad\times5 \\ 2^3\times3^2\quad \\ 3\ \times5 \\ \hline (\text{최소공배수})=2^3\times3^2\times5 \end{array}$$

따라서 세 수의 공배수는 최소공배수 $2^3\times3^2\times5$의 배수이므로 ③은 공배수이다.

29

$$\begin{array}{r} 2^a\times3\ \times5\quad \\ 2^2\times3^b\qquad\times7 \\ \hline (\text{최소공배수})=2^3\times3^2\times5\times7 \end{array}$$

따라서 $a=3$, $b=2$이므로 $a+b=3+2=5$

30

$$\begin{array}{r} 2\ \times5^a\quad \\ 2^b\times5\ \times7 \\ 2\ \times5\ \times7^c \\ \hline 700=2^2\times5^2\times7 \end{array}$$

따라서 $a=2$, $b=2$, $c=1$이므로

$a+b+c=2+2+1=5$

31 $36=2^2\times3^2$이므로 어떤 수는 $2^2\times3^2\times5$의 약수이면서 5의 배수이어야 한다.

④ $40=2^3\times5$는 5의 배수이지만 $2^2\times3^2\times5$의 약수가 아니므로 어떤 수가 될 수 없다.

32 어떤 자연수를 a라 하면 $26=2\times13$이므로 a의 값이 될 수 있는 수는 $130=2\times5\times13$의 약수 중 5의 배수이다.

$$\begin{array}{r} 26=2\qquad\times13 \\ a=\boxed{\qquad\qquad} \\ \hline 130=2\times5\times13 \end{array}$$

따라서 5, $2\times5=10$, $5\times13=65$, $2\times5\times13=130$이다.

33

$$\begin{array}{r|ll} x & 8\times x & 12\times x \\ \hline 2 & 8 & 12 \\ \hline 2 & 4 & 6 \\ \hline & 2 & 3 \end{array}$$

두 자연수의 최소공배수가 72이므로

$x\times2\times2\times2\times3=72$

$\therefore x=3$

34 a) $4\times a$　$5\times a$　$6\times a$
2) 4　5　6
　2　5　3

세 수의 최소공배수가 120이므로

$a\times2\times2\times5\times3=120$　$\therefore a=2$

35 세 자연수를 $2\times x$, $3\times x$, $4\times x$(x는 자연수)라 하면

x) $2\times x$　$3\times x$　$4\times x$
2) 2　3　4
　1　3　2

최소공배수가 144이므로

$x\times2\times3\times2=144$　$\therefore x=12$

따라서 가장 작은 수는 $2\times12=24$이다.

36 x) $10\times x$　$12\times x$　$16\times x$
2) 10　12　16
2) 5　6　8
　5　3　4

위에서 세 수의 최대공약수는 $x\times2$이다.

이때 세 수의 최소공배수가 960이므로

$x\times2\times2\times5\times3\times4=960$　$\therefore x=4$

따라서 세 수의 최대공약수는 $x\times2=4\times2=8$이다.

37 두 자연수 A와 42의 최대공약수가 14이므로 A를 14로 나눈 몫을 a라 하면 a와 3은 서로소이다.

14) A　42
　a　3

두 수의 최소공배수가 168이므로

$14\times a\times3=168$　$\therefore a=4$

$\therefore A=14\times a=14\times4=56$

38 $18=2\times3^2$, $30=2\times3\times5$

① $42=2\times3\times7$이므로 세 수의 최소공배수는
$2\times3^2\times5\times7=630$

② $126=2\times3^2\times7$이므로 세 수의 최소공배수는
$2\times3^2\times5\times7=630$

③ $210=2\times3\times5\times7$이므로 세 수의 최소공배수는
$2\times3^2\times5\times7=630$

④ $540=2^2\times3^3\times5$이므로 세 수의 최소공배수는
$2^2\times3^3\times5=540$

⑤ $630=2\times3^2\times5\times7$이므로 세 수의 최소공배수는
$2\times3^2\times5\times7=630$

따라서 A의 값이 될 수 없는 것은 ④이다.

[다른 풀이]

세 자연수 $18=2\times3^2$, $30=2\times3\times5$, A의 최대공약수가 6이므로 $A=6\times a=2\times3\times a$라 하면

최소공배수가 $630=2\times3^2\times5\times7$이므로

$a=7$ 또는 $a=3\times7$ 또는 $a=5\times7$ 또는

$a=3\times5\times7$이다.

즉, $A=42$ 또는 $A=126$ 또는 $A=210$ 또는

$A=630$이다.

따라서 A의 값이 될 수 없는 것은 ④이다

39 두 자연수를 각각 $4\times a$, $4\times b$(a, b는 서로소, $a<b$)라 하면 최소공배수가 32이므로 $4\times a\times b=32$

$\therefore a\times b=8$

(i) $a=1$, $b=8$일 때, 두 수는 $4\times1=4$, $4\times8=32$

(ii) $a=2$, $b=4$일 때, 두 수는 $4\times2=8$, $4\times4=16$

(ii)에서 a, b는 서로소가 아니므로 (i)에서 두 수는 4, 32이다.

$\therefore 4+32=36$

40 A, B의 최대공약수가 8이므로

$A=8\times a$, $B=8\times b$(a, b는 서로소, $a<b$)라 하자.

이때 최소공배수가 48이므로 $8\times a\times b=48$

$\therefore a\times b=6$

$a=1$, $b=6$이면 $A=8\times1=8$, $B=8\times6=48$

$a=2$, $b=3$이면 $A=8\times2=16$, $B=8\times3=24$

그런데 A와 B는 두 자리의 자연수이므로

$A=16$, $B=24$　$\therefore B-A=24-16=8$

41 (두 수의 곱)=(최대공약수)×(최소공배수)이므로

두 자연수의 곱은 $9\times81=729$이다.

[다른 풀이]

두 자연수를 A, B라 할 때, 최대공약수가 9이므로

$A=9\times a$, $B=9\times b$(단, a, b는 서로소)라 하면

최소공배수는 $9\times a\times b=81$이므로

$A\times B=(9\times a)\times(9\times b)=9\times(9\times a\times b)$
$=9\times81=729$

따라서 두 자연수의 곱은 729이다.

42 (두 수의 곱)=(최대공약수)×(최소공배수)이므로

96=(최대공약수)×24

∴ (최대공약수)=4

[다른 풀이]
두 자연수의 곱은 $96=2^5\times3$, 최소공배수는 $24=2^3\times3$이므로 두 수는 $2^3\times3$과 2^2 또는 2^3과 $2^2\times3$이다.
따라서 두 수의 최대공약수는 $2^2=4$이다.

43 (두 수의 곱)=(최대공약수)×(최소공배수)이므로
$294=7\times$(최소공배수)
∴ (최소공배수)=42
[다른 풀이]
A, B의 최대공약수가 7이므로
$A=7\times a$, $B=7\times b$(단, a, b는 서로소)라 하면
최소공배수는 $7\times a\times b$이다.
이때
$A\times B=(7\times a)\times(7\times b)=7\times(7\times a\times b)=294$
이므로 $7\times a\times b=42$
따라서 두 수의 최소공배수는 42이다.

44 (두 수의 곱)=(최대공약수)×(최소공배수)이므로
$4860=$(최대공약수)$\times270$
∴ (최대공약수)=18

45 어떤 수로 34를 나누면 2가 남으므로 $34-2=32$를 나누면 나누어떨어진다.
따라서 구하는 수는 32와 40의 최대공약수이므로 $2^3=8$이다.

$32=2^5$
$40=2^3\times5$
(최대공약수)$=2^3$

46 두 수 26, 38을 어떤 자연수로 나누면 나머지가 모두 2이므로 $26-2=24$, $38-2=36$을 어떤 자연수로 나누면 나누어떨어진다.
따라서 구하는 수는 24와 36의 최대공약수이므로
$2^2\times3=12$

$24=2^3\times3$
$36=2^2\times3^2$
(최대공약수)$=2^2\times3$

47 어떤 수로 53, 77을 나누면 모두 1이 남으므로
$53-1=52$, $77-1=76$을 나누면 나누어떨어진다.
따라서 구하는 수는 52와 76의 최대공약수이므로 $2^2=4$

$52=2^2\times13$
$76=2^2\times19$
(최대공약수)$=2^2$

48 9, 15 중 어느 것으로 나누어도 2가 남는 수는
(9와 15의 공배수)+2이다.
$9=3^2$, $15=3\times5$의 최소공배수가 $3^2\times5=45$이므로
공배수는 45, 90, 135, …이다.
따라서 구하는 가장 작은 세 자리의 자연수는
$135+2=137$이다.

49 14로 나누었을 때 11이 남으면 14로 나누었을 때 3이 부족한 것이므로 14, 16 중 어느 것으로 나누어도 3이 부족한 수는 (14와 16의 공배수)-3이다.
따라서 14와 16의 최소공배수는 $2^4\times7=112$이므로 구하는 가장 작은 자연수는
$112-3=109$이다.

$14=2\times7$
$16=2^4$
(최소공배수)$=2^4\times7$

50 3으로 나누었을 때 1이 남으면 3으로 나누었을 때 2가 부족하고, 4로 나누었을 때 2가 남으면 4로 나누었을 때 2가 부족하고, 5로 나누었을 때 3이 남으면 5로 나누었을 때 2가 부족하다.
즉, 3, 4, 5 중 어느 것으로 나누어도 2가 부족한 수는
(3, 4, 5의 공배수)-2이다.
따라서 3, $4=2^2$, 5의 최소공배수가 $2^2\times3\times5=60$이므로 구하는 가장 작은 수는 $60-2=58$이다.

51 세 자연수 5, 8, 12 중 어느 수로 나누어도 항상 4가 남는 수는 5, 8, 12의 공배수보다 4만큼 큰 수이다.
5, $8=2^3$, $12=2^2\times3$의 최소공배수를 구하면
$2^3\times3\times5=120$이고 120의 배수는 120, 240, 360, 480, 600, 720, …이다.
따라서 구하는 수 중 500보다 크고 720보다 작은 수는
$600+4=604$

52 $\frac{24}{A}$, $\frac{32}{A}$가 모두 자연수가 되는 가장 큰 자연수 A는
24와 32의 최대공약수이므로
$A=2^3=8$이다.

$24=2^3\times3$
$32=2^5$
(최대공약수)$=2^3$

53 $\frac{32}{a}$, $\frac{56}{a}$이 모두 자연수가 되게 하는 자연수 a는 32와 56의 공약수이므로 최대공약수 $2^3=8$의 약수 1, 2, 4, 8이다.

$32=2^5$
$56=2^3\times7$
(최대공약수)$=2^3$

54 $\frac{42}{a}$, $\frac{70}{a}$을 자연수로 만드는 자연수 a는 42와 70의 공약수이므로 최대공약수 $2\times7=14$의 약수 1, 2, 7, 14이다.

$$\begin{array}{rl} 42=2\times3 & \times7 \\ 70=2 & \times5\times7 \\ \hline (\text{최대공약수})=2 & \times7 \end{array}$$

55 두 수 40과 30에 어떤 단위분수를 각각 곱해서 그 결과가 모두 자연수가 되려면 곱하는 분수의 분모는 40과 30에 의해 나누어져야 하므로 40과 30의 공약수이어야 하고 이런 분수 중 가장 작은 수이므로 최대공약수 $2\times5=10$이다.

$$\begin{array}{rl} 40=2^3 & \times5 \\ 30=2 & \times3\times5 \\ \hline (\text{최대공약수})=2 & \times5 \end{array}$$

따라서 구하는 분수는 $\frac{1}{10}$이다.

56 구하는 수는 6과 10의 최소공배수이므로 $2\times3\times5=30$이다.

$$\begin{array}{rl} 6=2\times3 & \\ 10=2 & \times5 \\ \hline (\text{최소공배수})=2\times3 & \times5 \end{array}$$

57 구하는 수는 36과 54의 공배수이다.
36과 54의 최소공배수는 $2^2\times3^3=108$이므로 108의 배수 중 가장 큰 세 자리의 자연수는 $108\times9=972$이다.

$$\begin{array}{r} 36=2^2\times3^2 \\ 54=2\times3^3 \\ \hline (\text{최소공배수})=2^2\times3^3 \end{array}$$

58 n은 24와 60의 공배수이다.
이때 24와 60의 최소공배수는 $2^3\times3\times5=120$이므로 120의 배수 중 세 자리의 자연수는 120, 240, 360, 480, 600, 720, 840, 960의 8개이다.

$$\begin{array}{rl} 24=2^3\times3 & \\ 60=2^2\times3 & \times5 \\ \hline (\text{최소공배수})=2^3\times3 & \times5 \end{array}$$

59 구하는 수는 2, 3, 6의 공배수이고 50보다 크고 60보다 작은 수이다.
따라서 2, 3, $6=2\times3$의 최소공배수인 $2\times3=6$의 배수 중 50보다 크고 60보다 작은 수는 54이다.

60 $(\text{구하는 분수})=\frac{(3\text{과 } 5\text{의 최소공배수})}{(2\text{와 } 4\text{의 최대공약수})}=\frac{15}{2}$

61 $\frac{b}{a}=\frac{(10\text{과 } 25\text{의 최소공배수})}{(3\text{와 } 9\text{의 최대공약수})}=\frac{50}{3}$
$\therefore b-a=50-3=47$

62 $(\text{구하는 분수})=\frac{(7\text{과 } 35\text{와 } 49\text{의 최소공배수})}{(6\text{과 } 18\text{과 } 30\text{의 최대공약수})}=\frac{245}{6}$

개념완성익힘

익힘북 20~21쪽

1 ③	**2** 1, 3	**3** ①, ④	**4** 192
5 ②	**6** ⑤	**7** 45	**8** ⑤
9 ⑤	**10** $\frac{100}{3}$	**11** 43	**12** 36
13 122			

1

$$\begin{array}{rl} & 2^2\times3^2\times5 \\ & 3^2\times5\times7 \\ & 3^3\times5^3 \\ \hline (\text{최대공약수})= & 3^2\times5 \end{array}$$

2 48의 약수는 1, 2, 3, 4, 6, 8, 12, 16, 24, 48이고 이 중에서 10과 서로소인 수는 1, 3이다.

3 ① 서로소인 두 수의 최대공약수는 1이다.
④ 4와 9는 서로소이지만 둘 다 소수가 아니다.

4 A, B의 공배수는 최소공배수인 24의 배수이다.
따라서 $24\times8=192$, $24\times9=216$이므로 200과 가장 가까운 수는 192이다.

5 최대공약수가 $2^2\times3$이므로 $b=2$
최소공배수가 $2^3\times3^3\times7$이므로 $a=3$
$\therefore a+b=3+2=5$

6 $48=2^4\times3$, $72=2^3\times3^2$이므로 $48☆72=2^3\times3$
$30=2\times3\times5$, $45=3^2\times5$이므로 $30☆45=3\times5$
$\therefore (48☆72)\triangle(30☆45)=(2^3\times3)\triangle(3\times5)$
$=2^3\times3\times5=120$

7 (두 자연수의 곱)=(최대공약수)×(최소공배수)이므로
$A\times63=9\times315$ $\quad\therefore A=45$

8 두 수의 최대공약수가 14이므로
두 수를 각각 $14\times a$, $14\times b$ (a, b는 서로소, $a<b$)라 하면
두 수의 최소공배수가 112이므로
$14\times a\times b=112$ $\quad\therefore a\times b=8$
그런데 a, b는 서로소이고 $a<b$이므로 $a=1$, $b=8$
따라서 두 수는 $14\times1=14$, $14\times8=112$이므로
두 수의 합은 $14+112=126$

9 구하는 가장 작은 분수를 $\frac{n}{m}$이라 하면 m은 15와 25의 최대공약수인 5이고, n은 16과 24의 최소공배수인 48이어야 한다.
따라서 구하는 분수는 $\frac{48}{5}$이다.

10 세 분수 $\frac{9}{25}$, $\frac{3}{10}$, $\frac{27}{20}$에 곱해야 하는 가장 작은 분수의 분모는 9, 3, 27의 최대공약수인 3이고, 분자는 25, 10, 20의 최소공배수인 100이어야 한다.
따라서 곱할 수 있는 가장 작은 분수는 $\frac{100}{3}$이다.

11 두 분수 $\frac{35}{68}$, $\frac{49}{51}$에 곱해야 하는 가장 작은 분수의 분모는 35와 49의 최대공약수인 7이고, 분자는 68과 51의 최소공배수인 204이어야 한다.
즉, $\frac{35}{68}\times\frac{204}{7}=15$, $\frac{49}{51}\times\frac{204}{7}=28$
따라서 두 자연수는 15, 28이고 그 합은 $15+28=43$이다.

12 두 자연수를 $3\times x$, $7\times x$ (x는 자연수)라 하면 …… ①

$$x \,)\, \underline{3\times x \quad 7\times x}$$
$$\quad 3 \qquad 7$$

두 수의 최소공배수가 252이므로
$x\times3\times7=252$ $\quad\therefore x=12$ …… ②
따라서 두 자연수 중 작은 수는 $3\times12=36$ …… ③

단계	채점 기준	비율
①	두 수를 $3\times x$, $7\times x$라 놓기	20 %
②	x의 값 구하기	40 %
③	두 자연수 중 작은 수 구하기	40 %

13 3, 5, 6 중 어느 것으로 나누어도 모두 2가 남는 수는 (3, 5, 6의 공배수)+2이다. …… ①
3, 5, $6=2\times3$의 최소공배수는 $2\times3\times5=30$이므로 공배수는 30, 60, 90, 120, …이다. …… ②
따라서 가장 작은 세 자리의 자연수는
$120+2=122$이다. …… ③

단계	채점 기준	비율
①	구하는 수가 어떤 조건을 만족하는지 이해하기	30 %
②	3, 5, 6의 공배수 구하기	40 %
③	문제의 조건을 만족하는 수 구하기	30 %

대단원 마무리

익힘북 22~23쪽

1 ⑤	**2** ③	**3** ③	**4** ②
5 ③	**6** ⑤	**7** 4	**8** ②
9 ④	**10** ④	**11** 105	**12** 49
13 36	**14** 121	**15** 4개	

1 ① $2\times2\times3\times3\times3=2^2\times3^3$
② $3\times3\times3\times3\times3=3^5$
③ $4\times4\times3\times3\times3\times3=3^4\times4^2$
④ $2\times2\times2+4\times4\times4=2^3+4^3$

2 $720=2^4\times3^2\times5$이므로
$a=4$, $b=2$, $c=1$
$\therefore a+b+c=4+2+1=7$

3 주어진 수를 소인수분해하면
① $15=3\times5$ ② $24=2^3\times3$
③ $28=2^2\times7$ ④ $44=2^2\times11$
⑤ $63=3^2\times7$
따라서 만들 수 있는 수는 소인수가 2 또는 5 또는 7뿐이어야 하므로 ③이다.

4 ② A의 소인수는 2, 5이다.

5 $108=2^2\times3^3$이므로 $x=3$
즉, $108\times3=(2^2\times3^3)\times3=(2\times3^2)\times(2\times3^2)$이므로
$y=2\times3^2=18$
$\therefore x+y=3+18=21$

6 ① $75=3\times5^2$의 약수의 개수는
$(1+1)\times(2+1)=6$
② $2^3\times5^3$의 약수의 개수는
$(3+1)\times(3+1)=16$
③ $2^2\times3\times5^4$의 약수의 개수는
$(2+1)\times(1+1)\times(4+1)=30$
④ $100=2^2\times5^2$의 약수의 개수는
$(2+1)\times(2+1)=9$
⑤ $178=2\times89$의 약수의 개수는
$(1+1)\times(1+1)=4$
따라서 약수의 개수가 가장 적은 것은 ⑤이다.

7 $60=2^2\times3\times5$의 약수의 개수는

$(2+1)\times(1+1)\times(1+1)=12$이므로

$N(60)=12$ …… ①

$12\times N(a)=96$ $\quad\therefore N(a)=8$ …… ②

$8=1\times8=2\times4=2\times2\times2$이므로 50보다 작은 자연수 a는 $2^3\times3=24$, $2^3\times5=40$, $2\times3\times5=30$, $2\times3\times7=42$의 4개이다. …… ③

단계	채점 기준	비율
①	$N(60)$의 뜻을 이해하고 $N(60)$의 값 구하기	30 %
②	$N(a)$의 값 구하기	20 %
③	$N(a)=8$을 만족하는 a의 개수 구하기	50 %

8 $2^4\times\square$의 약수의 개수가 15일 때, $15=14+1$, $15=(4+1)\times(2+1)$이므로 서로 다른 소수 a, b에 대하여

(i) $2^4\times\square=a^{14}$의 꼴인 경우: $\square=2^{10}$

(ii) $2^4\times\square=a^4\times b^2$의 꼴인 경우: $\square=3^2, 5^2, 7^2, \cdots$

따라서 □ 안에 알맞은 가장 작은 자연수는 $3^2=9$이다.

9

$$\begin{array}{rl} & 2\times3^2\times5 \\ & 3^2\times5 \\ & 3^3\times5^2\times7 \\ \hline (\text{최대공약수})= & 3^2\times5 \\ (\text{최소공배수})= & 2\times3^3\times5^2\times7 \end{array}$$

10 최대공약수가 $2^2\times3^3$이므로 $a=2$

최소공배수가 $2^3\times3^4\times7$이므로 $b=4$

$\therefore a\times b=2\times4=8$

11 $60=15\times4$이므로 구하는 자연수를 $15\times a$ (a와 4는 서로소)라 하면

$a=1, 3, 5, 7, \cdots$

$\therefore 15\times a=15, 45, 75, 105, \cdots$

따라서 가장 작은 세 자리의 자연수는 105이다.

12 A, B의 최대공약수가 7이므로

$A=7\times a$, $B=7\times b$ (a, b는 서로소, $a<b$)라 하자.

이때 두 수의 곱이 490이므로

$(7\times a)\times(7\times b)=490$에서 $a\times b=10$

(i) $a=1$, $b=10$일 때 $A=7$, $B=70$

(ii) $a=2$, $b=5$일 때 $A=14$, $B=35$

그런데 A, B는 두 자리의 자연수이므로

$A=14$, $B=35$

$\therefore A+B=14+35=49$

13 A, B의 최대공약수가 36이므로

$A=36\times a$, $B=36\times b$ (a, b는 서로소, $a<b$)라 하면 A, B의 최소공배수가 432이므로

$36\times a\times b=432$ $\quad\therefore a\times b=12$

(i) $a=1$, $b=12$일 때, $A=36$, $B=432$

(ii) $a=3$, $b=4$일 때, $A=108$, $B=144$

그런데 두 수는 세 자리의 자연수이므로

$A=108$, $B=144$이다.

$\therefore B-A=144-108=36$

14 4, 5, 6 중 어느 것으로 나누어도 1이 남는 수는 4, 5, 6의 공배수에 1을 더한 것과 같다.

4, 5, 6의 최소공배수가

$$\begin{array}{r|rrr} 2 & 4 & 5 & 6 \\ \hline & 2 & 5 & 3 \end{array}$$

$2\times2\times5\times3=60$이므로 공배수는 60, 120, 180, …이다.

따라서 구하는 세 자리의 자연수 중에서 가장 작은 자연수는 $120+1=121$이다.

15 $\frac{1}{8}$, $\frac{1}{12}$ 중 어느 것을 곱해도 자연수가 되는 수는 8과 12의 공배수이다. …… ①

$8=2^3$, $12=2^2\times3$이므로 두 수의 최소공배수는 $2^3\times3=24$이다. …… ②

따라서 100 이하의 자연수 중 24의 배수는 24, 48, 72, 96의 4개이다. …… ③

단계	채점 기준	비율
①	구하려는 수가 8과 12의 공배수임을 알기	30 %
②	8과 12의 최소공배수 구하기	30 %
③	조건에 맞는 자연수의 개수 구하기	40 %

Ⅱ 정수와 유리수

1 정수와 유리수

개념적용익힘

익힘북 24~30쪽

1 (1) +3000원, −3000원
(2) +1894 m, −1894 m
(3) +100년, −100년 (4) +20점, −20점

2 ⑤ **3** ③ **4** ③ **5** −3, 3, 5

6 4개 **7** 양의 정수 : 5, 음의 정수 : −2, $-\frac{15}{5}$

8 (1) −7, −4.33, $-\frac{6}{2}$, $-\frac{7}{4}$ (2) 1.4, $\frac{8}{4}$, $\frac{1}{3}$
(3) 1.4, −4.33, $\frac{1}{3}$, $-\frac{7}{4}$

9 ④ **10** 3 **11** ① **12** ③

13 ②, ④ **14** ④ **15** ④ **16** ④

17 ③ **18** ② **19** ③ **20** ③

21 점 A : −7, 점 B : 6 **22** $a=4$, $b=-5$

23 ③ **24** ⑤ **25** ② **26** ④

27 ② **28** 5개 **29** ③ **30** ①

31 ② **32** ④ **33** $\frac{9}{5}$ **34** ④

35 ④ **36** ②, ⑤ **37** ③

38 −4.1, −2, 0, $\frac{4}{3}$, 3, $\frac{9}{2}$ **39** ⑤

40 $c<b<a$ **41** ⑤ **42** ①

43 −2, 0, 0.5 **44** (1) 2, 3 (2) 3, 4, 5, 6

45 ⑤ **46** $-\frac{5}{3}$, $-\frac{4}{3}$, $-\frac{2}{3}$, $-\frac{1}{3}$, $\frac{1}{3}$, $\frac{2}{3}$, $\frac{4}{3}$

47 ②

2 ⑤ 1500원 수입 : +1500원

3 ① +3 cm ② +5 % ③ −4명
④ +20점 ⑤ +32 ℃

4 ⑤ $\frac{12}{4}=3$ (정수)

6 정수는 9, −3, $\frac{14}{2}(=7)$, 0의 4개이다.

7 양의 정수 : 5, 음의 정수 : −2, $-\frac{15}{5}(=-3)$

9 ① 양수는 $\frac{8}{2}$, 1.6, 3의 3개이다.
② 양의 정수는 $\frac{8}{2}$, 3의 2개이다.
③ 정수는 −4, $\frac{8}{2}$, 3의 3개이다.
⑤ 정수가 아닌 유리수는 $-\frac{9}{2}$, 1.6의 2개이다.

10 양의 유리수는 0.5, 4, $\frac{10}{5}$의 3개 $\therefore x=3$
음의 유리수는 $-\frac{3}{2}$, −5의 2개 $\therefore y=2$
정수가 아닌 유리수는 $-\frac{3}{2}$, 0.5의 2개 $\therefore z=2$
$\therefore x+y-z=3+2-2=3$

11 ① 0은 정수이고, 정수는 유리수이므로 0은 유리수이다.

12 ① 양의 정수, 0, 음의 정수를 통틀어 정수라 한다.
② 유리수 중에는 정수가 아닌 유리수도 있다.
④ −1과 1 사이에는 유리수가 무수히 많다.
⑤ 0은 양의 유리수도 음의 유리수도 아니다.

13 ① 정수 중 양의 정수가 아닌 수는 0 또는 음의 정수이다.
③ 유리수는 양의 유리수, 0, 음의 유리수로 이루어져 있다.
⑤ −1과 0 사이에는 유리수가 무수히 많다.

14 ④ 점 D는 0에서 오른쪽으로 1만큼 가고 0.5만큼 더 간 점이므로 D : 1.5

15 주어진 수를 수직선 위에 나타내면 다음과 같다.

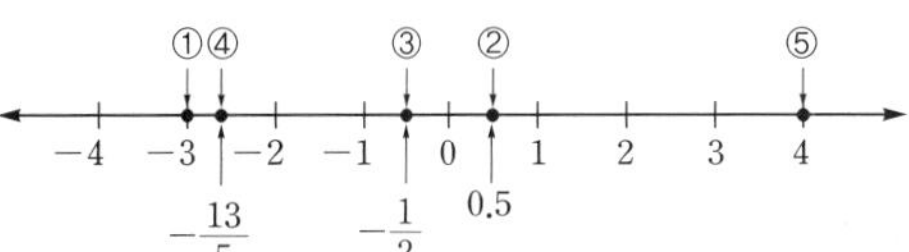

따라서 왼쪽에서 두 번째에 있는 수는 ④이다.

16 점 A, B, C, D, E가 나타내는 수는 차례로
−4, −2, 1, $\frac{5}{2}$, $\frac{9}{2}$이다.
① 자연수는 1의 1개이다.
② 음수는 −4, −2의 2개이다.
③ 점 D가 나타내는 수는 $\frac{5}{2}$이다.
⑤ 유리수는 −4, −2, 1, $\frac{5}{2}$, $\frac{9}{2}$의 5개이다.

17 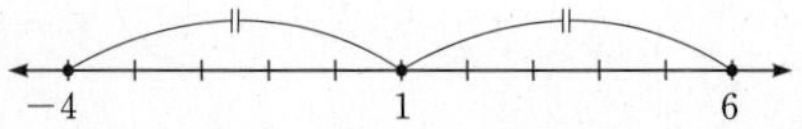

따라서 6과 -4를 나타내는 두 점으로부터 같은 거리에 있는 점이 나타내는 수는 1이다.

18 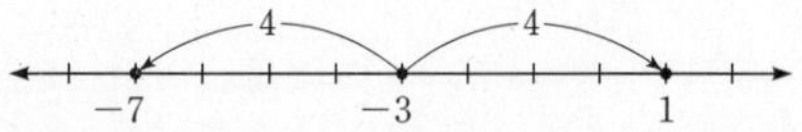

따라서 -3을 나타내는 점으로부터의 거리가 4인 점이 나타내는 두 수는 -7, 1이다.

19 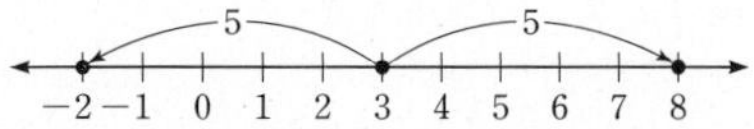

따라서 구하는 두 수는 -2, 8이다.

20 각 수의 절댓값을 구하면 다음과 같다.

① 7 ② $\frac{3}{2}$ ③ 0 ④ $\frac{1}{3}$ ⑤ 3

따라서 절댓값이 가장 작은 수는 ③이다.

21 점 A가 나타내는 수는 절댓값이 7인 음수이므로 -7이고, 점 B가 나타내는 수는 절댓값이 6인 양수이므로 6이다.

22 $|a|=4$이므로 $a=4$ ($\because a>0$)

$|b|=5$이므로 $b=-5$ ($\because b<0$)

23 각 수의 절댓값을 구하면 다음과 같다.

① 2 ② $\frac{21}{7}=3$ ③ 5 ④ 0 ⑤ $\frac{8}{4}=2$

따라서 수직선 위에 나타내었을 때, 원점에서 가장 멀리 떨어져 있는 수는 절댓값이 가장 큰 ③이다.

24 각 수의 절댓값을 구하면 다음과 같다.

① 4 ② $\frac{1}{4}$ ③ $\frac{13}{2}$ ④ 1 ⑤ $\frac{1}{3}$

따라서 수직선 위에 나타내었을 때, 원점에 두 번째로 가까운 수는 절댓값이 두 번째로 작은 ⑤이다.

25 ① 0보다 크거나 같다.

③ 절댓값이 0인 수는 0의 1개이고, 절댓값이 음수인 수는 존재하지 않는다.

④ 0의 절댓값은 0이다.

⑤ 절댓값은 원점에서 멀리 떨어질수록 크다.

26 절댓값이 3 이하인 정수는 -3, -2, -1, 0, 1, 2, 3의 7개이다.

27 (가) -5, -4, -3, -2, -1, 0, 1, 2, 3, 4, 5

(나) -1, -2, -3, -4, -5, ⋯

따라서 (가), (나)를 모두 만족하는 수는 ②이다.

28 $\frac{14}{5}=2\frac{4}{5}$이므로 절댓값이 $\frac{14}{5}$보다 작은 정수는 -2, -1, 0, 1, 2의 5개이다.

29 절댓값이 $\frac{7}{2}(=3.5)$ 이상인 수는

-4, $-\frac{15}{2}(=-7.5)$, 5의 3개이다.

30 절댓값이 같고 $a>b$인 두 수 a, b에 대응하는 두 점 사이의 거리가 8이므로 두 점은 수직선 위에서 0에 대응하는 점과의 거리가 각각 4이다.

$\therefore a=4$, $b=-4$

31 절댓값이 같은 두 수 a, b를 나타내는 두 점 사이의 거리가 10이므로 두 점은 원점으로부터 각각 5만큼 떨어져 있다.

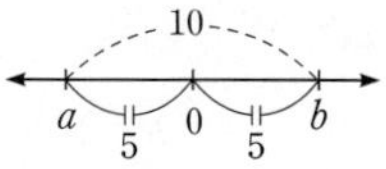

이때 a가 b보다 10만큼 작으므로 $a=-5$, $b=5$

32 절댓값이 같은 두 수 a, b를 나타내는 두 점 사이의 거리가 14이므로 두 점은 원점으로부터 각각 7만큼 떨어져 있다.

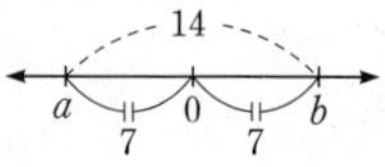

이때 b는 a보다 14만큼 큰 수이므로 $a=-7$, $b=7$

33 두 수는 $\frac{9}{5}$, $-\frac{9}{5}$이므로 큰 수는 $\frac{9}{5}$이다.

34 ① $-1>-3$ ② $0>-0.2$ ③ $5>4.9$

⑤ $|-2.1|=2.1$, $\left|-\frac{7}{3}\right|=\frac{7}{3}$이므로

$|-2.1|<\left|-\frac{7}{3}\right|$

35 ④ $\left|-\frac{1}{2}\right|=\frac{1}{2}=\frac{3}{6}$, $\left|-\frac{2}{3}\right|=\frac{2}{3}=\frac{4}{6}$에서

$\left|-\frac{1}{2}\right|<\left|-\frac{2}{3}\right|$이고, 음수끼리는 절댓값이 작은 수가 크므로 $-\frac{1}{2}>-\frac{2}{3}$

36 (음수)$<0<$(양수)이므로 ① $-2<0$ ② $3>-5$

음수끼리는 절댓값이 작은 수가 크므로 ③ $-7<-4$

④ $-\frac{1}{2}=-\frac{2}{4}$에서 $-\frac{1}{2}>-\frac{5}{4}$

⑤ $\frac{1}{3}=\frac{4}{12}$, $\frac{1}{4}=\frac{3}{12}$이므로 $\frac{1}{3}>\frac{1}{4}$

37 ①, ②, ④, ⑤ $>$　　③ $<$

38 작은 수부터 차례로 나열하면 -4.1, -2, 0, $\frac{4}{3}$, 3, $\frac{9}{2}$ 이다.

39 주어진 수를 작은 수부터 차례로 나열하면
-1.3, $-\frac{1}{2}$, $-\frac{2}{5}$, $\frac{3}{4}$, $\frac{7}{3}\left(=2\frac{1}{3}\right)$, 3
⑤ 수직선 위에 나타낼 때, 가장 오른쪽에 있는 점에 대응하는 수는 3이다.

40 (가), (나)에 의하여 $a=-3$
(가), (다), (라)에 의하여 $c<b<-3$
$\therefore c<b<a$

41 ① $x>1$　② $-7\le y\le -5$
③ $z\le -2$　④ $2<a<12$

42 ㄷ. $-\frac{1}{2}\le x\le 3$　ㄹ. $-\frac{1}{2}<x<3$

43 구하는 수를 x라고 하면 x의 값의 범위는 $-5\le x<3.2$이므로 x의 값의 범위에 속하는 수는 -2, 0, 0.5이다.

44 (1) $\frac{7}{4}=1\frac{3}{4}$, $\frac{16}{5}=3\frac{1}{5}$이므로 $\frac{7}{4}$보다 크고 $\frac{16}{5}$ 이하인 정수는 2, 3이다.
(2) $\frac{19}{3}=6\frac{1}{3}$이므로 2와 $\frac{19}{3}$ 사이에 있는 정수는 3, 4, 5, 6이다.

45 $-\frac{1}{2}<x\le 7$을 만족하는 정수 x는 0, 1, 2, 3, 4, 5, 6, 7의 8개이다.

46 두 유리수 사이에 있는 수 중에서 분모가 3인 정수가 아닌 유리수는 $-\frac{5}{3}$, $-\frac{4}{3}$, $-\frac{2}{3}$, $-\frac{1}{3}$, $\frac{1}{3}$, $\frac{2}{3}$, $\frac{4}{3}$이다.

47 $\frac{2}{3}=\frac{10}{15}$, $\frac{6}{5}=\frac{18}{15}$이므로 두 수 사이에 있는 유리수 중 분모가 15인 유리수는
$\frac{11}{15}$, $\frac{12}{15}\left(=\frac{4}{5}\right)$, $\frac{13}{15}$, $\frac{14}{15}$, $\frac{15}{15}(=1)$, $\frac{16}{15}$, $\frac{17}{15}$이다.
따라서 분모가 5인 기약분수는 $\frac{4}{5}$의 1개이다.

개념완성익힘　익힘북 31~32쪽

1 ④　**2** ②　**3** ②
4 $A=-2$, $B=2.1$, $C=3$　**5** ③
6 3　**7** ⑤　**8** ③　**9** ④
10 $\frac{5}{2}$　**11** ②　**12** 13
13 $a=-3$, $b=4$　**14** $a=-1$, $b=0$

1 ① $+50$원　② $+5$ kg　③ $+6$ %
④ -10000원　⑤ $+10$점

2 ② $\frac{11}{2}$은 정수가 아닌 유리수이다.
④ $\frac{24}{6}=4$(정수)　⑤ $-\frac{49}{7}=-7$(정수)

3 ② 자연수가 아닌 정수는 0 또는 음의 정수이다.

4 주어진 전개도를 접어서 정육면체를 만들면
A와 마주보는 면에 적힌 수는 2이므로 $A=-2$,
B와 마주보는 면에 적힌 수는 -2.1이므로 $B=2.1$,
C와 마주보는 면에 적힌 수는 -3이므로 $C=3$이다.

5 ① 점 A가 나타내는 수는 $-\frac{7}{2}$이다.
② 점 A와 점 C가 나타내는 수는 유리수이다.
③ 점 B와 점 D가 나타내는 수의 절댓값은 2로 같다.
④ 점 A가 나타내는 수의 절댓값이 $\frac{7}{2}$로 가장 크다.
⑤ 점 C와 점 E가 나타내는 수 사이에 있는 정수는 1, 2의 2개이다.

6 $(-2.5)*3$에서 $|-2.5|<|3|$이므로
$(-2.5)*3=3$
$\{(-2.5)*3\}\diamond\left(-\frac{9}{2}\right)=3\diamond\left(-\frac{9}{2}\right)$이고
$3\diamond\left(-\frac{9}{2}\right)$에서 $|3|<\left|-\frac{9}{2}\right|$이므로
구하는 값은 3이다.

7 절댓값이 가장 큰 수는 ⑤ -4이다.

8 절댓값이 같으므로 원점에서 같은 거리에 있고, 두 수의 차가 16이므로 두 수를 나타내는 두 점은 원점으로부터 각각 8만큼 떨어져 있다.
따라서 구하는 두 수는 -8, 8이다.

9 ④ $\left|-\frac{3}{2}\right|=\frac{3}{2}$, $\left|-\frac{4}{3}\right|=\frac{4}{3}$이고 $\frac{3}{2}>\frac{4}{3}$이므로 $-\frac{3}{2}<-\frac{4}{3}$

10 $|+3|=3$, $\left|-\frac{1}{2}\right|=\frac{1}{2}$이므로 음수는 $-\frac{1}{3}$, -2이고 $-2<-\frac{1}{3}$

양수는 $|+3|$, $\frac{5}{2}$, $\left|-\frac{1}{2}\right|$이고 $\left|-\frac{1}{2}\right|<\frac{5}{2}<|+3|$

따라서 작은 수부터 차례로 나열하면

-2, $-\frac{1}{3}$, $\left|-\frac{1}{2}\right|$, $\frac{5}{2}$, $|+3|$

이므로 네 번째에 오는 수는 $\frac{5}{2}$이다.

11 x는 -2보다 크므로 $x>-2$

x는 $\frac{1}{3}$보다 크지 않으므로(작거나 같으므로) $x\le\frac{1}{3}$

$\therefore -2<x\le\frac{1}{3}$

12 $|-8|=8$이므로 $a=8$ …… ①

절댓값이 5인 수는 5, -5이므로 $b=5$ …… ②

$\therefore a+b=8+5=13$ …… ③

단계	채점 기준	비율
①	a의 값 구하기	40 %
②	b의 값 구하기	40 %
③	$a+b$의 값 구하기	20 %

13 $-\frac{7}{2}=-3\frac{1}{2}$, $\frac{9}{2}=4\frac{1}{2}$이므로

두 유리수 $-\frac{7}{2}$과 $\frac{9}{2}$ 사이에 있는 정수는

-3, -2, -1, 0, 1, 2, 3, 4이다. …… ①

$\therefore a=-3$, $b=4$ …… ②

단계	채점 기준	비율
①	두 유리수 사이에 있는 정수 구하기	60 %
②	a, b의 값 각각 구하기	40 %

14 (가)에서 $a=1$ 또는 $a=-1$이다. …… ①

(가)에서 $|a|=1$이므로 (나)에서 $|b|<1$

$\therefore b=0$ ($\because$ b는 정수) …… ②

$b=0$이므로 (다)에서 $a<0$ $\therefore a=-1$ …… ③

단계	채점 기준	비율
①	a가 될 수 있는 값 모두 구하기	20 %
②	b의 값 구하기	40 %
③	a의 값 구하기	40 %

2 정수와 유리수의 사칙계산

개념적용익힘

익힘북 33~47쪽

1 ④ **2** ⑤ **3** ③ **4** ③
5 ⑤ **6** ③ **7** ⑤ **8** ⑤
9 $-\frac{9}{20}$
10 (가) 덧셈의 교환법칙 (나) 덧셈의 결합법칙
11 ㉡ **12** ② **13** ② **14** ⑤
15 ⑤ **16** ⑤ **17** ⑤ **18** 5
19 -7 **20** $\frac{1}{3}$ **21** ① **22** 8, -8
23 ② **24** ③ **25** ④ **26** ②
27 ② **28** $\frac{1}{2}$ **29** 17 **30** ⑤
31 ① **32** ③ **33** $-\frac{11}{12}$ **34** -13
35 ⑤ **36** $\frac{1}{12}$ **37** $\frac{33}{10}$ **38** -6
39 ② **40** 1215.8원 **41** ③
42 ④ **43** $-\frac{49}{20}$ **44** ㉠
45 ㉠ 곱셈의 교환법칙 ㉡ 곱셈의 결합법칙
46 ㉠ 교환 ㉡ 결합 ㉢ -2 ㉣ $\frac{2}{3}$
47 (1) -40 (2) $\frac{4}{3}$ **48** ⑤ **49** ③
50 ③ **51** ②
52 (1) $\frac{9}{4}$ (2) $\frac{4}{25}$ (3) $\frac{8}{27}$ (4) $-\frac{1}{8}$
53 $\left(\frac{1}{2}\right)^2$, $-\left(-\frac{1}{2}\right)^2$ **54** 8 **55** ②
56 ⑤ **57** ① **58** 분배법칙 **59** 16
60 (1) 11 (2) -56 **61** -10 **62** ①
63 ④ **64** ③
65 (1) -3 (2) -6 (3) -1.8 (4) 40 **66** ①
67 ④ **68** ⑤ **69** ⑤
70 (1) -18 (2) 20 (3) -5 **71** -3 **72** -10
73 (1) $\frac{3}{2}$ (2) $\frac{1}{4}$ (3) $-\frac{10}{7}$ **74** ④ **75** -4
76 $-\frac{2}{3}$ **77** ⑤ **78** ② **79** ③

80 $-\frac{3}{4}$ **81** ② **82** -4 **83** ⑤

84 ③ **85** ③, ⑤ **86** ②, ④ **87** ②

88 $-\frac{15}{2}$ **89** ③ **90** $-\frac{16}{5}$ **91** ⑤

92 ㄹ, ㄷ, ㄴ, ㄱ, ㅁ **93** ③ **94** ㄷ

95 ㄹ, ㄷ, ㄴ, ㅁ, ㄱ **96** ② **97** $-\frac{21}{20}$

98 9 **99** ④ **100** 1 **101** -13

102 $-\frac{3}{16}$ **103** ② **104** ⑤ **105** ②

1 수직선의 원점에서 오른쪽으로 3만큼 간 후 다시 왼쪽으로 5만큼 갔으므로 계산식은 $(+3)+(-5)$이다.

2 수직선의 원점에서 오른쪽으로 4만큼 간 후 다시 왼쪽으로 7만큼 갔으므로 계산식은 $(+4)+(-7)$이다.

3 수직선의 원점에서 왼쪽으로 3만큼 간 후 다시 오른쪽으로 6만큼 갔으므로 계산식은 $(-3)+(+6)$이다.

4 ① $(-5)+(+3)=-(5-3)=-2$
② $(-3)+(-7)=-(3+7)=-10$
③ $(-4)+(+10)=+(10-4)=6$
④ $(+5)+(+1)=+(5+1)=6$
⑤ $(+3)+(-2)=+(3-2)=1$

5 ① $(+3)+(+8)=+(3+8)=11$
② $(-3)+(-2)=-(3+2)=-5$
③ $(-9)+(+15)=+(15-9)=6$
④ $(+12)+(-13)=-(13-12)=-1$
⑤ $(-16)+(+28)=+(28-16)=12$
따라서 계산 결과가 가장 큰 것은 ⑤이다.

6 ① $\left(+\frac{1}{5}\right)+\left(+\frac{2}{15}\right)=+\left(\frac{3}{15}+\frac{2}{15}\right)=\frac{1}{3}$
② $\left(-\frac{3}{8}\right)+\left(-\frac{5}{16}\right)=-\left(\frac{6}{16}+\frac{5}{16}\right)=-\frac{11}{16}$
③ $\left(-\frac{3}{7}\right)+\left(-\frac{3}{14}\right)=-\left(\frac{6}{14}+\frac{3}{14}\right)=-\frac{9}{14}$
④ $\left(-\frac{1}{12}\right)+\left(+\frac{1}{3}\right)=+\left(\frac{4}{12}-\frac{1}{12}\right)=\frac{1}{4}$
⑤ $\left(+\frac{2}{3}\right)+\left(-\frac{1}{2}\right)=+\left(\frac{4}{6}-\frac{3}{6}\right)=\frac{1}{6}$

7 ⑤ $\left(-\frac{2}{5}\right)+\left(-\frac{1}{3}\right)=\left(-\frac{6}{15}\right)+\left(-\frac{5}{15}\right)$
$=-\left(\frac{6}{15}+\frac{5}{15}\right)=-\frac{11}{15}$

8 ① $(+3)+(+1)=+(3+1)=4$
② $(-2.7)+(+6.7)=+(6.7-2.7)=4$
③ $(-3)+(+7)=+(7-3)=4$
④ $(+5)+(-1)=+(5-1)=4$
⑤ $\left(+\frac{16}{3}\right)+\left(-\frac{1}{3}\right)=+\left(\frac{16}{3}-\frac{1}{3}\right)=\frac{15}{3}=5$

9 $-\frac{6}{5}$, $+\frac{2}{3}$, -1, $+\frac{3}{4}$ 중에서 가장 큰 수는 $+\frac{3}{4}$, 가장 작은 수는 $-\frac{6}{5}$이므로 두 수의 합은
$\left(+\frac{3}{4}\right)+\left(-\frac{6}{5}\right)=-\left(\frac{24}{20}-\frac{15}{20}\right)=-\frac{9}{20}$

11 ㉠ : 덧셈의 교환법칙, ㉡ : 덧셈의 결합법칙

13 (주어진 식)$=(-2.5)+(-0.4)+(+2)$
$=(-2.9)+(+2)=-0.9$

14 (주어진 식)$=\left\{\left(+\frac{5}{3}\right)+\left(-\frac{2}{3}\right)\right\}+\left\{\left(-\frac{1}{2}\right)+\left(+\frac{1}{6}\right)\right\}$
$=(+1)+\left(-\frac{1}{3}\right)=\frac{2}{3}$

15 ⑤ (주어진 식)
$=\{(-5)+(-3)\}+\{(+0.2)+(+2.8)\}$
$=(-8)+(+3)=-5$

16 ① $(+7)-(+4)=(+7)+(-4)=3$
② $(-4)-(-4)=(-4)+(+4)=0$
③ $(-9)-(-7)=(-9)+(+7)=-2$
④ $(-2)-(+3)-(-2)$
$=(-2)+(-3)+(+2)$
$=(-5)+(+2)=-3$
⑤ $(+2)-(-3)-(+1)$
$=(+2)+(+3)+(-1)$
$=(+5)+(-1)=4$
따라서 계산 결과가 가장 큰 것은 ⑤이다.

17 ⑤ $\left(-\frac{3}{4}\right)-\left(-\frac{7}{5}\right)=\left(-\frac{3}{4}\right)+\left(+\frac{7}{5}\right)$
$=\left(-\frac{15}{20}\right)+\left(+\frac{28}{20}\right)=\frac{13}{20}$

18 절댓값이 가장 큰 수는 $\frac{9}{2}$이고 절댓값이 가장 작은 수는 $-\frac{1}{2}$이므로 $a=\frac{9}{2}$, $b=-\frac{1}{2}$
$\therefore a-b=\frac{9}{2}-\left(-\frac{1}{2}\right)=5$

익힘북

19 절댓값이 4인 수는 -4, 4이고 이 중 양수는 4이므로 $A=4$

절댓값이 3인 수는 -3, 3이고 이 중 음수는 -3이므로 $B=-3$

$\therefore B-A=-3-4=-7$

20 절댓값이 $\frac{1}{3}$인 수는 $-\frac{1}{3}$, $\frac{1}{3}$이고 이 중 음수는 $-\frac{1}{3}$이므로 $A=-\frac{1}{3}$

절댓값이 $\frac{2}{3}$인 수는 $-\frac{2}{3}$, $\frac{2}{3}$이고 이 중 음수는 $-\frac{2}{3}$이므로 $B=-\frac{2}{3}$

$\therefore A-B=\left(-\frac{1}{3}\right)-\left(-\frac{2}{3}\right)=\frac{1}{3}$

21 a의 절댓값이 5이므로 $a=-5$ 또는 $a=5$

b의 절댓값이 8이므로 $b=-8$ 또는 $b=8$

(i) $a=-5$, $b=-8$일 때, $a-b=-5-(-8)=3$

(ii) $a=-5$, $b=8$일 때, $a-b=-5-8=-13$

(iii) $a=5$, $b=-8$일 때, $a-b=5-(-8)=13$

(iv) $a=5$, $b=8$일 때, $a-b=5-8=-3$

따라서 $a-b$의 값 중 가장 작은 값은 -13이다.

22 a의 절댓값이 6이므로 $a=-6$ 또는 $a=6$

b의 절댓값이 2이므로 $b=-2$ 또는 $b=2$

(i) $a=-6$, $b=-2$일 때,

$a-b=-6-(-2)=-4$

(ii) $a=-6$, $b=2$일 때, $a-b=-6-2=-8$

(iii) $a=6$, $b=-2$일 때, $a-b=6-(-2)=8$

(iv) $a=6$, $b=2$일 때, $a-b=6-2=4$

따라서 $a-b$의 값 중 가장 큰 값은 8, 가장 작은 값은 -8이다.

23 $(-3)+\square=-10$에서

$\square=(-10)-(-3)=(-10)+(+3)=-7$

24 $\left(+\frac{2}{5}\right)-\square=\frac{26}{15}$에서

$\square=\left(+\frac{2}{5}\right)-\left(+\frac{26}{15}\right)$

$=\left(+\frac{6}{15}\right)+\left(-\frac{26}{15}\right)$

$=-\frac{20}{15}=-\frac{4}{3}$

25 $a=2-(+4)=-2$, $b=5+(-2.7)=2.3$

$\therefore b-a=2.3-(-2)=2.3+2=4.3$

26 ① $3-5+7=(+3)+(-5)+(+7)=5$

② $-7+3-5=(-7)+(+3)+(-5)=-9$

③ $5-3+7=(+5)+(-3)+(+7)=9$

④ $-3-7+5=(-3)+(-7)+(+5)=-5$

⑤ $-5+7-3=(-5)+(+7)+(-3)=-1$

따라서 계산 결과가 가장 작은 것은 ②이다.

27 ① $1.5-0.4+1=\{(+1.5)+(-0.4)\}+(+1)$

$=(+1.1)+(+1)=2.1$

② $-5+3+1=(-5)+\{(+3)+(+1)\}$

$=(-5)+(+4)=-1$

③ $\frac{3}{4}-\frac{1}{2}+\frac{1}{3}=\left\{\left(+\frac{3}{4}\right)+\left(-\frac{2}{4}\right)\right\}+\left(+\frac{1}{3}\right)$

$=\left(+\frac{1}{4}\right)+\left(+\frac{1}{3}\right)=\frac{7}{12}$

④ $-\frac{2}{3}+1-\frac{1}{4}=\left\{\left(-\frac{2}{3}\right)+\left(+\frac{3}{3}\right)\right\}+\left(-\frac{1}{4}\right)$

$=\left(+\frac{1}{3}\right)+\left(-\frac{1}{4}\right)=\frac{1}{12}$

⑤ $0.5-\frac{3}{2}+0.3+1$

$=\{(+0.5)+(-1.5)\}+(+0.3)+(+1)$

$=(-1)+(+0.3)+(+1)$

$=(+0.3)+\{(-1)+(+1)\}=0.3$

28 (주어진 식) $=\frac{3}{4}+\left(-\frac{2}{4}\right)+(-3)+\left(-\frac{7}{4}\right)+5$

$=\left(-\frac{3}{2}\right)+(-3)+5$

$=\left(-\frac{3}{2}\right)+2=\frac{1}{2}$

29 (주어진 식)

$=\left(+\frac{3}{5}\right)+\left(-\frac{3}{4}\right)+\left(+\frac{2}{5}\right)+(+3)$

$=\left\{\left(+\frac{3}{5}\right)+\left(+\frac{2}{5}\right)\right\}+\left(-\frac{3}{4}\right)+(+3)$

$=(+1)+\left(-\frac{3}{4}\right)+(+3)$

$=\{(+1)+(+3)\}+\left(-\frac{3}{4}\right)$

$=(+4)+\left(-\frac{3}{4}\right)=\frac{13}{4}$

따라서 $a=4$, $b=13$이므로 $a+b=4+13=17$

30 ① $3+2=5$ ② $2+4=6$ ③ $10-4=6$

④ $-5+10=5$ ⑤ $15-7=8$

따라서 가장 큰 수는 ⑤이다.

31 $a=(-4)-2=-6$, $b=3+(-7)=-4$
$\therefore a-b=(-6)-(-4)=-2$

32 $a=3+\left(-\frac{1}{3}\right)=\frac{8}{3}$, $b=2-(-0.5)=2.5$
$\therefore a-b=\frac{8}{3}-2.5=\frac{8}{3}-\frac{5}{2}=\frac{1}{6}$

33 $a=\frac{1}{2}-\frac{1}{6}=\left(+\frac{1}{2}\right)-\left(+\frac{1}{6}\right)$
$=\left(+\frac{3}{6}\right)+\left(-\frac{1}{6}\right)=\frac{1}{3}$
$b=-\frac{7}{4}+\frac{1}{2}=\left(-\frac{7}{4}\right)+\left(+\frac{2}{4}\right)=-\frac{5}{4}$
$\therefore a+b=\frac{1}{3}+\left(-\frac{5}{4}\right)=\left(+\frac{4}{12}\right)+\left(-\frac{15}{12}\right)$
$=-\frac{11}{12}$

34 어떤 수를 □라 하면 □$-(-5)=-3$
$\therefore$ □$=(-3)+(-5)=-8$
따라서 바르게 계산하면 $(-8)+(-5)=-13$

35 어떤 수를 □라 하면 $8-$□$=-6$
$\therefore$ □$=8-(-6)=14$
따라서 바르게 계산하면 $8+14=22$

36 어떤 수를 □라 하면 □$+\frac{1}{3}=\frac{3}{4}$
$\therefore$ □$=\frac{3}{4}-\frac{1}{3}=\frac{5}{12}$
따라서 바르게 계산하면 $\frac{5}{12}-\frac{1}{3}=\frac{1}{12}$

37 어떤 수를 □라 하면 $\frac{7}{5}+$□$=-\frac{1}{2}$
$\therefore$ □$=-\frac{1}{2}-\frac{7}{5}=-\frac{19}{10}$
따라서 바르게 계산하면 $\frac{7}{5}-\left(-\frac{19}{10}\right)=\frac{33}{10}$

38 $-2+3+2=3$이므로
$a+1+3=3$ $\quad\therefore a=-1$
㉠$+1+2=3$이므로 ㉠$=0$
$0+b+(-2)=3$이므로 $b=5$
$\therefore a-b=-1-5=-6$

㉠	a	
b	1	
-2	3	2

39 각 도시의 일교차는 다음과 같다.
A : $0-(-5)=5$(℃), B : $-2-(-9)=7$(℃),
C : $-3-(-6)=3$(℃), D : $1-(-5)=6$(℃),
E : $3-(-3)=6$(℃)
따라서 일교차가 가장 큰 도시는 B이다.

40 24일의 원/달러 환율은
$1220+(+2.3)+(-4.2)+(-3.8)+(+1.5)$
$=1215.8$(원)

41 ① $(-4)\times(+9)=-(4\times9)=-36$
② $(+3)\times(-12)=-(3\times12)=-36$
③ $(-6)\times(-6)=+(6\times6)=36$
④ $(-18)\times(+2)=-(18\times2)=-36$
⑤ $(-1)\times(+36)=-(1\times36)=-36$

42 ④ $(-0.2)\times(-5)=+(0.2\times5)=1$

43 가장 큰 수는 $1\frac{3}{4}=\frac{7}{4}$, 가장 작은 수는 $-\frac{7}{5}$이므로
두 수의 곱은
$\frac{7}{4}\times\left(-\frac{7}{5}\right)=-\left(\frac{7}{4}\times\frac{7}{5}\right)=-\frac{49}{20}$

44 ㉠ 곱셈의 교환법칙
㉡ 곱셈의 결합법칙

47 (1) $(-2)\times(-4)\times(-5)=-(2\times4\times5)=-40$
(2) $\left(-\frac{1}{2}\right)\times\left(+\frac{4}{7}\right)\times\left(-\frac{14}{3}\right)$
$=+\left(\frac{1}{2}\times\frac{4}{7}\times\frac{14}{3}\right)=\frac{4}{3}$

48 ① $(-2)\times(-1)\times(+4)=+(2\times1\times4)=8$
② $(-3)\times\left(-\frac{1}{3}\right)\times(-2)=-\left(3\times\frac{1}{3}\times2\right)=-2$
③ $\left(-\frac{1}{5}\right)\times(-8)\times\left(+\frac{1}{2}\right)=+\left(\frac{1}{5}\times8\times\frac{1}{2}\right)$
$=\frac{4}{5}$
④ $\left(+\frac{8}{3}\right)\times\left(-\frac{1}{4}\right)\times\left(+\frac{1}{2}\right)=-\left(\frac{8}{3}\times\frac{1}{4}\times\frac{1}{2}\right)$
$=-\frac{1}{3}$
⑤ $\left(-\frac{7}{5}\right)\times\left(-\frac{10}{3}\right)\times(-0.5)=-\left(\frac{7}{5}\times\frac{10}{3}\times\frac{1}{2}\right)$
$=-\frac{7}{3}$
따라서 계산 결과가 가장 작은 것은 ⑤이다.

49 $\underbrace{\left(-\frac{1}{3}\right)\times\left(-\frac{3}{5}\right)\times\left(-\frac{5}{7}\right)\times\cdots\times\left(-\frac{23}{25}\right)}_{\text{음수가 12개}}$
$=+\left(\frac{1}{3}\times\frac{3}{5}\times\frac{5}{7}\times\cdots\times\frac{23}{25}\right)=\frac{1}{25}$

50 ① $(-3)^2=9$ ② $(-3)^3=-27$
④ $(-1)^{99}=-1$ ⑤ $-4^2=-16$

51 ① $(-2)^3=-8$ ② $-(-2)^3=-(-8)=8$
③ $-3^2=-9$ ④ $-(-3)^2=-9$
⑤ $-(-2)^4=-16$
따라서 가장 큰 수는 ②이다.

53 $\left(-\frac{1}{2}\right)^4=\frac{1}{16}$, $\left(\frac{1}{2}\right)^2=\frac{1}{4}$, $-\frac{1}{2^3}=-\frac{1}{8}$,
$-\left(-\frac{1}{2}\right)^2=-\frac{1}{4}$, $-\left(-\frac{1}{2}\right)^3=-\left(-\frac{1}{8}\right)=\frac{1}{8}$
즉, 가장 큰 수는 $\left(\frac{1}{2}\right)^2$, 가장 작은 수는 $-\left(-\frac{1}{2}\right)^2$이다.

54 $(\text{주어진 식})=\left(-\frac{8}{27}\right)\times\left(+\frac{9}{4}\right)\times(-12)$
$=+\left(\frac{8}{27}\times\frac{9}{4}\times 12\right)=8$

55 ① $(-1)^{10}=1$
② $-1^{100}=-1$
③ $(-1)^{908}=1$
④ $-(-1)^{1011}=-(-1)=1$
⑤ $-(-1)^{19999}=-(-1)=1$

56 $-1^{100}+(-1)^{102}-(-1)^{103}=-1+1-(-1)$
$=1$

57 $(-1)-(-1)^2+(-1)^3-(-1)^4+\cdots+(-1)^{99}-(-1)^{100}$
$=(-1)-(+1)+(-1)-(+1)+\cdots+(-1)-(+1)$
$=\underbrace{(-1)+(-1)+(-1)+(-1)+\cdots+(-1)+(-1)}_{-1\text{이 } 100\text{개}}$
$=-100$

59 $(-2)\times(-32)+(-2)\times 16$
$=(-2)\times\{(-32)+16\}$
$=(-2)\times(-16)=32$
따라서 $a=-16$, $b=32$이므로
$a+b=-16+32=16$

60 (1) $(\text{주어진 식})=30\times\frac{6}{5}-30\times\frac{5}{6}=36-25=11$
(2) $(\text{주어진 식})=(-5.6)\times(2+8)$
$=(-5.6)\times 10=-56$

61 $a\times(b+c)=-2$에서
$a\times b+a\times c=-2$, $8+a\times c=-2$
$\therefore a\times c=-10$

62 세 수를 뽑아 곱한 값이 가장 작으려면 양수 2개, 음수 1개를 곱해야 하고 곱해지는 세 수의 절댓값의 곱이 가장 커야 하므로 3, $\frac{2}{3}$, -4를 곱해야 한다.
$\therefore 3\times\frac{2}{3}\times(-4)=-\left(3\times\frac{2}{3}\times 4\right)=-8$

63 세 수를 뽑아 곱한 값이 가장 크려면 양수 1개, 음수 2개를 곱해야 하고 곱해지는 세 수의 절댓값의 곱이 가장 커야 하므로 0.2, $-\frac{5}{2}$, -3을 곱해야 한다.
$\therefore 0.2\times\left(-\frac{5}{2}\right)\times(-3)=+\left(\frac{1}{5}\times\frac{5}{2}\times 3\right)=\frac{3}{2}$

64 서로 다른 세 수를 뽑아 곱한 값이 가장 작으려면 3개의 음수를 모두 곱해야 한다.
$\therefore \left(-\frac{7}{3}\right)\times\left(-\frac{3}{2}\right)\times(-4)=-\left(\frac{7}{3}\times\frac{3}{2}\times 4\right)$
$=-14$

65 (1) $(+9)\div(-3)=-(9\div 3)=-3$
(2) $(-72)\div(+12)=-(72\div 12)=-6$
(3) $(+5.4)\div(-3)=-(5.4\div 3)=-1.8$
(4) $(-64)\div(-1.6)=+(64\div 1.6)=40$

66 ① $(-36)\div(-9)=+(36\div 9)=4$
② $(+8)\div(-2)=-(8\div 2)=-4$
③ $(+12)\div(-3)=-(12\div 3)=-4$
④ $(-20)\div(+5)=-(20\div 5)=-4$
⑤ $(-28)\div(+7)=-(28\div 7)=-4$

67 ① $(+20)\div(+4)=+(20\div 4)=5$
② $(-27)\div 3=-(27\div 3)=-9$
③ $(+2.8)\div(-7)=-(2.8\div 7)=-0.4$
⑤ $0\div(-1)=0$

68 ① $(+10)\div(-2)=-(10\div 2)=-5$
② $(+25)\div(+5)=+(25\div 5)=5$
③ $(-16)\div(-4)=+(16\div 4)=4$
④ $(+21)\div(-7)=-(21\div 7)=-3$
⑤ $(-18)\div(+3)=-(18\div 3)=-6$
따라서 계산 결과가 가장 작은 것은 ⑤이다.

69 $(-72)\div(+8)\div(-3)=(-9)\div(-3)=3$

70 (1) $(+5.4)\div(+0.6)\div(-0.5)$
$=(+9)\div(-0.5)$
$=-18$
(2) $(-7.2)\div(+0.3)\div(-1.2)$
$=(-24)\div(-1.2)$
$=20$
(3) $(-1.6)\div(-0.4)\div(-0.8)$
$=(+4)\div(-0.8)$
$=-5$

71 $A=(-48)\div(-2)\div(+6)$
$=(+24)\div(+6)=4$
$B=98\div7\div(-2)=14\div(-2)=-7$
$\therefore A+B=4+(-7)=-3$

72 $A=36\div(-0.3)\div(-1.2)$
$=(-120)\div(-1.2)=100$
$\therefore A\div4\div(-2.5)=100\div4\div(-2.5)$
$=25\div(-2.5)=-10$

74 ④ -4의 역수는 $-\frac{1}{4}=-0.25$

75 $\frac{3}{4}$의 역수는 $\frac{4}{3}$이므로 $-\frac{a}{3}=\frac{4}{3}$
$\therefore a=-4$

76 $a=\frac{1}{7}$, $b=-\frac{14}{3}$이므로
$a\times b=\frac{1}{7}\times\left(-\frac{14}{3}\right)=-\frac{2}{3}$

77 ① $\left(-\frac{4}{3}\right)\div24=\left(-\frac{4}{3}\right)\times\frac{1}{24}=-\frac{1}{18}$
② $(-2)\div(-0.5)=(-2)\times(-2)=4$
③ $\left(+\frac{2}{5}\right)\div\left(+\frac{2}{3}\right)=\left(+\frac{2}{5}\right)\times\left(+\frac{3}{2}\right)=\frac{3}{5}$
④ $\left(-\frac{3}{5}\right)\div\left(-\frac{3}{25}\right)=\left(-\frac{3}{5}\right)\times\left(-\frac{25}{3}\right)=5$
⑤ $(+6)\div\left(-\frac{12}{5}\right)=(+6)\times\left(-\frac{5}{12}\right)=-\frac{5}{2}$

78 ① $(-12)\div(+3)=-(12\div3)=-4$
② $\left(+\frac{3}{2}\right)\div\left(-\frac{3}{4}\right)=\left(+\frac{3}{2}\right)\times\left(-\frac{4}{3}\right)=-2$
③ $\left(+\frac{6}{7}\right)\div\left(-\frac{3}{14}\right)=\left(+\frac{6}{7}\right)\times\left(-\frac{14}{3}\right)=-4$
④ $\left(-\frac{16}{3}\right)\div\left(+\frac{4}{3}\right)=\left(-\frac{16}{3}\right)\times\left(+\frac{3}{4}\right)=-4$
⑤ $\left(+\frac{2}{5}\right)\div\left(-\frac{1}{10}\right)=\left(+\frac{2}{5}\right)\times(-10)=-4$

79 $-2\frac{2}{3}=-\frac{8}{3}$이므로 $a=-\frac{3}{8}$
$3.2=\frac{16}{5}$이므로 $b=\frac{5}{16}$
$\therefore a\div b=\left(-\frac{3}{8}\right)\div\frac{5}{16}=\left(-\frac{3}{8}\right)\times\frac{16}{5}=-\frac{6}{5}$

80 $\square\div\left(-\frac{9}{2}\right)=\frac{1}{6}$에서 $\square=\frac{1}{6}\times\left(-\frac{9}{2}\right)=-\frac{3}{4}$

81 $5.4\div\square=-\frac{3}{5}$에서
$\square=5.4\div\left(-\frac{3}{5}\right)=\frac{27}{5}\times\left(-\frac{5}{3}\right)=-9$

82 $(-6)\times a=48$에서 $a=48\div(-6)=-8$
$b\div(-2)^2=8$에서 $b=8\times(-2)^2=8\times4=32$
$\therefore b\div a=32\div(-8)=-4$

83 $\square\div(-4)\div\frac{21}{16}=\square\times\left(-\frac{1}{4}\right)\times\frac{16}{21}$
$=\square\times\left(-\frac{4}{21}\right)=\frac{2}{7}$
$\therefore \square=\frac{2}{7}\div\left(-\frac{4}{21}\right)=\frac{2}{7}\times\left(-\frac{21}{4}\right)=-\frac{3}{2}$

84 ① $a-b>0$ ② $b+c<0$
④ $a\times c<0$ ⑤ $\frac{c}{a}<0$

85 ① $a>0$, $a\times b<0$이므로 $b<0$
② $a>0$, $b<0$이므로 $a+b$의 부호는 알 수 없다.
④ $a>0$, $b<0$이므로 $b-a<0$

86 $a\times b<0$이므로 두 수의 부호는 다르다.
이때 $a>b$이므로 $a>0$, $b<0$
① $-a<0$ ② $-b>0$
③ $a+b$의 부호는 알 수 없다.
④ $a-b>0$ ⑤ $b-a<0$

87 $a\times b<0$이므로 두 수의 부호가 다르다.
이때 $a<b$이므로 $a<0$, $b>0$
① $a-b<0$ ② $b-a>0$ ③ $a\div b<0$
④ $b\div a<0$ ⑤ $-a>0$

88 $\left(-\frac{1}{3}\right)^2\times(-3)^3\div\frac{2}{5}=\frac{1}{9}\times(-27)\times\frac{5}{2}$

$=-\left(\frac{1}{9}\times27\times\frac{5}{2}\right)$

$=-\frac{15}{2}$

89 ③ $\left(+\frac{1}{2}\right)^3\div(+8)\times(-2)^3$

$=\left(+\frac{1}{8}\right)\times\left(+\frac{1}{8}\right)\times(-8)=-\frac{1}{8}$

90 (주어진 식)$=\frac{9}{100}\times\frac{16}{9}\div\left(-\frac{1}{5}\right)\div\frac{1}{4}$

$=\frac{9}{100}\times\frac{16}{9}\times(-5)\times4$

$=-\left(\frac{9}{100}\times\frac{16}{9}\times5\times4\right)=-\frac{16}{5}$

91 (주어진 식)$=(-8)\times9\times\frac{100}{75}\times\left(-\frac{1}{3}\right)$

$=+\left(8\times9\times\frac{100}{75}\times\frac{1}{3}\right)=32$

93 계산 순서는 (괄호) → (곱셈, 나눗셈) → (덧셈, 뺄셈)이므로 계산 순서를 차례로 나열하면 ㉢, ㉣, ㉡, ㉠이다.

94 계산 순서를 차례로 나열하면 ㉣, ㉢, ㉡, ㉠이므로 두 번째로 계산해야 할 것은 ㉢이다.

96 (주어진 식)$=6\div\left\{(-2)+(6-6)\times\left(-\frac{1}{5}\right)\right\}$

$=6\div(-2)=-3$

97 (주어진 식)$=\frac{1}{5}+\left\{\left(-\frac{4}{6}\right)+\frac{3}{6}\right\}\div\frac{1}{6}-\frac{1}{4}$

$=\frac{1}{5}+\left(-\frac{1}{6}\right)\times6-\frac{1}{4}$

$=\frac{1}{5}+(-1)-\frac{1}{4}$

$=-\frac{4}{5}-\frac{1}{4}=-\frac{21}{20}$

98 $A=-14+(-9)\div(-3)=-14+3=-11$

$B=2\times\{(-1)^6-6^2\div(-2)\}-18$

$=2\times(1+18)-18$

$=2\times19-18=20$

$\therefore A+B=(-11)+20=9$

99 $\frac{1}{3}-\frac{5}{7}\times\left\{\left(-\frac{2}{5}\right)\div\frac{4}{3}-\frac{1}{3}\times(-2)^2\right\}$

$=\frac{1}{3}-\frac{5}{7}\times\left\{\left(-\frac{2}{5}\right)\times\frac{3}{4}-\frac{1}{3}\times4\right\}$

$=\frac{1}{3}-\frac{5}{7}\times\left(-\frac{3}{10}-\frac{4}{3}\right)$

$=\frac{1}{3}-\frac{5}{7}\times\left(-\frac{49}{30}\right)$

$=\frac{1}{3}+\frac{7}{6}=\frac{3}{2}$

100 $\frac{7}{2}◎\left(-\frac{1}{4}\right)=\frac{7}{2}\div\left(-\frac{1}{4}\right)+2$

$=\frac{7}{2}\times(-4)+2=-12$

$\therefore 12◎\left\{\frac{7}{2}◎\left(-\frac{1}{4}\right)\right\}=12◎(-12)$

$=12\div(-12)+2$

$=-1+2=1$

101 $\frac{2}{7}○\frac{1}{7}=\frac{2}{7}\div\frac{1}{7}-3=\frac{2}{7}\times7-3=-1$

$\therefore 10○\left(\frac{2}{7}○\frac{1}{7}\right)=10○(-1)$

$=10\div(-1)-3$

$=-10-3=-13$

102 $\frac{1}{6}◇\frac{1}{8}=\frac{1}{6}-\frac{1}{8}+\frac{1}{6}\times\frac{1}{8}=\frac{1}{24}+\frac{1}{48}=\frac{1}{16}$이므로

(주어진 식)$=\frac{1}{4}○\frac{1}{16}=\frac{1}{16}-\frac{1}{4}=-\frac{3}{16}$

103 (영채의 점수)$=-4\times2-6\times2+3$

$=-8-12+3=-17$

104 (i) 뒷면이 4회 나오면 $-1\times4=-4$(점)

(ii) 앞면이 1회, 뒷면이 3회 나오면

$3\times1+(-1)\times3=0$(점)

(iii) 앞면이 2회, 뒷면이 2회 나오면

$3\times2+(-1)\times2=4$(점)

(iv) 앞면이 3회, 뒷면이 1회 나오면

$3\times3+(-1)\times1=8$(점)

(v) 앞면이 4회 나오면

$3\times4=12$(점)

따라서 나올 수 없는 점수는 ⑤이다.

105 슬기는 7번 이겼으므로 8번을 졌고, 지혜는 8번을 이기고 7번 졌다.

따라서 $4\times8+(-3)\times7=11$이므로 지혜는 처음 위치에서 11칸을 올라갔다.

개념완성익힘 익힘북 48~49쪽

1 ④ 2 $-\frac{1}{4}$ 3 ③ 4 $-\frac{1}{2}$

5 ㉠ : 분배법칙, ㉡ : 덧셈의 교환법칙
㉢ : 덧셈의 결합법칙

6 ③ 7 ④ 8 ② 9 ③

10 ① 11 $\frac{16}{7}$ 12 $\frac{50}{7}$ 13 5

14 $\frac{5}{16}$ 15 114점

1 ① $\left(-\frac{3}{2}\right)+\left(-\frac{1}{2}\right)=-2$

② $(-1.5)-(+2.5)=-4$

③ $\left(+\frac{2}{5}\right)\times\left(-\frac{10}{3}\right)=-\frac{4}{3}$

⑤ $\frac{1}{3}\div\left(-\frac{3}{4}\right)=-\frac{4}{9}$

2 (주어진 식)

$=\left(+\frac{1}{2}\right)-\left(+\frac{2}{3}\right)+\left(+\frac{3}{4}\right)-\left(+\frac{5}{6}\right)$

$=\left(+\frac{6}{12}\right)+\left(-\frac{8}{12}\right)+\left(+\frac{9}{12}\right)+\left(-\frac{10}{12}\right)$

$=\left(+\frac{6}{12}\right)+\left(+\frac{9}{12}\right)+\left(-\frac{8}{12}\right)+\left(-\frac{10}{12}\right)$

$=\left(+\frac{15}{12}\right)+\left(-\frac{18}{12}\right)$

$=-\frac{3}{12}=-\frac{1}{4}$

3 어떤 수를 □라 하면 $\square-\frac{5}{4}=-\frac{1}{3}$

$\therefore \square=-\frac{1}{3}-\left(-\frac{5}{4}\right)=-\frac{1}{3}+\frac{5}{4}=\frac{11}{12}$

따라서 바르게 계산하면

$\frac{11}{12}+\frac{5}{4}=\frac{26}{12}=\frac{13}{6}$

4 $a=\left(+\frac{13}{4}\right)\times\left(-\frac{6}{13}\right)=-\left(\frac{13}{4}\times\frac{6}{13}\right)=-\frac{3}{2}$

$b=\left(-\frac{5}{6}\right)\times\left(-\frac{2}{5}\right)=+\left(\frac{5}{6}\times\frac{2}{5}\right)=\frac{1}{3}$

$\therefore a\times b=\left(-\frac{3}{2}\right)\times\left(+\frac{1}{3}\right)=-\left(\frac{3}{2}\times\frac{1}{3}\right)=-\frac{1}{2}$

6 주어진 수 중에서 세 수를 뽑아 곱한 값이 가장 크려면 음수 2개, 양수 1개를 곱해야 하고 세 수의 절댓값의 곱이 가장 커야 하므로 -6, $-\frac{4}{3}$, $\frac{7}{2}$을 곱해야 한다.

$\therefore (-6)\times\left(-\frac{4}{3}\right)\times\frac{7}{2}=+\left(6\times\frac{4}{3}\times\frac{7}{2}\right)=28$

7 n이 홀수이므로 $2\times n$은 짝수, $2\times n+1$은 홀수이다.

즉, $(-1)^{2\times n+1}=-1$

또, $n-1$은 짝수이므로 $(-1)^{n-1}=1$

$\therefore -1^n-(-1)^{2\times n+1}+(-1)^{n-1}$

$=-1-(-1)+1$

$=-1+1+1=1$

8 $1.3=\frac{13}{10}$의 역수 $a=\frac{10}{13}$, $\frac{5}{26}$의 역수 $b=\frac{26}{5}$

$\therefore a\times b=\frac{10}{13}\times\frac{26}{5}=4$

9 $b\div c<0$이므로 두 수 b, c의 부호가 다르다.

이때 $b<c$이므로 $b<0$, $c>0$

$a\times b>0$이므로 두 수 a, b의 부호가 같다.

이때 $b<0$이므로 $a<0$

10 (주어진 식)$=\frac{1}{4}\times4\times(-5)=-5$

11 (주어진 식)

$=9-\left(-\frac{3}{2}\right)\times\left\{\left(-\frac{2}{3}\right)\times\left(-\frac{9}{7}\right)\right\}+(-8)$

$=9-\left(-\frac{3}{2}\right)\times\left(+\frac{6}{7}\right)+(-8)$

$=9-\left(-\frac{9}{7}\right)+(-8)$

$=1+\left(+\frac{9}{7}\right)=\frac{16}{7}$

12 $x\star y=\frac{x+y}{x\times y}=(x+y)\div(x\times y)$이므로

$\frac{1}{2}\star\frac{1}{5}=\left(\frac{1}{2}+\frac{1}{5}\right)\div\left(\frac{1}{2}\times\frac{1}{5}\right)=\frac{7}{10}\times10=7$

$\therefore \left(\frac{1}{2}\star\frac{1}{5}\right)\star\frac{1}{7}=7\star\frac{1}{7}$

$=\left(7+\frac{1}{7}\right)\div\left(7\times\frac{1}{7}\right)$

$=\frac{50}{7}\div1=\frac{50}{7}$

13 $2+3+(-2)=3$이므로 ······ ①

㉠	-3	2
	㉡	3
	a	-2

㉠$+(-3)+2=3$

∴ ㉠$=4$ ······ ②

$4+$㉡$+(-2)=3$

∴ ㉡$=1$ ······ ③

따라서 $-3+1+a=3$이므로 $a=5$ ······ ④

단계	채점 기준	비율
①	세 수의 합 구하기	10 %
②	㉠의 값 구하기	30 %
③	㉡의 값 구하기	30 %
④	a의 값 구하기	30 %

14 $a=-\frac{5}{3}+2=-\frac{5}{3}+\frac{6}{3}=\frac{1}{3}$ ······ ①

$b=\frac{2}{5}-\left(-\frac{2}{3}\right)=\frac{6}{15}+\left(+\frac{10}{15}\right)=\frac{16}{15}$ ······ ②

$\therefore a\div b=\frac{1}{3}\div\frac{16}{15}=\frac{1}{3}\times\frac{15}{16}=\frac{5}{16}$ ······ ③

단계	채점 기준	비율
①	a의 값 구하기	40 %
②	b의 값 구하기	40 %
③	$a\div b$의 값 구하기	20 %

15 민정이는 4문제를 맞히고 3문제를 틀렸으므로 얻은 점수는 $(+5)\times4+(-2)\times3=20-6=14$(점) ······ ①

따라서 민정이의 점수는

$100+14=114$(점)이다. ······ ②

단계	채점 기준	비율
①	민정이가 얻은 점수 구하기	70 %
②	민정이의 점수 구하기	30 %

대단원 마무리

익힘북 50~51쪽

1 ⑤	**2** ①	**3** 11	**4** ②
5 ③	**6** ②, ④	**7** ①	**8** ⑤
9 ⑤	**10** ①	**11** -2	**12** ③
13 ⑤	**14** ⑤		

1 □ 안은 정수가 아닌 유리수이므로 이에 해당되는 수는 ⑤ 2.7이다.

2 ② 'a는 4 이상이다.'를 기호로 나타내면 '$a\geq4$'이다.

③ 0은 정수이므로 유리수이다.

④ 자연수에 음의 부호 $-$를 붙인 수는 음의 정수이다.

⑤ 절댓값이 0인 수는 0의 1개이다.

3 $(-10)\blacktriangle3=-10$이고 ······ ①

$(-10)\blacktriangledown(x\blacktriangle6)=6$이므로 $x\blacktriangle6=6$이다. ······ ②

따라서 $x\blacktriangle6=6$을 만족하는 정수 x는

-5, -4, -3, -2, -1, 0, 1, 2, 3, 4, 5의 11개이다. ······ ③

단계	채점 기준	비율
①	$(-10)\blacktriangle3$의 값 구하기	30 %
②	$x\blacktriangle6$의 값 구하기	30 %
③	정수 x의 개수 구하기	40 %

4 두 수 a, b의 절댓값이 같고 a가 b보다 $\frac{9}{2}$만큼 크므로 a, b를 나타내는 두 점은 원점으로부터 각각 $\frac{9}{4}$만큼 떨어져 있다.

$\therefore a=\frac{9}{4}$

5 ① (일교차)$=-7-(-13)=6$(℃)

② (일교차)$=0-(-7)=7$(℃)

③ (일교차)$=5.3-(-3.2)=8.5$(℃)

④ (일교차)$=6-(-1)=7$(℃)

⑤ (일교차)$=9.2-3.7=5.5$(℃)

따라서 일교차가 가장 큰 도시는 ③이다.

6 $|a|+|b|=3$, $a>b$이므로

(i) $|a|=0$, $|b|=3$인 경우

$a=0$, $b=-3$ $\quad\therefore a-b=0-(-3)=3$

(ii) $|a|=1$, $|b|=2$인 경우

$a=1$, $b=-2$ 또는 $a=-1$, $b=-2$

$\therefore a-b=1-(-2)=3$ 또는

$a-b=-1-(-2)=1$

(iii) $|a|=2$, $|b|=1$인 경우

$a=2$, $b=1$ 또는 $a=2$, $b=-1$

$\therefore a-b=2-1=1$ 또는 $a-b=2-(-1)=3$

(iv) $|a|=3$, $|b|=0$인 경우

$a=3$, $b=0$ $\quad\therefore a-b=3-0=3$

따라서 $a-b$의 값은 1 또는 3이다.

7 (주어진 식)$=-\frac{3}{6}+\frac{2}{6}-\frac{5}{6}-\frac{9}{6}=-\frac{15}{6}=-\frac{5}{2}$

8 ⑤ 곱셈의 결합법칙

9 ⑤ $\left(+\frac{1}{2}\right)+\left(-\frac{1}{3}\right)=\left(+\frac{3}{6}\right)+\left(-\frac{2}{6}\right)=\frac{1}{6}$

10 $\left(+\frac{3}{5}\right)\times\square\times\left(-\frac{10}{3}\right)=\left(+\frac{3}{5}\right)\times\left(-\frac{10}{3}\right)\times\square$

$=(-2)\times\square=14$

$\therefore \square=14\div(-2)=-7$

11 $\frac{3}{4}$의 역수는 $\frac{4}{3}$이므로 $a=\frac{4}{3}$ …… ①

$-1\frac{1}{2}=-\frac{3}{2}$의 역수는 $-\frac{2}{3}$이므로 $b=-\frac{2}{3}$ …… ②

$\therefore a\div b=\frac{4}{3}\div\left(-\frac{2}{3}\right)=\frac{4}{3}\times\left(-\frac{3}{2}\right)=-2$ …… ③

단계	채점 기준	비율
①	a의 값 구하기	30 %
②	b의 값 구하기	30 %
③	$a\div b$의 값 구하기	40 %

12 $a<0$, $a\times b<0$이므로 $a<0$, $b>0$

① $a-b<0$ ② $a+b$의 값의 부호는 정할 수 없다.

③ $b-a>0$ ④ $\frac{b}{a}<0$ ⑤ $a\times b^2<0$

13 (A팀의 점수)$=(+2)\times6+(+1)\times8+(-2)\times7$

$=12+8+(-14)$

$=6$(점)

14 (주어진 식)$=2-\left\{\frac{1}{4}-\left(-3+\frac{3}{4}\times\frac{2}{3}\right)\div2\right\}$

$=2-\left\{\frac{1}{4}-\left(-3+\frac{1}{2}\right)\div2\right\}$

$=2-\left\{\frac{1}{4}-\left(-\frac{5}{2}\right)\times\frac{1}{2}\right\}$

$=2-\left\{\frac{1}{4}-\left(-\frac{5}{4}\right)\right\}$

$=2-\frac{3}{2}$

$=\frac{1}{2}$

III 문자와 식

1 문자의 사용과 식의 계산

개념적용익힘

익힘북 52~61쪽

1 (1) $4b(x+y)$ (2) $-2a^2b+c$ (3) $\frac{m}{n+5}$ (4) $\frac{x}{yz}$

2 ④ 3 ③, ⑤

4 (1) $-\frac{1}{3}xy+3z$ (2) $\frac{5z}{x+y}$ 5 ④

6 ④

7 (1) $10m+3$ (2) $100x+10y+9$

(3) $(100a-ax)$원

8 $100a+10b-8$ 9 $(7000-5a-4b)$원

10 ④ 11 (1) ab cm^2 (2) $2(a+b)$ cm

12 ⑤ 13 $14x+14y+2xy$ 14 ㄱ, ㄷ

15 ⑤ 16 $(20-7a)$ km 17 $5a$ g

18 $\left(\frac{1}{20}x+\frac{1}{10}y\right)$ g 19 ② 20 ⑤

21 (1) 3 (2) 11 (3) 0 (4) -7 22 ①

23 ④ 24 (1) -4 (2) 2 (3) 5 (4) $-\frac{3}{2}$

25 ⑤ 26 $\frac{1}{9}$ 27 ③ 28 $\frac{13}{6}$

29 ⑤ 30 -8 31 7 32 5

33 (1) $S=\frac{1}{2}xy$ (2) 12 cm^2

34 (1) 초속 349 m (2) 3490 m

35 (1) $\left(10000-1000a-\frac{3}{5}b\right)$원 (2) 5600원

36 ①, ④

37 (1) $\frac{5}{2}x$, $-y$, 1 (2) x의 계수 : $\frac{5}{2}$, y의 계수 : -1

(3) 1

38 ① 39 ⑤ 40 ④

41 ㄱ, ㄹ, ㅁ 42 3개 43 ⑤

44 (1) $-14x$ (2) $\frac{4}{3}y$

45 (1) $6y$ (2) $-3x$ (3) $6a$ (4) $-4x$ 46 ④

47 (1) $4x-10$ (2) $-2a+1$

48 (1) $-6x+9$ (2) $b+\frac{2}{3}$ (3) $3y-12$ (4) $\frac{6}{7}x+\frac{1}{4}$

49 4 50 ⑤ 51 ④ 52 ④

53 2개 54 $3x$와 x, y와 $3y$, 1과 $\frac{1}{2}$

55 (1) $11x-7$ (2) $-2y+5$ 56 ②

57 (1) $-x-14$ (2) $-x+6$ (3) $3a$ (4) $-22b+13$

58 ⑤ 59 (1) $\frac{11x-23}{6}$ (2) $7x-3$

60 ⑤ 61 ② 62 ③ 63 ⑤

64 ③ 65 16 66 ⑤

67 (1) $4x+8$ (2) $8x+23$ (3) $-x+2$

68 $-11x+13$ 69 $x+6y$ 70 ④

71 $9x-1$ 72 $2a-2$ 73 ④ 74 ①

1 (3) $m\div(n+5)=m\times\frac{1}{n+5}=\frac{m}{n+5}$

(4) $x\div y\div z=x\times\frac{1}{y}\times\frac{1}{z}=\frac{x}{yz}$

3 ① $a\times1=a$

② $0.1\times x=0.1x$

④ $x\div\frac{1}{y}\div z=x\times y\times\frac{1}{z}=\frac{xy}{z}$

⑤ $\frac{1}{x}\div\left(-\frac{2}{3}\right)\div2x=\frac{1}{x}\times\left(-\frac{3}{2}\right)\times\frac{1}{2x}=-\frac{3}{4x^2}$

4 (1) $(-x)\times y\div3+z\times3=(-x)\times y\times\frac{1}{3}+z\times3$

$=-\frac{1}{3}xy+3z$

(2) $5\div(x+y)\times z=5\times\frac{1}{x+y}\times z=\frac{5z}{x+y}$

5 ④ $a\div(4\times b\div c)=a\div\left(4b\times\frac{1}{c}\right)$

$=a\div\frac{4b}{c}$

$=a\times\frac{c}{4b}=\frac{ac}{4b}$

6 ① $\frac{ab}{c}$ ② abc ③ $\frac{a}{bc}$ ④ $\frac{ac}{b}$ ⑤ $\frac{1}{abc}$

7 (1) $10\times m+1\times3=10m+3$

(2) $100\times x+10\times y+1\times9=100x+10y+9$

(3) (판매 가격)=(정가)−(할인 가격)

$=100a-100a\times\frac{x}{100}$

$=100a-ax$(원)

8 $(100\times a+10\times b+1\times 2)-10$
$=100a+10b+2-10=100a+10b-8$

9 (공책 5권의 가격)+(볼펜 4자루의 가격)$=5a+4b$(원)
$\therefore$ (거스름돈)$=7000-(5a+4b)$
$=7000-5a-4b$(원)

10 $10\times a+1\times b+0.1\times c+0.01\times d$
$=10a+b+\dfrac{c}{10}+\dfrac{d}{100}$

11 (1) (넓이)=(가로의 길이)×(세로의 길이)
$=a\times b=ab(\text{cm}^2)$
(2) (둘레의 길이)=2×{(가로의 길이)+(세로의 길이)}
$=2\times(a+b)=2(a+b)(\text{cm})$

12 ⑤ (사다리꼴의 넓이)
$=\dfrac{1}{2}\times$ {(윗변의 길이)+(아랫변의 길이)} × (높이)
$=\dfrac{1}{2}\times(a+b)\times h=\dfrac{1}{2}h(a+b)(\text{cm}^2)$

13 주어진 직육면체의 가로의 길이, 세로의 길이, 높이가 각각 7, x, y이므로 겉넓이는
$2\times(7\times x+x\times y+y\times 7)=2\times(7x+xy+7y)$
$=14x+14y+2xy$

14 ㄱ. (거리)=(속력)×(시간)$=2\times x=2x(\text{km})$
ㄴ. (시간)$=\dfrac{(\text{거리})}{(\text{속력})}=\dfrac{2x}{5}$(시간)
ㄷ. (시간)$=\dfrac{(\text{거리})}{(\text{속력})}=\dfrac{x}{3}$(시간)
ㄹ. x분은 $60x$초이므로
(거리)=(속력)×(시간)$=1.4\times 60x=84x(\text{m})$
따라서 옳은 것은 ㄱ, ㄷ이다.

15 $6\text{ km}=6000\text{ m}$, x시간$=60x$분이므로
(속력)$=\dfrac{(\text{거리})}{(\text{시간})}=\dfrac{6000}{60x}=\dfrac{100}{x}(\text{m/분})$
즉, 자전거의 속력은 분속 $\dfrac{100}{x}$ m이다.

16 (거리)=(속력)×(시간)이므로 a시간 동안 달린 거리는
$7\times a=7a(\text{km})$
따라서 달리고 남은 거리는 $(20-7a)$ km이다.

17 a %의 소금물 500 g에 들어 있는 소금의 양은
$\dfrac{a}{100}\times 500=5a(\text{g})$

18 5 %의 소금물 x g에 들어 있는 소금의 양은
$\dfrac{5}{100}\times x=\dfrac{1}{20}x(\text{g})$
10 %의 소금물 y g에 들어 있는 소금의 양은
$\dfrac{10}{100}\times y=\dfrac{1}{10}y(\text{g})$
$\therefore$ (전체 소금의 양)$=\left(\dfrac{1}{20}x+\dfrac{1}{10}y\right)$ g

19 x %의 소금물 200 g에 들어 있는 소금의 양은
$\dfrac{x}{100}\times 200=2x(\text{g})$
y %의 소금물 100 g에 들어 있는 소금의 양은
$\dfrac{y}{100}\times 100=y(\text{g})$
따라서 구하는 소금의 양은 $(2x+y)$ g이다.

20 (전체 설탕물의 양)$=(200+b)$ g
(전체 설탕의 양)
=(a %의 설탕물 200 g에 들어 있는 설탕의 양)
$=\dfrac{a}{100}\times 200=2a(\text{g})$
$\therefore$ (농도)$=\dfrac{(\text{전체 설탕의 양})}{(\text{전체 설탕물의 양})}\times 100$
$=\dfrac{2a}{200+b}\times 100=\dfrac{200a}{200+b}(\%)$

21 (1) $y+6=(-3)+6=3$
(2) $5-2y=5-2\times(-3)=5+6=11$
(3) $y^2-9=(-3)^2-9=9-9=0$
(4) $-y^2+2=-(-3)^2+2=-9+2=-7$

22 $3a^3-4a^2=3\times(-1)^3-4\times(-1)^2=-3-4=-7$

23 ① $-2a=-2\times(-2)=4$
② $a^2=(-2)^2=4$
③ $2(4a+10)=8a+20=8\times(-2)+20$
$=-16+20=4$
④ $\dfrac{a-1}{3}=\dfrac{-2-1}{3}=\dfrac{-3}{3}=-1$
⑤ $\dfrac{3}{2}a+7=\dfrac{3}{2}\times(-2)+7=-3+7=4$

24 (1) $2x+3y=2\times 1+3\times(-2)=2-6=-4$
(2) $x-\dfrac{1}{2}y=1-\dfrac{1}{2}\times(-2)=1+1=2$
(3) $x^2+y^2=1^2+(-2)^2=1+4=5$
(4) $\dfrac{12x}{y^3}=\dfrac{12\times 1}{(-2)^3}=\dfrac{12}{-8}=-\dfrac{3}{2}$

25 ① $\frac{xy}{2}=\frac{(-2)\times 1}{2}=-1$

② $-2xy=-2\times(-2)\times 1=4$

③ $\frac{1}{3}x^2=\frac{1}{3}\times(-2)^2=\frac{4}{3}$

④ $\frac{3x}{2y}=\frac{3\times(-2)}{2\times 1}=-3$

⑤ $-2x+3y^2=-2\times(-2)+3\times 1^2=7$

26 $\frac{b^2}{2a^2+3ab}=\frac{2^2}{2\times 3^2+3\times 3\times 2}=\frac{4}{36}=\frac{1}{9}$

27 $-a+4b+2ab$

$=-(-3)+4\times\frac{1}{2}+2\times(-3)\times\frac{1}{2}$

$=3+2-3=2$

28 $3x-2xy+3y=3\times\frac{1}{2}-2\times\frac{1}{2}\times\frac{1}{3}+3\times\frac{1}{3}$

$=\frac{3}{2}-\frac{1}{3}+1=\frac{13}{6}$

29 $4\div x+(-6)\div y=4\div 4+(-6)\div\left(-\frac{2}{3}\right)$

$=1+(-6)\times\left(-\frac{3}{2}\right)$

$=1+9=10$

30 $\frac{3}{x}+\frac{8}{y}=3\div x+8\div y=3\div\frac{3}{2}+8\div\left(-\frac{4}{5}\right)$

$=3\times\frac{2}{3}+8\times\left(-\frac{5}{4}\right)=2-10=-8$

31 $x-y=-\frac{1}{2}-\frac{1}{5}=-\frac{7}{10}$, $xy=-\frac{1}{2}\times\frac{1}{5}=-\frac{1}{10}$

$\therefore \frac{x-y}{xy}=(x-y)\div xy=-\frac{7}{10}\div\left(-\frac{1}{10}\right)$

$=-\frac{7}{10}\times(-10)=7$

32 $\frac{1}{x}-\frac{2}{y}+\frac{3}{z}=1\div x-2\div y+3\div z$

$=1\div\frac{1}{5}-2\div\left(-\frac{1}{3}\right)+3\div\left(-\frac{1}{2}\right)$

$=1\times 5-2\times(-3)+3\times(-2)$

$=5+6-6=5$

33 (1) (삼각형의 넓이)$=\frac{1}{2}\times$(밑변의 길이)$\times$(높이)이므로

$S=\frac{1}{2}\times x\times y=\frac{1}{2}xy$

(2) $S=\frac{1}{2}\times 6\times 4=12$

따라서 삼각형의 넓이는 12 cm^2이다.

34 (1) $331+0.6\times 30=331+18=349$

따라서 천둥소리의 속력은 초속 349 m이다.

(2) (거리)=(속력)$\times$(시간)$=349\times 10=3490$(m)

35 (1) $10000-\left\{1000a+\left(b-\frac{40}{100}b\right)\right\}$

$=10000-1000a-\frac{3}{5}b$(원)

(2) $10000-1000\times 2-\frac{3}{5}\times 4000$

$=10000-2000-2400=5600$(원)

38 ② x^2의 계수는 -1이다.

③ x의 계수는 1이다.

④ 차수는 2이다.

⑤ 상수항은 2이다.

39 $a=2$, $b=3$, $c=-2$, $d=5$이므로

$a+b-c+d=2+3-(-2)+5=12$

40 ④ 차수가 3이므로 일차식이 아니다.

41 ㄴ, ㄷ은 차수가 2, ㅂ은 상수항이므로 일차식은 ㄱ, ㄹ, ㅁ 이다.

42 일차식은 $1-3y$, $4x+3$, $-3y+\frac{1}{2}$의 3개이다.

43 ④ $ax+b$(a, b는 상수, $a\neq 0$)의 꼴로 나타낼 수 있다.

44 (2) $\frac{1}{2}y\div\frac{3}{8}=\frac{1}{2}y\times\frac{8}{3}=\frac{4}{3}y$

45 (3) $8a\div\frac{4}{3}=8a\times\frac{3}{4}=6a$

(4) $-\frac{1}{2}x\div\frac{1}{4}\div\frac{1}{2}=-\frac{1}{2}x\times 4\times 2=-4x$

46 ④ $\frac{y}{3}\div\frac{3}{2}=\frac{y}{3}\times\frac{2}{3}=\frac{2}{9}y$

47 (2) $(-10a+5)\div 5=(-10a+5)\times\frac{1}{5}=-2a+1$

48 (3) $(5y-20)\div\frac{5}{3}=(5y-20)\times\frac{3}{5}=3y-12$

(4) $\left(-\frac{4}{7}x-\frac{1}{6}\right)\div\left(-\frac{2}{3}\right)=\left(-\frac{4}{7}x-\frac{1}{6}\right)\times\left(-\frac{3}{2}\right)$

$=\frac{6}{7}x+\frac{1}{4}$

49 $(6x-9)\div\left(-\frac{3}{4}\right)=(6x-9)\times\left(-\frac{4}{3}\right)$
$=-8x+12$
따라서 $a=-8$, $b=12$이므로 $a+b=-8+12=4$

50 $-8\left(\frac{3}{4}x-2\right)=-6x+16$
$(3y-12)\div\frac{3}{2}=(3y-12)\times\frac{2}{3}=2y-8$
따라서 두 식의 상수항은 각각 16, -8이므로 구하는 합은 $16+(-8)=8$

52 ①, ③, ⑤ 차수가 다르므로 동류항이 아니다.
② 문자가 다르므로 동류항이 아니다.

53 $3a$와 동류항인 것은 $\frac{1}{2}a$, $-5a$의 2개이다.

55 (1) (주어진 식)$=7x-8+4x+1=11x-7$
(2) (주어진 식)$=-y+2-y+3=-2y+5$

56 ① $(2x+3)+(x-1)=2x+3+x-1=3x+2$
③ $(-x+1)+3(x-1)=-x+1+3x-3$
$=2x-2$
④ $(3x-1)-(x-2)=3x-1-x+2=2x+1$
⑤ $(x+7)-2(x+3)=x+7-2x-6=-x+1$

57 (1) (주어진 식)$=-4x-2+3x-12=-x-14$
(2) (주어진 식)$=x+2-2x+4=-x+6$
(3) (주어진 식)$=6a+12-3a-12=3a$
(4) (주어진 식)$=-12b+16-10b-3=-22b+13$

58 $\frac{1}{4}(8x-20)-\frac{2}{3}(9x-6)=2x-5-6x+4$
$=-4x-1$
따라서 $a=-4$, $b=-1$이므로
$ab=(-4)\times(-1)=4$

59 (1) $\frac{5x-7}{2}-\frac{2x+1}{3}=\frac{3(5x-7)-2(2x+1)}{6}$
$=\frac{15x-21-4x-2}{6}$
$=\frac{11x-23}{6}$
(2) $2x-\{x-3(2x-1)\}=2x-(x-6x+3)$
$=2x-(-5x+3)$
$=2x+5x-3=7x-3$

60 $\frac{3(1+x)}{5}-\frac{x-2}{2}=\frac{6(1+x)-5(x-2)}{10}$
$=\frac{6+6x-5x+10}{10}$
$=\frac{x+16}{10}=\frac{1}{10}x+\frac{8}{5}$

61 $\frac{x-3}{2}-\frac{1-2x}{3}-x=\frac{3(x-3)-2(1-2x)-6x}{6}$
$=\frac{3x-9-2+4x-6x}{6}$
$=\frac{x-11}{6}=\frac{1}{6}x-\frac{11}{6}$
따라서 $a=\frac{1}{6}$, $b=-\frac{11}{6}$이므로
$a-b=\frac{1}{6}-\left(-\frac{11}{6}\right)=2$

62 $-x-[3y+2x-\{-5x-3(x-y)\}]$
$=-x-\{3y+2x-(-5x-3x+3y)\}$
$=-x-\{3y+2x-(-8x+3y)\}$
$=-x-(3y+2x+8x-3y)$
$=-x-10x=-11x$
따라서 $a=-11$, $b=0$이므로 $ab=0$

63 $2A-B=2(2x+3)-(-3x+2)$
$=4x+6+3x-2=7x+4$

64 $2A-\frac{1}{3}B=2(-x-7)-\frac{1}{3}(21-12x)$
$=-2x-14-7+4x$
$=2x-21$

65 $3A+2B=3(6x+2)+2(-5x+1)$
$=18x+6-10x+2$
$=8x+8$
따라서 $a=8$, $b=8$이므로 $a+b=8+8=16$

66 $2(A-B)+5(B-1)=2A-2B+5B-5$
$=2A+3B-5$
$=2(3x+1)+3(x-2)-5$
$=6x+2+3x-6-5$
$=9x-9$

67 (1) $\square=3x+4+(x+4)=4x+8$
(2) $\square=2x+9+2(3x+7)=8x+23$
(3) $\square=x+5-(2x+3)=-x+2$

68 $\square=2(-3x+6)-(5x-1)$

$=-6x+12-5x+1=-11x+13$

69 어떤 다항식을 $\square$라 하면

$\square+(2x-y)=3x+5y$

$\therefore \square=3x+5y-(2x-y)$

$=3x+5y-2x+y=x+6y$

따라서 어떤 다항식은 $x+6y$이다.

70 $A+(-3x+1)=5x-4$이므로

$A=5x-4-(-3x+1)$

$=5x-4+3x-1=8x-5$

$B-(2x+7)=-4x-2$이므로

$B=-4x-2+(2x+7)$

$=-4x-2+2x+7=-2x+5$

$\therefore A+B=(8x-5)+(-2x+5)$

$=8x-5-2x+5=6x$

71 어떤 식을 $\square$라 하면

$\square+(-2x+1)=5x+1$이므로

$\square=5x+1-(-2x+1)=7x$

$\therefore$ (바르게 계산한 식)$=7x-(-2x+1)$

$=7x+2x-1$

$=9x-1$

72 어떤 식을 $\square$라 하면

$\square-(4a-3)=-6a+4$이므로

$\square=-6a+4+(4a-3)=-2a+1$

$\therefore$ (바르게 계산한 식)$=-2a+1+(4a-3)$

$=2a-2$

73 어떤 다항식을 $\square$라 하면

$\square+(2x-5)=3x-6$이므로

$\square=3x-6-(2x-5)=x-1$

$\therefore$ (바르게 계산한 식)$=x-1-(2x-5)$

$=x-1-2x+5$

$=-x+4$

74 어떤 식을 $\square$라 하면

$\square-(-5x+4y)=8x-9y$이므로

$\square=8x-9y+(-5x+4y)=3x-5y$

$\therefore$ (바르게 계산한 식)$=3x-5y+(-5x+4y)$

$=3x-5y-5x+4y$

$=-2x-y$

개념완성익힘

익힘북 62~63쪽

1 ② **2** ①, ④

3 (1) ab km (2) $3a$ g (3) $0.8a$원

(4) $100x+10y+z$

4 ⑤ **5** $-\left(\frac{1}{a}\right)^2$ **6** ① **7** ④

8 ⑤ **9** ② **10** ②

11 $(10x+32)$ cm^2 **12** 71.1 kg **13** -2

14 (1) $(2000x+3500000)$원 (2) 3700000원

1 ② $a\div b+4=\frac{a}{b}+4$

2 ① $a\div 2\times b=a\times\frac{1}{2}\times b=\frac{ab}{2}$

② $b\div a\times 2=b\times\frac{1}{a}\times 2=\frac{2b}{a}$

③ $a\div b\times 2=a\times\frac{1}{b}\times 2=\frac{2a}{b}$

④ $b\times a\div 2=b\times a\times\frac{1}{2}=\frac{ab}{2}$

⑤ $2\times b\div a=2\times b\times\frac{1}{a}=\frac{2b}{a}$

3 (2) $\frac{a}{100}\times 300=3a(\text{g})$

(3) $a-a\times\frac{20}{100}=0.8a$(원)

4 ① $2x-y=2\times(-2)-1=-4-1=-5$

② $x+y=(-2)+1=-1$

③ $\frac{x}{y}+xy=\frac{-2}{1}+(-2)\times 1=-2-2=-4$

④ $x^2-y^2=(-2)^2-1^2=4-1=3$

⑤ $(x-y)^2=(-2-1)^2=(-3)^2=9$

5 $\left(\frac{1}{a}\right)^2=(-3)^2=9$, $3a=3\times\left(-\frac{1}{3}\right)=-1$

$a^2=\left(-\frac{1}{3}\right)^2=\frac{1}{9}$, $-a=-\left(-\frac{1}{3}\right)=\frac{1}{3}$

$-\left(\frac{1}{a}\right)^2=-(-3)^2=-9$

따라서 식의 값이 가장 작은 것은 $-\left(\frac{1}{a}\right)^2$이다.

6 ② 상수항은 -3이다.

③ x의 계수는 -1이다.

④ $-x$와 $2y$는 동류항이 아니다.

⑤ 각 항의 계수와 상수항은 -1, 2, -3이므로 그 합은 -2이다.

8 ① $\frac{3}{2}(6x-2)=9x-3$

② $(12y-8)\div\left(-\frac{4}{3}\right)=(12y-8)\times\left(-\frac{3}{4}\right)$

$=-9y+6$

③ $-5(x+6)=-5x-30$

④ $-(9x-6)\div3=-3x+2$

10 $A-2B-(B-A)=A-2B-B+A$

$=2A-3B$

$=2(-2x+y)-3(3x+2y)$

$=-4x+2y-9x-6y$

$=-13x-4y$

11 (색칠한 부분의 넓이)

$=\frac{1}{2}\times12\times x+\{12\times x-(12-4)\times(x-4)\}$

$=6x+(12x-8x+32)$

$=6x+4x+32$

$=10x+32(\text{cm}^2)$

12 $x=179$를 주어진 식에 대입하면

$(179-100)\times0.9=79\times0.9=71.1$ …… ①

따라서 키가 179 cm인 사람의 표준 체중은 71.1 kg이다. …… ②

단계	채점 기준	비율
①	$x=179$를 대입하여 식의 값 구하기	70%
②	키가 179 cm인 사람의 표준 체중 구하기	30%

13 $\frac{3x-5}{4}-\frac{7x+2}{6}$

$=\frac{3(3x-5)-2(7x+2)}{12}$

$=\frac{9x-15-14x-4}{12}$

$=\frac{-5x-19}{12}=-\frac{5}{12}x-\frac{19}{12}$ …… ①

따라서 x의 계수는 $-\frac{5}{12}$, 상수항은 $-\frac{19}{12}$이므로 합은

$-\frac{5}{12}+\left(-\frac{19}{12}\right)=-2$ …… ②

단계	채점 기준	비율
①	주어진 식을 간단히 하기	60%
②	x의 계수와 상수항의 합 구하기	40%

14 (1) 입장객 중에서 성인이 x명이면 청소년은 $(500-x)$명이므로 입장료의 총 금액은

$9000\times x+7000\times(500-x)$ …… ①

$=9000x+3500000-7000x$

$=2000x+3500000$(원) …… ②

(2) 청소년이 400명 입장했을 때, 성인은 100명 입장했으므로 $x=100$을 $2000x+3500000$에 대입하면 …… ③

$2000\times100+3500000=200000+3500000$

$=3700000$(원) …… ④

단계	채점 기준	비율
①	입장료의 총 금액을 x를 사용한 식으로 나타내기	30%
②	식을 간단히 하기	20%
③	$x=100$을 대입하기	30%
④	입장료의 총 금액 구하기	20%

2 일차방정식

개념적용익힘

익힘북 64~73쪽

1 (1) × (2) ○ (3) ○ (4) × **2** ①

3 ㄴ, ㄹ **4** 2개

5 (1) $x-4=5x$ (2) $1500+900x=3300$ (3) $3x=9$ (4) $4x=4$

6 $4a-b=2500$ **7** ③ **8** ③

9 ⑤ **10** ① **11** ⑤

12 (1) -3 (2) $3x+2$ (3) $2x$ (4) $x-12$

13 $a=5$, $b=2$ **14** -2 **15** 74

16 ③ **17** ④ **18** ⑤ **19** ②

20 ③ **21** ⑤ **22** ②, ⑤ **23** ②, ③

24 ① **25** ㉠ **26** (가) : ㄴ, (나) : ㄹ

27 (1) ㄴ (2) ㄹ (3) ㄷ **28** ② **29** ②

30 (1) $x=-2$ (2) $x=20$

31 (1) $2x=-3x-2-1$ (2) $10x-2x+5=3$

32 ③ **33** ③ **34** -5 **35** ④

36 ②, ⑤ **37** ㄱ, ㄷ **38** $a=0$, $b\neq5$

39 (1) $x=2$ (2) $x=-2$ **40** $x=\frac{1}{2}$ **41** ②

42 -4 **43** ③ **44** ⑤ **45** ⑤

46 ⑤ **47** $x=-\frac{11}{2}$ **48** ⑤

49 ① **50** ④ **51** 9 **52** ④

53 3 **54** ① **55** 5 **56** ②

57 ② **58** $\frac{1}{3}$ **59** 11 **60** $\frac{5}{4}$

61 $\frac{5}{3}$ **62** 2 **63** 5 **64** 3

65 ② **66** $a\neq-\frac{5}{4}$, $b=\frac{1}{3}$ **67** ①

68 1 **69** 2 **70** $\frac{9}{2}$

71 2, 4, 6, 8 **72** 12 **73** 6개

74 ①

2 ① 다항식 ②, ③, ④, ⑤ 등식

3 등식인 것은 ㄴ, ㄹ이다.

4 ㄱ, ㄹ. 다항식
ㄴ, ㅁ. 부등호를 사용하여 나타낸 식
ㄷ, ㅂ. 등식
따라서 등식은 ㄷ, ㅂ의 2개이다.

7 ③ $27=4x+3$

8 ① 다항식 ②, ④ 부등호를 사용하여 나타낸 식
③ 방정식 ⑤ 항등식

9 ①, ③, ④ 방정식 ② 거짓인 등식 ⑤ 항등식

10 어떤 x의 값에 대해서도 항상 참인 것은 항등식이므로 항등식은 ①이다.

11 ㄴ. (우변)$=2(x-1)+5=2x+3$
ㄹ. (우변)$=(5-x)-7=-x-2$
따라서 항등식은 ㄴ, ㄹ이다.

13 (좌변)$=-x+3+ax=(a-1)x+3$
이므로 $(a-1)x+3=4x+b+1$에서
$a-1=4$, $3=b+1$ $\therefore a=5$, $b=2$

14 모든 x의 값에 대하여 항상 참이므로 $2x+a=bx-4$는 x에 대한 항등식이다.
즉, $a=-4$, $b=2$ $\therefore \frac{a}{b}=\frac{-4}{2}=-2$

15 (우변)$=-a(x-1)+bx=-ax+a+bx$
$=(-a+b)x+a$
이므로 $2x+5=(-a+b)x+a$에서
$2=-a+b$, $5=a$ $\therefore a=5$, $b=7$
$\therefore a^2+b^2=5^2+7^2=25+49=74$

16 각 방정식에 $x=3$을 대입하면
① $3-3\neq2$
② $-2\times3+1\neq9$
③ $3\times3-1=-2(3-1)+12$
④ $\frac{3+1}{3}\neq3-\frac{4}{3}$
⑤ $\frac{1}{5}(3-4)\neq\frac{3}{2}\times3+1$

17 ① $-1+1=0$
② $2-1=2\times2-3$
③ $5\times0-3=3\times0-3$
④ $2(4-4)\neq2$
⑤ $3\times5+2=5(5-2)+2$

18 ① $3-1\neq5\times1$
② $-2+2\neq6$
③ $2\times(-1)\neq-3\times(-1)+1$
④ $-3\times(-2)+6\neq0$
⑤ $-2(3-2)=4\times3-14$

19 ② $x-5=y-5$ 또는 $x+5=y+5$

20 ③ $c=0$이면 $ac=bc$이어도 $a\neq b$일 수 있다.

21 ⑤ $2a=4b$의 양변을 2로 나누면 $a=2b$
양변에서 1을 빼면 $a-1=2b-1$
양변에 2를 곱하면 $2(a-1)=2(2b-1)$

22 ② $a=5b$이면 $a-5=5b-5$이다.
⑤ $3a=4b$이면 $\frac{a}{4}=\frac{b}{3}$이다.

23 ① $x=-y$이면 $2x+3=-2y+3$이다.
④ $-2x=3y$이면 $-2x-2=3y-2$이다.
⑤ $\frac{x}{3}=\frac{y}{5}$이면 $\frac{x}{3}+1=\frac{y}{5}+1$에서 $\frac{x+3}{3}=\frac{y+5}{5}$이다.

24 ② $3a=-b$이면 $a+3=-\frac{1}{3}(b-9)$이다.
③ $a+2=b+2$이면 $a-5=b-5$이다.
④ $2a+3=2b+1$이면 $a=b-1$이다.
⑤ $\frac{a}{2}=\frac{b}{5}$이면 $5(a+3)=2\left(b+\frac{15}{2}\right)$이다.

25 ㉠에서 $c=15$이면

$15\left(\frac{2}{5}x+1\right)=\frac{5}{3}\times15$, $6x+15=25$

28 ① $a=b$이면 $a+c=b+c$

② $a=b$이면 $a-c=b-c$

③ $a=b$이면 $\frac{a}{c}=\frac{b}{c}$

④ $a=b$이면 $a+c=b+c$이고 $\frac{a}{c}=\frac{b}{c}$

⑤ $a=b$이면 $ac=bc$

29 ② 2

30 (1) $6x+5=-7$에서

$6x+5-5=-7-5$, $6x=-12$

$\frac{6x}{6}=\frac{-12}{6}$ $\quad\therefore x=-2$

(2) $\frac{1}{2}x-7=3$에서 $\frac{1}{2}x-7+7=3+7$, $\frac{1}{2}x=10$

$\frac{1}{2}x\times2=10\times2$ $\quad\therefore x=20$

31 (1) $2x+1=-3x-2$ ⇨ $2x=-3x-2-1$

(2) $10x+5=2x+3$ ⇨ $10x-2x+5=3$

32 ① $x=-4-5$ ② $3x-2x=1$

④ $x-2x=3+1$

33 ③ $-2x=2+3$

34 $-5x+3=2x+5$, $-5x-2x=5-3$, $-7x=2$

따라서 $a=-7$, $b=2$이므로 $a+b=-7+2=-5$

35 ④ $6=0$이므로 일차방정식이 아니다.

⑤ $x-5x-2=0$, $-4x-2=0$이므로 일차방정식이다.

36 ① 등호가 없으므로 방정식이 아니다.

② $-4x+2=0$ (일차방정식)

③ 항등식이므로 일차방정식이 아니다.

④ 일차방정식이 아니다.

⑤ $-2x+5=0$ (일차방정식)

37 ㄱ. $2x+5=0$ (일차방정식)

ㄴ. $-3=0$이므로 일차방정식이 아니다.

ㄷ. $3x-3=0$ (일차방정식)

ㄹ. $-3x^2+2x+1=0$이므로 일차방정식이 아니다.

ㅁ. 항등식이므로 일차방정식이 아니다.

따라서 일차방정식인 것은 ㄱ, ㄷ이다.

38 $ax^2+5x=bx-3$에서 $ax^2+(5-b)x+3=0$

이 식이 x에 대한 일차방정식이 되려면

$a=0$, $5-b\neq0$ $\quad\therefore a=0$, $b\neq5$

39 (1) $7-x=5(3-x)$에서 $7-x=15-5x$

$-x+5x=15-7$, $4x=8$ $\quad\therefore x=2$

(2) $2(x+1)-4x=4-x$에서 $2x+2-4x=4-x$

$2x-4x+x=4-2$, $-x=2$ $\quad\therefore x=-2$

40 $7x-(2x-1)=x+3$에서 $7x-2x+1=x+3$

$7x-2x-x=3-1$, $4x=2$ $\quad\therefore x=\frac{1}{2}$

41 $2(3x-1)=-(2x+3)$에서 $6x-2=-2x-3$

$6x+2x=-3+2$, $8x=-1$ $\quad\therefore x=-\frac{1}{8}$

42 $2x-3=3(x-2)+1$에서

$2x-3=3x-5$, $2x-3x=-5+3$

$-x=-2$이므로 $x=2$ $\quad\therefore a=2$

$-2(x+2)-1=2x+3$에서

$-2x-5=2x+3$, $-2x-2x=3+5$

$-4x=8$이므로 $x=-2$ $\quad\therefore b=-2$

$\therefore ab=2\times(-2)=-4$

43 양변에 10을 곱하면

$2(x+2)-3(x-2)=8$, $2x+4-3x+6=8$

$-x=-2$ $\quad\therefore x=2$

44 양변에 10을 곱하면

$4x-6=2(x-5)+20$, $4x-6=2x-10+20$

$2x=16$ $\quad\therefore x=8$

45 양변에 100을 곱하면

$30x-2(x-5)=8x-10(x+11)$

$30x-2x+10=8x-10x-110$

$30x=-120$ $\quad\therefore x=-4$

따라서 $a=-4$이므로

$a^2-5a=(-4)^2-5\times(-4)=36$

46 양변에 15를 곱하면

$5(x-2)-3(x-3)=30$, $5x-10-3x+9=30$

$2x=31$ $\quad\therefore x=\frac{31}{2}$

익힘북

47 양변에 6을 곱하면

$3x+2(2-x)=3(x+5)$, $3x+4-2x=3x+15$

$-2x=11 \quad \therefore x=-\frac{11}{2}$

48 양변에 4를 곱하면

$2-x-4(x-1)=-4$

$2-x-4x+4=-4$

$-5x=-10 \quad \therefore x=2$

따라서 $a=2$이므로

$a^2+3a-7=2^2+3\times2-7=4+6-7=3$

49 양변에 10을 곱하면

$2(2x-3)=5(x+2)$, $4x-6=5x+10$

$-x=16 \quad \therefore x=-16$

50 $0.1x-0.5=\frac{1}{8}x-\frac{3}{4}$이므로 양변에 40을 곱하면

$4x-20=5x-30$, $-x=-10 \quad \therefore x=10$

51 $9(x-1)=4\times2x$, $9x-9=8x \quad \therefore x=9$

52 $5(3x-2)=4(x+3)$, $15x-10=4x+12$

$11x=22 \quad \therefore x=2$

53 $2(2x+6)=3(3x-1)$, $4x+12=9x-3$

$-5x=-15 \quad \therefore x=3$

54 $0.3(x+5)=0.2\times\frac{2x+1}{2}$이므로

양변에 10을 곱하면

$3(x+5)=2\times\frac{2x+1}{2}$, $3x+15=2x+1$

$\therefore x=-14$

55 주어진 방정식에 $x=5$를 대입하면

$4\times5-3=2\times5+a$, $17=10+a \quad \therefore a=7$

$\therefore 3a-16=3\times7-16=5$

56 주어진 방정식에 $x=1$을 대입하면

$\frac{5\times1-a}{3}=\frac{1+1}{6}+a$, $\frac{5-a}{3}=\frac{1}{3}+a$

양변에 3을 곱하면

$5-a=1+3a$, $-4a=-4 \quad \therefore a=1$

57 주어진 방정식에 $x=-1$을 대입하면

$\frac{-3-a}{4}=-3-\frac{-1+a}{2}$

양변에 4를 곱하면

$-3-a=-12-2(-1+a)$

$-3-a=-12+2-2a \quad \therefore a=-7$

58 주어진 방정식에 $x=-3$을 대입하면

$-3a+\frac{3}{4}=-0.25$

양변에 4를 곱하면

$-12a+3=-1$, $-12a=-4 \quad \therefore a=\frac{1}{3}$

59 $\frac{1}{2}x-3=5$에서 $\frac{1}{2}x=8 \quad \therefore x=16$

따라서 방정식 $2(x-a)=x-6$의 해가 $x=16$이므로

$2(16-a)=16-6$, $32-2a=10$, $-2a=-22$

$\therefore a=11$

60 $-4x+5=3x-2$에서 $-7x=-7 \quad \therefore x=1$

따라서 방정식 $\frac{x}{4}-\frac{x-2a}{2}=1$의 해가 $x=1$이므로

$\frac{1}{4}-\frac{1-2a}{2}=1$

양변에 4를 곱하면

$1-2(1-2a)=4$, $1-2+4a=4$

$4a=5 \quad \therefore a=\frac{5}{4}$

61 $2(x+2)=4x-2$에서 $2x+4=4x-2$

$-2x=-6 \quad \therefore x=3$

따라서 방정식 $\frac{3x-1}{2}-\frac{ax+1}{3}=2$의 해가 $x=3$이므로

$4-\frac{3a+1}{3}=2$, $12-(3a+1)=6$, $12-3a-1=6$

$-3a=-5 \quad \therefore a=\frac{5}{3}$

62 $-2(x-2)-x=x-4$에서

$-2x+4-x=x-4$, $-4x=-8 \quad \therefore x=2$

즉 방정식 $\frac{a-x}{3}=\frac{1}{2}-\frac{x-4a}{3}$의 해가 $x=2$이므로

$\frac{a-2}{3}=\frac{1}{2}-\frac{2-4a}{3}$

양변에 6을 곱하면

$2(a-2)=3-2(2-4a)$, $2a-4=3-4+8a$

$-6a=3 \quad \therefore a=-\frac{1}{2}$

$\therefore 2a+3=2\times\left(-\frac{1}{2}\right)+3=2$

63 $kx+2=5(x-3)$에서 $kx+2=5x-15$
$kx-5x=-15-2$, $(k-5)x=-17$
이 방정식의 해가 존재하지 않으려면 $k-5=0$이어야 하므로 $k=5$

64 $(a+3)x=7+2ax$에서 $ax+3x-2ax=7$
$-ax+3x=7$, $(-a+3)x=7$
따라서 주어진 등식을 만족시키는 x의 값이 존재하지 않으려면 $-a+3=0$이어야 하므로 $a=3$

65 $ax+2=5x+b$에서 $(a-5)x=b-2$
주어진 등식의 해가 없으려면 $a-5=0$, $b-2\neq0$
$\therefore a=5,\ b\neq2$

66 $\frac{1}{3}x-a=\frac{5}{4}+bx$의 양변에 12를 곱하면
$4x-12a=15+12bx$
$4x-12bx=15+12a$
$(4-12b)x=15+12a$
이 방정식의 해가 없으려면 $4-12b=0$, $15+12a\neq0$
$\therefore a\neq-\frac{5}{4},\ b=\frac{1}{3}$

67 $(3a-1)x+3=4x-b$에서
$3ax-x-4x=-b-3$, $(3a-5)x=-b-3$
주어진 등식의 해가 무수히 많으려면
$3a-5=0$, $-b-3=0$
$\therefore a=\frac{5}{3},\ b=-3$
$\therefore ab=\frac{5}{3}\times(-3)=-5$

68 $ax-1.2x+1.8=b-2x$의 양변에 10을 곱하면
$10ax-12x+18=10b-20x$
$10ax-12x+20x=10b-18$
$(10a+8)x=10b-18$
이 방정식의 해가 무수히 많으려면
$10a+8=0$, $10b-18=0$
$\therefore a=-\frac{4}{5},\ b=\frac{9}{5}$
$\therefore a+b=-\frac{4}{5}+\frac{9}{5}=1$

69 $\frac{x}{3}-1=ax+\frac{b}{2}$의 양변에 6을 곱하면
$2x-6=6ax+3b$
$2x-6ax=3b+6$, $(2-6a)x=3b+6$
이 방정식의 해가 무수히 많으려면
$2-6a=0$, $3b+6=0$
$\therefore a=\frac{1}{3},\ b=-2$
$\therefore 12a+b=12\times\frac{1}{3}-2=2$

70 $(a+5)x+3=3ax$에서 $ax+5x-3ax=-3$
$-2ax+5x=-3$, $(-2a+5)x=-3$
이 등식의 해가 없으려면
$-2a+5=0$이어야 하므로 $a=\frac{5}{2}$
$bx+2=c$에서 $bx=c-2$
이 등식의 해가 모든 수이려면
$b=0$, $c-2=0$이어야 하므로 $b=0$, $c=2$
$\therefore a+b+c=\frac{5}{2}+0+2=\frac{9}{2}$

71 $2(5-x)=a$에서 $10-2x=a$, $-2x=a-10$
$\therefore x=\frac{10-a}{2}$
x가 자연수가 되려면 $10-a$는 2, 4, 6, 8, 10, …이어야 하므로 a는 8, 6, 4, 2, 0, …이어야 한다.
따라서 자연수 a는 2, 4, 6, 8이다.

72 $7x+k=4x+10$에서 $7x-4x=10-k$
$3x=10-k$ $\quad\therefore x=\frac{10-k}{3}$
x가 자연수가 되려면 $10-k$는 3, 6, 9, 12, …이어야 하므로 k는 7, 4, 1, -2, …이어야 한다.
따라서 자연수 k는 1, 4, 7이므로 합은
$1+4+7=12$

73 $4(7-x)=a$에서 $28-4x=a$, $4x=28-a$
$\therefore x=\frac{28-a}{4}$
x가 자연수가 되려면 $28-a$는 4, 8, 12, 16, 20, 24, 28, …이어야 하므로 a는 24, 20, 16, 12, 8, 4, 0, …이어야 한다.
따라서 자연수 a는 4, 8, 12, 16, 20, 24의 6개이다.

74 양변에 2를 곱하면 $2x-(x+3a)=-4$
$2x-x-3a=-4$ $\quad\therefore x=3a-4$
x가 음의 정수가 되려면 $3a-4$는 -1, -2, -3, -4, …이어야 하므로 a는 1, $\frac{2}{3}$, $\frac{1}{3}$, 0, …이어야 한다.
따라서 자연수 a의 값은 1이다.

개념완성익힘 익힘북 74~75쪽

1 ③	**2** ②	**3** -2	**4** ④
5 ③	**6** ①	**7** ①	**8** ⑤
9 ③	**10** ①	**11** ②	**12** -4
13 -7	**14** $-\frac{5}{2}$	**15** 6	

1 ① $y=3x$ ② $25=4\times6+1$
③ $2(x+5)$ ④ $5000-700x=100$
⑤ $xy=100$

2 ①, ⑤ 방정식 ② 항등식 ③, ④ 거짓인 등식

3 $3kx-12=-6(x+2)$에서 $3kx-12=-6x-12$
따라서 $3k=-6$이므로 $k=-2$

4 ① $\frac{x}{3}=\frac{y}{4}$이면 $4x=3y$이다.
② $a=b$이면 $a+c=b+c$이다.
③ $a=b$이면 $-a-x=-x-b$이다.
⑤ $x+y=0$이면 $x+2=-y+2$이다.

5 ③ $-4=0$이므로 일차방정식이 아니다.

6 ① $7x-4=10$에서
$7x=14$ $\therefore x=2$
② $2(x+4)=6$에서
$2x+8=6$, $2x=-2$ $\therefore x=-1$
③ $-3x-7=3x+5$에서
$-6x=12$ $\therefore x=-2$
④ $2(x-1)=3(x+2)$에서
$2x-2=3x+6$, $-x=8$ $\therefore x=-8$
⑤ $8x+2=2(x+4)$에서
$8x+2=2x+8$, $6x=6$ $\therefore x=1$

7 $3x-6=x+6$에서 $2x=12$, $x=6$ $\therefore a=6$
$\frac{1}{2}x-2=\frac{2}{3}x+4$의 양변에 6을 곱하면
$3x-12=4x+24$, $x=-36$ $\therefore b=-36$
$\therefore \frac{b}{a}=\frac{-36}{6}=-6$

8 $\frac{x-1}{5}-\frac{1}{2}=0.3x-0.9$의 양변에 10을 곱하면
$2(x-1)-5=3x-9$, $2x-2-5=3x-9$
$-x=-2$ $\therefore x=2$

9 $0.3(x-1)=\frac{2x+1}{4}$의 양변에 20을 곱하면
$6(x-1)=5(2x+1)$, $6x-6=10x+5$
$-4x=11$ $\therefore x=-\frac{11}{4}$
따라서 $a=-\frac{11}{4}$이므로 a보다 큰 음의 정수는 -2, -1의 2개이다.

10 주어진 방정식에 $x=2$를 대입하면
$4(2+a)-(2-a)=-4$, $8+4a-2+a=-4$
$5a=-10$ $\therefore a=-2$

11 $0.3(x+1)+\frac{x-1}{5}=0.6$의 양변에 10을 곱하면
$3(x+1)+2(x-1)=6$, $3x+3+2x-2=6$
$5x=5$ $\therefore x=1$
따라서 방정식 $4x-a=5x+1$의 해가 $x=1$이므로
$4-a=5+1$ $\therefore a=-2$

12 $(x-1):6=(x-2):3$에서
$3(x-1)=6(x-2)$, $3x-3=6x-12$
$-3x=-9$ $\therefore x=3$
따라서 방정식 $ax+4=-x-5$의 해가 $x=3$이므로
$3a+4=-3-5$
$3a=-12$ $\therefore a=-4$

13 $-2(x-1)+3(5-x)=-(2x-7)$에서
$-2x+2+15-3x=-2x+7$
$-3x+10=0$, $3x-10=0$ …… ①
따라서 $a=3$, $b=-10$이므로 …… ②
$a+b=3+(-10)=-7$ …… ③

단계	채점 기준	비율
①	주어진 식을 $ax+b=0(a>0)$의 꼴로 나타내기	50 %
②	a, b의 값 구하기	20 %
③	$a+b$의 값 구하기	30 %

14 $x=1.5x+\frac{3}{10}$의 양변에 10을 곱하면
$10x=15x+3$, $-5x=3$ $\therefore x=-\frac{3}{5}$ …… ①
따라서 방정식 $2-ax=5x+5$의 해가
$x=\left(-\frac{3}{5}\right)\times2=-\frac{6}{5}$이므로
$2-a\times\left(-\frac{6}{5}\right)=5\times\left(-\frac{6}{5}\right)+5$ …… ②

$2+\frac{6}{5}a=-6+5$, $\frac{6}{5}a=-3$

$\therefore a=-\frac{5}{2}$ …… ③

단계	채점 기준	비율
①	해를 구할 수 있는 방정식을 찾아 해 구하기	50 %
②	구한 해의 2배를 다른 방정식에 대입하기	30 %
③	a의 값 구하기	20 %

15 $x-\frac{1}{5}(x-a)=5$의 양변에 5를 곱하면

$5x-(x-a)=25$, $5x-x+a=25$

$4x=25-a$ $\therefore x=\frac{25-a}{4}$ …… ①

x가 자연수가 되려면 $25-a$는 4, 8, 12, 16, 20, 24, 28, …이어야 하므로 a는 21, 17, 13, 9, 5, 1, −3, …이어야 한다. …… ②

따라서 자연수 a는 1, 5, 9, 13, 17, 21의 6개이다. …… ③

단계	채점 기준	비율
①	주어진 방정식의 해 구하기	30 %
②	조건에 맞는 a의 값 모두 구하기	50 %
③	자연수 a의 개수 구하기	20 %

3 일차방정식의 활용

개념적용익힘

익힘북 76~84쪽

1 3 **2** 10 **3** ③ **4** −2
5 5, 7 **6** ④ **7** 15, 17, 19
8 ② **9** 36 **10** 43 **11** 38
12 37 **13** 16년 **14** ⑤ **15** 8년
16 ③ **17** ③
18 가로의 길이 : 8 cm, 세로의 길이 : 3 cm
19 15 **20** 4 **21** ④
22 (1) $\left(\frac{1}{5}x-500\right)$원 (2) 5000원 **23** ⑤
24 (1) $50+x=110-x$ (2) 30 mL **25** ②
26 ⑤ **27** 10일 **28** 12개월 **29** 10개월
30 2000
31 (1) $6x+9=8x-3$ (2) 6 (3) 45장
32 6 **33** 학생 수 : 5, 사과의 개수 : 17
34 5시간 **35** 6 km **36** $\frac{8}{5}$ km
37 걸어간 거리 : $\frac{40}{3}$ km
자전거를 타고 간 거리 : $\frac{50}{3}$ km
38 30분 **39** 15분 **40** 오전 10시 35분
41 20초 **42** ① **43** ③ **44** ④
45 ④ **46** ② **47** 오후 2시 12분
48 91 m **49** ⑤ **50** 100 m
51 초속 30 m **52** ② **53** ①
54 ① **55** 70 g **56** ④ **57** 11 %
58 700 g **59** ① **60** ③ **61** ③
62 ③ **63** ① **64** 1시 $\frac{180}{11}$분

1 어떤 수를 x라 하면
$2(x+3)=x+9$, $2x+6=x+9$ $\therefore x=3$
따라서 어떤 수는 3이다.

2 어떤 수를 x라 하면
$3(x-2)=2x+4$, $3x-6=2x+4$ $\therefore x=10$
따라서 어떤 수는 10이다.

3 어떤 수를 x라 하면
$2(x+8)=4x-2$, $2x+16=4x-2$
$-2x=-18$ $\therefore x=9$
따라서 어떤 수는 9이다.

4 어떤 수를 x라 하면
$2(x+2)=(3x+2)+4$, $2x+4=3x+6$
$-x=2$ $\therefore x=-2$
따라서 어떤 수는 -2이다.

5 연속하는 두 홀수를 x, $x+2$로 놓으면
$x+(x+2)=4x-8$, $2x+2=4x-8$
$-2x=-10$ $\therefore x=5$
따라서 두 홀수는 5, 7이다.

6 연속하는 세 자연수를 $x-1$, x, $x+1$로 놓으면
$(x-1)+x+(x+1)=126$, $3x=126$
$\therefore x=42$
따라서 세 자연수는 41, 42, 43이므로 가장 큰 자연수는 43이다.

7 연속하는 세 홀수를 $x-2$, x, $x+2$로 놓으면
$(x-2)+x+(x+2)=51$, $3x=51$ $\therefore x=17$
따라서 세 홀수는 15, 17, 19이다.

8 연속하는 세 짝수를 $x-2$, x, $x+2$로 놓으면
$3x=(x-2)+(x+2)+14$, $3x=2x+14$
$\therefore x=14$
따라서 세 짝수는 12, 14, 16이므로 세 짝수의 합은
$12+14+16=42$

9 일의 자리의 숫자를 x라 하면
구하는 두 자리의 자연수는 $30+x$이다.
$30+x=4(3+x)$, $30+x=12+4x$
$-3x=-18$ $\therefore x=6$
따라서 구하는 수는 36이다.

10 처음 수의 일의 자리의 숫자를 x라 하면
처음 수 : $40+x$, 바꾼 수 : $10x+4$
$10x+4=(40+x)-9$, $10x+4=x+31$
$9x=27$ $\therefore x=3$
따라서 처음 수는 43이다.

11 처음 수의 십의 자리의 숫자를 x라 하면
처음 수 : $10x+8$, 바꾼 수 : $80+x$
$80+x=2(10x+8)+7$, $80+x=20x+16+7$
$-19x=-57$ $\therefore x=3$
따라서 처음 수는 38이다.

12 처음 수의 십의 자리 숫자를 x라 하면 일의 자리의 숫자는 $10-x$이므로
처음 수 : $10x+(10-x)=9x+10$
바꾼 수 : $10(10-x)+x=-9x+100$
$-9x+100=2(9x+10)-1$
$-9x+100=18x+19$
$-27x=-81$ $\therefore x=3$
따라서 처음 수는 $9\times3+10=37$

13 x년 후에 아버지의 나이가 아들의 나이의 2배가 된다고 하면 x년 후의 아버지의 나이는 $(46+x)$세, 아들의 나이는 $(15+x)$세이므로
$46+x=2(15+x)$, $46+x=30+2x$ $\therefore x=16$
따라서 아버지의 나이가 아들의 나이의 2배가 되는 것은 16년 후이다.

14 x년 후에 어머니의 나이가 선민이의 나이의 3배가 된다고 하면 x년 후 선민이의 나이는 $(6+x)$세, 어머니의 나이는 $(36+x)$세이므로
$36+x=3(6+x)$, $36+x=18+3x$
$-2x=-18$ $\therefore x=9$
따라서 9년 후에 어머니의 나이가 선민이의 나이의 3배가 된다.

15 x년 후에 동생의 나이가 형의 나이의 반보다 10세가 더 많게 된다고 하면 x년 후의 형의 나이는 $(18+x)$세, 동생의 나이는 $(15+x)$세이므로
$15+x=\frac{1}{2}(18+x)+10$, $15+x=9+\frac{1}{2}x+10$
$\frac{1}{2}x=4$ $\therefore x=8$
따라서 동생의 나이가 형의 나이의 반보다 10세가 더 많게 되는 것은 8년 후이다.

16 막내의 나이를 x세라 하면 삼형제의 나이는 차례로 x세, $(x+2)$세, $(x+4)$세이므로
$x+4=2x-10$ $\therefore x=14$
따라서 막내의 나이는 14세이다.

17 밑변의 길이를 x cm라 하면
$\frac{1}{2}\times x\times8=24$, $4x=24$ $\therefore x=6$
따라서 삼각형의 밑변의 길이는 6 cm이다.

18 직사각형의 가로의 길이를 x cm라 하면 세로의 길이는 $(x-5)$ cm이므로

$2\{x+(x-5)\}=22$, $2x-5=11$

$2x=16$ $\quad\therefore x=8$

따라서 가로의 길이는 8 cm, 세로의 길이는 $8-5=3$(cm)이다.

19 새로운 직사각형의 가로의 길이는 $10+2=12$(cm)이고, 세로의 길이는 $(10+x)$ cm이므로

$12\times(10+x)=3\times(10\times10)$

$120+12x=300$, $12x=180$ $\quad\therefore x=15$

20 처음 사다리꼴의 넓이는 $\frac{1}{2}\times(5+6)\times4=22(\text{cm}^2)$이므로

$\frac{1}{2}\times(5+6+x)\times4=22+8$, $22+2x=30$

$2x=8$ $\quad\therefore x=4$

21 할인 전 가격을 x원이라 하면

$x-\frac{25}{100}x=12000$, $\frac{3}{4}x=12000$ $\quad\therefore x=16000$

따라서 할인 전 가격은 16000원이다.

22 (1) (정가)$=x+\frac{20}{100}x=\frac{6}{5}x$(원)이므로

(판매 가격)$=\frac{6}{5}x-500$(원)

이때 (이익)=(판매 가격)−(원가)이므로

(이익)$=\frac{6}{5}x-500-x=\frac{1}{5}x-500$(원)

(2) $\frac{1}{5}x-500=\frac{1}{10}x$, $2x-5000=x$

$\therefore x=5000$

따라서 원가는 5000원이다.

23 원가를 x원이라 하면 (정가)$=x+\frac{40}{100}x=\frac{7}{5}x$(원)이므로

(판매 가격)=(정가)$-1200=\frac{7}{5}x-1200$(원)

그런데 (이익)=(판매 가격)−(원가)이므로

$\frac{7}{5}x-1200-x=\frac{20}{100}x$, $\frac{2}{5}x-1200=\frac{1}{5}x$

$\frac{1}{5}x=1200$ $\quad\therefore x=6000$

따라서 제품의 원가는 6000원이다.

24 (1) x mL 옮긴 후 A와 B의 물의 양이 같으므로

$50+x=110-x$

(2) $50+x=110-x$에서 $2x=60$ $\quad\therefore x=30$

따라서 B에서 A로 30 mL의 물을 옮겨야 한다.

25 A에서 B로 옮겨야 하는 물의 양을 x mL라 하면

$2500-x=(300+x)+1000$

$2500-x=x+1300$

$-2x=-1200$ $\quad\therefore x=600$

따라서 A에서 B로 600 mL의 물을 옮겨야 한다.

26 A에서 B로 옮겨야 하는 주스의 양을 x mL라 하면

$1000-x=3(200+x)$, $1000-x=600+3x$

$-4x=-400$ $\quad\therefore x=100$

따라서 A에서 B로 옮겨야 하는 주스의 양은 100 mL이다.

27 x일 후에 형과 동생의 저금통에 들어 있는 금액이 같아진다고 하면 x일 후의 형의 저금통에 들어 있는 금액은 $(6000+200x)$원, 동생의 저금통에 들어 있는 금액은 $(4000+400x)$원이므로

$6000+200x=4000+400x$, $-200x=-2000$

$\therefore x=10$

따라서 10일 후에 형과 동생의 저금통에 들어 있는 금액이 같아진다.

28 x개월 후에 언니와 동생의 저금액이 같아진다고 하면 x개월 후의 언니의 저금액은 $(23000+2000x)$원, 동생의 저금액은 $(11000+3000x)$원이므로

$23000+2000x=11000+3000x$

$-1000x=-12000$ $\quad\therefore x=12$

따라서 언니와 동생의 저금액이 같아지는 것은 12개월 후이다.

29 x개월 후에 형의 예금액이 동생의 예금액의 2배가 된다고 하면 x개월 후의 형의 예금액은 $(100000+5000x)$원이고 동생의 예금액은 $(25000+5000x)$원이므로

$100000+5000x=2(25000+5000x)$

$100000+5000x=50000+10000x$

$-5000x=-50000$ $\quad\therefore x=10$

따라서 10개월 후에 형의 예금액이 동생의 예금액의 2배가 된다.

30 6개월 후에 영민이의 예금액은

$84000+2000\times6=96000$(원)

수민이의 예금액은 $(20000+6x)$원이므로

$96000=3(20000+6x)$

$96000=60000+18x$, $18x=36000$

$\therefore x=2000$

31 (1) 우표의 수는 일정하므로 $6x+9=8x-3$

(2) $6x+9=8x-3$에서 $-2x=-12$ $\quad\therefore x=6$

따라서 학생 수는 6이다.

(3) 학생 수가 6이므로 우표는 $6\times6+9=45$(장)

32 학생 수를 x라 하면 볼펜의 개수는 일정하므로

$3x+1=4x-5$ $\quad\therefore x=6$

따라서 학생 수는 6이다.

33 학생 수를 x라 하면 사과의 개수는 일정하므로

$3x+2=5x-8$, $-2x=-10$ $\quad\therefore x=5$

따라서 학생 수는 5, 사과의 개수는

$3\times5+2=17$

34 올라갈 때 걸은 거리를 x km라 하면

(올라갈 때 걸린 시간)+(내려올 때 걸린 시간)

=9(시간)이므로

$\frac{x}{4}+\frac{x}{5}=9$, $5x+4x=180$, $9x=180$ $\quad\therefore x=20$

따라서 올라갈 때 걸린 시간은 $\frac{20}{4}=5$(시간)이다.

35 집에서 공원까지의 거리를 x km라 하면

(갈 때 걸린 시간)+(올 때 걸린 시간)=4(시간)이므로

$\frac{x}{2}+\frac{x}{6}=4$, $3x+x=24$, $4x=24$ $\quad\therefore x=6$

따라서 집에서 공원까지의 거리는 6 km이다.

36 집에서 학교까지의 거리를 $2x$ km라 하면

(걸어간 시간)+(뛰어간 시간)=(20분)이므로

$\frac{x}{4}+\frac{x}{6}=\frac{20}{60}$, $3x+2x=4$, $5x=4$

$\therefore x=\frac{4}{5}$

따라서 집에서 학교까지의 거리는 $2\times\frac{4}{5}=\frac{8}{5}$(km)이다.

37 걸어간 거리를 x km라 하면 자전거를 타고 간 거리는 $(30-x)$ km이고

(걸어간 시간)+(자전거를 타고 간 시간)=(3시간 30분)이므로

$\frac{x}{5}+\frac{30-x}{20}=\frac{7}{2}$, $4x+30-x=70$

$3x=40$ $\quad\therefore x=\frac{40}{3}$

따라서 걸어간 거리는 $\frac{40}{3}$ km, 자전거를 타고 간 거리는 $\frac{50}{3}$ km이다.

38 아버지가 집을 출발한 지 x분 후에 어머니를 만난다고 하면

(어머니가 간 거리)=(아버지가 간 거리)이므로

$60(10+x)=80x$, $600+60x=80x$

$-20x=-600$ $\quad\therefore x=30$

따라서 아버지는 집을 출발한 지 30분 후에 어머니를 만나게 된다.

39 형이 출발한 지 x시간 후에 동생을 만난다고 하면

(동생이 간 거리)=(형이 간 거리)이므로

$4\left(\frac{15}{60}+x\right)=8x$, $1+4x=8x$

$-4x=-1$ $\quad\therefore x=\frac{1}{4}$

따라서 $\frac{1}{4}$시간, 즉 15분 후에 두 사람이 만나게 된다.

40 영미가 출발한 지 x분 후에 상욱이를 만난다고 하면

(상욱이가 간 거리)=(영미가 간 거리)이므로

$50(10+x)=70x$, $500+50x=70x$

$-20x=-500$ $\quad\therefore x=25$

따라서 상욱이는 출발한 지 $10+25=35$(분) 후에 영미를 만나게 되므로 두 사람이 만나게 되는 시각은 오전 10시 35분이다.

41 경찰이 출발하여 범인을 잡을 때까지 x초가 걸린다고 하면

(경찰이 간 거리)=40+(범인이 간 거리)이므로

$5x=40+4(x-5)$, $5x=4x+20$ $\quad\therefore x=20$

따라서 경찰이 출발하여 범인을 잡을 때까지 20초가 걸린다.

42 두 지점 A, B 사이의 거리를 x km라 하면

(자전거로 가는 시간)−(자동차로 가는 시간)=(40분)이므로

$\frac{x}{30}-\frac{x}{80}=\frac{40}{60}$, $8x-3x=160$

$5x=160$ $\quad\therefore x=32$

따라서 두 지점 A, B 사이의 거리는 32 km이다.

43 집에서 병원 사이의 거리를 x m라 하면
(갈 때 걸린 시간)−(올 때 걸린 시간)=18(분)이므로
$\frac{x}{50}-\frac{x}{80}=18$, $8x-5x=7200$
$3x=7200$ $\therefore x=2400$
따라서 집에서 병원 사이의 거리는 2400 m, 즉 2.4 km이다.

44 집에서 약속 장소까지의 거리를 x km라 하면
(시속 5 km로 가는 데 걸리는 시간)
−(시속 7 km로 가는 데 걸리는 시간)=(20분)이므로
$\frac{x}{5}-\frac{x}{7}=\frac{20}{60}$, $21x-15x=35$
$6x=35$ $\therefore x=\frac{35}{6}$
따라서 집에서 약속 장소까지의 거리는 $\frac{35}{6}$ km이다.

45 두 사람이 x분 후에 처음으로 다시 만난다고 하면
(창헌이의 이동 거리)+(세은이의 이동 거리)
=1800(m)이므로
$40x+50x=1800$, $90x=1800$ $\therefore x=20$
따라서 두 사람은 출발한 지 20분 후에 처음으로 다시 만난다.

46 두 사람이 x분 후에 처음으로 다시 만난다고 하면
(분속 60 m로 이동한 거리)−(분속 50 m로 이동한 거리)
=1100(m)이므로
$60x-50x=1100$, $10x=1100$ $\therefore x=110$
따라서 두 사람은 출발한 지 110분 후에 처음으로 다시 만난다.

47 두 사람이 x시간 후에 만난다고 하면
(서은이가 간 거리)+(혜송이가 간 거리)=12(km)
이므로 $3x+7x=12$, $10x=12$ $\therefore x=1.2$
이때 $1.2=1+\frac{2}{10}=1+\frac{12}{60}$이므로 두 사람은 오후 1시 정각에 출발하여 1시간 12분 후에 만난다.
따라서 두 사람이 만나는 시각은 오후 2시 12분이다.

48 기차의 길이를 x m라 하면 이 기차가 길이가 805 m인 철교를 완전히 통과하려면 $(805+x)$ m를 달려야 하므로
$\frac{805+x}{32}=28$, $805+x=896$ $\therefore x=91$
따라서 기차의 길이는 91 m이다.

49 기차의 길이를 x km라 하면 이 기차가 길이가 2 km인 터널을 완전히 통과하려면 $(2+x)$ km를 달려야 하므로
$\frac{2+x}{180}=\frac{50}{3600}$, $2(2+x)=5$
$4+2x=5$, $2x=1$ $\therefore x=\frac{1}{2}$
따라서 기차의 길이는 $\frac{1}{2}$ km, 즉 500 m이다.

50 기차의 길이를 x m라 하면 이 기차가 길이가 500 m인 터널을 완전히 통과하려면 $(500+x)$ m를 달려야 하고, 길이가 700 m인 터널을 완전히 통과하려면 $(700+x)$ m를 달려야 한다.
이때 기차의 속력이 일정하므로
$\frac{500+x}{30}=\frac{700+x}{40}$, $2000+4x=2100+3x$
$\therefore x=100$
따라서 기차의 길이는 100 m이다.

51 열차의 길이를 x m라 하면 이 열차가 길이가 600 m인 철교를 완전히 통과하려면 $(600+x)$ m를 달려야 하고, 길이가 750 m인 터널을 완전히 통과하려면 $(750+x)$ m를 달려야 한다.
이때 열차의 속력이 일정하므로
$\frac{600+x}{30}=\frac{750+x}{35}$, $4200+7x=4500+6x$
$\therefore x=300$
따라서 열차의 길이는 300 m이므로 열차는
초속 $\frac{600+300}{30}=30$(m)로 달린다.

52 소금물의 농도가 x %가 된다고 하면 소금의 양은 일정하므로
$\frac{30}{100}\times 200=\frac{x}{100}\times(200+300)$
$60=5x$ $\therefore x=12$
따라서 소금물의 농도는 12 %가 된다.

53 처음 소금물의 농도를 x %라 하면 소금의 양은 일정하므로
$\frac{x}{100}\times 400=\frac{8}{100}\times(400+50)$
$4x=36$ $\therefore x=9$
따라서 처음 소금물의 농도는 9 %이다.

54 12 %의 소금물의 양을 x g이라 하면 소금의 양은 일정하므로

$\frac{12}{100}\times x=\frac{4}{100}\times(x+400)$, $12x=4x+1600$

$8x=1600$ $\therefore x=200$

따라서 12 %의 소금물의 양은 200 g이다.

55 물을 x g 증발시킨다고 하면 소금의 양은 일정하므로

$\frac{3}{100}\times 100=\frac{10}{100}\times(100-x)$, $300=1000-10x$

$10x=700$ $\therefore x=70$

따라서 70 g의 물을 증발시키면 된다.

56 $\frac{12}{100}\times 400+\frac{x}{100}\times 300=\frac{15}{100}\times(400+300)$

$48+3x=105$, $3x=57$ $\therefore x=19$

57 x %의 소금물이 된다고 하면

$\frac{8}{100}\times 100+\frac{12}{100}\times 300=\frac{x}{100}\times(100+300)$

$8+36=4x$, $4x=44$ $\therefore x=11$

따라서 11 %의 소금물이 된다.

58 12 %의 설탕물을 x g 섞는다고 하면

$\frac{3}{100}\times 200+\frac{12}{100}\times x=\frac{10}{100}\times(200+x)$

$600+12x=2000+10x$, $2x=1400$ $\therefore x=700$

따라서 12 %의 설탕물 700 g을 섞으면 된다.

59 전체 일의 양을 1이라 하면 A가 하루에 하는 일의 양은 $\frac{1}{10}$, B가 하루에 하는 일의 양은 $\frac{1}{20}$이다.

B가 혼자서 일한 날수를 x일이라 하면

$\left(\frac{1}{10}+\frac{1}{20}\right)\times 5+\frac{1}{20}x=1$, $15+x=20$

$\therefore x=5$

따라서 B가 혼자서 일한 날수는 5일이다.

60 물통에 가득 찬 물의 양을 1이라 하면 A, B 호스로 1분 동안 받는 물의 양은 각각 $\frac{1}{30}$, $\frac{1}{50}$이다.

A 호스로 x분 동안 더 받는다고 하면

$\left(\frac{1}{30}+\frac{1}{50}\right)\times 10+\frac{1}{30}x=1$, $\frac{8}{15}+\frac{1}{30}x=1$

$16+x=30$ $\therefore x=14$

따라서 A 호스로 14분 동안 더 받아야 한다.

61 전체 일의 양을 1이라 하면 갑이 하루에 하는 일의 양은 $\frac{1}{16}$, 을이 하루에 하는 일의 양은 $\frac{1}{24}$이다.

갑과 을이 함께 일한 날수를 x일이라 하면

$\frac{1}{24}\times 9+\left(\frac{1}{16}+\frac{1}{24}\right)\times x=1$, $18+5x=48$

$5x=30$ $\therefore x=6$

따라서 갑과 을이 함께 일한 날수는 6일이다.

62 7시 x분에 시계의 시침과 분침이 일치한다고 하면 x분 동안 시침과 분침이 움직인 각의 크기는 각각 $0.5x°$, $6x°$이고 7시 정각에 시침은 12시 정각일 때로부터 $30°\times 7=210°$만큼 움직인 곳에서 출발하므로

$6x=210+0.5x$에서 $5.5x=210$ $\therefore x=\frac{420}{11}$

따라서 구하는 시각은 7시 $\frac{420}{11}$분이다.

63 11시 x분에 시계의 시침과 분침이 서로 반대 방향으로 일직선을 이룬다고 하면 x분 동안 시침과 분침이 움직인 각의 크기는 각각 $0.5x°$, $6x°$이고 11시 정각에 시침은 12시 정각일 때로부터 $30°\times 11=330°$만큼 움직인 곳에서 출발한다. 이때 시침이 분침보다 시곗바늘이 도는 방향으로 180°만큼 더 움직였으므로

$(330+0.5x)-6x=180$에서 $330-5.5x=180$

$-5.5x=-150$ $\therefore x=\frac{300}{11}$

따라서 구하는 시각은 11시 $\frac{300}{11}$분이다.

64 1시 x분에 시계의 시침과 분침이 이루는 각의 크기가 60°가 된다고 하면 x분 동안 시침과 분침이 움직인 각의 크기는 각각 $0.5x°$, $6x°$이고 1시 정각에 시침은 12시 정각일 때로부터 $30°\times 1=30°$만큼 움직인 곳에서 출발한다. 이때 분침이 시침보다 시곗바늘이 도는 방향으로 60°만큼 더 움직였으므로

$6x-(30+0.5x)=60$에서 $5.5x-30=60$

$5.5x=90$ $\therefore x=\frac{180}{11}$

따라서 구하는 시각은 1시 $\frac{180}{11}$분이다.

개념완성익힘 익힘북 85~86쪽

1 ② 2 15 3 ⑤ 4 ③
5 ④ 6 2300원 7 30개월 8 20
9 남학생: 312, 여학생: 188 10 16 cm
11 150 g 12 1시간 30분

1 연속하는 세 홀수를 $x-2$, x, $x+2$로 놓으면
$(x-2)+x+(x+2)=99$, $3x=99$ $\therefore x=33$
따라서 연속하는 세 홀수는 31, 33, 35이므로 가장 작은 수는 31이다.

2 처음 수의 십의 자리의 숫자를 x라 하면
처음 수 : $10x+5$, 바꾼 수 : $50+x$
$50+x=4(10x+5)-9$, $50+x=40x+20-9$
$-39x=-39$ $\therefore x=1$
따라서 처음 수는 15이다.

3 x년 후에 이모의 나이가 조카의 나이의 2배가 된다고 하면 x년 후의 이모의 나이는 $(23+x)$세, 조카의 나이는 $(9+x)$세이므로
$23+x=2(9+x)$, $23+x=18+2x$
$-x=-5$ $\therefore x=5$
따라서 이모의 나이가 조카의 나이의 2배가 되는 때는 지금으로부터 5년 후이다.

4 디오판토스가 x세까지 살았다고 하면
$\frac{1}{6}x+\frac{1}{12}x+\frac{1}{7}x+5+\frac{1}{2}x+4=x$
양변에 84를 곱하면
$14x+7x+12x+420+42x+336=84x$
$-9x=-756$ $\therefore x=84$
따라서 디오판토스는 84세까지 살았다.

5 $18=\frac{1}{2}\times(3+6)\times h$, $18=\frac{9}{2}h$
$\therefore h=18\times\frac{2}{9}=4$

6 원가를 x원이라 하면
(정가)$=x+\frac{25}{100}x=\frac{5}{4}x$(원)
(판매 가격)$=\frac{5}{4}x-200$(원)
(이익)=(판매 가격)−(원가)이므로
$\frac{5}{4}x-200-x=300$, $\frac{1}{4}x=500$ $\therefore x=2000$
$\therefore$ (판매 가격)$=\frac{5}{4}\times2000-200=2300$(원)
[참고] 판매 가격은 다음의 방법으로도 구할 수 있다.
(판매 가격)=(원가)+(이익)
$=2000+300=2300$(원)

7 x개월 후에 A의 예금액이 B의 예금액의 2배가 된다고 하면 x개월 후의 A의 예금액은 $(100000+2000x)$원, B의 예금액은 $(20000+2000x)$원이므로
$100000+2000x=2(20000+2000x)$
$100000+2000x=40000+4000x$
$-2000x=-60000$ $\therefore x=30$
따라서 30개월 후에 A의 예금액이 B의 예금액의 2배가 된다.

8 학생 수를 x라 할 때, 1명당 700원씩 걷으면
(단체 입장료)$=700x+1000$(원)
1명당 800원씩 걷으면
(단체 입장료)$=800x-1000$(원)
즉, $700x+1000=800x-1000$이므로
$-100x=-2000$ $\therefore x=20$
따라서 학생 수는 20이다.

9 작년 남학생 수를 x라 하면 작년 여학생 수는 $(500-x)$이고 올해와 작년의 전체 학생 수는 같으므로
$\frac{4}{100}x-\frac{6}{100}(500-x)=0$
양변에 100을 곱하면
$4x-6(500-x)=0$, $4x-3000+6x=0$
$10x=3000$ $\therefore x=300$
작년 남학생 수는 300이므로 올해 남학생 수는
$300+300\times\frac{4}{100}=300+12=312$
작년 여학생 수가 200이므로 올해 여학생 수는
$200-200\times\frac{6}{100}=200-12=188$

10 가로의 길이를 x cm라 하면 세로의 길이는 $(x-3)$ cm이므로
$2\{x+(x-3)\}=58$ …… ①

$4x-6=58$, $4x=64$ $\quad\therefore x=16$ …… ②

따라서 가로의 길이는 16 cm이다. …… ③

단계	채점 기준	비율
①	구하려는 값을 x라 놓고 방정식 세우기	50 %
②	x의 값 구하기	40 %
③	가로의 길이 구하기	10 %

11 5 %의 설탕물의 양을 x g이라 하면 15 %의 설탕물의 양은 $(500-x)$ g이므로

$\frac{5}{100}x+\frac{15}{100}(500-x)=\frac{12}{100}\times500$ …… ①

양변에 100을 곱하면

$5x+7500-15x=6000$, $-10x=-1500$

$\therefore x=150$ …… ②

따라서 5 %의 설탕물의 양은 150 g이다. …… ③

단계	채점 기준	비율
①	구하려는 값을 x라 놓고 방정식 세우기	50 %
②	x의 값 구하기	40 %
③	5 % 설탕물의 양 구하기	10 %

12 A, B 두 호스로 같이 물을 채운 시간을 x시간이라 하고, 전체 일의 양을 1이라 하면

A 호스로는 1시간에 물통의 $\frac{1}{4}$만큼, B 호스로는 1시간에 물통의 $\frac{1}{3}$만큼 물을 채우므로

$\frac{1}{4}\times\frac{30}{60}+\left(\frac{1}{4}+\frac{1}{3}\right)\times x=1$ …… ①

$\frac{1}{8}+\frac{7}{12}x=1$, $3+14x=24$

$14x=21$ $\quad\therefore x=\frac{3}{2}$ …… ②

따라서 A, B 두 호스로 같이 물을 채운 시간은 $\frac{3}{2}$시간, 즉 1시간 30분이다. …… ③

단계	채점 기준	비율
①	구하려는 값을 x라 놓고 방정식 세우기	50 %
②	x의 값 구하기	40 %
③	두 호스로 같이 물을 채운 시간 구하기	10 %

대단원 마무리

익힘북 87~89쪽

1 ②	**2** ④	**3** ⑤	**4** ④
5 ⑤	**6** $3x+3$	**7** 3	**8** ①, ⑤
9 3	**10** -2	**11** ①	**12** ④
13 ④	**14** ③	**15** 30분	**16** ②

1 ② 십의 자리의 숫자가 a, 일의 자리의 숫자가 b인 두 자리의 자연수는 $10a+b$이다.

2 $x^2-2xy+2y^2=(-2)^2-2\times(-2)\times3+2\times3^2$
$=4+12+18=34$

3 $ax^2-2x+6-2x^2+3x-5=(a-2)x^2+x+1$

이 식이 x에 대한 일차식이 되려면 x^2의 계수가 0이어야 하므로

$a-2=0$ $\quad\therefore a=2$

4 $-2(2a-5)+3(a+1)=-4a+10+3a+3$
$=-a+13$

따라서 일차항의 계수는 -1, 상수항은 13이므로

$-1+13=12$

5 ⑤ $(4x-6)\div\left(-\frac{2}{5}\right)=(4x-6)\times\left(-\frac{5}{2}\right)$
$=-10x+15$

6 조건 (가)에 의해 $A-(-x+3)=2x+1$

$\therefore A=2x+1+(-x+3)=x+4$ …… ①

조건 (나)에 의해 $2B=4x-2$

$\therefore B=\frac{1}{2}\times(4x-2)=2x-1$ …… ②

$\therefore A+B=(x+4)+(2x-1)=3x+3$ …… ③

단계	채점 기준	비율
①	일차식 A 구하기	40 %
②	일차식 B 구하기	40 %
③	$A+B$ 구하기	20 %

7 $ax-4a=3x-2b$가 항등식이므로

$a=3$, $-4a=-2b$에서 $a=3$, $b=6$

$\therefore b-a=6-3=3$

8 ① $x=0$ ⇨ 일차방정식

② $3x-8$ ⇨ 일차식

③ $x^2+1=0$ ⇨ 일차방정식이 아니다.

④ $4x-1=2(2x+1)$에서 $4x-1=4x+2$, $-3=0$

⇨ 거짓인 등식

⑤ $x^2+1=x(5+x)$에서 $x^2+1=5x+x^2$

$-5x+1=0$ ⇨ 일차방정식

9 $2(x-0.4)=0.3(x+3)$의 양변에 10을 곱하면

$20(x-0.4)=3(x+3)$, $20x-8=3x+9$

$17x=17$ $\quad \therefore x=1$

$\therefore a=1$

$\frac{2x-1}{3}+\frac{3x-2}{4}=2$의 양변에 12를 곱하면

$4(2x-1)+3(3x-2)=24$, $8x-4+9x-6=24$

$17x=34$ $\quad \therefore x=2$

$\therefore b=2$

$\therefore a+b=1+2=3$

10 $0.3(x+1)+\frac{x-1}{5}=0.6$의 양변에 10을 곱하면

$3(x+1)+2(x-1)=6$

$3x+3+2x-2=6$, $5x=5$ $\quad \therefore x=1$

따라서 $4x-a=5x+1$의 해가 $x=1$이므로

$4-a=5+1$ $\quad \therefore a=-2$

11 $5x-4=7(x+2)$, $5x-4=7x+14$

$-2x=18$ $\quad \therefore x=-9$

12 2점짜리 슛의 개수를 x라 하면 3점짜리 슛의 개수는 $12-x$이므로

$2x+3(12-x)=27$, $2x+36-3x=27$

$-x=-9$ $\quad \therefore x=9$

따라서 2점짜리 슛의 개수는 9이다.

13 (처음 밭의 넓이)$=12\times10=120(\text{m}^2)$

(길의 넓이)$=2\times10+12\times x-2\times x$

$=20+10x(\text{m}^2)$

(처음 밭의 넓이)$-$(길의 넓이)$=\frac{3}{4}\times$(처음 밭의 넓이)

이므로

$120-(20+10x)=\frac{3}{4}\times120$, $100-10x=90$

$-10x=-10$ $\quad \therefore x=1$

14 원가를 x원이라 하면

(정가)$=x+\frac{30}{100}x=\frac{13}{10}x$(원)

(판매 가격)$=\frac{13}{10}x-200$(원)

(이익)$=$(판매 가격)$-$(원가)이므로

$\left(\frac{13}{10}x-200\right)-x=400$, $\frac{3}{10}x=600$

$\therefore x=2000$

따라서 물건의 원가는 2000원이다.

15 진우가 출발한 지 x분 후에 민지를 만난다고 하면

(진우가 간 거리)$+$(민지가 간 거리)$=2040(\text{m})$이므로

$48x+60(x-20)=2040$ …… ①

$48x+60x-1200=2040$

$108x=3240$ $\quad \therefore x=30$ …… ②

따라서 진우는 출발한 지 30분 후에 민지를 만난다.

…… ③

단계	채점 기준	비율
①	구하려는 값을 x라 놓고 방정식 세우기	50 %
②	x의 값 구하기	40 %
③	진우는 몇 분 후에 민지와 만나게 되는지 구하기	10 %

16 처음 퍼낸 소금물의 양을 x g이라 하면

[15 %, 200 g] − [15 %, x g] + [0 %, x g] = [9 %, 200 g]

$\frac{15}{100}\times200-\frac{15}{100}\times x=\frac{9}{100}\times200$

$3000-15x=1800$

$-15x=-1200$ $\quad \therefore x=80$

따라서 처음 퍼낸 소금물의 양은 80 g이다.

IV 좌표평면과 그래프

1 좌표평면과 그래프

개념적용익힘

익힘북 90~95쪽

1 (1, 5), (2, 4), (3, 3), (4, 2), (5, 1)
2 (2, 4), (2, −4), (−2, 4), (−2, −4)
3 ③ **4** ②
5 (1) 풀이 참조
(2) A(2, 5), B(−2, 3), C(−1, −3), D(4, 0)
6 ⑤ **7** B(−3, −3), D(2, 2) **8** ②
9 (1) (0, 8) (2) (−4, 0) **10** −3 **11** 6
12 ④ **13** 10 **14** ⑤ **15** $\frac{21}{2}$
16 ③ **17** ①, ⑤ **18** ⑤
19 제3사분면 **20** ③ **21** ④
22 제3사분면 **23** ③ **24** ②
25 ④ **26** ④ **27** ① **28** 36
29 $a=-3$, $b=-2$ **30** 풀이 참조
31 풀이 참조 **32** 풀이 참조
33 ㄷ **34** ③ **35** ㄱ **36** ㄴ
37 ㄷ, ㄱ, ㄴ, ㄷ
38 (1) 4 km (2) 6 km (3) 5분
39 (1) 300 kcal (2) 50분 **40** 300 m

2 $|a|=2$에서 $a=2$ 또는 $a=-2$
$|b|=4$에서 $b=4$ 또는 $b=-4$
이므로 순서쌍 (a, b)를 모두 구하면
(2, 4), (2, −4), (−2, 4), (−2, −4)

3 $2=y+3$에서 $y=-1$
$6-x=2$에서 $x=4$
$\therefore x+y=4+(-1)=3$

4 $3a-5=-1-a$에서
$4a=4 \quad \therefore a=1$
$b+1=3b+5$에서
$2b=-4 \quad \therefore b=-2$
$\therefore a+b=1+(-2)=-1$

5 (1)

6 ① A(−2, −3) ② B(−3, 2)
③ C(0, −1) ④ D(2, −3)

7 점 B의 좌표는
(점 A의 x좌표, 점 C의 y좌표)와 같으므로
B(−3, −3)
점 D의 좌표는
(점 C의 x좌표, 점 A의 y좌표)와 같으므로
D(2, 2)

8 x축 위에 있으면 y좌표가 0이므로 x축 위에 있고 x좌표가 −6인 점의 좌표는 (−6, 0)이다.

10 점 $(a-3, b+2)$가 x축 위의 점이므로
$b+2=0 \quad \therefore b=-2$
점 $(a+1, 2b-6)$이 y축 위의 점이므로
$a+1=0 \quad \therefore a=-1$
$\therefore a+b=-1+(-2)=-3$

11 점 $A(a+5, 12-3a)$가 x축 위의 점이므로
$12-3a=0 \quad \therefore a=4$
점 $B(2-b, 5-2b)$가 y축 위의 점이므로
$2-b=0 \quad \therefore b=2$
$\therefore a+b=4+2=6$

12 세 점 A, B, C를 좌표평면 위에 나타내면 오른쪽 그림과 같으므로
(삼각형 ABC의 넓이)
$=\frac{1}{2}\times\{3-(-2)\}\times\{2-(-3)\}$
$=\frac{1}{2}\times5\times5=\frac{25}{2}$

13 세 점 A, B, C를 좌표평면 위에 나타내면 오른쪽 그림과 같으므로

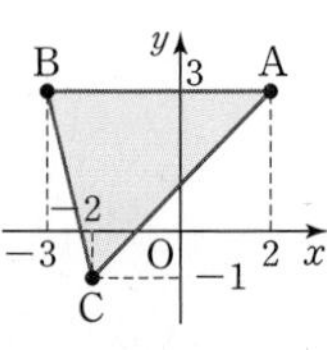

(삼각형 ABC의 넓이)

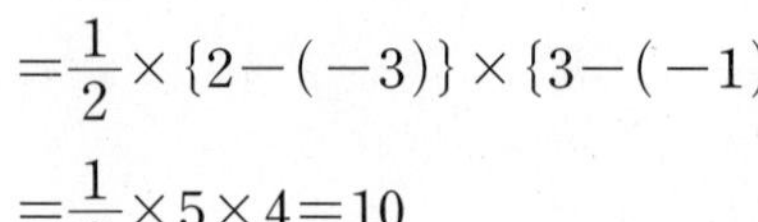

$=\frac{1}{2}\times\{2-(-3)\}\times\{3-(-1)\}$
$=\frac{1}{2}\times5\times4=10$

14 세 점 A, B, C를 좌표평면 위에 나타내면 오른쪽 그림과 같으므로

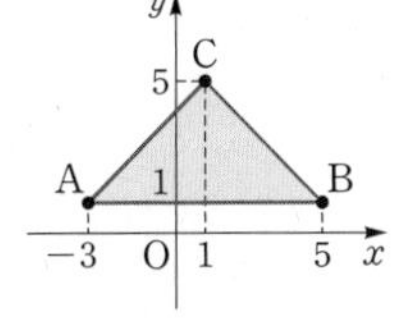

(삼각형 ABC의 넓이)

$=\frac{1}{2}\times\{5-(-3)\}\times(5-1)$

$=\frac{1}{2}\times8\times4=16$

15 세 점 A, B, C를 좌표평면 위에 나타내면 오른쪽 그림과 같으므로

(삼각형 ABC의 넓이)

=(사각형 DEBC의 넓이)

−{(삼각형 ACD의 넓이)+(삼각형 AEB의 넓이)}

$=\frac{1}{2}\times(3+6)\times4-\left(\frac{1}{2}\times3\times3+\frac{1}{2}\times6\times1\right)$

$=18-\left(\frac{9}{2}+3\right)=\frac{21}{2}$

16 제2사분면 위의 점은 x좌표가 음수, y좌표가 양수이다.

17 ② 제4사분면 ③ 제2사분면

④ 어느 사분면에도 속하지 않는다.

18 ① 제4사분면의 x좌표는 양수이다.

② 점 $(3, 6)$은 제1사분면 위에 있다.

③ 점 $(-6, 0)$은 x축 위에 있다.

④ 점 $(4, -1)$은 제4사분면, 점 $(-1, 4)$는 제2사분면 위의 점이다.

19 $a>0$, $b<0$이므로 $ab<0$, $-a+b<0$

따라서 점 $(ab, -a+b)$는 제3사분면 위의 점이다.

20 $ab<0$, $a>b$이므로 $a>0$, $b<0$

① $a>0$, $b<0$이므로 점 (a, b)는 제4사분면 위의 점이다.

② $b<0$, $a>0$이므로 점 (b, a)는 제2사분면 위의 점이다.

③ $-a<0$, $b<0$이므로 점 $(-a, b)$는 제3사분면 위의 점이다.

④ $a>0$, $-b>0$이므로 점 $(a, -b)$는 제1사분면 위의 점이다.

⑤ $-a<0$, $-b>0$이므로 점 $(-a, -b)$는 제2사분면 위의 점이다.

21 $ab<0$, $a<b$이므로 $a<0$, $b>0$

즉, $\frac{a}{b}<0$, $b>0$이므로 점 $\left(\frac{a}{b}, b\right)$는 제2사분면 위에 있다.

따라서 제2사분면 위에 있는 점은 ④ $(-2, 7)$이다.

22 $xy>0$이므로 x, y의 부호는 서로 같다.

이때 $x+y<0$이므로 $x<0$, $y<0$

따라서 점 (x, y)는 제3사분면 위의 점이다.

23 점 $\mathrm{P}(a, b)$가 제3사분면 위의 점이므로 $a<0$, $b<0$

따라서 $b<0$, $-ab<0$이므로 점 $\mathrm{Q}(b, -ab)$는 제3사분면 위의 점이다.

24 점 $\mathrm{A}(x, y)$가 제4사분면 위의 점이므로 $x>0$, $y<0$

따라서 $xy<0$, $x-y>0$이므로 점 $\mathrm{B}(xy, x-y)$는 제2사분면 위의 점이다.

25 점 $\mathrm{P}(a, b)$가 제2사분면 위의 점이므로 $a<0$, $b>0$

① $a-b<0$, $a<0$ ⇨ 제3사분면

② $ab<0$, $a<0$ ⇨ 제3사분면

③ $b>0$, $ab<0$ ⇨ 제4사분면

④ $b-a>0$, $b>0$ ⇨ 제1사분면

⑤ $b-a>0$, $ab<0$ ⇨ 제4사분면

26 점 $\mathrm{A}(a, b)$가 제2사분면 위의 점이므로 $a<0$, $b>0$

이때 $-ab>0$, $a-b<0$이므로 점 $\mathrm{B}(-ab, a-b)$는 제4사분면 위의 점이다.

따라서 제4사분면 위에 있는 점은 ④ $(1, -6)$이다.

27 y축에 대하여 대칭인 점의 좌표는 x좌표의 부호가 반대이므로 점 $\mathrm{P}(3, 2)$와 y축에 대하여 대칭인 점의 좌표는 $(-3, 2)$이다.

28 x축에 대하여 대칭인 점의 좌표는 y좌표의 부호가 반대이다.

따라서 점 $\mathrm{P}(-4, 9)$와 x축에 대하여 대칭인 점의 좌표는 $(-4, -9)$이므로 $a=-4$, $b=-9$

$\therefore ab=(-4)\times(-9)=36$

29 두 점 A, B가 원점에 대하여 서로 대칭이므로 x좌표, y좌표의 부호가 모두 반대이다.

$2a-3=-(-3a)$에서 $-a=3$ $\quad\therefore a=-3$

$-4b-1=-(2b-3)$에서 $-2b=4$ $\quad\therefore b=-2$

30

x(분)	1	2	3	4	5	…
y(L)	4	8	12	16	20	…

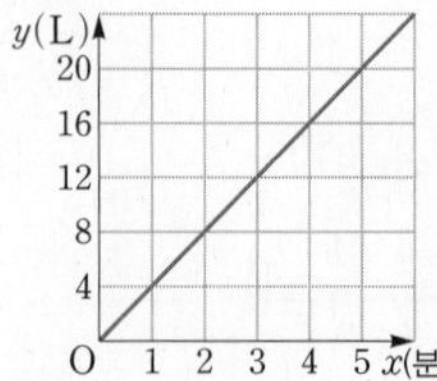

31 폭이 좁고 일정한 부분에서 물의 높이는 빠르고 일정하게 감소하고, 폭이 넓고 일정한 부분에서 물의 높이는 느리고 일정하게 감소한다.
따라서 그래프로 나타내면 위와 같다.

32 자전거를 타고 갈 때 ⇨ 그래프의 모양은 오른쪽 위로 향한다.
잠시 쉴 때 ⇨ 그래프의 모양은 수평이다.
걸어갈 때 ⇨ 그래프의 모양은 오른쪽 위로 향한다. 이때 그래프의 기울기는 자전거를 타고 갈 때보다 완만하다.
따라서 그래프로 나타내면 위와 같다.

33 물의 높이가 시간이 갈수록 천천히 증가하므로 그릇의 폭이 올라갈수록 점점 넓어지는 그릇의 모양은 ㄷ이다.

34 집에서 떨어진 거리가 점점 줄어들다가 화장실에 들렀을 때는 거리의 변화가 없다. 다시 출발한 후에는 거리가 줄어든다.
따라서 알맞은 그래프는 ③이다.

35 기온 변화가 없을 때 그래프의 모양이 수평이다. 오후가 되서 기온이 오르다가 해가 지면서 기온이 다시 떨어지므로 그래프의 모양이 오른쪽 위로 향하다가 오른쪽 아래로 향한다.
따라서 알맞은 그래프는 ㄱ이다.

36 우유의 양이 변화가 없다가 0까지 줄어들므로 알맞은 상황은 ㄴ이다.

37 (가), (라) : 강수량이 변함없다.
(나) : 강수량이 증가한다.
(다) : 강수량이 감소한다.
따라서 차례로 나열하면 ㄷ, ㄱ, ㄴ, ㄷ이다.

38 (1) $x=15$일 때 $y=4$이므로 15분 동안 민수가 이동한 거리는 4 km이다.
(2) 총 이동한 거리는 6 km이다.
(3) 거리의 변화가 없는 시간은 5분에서 10분 사이이므로 쉰 시간은 $10-5=5$(분)이다.

39 (1) $x=20$일 때 $y=300$이므로 20분 동안 소모된 열량은 300 kcal이다.
(2) $y=600$일 때 $x=50$이므로 50분 동안 자전거를 탔다.

40 $x=5$일 때, 재석이 그래프는 $y=900$이고 명수 그래프는 $y=600$이므로 출발한 지 5분 후 두 사람 사이의 거리는 $900-600=300$(m)이다.

개념완성익힘

익힘북 96~97쪽

1 ① **2** ④ **3** 6 **4** ③
5 ② **6** ③ **7** 풀이 참조 **8** ㄹ
9 ① **10** ① **11** (1) 5분 (2) 5분
12 10 **13** -1 **14** (1) 2시간 30분 (2) 1시간

1 $4a=2a-2$에서 $2a=-2$ $\quad\therefore a=-1$
$b-2=3b$에서 $2b=-2$ $\quad\therefore b=-1$
$\therefore a+b=(-1)+(-1)=-2$

2 ① A(3, 3) ② B(4, -2)
③ C(0, -3) ⑤ E(-3, 1)

3 점 A가 x축 위에 있으므로 y좌표가 0이다.
$4a-1=0$ $\quad\therefore a=\frac{1}{4}$
점 B가 y축 위에 있으므로 x좌표가 0이다.
$3-2b=0$ $\quad\therefore b=\frac{3}{2}$
$\therefore \frac{b}{a}=b\div a=\frac{3}{2}\div\frac{1}{4}=\frac{3}{2}\times 4=6$

4 ① 제1사분면
② 제2사분면
④ 제3사분면
⑤ 어느 사분면에도 속하지 않는다.

5 $ab>0$이므로 a와 b는 부호가 서로 같다.
이때 $a+b<0$이므로 $a<0$, $b<0$
즉, $a<0$, $\frac{a}{b}>0$이므로 점 $\left(a, \frac{a}{b}\right)$는 제2사분면 위에 있다.
따라서 제2사분면 위에 있는 점은 ② $(-1, 1)$이다.

6 점 (a, b)가 제1사분면 위의 점이므로 $a>0$, $b>0$
① $b>0$, $a>0$이므로 점 (b, a)는 제1사분면 위의 점이다.
② $a>0$, $-b<0$이므로 점 $(a, -b)$는 제4사분면 위의 점이다.
③ $-a<0$, $b>0$이므로 점 $(-a, b)$는 제2사분면 위의 점이다.
④ $-a<0$, $-b<0$이므로 점 $(-a, -b)$는 제3사분면 위의 점이다.
⑤ $a>0$, $a+b>0$이므로 점 $(a, a+b)$는 제1사분면 위의 점이다.
따라서 제2사분면 위에 있는 점은 ③이다.

7 그릇의 폭이 위로 갈수록 점점 좁아지므로 물의 높이는 점점 빠르게 증가한다. 따라서 그래프로 나타내면 오른쪽과 같다.

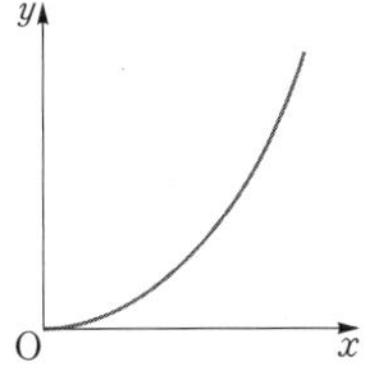

8 속력을 일정하게 높이다가 시속 100 km로 일정하게 유지하였으므로 그래프의 모양은 오른쪽 위로 향하다가 수평이다. 그런데 속도를 일정하게 줄여 정지했으므로 그래프 모양은 오른쪽 아래로 향하여 축과 만난다.
따라서 알맞은 그래프는 ㄹ이다.

9 출발점으로부터의 거리가 증가하다 감소하는 것을 2번 반복한다.
따라서 알맞은 그래프는 ①이다.

10 주어진 그래프는 x의 값이 증가할 때, y의 값은 증가하다가 감소하므로 가장 적합한 것은 ①이다.

11 (1) 그래프가 처음으로 0 ℃를 나타내는 시간은 5분이므로 처음으로 물이 얼기 시작한 시간은 5분 후이다.
(2) 5분에서 10분 사이에 그래프의 모양이 수평이므로 온도의 변화가 없음을 알 수 있다. 따라서 온도가 변하지 않고 일정하게 유지되는 시간은 $10-5=5$(분)이다.

12 좌표평면 위에 세 점 A, B, C를 나타내면 오른쪽 그림과 같다. …… ①
∴ (삼각형 ABC의 넓이)
$=\frac{1}{2}\times5\times4=10$ …… ②

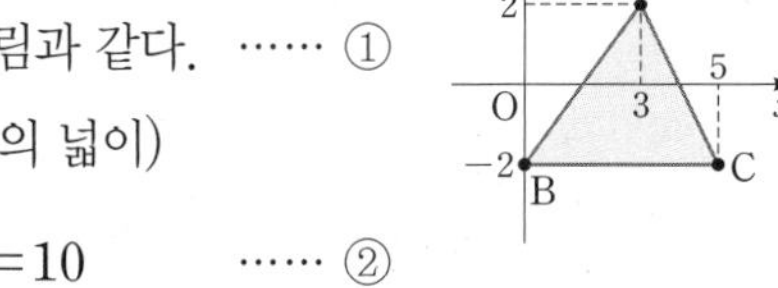

단계	채점 기준	비율
①	좌표평면 위에 세 점 A, B, C를 꼭짓점으로 하는 삼각형 그리기	50 %
②	삼각형 ABC의 넓이 구하기	50 %

13 점 $A(-a+5, 7)$과 y축에 대하여 대칭인 점이 점 $B(-2, b+3)$이므로
$-(-a+5)=-2$에서
$a-5=-2$ ∴ $a=3$ …… ①
$7=b+3$에서 $-b=-4$ ∴ $b=4$ …… ②
∴ $a-b=3-4=-1$ …… ③

단계	채점 기준	비율
①	a의 값 구하기	40 %
②	b의 값 구하기	40 %
③	$a-b$의 값 구하기	20 %

14 (1) 10시에 출발하여 12시 30분에 공원에 도착하였다. 즉, 출발해서 공원에 도착할 때까지 걸린 시간은 2시간 30분이다. …… ①
(2) 중간에 이동거리의 변화가 없는 구간이 간식을 먹은 구간이라 할 수 있으므로 10시 30분부터 11시 30분까지 1시간 동안 간식을 먹었다. …… ②

단계	채점 기준	비율
①	공원에 도착할 때까지 걸린 시간 구하기	50 %
②	간식을 먹은 시간 구하기	50 %

2 정비례와 반비례

개념적용익힘

익힘북 98~105쪽

1 ②, ③ **2** ④ **3** ①
4 (1) 풀이 참조 (2) $y=6x$ (3) 108 L (4) 20분
5 8 kg **6** 4번 **7** ② **8** ①
9 ⑤ **10** ④ **11** ① **12** ②
13 4 **14** -5 **15** ④ **16** ③

17 ⑤	**18** $y=-2x$	**19** ⑤	**20** -4
21 ②	**22** ④	**23** ⑤	**24** 24
25 $\frac{27}{2}$	**26** 3	**27** ⑤	**28** ②
29 ②	**30** (1) $y=\frac{64}{x}$ (2) 16 cm		
31 (1) $y=\frac{2000}{x}$ (2) 8명		**32** 25 L	**33** 750개
34 ③	**35** -4	**36** -1	**37** ②
38 -27	**39** ④	**40** 12	**41** -5
42 ①	**43** ⑤	**44** ④	**45** ④
46 3개	**47** ④	**48** 1	**49** 4
50 3	**51** $\frac{16}{3}$	**52** $\frac{3}{2}$	**53** ①

1 ① (시간)$=\frac{(\text{거리})}{(\text{속력})}$이므로 $y=\frac{90}{x}$

② $y=500x$ ③ $y=20x$

④ $\frac{1}{2}xy=50$ $\therefore y=\frac{100}{x}$

⑤ $y=\frac{500}{x}$

2 y가 x에 정비례하므로

$y=ax$에 $x=6$, $y=9$를 대입하면

$9=6a$ $\therefore a=\frac{3}{2}$

따라서 x와 y 사이의 관계를 식으로 나타내면 $y=\frac{3}{2}x$ 이다.

3 y가 x에 정비례하므로 $y=ax$에 $x=12$, $y=10$을 대입하면 $10=12a$ $\therefore a=\frac{5}{6}$

따라서 $y=\frac{5}{6}x$에 $x=-6$을 대입하면

$y=\frac{5}{6}\times(-6)=-5$

4 (1)

x	1	2	3	4	5
y	6	12	18	24	30

(3) $y=6x$에 $x=18$을 대입하면 $y=6\times18=108$
따라서 18분 후에 물탱크에 채워진 물의 양은 108 L 이다.

(4) $y=6x$에 $y=120$을 대입하면
$120=6x$ $\therefore x=20$
따라서 물을 120 L 채우는 데 20분이 걸린다.

5 y는 x의 6배이므로 $y=6x$

$y=6x$에 $y=48$을 대입하면 $48=6x$ $\therefore x=8$

따라서 달에서의 혜경이의 몸무게는 8 kg이다.

6 톱니바퀴 A가 x번 회전하는 동안 톱니바퀴 B는 y번 회전한다고 하면

$20\times x=15\times y$ $\therefore y=\frac{4}{3}x$

$y=\frac{4}{3}x$에 $x=3$을 대입하면 $y=\frac{4}{3}\times3=4$

따라서 톱니바퀴 B는 4번 회전한다.

7 $y=-\frac{3}{4}x$에서 $x=-4$일 때 $y=3$이므로 그래프는 원점과 점 $(-4, 3)$을 지나는 직선이다.

따라서 $y=-\frac{3}{4}x$의 그래프는 ②이다.

8 $y=ax$의 그래프는 a의 절댓값이 작을수록 x축에 더 가까워지므로 x축에 가장 가까운 그래프는 a의 절댓값이 가장 작은 ①이다.

9 $y=ax$의 그래프는 제1사분면과 제3사분면을 지나므로 $a>0$

또, $y=x$의 그래프보다 y축에 더 가까우므로 $|a|>1$

따라서 a의 값이 될 수 있는 것은 ⑤이다.

10 ① $2\neq-2\times2$ ② $6\neq-2\times3$

③ $-3\neq-2\times(-2)$ ④ $-18=-2\times9$

⑤ $-4\neq-2\times(-2)$

따라서 $y=-2x$의 그래프 위의 점은 ④이다.

11 $y=\frac{1}{5}x$에 $x=a$, $y=-3$을 대입하면

$-3=\frac{1}{5}a$ $\therefore a=-15$

12 $y=-\frac{2}{3}x$에 $x=2a+5$, $y=a-1$을 대입하면

$a-1=-\frac{2}{3}(2a+5)$, $3a-3=-4a-10$

$7a=-7$ $\therefore a=-1$

13 $y=-\frac{1}{3}x$에 $x=-3$, $y=a$를 대입하면

$a=-\frac{1}{3}\times(-3)=1$

$y=-\frac{1}{3}x$에 $x=b$, $y=-1$을 대입하면

$-1=-\frac{1}{3}b$ $\therefore b=3$

$\therefore a+b=1+3=4$

14 $y=ax$에 $x=-2$, $y=10$을 대입하면

$10=-2a \qquad \therefore a=-5$

15 $y=ax$에 $x=-6$, $y=-4$를 대입하면

$-4=-6a \qquad \therefore a=\frac{2}{3}$

$y=\frac{2}{3}x$에 $x=b$, $y=2$를 대입하면

$2=\frac{2}{3}b \qquad \therefore b=3$

$\therefore ab=\frac{2}{3}\times 3=2$

16 $y=ax$에 $x=-2$, $y=1$을 대입하면

$1=-2a \qquad \therefore a=-\frac{1}{2} \qquad \therefore y=-\frac{1}{2}x$

① $2=-\frac{1}{2}\times(-4)$ ② $\frac{1}{2}=-\frac{1}{2}\times(-1)$

③ $1\neq-\frac{1}{2}\times 2$ ④ $-\frac{3}{2}=-\frac{1}{2}\times 3$

⑤ $-2=-\frac{1}{2}\times 4$

17 $y=ax$에 $x=3$, $y=-6$을 대입하면

$-6=3a \qquad \therefore a=-2$

$y=bx$에 $x=-\frac{1}{4}$, $y=2$를 대입하면

$2=-\frac{1}{4}b \qquad \therefore b=-8$

$\therefore a-b=-2-(-8)=6$

18 그래프가 원점을 지나는 직선이므로 $y=ax$로 놓고

$y=ax$에 $x=-2$, $y=4$를 대입하면

$4=-2a \qquad \therefore a=-2 \qquad \therefore y=-2x$

19 그래프가 원점을 지나는 직선이므로 $y=ax$로 놓고

$y=ax$에 $x=3$, $y=2$를 대입하면

$2=3a \qquad \therefore a=\frac{2}{3} \qquad \therefore y=\frac{2}{3}x$

① $2\neq\frac{2}{3}\times(-3)$ ② $-3\neq\frac{2}{3}\times(-2)$

③ $3\neq\frac{2}{3}\times 2$ ④ $6\neq\frac{2}{3}\times 4$

⑤ $4=\frac{2}{3}\times 6$

따라서 $y=\frac{2}{3}x$의 그래프 위의 점은 ⑤이다.

20 그래프가 원점을 지나는 직선이므로 $y=ax$로 놓고

$y=ax$에 $x=6$, $y=3$을 대입하면

$3=6a \qquad \therefore a=\frac{1}{2} \qquad \therefore y=\frac{1}{2}x$

$y=\frac{1}{2}x$에 $x=k$, $y=-2$를 대입하면

$-2=\frac{1}{2}k \qquad \therefore k=-4$

21 $y=ax$의 그래프는 $a>0$일 때, 제1사분면과 제3사분면을 지난다.

22 ① 원점을 지나는 직선이다.

② $a<0$일 때, 제2사분면과 제4사분면을 지난다.

③ a의 절댓값이 클수록 y축에 가까워진다.

⑤ $a<0$일 때, x의 값이 증가하면 y의 값은 감소한다.

23 ⑤ 정비례 관계 $y=-x$의 그래프보다 y축에 더 가깝다.

24 점 A의 x좌표가 -8이므로

$y=-\frac{3}{4}x$에 $x=-8$을 대입하면

$y=-\frac{3}{4}\times(-8)=6 \qquad \therefore A(-8, 6)$

$\therefore$ (삼각형 AOB의 넓이)$=\frac{1}{2}\times\overline{OB}\times\overline{AB}$

$=\frac{1}{2}\times 8\times 6=24$

25 점 A의 x좌표가 3이므로 $y=x$에 $x=3$을 대입하면

$y=3 \qquad \therefore A(3, 3)$

점 B의 x좌표가 3이므로 $y=-2x$에 $x=3$을 대입하면

$y=-2\times 3=-6 \qquad \therefore B(3, -6)$

$\therefore$ (삼각형 AOB의 넓이)$=\frac{1}{2}\times\{3-(-6)\}\times 3$

$=\frac{1}{2}\times 9\times 3=\frac{27}{2}$

26 $y=3x$에 $x=1$, $y=a$를 대입하면 $a=3$

$y=3x$에 $x=4$, $y=b$를 대입하면 $b=12$

따라서 세 점 $(1, 3)$, $(4, 12)$, $(1, 5)$를 꼭짓점으로 하는 삼각형의 넓이는

$\frac{1}{2}\times(5-3)\times(4-1)=\frac{1}{2}\times 2\times 3=3$

27 x의 값이 2배, 3배, 4배, …가 될 때, y의 값은 $\frac{1}{2}$배, $\frac{1}{3}$배, $\frac{1}{4}$배, …가 되므로 y는 x에 반비례한다.

⑤ $xy=-\frac{1}{2}$에서 $y=-\frac{1}{2x}$

28 ① $y=1300x$

② (시간)$=\dfrac{(\text{거리})}{(\text{속력})}$이므로 $y=\dfrac{20}{x}$

③ $y=\dfrac{1}{2}\times x\times 6=3x$

④ $y=15-x$　　⑤ $y=24-x$

29 y가 x에 반비례하므로 $y=\dfrac{a}{x}$에 $x=-3$, $y=4$를 대입하면

$4=\dfrac{a}{-3}$　　$\therefore a=-12$　　$\therefore y=-\dfrac{12}{x}$

따라서 $y=-\dfrac{12}{x}$에 $x=2$를 대입하면

$y=-\dfrac{12}{2}=-6$

30 (1) (직사각형의 넓이)=(가로의 길이)×(세로의 길이)이므로

$64=x\times y$　　$\therefore y=\dfrac{64}{x}$

(2) $y=\dfrac{64}{x}$에 $y=4$를 대입하면 $4=\dfrac{64}{x}$　　$\therefore x=16$

따라서 가로의 길이는 16 cm이다.

31 (1) (전체 오렌지 주스의 양)

=(사람 수)×(한 명이 마시는 오렌지 주스의 양)

이므로 $2000=x\times y$　　$\therefore y=\dfrac{2000}{x}$

(2) $y=\dfrac{2000}{x}$에 $y=250$을 대입하면

$250=\dfrac{2000}{x}$　　$\therefore x=8$

따라서 8명에게 나누어 주어야 한다.

32 물탱크에 매분 x L씩 물을 넣으면 y분 만에 물이 가득 찬다고 하자.

$x\times y=20\times 50$　　$\therefore y=\dfrac{1000}{x}$

$y=\dfrac{1000}{x}$에 $y=40$을 대입하면

$40=\dfrac{1000}{x}$　　$\therefore x=25$

따라서 매분 25 L씩 물을 넣어야 한다.

33 인형 1개의 가격을 x원, 판매량을 y개라 하자.

판매량 y가 가격 x에 반비례하므로

$y=\dfrac{a}{x}$에 $x=600$, $y=2500$을 대입하면

$2500=\dfrac{a}{600}$, $a=1500000$　　$\therefore y=\dfrac{1500000}{x}$

$y=\dfrac{1500000}{x}$에 $x=2000$을 대입하면

$y=\dfrac{1500000}{2000}=750$

따라서 예상되는 판매량은 750개이다.

34 ① $-1=-\dfrac{6}{6}$　　② $6=-\dfrac{6}{-1}$　　③ $3\neq-\dfrac{6}{2}$

④ $2=-\dfrac{6}{-3}$　　⑤ $-2=-\dfrac{6}{3}$

35 $y=-\dfrac{16}{x}$에 $x=a$, $y=4$를 대입하면

$4=-\dfrac{16}{a}$　　$\therefore a=-4$

36 $y=-\dfrac{12}{x}$에 $x=6$, $y=a$를 대입하면

$a=-\dfrac{12}{6}=-2$

$y=-\dfrac{12}{x}$에 $x=b$, $y=-12$를 대입하면

$-12=-\dfrac{12}{b}$　　$\therefore b=1$

$\therefore a+b=-2+1=-1$

37 10의 약수는 1, 2, 5, 10이므로 x좌표, y좌표가 모두 정수인 점은

$(-10, -1)$, $(-5, -2)$, $(-2, -5)$,

$(-1, -10)$, $(1, 10)$, $(2, 5)$, $(5, 2)$, $(10, 1)$의

8개이다.

38 $y=\dfrac{a}{x}$에 $x=-3$, $y=9$를 대입하면

$9=\dfrac{a}{-3}$　　$\therefore a=-27$

39 $y=\dfrac{a}{x}$에 $x=3$, $y=\dfrac{5}{3}$를 대입하면

$\dfrac{5}{3}=\dfrac{a}{3}$　　$\therefore a=5$

따라서 $y=\dfrac{5}{x}$의 그래프 위의 점이 아닌 것은

④ $\left(-5, -\dfrac{3}{5}\right)$이다.

40 $y=\dfrac{a}{x}$에 $x=5$, $y=3$을 대입하면

$3=\dfrac{a}{5}$　　$\therefore a=15$

$y=\dfrac{15}{x}$에 $x=b$, $y=-5$를 대입하면

$-5=\dfrac{15}{b}$　　$\therefore b=-3$

$\therefore a+b=15+(-3)=12$

41 $y=\frac{a}{x}$에 $x=-2$, $y=2$를 대입하면

$2=\frac{a}{-2}$ $\quad\therefore a=-4$

$y=-\frac{4}{x}$에 $x=k$, $y=-4$를 대입하면

$-4=-\frac{4}{k}$ $\quad\therefore k=1$

$\therefore a-k=-4-1=-5$

42 그래프가 원점에 대하여 대칭인 한 쌍의 곡선이므로

$y=\frac{a}{x}$로 놓고

$y=\frac{a}{x}$에 $x=-2$, $y=4$를 대입하면

$4=\frac{a}{-2}$ $\quad\therefore a=-8$ $\quad\therefore y=-\frac{8}{x}$

43 그래프가 원점에 대하여 대칭인 한 쌍의 곡선이므로

$y=\frac{a}{x}$로 놓고

$y=\frac{a}{x}$에 $x=-3$, $y=-3$을 대입하면

$-3=\frac{a}{-3}$ $\quad\therefore a=9$ $\quad\therefore y=\frac{9}{x}$

① $-9=\frac{9}{-1}$ ② $-18=9\div\left(-\frac{1}{2}\right)$

③ $9=\frac{9}{1}$ ④ $6=9\div\frac{3}{2}$

⑤ $10\neq9\div\frac{3}{5}$

따라서 그래프 위의 점이 아닌 것은 ⑤이다.

44 그래프가 원점에 대하여 대칭인 한 쌍의 곡선이므로

$y=\frac{a}{x}$로 놓고

$y=\frac{a}{x}$에 $x=1$, $y=-3$을 대입하면

$-3=\frac{a}{1}$ $\quad\therefore a=-3$ $\quad\therefore y=-\frac{3}{x}$

이 그래프가 점 $\left(k, \frac{1}{2}\right)$을 지나므로

$y=-\frac{3}{x}$에 $x=k$, $y=\frac{1}{2}$을 대입하면

$\frac{1}{2}=-\frac{3}{k}$ $\quad\therefore k=-6$

45 ① 좌표축에 점점 가까워지면서 한없이 뻗어 나가는 한 쌍의 매끄러운 곡선이다.

② $a>0$일 때, 제1사분면과 제3사분면을 지난다.

③ a의 절댓값이 클수록 원점에서 멀어진다.

⑤ $a<0$일 때, 제2사분면과 제4사분면을 지난다.

46 제4사분면을 지나는 것은 ㄷ, ㄹ, ㅂ의 3개이다.

47 ① 점 $(-1, -3)$을 지난다.

② $x<0$일 때, 제3사분면을 지난다.

③ 좌표축과 만나지 않는다.

⑤ 각 사분면에서 x의 값이 증가하면 y의 값은 감소한다.

48 점 P의 x좌표가 1이므로 $y=\frac{2}{x}$에 $x=1$을 대입하면

$y=\frac{2}{1}=2$ $\quad\therefore P(1, 2)$

$\therefore$ (삼각형 OPQ의 넓이)$=\frac{1}{2}\times\overline{OQ}\times\overline{PQ}$

$=\frac{1}{2}\times1\times2=1$

49 점 P의 x좌표를 a라 하면 점 P는 $y=\frac{4}{x}$의 그래프 위의 점이므로 $y=\frac{4}{a}$ $\quad\therefore P\left(a, \frac{4}{a}\right)$

$\therefore$ (직사각형 OAPB의 넓이)$=\overline{OA}\times\overline{PA}$

$=a\times\frac{4}{a}=4$

50 점 A의 좌표를 $\left(t, \frac{a}{t}\right)$라고 하면 두 점 B, D의 좌표는 각각 $\left(-t, \frac{a}{t}\right)$, $\left(t, -\frac{a}{t}\right)$

이므로 직사각형 ABCD의 넓이는

$\{t-(-t)\}\times\left\{\frac{a}{t}-\left(-\frac{a}{t}\right)\right\}=2t\times\frac{2a}{t}=4a$

따라서 $4a=12$이므로 $a=3$

51 $y=ax$에 $x=3$, $y=2$를 대입하면

$2=3a$ $\quad\therefore a=\frac{2}{3}$

$y=\frac{b}{x}$에 $x=3$, $y=2$를 대입하면

$2=\frac{b}{3}$ $\quad\therefore b=6$

$\therefore b-a=6-\frac{2}{3}=\frac{16}{3}$

52 $y=\frac{6}{x}$에 $y=3$을 대입하면

$3=\frac{6}{x}$ $\quad\therefore x=2$ $\quad\therefore P(2, 3)$

따라서 $y=ax$에 $x=2$, $y=3$을 대입하면

$3=2a$ $\quad\therefore a=\frac{3}{2}$

53 $y=-3x$에 $x=b$, $y=6$을 대입하면

$6=-3b \quad \therefore b=-2$

$y=\frac{a}{x}$에 $x=-2$, $y=6$을 대입하면

$6=\frac{a}{-2} \quad \therefore a=-12$

$\therefore a-b=-12-(-2)=-10$

개념완성익힘

익힘북 106~108쪽

1 ②, ④	**2** ①	**3** ①	**4** ④
5 ③	**6** ①	**7** 1	**8** ②
9 ③, ④	**10** -4	**11** ④	**12** $\frac{5}{6}$
13 $y=\frac{8}{x}$	**14** $\frac{9}{2}$		

1 x의 값이 2배, 3배, 4배, …로 변함에 따라 y의 값도 2배, 3배, 4배, …로 변하므로 y는 x에 정비례한다.

② $6x-y=0$에서 $y=6x$

2 $y=ax$의 그래프는 a의 절댓값이 클수록 y축에 더 가깝다.

따라서 y축에 가장 가까운 그래프는 a의 절댓값이 가장 큰 ①이다.

3 $y=ax$에 $x=6$, $y=4$를 대입하면

$4=6a \quad \therefore a=\frac{2}{3}$

$y=\frac{2}{3}x$에 $x=b$, $y=-2$를 대입하면

$-2=\frac{2}{3}b \quad \therefore b=-3$

4 $y=ax$의 그래프는 제2사분면과 제4사분면을 지나므로 $a<0$

또, $y=-x$의 그래프보다 x축에 가까우므로

$|a|<|-1|$

$\therefore -1<a<0$

따라서 $y=ax$의 그래프를 나타내는 관계식으로 적당한 것은 ④이다.

5 그래프가 원점을 지나는 직선이므로 $y=ax$로 놓고

$y=ax$에 $x=-2$, $y=6$을 대입하면

$6=-2a \quad \therefore a=-3 \quad \therefore y=-3x$

$y=-3x$에 $x=k$, $y=-9$를 대입하면

$-9=-3k \quad \therefore k=3$

6 ① 그래프가 원점을 지나는 직선이므로 $y=ax$로 놓고

$y=ax$에 $x=1$, $y=2$를 대입하면

$2=a\times1 \quad \therefore a=2$

따라서 정비례 관계 $y=2x$의 그래프이다.

7 x의 값이 2배, 3배, …로 변할 때, y의 값이 $\frac{1}{2}$배, $\frac{1}{3}$배, …로 변하므로 y는 x에 반비례한다.

y가 x에 반비례하므로 $y=\frac{a}{x}$에 $x=7$, $y=2$를 대입하면

$2=\frac{a}{7} \quad \therefore a=14$

따라서 $y=\frac{14}{x}$에 $x=14$를 대입하면

$y=\frac{14}{14}=1$

8 $y=\frac{a}{x}$의 그래프에서 $a<0$이면 제2사분면과 제4사분면을 지나는 한 쌍의 곡선이다.

9 ① 제1사분면과 제3사분면을 지나는 한 쌍의 곡선이다.

② 좌표축과 만나지 않는다.

⑤ $x>0$일 때, 제1사분면에 있다.

10 $y=-\frac{4}{x}$에 $x=a$, $y=-2$를 대입하면

$-2=-\frac{4}{a} \quad \therefore a=2$

$y=-\frac{4}{x}$에 $x=2$, $y=b$를 대입하면

$b=-\frac{4}{2}=-2$

$\therefore ab=2\times(-2)=-4$

11 $y=\frac{a}{x}$에 $x=3$, $y=-4$를 대입하면

$-4=\frac{a}{3} \quad \therefore a=-12$

$y=-\frac{12}{x}$에 각 점의 좌표를 대입하면

① $-6\neq-\frac{12}{-2}$ ② $-3\neq-\frac{12}{-4}$

③ $2\neq-\frac{12}{-3}$ ④ $-12=-\frac{12}{1}$

⑤ $3\neq-\frac{12}{4}$

12 점 C의 좌표가 (6, 0)이므로 두 점 A, B의 x좌표도 6이다. …… ①

$y=\frac{1}{3}x$에 $x=6$을 대입하면

$y=\frac{1}{3}\times6=2$ $\therefore$ B(6, 2) …… ②

$y=ax$에 $x=6$을 대입하면

$y=6a$ $\therefore$ A(6, 6a) …… ③

따라서

(삼각형 AOB의 넓이)$=\frac{1}{2}\times(6a-2)\times6=9$

이므로

$18a-6=9$, $18a=15$ $\therefore a=\frac{5}{6}$ …… ④

단계	채점 기준	비율
①	두 점 A, B의 x좌표 구하기	20 %
②	점 B의 좌표 구하기	20 %
③	점 A의 좌표 구하기	20 %
④	a의 값 구하기	40 %

13 y가 x에 반비례하므로 $y=\frac{a}{x}$로 놓고

$y=\frac{a}{x}$에 $x=-2$를 대입하면

$y=-\frac{a}{2}$ $\therefore$ A$\left(-2, -\frac{a}{2}\right)$ …… ①

$y=\frac{a}{x}$에 $x=-1$을 대입하면

$y=-a$ $\therefore$ B(-1, $-a$) …… ②

이때 두 점의 y좌표의 차가 4이므로

$-\frac{a}{2}-(-a)=4$, $\frac{a}{2}=4$ $\therefore a=8$

따라서 반비례 관계의 식은 $y=\frac{8}{x}$이다. …… ③

단계	채점 기준	비율
①	점 A의 좌표 구하기	30 %
②	점 B의 좌표 구하기	30 %
③	반비례 관계의 식 구하기	40 %

14 $y=\frac{6}{x}$에 $x=-2$를 대입하면

$y=\frac{6}{-2}=-3$ $\therefore$ P(-2, -3) …… ①

$y=ax$에 $x=-2$, $y=-3$을 대입하면

$-3=-2a$ $\therefore a=\frac{3}{2}$ …… ②

이때 두 점 P, Q는 원점에 대하여 대칭이므로

$b=3$ …… ③

$\therefore a+b=\frac{3}{2}+3=\frac{9}{2}$ …… ④

단계	채점 기준	비율
①	점 P의 좌표 구하기	30 %
②	a의 값 구하기	30 %
③	b의 값 구하기	30 %
④	$a+b$의 값 구하기	10 %

대단원 마무리

익힘북 109~111쪽

1 ④	**2** ①	**3** ④	**4** ④
5 ③	**6** ④	**7** ⑤	**8** ③
9 8	**10** -12	**11** 9	**12** ③
13 ③			

1 $a+1=5-a$이므로 $2a=4$ $\therefore a=2$

따라서 점 P의 좌표는 ④ (3, 3)이다.

2 세 점 A, B, C를 좌표평면 위에 나타내면 오른쪽 그림과 같다.

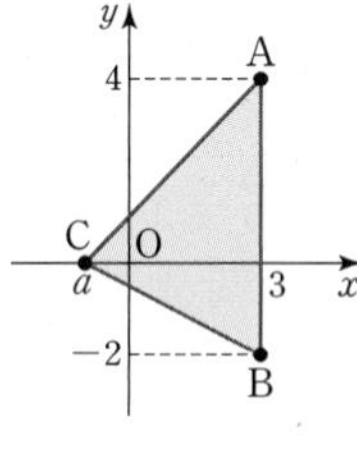

$\therefore$ (삼각형 ABC의 넓이)

$=\frac{1}{2}\times\{4-(-2)\}\times(3-a)$

$=12$

따라서 $3-a=4$이므로 $a=-1$

3 ④ x좌표가 양수이고, y좌표가 0이 아닌 점은 제1사분면 또는 제4사분면에 속한다.

4 $ab>0$, $a+b<0$이므로 $a<0$, $b<0$

따라서 $-a>0$, $b<0$이므로 점 ($-a$, b)는 제4사분면 위의 점이다.

5 주어진 그릇의 단면은 점점 좁아지다가 넓어진다. 단면이 점점 좁아지는 부분에서는 물의 높이가 점점 빠르게 증가하고, 단면이 점점 넓어지는 부분에서는 물의 높이가 점점 느리게 증가하므로 알맞은 그래프는 ③이다.

6 $y=ax$의 그래프에서 a의 절댓값이 작을수록 x축에 가깝다.

따라서 x축에 가장 가까운 것은 ④ $y=-\frac{1}{3}x$의 그래프이다.

7 ⑤ 원점을 지나는 직선이다.

8 $y=\frac{a}{x}$에 $x=-3$, $y=-2$를 대입하면

$-2=\frac{a}{-3}$ $\quad\therefore a=6$

따라서 $y=\frac{6}{x}$에 $x=b$, $y=6$을 대입하면

$6=\frac{6}{b}$ $\quad\therefore b=1$

$\therefore a-b=6-1=5$

9 $y=\frac{a}{x}$에 $x=3$, $y=5$를 대입하면

$5=\frac{a}{3}$, $a=15$ $\quad\therefore y=\frac{15}{x}$

y의 값이 정수가 되기 위해서는 x의 절댓값이 15의 약수이어야 하므로 가능한 x의 값은 -15, -5, -3, -1, 1, 3, 5, 15이다.

따라서 x좌표와 y좌표가 모두 정수인 점은

$(-15, -1)$, $(-5, -3)$, $(-3, -5)$,

$(-1, -15)$, $(1, 15)$, $(3, 5)$, $(5, 3)$, $(15, 1)$

이므로 그 개수는 8이다.

10 $y=-\frac{4}{3}x$에 $y=-4$를 대입하면

$-4=-\frac{4}{3}x$ $\quad\therefore x=3$

따라서 점 $\mathrm{A}(3, -4)$이므로 $y=\frac{a}{x}$에 $x=3$, $y=-4$를 대입하면

$-4=\frac{a}{3}$ $\quad\therefore a=-12$

11 $y=\frac{6}{x}$에 $y=3$을 대입하면

$3=\frac{6}{x}$, $x=2$ $\quad\therefore \mathrm{A}(2, 3)$, $\mathrm{C}(2, 0)$ …… ①

$y=ax$에 $x=2$, $y=3$을 대입하면

$3=2a$ $\quad\therefore a=\frac{3}{2}$ …… ②

$y=\frac{3}{2}x$에 $y=-6$을 대입하면

$-6=\frac{3}{2}x$, $x=-4$ $\quad\therefore \mathrm{B}(-4, -6)$ …… ③

$\therefore$ (삼각형 ABC의 넓이)$=\frac{1}{2}\times3\times6=9$ …… ④

단계	채점 기준	점수
①	두 점 A, C의 좌표 구하기	25 %
②	a의 값 구하기	25 %
③	점 B의 좌표 구하기	25 %
④	삼각형 ABC의 넓이 구하기	25 %

12 압력이 x기압일 때의 부피를 y cm^{3}라 하면 기체의 부피는 압력에 반비례하므로 $y=\frac{a}{x}$로 놓고 $x=5$, $y=40$을 대입하면 $40=\frac{a}{5}$ $\quad\therefore a=200$

$y=\frac{200}{x}$에 $x=8$을 대입하면 $y=\frac{200}{8}=25$

따라서 압력이 8기압일 때의 기체의 부피는 25 cm^{3}이다.

13 $20\times12=x\times y$이므로 $y=\frac{240}{x}$

$y=\frac{240}{x}$에 $x=30$을 대입하면 $y=\frac{240}{30}=8$

따라서 톱니바퀴 B는 8번 회전한다.

개념 확장

최상위수학

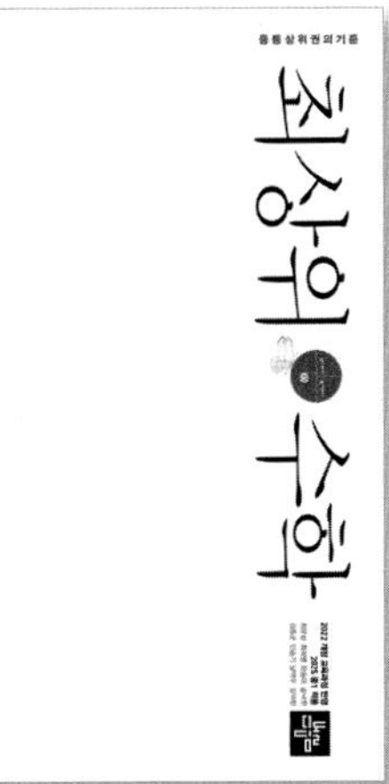

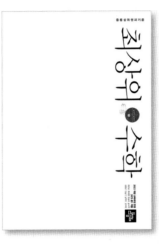

수학적 사고력 확장을 위한
심화 학습 교재

심화 완성

개념부터 심화까지

수학은 개념이다 

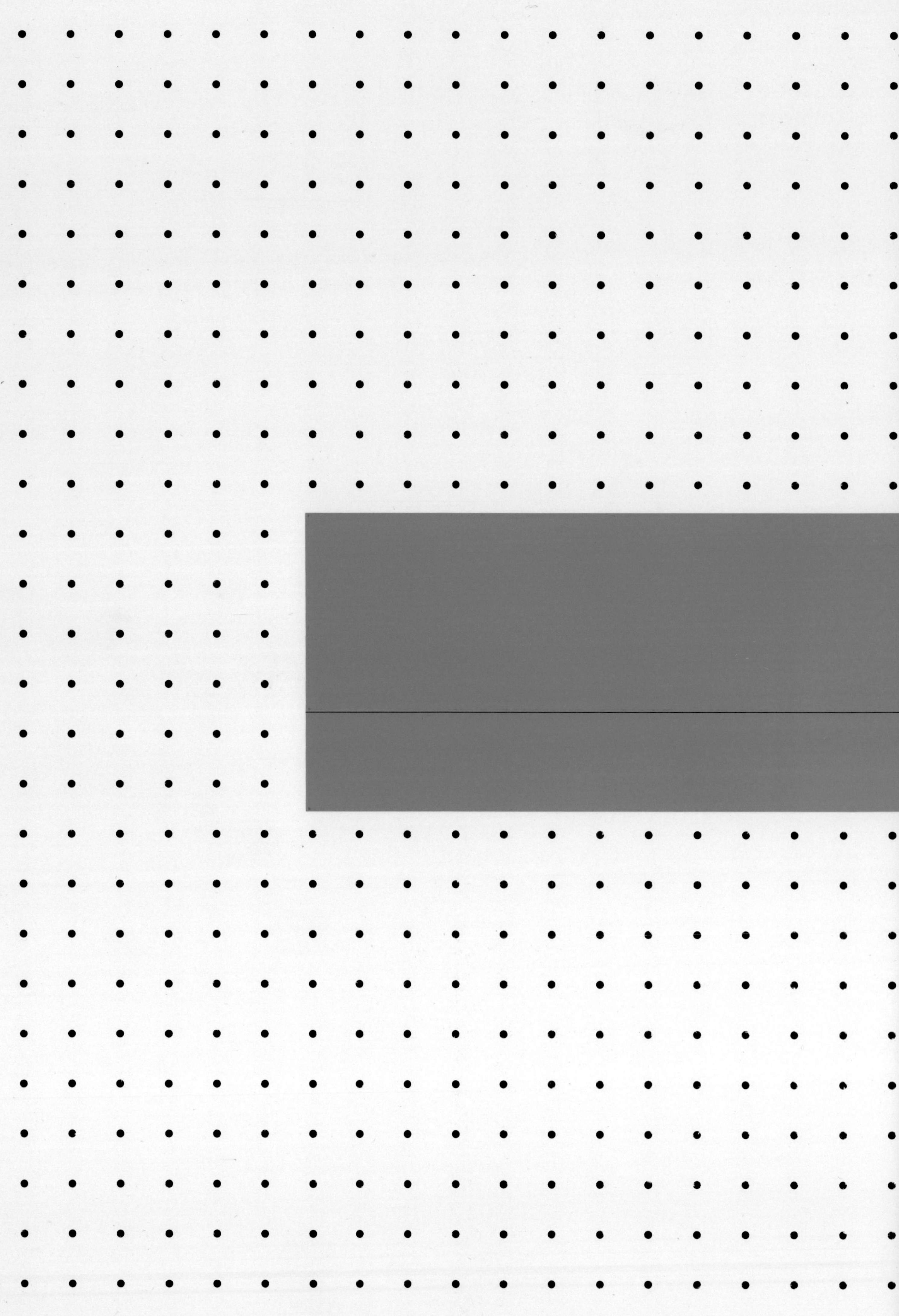